高 等

包装工程专业系列教材

包装机械结构与设计

黄颖为 主编

刘志鹏 主审

化学工业出版社

·北京·

本书共分九章，分别介绍了袋装机械、灌装机械、封口机械、裹包机械、贴标机械、装盒与装箱机械、捆扎机械、热成型机械、热收缩机械、真空与充气包装机械、贴体包装机械、包装生产线等包装机械的工作原理、结构特点及有关设计问题，还论述了自动包装机械的有关设计理论。题材来源广泛，论述深入浅出，相关章节备有例题，同时每章后还备有思考题，以便对章节内容加深理解。

本书可作为普通高等学校包装工程专业或相近专业的教材，亦可供成人教育、函授、电大教育有关专业选用，也可作为包装工程技术人员的参考书。

图书在版编目（CIP）数据

包装机械结构与设计/黄颖为主编.—北京：化学工业出版社，2007.7（2020.1重印）

ISBN 978-7-122-00345-4

Ⅰ.包… Ⅱ.黄… Ⅲ.包装机械-机械设计：结构设计 Ⅳ.TB486

中国版本图书馆CIP数据核字（2007）第060895号

责任编辑：杨 菁　　文字编辑：闫 敏
责任校对：蒋 宇　　装帧设计：郑小红

出版发行：化学工业出版社（北京市东城区青年湖南街13号 邮政编码100011）
印　　装：北京虎彩文化传播有限公司
787mm×1092mm 1/16 印张18¾ 字数499千字 2020年1月北京第1版第5次印刷

购书咨询：010-64518888　　售后服务：010-64518899
网　　址：http://www.cip.com.cn
凡购买本书，如有缺损质量问题，本社销售中心负责调换。

定　　价：49.80元

包装机械结构与设计

主编　黄颖为

主审　刘志鹏

编者　黄颖为　王良文　赵美宁

　　　杜文辽　肖纪明　李安生

前　言

包装是根据物品的性能，用适当的材料、容器，施以保护物品的技术。包装的作用就是保护产品的内在质量、美化商品、便于流通、促进销售和方便消费。随着人民物质文化生活水平的提高以及我国国际化进程的加快，对包装质量和包装速度的要求不断提高，包装机械是使产品包装实现机械化、自动化的根本保证。包装机械为包装业提供重要的技术保障，同包装材料、包装工艺、包装设计、包装检测、包装系统控制紧密相关，对包装业的发展起着重要的作用，同时在食品、医药、日用品、化工产品等生产中也起着重要的作用。

包装机械是指完成全部或部分包装过程的机器。包装过程包括成型、充填、封口、裹包等主要包装工序以及清洗、干燥、杀菌、贴标、捆扎、集装、拆卸等前后包装工序，转送、选别等其他辅助包装工序。包装机械的结构与商品的包装方式、生产工艺有着直接的关系，它的设计研究涉及机械、材料、电子、控制及其他科学的知识理论。包装机械构成复杂，产品品种、形式和规格多种多样，功能各异。本书着重阐述直接应用于商品包装加工的机械构成中有关包装加工的各种装置。以各种物体性态的包装工艺特点分析为基础，阐述包装机械各构成装置的工作原理、结构特点及有关设计问题，并在每一章都给出有关实例及思考题，便于对内容的理解。本书适合于包装工程专业及其相近专业的本、专科教学使用，也可以作为相关技术设计人员的参考资料。

本书共分为九章，主要内容包括绪论、总体方案设计、袋装机械、灌装机械、封口机械、裹包机械、贴标机械、装盒与装箱机械、捆扎机械、热成型机械、热收缩机械、真空与充气包装机械、贴体包装机械、包装生产线简介等。其中第一章～第五章由西安理工大学黄颖为老师编写，第六章由西安工业大学赵美宁老师编写，第七章、第九章第五、六、七节由郑州轻工业学院王良文老师编写，第八章第一、二、三节由郑州轻工业学院李安生老师编写，第四、五、六节由郑州轻工业学院杜文辽老师编写，第九章第一、二、三、四节由西安理工大学肖纪明老师编写。全书由西安理工大学黄颖为老师负责统稿和定稿工作。全书由刘志鹏老师审稿，刘老师在审阅过程中提出了许多宝贵的意见，在此表示衷心的感谢。

本书在编写过程中参考资料较多，虽在参考文献中有注明，但难免有遗漏，在此谨向作者致以真诚的谢意。另外，本书在编写过程中得到西安轻工机械研究所、远东包装机械有限公司等单位的支持和帮助，在此表示深深的感谢。

由于作者水平有限，书中难免有误漏之处，恳请读者不吝指正。

编者
2007 年

目　　录

第一章　绪论 …… 1
第一节　包装机械的概念和作用 …… 1
一、包装机械的概念 …… 1
二、包装机械的作用 …… 1
第二节　包装机械的特点及发展方向 …… 2
一、包装机械的特点 …… 2
二、包装机械的发展方向 …… 2
第三节　包装机械的组成 …… 4
第四节　包装机械的分类与型号编制 …… 5
一、包装机械的分类 …… 5
二、包装机械型号编制方法 …… 9
思考题 …… 10
第二章　总体方案设计 …… 11
第一节　包装机械设计的一般过程 …… 11
一、总体设计阶段 …… 11
二、技术设计阶段 …… 11
三、审核鉴定 …… 12
第二节　总体方案设计的基本内容 …… 13
一、确定功能与应用范围 …… 13
二、工艺分析 …… 13
三、总体布局 …… 18
四、编制工作循环图 …… 21
五、拟定主要技术参数 …… 22
第三节　总体方案设计举例 …… 23
思考题 …… 28
第三章　袋装机械 …… 29
第一节　概述 …… 29
一、包装袋的基本形式和特点 …… 29
二、典型袋装机的结构及工作原理 …… 30
第二节　袋成型器的设计 …… 36
一、概述 …… 36
二、成型器的设计 …… 37
第三节　计量装置 …… 47
一、计量方法 …… 47
二、典型计量装置 …… 48

第四节　封袋方法及封袋机构 …… 53
一、封袋方法 …… 53
二、纵封器 …… 55
三、横封器 …… 58
第五节　切断装置 …… 63
一、热切机构 …… 63
二、冷切机构 …… 63
第六节　牵引、供袋、开袋装置 …… 65
一、料袋牵引装置 …… 65
二、供袋、开袋装置 …… 68
思考题 …… 68
第四章　灌装机械 …… 70
第一节　概述 …… 70
一、基本概念 …… 70
二、灌装机的分类 …… 70
第二节　灌装与定量方法 …… 71
一、灌装方法 …… 71
二、定量方法 …… 72
第三节　灌装机的主要结构及工作原理 …… 75
一、供料装置 …… 75
二、供瓶机构 …… 79
三、托瓶升降机构 …… 85
四、灌装瓶高度调节机构 …… 87
五、灌装阀的结构及工作原理 …… 88
第四节　灌装阀的设计 …… 95
一、灌装阀设计的一般步骤 …… 95
二、灌装阀流道的工艺计算 …… 96
思考题 …… 106
第五章　封口机械 …… 107
第一节　概述 …… 107
第二节　玻璃瓶封口机 …… 108
一、压盖封口机结构原理 …… 108
二、旋盖封口机结构原理 …… 110
三、滚压螺纹封口机结构原理 …… 111
四、滚边封口机的结构原理 …… 112
第三节　金属容器封口机 …… 113
一、卷边的形成过程 …… 114
二、卷边滚轮的运动分析 …… 116
三、卷封机构的结构 …… 116
四、圆形罐卷封机构的运动设计 …… 118

五、卷边滚轮径向进给距离的调整 …… 127
思考题 …… 128
第六章 裹包机械 …… 129
第一节 概述 …… 129
一、几种典型的裹包方式 …… 129
二、裹包的特点 …… 130
三、裹包机械的分类 …… 130
第二节 典型裹包机械基本原理 …… 130
一、折叠式裹包机 …… 130
二、接缝式裹包机 …… 132
三、扭结式裹包机 …… 133
第三节 卷筒材料供送装置 …… 134
一、间歇供送定位切断 …… 135
二、连续供送定位切断 …… 136
第四节 裹包执行机构设计 …… 137
一、执行构件作无停留往复摆动 …… 138
二、执行构件作无停留的往复移动 …… 143
三、执行构件作有停留的往复移动 …… 144
第五节 应用举例 …… 145
一、条盒透明纸裹包机的组成及工作原理 …… 145
二、传动系统 …… 147
三、机器的主要机构 …… 148
思考题 …… 152
第七章 贴标机械 …… 153
第一节 概述 …… 153
一、贴标机械的分类 …… 153
二、贴标的基本工艺过程 …… 153
三、标签的粘贴方式 …… 153
四、国家标准对贴标机的主要要求 …… 154
第二节 贴标机的主要机构与工作原理 …… 154
一、供标装置 …… 154
二、取标装置 …… 155
三、打印装置 …… 158
四、涂胶装置 …… 158
五、联锁装置 …… 160
第三节 常见粘合贴标机 …… 161
一、直线式真空转鼓贴标机 …… 161
二、回转式贴标机 …… 162
三、压式贴标机 …… 163
四、滚动式贴标机 …… 163

五、龙门式贴标机 …… 164
六、多标盒转鼓贴标机 …… 165
七、压盖贴标机 …… 165
八、压敏胶标签贴标机 …… 166
九、收缩膜套标签机 …… 167
十、RG 型不干胶自动贴标机 …… 169
第四节　贴标机的设计与计算问题 …… 171
一、真空转鼓的吸力计算 …… 171
二、搓滚输送装置的设计问题 …… 172
三、贴标机的运动计算 …… 172
四、贴标机的功率计算 …… 173
第五节　贴标机的设计实例 …… 177
一、高速全自动回转式贴标机的设计 …… 177
二、小型异形瓶不干胶自动贴标机 …… 188
思考题 …… 191
第八章　装盒与装箱机械 …… 193
第一节　概述 …… 193
第二节　纸盒的种类及装盒机械的选用 …… 193
一、纸盒的种类及选用 …… 193
二、装盒机械的选用 …… 195
第三节　装盒机械及工艺路线 …… 196
一、充填式装盒机械 …… 196
二、裹包式装盒机械 …… 199
第四节　装盒机械典型工作机构 …… 200
一、纸盒撑开及成型机构 …… 200
二、装盒机主传送系统 …… 202
三、推料机构 …… 203
四、说明书输送机构 …… 204
五、封盒装置 …… 207
第五节　瓦楞纸箱及装箱机械的选用 …… 210
一、瓦楞纸箱的特性及纸箱箱型结构的基本形式 …… 210
二、通用瓦楞纸箱的技术标准 …… 210
三、装箱方法分类 …… 212
四、瓦楞纸箱和装箱设备的选用 …… 215
第六节　装箱机械典型工作机构 …… 215
一、开箱装置 …… 215
二、产品排列集积装置 …… 216
三、装箱装置 …… 218
四、封箱装置 …… 222
思考题 …… 225

第九章　其他包装机械 …… 226
第一节　概述 …… 226
第二节　捆扎机械 …… 226
一、概述 …… 226
二、捆扎机 …… 229
三、捆结机 …… 233
第三节　热成型包装机 …… 235
一、概述 …… 235
二、全自动热成型包装机包装工艺流程及特点 …… 237
三、全自动热成型包装机工作原理 …… 237
四、全自动热成型包装机总体结构及设计原理 …… 239
第四节　热收缩包装设备 …… 251
一、概述 …… 251
二、热收缩包装材料的基本性能 …… 252
三、典型的热收缩包装设备 …… 253
第五节　真空与充气包装机械 …… 259
一、概述 …… 259
二、操作台式真空充气包装机 …… 261
三、输送带式真空充气包装机 …… 265
四、主要参数的计算及选择 …… 267
第六节　贴体包装机 …… 269
一、概述 …… 269
二、贴体包装流程 …… 270
三、典型的贴体包装机结构及技术参数 …… 271
第七节　包装生产线 …… 271
一、概述 …… 271
二、工艺路线与设备布局 …… 276
三、包装生产线的生产能力及缓冲系统设计 …… 277
四、包装自动线部分辅助装置的结构 …… 281
五、典型包装自动生产线 …… 283
思考题 …… 289
参考文献 …… 290

第一章 绪　论

第一节　包装机械的概念和作用

一、包装机械的概念

包装机械是指完成全部或部分包装过程的机器。包装过程包括成型、充填、封口、裹包等主要包装工序以及清洗、干燥、杀菌、贴标、捆扎、集装、拆卸等前后包装工序，转送、选别等其他辅助包装工序。

二、包装机械的作用

包装机械是包装工业的重要基础，在轻工机械行业中占有重要的地位。包装机械为包装业提供重要的技术保障，对包装业的发展起着重要的作用，同时在食品、医药、日用品、化工产品等生产中也起着重要的作用。包装机械是使产品包装实现机械化、自动化的根本保证。

1. 能大幅度地提高生产效率，加快产品的不断更新

包装机械的生产能力一般比手工包装提高十几倍，甚至几十倍，无疑对产品的包装花样更新起着举足轻重的作用。如啤酒罐装机的生产能力可达 120000 瓶/h；袋装机小袋包装大都在 60～120 袋/min 之间，中袋包装 35～60 袋/min；国外机械包装速度小袋已达到 1200 袋/min，中袋 160 袋/min，这些都是手工作业无法比拟的。

2. 降低劳动强度，改善劳动条件

机械包装能将工人从紧张繁重地重复劳动中解放出来，而且可以避免和减少有剧毒、刺激性的、腐蚀性的、低温、潮湿、粉尘等条件对工人的身体造成影响，大大改善劳动条件。

3. 能节约材料，降低成本，保护环境

有些粉末、液体物料在手工包装过程中容易发生逸散、起泡、飞溅现象，采用机械包装能防止产品的散失，既保护了环境，又节约了原材料、降低了成本。

4. 有利于被包装产品的卫生，提高产品质量，增强市场销售的竞争力

类似药品、食品等卫生条件要求很严格的产品，采用机械包装避免了人与产品的直接接触，减少了对产品的污染，同时由于机械包装速度快，产品在空气中停留时间短，从而减少了对产品的污染机会，有利于提高产品的卫生条件。

另外，由于机械包装的计量精度高，产品的外形美观、整齐、统一、封口严密，从而提高了产品包装的质量，提高了产品市场销售的竞争能力，可获得较高的经济效益。

5. 延长产品的保质期，方便产品的流通

采用真空、充气、无菌等包装机械，可使食品、饮料等延长保质期，并使产品流通销售范围更加扩大。

6. 可减少包装场地面积，节约基建投资

产品采用手工包装，若要完成同样的包装量，需要包装工人多，工序不紧凑，作业占地面积大，基建投资多。采用机械包装，产品和包装材料的供给比较集中，各包装工序安排紧凑，有的可采用立体作业，因而减少了包装的占地面积，节约基建投资。

第二节　包装机械的特点及发展方向

一、包装机械的特点

包装机械多属于自动机械，它既具有自动机械的共性，也具有自身的特点，包装机械的主要特点如下。

① 大多数包装机械种类繁多，结构复杂，运动速度快，动作精度较高。为满足不同的性能要求，对零部件的刚度和表面质量等有较高的要求。

② 用于食品、药品等包装机械要便于清洗，与食品、药品接触的部位要用不锈钢或经过化学处理的无毒材料制成。

③ 进行包装作业时的工艺力一般都较小，所以包装机械的电动机功率较小。

④ 包装机械一般都采用无级变速装置，以便灵活调整包装速度，调节包装机的生产能力。因为影响包装质量的因素很多，诸如包装机的工作机构的运动状态，工作环境的温度、湿度，包装材料和包装物的质量等。所以，为便于机器的调整，满足包装质量和生产能力的需要，往往把包装机设计成无级可调的，即采用无级变速装置，某些零件还设计成可调整的。

⑤ 包装机械是特殊种类的专业机械，使用需求数量有限。为便于制造和维修，减少设备投资，在各种包装机械设计中应注意通用性及多功能型。

二、包装机械的发展方向

1. 国内外包装机械的概况

美国、日本、德国、意大利是世界上包装机械四大强国。

美国是世界上包装机械发展历史较长的国家，早已形成了独立完整的包装机械体系，其品种和产量均居世界之首。从 20 世纪 90 年代起，美国始终保持着世界最大包装机械生产和消费大国的地位。其产品以高、大、精、尖产品居多，机械与计算机紧密结合，实现机电一体化控制。新型机械产品中以成型、充填、封口三种机械的增长最快，裹包机和薄膜包装机占整个市场份额的 15%，纸盒封盒包装机在市场占有率中居第二位。从 20 世纪 90 年代初以来，美国包装机械业一直保持着良好的发展势头。1998 年美国包装机械国内消费占 82%，出口只占产值的 18%，但出口额大。继加拿大、墨西哥、日本、英国、德国之后，中国是美国包装机械的第 6 大出口市场。

日本的包装机械制造厂以中小企业为主，包装机械的品种近 500 种，规格有 700 多个。包装机械以中小型单机为主，具有体积小、精密度高、易安装、操作方便、自动化程度高等优点。90 年代以来，已将变频调整、光电追踪、无触点电子开关、动态数据显示等技术运用在包装机械中。日本包装机械的很大一部分用于食品包装领域，食品包装机械产值占包装机械总产值的一半以上。日本包装机械的出口额只占产值的 10%。亚洲是日本包装机械的主要出口市场。自 1995 年起，中国已成为日本包装机械的最大出口国。

德国、意大利、英国、瑞士和法国等，都是世界上很重要的包装机械生产国家。欧洲各国包装机械业的一个共同特点，是出口比例（出口额占产值的比例）都很大，如德国和意大利近 80%，瑞士超过 90%。

德国的包装机械在计量、制造、技术性能等方面居领先地位，特别以啤酒、饮料灌装设备具有高速、成套、自动化程度高、可靠性好等特点而享誉全球。一些大公司生产的包装机械集机、电、仪及微机控制于一体，采用光电感应，以光标控制，并配有防静电装置。其大型自动包装机不仅包装容积大，而且能集制袋、称重、充填、抽真空、封口等工序在一台单机上完成。德国包装机械业多年来始终处于稳定增长状态，出口比例占80%左右，德国是世界上最大的包装机械出口国。

意大利是仅次于德国的第二大包装机械出口国。意大利的包装机械多用于食品工业，具有性能优良、外观考究、价格便宜的特点，出口比例占80%左右，美国是其最大的出口市场。20世纪90年代以来，意大利对中国的包装机械出口额迅速增长，1995年在意大利的出口排名榜上，中国已跃居为第二位。

我国包装机械起步较晚，20世纪80年代以前发展缓慢，只能生产几种水平很低的包装机械，主要在烟草加工、制糖、制盐、酿酒等行业，包装机械没有成为一个独立的行业。80年代以后，由于改革开放，经济迅猛发展，社会对包装机械的需求不断增加，年平均增长速度大于30%，进入90年代，仍以20%以上的速度增长。现在我国包装机械已成为机械工业中十大行业之一，2001年全国包装机械产量达53.3万台（套），产值为195.5亿元，占全国包装工业总产值的8.2%，我国已成为世界包装机械生产和消费大国之一。

然而，中国包装机械存在不少问题。一是缺乏宏观调控，因包装机械企业起点低、“先天不足”且跨部门，存在统筹规划、宏观指导难的问题，在投资和开发新产品方面往往一哄而起，出现低水平重复的无序竞争。二是缺乏资金投入，难以进行大量的技术改造。因经费不足，企业用于研究和开发的投资占销售额平均水平不到1%，不能做到生产一代，开发一代，研究一代。由于没有技术储备，引进技术、消化吸收工作不力，使企业新产品少，缺乏竞争力。三是缺乏专业技术人员，因包装机械业利润不高，难以吸引优秀的技术人才，以致人才队伍参差不齐，自主开发产品和创新能力薄弱，甚至消化吸收国外同类产品的能力都很弱，造成产品多年一贯制。以上这些已经制约了行业的发展。

2. 中国包装机械业发展方向

目前，世界各国对包装机械发展十分重视，集机、电、气、光、声、磁为一体的高新技术产品不断涌现。生产高效率化、资源高利用化、产品节能化、高新技术实用化、科研成果商业化已成为世界各国包装机械发展的趋势。这也是我国包装机械业的发展方向。对于我国的包装机械生产企业，并不是求大求全，而是应求精求专。努力提高技术含量，把产品做精、做细、做专、做强，靠技术进步来提升行业的发展。

据有关专家分析，我国包装机械业主要门类产品发展趋向如下。

① 袋成型—充填—封口设备　发展系列化产品及配套装置，解决对物料的适应性、配套性和可靠性问题；采用先进技术，提高速度，同时可适用单膜和复合膜两用的包装机；尽快开发性能可靠、高水平的粉粒自动包装设备。

② 啤酒、饮料灌装成套设备　开发适用于10万吨/年以上大型啤酒、饮料灌装成套设备（包括装箱、卸箱、杀菌、贴标、原位清洗等）；发展具有高速、低耗、计量精确、自动检测等多功能全自动大型成套设备，使灌装、压盖、贴标、捆扎、集装等工序的生产效率一致，提高啤酒、饮料灌装的整体技术水平。

③ 称量式充填设备　发展各种形式的称量充填设备，努力提高速度、精度以及稳定性和可靠性，并与自动包装设备相配套。

④ 裹包设备　提高产品的可靠性和操作安全性；除塑料薄膜裹包设备外，还要开发折纸裹包设备；大力发展与裹包设备配套的各种辅助装置，以扩大主机功能应用面。

⑤ 捆扎包装设备　发展多种多样的捆扎机械；重点开发小型台式和大型塑料带捆扎设备和重物（如钢材）的自动连续钢带捆扎机，开发小型纸带捆扎机，提高果蔬、日用百货、工业材料包装自动化水平。

⑥ 无菌包装设备　缩短与国际先进水平的差距，提高速度，完善性能；发展大袋无菌包装技术和设备；研制半液体无菌包装设备，使无菌包装设备产品系列化；发展杯式无菌小包装机械产品，以填补国内空白。

⑦ 真空、换气包装设备　发展适用于袋容量较大（最大可达 $1m^2$）的连续或半连续真空包装设备和将所需气体按比例充入袋内的高速换气包装设备。

⑧ 瓦楞纸板（箱）生产设备　发展宽幅（2m 以上）、高速成套设备；在中轻型设备上注重成套性；拓展计算机技术的应用深度和广度，重在提高性能，提高可靠性。

⑨ 制罐设备　研制无汞焊轮和专用电源，提高生产速度；发展复合罐、异形罐和喷雾罐等多种系列制罐成套设备及相应的制盖生产线。

⑩ 环保包装机械　开发各种小包装用纸袋的生产设备和以纸基材为包装材料（容器）的包装设备，以适应环境保护的要求；推广和完善蜂窝纸板制造技术，加快产品包装以纸代木；推广和完善纸浆模塑制造技术，扩大应用面，如向电子产品包装发展。

第三节　包装机械的组成

包装机械由驱动系统、传动系统、执行机构、控制系统等组成。为了便于掌握和研究包装机械的工作原理与结构性能，通常又将包装机械分成下列组成部分。

1. 被包装物品的计量与供送系统

被包装物品的计量与供送系统是指将被包装物品进行计量、整理、排列，并输送至预定工位的装置系统。有的还完成被包装物品的成型、分割。如胶囊、电子元件等供送前多呈杂乱的聚集状态，一经专用的供送系统便可实现定向排列，由它们逐个或分批地送至下一工位。奶粉、砂糖、味精、药丸、片剂等供送前先贮存于容器内，工作时借自重或专用装置完成排料、输送及定量给料。

2. 包装材料的整理与供送系统

包装材料的整理与供送系统是指将包装材料（包括包装材料、包装容器及辅助物）进行定长切断或整理排列，并逐个输送至预定工位的装置系统。有的在供送过程中还完成制袋或包装容器的竖起、定型、定位。如纸盒片供送、张开装置；柔性包装材料按材料上印刷的商标图形进行定位封合和切割等。

3. 主传送系统

主传送系统是指将被包装物品和包装材料由一个包装工位顺次传送到下一个包装工位的装置系统。单工位包装机则没有主传送系统。

4. 包装执行机构

包装执行机构是指直接进行裹包、充填、封口、贴标、捆扎和容器成型等包装操作的机构。如糖果裹包机的前、后推糖板，抄纸板，糖钳手和扭结手等组成的机构；封罐机中的两道卷封滚轮机构都是包装执行机构。

5. 成品输出机构

成品输出机构是指将包装成品从包装机上卸下、定向排列并输出的机构。有的机器的成品输出由主传送系统完成或靠成品自重卸下。

6. 动力机与传动系统

动力机与传动系统是指将动力机的动力与运动传递给执行机构和控制元件，使之实现预定动作的装置系统。通常由机、电、光、液、气等多种形式的传动、操纵、控制以及辅助装置等组成。

7. 控制系统

控制系统由各种自动和手动控制装置所组成，是现代包装机的重要组成部分，包括包装过程及其参数的控制，包装质量、故障与安全的控制等。现代包装机械的控制方法除机械控制外，还有电气控制、气动控制、光电控制、电子控制和射流控制，可根据包装机械的自动化水平和生产要求选择。

8. 机身

机身用于支承、安装固定有关零部件，保持其工作时要求的相对位置，并起一定的保护、美化外观等作用。机身必须具有足够的强度、刚度和稳定性。

第四节　包装机械的分类与型号编制

一、包装机械的分类

2003 年，国家标准局在 1986 年标准的基础上，修订了包装机械分类标准，新标准（GB/T 19357—2003）以包装机械产品主要功能的不同作为划分类别的原则，对包装机械产品进行分类。各类产品定义详见 GB/T 4122.1 和 GB/T4122.2，在同一类别中的包装机械产品按其功能原则进一步划分。新的包装机械分类和定义如表 1-1 所示。

表 1-1　包装机械分类和定义

<table>
<tr><th>分　类</th><th colspan="2">产品名称及类型</th></tr>
<tr><td rowspan="3">充填机（filling machine）　将产品按预定量充填到包装容器内的机器</td><td>容积式充填机（volumetric filling machine）　将产品按预定量充填到包装容器内的机器</td><td>量杯式充填机（measuring cup filling machine）
气流式充填机（stream filling machine）
柱塞式充填机（piston type filling machine）
螺杆式充填机（auger type filling machine）
计量泵式充填机（dosing pump type filling machine）
插管式充填机（insertion pipe type filling machine）</td></tr>
<tr><td>称重式充填机（gravimetric filling machine）　将产品按质量充填到包装容器内的机器</td><td>单秤斗称重充填机（the single balance is struggled against to weigh the filling machine）
组合式称重充填机（weigh the filling machine while being sectional）
连续式称重充填机（the continuous type weighs the filling machine）</td></tr>
<tr><td>计数充填机（counting filling machine）　将产品按预定数目充填到包装容器内的机器</td><td>单件计数充填机（counting filling machine with multiple register）
多件计数充填机（counting filling machine with unit register）
定时充填机（timed filling machine）
转盘计数充填机（round table counting filling machine）
履带式计数充填机（strip counting filling machine）</td></tr>
<tr><td rowspan="4">灌装机械（filling machine）　将液体按预定量灌注到包装容器内的机器</td><td colspan="2">负压灌装机（low vacuum filling machine）　先对包装容器抽气形成负压，然后将液体充填到包装容器内的机器</td></tr>
<tr><td colspan="2">常压灌装机（atmospherically pressure filling machine）　在常压下将液体充填到包装容器内的机器</td></tr>
<tr><td colspan="2">等压灌装机（isobar filling machine）　先向包装容器充气，使其内部气体压力和储液缸内的气体压力相等，然后将液体充填到包装容器内的机器</td></tr>
<tr><td colspan="2">压力灌装机（pressure filling machine）　是利用外部的机械压力将液体产品充填到包装容器内的机器</td></tr>
<tr><td rowspan="4">封口机械（sealing machine，closing machine）　在包装容器内盛装产品后，对容器进行封口的机器</td><td colspan="2">热压封口机（heat sealing machine）　用热封合的方法封闭包装容器的机器</td></tr>
<tr><td colspan="2">熔焊封口机（fusion weld sealing machine）　通过加热使包装容器封口处熔融封闭的机器</td></tr>
<tr><td colspan="2">压盖式封口机（press the covering type sealing machine）　使皇冠盖的褶皱边压入瓶口凹槽内，并使盖内材料产生适当的压缩变形，完成对瓶口封闭的机器</td></tr>
<tr><td colspan="2">压塞式封口机（press the filling in type sealing machine）　使瓶塞压入瓶口并使包装容器封闭的机器</td></tr>
</table>

续表

<table>
<tr><th>分　类</th><th colspan="2">产品名称及类型</th></tr>
<tr><td rowspan="6">封口机械(sealing machine,closing machine)　在包装容器内盛装产品后,对容器进行封口的机器</td><td colspan="2">旋合封口机(screw-closure closing machine)　通过旋转封口器材以封闭包装容器的机器</td></tr>
<tr><td colspan="2">卷边封口机(double seaming machine)　用滚轮将金属盖与包装容器开口处互相卷曲钩合以封闭包装容器的机器</td></tr>
<tr><td colspan="2">压力封口机(pressure closing machine)　通过在封口器材的垂直方向上施加预定的压力以封闭包装容器的机器</td></tr>
<tr><td colspan="2">滚压封口机(roll-on capping machine)　通过滚压使金属盖变形以封闭包装容器的机器</td></tr>
<tr><td colspan="2">缝合机(sewing machine)　使用缝线缝合包装容器的机器</td></tr>
<tr><td colspan="2">结扎封口机(binding sealing machine)　使用线、绳等结扎材料封闭包装容器的机器</td></tr>
<tr><td rowspan="2">裹包机械(wrapping machine)　用挠性包装材料全部或局部裹包产品的机器</td><td colspan="2">半裹式裹包机(part wrapping machine)　用挠性包装材料裹包产品局部表面的机器</td></tr>
<tr><td>全裹式裹包机(full wrapping machine)　用挠性包装材料裹包产品的所有表面的机器</td><td>折叠式裹包机(fold wrapping machine)
扭结式裹包机(twist wrapping machine)
接缝式裹包机(seam wrapping machine)
覆盖式裹包机(cover wrapping machine)
缠绕式裹包机(spiral wrapping machine,convolute wrapping machine)
拉伸式裹包机(stretch wrapping machine)
收缩式裹包机(shrink wrapping machine)
贴体式裹包机(skin packaging machine)
现场发泡设备(foaming machine)</td></tr>
<tr><td rowspan="4">多功能包装机械(multifunction packaging machine)　在一台整机上可以完成两个或两个以上包装工序的机器</td><td>成型-充填-封口机(forming, filling and sealing machine;form-fill-seal machine)　完成包装容器的成型后,将产品装入包装容器并完成封口工序的机器</td><td>箱(盒)成型-充填-封口机[case(box) forming,filling and sealing machine]
袋成型-充填-封口机(bag forming,filling and sealing machine)
冲压成型-充填-封口机(deep-drawing,filling and sealing machine)
热成型-灌装-封口机(thermo-forming,filling and sealing machine)</td></tr>
<tr><td colspan="2">真空包装(vacuum packaging machine)　将产品装入包装容器后,抽出容器内部的空气,达到真空度,并完成封口工序的机器</td></tr>
<tr><td colspan="2">充气包装机(gas flushing packaging machine)　将产品装入包装容器后,用氮、二氧化碳等气体置换容器中的空气并完成封口工序的机器</td></tr>
<tr><td colspan="2">泡罩包装机(blister packaging machine)　以透明塑料薄膜或薄片形成泡罩,用热封合、粘合等方法将产品封合在泡罩与地板之间的机器</td></tr>
<tr><td rowspan="6">贴标机械(labeling machine)　采用胶黏剂将标签贴在包装件或产品上的机器</td><td colspan="2">粘合贴标机(labeling machine)　采用胶黏剂将标签贴在包装件或产品上的机器</td></tr>
<tr><td colspan="2">套标机(set labeling machine)　将标签套在包装件或产品上的机器</td></tr>
<tr><td colspan="2">订标签机(tag labeling machine)　用钉、针、线、带等材料将标签固定在包装件或产品上的机器</td></tr>
<tr><td colspan="2">挂标签机(tie-on labeling machine)　用钉、针、线、带等材料将标签或吊牌悬挂在包装件或产品上的机器</td></tr>
<tr><td colspan="2">收缩标签机(shrink labeling machine)　用热收缩或弹性收缩的方法将筒状标签套在包装件或产品上的机器</td></tr>
<tr><td colspan="2">不干胶标签机(non-drying labeling machine)　通过加标机构将不干胶标签贴在包装件或产品上的机器</td></tr>
<tr><td rowspan="7">清洗机械(cleaning machine)　对包装容器、包装材料、包装辅助物及包装件进行清洗,以达到预期清洁度的机器</td><td colspan="2">干式清洗机(dry-cleaning machine)　使用气体清洗剂,以压力或抽吸方法清除不良物质的机器</td></tr>
<tr><td colspan="2">湿式清洗机(wet-cleaning machine)　使用液体清洗剂,蒸汽清除不良物质的机器</td></tr>
<tr><td colspan="2">机械式清洗机(mechanical cleaning machine)　借助工具擦刷以清除不良物质的机器</td></tr>
<tr><td colspan="2">电解清洗机(electrolytic cleaning machine)　通过电解分离清除不良物质的机器</td></tr>
<tr><td colspan="2">电离清洗机(ionization cleaning machine)　通过电离清除不良物质的机器</td></tr>
<tr><td colspan="2">超声波清洗机(ultrasonic)　通过超声波产生的机械振荡清除不良物质的机器</td></tr>
<tr><td colspan="2">组合式清洗机(making up type cleaning machine)　将几种方法组合在一起清除不良物质的机器</td></tr>
</table>

续表

<table>
<tr><th>分　类</th><th colspan="2">产品名称及类型</th></tr>
<tr><td rowspan="4">干燥机械(drying machine)　对包装容器、包装材料、包装辅助物以及包装件上的水分进行去除以达到预期干燥程度的机器</td><td colspan="2">热式干燥机(heat drying machine)　通过热交换去除水分的机器</td></tr>
<tr><td colspan="2">机械干燥机(mechanical drying machine)　通过离心、甩干等方法去除水分的机器</td></tr>
<tr><td colspan="2">化学干燥机(chemical drying machine)　通过去除水分的机器</td></tr>
<tr><td colspan="2">真空干燥机(vacuum drying machine)　通过抽去包装容器内部空气达到预定真空度的方法去除水分的机器</td></tr>
<tr><td rowspan="2">杀菌机械(sterilization machine)　对产品、包装容器、包装材料、包装辅助物以及包装件上等上的微生物进行杀灭，使其降低到允许范围内的机器</td><td colspan="2">高温杀菌机(high sterilization machine)　通过加热进行杀菌消毒的机器</td></tr>
<tr><td colspan="2">超声波杀菌机(ultrasonic sterilization machine)　通过超声波的直接作用进行杀菌消毒的机器</td></tr>
<tr><td rowspan="6">捆扎机械(strapping machine)　使用捆扎带或绳捆扎产品或包装件，然后收紧并将捆扎带两端通过热效应熔融或使用包扣等材料连接好的机器</td><td colspan="2">机械式捆扎机(mechanical strapping machine)　采用机械传动进行捆扎的机器</td></tr>
<tr><td colspan="2">液压式捆扎机(hydraulic strapping machine)　采用液压传动进行捆扎的机器</td></tr>
<tr><td colspan="2">气动式捆扎机(pneumatic strapping machine)　采用空气压力传动进行捆扎的机器</td></tr>
<tr><td colspan="2">穿带式捆扎机(wear the bringing type)　采用带进行捆扎的机器</td></tr>
<tr><td colspan="2">捆结机(tying machine)　使用线、绳等结扎材料，使之在一定张力下缠绕产品或包装件一圈或多圈，并将两端打结连接的机器</td></tr>
<tr><td colspan="2">压缩打包机(baling press baler)　将泡松产品压缩打包，成为有规则包装件的机器</td></tr>
<tr><td rowspan="3">集装机械(collect the machinery of installing)　将包装单元集成或分解，形成一个合适的搬运单元的机器</td><td colspan="2">集装机(单元包装机)(machine for the assembly of unit load)　将若干个包装件或产品包装在一起，形成一个合适的搬运单元的机器，按集装方式分为托盘集装机、无托盘集装机</td></tr>
<tr><td colspan="2">集装件拆卸机(单元包装拆卸机)(machine for the unloading of unit load)　将集合包装件拆开、卸下、分离等的机器</td></tr>
<tr><td colspan="2">堆码机(stacking machine)　将预定数量的包装件或产品按一定规则进行堆积的机器</td></tr>
<tr><td rowspan="6">辅助包装设备(auxiliary packaging equipment)　对包装材料、包装容器、包装辅助物或包装件执行非主要包装工序的有关功能的机器</td><td colspan="2">打印机(marker)　在包装件、包装容器、标签等上打印、滚印字码或标记的机器</td></tr>
<tr><td colspan="2">整理机(unscramble)　整理和排列被包装产品、包装容器、包装件或包装辅助材料等的机器</td></tr>
<tr><td colspan="2">检验机(inspection machine)　用来检验包装产品质量，将混有异物的产品剔除的机器</td></tr>
<tr><td colspan="2">选别机(select the leaving machine)　检查正在包装或已经包装好的产品的质量，剔除超出质量允许误差产品的机器</td></tr>
<tr><td colspan="2">输送机(conveyer)　将被包装产品、包装容器或包装件自动从一道工序送到另一道工序所用的机器，输送机一般分为立式和卧式两种</td></tr>
<tr><td colspan="2">投料机(material throwing machine)　将物料投放到下一个工序的机器</td></tr>
<tr><td>包装材料制造机械(package material making machine)　专门直接用于包装材料制造的机器</td><td>瓦楞纸板生产线(corrugated cardboard production line)　将两层或多层的瓦楞芯和纸板制成瓦楞纸板的机器</td><td>芯板机(core board machine)
裱胶机(glue mounting machine)
分纸机(paper dividing machine)
压痕机(mark pressing machine)
切口机(notched)
开槽机(slitter)
钉箱机(case nailing machine)
瓦楞机(corrugators)</td></tr>
</table>

续表

分　类	产品名称及类型	
包装材料制造机械（package material making machine） 专门直接用于包装材料制造的机器	吹塑机（blowing molding machine） 用空气或氮气将型坯或片材吹胀成中空制品的机器	薄膜吹塑机（membrane blowing molding machine） 注塑吹塑成型机（shaping molding plastics and blowing molding machine） 挤出吹塑成型机（push out of the shaping blowing molding machine） 拉坯吹塑成型机（shaping drawing the base and blowing molding machine） 多层吹塑机（multi-layer blowing molding machine）
包装容器制造机械（the packaging container makes machinery） 如：桶、罐、盒、箱、瓶、袋的机器	制盖机（cover making machine） 用各种材料专门生产各种瓶盖的机器	皇冠盖制盖机（crowner） 玻璃盖制盖机（glass cover rounder） 旋开盖制盖机（uncap cover making machine） 易开盖制盖机（apt uncapping cover making machine） 塑料盖制盖机（plastics cover making machine） 铝塑盖制盖机（aluminum moulds cover making machine）
	制瓶机（bottle making machine） 将柱形玻璃料滴或聚酯料坯制成成品瓶罐过程的机器	成型制瓶机（shaping bottle making machine） 聚酯制瓶机（polyester bottle making machine）
	制罐机（can making machine） 将平板材料制成成品罐的机器	二片制罐机（two slices can making machine） 三片制罐机（three slices can making machine） 纸质复合罐生产线（paper compels pot production line） 螺旋卷绕片制罐机（spiral coils can making machine） 四旋卷绕片制罐机（four fasten and coil the can making machine） 异型罐片制罐机（irregular can making machine）
	制桶机（barrel making machine） 用各种材料和方式制成桶状容器的机器	纸桶机组（paper barrel aircrew） 纸碗机（paper bowl machine） 纸杯机（paper cup machine） 纸罐机（paper pot machine） 纸管机（paper managing machine）
	制箱制盒机（case and box making machine） 将各种材料切割、压线并折成需要的形式并制城箱，盒容器的机器	纸盒机（paper carton machine） 瓦楞纸箱成型机（corrugated fibro boxes shaping machine） 纸浆模塑机（paper mould machine）
	制袋机（bag making machine） 将包装材料制造成袋状的机器	纸制水泥袋机（paper cement making machine） 薄膜袋自动封切机（sealing and cutting membrane auto machine） 阀式包装袋机（valve wrapping bag machine） 多层纸袋制袋机（multi-layer container bag making machine） 塑料袋制袋机（plastic bag making machine） 编织袋制袋机（braided bag making machine）
无菌包装机械（aseptic packaging machine） 在无菌的环境下对产品完成全部或部分包装过程的机器	砖形无菌包装机（brick aseptic packaging machine） 枕形无菌包装机（head aseptic packaging machine） 三角形无菌包装机（triangle aseptic packaging machine） 屋形无菌包装机（room aseptic packaging machine） 大袋无菌包装机（big bag aseptic packaging machine）	

二、包装机械型号编制方法

GB/T 7311—2003 规定了包装机械类产品的型号编制方法。本标准与 GB/T 4122.2—1996《包装术语 机械》和 GB/T 19357—2003《包装机械分类》构成包装机械类产品三项基础通用性标准。

型号包括主型号和辅助型号两个部分。

1. 主型号的编制

主型号包括包装机械的分类名称代号、结构形式代号、选加项目代号。

分类名称代号以其有代表性汉字名称的第一个拼音字母表示，遇有重复字母时，其分类名称代号可采用第二个拼音字母以示区别，也可用主要功能的具有代表性的汉字名称的拼音字母组合表示。

无分类名称代号的产品，其分类名称代号可自行确定。

结构类型代号和选加项目代号，根据产品标准或生产企业自行确定。

2. 辅助型号

辅助型号包括产品的主要技术参数，派生顺序代号和改进设计顺序代号。

主要技术参数用阿拉伯数字表示，应取其极限值。当需要表示两组以上的参数时，可用斜线“/”隔开。

包装机械类产品常用的主要技术参数有充填量、包装尺寸、封口尺寸、灌装阀头数、生产能力等。

派生顺序代号以罗马数字Ⅰ、Ⅱ、Ⅲ……表示。

改进设计顺序代号依次用汉语拼音字母 A、B、C……等表示。第一次设计的产品无顺序代号。

3. 包装机械型号编制格式

(1) 编制格式

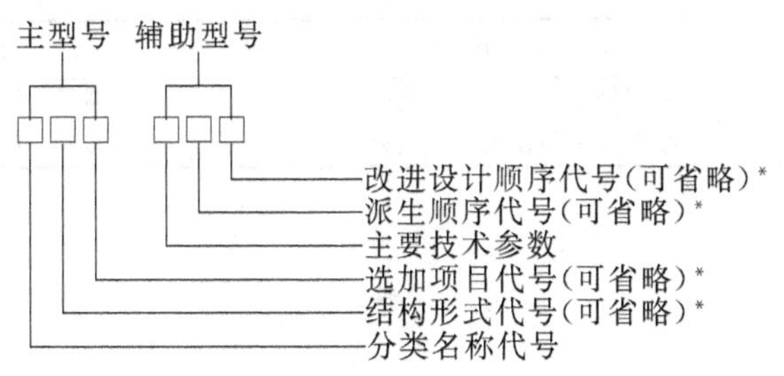

注：* 省略部分可在合同中说明。

(2) 编制示例

示例 1

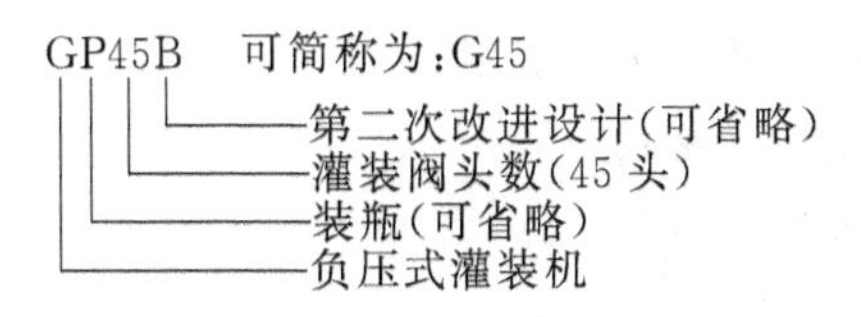

示例 2

K600/600 可简称为:K600

包装尺寸(捆扎产品高度 600mm,宽度 600mm)

机械式捆扎机

4. 包装机械类别代号和主要技术参数目录表

① 包装机械产品的类别代号和主要技术参数见表 1-2。

表 1-2 包装机械产品的名称、类别代号和主要技术参数

名 称	类 别 代 号	主要技术参数内容
充填机	C	被装入产品的容量/质量/生产能力
灌装机	G	灌装阀头数/生产能力
封口机	F	封口尺寸/生产能力
裹包机	B	包装尺寸/生产能力
多功能包装机	D(可用多个字母组合表示)	主要功能的生产能力
贴标签机	T	尺寸/生产能力
清洗机	Q	生产能力
干燥机	Z	生产能力
杀菌机	S	生产能力
捆扎机	K	包装尺寸
集装机	J	规格/生产能力/按产品标准确定
辅助包装机	A(或根据机器名称的第一个汉字确定)	规格/生产能力/按产品标准确定

② 包装容器制造机械产品的类别代号和主要技术参数见表 1-3。

表 1-3 包装容器制造机械产品的名称、类别代号和主要技术参数

名 称	类 别 代 号	主要技术参数内容
制盖机	按型号编制要求的规定确定	规格/生产能力/按产品标准确定
制瓶机	按型号编制要求的规定确定	规格/生产能力/按产品标准确定
制罐机	按型号编制要求的规定确定	规格/生产能力/按产品标准确定
制桶机	按型号编制要求的规定确定	规格/生产能力/按产品标准确定
制箱制盒机	按型号编制要求的规定确定	规格/生产能力/按产品标准确定
制袋机	按型号编制要求的规定确定	规格/生产能力/按产品标准确定

③ 包装材料制造机械产品的类别代号和主要技术参数见表 1-4。

表 1-4 包装材料制造机械产品的名称、类别代号和主要技术参数

名 称	类 别 代 号	主要技术参数内容
制板材机	按型号编制要求的规定确定	规格/生产能力/按产品标准确定
制薄膜机	按型号编制要求的规定确定	规格/生产能力/按产品标准确定

思 考 题

1. 什么是包装机械的概念？
2. 包装机械的作用是什么？
3. 包装机械由哪几部分组成？各部分的功能是什么？
4. 包装机械的特点有哪些？发展方向是什么？
5. 包装机械分为哪几大类？分类代号是什么？
6. 包装机械型号编制格式是什么？

第二章　总体方案设计

第一节　包装机械设计的一般过程

包装机械的设计过程大体上分为总体设计、技术设计和审核鉴定三个阶段。

一、总体设计阶段

总体设计阶段，主要做可行性分析与进行初步设计两方面的工作。

1. 可行性分析

可行性分析要弄清和解决以下几个问题。

① 用户的需求，即要包装哪些产品，采用哪些包装材料，要求何种包装方式，生产现状与发展趋势以及对机械包装的各种要求等。

② 根据用户需求，确定包装机（包装自动线）的设计内容和该机的使用部门，明确它的功能、应用范围和须达到的技术经济指标。

③ 现有同类型包装机（包装自动线）的发展情况，当前技术水平及今后发展方向。

④ 构思设计方案，并从工作原理、技术性能和经济效益三个方面分析对比各种方案的优缺点和可行性，从中找出较为合理的方案。

然后，提出报告说明实施该项目的目的、可行性和实施计划。如果做出可行性分析结果表明该项目不宜设计，则应说明停止该项工作的原因，并报请主管部门审批。

2. 初步设计

将设计方案具体化，着重抓包装机各组成要素的综合、总体布局、编制工作循环图和拟定主要技术参数等。

该阶段对设计的成败起关键作用。在这一阶段中也充分表现出设计工作有多个方案的特点，设计工作的创新性在这里也表现得最为充分。

根据机器要达到的功能要求，确定功能参数，然后按动力部分、传动部分及执行部分分别进行讨论，每一部分都可能有几种方案可供选择，这样机器就有多种的设计方案，但技术上可行的方案可能仅有几个，对这几个可行方案要从技术、经济、环保等方面进行综合评价，通过方案评价进行决策，最后确定一个供下一步设计用的原理性的设计方案——原理图或机构运动简图。

在此阶段要正确处理好借鉴与创新的关系。同类机器成功的先例应该借鉴，原先薄弱环节及不符合现有任务要求的部分应当加以改进或根本改变。既要积极创新，反对保守和照搬原有设计，也要反对一味求新而把合理的原有经验弃之不用的错误倾向。

二、技术设计阶段

技术设计内容包括各组成部分的运动设计、结构设计、零件强度与刚度校核、动力计算、绘制设计图样和编写技术文件等。

总体设计阶段的主要目标是产生总装配草图及部件装配草图。通过草图设计确定各部件及其零件的外形和基本尺寸，包括各部件之间的连接尺寸。最后绘制零件工作图、部件装配图和总装配图。

为了确定主要零件的基本尺寸，必须做以下工作。

① 机器的运动学设计　根据确定的结构方案，确定原动机的参数（功率、转速、线速度等），然后作运动学计算，从而确定各运动构件的运动参数（转速、速度、加速度等）。

② 机器动力学的计算　结合各部分的结构和运动参数，计算各主要零部件所受的载荷的大小及特性。由于零部件尚未设计出来，此时所求出的载荷只是作用于零件上的公称（或名义）载荷。

③ 零件的工作能力设计　已知主要零件所受公称载荷的大小及特性，即可做零部件的初步设计。设计所依据的工作能力准则必须参照零部件的一般失效情况、工作特性、环境条件等合理地拟定，一般有强度、刚度、振动稳定性、寿命等准则。通过计算或类比，便可以决定零部件的基本尺寸。

④ 部件装配草图及总装配草图的设计　根据已定出的主要零部件的基本尺寸，设计出部件装配草图及总装配草图。草图上需对所有零件的外形及尺寸进行结构化设计。在此步骤中需要很好的协调各零部件的结构及尺寸。全面地考虑所设计的零部件的结构工艺性，使全部零部件有合理的构成。

⑤ 主要零件的校核　有一些零件在上述③中由于具体结构未定，难以进行详细的工作能力计算，所以只能作初步计算及设计。在绘出部件装配草图及总装配草图以后，所有零件的结构及尺寸均为已知，相互邻接的零件之间的关系也为已知。只有在这时才可以较为精确地定出作用在零件上的载荷，决定影响零件工作能力的各个细节因素。只有在此条件下，才有可能并且必须对一些重要的或者受力情况复杂的零部件进行精确的校核计算。根据校核结果，反复修改零件的结构及尺寸，直到满意为止。

在技术设计的各个步骤中，可以用优化方法、有限元分析方法使结构参数和结构强度、变形得到最佳和定量控制的结果。对于少数非常重要、结构复杂且价格昂贵的零件，在必要时还需要用模型试验的方法来进行设计，即按初步设计的图纸制造出模型，通过试验，找出结构上的薄弱部位或多余的截面尺寸，据此来修改原设计，最后达到完善的程度。机械可靠性理论用于技术设计阶段，可以按可靠性的观点对所设计的零部件结构及其参数做出是否满足可靠性要求的评价，提出改进设计的建议，从而进一步提高机器的设计质量。

草图设计完成后，即可以根据草图已确定的零件基本尺寸设计零件的工作图。此时，仍有大量的零件结构细节要加以推敲和确定。设计工作图时，要充分考虑到零件的加工和装配工艺性、零件在加工过程中和加工完成后的检验要求和实施方法等。有些细节安排如果对零件的工作能力有值得考虑的影响时，还需返回去重新校核工作能力。最后绘制除了标准件外的全部零件的工作图。

按最后定型的零件工作图上的结构及尺寸，重新绘制部件装配图及总装配图。通过这一工作可以检查出零件工作图中可能隐藏的尺寸和结构上的错误。人们把这一工作通俗地称为“纸上装配”。

三、审核鉴定

对所拟定的方案、技术计算、设计图样等进行详细审核，并对试制的样机进行鉴定。特别要注意审查整个设计方案是否合理，各个具体设计环节是否正确，设计是否完善，还需作哪些改进。

每个设计阶段均有其明确的目的和中心内容，相互间又有密切的联系，设计中需要经过多次反复修改、校核，才能逐步完善。应当注意，定型设计、改进设计与创新设计在每个设计阶段的重点与难度不完全一样。因此在设计时，可根据实际需要再划分为若干个设计步骤，以使整个工作周密而又有秩序地进行，保证设计质量和进度。

第二节　总体方案设计的基本内容

总体方案设计包括以下基本内容。

一、确定功能与应用范围

包装机的功能，是指其所能完成的包装工序的种类；而应用范围，则是指其包装不同物品的能力，包括所能包装的物品的类型与所能采用的包装材料的种类。

一般说来，减少功能和缩小应用范围，可以简化机器结构、降低制造成本、提高生产率，易于实现自动化。反之，增加功能和扩大应用范围，则可以一机多用、相对缩小占地面积，有利于扩大机器制造批量，但结构复杂、成本高。若将若干台单功能包装机分别完成多道包装工序，组合成一台多功能包装机，则可以省去单机之间的连接及输送装置，减少动力机和传动变速器，有助于简化机械结构，降低成本，提高劳动生产率；缩小机器占地面积；便于组成包装自动线并建立集群控制；精简操作人员，改善劳动条件，取得明显的经济效益。

确定包装机的功能与应用范围，必须注意以下两个问题。

① 可靠性　在一般情况下，功能增加包装操作环节也增多，故障发生的可能性也相应增大。因此，只有在单功能包装机的操作都相当稳定可靠的情况下，才能考虑将它们组成多功能包装机。否则，因故障增加反而会降低工作效率。

② 适应性　任何包装机的应用范围都是有限的，机器的功能愈多，结构也就愈复杂。因此，常将多功能包装机设计成组合的形式，也就是说可根据用户的不同需要灵活增减或改装某些组合部件。

多功能包装机主要用于包装品种稳定、批量大的产品，或是将包装容器成型、充填、封口与贴标签等多工序联合的场合，这可省去容器的运输、存储、清洗并简化充填时的容器整理供送等操作。

一般包装机的应用范围宜广一些，但应根据用户需要、技术可行性及经济合理性，区别不同情况，因地制宜地加以确定。

对于批量大、品种规格稳定的产品（如卷烟），应把提高生产率、包装自动化程度及组成高效包装自动线放在首位，一般宜采用专用包装机。对于批量不大而有特殊工艺要求的产品（如危险品），若设计成通用或多用包装机有一定的技术难度或经济上不合算时，也可考虑设计成专用包装机。

批量中等、品种规格需要调换的产品，一般宜采用多用包装机。实用中，通过调整或更换有关部件来适应逐批生产的需要。

批量小、品种规格经常变化的产品，宜采用通用包装机，尽量扩大包装机的应用范围，以利增加包装机制造批量和减少设备投资。

二、工艺分析

工艺分析是研究、分析和确定所设计包装机完成预定包装工序的工艺方法。工艺方法选择的合理与否，将直接影响到包装机的生产率、产品质量、机器的运动与结构原理、机器工作的可靠性以及机器的技术经济指标。为了正确拟定包装机的工艺方案，必须深入掌握各种加工工艺特点，研究它们的现状及发展方向，并且了解实现不同加工工艺的结构原理。总之，工艺方案的选择是一个较为复杂的问题，必须从产品的质量、生产率、成本、劳动条件和环境保护等诸多方面进行综合考虑。一般情况下必须同时拟订出几个方案，进行分析、比较，必要时通过试验之后，最后确定一个原理先进、工作可靠、结构简单、成本低廉的方案。着重考虑以下几个问题。

1. 包装方式

① 从包装机械分类中看出，每种包装工序都有多种包装方式。而包装方式对包装质量、生产率和机器的复杂程度又有很大的影响，所以在确定包装方式时，要全面考虑。

② 把保证包装质量放在首位，不论选取何种包装方式，都要适应被包装物品和包装材料的特性。例如，灌装有常压、负压和等压三种方式，其中以常压灌装最为简单，但若灌装含气性液体，为减少被灌装液体内的气体逸出，则应选用机械结构比较复杂的等压法，液流沿容器壁流动的灌装方式。再如塑料袋的封口，对于容易受热变形和粘连的材料（如聚乙烯），宜选用脉冲式或环带式的热压封口方式。

③ 当有多种方式都能满足要求时，应选用容易实现的方案。

2. 机器类型

（1）单工位与多工位

单工位包装机的所有操作都集中在一个工位上完成，当一件（组）物品完成全部包装并输出之后，下一件（组）物品才能进入机器开始包装。

对于多工位包装机来说，物品从输入到输出，须经过多个工位，且在不同的工位上依次完成各个包装操作。

选择工位的依据如下。

① 根据包装执行机构的多少选择　如果包装过程比较简单，所需执行机构比较少，可考虑选用单工位包装机。这可以省掉主传送系统，如缠包、灌装、加盖、贴标签等。

当包装过程比较复杂需要多执行机构时，宜选用多工位包装机。工位多，执行机构分散开来容易布置。有些包装操作可在转位的过程中完成，可省去一些执行机构，如裹包、成型—充填—封口便属于此种类型。

有些包装过程相当复杂，需要很多执行机构，在此情况下要优先选用多工位包装机，袋泡茶叶的小袋包装即为一个典型实例。

② 根据生产率的高低选择　多工位包装机将各个包装操作分散在不同的工位上同时进行，生产率较高，相对而言，单工位包装机的生产率就较低。

（2）间歇运动与连续运动

多工位包装机有间歇运动和连续运动两种形式。

间歇运动：物品由一个工位转移到另一个工位做间歇步进运动，主要包装操作可在物品静止时完成，因而执行机构的运动形式和构造比较简单，但间歇运动引起的惯性力和冲击现象不利于提高生产率。当执行机构比较多时，为使结构简单常选用这种形式。

连续运动：物品及主传送系统均作连续等速运动，当执行机构种类较少、生产率要求高时可选用这种形式。

（3）单头与多头

“单头”、“多头”，特指连续运动的多工位包装机为完成同一包装操作所配备的执行机构的数目。对一台包装机而言，若完成每一包装操作的执行机构只有一个，亦即每一物品的包装依次经过所有执行机构，则称为单头连续运动多工位包装机；若完成同一包装操作的执行机构有多个，则称为多头连续运动多工位包装机。多头包装执行机构在工作过程中与物品作同步运动。因此，多头型包装机一般能增加包装操作时间，有利于生产率的提高，它特别适用于充填、封口、贴标签等所需执行机构种类和动作单一的包装工序。当执行机构动作较多、结构复杂时，为减少执行机构数目，宜选用单头型的。

单工位型、间歇运动型、单头连续运动型、多头连续运动型等四种包装机各有其特点和适用场合。对于多工位包装机，一台机器并不限于只有一种形式，根据需要可采用间歇与连续运动的组合，或者单头与多头的组合。当多个包装操作中有一个操作的工艺时间特别长时，可采用多头型的执行机构，而其他的执行机构则采用单头型的。这样既可提高生产率，又可减少机构的数目。

3. 包装程序、工艺路线和工位数

(1) 包装程序

包装程序是指完成各个包装操作的先后顺序。包装方式往往决定了包装程序。例如，等压灌装的程序是：升瓶→充气→灌液→排余液→降瓶。设计人员应该掌握各种包装方式所要求的程序及每一包装操作所要求的工艺参数（如工艺力、时间、温度、速度等）。

(2) 包装工艺路线

包装工艺路线是指包装材料和被包装物品的供送路线以及它们在包装过程中的传送路线、包装成品的输出路线。

对于单工位包装机，只需确定被包装物品的供送路线、包装材料的供送路线以及包装成品的输出路线。

对于多工位包装机，从被包装物品和包装材料输入到成品输出的传送路线可以有多种形式。常见的有：直线型、阶梯型、圆弧型和组合型。

为了搞好包装机设计，必须分析对比各种工艺路线的特点，既要考虑它对机器生产率、执行机构数目和运动要求的影响，还应考虑它对机器外形、操作条件以及组成包装生产线等方面的影响。只有对各种不同方案加以认真仔细地分析，才有可能得到最佳方案。

① 直线型　物件在包装过程中的运动路径为一直线，根据其运动方向又可分为立式和卧式两种。若物件在垂直方向（一般是由上而下）作直线运动，则称为立式直线型工艺路线；如果是在水平面内做直线运动，则称为卧式直线型工艺路线。此外，还有倾斜式直线型工艺路线。

图 2-1 是卧式直线型折叠裹包的一种工艺路线图，包装材料由上而下供送到输入工位。将被包装物料送到工位Ⅰ（输入工位）可采用三种方案：(a) 方案的物品可以首尾衔接，也可以不衔接，比较灵活方便，但供送路线较长；(b) 方案的物品供送路线较短，但不能首尾衔接；(c) 方案的物品供送路线最短，但须增加一个将物品升高的执行机构。这三种方案在实践中都有应用，但以 (a)、(c) 两种居多。

② 阶梯型　图 2-2 是两种常用的阶梯型工艺路线。物品在包装过程中兼有垂直和水平两个方向运动。它主要用于折叠裹包，对折叠处须热封者尤为适用。

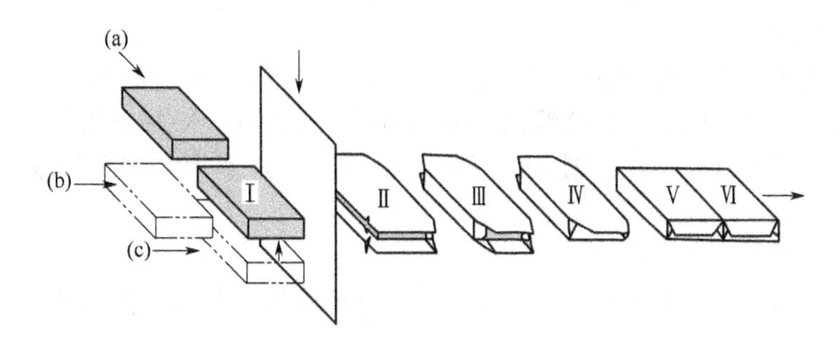

图 2-1　卧式直线型工艺路线

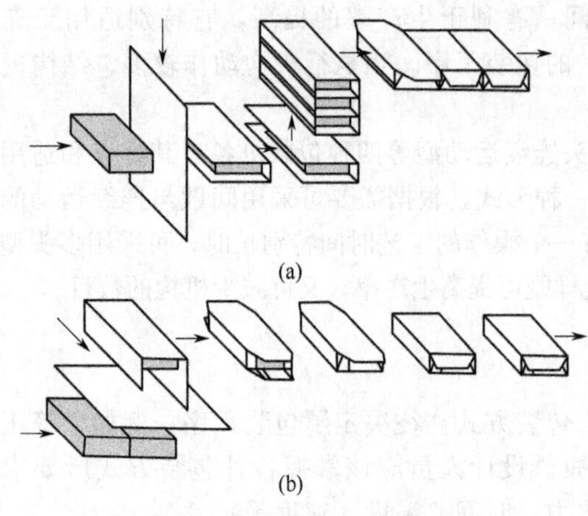

图 2-2　阶梯型工艺路线

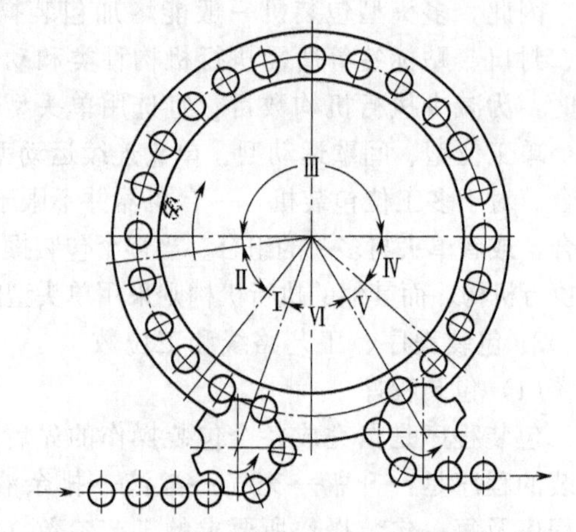

图 2-3　圆弧型工艺路线

Ⅰ—稳瓶区；Ⅱ—升瓶区；Ⅲ—灌液区；
Ⅳ—降瓶区；Ⅴ—稳瓶区；Ⅵ—无瓶区

③ 圆弧型　物品在包装过程中沿圆弧轨迹运动。它的主传送机构可以作间歇或连续的旋转运动，也可以作往复摆动，以前者居多数，故又称旋转型工艺路线。另外，主传送机构的旋转轴可以垂直布置，也可水平布置。垂直布置常用于充填、封口、贴标签等包装工序，水平布置主要用于裹包工序。

图 2-3 为 24 头灌装机的圆弧型工艺路线图，主传送机构作等速转动，旋转轴垂直布置；从进瓶至出瓶分为稳瓶、升瓶、灌液、降瓶和稳瓶五个工作区域，占有 21.7 个瓶距。

④ 组合型　如图 2-4 所示，物品在包装过程中既作圆弧运动，又作直线运动，称为圆弧与直线组合型工艺路线。它主要用于裹包、制袋—充填—封口、清洗等包装机。

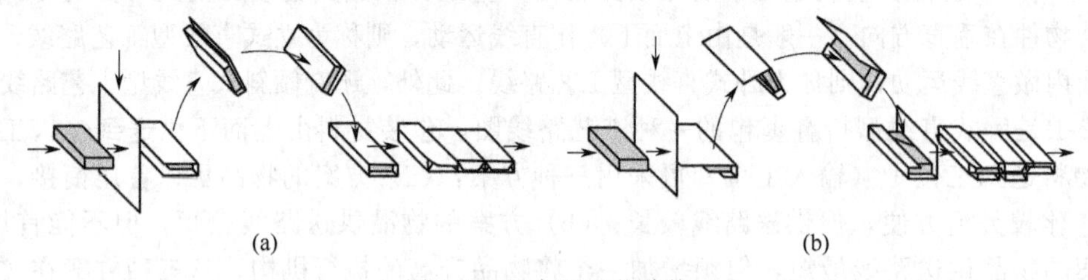

图 2-4　组合型工艺路线

（3）工位数

工位数是指在多工位包装机上从输入到输出工位区间内所包含的物品的数目。连续运动多工位包装机的工位数可以不是整数，如前图 2-3 所示，该机的工位数为 21.7 个。

（4）工艺路线图

包装工艺路线图是指包装材料和被包装物品的供送路线以及它们在包装过程中的传送路线、包装成品的输出路线图。工艺路线图可采用两种表达方式：一种是用轴测投影图表示，它比较直观，常见于使用说明书，如图 2-1、图 2-2 所示；另一种是用投影图表示，为设计工作所需要，如图 2-3 所示。

4. 运动要求和机构选型

根据已定的功能、应用范围和工艺方法，分析和确定对执行构件的运动要求，进而完成机构的选型及其综合。

首先，分析需要哪些执行构件来完成被包装物品的计量、整理与供送、包装材料的整理与供送、主传送、包装操作及成品输出。实际上，有些执行构件是固定不动的，如成型器、固定折纸板等；而大多数执行构件是按一定规律运动的。至于如何确定运动执行构件的运动形式、行程大小、动停时间、运动速度等，则主要取决于所完成的包装操作的工艺要求，同时还要考虑它们相互间动作配合关系。

在确定执行构件的运动形式和某些运动参数（如行程）后，接着要考虑用何种机构来驱动执行构件，即机构的选型及其综合问题。一般是选用技术上比较成熟的机构。同时，根据设计需要，应该进行创新，以更好地满足工作要求。

机构的选型及其综合时应考虑的要求和条件主要有以下几点。

① 运动规律　包装工艺要求执行构件按某种规律运动，有的还要求运动规律在预定范围内作有级或无级的调节。运动规律及其调节范围是机构选型的基本依据。

② 运动精度　运动精度要求对机构选型有重要影响。例如，对运动速度和时间都有很高要求的部分，就不宜采用液压和气压传动。反之，若用近似直线运动来代替直线运动，或用近似停留来代替停留，可扩大机构的选型范围。

③ 承载能力与工作速度　各种机构的承载能力和所能达到的最大工作速度是不同的，因而须根据速度的高低，载荷的大小及其特性选用合适的机构。

执行机构的基本运动形式与可选机构形式的关系见表 2-1，执行机构的运动变换形式与可选机构形式的关系见表 2-2。

表 2-1　执行机构的基本运动形式与可选机构形式的关系

序号	机构的运动形式	可选的机构形式
1	匀速转动机构	摩擦传动机构；齿轮、轮系传动机构；平行四边形机构；转动导杆机构；各种变速机构
2	非匀速转动机构	非圆齿轮机构；双曲柄四杆机构；转动导杆机构；挠性件机构
3	往复移动或摆动机构	曲柄摇杆机构；双摇杆机构；曲柄滑块机构；直动从动件凸轮机构；齿轮齿条机构
4	间歇运动机构	间歇转动机构（棘轮、槽轮、凸轮、不完全齿轮、连杆机构等）；间歇摆动机构（摆动从动件凸轮机构）；间歇移动机构（凸轮机构、行星轮机构等）
5	给定运动轨迹的机构	各种铰链四杆机构

表 2-2　执行机构的运动变换形式与可选机构形式的关系

序号	基本功能		机构示例
1	变换运动形式	转动与转动	双曲柄机构、带传动机构、齿轮机构、不完全齿轮机构、槽轮机构、链传动机构等
		转动与摆动	曲柄摇杆机构、摆动导杆机构、摆动从动件凸轮机构、棘轮机构等
		转动与移动	曲柄摇杆机构、直动从动件凸轮机构、螺旋机构、卷筒钢丝绳机构、齿轮齿条机构等
		摆动与摆动	双摇杆机构
		摆动与移动	正弦机构
		移动与移动	双滑块机构、移动凸轮机构
2	变换运动速度		齿轮机构、摩擦轮机构
3	变换运动方向		齿轮机构等
4	运动合成与分解		差动机构、双自由度机构
5	运动状态断续		离合器、凸轮机构
6	达到特定的位置或轨迹		平面连杆机构、连杆-齿轮机构、凸轮-连杆机构、行星轮系与连杆组合机构
7	实现特定的功能（超越、微调、过载保护、锁紧、定位、放大等）		超越：棘轮机构、定向摩擦传动机构、超越离合器 保护：摩擦轮传动、摩擦带传动、超越离合器 微调：螺旋机构、差动螺旋机构

选择机构时还要确定选取用何种原动机，因为执行机构的输入运动是从原动机经过传动机构传来的，常用原动机的运动形式有下列三种：连续转动（如电动机和内燃机的输出运动）；往复移动（如直线电动机和固定的活塞式油缸或汽缸的输出运动）；往复摆动（如双向电动机和摆动的活塞式油缸或汽缸的输出运动）。包装机多使用连续转动的电动机。

选择机构时还要考虑执行机构的运动规律或运动轨迹。例如：若执行构件按给定的运动规律作变速连续转动，则选用的执行机构应当是非圆齿轮机构而不是一般等传动比的传动机构；若执行构件按给定运动规律作变速往复移动，则选直动从动件凸轮机构而不是曲柄滑块机构或齿轮齿条机构。

除此之外，机构选型时还要考虑该机构的动力学特性和制造、安装、维修及成本等问题，也就是在满足运动要求之外，还要力求机构简单、紧凑、传动路线短，运动参数便于调节，传力条件较好，效率高，磨损少，易于制造、安装和维修，成本低等。

④ 总体布局　执行机构的工作位置以及传动与执行机构的布局要求是机构选型必须考虑的因素。例如，选用空间机构往往便于布局并可简化传动系统；再如，通常要求机构结构紧凑，但有的机构的输出端远离输入端，在此情况下，应从全局考虑，使选用的机构与总体布局相适应。

⑤ 使用要求与工作条件　使用单位根据各自的技术水平、生产条件和实践经验会提出一些特殊要求。例如，生产车间无压缩空气源，是否选用气压传动，应考虑技术与经济合理性。这些也是机构选型时应该考虑到的。

此外，机器的制造批量、噪声控制及制造条件等方面的要求，也要综合考虑。

三、总体布局

包装机的有关组、部件在整机中相对空间位置的合理配置，叫做总体布局。

总体布局的步骤是布置执行机构、传动系统和操作件，确定支承形式和绘制总体布局图。各步骤之间互相牵连，须将它们作为一个整体交叉进行，往往要经过多次反复才能完成。

（一）布置执行机构

即布置被包装物品的计量与供送系统、包装材料整理与供送系统、主传送系统、包装执行机构和成品输出机构。

首先，根据包装工艺路线图将各个执行构件布置在预定的工作位置。然后，布置执行机构的原动件，对于气液压传动，主要是安排汽缸和油缸的位置；对于机械传动，则是安排凸轮、齿轮、曲柄等原动件（即机构输入端）的位置。对此，必须注意以下两点。

① 为使执行机构简单紧凑，应尽量减少机构的构件数和运动副数，并尽量缩小其几何尺寸和所占空间位置。原动件应尽可能接近执行构件。

② 为简化传动系统、便于调试与维修和减少传动件磨损对传动精度的影响，要求原动件尽可能集中地布置在一根或少数几根轴上。

实际上，执行构件往往是比较分散的，以致它们的原动件较难集中。这时，可将相近的几个执行机构集中布置成为一个大部件。这样，一台包装机就相当于由若干个大部件所构成。

（二）布置传动系统

布置机械传动系统，包括安排动力机、变速与调速装置、传动装置、操纵与控制装置以及辅助装置等的位置。

布置气液压传动系统，包括安排动力机、液压马达、油泵、空气压缩机、油气管道以及气液压控制箱等装置。

布置传动系统时必须注意的问题有以下几点。

① 选用的方案应力求结构简单、传动链短、传动精度和效率较高，且容易配备。

② 充分利用机体和支承架的内部空间，将动力机和传动件尽量布置在内部或侧面，以利缩小机器外形。

③ 在布置传动件时应使各执行机构动作协调。例如，在远距离传递旋转运动时常采用链传动，但须注意到链节的磨损可能会使从动链轮与主动链轮产生相位错移，如图 2-5(a) 中张紧链轮布置在松边，结果会使从动链轮的相位滞后；图 2-5(b) 中张紧链轮布置在紧边，它会使从动链轮的相位超前；图 2-5(c) 中在链的松、紧边都有张紧链轮，若同时调节它们的位置，则可消除因链的磨损对相位同步所产生的影响，但构造较为复杂。

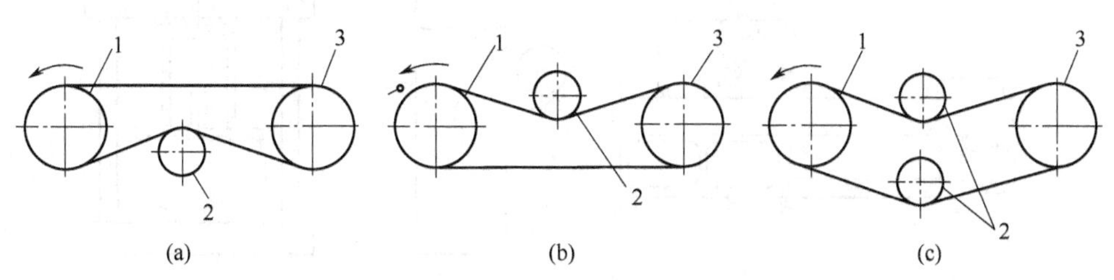

图 2-5 链传动张紧轮布置

1—主动链轮；2—张紧轮；3—从动链轮

④ 为便于调试，机械传动系统的手动调整装置，最好安置在操作者能观察到有关执行机构工作情况的位置。

(三) 布置操作件

为便于操作，应保证操作者与操作件之间有合适的相对位置，为此必须注意以下几点。

① 常用操作件尽量布置在操作者的近旁，当机器的外形较大而必须在几个位置操纵时，可采用联动等措施。操作件距离地面的高度以 600～1100mm 为宜，操纵力大的操作件，要设置在适当偏低的位置处。操作件的转动方向应与被驱动部件的运动方向保持一致，而且一般规定调速手轮顺时针转动为增速并附设指示牌，以避免误动作。被包装物品和辅助包装器材的料仓高度以及卷筒包装材料的支架位置都要适当安排。重量大时可将其设置在机器侧面以降低高度，重量小时可设置在机器上方以减少占地面积，要兼顾整机外形美观，并尽量设置在操作者能顾及得到的范围之内。

② 包装机工作台面的高度一般在 700～900mm 的范围内选取。但对大而重的物品的包装，上述高度应适当降低一些。

③ 操作者应经常注意包装操作最集中和最易发生故障的部位。在决定物品走向时，一般是使其自左向右运动或者是顺时针转动，当包装生产线有特殊要求时也可例外。

④ 温度、压力、转速、计数等指示仪表，以及信号灯、报警器、安全阀、排液阀和有关铭牌等，都应布置在操作者容易观察、安全可靠、便于维护的位置。

(四) 选择支承形式

包装机的支承件有底座、箱体、立柱、横梁等。支承件的作用是使各有关零部件正确定位并保持其相对工作位置。对支承件有以下几项要求。

① 足够的刚度，支承件在承受最大载荷时的变形不超过允许值。

② 足够的抗振性，使机器能稳定可靠地工作。

③ 重量适中，力求节省材料，容易搬运。

④ 便于零部件的装配调试、操作保养和机器的吊运安装。

⑤ 外形美观，给人以协调、匀称、稳定、安全的感觉。

常用的支承形式有："一"形支承，如图 2-6(a) 所示，适用于卧式工艺路线；"1"形支承，如图 2-6(b) 所示，适用于立式工艺路线；"口"形支承，如图 2-6(c) 所示，适用于工作载荷很大的场合。

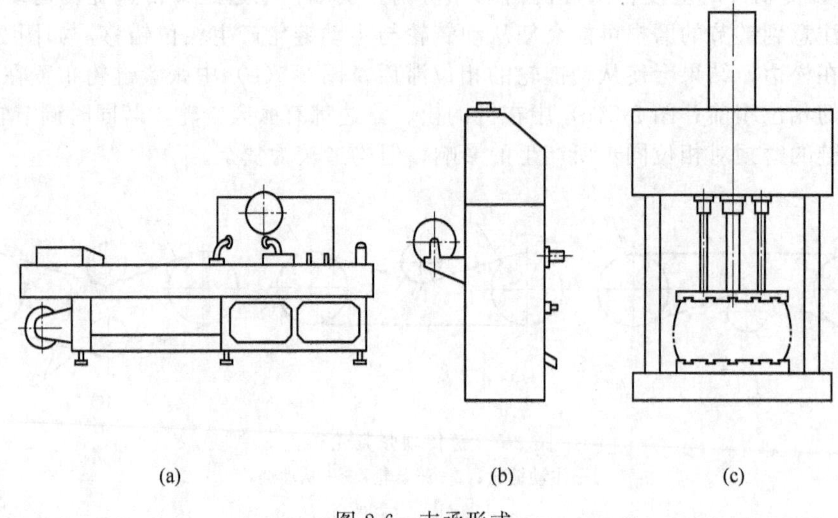

图 2-6 支承形式

包装机一般靠自重安放在地基上。有的为了移动方便，在底座上装有 3～4 个滚轮，并附有可调式支脚。

（五）绘制总体布局图

总体布局图要求表示出包装机各部件的相对位置关系和所占空间大小。在总体布局图上，应将总体布局的结果表示清楚，并标注出机器的主要外廓尺寸和各部件间的联系尺寸。

图 2-7 为一糖果裹包机的总体布局简图。

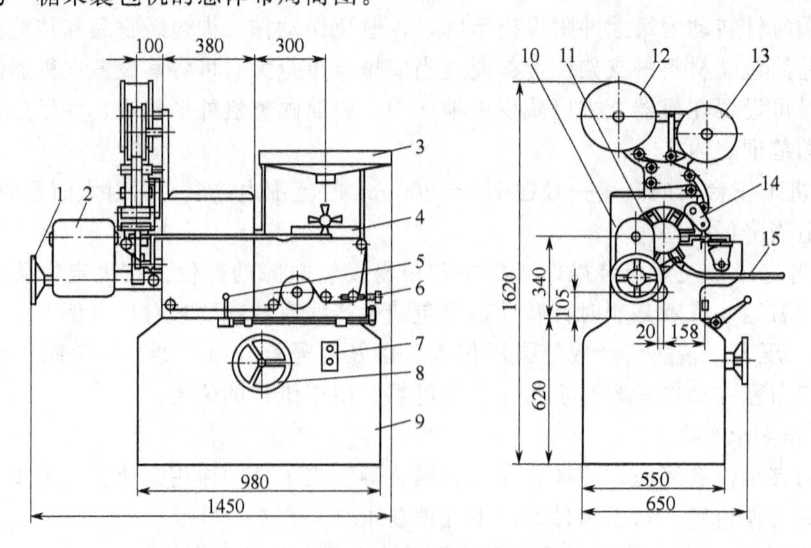

图 2-7 总体布局简图

1—调试手轮；2—扭结部件；3—料斗；4—理糖部件；5—离合器手柄；6—张带手轮；7—电气开关；8—调速手轮；9—底座；10—主箱体；11—工序盘；12—商标纸；13—内衬纸；14—送纸部件；15—输出糖槽

四、编制工作循环图

包装机械一般都具有多个执行机构，为使其能够自动可靠地完成包装操作，每个执行机构都必须按给定的规律运动，并且它们之间的动作必须协调配合，按一定的程序依次完成。而各个执行构件应以何种规律运动，它们的动作应怎样协调配合，这些就是编制工作循环图要解决的问题。

工作循环图也称为运动循环周期表，它表示在一个运动循环周期内各执行机构和构件在各循环阶段所对应的位置和时间的协调关系。该图以某一主要执行机构的工作循环周期的起点为基准，依次绘出各机构相对于该主要机构的运动顺序关系。包装机械的运动周期可用分配轴的周转数来表示。对于无严格时间和位置协调要求的简单执行机构无须绘制此图。

① 拟订运动时间　绘制运动循环图的前提是先要根据完成包装操作所要求的工艺时间和许用的速度与加速度等，拟订各执行构件的工作行程、回程和停留时间。工艺时间与许用速度、加速度，不仅与包装工序类型、所用工艺方法、被包装物品和包装材料的特性、包装质量要求等有关，而且还与执行机构类型、制造装配精度、操作条件等有关，它们对于确定运动规律至关重要。因此，必须依靠理论知识、实践经验或经过模拟试验以取得可靠数据，合理地确定运动规律。

② 确定动作配合　按照包装程序要求，安排好各执行构件的动作配合关系。首先，必须保证各执行构件被包装物品和包装材料在运转时互不发生时间和空间上的干涉。同时，又要尽量增加各执行构件在工作时间上的重叠。因为重叠愈多，运动循环周期就愈短。为此，应算出有关执行构件发生干涉的时刻，并考虑在干涉点附近留出适当的空间和时间余量。这样，既能防止发生干涉，又能最大限度地增加工作时间的重叠。

③ 绘制工作循环图　根据初步拟定的运动规律和动作配合，绘制工作循环图。对于机械传动，还要将执行构件运动与时间的关系转换为与分配轴转角的关系。在技术设计结束后，尚要根据实际情况补充和修改原先拟定的工作循环图，从而得到该机的实际工作循环图。例如，原方案中对有的执行机构只是规定了循环周期内部分时间的运动规律，其余时间的运动规律在技术设计完成后才能确切知道（主要是连杆机构）；又如有的执行机构，由于选型不当或由于结构条件限制，使之所能实现的运动规律与原方案不相符合。倘若上述差异太大而无法满足包装工艺要求时，应推翻重做。

机械运动循环图通常有圆周式、直线式和直角坐标式三种表示方法。其中以直角坐标式工作循环图适用范围较广，对机械传动、气液压传动都可用，且便于阅读和绘制。

在直角坐标式循环图中，若执行构件在某段时间内是运动的，可用斜直线表示；如果是静止或作连续匀速转动及振动的，则可用平直线来表示，为表达清楚起见，可以附加简要的文字说明。对于机械传动的包装机械，它的分配轴大多数是作连续转动的，且其运动周期就是分配轴（主轴）旋转一周的时间。由于在设计执行机构如凸轮机构、连杆机构时必须确切知道执行构件的运动与分配轴转角的关系，因此在编制机械传动的包装机运动循环图时，通常都将这种关系明确表示出来。但运动循环周期不一定都是包装一件产品的时间，对于单工位、间歇运动多工位及单头连续运动多工位这三种包装机，它们的运动周期等于包装一件产品的时间，而对于多头及多头与单头组合型的连续运动多工位包装机，如多头灌装机，其运动周期等于灌装一件产品的时间与头数的乘积。

以封口机的执行系统为例，表 2-3 给出了每一种运动循环图的绘制方法及特点。

表 2-3　机械运动循环图的绘制方法及特点

形式	绘制方法	图　例	特点及应用
直线式	将各执行构件的各行程区段的起止时间和先后顺序按比例绘制在直角坐标轴上	工序盘：运动、停止 卷封头：运动 下托盘：停、升、停、降 压盖杆：停、降、升、停、降	绘制方法简单，能清楚表示一个运动循环周期内各执行构件动作的顺序和时间比例。但直观性差，不能显示执行构件的运动规律，在执行系统机构和执行构件运动规律相对简单时采用
直角坐标式	横坐标表示一个运动周期内执行系统分配轴的转角和时间，纵坐标表示各执行构件的转角或位移	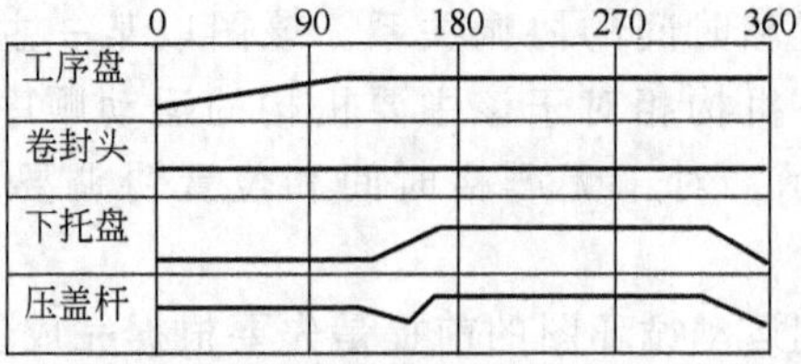 0　90　180　270　360 工序盘 卷封头 下托盘 压盖杆	能清楚表示一个运动循环周期内各执行构件之间的动作时间比例和先后顺序，还能直观显示各构件在每一时间区段上的运动规律。在集中时序控制的包装机中广泛使用
圆周式	以任意点为圆心作若干个同心圆，每个圆代表一个执行构件，在与分配轴转角位置相对应的各构件圆上用径向线将圆周分成相应运动区段	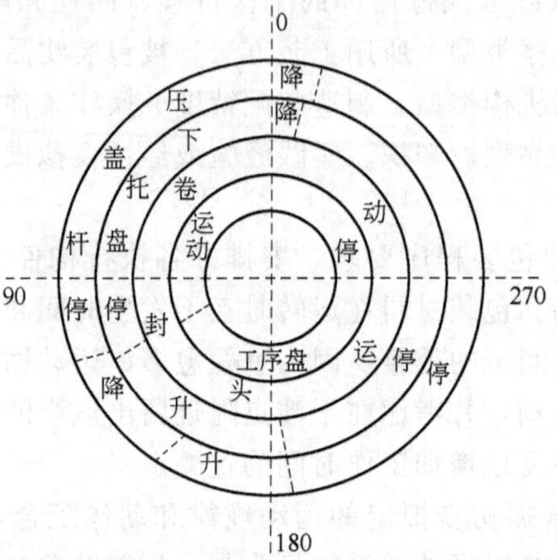 0　90　270　180 压盖杆：降、停、降、升、停 下托盘：降、停、升、停 卷封头：动、停、封、运 工序盘：运动、停	能够直观表示各执行构件之间以及分配轴转角之间的关系，特别适合用于具有凸轮分配轴或转鼓的包装机设计中。但当执行构件数目太多时会导致同心圆太多而直观性变差，就不能反映各个执行构件的运动规律

运动循环图表示了各执行构件的运动与停留的时间关系和顺序，但没有表示出相应的运动速度，即斜直线并不表示作等速运动。绘制运动循环图是为了保证执行构件的动作能够按工作要求取得密切的配合，并尽量缩短运动循环周期时间，以便顺利完成包装并有较高的生产率。

五、拟定主要技术参数

包装机的主要技术参数，大体上包括以下几个方面。

1．结构参数

结构参数反映包装机的结构特征和包装物件的尺寸范围。如包装机数量，包装工位数，执行机构头数，主传送机构的回转直径或直线移距，工作台面的宽度与高度，物件的输入高度，成品的输出高度等。

2．运动参数

运动参数反映包装机的生产能力和执行机构的工作速度。如主轴转速、物件供送速度、计量与充填速度等。

3．动力参数

动力参数反映执行机构的工作载荷和包装机正常运转的能量消耗。如成型、封口等执行机构的工作载荷，动力机的额定功率、额定转矩和调速范围，气液压传动的工作压力和流量，以及为完成清洗、杀菌、热封等工序所需的水、汽、电和其他能源的消耗量等。

4. 工艺参数

工艺参数反映完成包装工序所用的工艺方法及其特性，如完成包装工序的有关温度、时间、压力、拉力、速度、真空度、计量精度等参数。

通过分析对比同一类型包装机的不同设备的技术参数，无疑可以判断各个设备的性能优劣。鉴于包装机所完成的包装工序、包装物件、所用工艺方法、机器类型等种类繁多，各种包装机主要技术参数的具体内容也互有差异。因此，拟定主要技术参数时，务必遵循基本准则，按具体条件加以具体分析来解决。

第三节　总体方案设计举例

例：粒状巧克力糖包装机设计。

1. 原始资料

(1) 产品

本机加工对象是呈圆台形粒状巧克力糖，如图 2-8 所示。由于生产批量很大，要求设计粒状巧克力糖包装机。

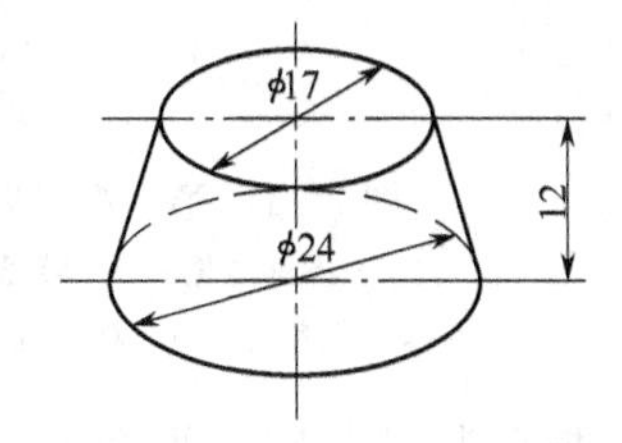

图 2-8　巧克力形状

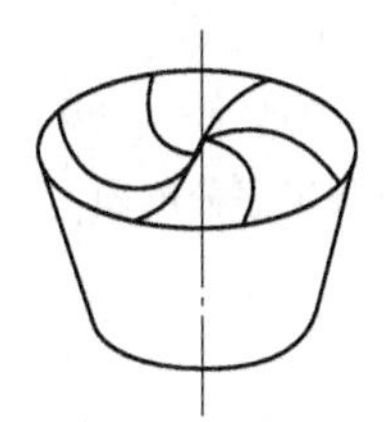

图 2-9　包装外形

(2) 包装材料

巧克力糖包装采用厚度 0.008mm 的金色铝箔卷筒纸。

(3) 机器的生产率

生产任务为每班产量 570kg，约合自动机的正常生产率为 120 件/min。考虑自动机工艺条件的变化，采用无级调速，使包装机的生产率为 70～130 件/min。

(4) 包装质量要求

要求巧克力糖包装后外形美观、挺括、铝箔纸无明显损伤、撕裂、褶皱（如图 2-9 所示）。

(5) 对包装机的基本要求

机械结构简单，工作可靠、稳定，操作方便、安全，维修容易，造价低。

2. 粒状巧克力糖包装工艺的确定

在广泛调查研究的基础上，对产品的包装工艺进行详细的分析。

产品特征：粒状巧克力糖呈圆台形，轮廓清楚，但质地疏松，容易碰伤。因此，考虑机械动作时应适合它的特点，以保证产品的加工质量。例如产品夹紧力要适当；在进出料时避免碰撞而损伤产品；包装速度应适中，过快会引起冲击而可能损伤产品等。

包装工艺首要的是解决坯件的上料问题。像巧克力糖之类的产品，使用一般料斗上料方法是不适宜的。如果采用料仓式上料方法，则需要人工定时放料，每分钟放 120 粒糖是比较紧张的。如果将自动机的进料系统直接与巧克力糖浇注成型机的出口相衔接，则比较容易解决巧克力糖的自动上料问题。

包装材料：食品包装材料应十分注重卫生。粒状巧克力糖包装纸采用厚度为 0.008mm 的金色铝箔纸，其特点是薄而脆，抗拉力较小，容易撕裂，也容易褶皱。因此，在设计供纸部件时对速度应十分注意。一般包装的速度越高，纸张的拉力就越大。根据经验，一般送纸速度应小于 500mm/s。

在选择供纸机构结构时，主要依据下列两点：采用纸片供料或是采用卷筒纸供料。本机采用卷筒纸。

纸张送出时的空间位置是垂直置放的还是水平置放的？据图 2-10 所示，将纸片水平置放对包装工艺有利。但卷筒纸水平输送，只能采用间歇式剪切供纸方法。

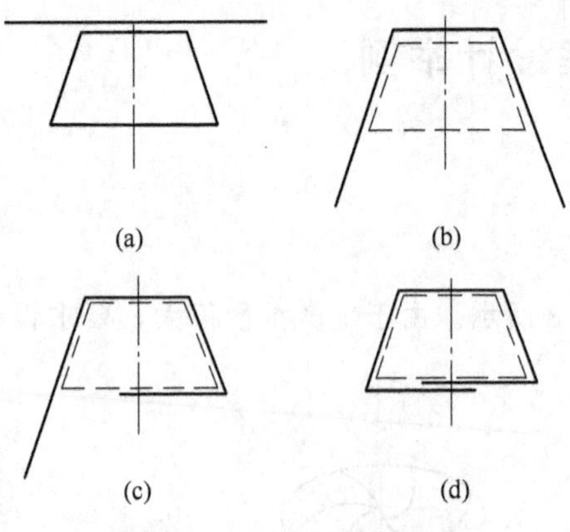

图 2-10　包装工序分解图

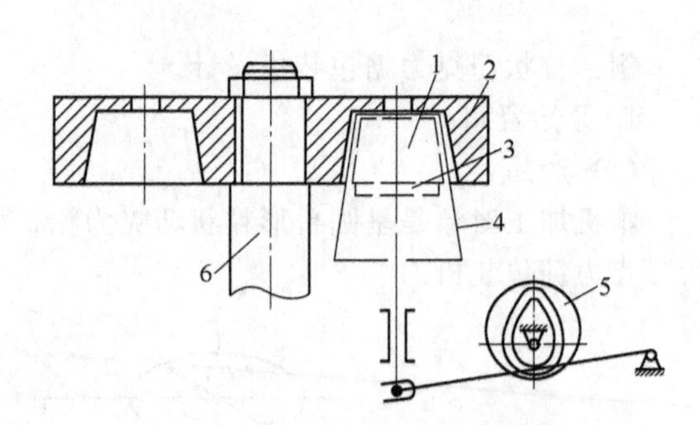

图 2-11　第一次工艺试验结构图

1—巧克力糖；2—转盘；3—顶糖杆；4—铝箔纸；5—槽凸轮机构；6—转轴

包装工艺方案拟定：图 2-10 为最初的巧克力糖包装工艺图。根据人工包装动作顺序，针对产品包装质量要求，该机包装工艺初拟定如下。

将 64mm×64mm 铝箔纸覆盖在巧克力糖 ϕ17mm 小端正上方，如图 2-10(a) 所示。

使铝箔纸沿糖块锥面强迫成型，如图 2-10(b) 所示。

将余下的铝箔纸分成两半，先后向 ϕ24mm 大端面中央折去，迫使包装纸紧贴巧克力糖，如图 2-10(c)、(d) 所示。

上述包装工艺还只是一种设想，还必须经过工艺试验加以验证。

巧克力糖包装工艺的试验：根据初拟定的包装工艺方案，进行了工艺试验。在第一次试验时，采用刚性锥形模腔，迫使铝箔纸紧贴在糖块的圆台锥面上。图 2-11 是第一次工艺试验的结构简图。

如图 2-11 所示，糖块和包装纸由顶糖杆 3 顶入转盘上的锥形模腔，迫使铝箔纸紧贴糖块。试验结果表明，基本符合要求，但还存在如下问题：由于巧克力糖在浇注成型时，外形尺寸误差较大，而刚性模腔不能完全适应这种情况；又由于铝箔纸又薄又脆，在强迫成型时，铝箔纸有被拉破的现象，特别当糖块与模腔之间间隙太小时，使铝箔纸没有足够的边形间隙而被撕破；此外，在试验中常发生糖块贴牢模腔不能自由落下的情况；有时在顶杆顶糖时发生损伤糖块的现象等。这说明第一次工艺试验方案还很不完善。

在第二次实验时，将刚性锥形模腔改成具有一定弹性的钳糖机械手。图 2-12 为钳糖机械手及巧克力糖包装工艺简图。

如图所示，机械手实际上是具有弹性的锥形模腔，这样能适应巧克力糖外形尺寸的变化，解决第一次工艺试验中存在的拉破铝箔纸的现象。在机械手下面有圆环形托板，以防止糖块下落。

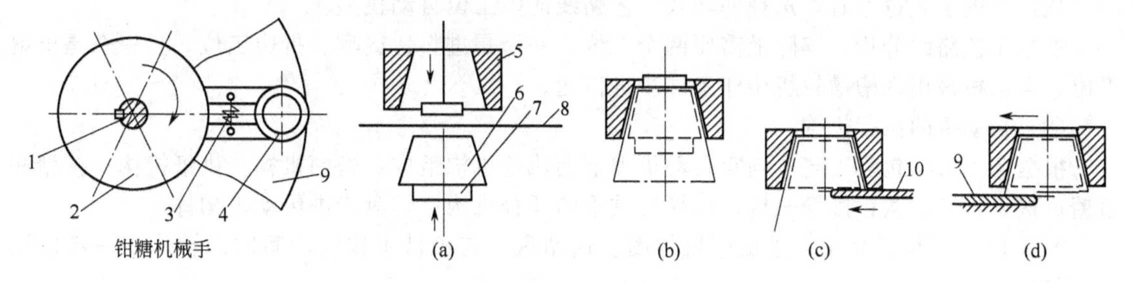

图 2-12 钳糖机械手及巧克力糖包装工艺

1—转轴；2—转盘；3—弹簧；4—接糖杆；5—钳糖机械手（共六组）；6—糖块；7—顶糖杆；8—铝箔纸；9—环形托板；10—折边器

第二次工艺试验的过程如下。

当钳糖机械手转至装糖位置时，接糖杆 4 向下运动，顶糖杆 7 向上推糖块 6 和铝箔纸 8，使糖块和铝箔纸夹在顶糖杆和接糖杆之间，然后它们同步上升，进入钳糖机械手 5，迫使铝箔纸成型，如图 2-12(b) 所示，接着折边器 10 向左折边，成图 2-12(c) 状，然后转盘 2 带着钳糖机械手 5 作顺时针方向转动，途经环形托板 9，使铝箔纸全部覆盖在糖块的大端面上，完成全部包装工艺如图 2-12(d) 所示。

第二次工艺试验，获初步成功。铝箔纸没有发生撕破现象，糖块也没有什么损伤。但是包装纸表面还不够光滑，有时还发生褶皱现象，还需要进一步改进。

又经几次试验，发现铝箔纸只要用柔软之物轻轻一抹，就很光滑平整地紧贴在糖块表面上，达到预期的外观包装质量要求。因此增设了一个带有锥形毛刷圈（软性尼龙丝），在顶糖过程中，先让糖块和铝箔纸通过毛刷圈，然后再进入机械手成型，结果使包装纸光滑、平整、美观，完全达到包装纸质量要求。

图 2-13 是经过改进后的巧克力糖包装成型机机构简图。

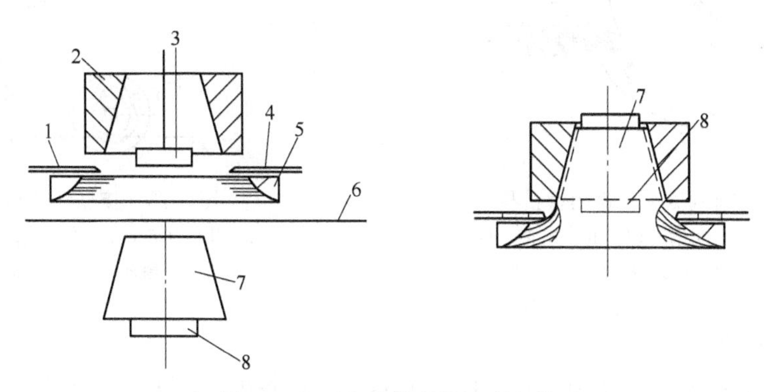

图 2-13 巧克力糖包装成型机构

1—左折纸板；2—钳糖机械手；3—接糖杆；4—右折纸板；5—锥形尼龙丝圈；6—铝箔纸；7—糖块；8—顶糖杆

另外，考虑机器工作的可靠性，在成品出料口增设拨糖杆，确保机械手中的糖块落入输送带上。这样的工艺方案就比较完善了。

3. 包装机的总体布局

(1) 机型选择

从产品的数量看，属于大批量生产，给定生产任务超过年产 100 万粒。因此，选择全自动机型。

从产品的工艺过程看，选择回转式工艺路线的多工位自动机型。

根据工艺路线分析，实际上需要两个工位，一个是进料、成型、折边工位，另一个是出料工位。自动机采用六槽槽轮机构作工件步进传送。

(2) 自动机的执行机构

根据巧克力糖包装工艺，确定自动机由下列执行机构组成：送糖机构；供纸机构；接糖和顶糖机构；折纸机构；拨糖机构；钳糖机械手的开合机构；转盘步进传动机构等。

图 2-14 为钳糖机械手、进出糖机构图。送糖盘 4 与机械手作同步间歇回转，逐一将糖块送至包装工位Ⅰ。

机械手的开合动作，由固定的凸轮 8 控制，凸轮 8 的轮廓线是由两个半径不同的圆弧组成，当从动滚子在大半径弧上，机械手就张开；从动滚子在小半径上，机械手靠弹簧 6 闭合。

图 2-15 为接糖和顶糖机构示意图。接糖杆和顶糖杆的运动，不仅具有时间上的顺序关系，而且具有空间上的相互干涉关系，因此它们的运动循环必须遵循空间同步化的原则设计，并在结构上应予以重视。

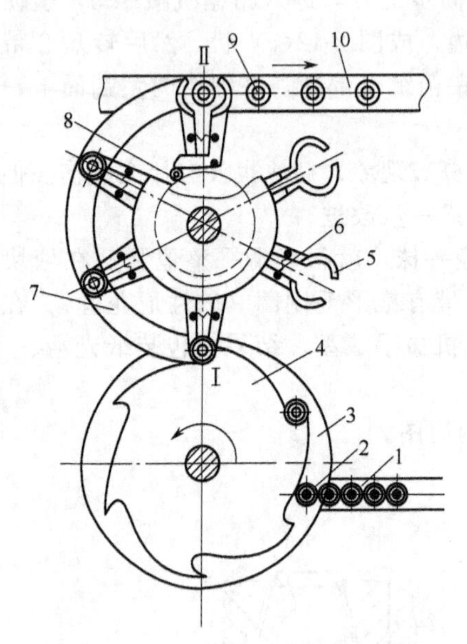

图 2-14 钳糖机械手及进出糖机构

Ⅰ—进料、成型、折边工位；Ⅱ—出糖工位

1—输糖带；2—糖块；3—托盘；4—送糖盘；

5—钳糖机械手；6—弹簧；7—托板；

8—凸轮；9—成品；10—输料带

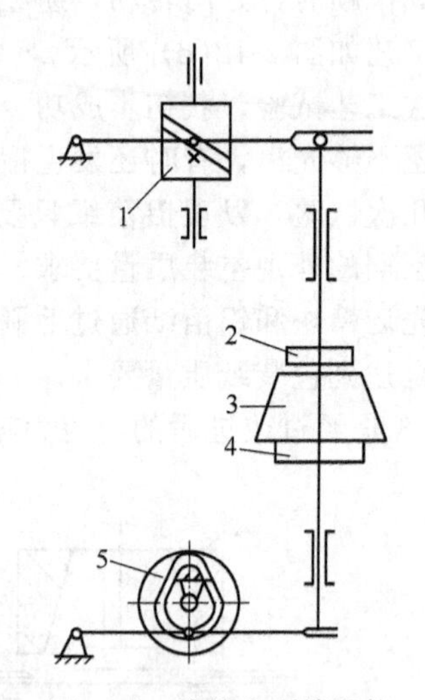

图 2-15 接糖和顶糖机构

1—圆柱凸轮；2—接糖杆；3—糖块；

4—顶糖杆；5—平面槽凸轮

接糖杆和顶糖杆夹住糖块和包装纸同步上升时，夹紧力不能太大，以免损伤糖块。同时应使夹紧力保持稳定，因此在接糖杆的头部采用如橡皮类弹性件。

(3) 包装机总体布置

总体布置如图 2-16 所示。

粒状巧克力糖包装机传动系统拟定如图 2-17 所示。电动机转速为 1440r/min，功率为 0.4kW，分配转速为 70～130r/min，总降速比 $u_{总}=\frac{1}{11\sim20.6}$，采用平带、链轮两级降速，其中 $u_{带}=\frac{1}{1/(4.4\sim8)}$，$u_{链}=\frac{1}{2.67}$。而无级变速的锥轮直径 $D_{\min}=40\text{mm}$，$D_{\max}=70\text{mm}$。

粒状巧克力糖包装机的工作循环图如图 2-18 所示。

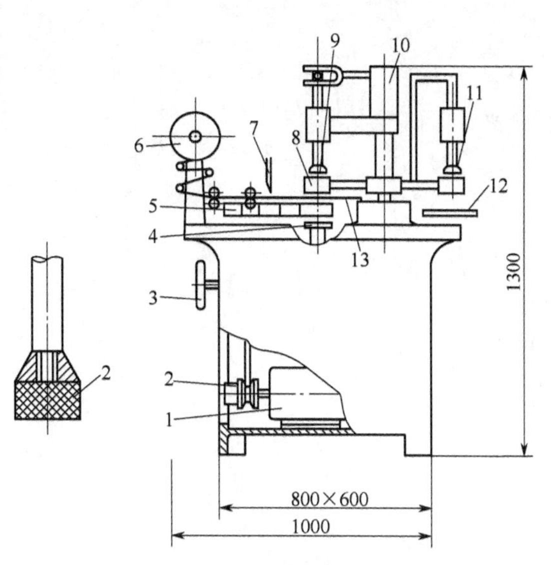

图 2-16　巧克力糖包装机总体布置

1—电动机；2—带式无级变速机构；3—盘车手轮；4—顶糖机构；5—送糖部件；6—供纸部件；7—剪纸刀；8—钳糖机械手；9—接糖杆；10—凸轮箱；11—拨糖机构；12—输送带；13—包装纸

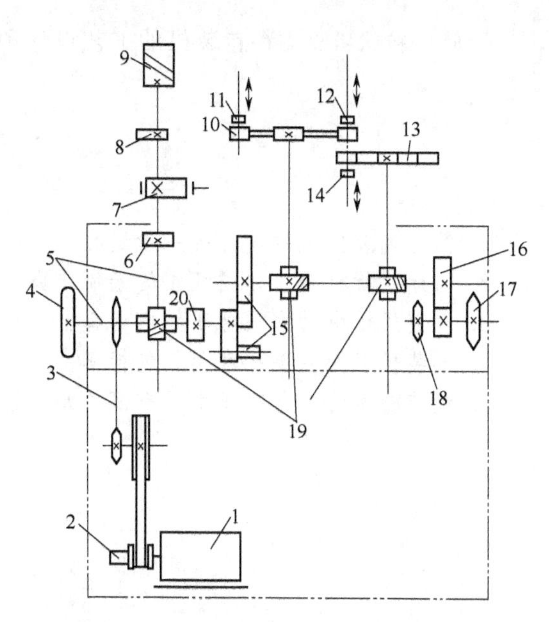

图 2-17　粒状巧克力糖包装机传动系统

1—电动机；2—带式无级变速机构；3—链轮副；4—盘车手轮；5—分配轴；6—剪纸刀凸轮；7—拨糖杆凸轮；8—折纸板凸轮；9—接糖杆凸轮；10—钳糖机械手；11—拨糖杆；12—接糖杆；13—送糖盘；14—顶糖杆；15—槽轮机构；16—齿轮副；17—供纸部件链轮；18—输送带链轮；19—螺旋齿轮副；20—顶糖杆凸轮

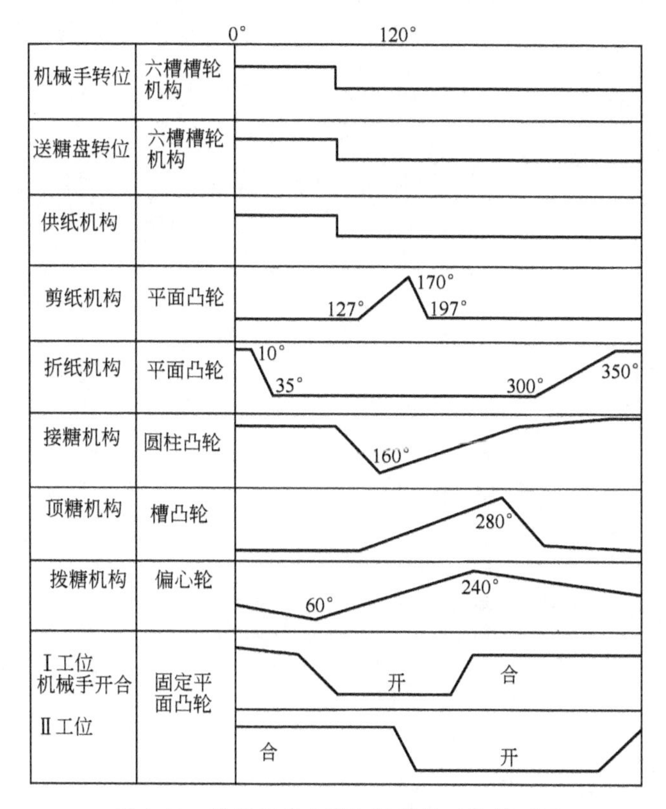

图 2-18　粒状巧克力糖包装机的工作循环图

至此，粒状巧克力糖包装机的工艺设计和总体设计已介绍完毕，关于该技术设计的内容省略。

思 考 题

1. 简述包装机械的设计的一般过程。
2. 简述执行机构工作循环图的绘制步骤。
3. 包装机械中动力机功率如何选择？
4. 包装机械的主要技术参数包括哪些？
5. 包装机械的工艺路线主要有哪些形式？

第三章　袋装机械

第一节　概　　述

袋装就是将粉状、颗粒状、流体或半流体等物料充填到用柔性材料制成的包装袋中，再根据包装内容物的要求进行排气（或充气）、封口，以完成产品包装的工艺过程。袋装所用的机械属于成型（开袋）—充填—封口多功能包装机。

袋装包装有以下几个特点。

① 制袋用的柔性材料品种多、质轻、价廉、易印刷、易成型封口。常用袋包装的柔性材料有纸、蜡纸、塑料薄膜、复合材料等，这些材料既有良好的保护物品的性能，又有质轻、价廉、易印刷、易成型封口、易开启使用、易被处理等特性，因而所制成的袋装产品轻巧、美观、体积小而受人喜爱。其中尤以塑料薄膜及其复合材料的使用较广，并且发展最为迅速。

② 袋装包装单位量灵活，应用范围广。袋包装有几克、几十克的小袋，有近千克的中袋，也有几十千克的大袋。包装的内装物有粉状、颗粒状、胶体、液体、气体和大块状的固体，再加上塑料薄膜具有独特的良好的热封性、印刷性、透明性、防潮防气性等诸多优点，使袋装广泛应用于食品、日化、医药、农副产品加工等工厂的包装。

③ 袋包装产品紧凑性好，占用空间小。袋包装材料由于使用柔性材料，包装袋有很好的紧凑性，体积小，占用空间少，运输成本低。

一、包装袋的基本形式和特点

目前包装袋有许多种形式，并与灌装、裹包等包装形式相互渗透和替代。常用的塑料薄膜及其复合材料制成的包装袋如图 3-1，分类如表 3-1 所示。

以上袋形有的是在包装机上直接成型充填，有的是预成型后再充填。扁平形袋主要适合于充填粉料、颗粒料、半流体物料，其中四边、三边折压封口袋的封口牢度较好，前者外形对称

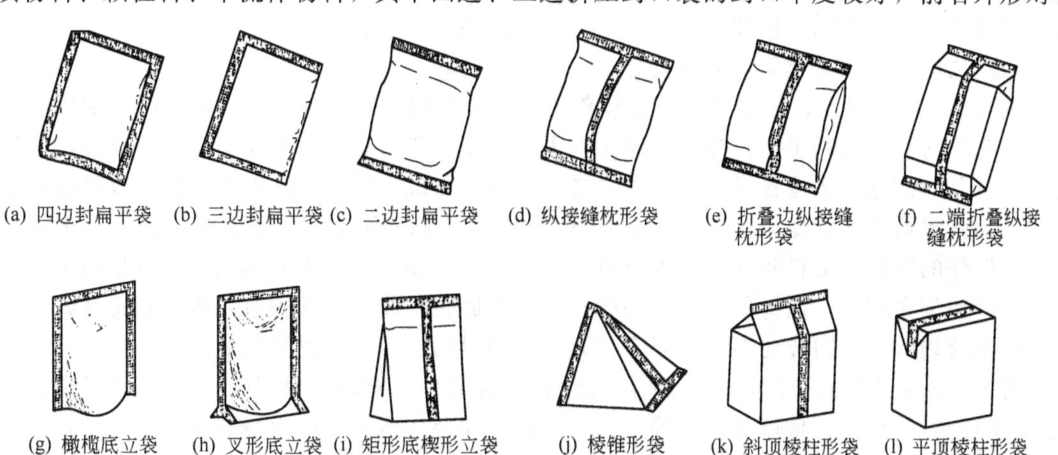

图 3-1　包装袋基本形式示意图

表 3-1 包装袋基本形式分类

扁平形袋	折压边	四边封口袋[图 3-1(a)]
		三边封口袋[图 3-1(b)]
		二边封口袋[图 3-1(c)]
		对(搭)接纵缝枕形袋[图 3-1(d)]
	折叠边	对(搭)接纵缝枕形袋[图 3-1(e)]
		二端折叠纵接缝枕形袋[图 3-1(f)]
楔形袋	橄榄形底	三边封口立袋[图 3-1(g)]
	叉形底	三边封口立袋[图 3-1(h)]
	矩形底	对(搭)接纵缝三边封口立袋[图 3-1(i)]
棱锥形袋	塔形	搭接纵缝三边封口袋[图 3-1(j)]
棱柱形袋	斜顶	搭接纵缝三边封口袋[图 3-1(k)]
	平顶	搭接纵缝三边封口袋[图 3-1(l)]

美观，后者材料利用率较高。折叠边纵横交界处的层数增加，封口牢度受到影响，且对接比搭接还要差；棱柱形袋主要适合于充填液体产品，自立放置，便于外包装、销售和使用；楔形袋、棱锥形袋兼具前述两种袋的某些特征，且外形比较复杂，多用于开袋充填封口机。

二、典型袋装机的结构及工作原理

由于包装袋形式的多样性，决定了完成袋装充填的包装机械的机型和结构形式繁多。其机器的主要构成部分有：包装物料的供送装置、制袋成型器、产品定量和充填装置、封袋（纵封、横封）与切断装置、成品输送装置等。现就一些典型的结构及工作原理加以说明。

（一）袋成型—充填—封口机

这类袋装机械按工艺路线走向可分为立式与卧式；按制袋、充填、封口等工序间的布局情况可分为直移型与回转型；卧式直移型通常只有间歇运动的机型。

1. 立式袋成型—充填—封口机

立式袋成型—充填—封口机是包装机械中应用最广泛，批量最大的机型之一。其特点是被包装物品的供料筒设置在制袋器内侧，制袋与充填物料由上到下沿竖直方向进行。按其所形成的袋子的结构形式不同，包装机可分为以下几种类型。

（1）枕形袋成型—充填—封口机

图 3-2 所示是立式、连续运动枕形袋象鼻形成型器成型—充填—封口机，可完成纵缝对接封合，充填封口及切断工作。卷筒薄膜 1 在多道导辊、张紧装置的作用下，由光电检测装置对包装材料上的商标图案位置进行检测后，被引入象鼻形成型器 2，将薄膜卷折成圆筒状，被连续回转的纵封器 4 加热加压热封定型，同时纵封器 4 连续回转牵引薄膜料袋自上而下连续移动。计量好的物料由加料斗 3 充填入已封底的料袋中，横封器 5 不等速回转，分别将上、下两袋的袋口和袋底封合，纵封器的回转轴线与横封器回转轴线成空间垂直，因而获得枕式袋，封好口的连续袋由下面回转切刀 7 与固定切刀 6 接触时切断分开，得到成品。

图 3-3 所示是立式、间歇运动的翻领形成型器成型—充填—封口机，可完成制袋、纵封(搭接或对接)、充填、封口及切断等工作。卷筒薄膜经多道导辊引上翻领形成型器 2，纵封器 3 封合定形搭接或对接成圆筒状，计量后的物料通过加料管 1 导入袋内，横封器 4 在封底同时将袋间歇地向下牵引，并在两袋间切断使之分开。

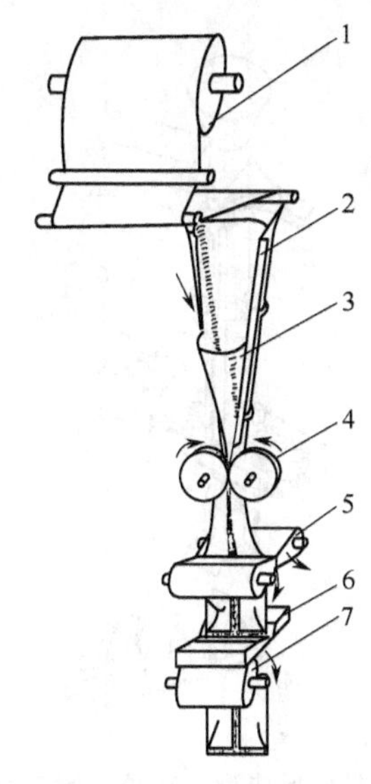

图 3-2　象鼻形成型器成型—充填—封口机示意图
1—卷筒薄膜；2—象鼻形成型器；3—加料斗；
4—纵封器；5—横封器；6—固定切刀；7—回转切刀

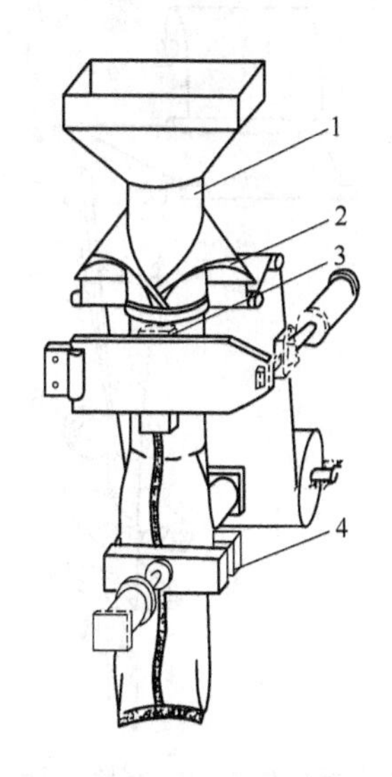

图 3-3　翻领形成型器成型—充填—封口机示意图
1—加料管；2—翻领形成型器；3—纵封器；4—横封器

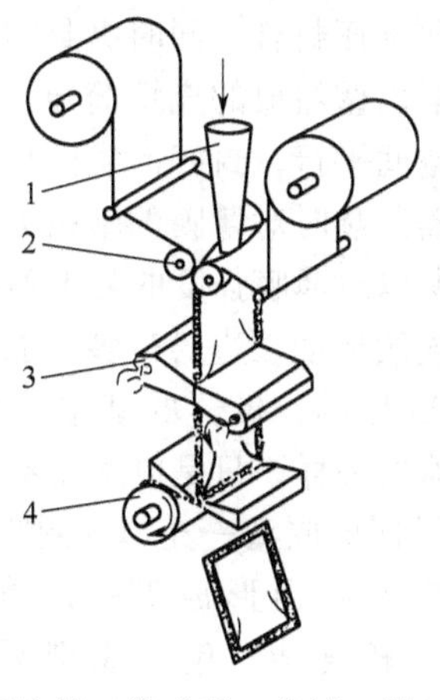

图 3-4　四边封口袋成型—充填—封口机示意图
1—加料管；2—纵封器；3—横封器；4—切刀

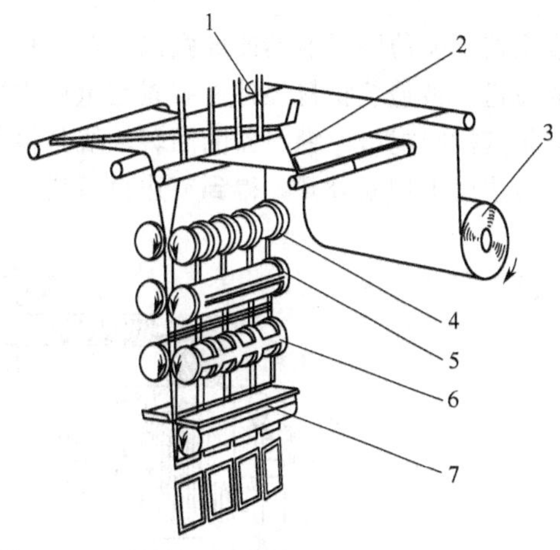

图 3-5　四边封口多列成型—充填—封口机示意图
1—加料管；2—缺口导板；3—薄膜；4—纵封器；
5—横封器；6—牵引辊；7—切刀

(2) 四边封口袋成型—充填—封口机

图 3-4 为四边封口袋成型—充填—封口机示意图，两个卷筒薄膜经导辊进入加料管 1 的两侧，纵封器 2 将其对接成圆筒状后充填物料，随后横封器 3 将其横向封口，切刀 4 将料袋切断成单个四边封口袋产品。

四边封口多功能包装机多用于小分量的粉粒料的包装，有单列和多列机型，随着列数的增加，生产率可成倍增长。图 3-5 为四边封口多列成型—充填—封口机示意图。薄膜经导辊—缺口导板—导辊进入加料管 1 的两侧，纵封器 4 将其纵封成四个圆筒状后充填物料，随后横封器 5 将其横向封口，在牵引辊 6 的作用下料袋向下移动，切刀 7 将料袋切断成独立的单个四边封口袋产品。

(3) 三边封口袋成型—充填—封口机

图 3-6 所示为三边封口袋成型—充填—封口机，卷筒薄膜经多道导辊被引入象鼻形成型器 1，

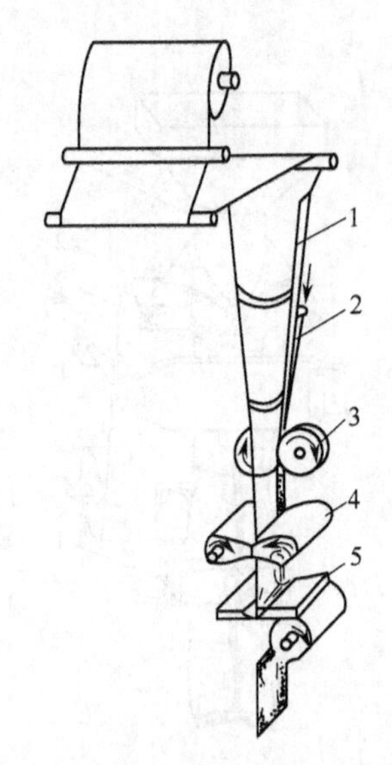

图 3-6　三边封口袋成型—充填—封口机示意图
1—象鼻形成型器；2—加料斗；3—纵封器；
4—横封器；5—切刀

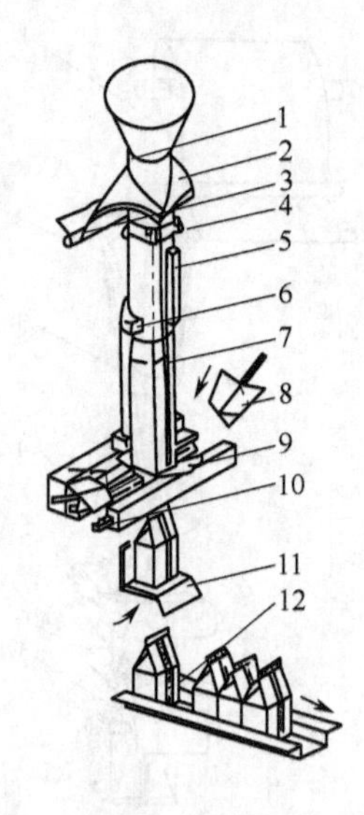

图 3-7　屋顶形成型—充填—封口机示意图
1—圆形料管；2—翻领形成型器；3—导辊；4—折痕滚轮；
5—纵封器；6—牵引装置；7—方形料管；8—折角板；
9—横封器；10—切刀；11—烫底器；12—输出槽

在成型器下端薄膜逐渐卷曲成圆筒，接着被纵封器 3 进行加热加压封合，同时纵封滚轮还进行薄膜的拉送。被包装物料经计量装置定量后由加料斗 2 与成型器内壁组成的充填筒导入袋内。横封器 4 将其横向封口，纵封器的回转轴线与横封器回转轴线成空间平行，封好的袋由切刀 5 将料袋从横封边居中切断分开，得到三边封口袋。由于象鼻形成型器制袋时对薄膜的牵引力比翻领形成型器小，所以对薄膜强度的要求不高。

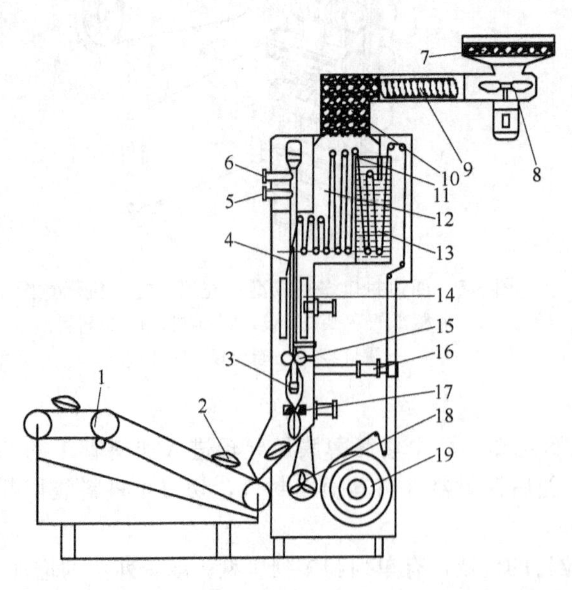

图 3-8　WRB40 型无菌软包装成型—充填—封口机示意图
1—产品输送机；2—成品；3—下料口；4—成型器；5—进料口；6—回流口；7—中效过滤器；8—吸风机；9—电加热室；10—高效过滤器；11—刮板；12—烘干室；13—过氧化氢浴池；14—纵封器；15—牵引辊；16—打码装置；17—横封器；18—排风机；19—膜卷

立式连续运动三边封口多功能包装机的成型器也有 U 形的，机器的基本工作原理与象鼻形成型器的一样，只是成型器不一样而已。

（4）屋顶形成型—充填—封口机

图 3-7 为屋顶形成型—充填—封口机，该成型装置较复杂，包括成型圆管筒装置、成型方管筒装置、袋底折合装置等。

包装薄膜经导辊和光电检测装置后到达翻领形成型器 2 和四个均布的折痕滚轮 4、圆形料管 1 卷合成圆筒形；再由纵封器 5 封合后成搭接圆筒状，料管下端部分由圆形截面变成方形截面。折角板 8 使两端收口，横封器 9 横封上、下两道封口并切断，在横向封口装置完成上述操作过程中，受包装袋筒牵引装置 6 的作用，夹持薄膜向下牵拉一个袋长距离，而后松弛，空程返回。分离下来的包装袋由烫底器 11 将自立袋底部烫成平底，而后排除。

（5）无菌袋成型—充填—封口机

图 3-8 所示为 WRB40 型无菌软包装成

型—充填—封口机示意图，主要用来对无固体颗粒、低黏度液体物料进行无菌包装。包装材料膜卷19展开后经打码装置16打码，之后再进入过氧化氢浴池13进行18～45s的浸泡消毒，离开浴池后大部分的消毒液被刮板11刮掉，由无菌热空气进行表面烘干，使消毒液残留量控制在0.1×10^{-6}以下。消毒后薄膜继续前进，经导膜辊导入成型器4，将平张包装材料卷折成圆筒状。同时，待包装物料由供料装置供送到下料口3进入薄膜卷包空间，纵封器14垂直压合在薄膜接缝处对薄膜进行封合，形成筒管型，纵封器回退复位；在牵引辊15的作用下，薄膜继续向下输送，横封器17闭合，对薄膜进行横封并切断。各执行机构均安装在密封的机体室内，室内充满无菌热空气，并保持少量正压，以防止外界大气的浸入，确保在无菌状态下进行包装作业。空气通过中效过滤器7，由吸风机8吸入，然后进入电加热室9被加热到45℃左右，再经过高效过滤器10进入密封室，排风机18将室内的气体排出，以保证室内洁净气体的更新；机器消毒时进料口用作蒸汽入口，生产时作为物料入口，CIP清洗时为洗涤液入口。对机器消毒的蒸汽和洗涤液由回流管返回。

2. 卧式袋成型—充填—封口机

卧式袋成型—充填—封口机是物料充填与袋子成型沿水平方向进行，可以包装块状、梗枝状、颗粒状等固体物料，如点心、方便面、面包、香肠、糖果等。其组成与立式袋成型—充填—封口机相比，由于包装材料在成型制袋过程中充填管不伸入袋管筒中，袋口的运动方向与充填物流方向呈垂直状态，袋之间是侧边相互连接，这些决定卧式包装工艺过程、执行机构的结构均比立式机要复杂得多，需增加一些专门的工作装置，如袋开口装置。

袋开口装置有多种形式，有采用隔板的，还有采用吸盘的。采用吸盘的在开袋工位将袋口吸开，并往袋内喷吹压缩空气，使袋口张开，由钳手使包装的袋口保持张开，以使充填物顺利充填。

卧式袋成型—充填—封口机按其成型袋的结构形式可分为：四面封袋、三面封袋和筒状薄膜成型—充填—封口机。按机器结构特征可分为直线式和回转式两大类。

（1）四面封袋成型—充填—封口机

四面封袋成型—充填—封口机有多种形式，图3-9所示为直线式四面封袋成型—充填—封口机工艺过程示意图，薄膜经导辊进入三角形成型器，在成型器和拢料杆的作用下对折，在牵引装置8和光电检测装置4的作用下，经横封器6、纵封器7、切断装置9依次完成横封、纵封、切断，成为独立的未封口的袋子，然后经过袋开口装置11、充填装置12、13、14、15完

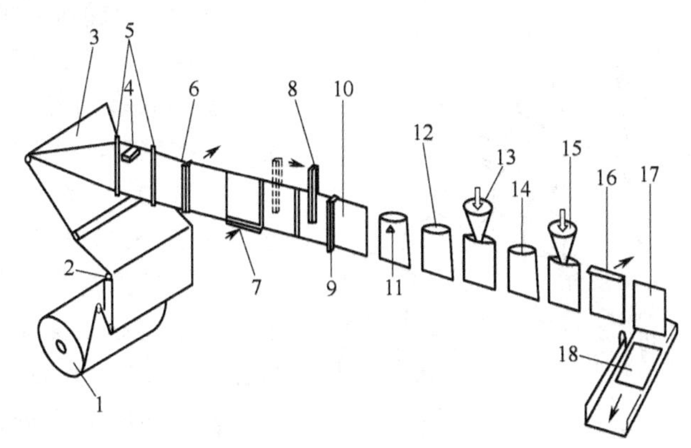

图3-9　直线式四面封袋成型—充填—封口机工艺过程示意图

1—料袋材料；2—导辊；3—三角板；4—光电检测装置；5—拢料杆；6—横封器；7—纵封器；8—牵引装置；9—切断装置；10—单袋移送装置；11—袋开口装置；12—一次充填装置；13—二次充填装置；14—三次充填装置；15—四次充填装置；16—封口装置；17—制品排出装置；18—成品

成多次充填，封口装置16进行最后封口，然后包装袋排出。此机器运动为间歇式牵引运动。

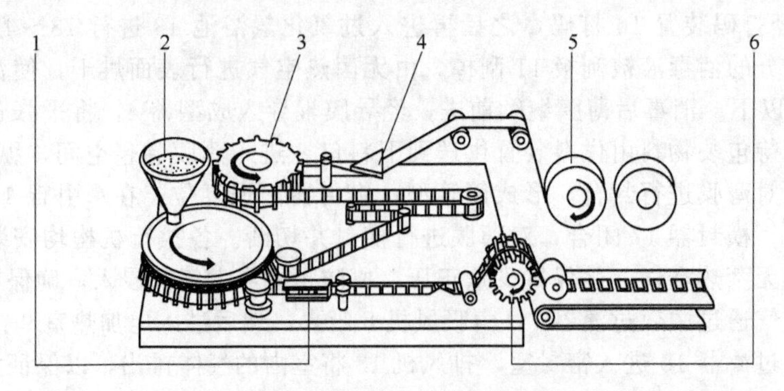

图3-10　连续回转式三面封袋成型—充填—封口机工艺过程示意图

1—纵封器；2—充填装置；3—横封器；4—三角板成型器；5—薄膜；6—切断装置

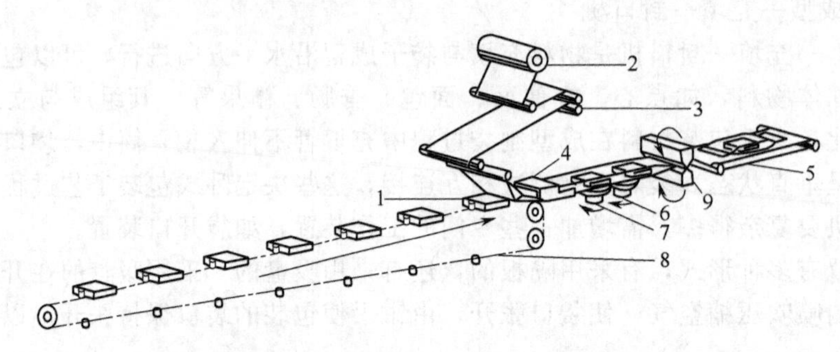

图3-11　连续直线式三面封袋成型—充填—封口机工艺过程示意图

1—包装物；2—薄膜；3—导辊；4—成型器；5—排出带；6—纵封器；7—牵引装置；8—供料带；9—横封切断器

(2) 三面封袋成型—充填—封口机

图3-10所示为连续回转式三面封袋成型—充填—封口机工艺过程示意图，薄膜5经导辊进入三角板成型器4，在成型器的作用下对折，在连续回转横封器3的作用下，形成开口向上的袋子，充填装置2充填、充填完后由纵封器进行封口，切断装置6切断成为独立的包装袋子，然后通过输送带排出。

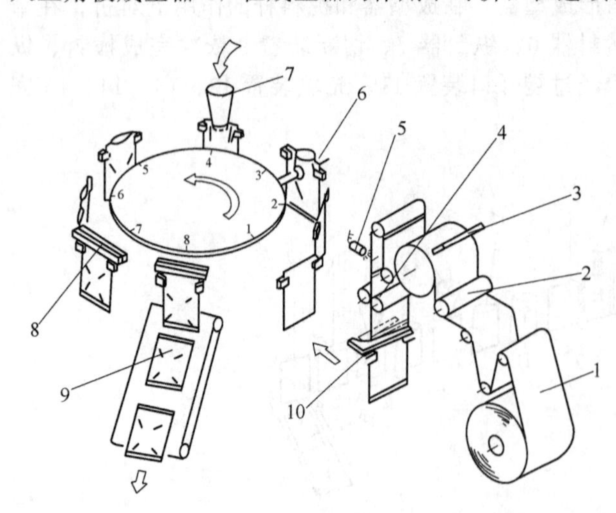

图3-12　筒状薄膜成型—充填—封口机工艺过程示意图

1—薄膜；2—导辊；3—横封器；4—牵引辊；5—光电检测装置；6—开口装置；7—充填装置；8—封口装置；9—包装袋；10—切断装置

三面封袋卧式多功能包装机与四面封袋成型卧式多功能工作原理基本相同，只是少一次纵封，只需横封两边和袋下底边。

图3-11所示为连续直线式三面封袋成型—充填—封口机工艺过程示意图，块状包装物1经供料带8等间隔连续供送，薄膜2经成型器4覆盖在包装物上，并经纵封器6封成一个通袋，把包装物包在其内，横封切断器9进行端封、切断，然后通过输送带排出。

(3) 筒状薄膜成型—充填—封口机

图3-12为先封底后开口的成型—充填—封口机示意图，采用筒状卷料薄膜作

包装材料，先用横封器3定长横封，然后用切断装置10定长切断，把包装袋移至回转工作盘上，在工作盘上依次完成开袋、充填和封口等工序。产品为两面封口扁平袋。

图3-13为先开口后封底的成型—充填—封口机示意图，采用筒状卷料薄膜作包装材料，先用开袋器1打开袋筒，经拉袋手3夹持上口拉袋向上到一定程度，用切断刀2切断并交给间歇回转盘，在其他工位分别封底成袋、充填、封口；袋型同上。

（二）开袋—充填—封口机

这种机型使用预先制好的包装空袋。工作时从袋库上每次取出一个袋，送给工序链夹袋手，工序链带着空袋在各工位停歇时，完成各包装动作。该机型具有取袋、夹袋与开袋装置，根据夹袋手的运动可分为回转和直移两种机型。

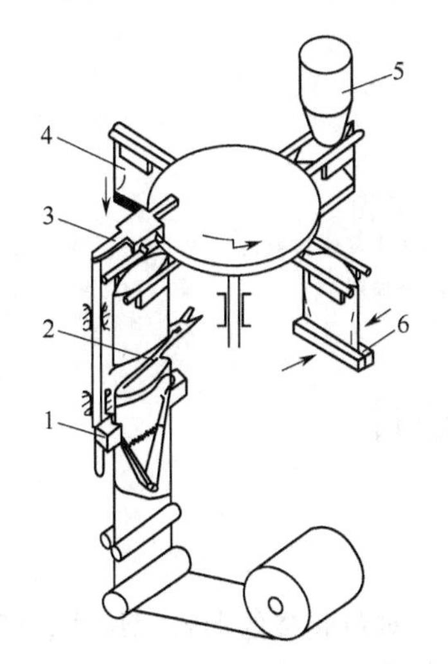

图3-13 筒状袋成型—充填—封口机示意图
1—开袋器；2—切断刀；
3—拉袋手；4—封口与卸袋；
5—充填装置；6—封底器

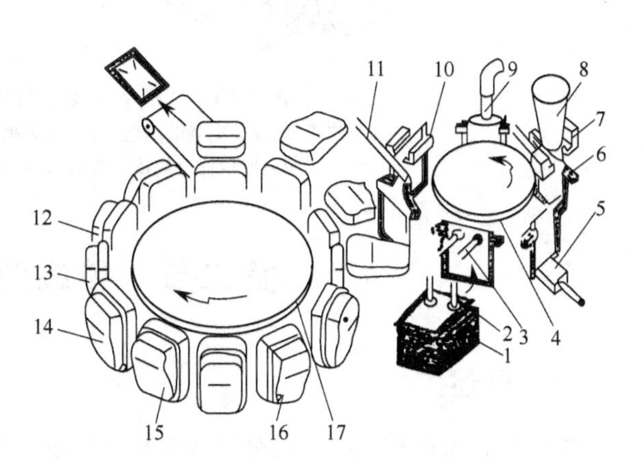

图3-14 回转型开袋—充填—封口机示意图
1—贮袋库；2—取袋吸嘴；3—上袋吸头；4—充填转盘；
5—打印器；6—夹袋手；7—开袋吸头；8—加料管；9—加液管；10—顶封器；11—送袋机械；12,13—冷却室；14—热封室；15—第二级真空室；16—第一级真空室；17—真空密封转盘

1. 回转型开袋—充填—封口机

图3-14所示为回转型开袋—充填—封口机示意图，取袋吸嘴2从贮袋库1取袋，并将袋转成直立状，交给工序盘上的夹袋手，然后在各工位上停歇时依次完成打印、开袋、充填物料，预封（封口缝的部分长度），再由送袋机械11帮助转移入真空封口工序盘的真空室，真空室内抽真空后进行电热丝脉冲封口、冷却。最后真空解除，真空室打开、夹袋手张开释放出包装成品。

2. 直移型开袋—充填—封口机

图3-15所示为该机型的工艺路线示意图，给袋装置由真空吸头与供袋输送链组成，开袋喷嘴3控制袋口打开，经加料斗4、5充填后包装袋即被封口器7、8加热封口，随后经过冷却器进行冷压定形，最后被排出机外。

综上所述，袋装机的机型较多，它们虽有外在差别，但有内在的联系，可对袋装机分类如下。

按包装袋来源分为制袋式袋装机和给袋式袋装机。

按总体布局分为立式或卧式袋装机。

按运动形式分为连续或间歇运动的袋装机、直移或回转型袋装机。

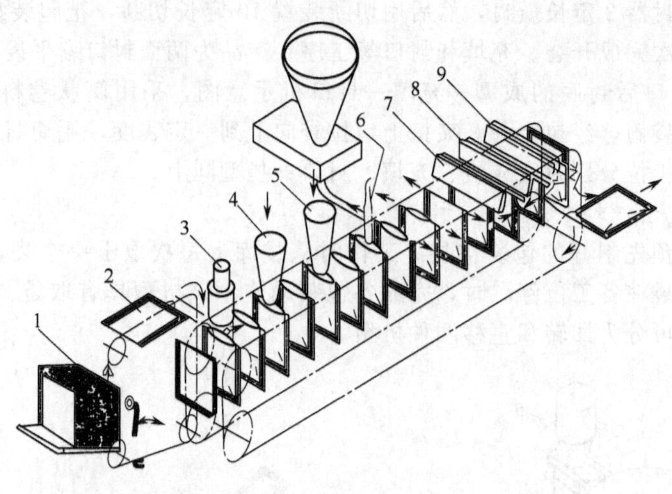

图 3-15　直移型开袋—充填—封口机示意图

1—贮袋库；2—空袋输送链；3—开袋喷嘴；4,5—加料斗（块料粒）；
6—加料管（液体物料）；7,8—封口器；9—冷却器

第二节　袋成型器的设计

一、概述

袋成型器是各种成型充填封口包装机上的重要部件之一，对包装袋的形式、尺寸、产品包装质量、机器的布局等均有直接的影响，是塑料薄膜材料折叠成各种袋型的专用装置。成型器常用的有翻领形成型器、象鼻形成型器、三角形成型器、U 形成型器和缺口导板成型器等，各种成型器的特点和应用范围如表 3-2 所示。

表 3-2　制袋成型器的特点和结构

类　型	特点和应用范围	结　构
翻领形成型器	由外表面为领状而内表面为管装的内外工作曲面组合而成。成型阻力较大，易使薄膜产生变形、发皱或撕裂，故对塑料薄膜适应性差，而对复合膜适应性较好；每种规格的成型器只能成型一种规格的袋宽，且设计、制造及调试复杂。常用于立式枕型制袋包装机上，包装粉状、颗粒状物料	
三角形成型器	由斜等腰锐角三角形板与平行拢料辊一起连接在水平基板上，并与水平导辊一起作用。结构简单，具有一定的通用性，即对于袋子的尺寸变化，具有一定的适应性。适用范围广泛，不论立式、卧式、间歇运动或连续运动的三面、四面制袋包装机上都有应用	
U 形成型器	由三角板和与其圆滑连接的 U 形导槽及侧向导板组成，是在三角形成型器基础上改装而成的，薄膜在卷曲成型中受力状态比三角形成型器好，其适应范围与三角形成型器一样，其结构也较简单	

续表

类　型	特点和应用范围	结　构
象鼻形成型器	类似象鼻的形状，是U形成型器的改进型。平张薄膜拉过该成型器时，薄膜变化较平缓，故成型的阻力小，对材料适应性强，设计制造较容易。但相同袋形规格时成型器的结构尺寸比翻领式大，薄膜易于跑偏，且不能适应袋形规格变化。常用于立式连续三面封口制袋包装机及枕式对接制袋包装机	
缺口导板成型器	由缺口导板、导辊和双边纵封器组成，成型器本身能将平张薄膜对半剖开后又能自动对折封口呈圆筒形，对袋形规格和材料适应性强，运动阻力小，常应用在立式连续包装机或单位小包装上	

二、成型器的设计

1. 三角形成型器

三角形成型器使平张薄膜对折成型的过程如图3-16所示。

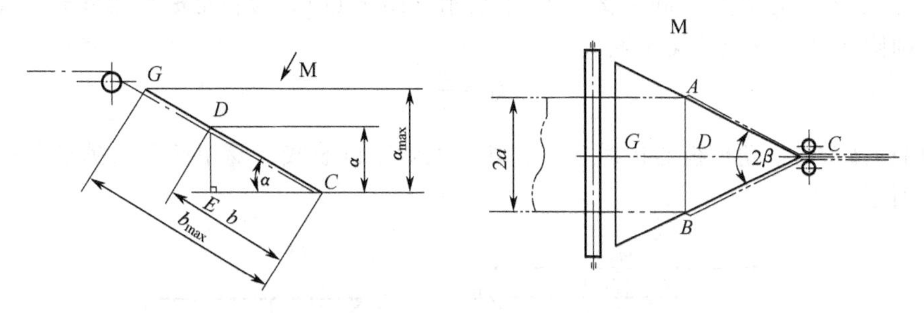

图3-16　三角形成型器使平张薄膜对折成型图

设薄膜的宽度为$2a$，对折后的空袋高度为a（立式机为空袋宽度），三角形板与水平面间的倾斜角即安装角为α，三角形板的顶角为2β，薄膜在三角形板上翻折的这一区段长为b，若不计三角形板的厚度，假定薄膜在对折后两膜间贴得很紧，则：

在直角三角形DEC中，$DE=a$，$DC=b$，所以有：

$$\frac{a}{b}=\sin\alpha \tag{3-1}$$

在直角三角形ADC或BDC中，$AD=DB=a$，$DC=b$，故：

$$\frac{a}{b}=\tan\beta \tag{3-2}$$

对同一个三角形成型器和一定的空袋尺寸，a/b是一个定值，故有如下关系：

$$\sin\alpha=\tan\beta \tag{3-3}$$

即

$$\beta=\arctan(\sin\alpha) \tag{3-4}$$

(3-4)式表明：三角形成型器的顶角β与安装角α之间的相互对应关系，而β值的大小关系到三角形板形状尺寸，所以一定的安装角必对应着一定形状尺寸的三角形成型器，否则会影响成型器正常制袋。

在实际生产中，三角形顶角 2β 值是加工后得到的，而安装角 α 可通过一定结构并加以调试来保证。故最好 α 值是一个容易测量的整数，设计中通常是选定 α 后，再用关系式来求解三角形顶角 β 值。

安装角 α 实质上就等于三角形成型器在顶角附近薄膜运动的压力角，α 角越大，压力角越大，薄膜翻折所受阻力也就越大，压力角太大时，薄膜在受力翻折中容易产生拉伸变形，严重的甚至撕裂或拉断。压力角小时，成型阻力就小，但压力角太小会使结构尺寸变大。根据压力角及结构尺寸间的关系，三角形成型器安装角的选择范围为 $\alpha=20°\sim30°$，由此可见，通常三角形成型器是采用顶角 $2\beta<60°$ 的等腰三角形，取极限时则呈等边三角形。

决定三角形成型器的尺寸除顶角外，还有三角形板的高 h，同制袋的最大尺寸有关：

$$h=\frac{a_{\max}}{\sin\alpha}+\Delta h \tag{3-5}$$

式中 $a_{\max}$——能制作最大空袋的高（立式机为袋宽）；

Δh——放出的余量，取 30～50mm。

2. U 形成型器

U 形成型器可看作是在三角形成型器的三角形板上装接了圆弧导槽及薄膜导板并用圆弧过渡后得到的，因此 U 形成型器的安装角度取值范围与三角形成型器相同。如将 U 形成型器展开成平面，它与薄膜宽度 $2a$ 相等，若不相等则说明成型器在某处多了或少了一块，或表示装接上的圆弧导槽及两翼导板尺寸和位置不当。设装接的圆弧导槽的圆弧半径为 R，圆弧槽中心线 O_1 与三角形板的顶点 C 间距离用 l_1 来表示（图 3-17）。为满足成型器展开平面的宽度处处为 $2a$，则圆弧槽中心线装接位置应有：

$$l_1=\frac{\pi}{2}R$$

但这时圆弧槽与三角形板的边线并不相切，也就难以装接，要相切必须满足条件 $l_2=\sqrt{2}R$，见图 3-17 所示。

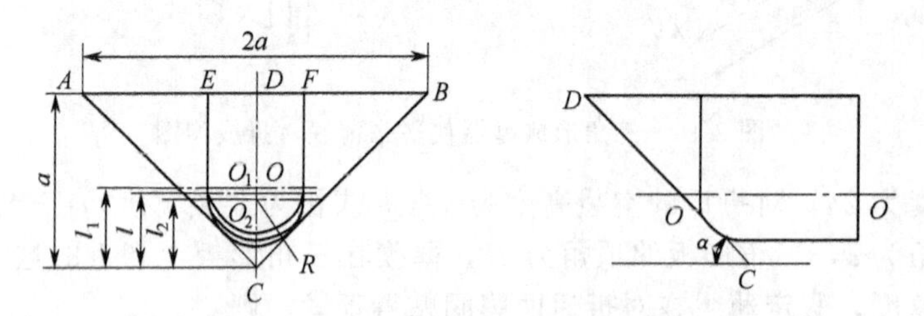

图 3-17 U 形成型器圆弧导槽装接示意图

这样以 l_2 位置装接的圆弧导槽圆心为 O_2，O_1 与 O_2 不重合。在实际制作中，采用圆弧过渡办法解决，取

$$\sqrt{2}R<l<\frac{\pi}{2}R \tag{3-6}$$

式中 R——U 形槽圆弧部分的半径，可按 $R=(0.4\sim0.6)a$ 取用；

a——空袋高度（立式为宽度）。

3. 象鼻形成型器

图 3-18 为象鼻形成型器主要结构尺寸图，它的安装角 α 比三角形及 U 形成型器都要小得多，制袋成型阻力比较小，而制同样的一个袋，成型器结构尺寸要大得多。由于象鼻形成型器可看作是在 U 形成型器的设计基础上，结构方面作了一些修改而形成的，通常三角形板的安装角按 $\alpha=5°\sim12°$ 取，并依次计算三角形顶角 2β，根据所制空袋袋宽 a 计算三角形板的高 b。

按U形成型器的设计方法找准圆弧槽装接位置 l，圆弧部分半径 $R=(0.1\sim0.3)a$。

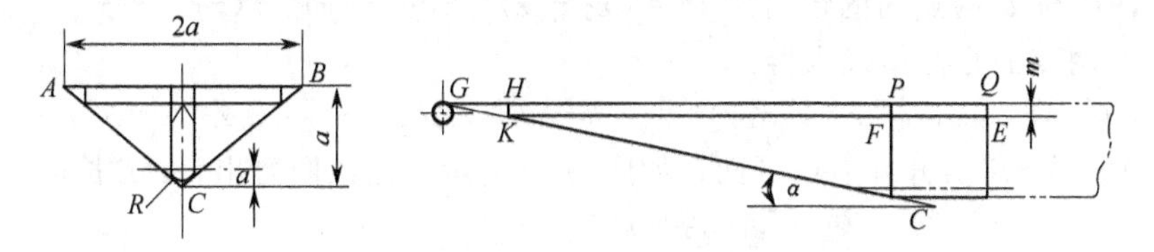

图 3-18　象鼻形成型器主要结构尺寸图

象鼻形成型器两侧加装薄膜护边，以利控制包装材料跑偏，常取护边宽 $HK=m=10\sim20$mm。见图 3-18 所示。实际使用中又截去三角形板的 GHK 部分，减少成型器尺寸，在原三角形板的底边 G 处设置一薄膜导辊，让包装材料经这一导辊后直接拉上成型器。为了安装纵封器，在右端圆弧导槽处两侧各截去 $PQEF$ 部分，其中应使 $PQ>2r$、$QE>m$。其中，r 为纵封器回转半径；m 为所选定的护边宽度尺寸。

最后将U形槽余下部分上口并拢，使U形变成如图 3-18 右侧视图那样的封闭图形，以利纵封封口。

4. 翻领形成型器

翻领形成型器具有内外曲面，薄膜从翻领外侧进入筒中通过时，可强制薄膜按其内外曲面形状变形。使平张薄膜逐渐卷曲成筒状，要求该成型器在拉膜时使薄膜不产生纵向与横向拉伸变形，而且使薄膜与成型器之间的摩擦阻力尽量小，不跑偏、不卡塞，制出外形平整美观，符合尺寸要求的袋。

翻领形成型器的内曲面的截面形状有圆形、方形、菱形及三角形截面。该成型器的设计方法很多，其过程都是求取并作出领口交接曲线，以该曲线为依据，在生产实践中进行放样、下料，校验。

(1) 圆形料管翻领形成型器

① 建立数学模型　图 3-19 是这种成型器的计算图，以圆形料管的轴线 oz 为轴，取直角坐标 $oxyz$，则料管与 xoy 平面相交的截交线是以 r 为半径的一个圆，图中直线 AB 是包装材料从最后一根导辊引出后与成型器的接触线，$\triangle ABC$ 为平面等腰三角形，它与 xoy 平面的夹角为 α，D 是 AB 的中点，故 $\angle ACD=\angle BCD=\beta$，$ACS$ 与 BCS 构成两侧的两个对称曲面，SCS 为成型器领口交接曲线，S 是该曲线的最低点，位于 x 轴线上，C 为该曲线的最高点，它在 xoy 平面上的投影为 N 点，且在 x 轴上，令 $CN=h$，为推导的需要，使 AC 延长至 T 点，DC 延长至 T'，作 $T'E\,//\,oz$，$TT'\,//\,oy$，$CE//ox$，由此得$\angle CET'$与$\angle CT'T$ 均为直角，且三角形 $CT'T$ 与三角形 ABC 在同一平面上，三角形 CET' 在 xoz 平面上，令 $CT'=e$。P 是领口交接线上任意一点，连 PT，$PT=f$，P 点在 xoy 平面上的投影为 Q 点，令弧长 $NQ=u$，P 点的高即为交接线的函数 $\varphi_{(u)}$，C 点是 $\varphi_{(u)}$ 的中点，C 处的高 $CD=h$。

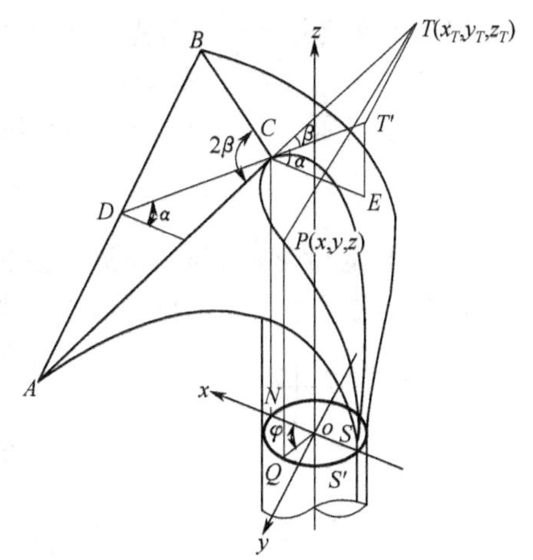

图 3-19　圆形料管翻领形成型器结构参数计算图

成型器交接线上任一点 P 的坐标可写成：

$$x=r\cos\varphi \qquad y=r\sin\varphi \qquad z=\psi_{(\varphi)}$$

T 的坐标可写成：

$$x_T=-(e\cos\alpha-r) \qquad y_T=-(e\tan\beta) \qquad z_T=e\sin\alpha+h$$

因为 $f=PT$，P 与 T 两点间的距离为 $f^2=(x_T-x)^2+(y_T-y)^2+(z_T-z)^2$

将 P 及 T 两点的坐标值代入得：

$$f^2=(-e\cos\alpha+r-r\cos\varphi)^2+(-e\tan\beta-r\sin\varphi)^2+[e\sin\alpha+h-\psi_{(\varphi)}]^2 \tag{3-7}$$

若将成型器沿 SS' 剪开并展成平面，如图 3-20 所示，由该图看出，PT 长可由下式表达：

$$f^2=[e\tan\beta+u_{(\varphi)}]^2+[h-e-\psi_{(\varphi)}]^2 \tag{3-8}$$

展开前后 PT 长度不变，式(3-7)、式(3-8) 联立消去 f，可得交接曲线上任意点 P 的高 $\psi_{(\varphi)}$ 的方程式：

$$\psi_{(\varphi)}=h-\frac{e\tan\beta[u_{(\varphi)}-r\sin\varphi]+r(e\cos\alpha-r)(1-\cos\varphi)+\frac{1}{2}u_{(\varphi)}{}^2}{e(1+\sin\alpha)} \tag{3-9}$$

此式的边界条件为：

$$u_{(\varphi)}=0 \qquad \psi_{(\varphi)}=h$$
$$u_{(\varphi)}=\pi r \qquad \psi_{(\varphi)}=0$$

令 $\psi_{(\varphi)}=0$，代入 (3-9) 式，可得出线段 e 的长度表达式：

$$e=\frac{\frac{1}{2}a^2-2r^2}{h(1+\sin\alpha)-a\tan\beta-2r\cos\alpha} \tag{3-10}$$

由此可见，设计中若能首先确定料管半径 r，翻领三角形 ABC 的顶角之半 β、翻领的后倾角 α 及成型器领口交接曲线的最大高度 h，则 e 值可以求得，再利用式(3-9) 算出与每一段弧长 u 对应的在交接曲线上各点的高度 $\psi_{(\varphi)}$，便不难连出领口交接曲线。

② 参数 r、β、α、h 的确定

a. 圆形料管的半径 r。设 a 为折后的包装空袋宽度，则 $2a=2\pi r$，所以

$$r=\frac{a}{\pi} \tag{3-11}$$

b. 翻领的后角 α。与三角形成型器安装角 α 一样，α 角度大则薄膜通过成型器的成型阻力亦大，但结构尺寸小，包装机总体尺寸就紧凑，α 角度小则相反，生产实践中翻领形成型器的后倾角 α 取用范围较大，常用的在 0°～60°之间。

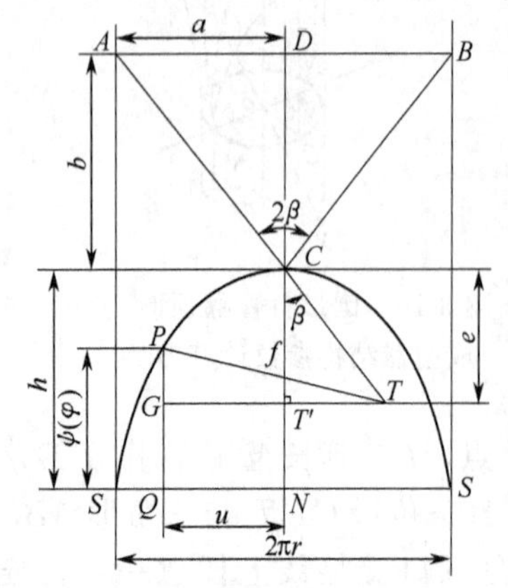

图 3-20　翻领曲面展开图

c. 翻领三角形平面的形状尺寸。由图 3-19 可见，三角形 ABC 的形状尺寸由三角形底边 AB 和高 CD 或顶角$\angle ACB$ 来决定，底边 $AB=2a$ 与袋子的尺寸有关，$DC=b$ 是包装材料在三角形平面上的长度，b 的长短反映了引导面的大小，b 太短起不了引导与承载薄膜的作用，造成薄膜在交接曲线附近成型阻力过大，易拉伸变形，b 太长会导致成型器结构不紧凑，且不一定全能用来承载薄膜，反而增加了薄膜与成型器表面间摩擦面长度，设计中可取 $b=h$。

则

$$\tan\beta=\frac{a}{b}=\frac{a}{h} \tag{3-12}$$

d. 领口交接曲线的最大高度 h。领口交接曲线是一条空间曲线，它的最低点到最高点之间在 z 轴方向的距离称为最大高度 h。对某一既定 r、α 和 β 参数的翻领形成型器，它的领口交接线最大高度 h 与线段 e 的长度关系见式(3-10)，当 e 值由 0→∞变化时，h 则由较大值逐步变小，起初 h 随 e 的变化较大，随后变化越来越小，以至趋向一定值。h 与 e 的关系如图 3-21 所示。

$$h_1=\frac{a\tan\beta+2r\cos\alpha}{1+\sin\alpha}$$

由此可见，图 3-21 中线段 e 的长短直接关系到交接线最大高度 h 的大小，当 e 值取得较大时，h 较小，成型器较矮，但包装材料在成型时变形急剧，成型阻力较大，不利于制袋。当值取得较小时，h 较大，成型阻力较小，但成型器结构不紧凑。

由图 3-21 上可见，当 $e=2r/\cos\alpha$ 时，h 的变化已极为缓慢，所以可取 $0<e<2r/\cos\alpha$。将式(3-10) 代入该不等式，得 h 的表达式：

$$h>\frac{\frac{\pi}{4}a\cos\alpha+r\cos\alpha+a\tan\beta}{1+\sin\alpha}=h_2 \qquad (3\text{-}13)$$

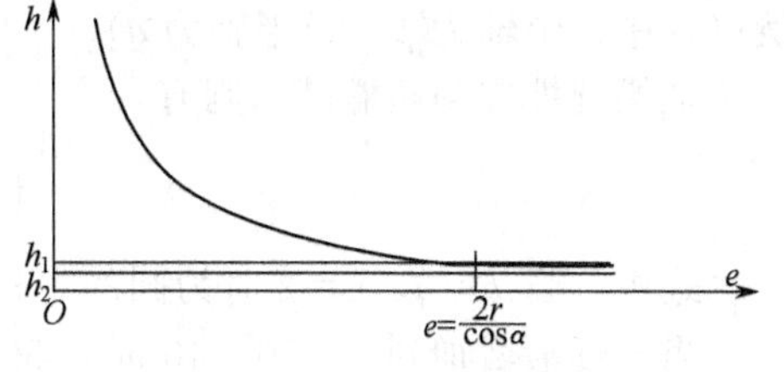

图 3-21　h-e 关系曲线图

为不使成型器过大，h 通常在 h_2 计算值附近取整数。

设计时取的点越多，作出的领口交接曲线也就越精确。一般在 $0\sim\pi$ 范围内计算点不应少于 8 个，$\pi\sim2\pi$ 之间因曲线对称，无需重复计算。

计算程序框图如下。

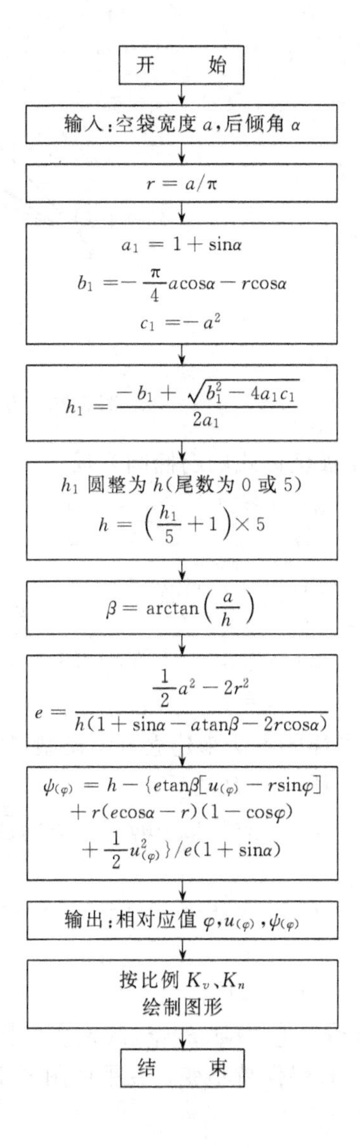

(2) 方形料管翻领形成型器

为了制作截面为方形的包装袋，或由于拉料工艺的需要，均需要方型料管的翻领形成型器。方型料管翻领形成型器可由圆形料管成型器计算作图法推广得到。

从数学角度来说，圆的方程是：$x^2+y^2=R^2$，它是椭圆方程$\left(\frac{x}{p}\right)^2+\left(\frac{y}{q}\right)^2=1$的一种特例（其中短半轴为 p，长半轴为 q）。

把椭圆推广到超椭圆，则有

$$\left(\frac{x}{p}\right)^n+\left(\frac{y}{q}\right)^n=1 \tag{3-14}$$

式中，当 $p=q$，$n=2$ 时为圆的方程；当 $p\neq q$，$n=2$ 时为椭圆的方程。

当 n 逐渐增加到 $n>20\sim40$ 时，超椭圆图形就逐渐过渡到带圆角的长方形或正方形如图 3-22 所示。设超椭圆半径为 $r_{(\varphi)}$，超椭圆图形上任一点 Q 的极坐标：

$$x=r_{(\varphi)}\cos\varphi \qquad y=r_{(\varphi)}\sin\varphi \tag{3-15}$$

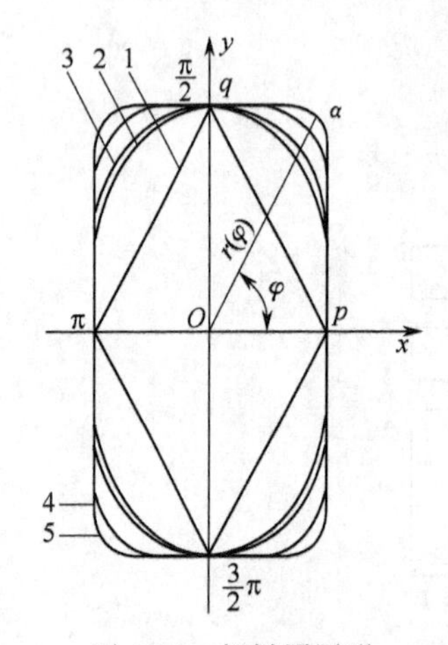

图 3-22 超椭圆图形

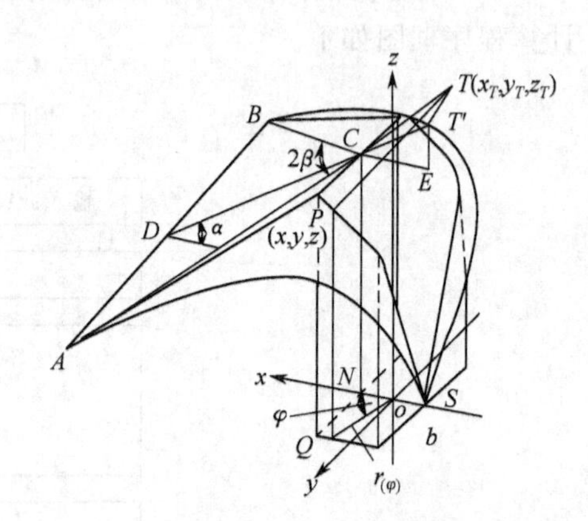

图 3-23 方形料管翻领形成型器参数计算图

将 x、y 均代入超椭圆方程得极坐标式的超椭圆方程

$$\left[\frac{r_{(\varphi)}\cos\varphi}{p}\right]^n+\left[\frac{r_{(\varphi)}\sin\varphi}{q}\right]^n=1 \tag{3-16}$$

改写成

$$\left[\left(\frac{\cos\varphi}{p}\right)^n+\left(\frac{\sin\varphi}{q}\right)^n\right]^{-\frac{1}{n}}=r_{(\varphi)} \tag{3-17}$$

因为图形有对称性，所以 $r_{(\varphi)}=r_{(-\varphi)}=r_{(\varphi+\pi)}$，由方程（3-15）可得：

$$r_{(0)}=p \qquad r_{\left(\frac{\pi}{2}\right)}=q \tag{3-18}$$

这样，用与圆形料管成型器同样的方法来建立数学模型，如图 3-23 所示。

用极坐标形式表示领口曲线上任一点 P 的位置：

$$x=r_{(\varphi)}\cos\varphi \qquad y=r_{(\varphi)}\sin\varphi \qquad z=\psi[u_{(\varphi)},\varphi] \tag{3-19}$$

同理，T 点极坐标为：

$$x_T=p-e\cos\alpha \qquad y_T=-e\tan\beta \qquad z_T=e\sin\alpha+h \tag{3-20}$$

设直线 $PT=f$，可写成：

$$\begin{aligned}f^2&=(x_T-x)^2+(y_T-y)^2+(z_T-z)^2\\&=[-e\cos\alpha+p-r_{(\varphi)}\cos\varphi]^2+[-e\tan\beta-r_{(\varphi)}\sin\varphi]^2+[e\sin\alpha+h-\psi(u_{(\varphi)},\varphi)]^2\end{aligned} \tag{3-21}$$

若将翻领形成型器展开，PT 长仍保持不变，在平面图形里：

$$f^2=[e\tan\beta+u_{(\varphi)}]^2+[h-e-\psi(u_{(\varphi)},\varphi)]^2 \quad (3\text{-}22)$$

式(3-21) 和式(3-22) 联立，可得交接曲线上任一点 P 的高的方程式：

$$\psi[u_{(\varphi)},\varphi]=h+\frac{\frac{1}{2}[p^2+r_{(\varphi)}^2-u_{(\varphi)}^2]+r_{(\varphi)}\cos\varphi(e\cos\alpha-p)+e\tan\beta[r_{(\varphi)}\sin\varphi-u_{(\varphi)}]-ep\cos\alpha}{e(1+\sin\alpha)} \quad (3\text{-}23)$$

此式的边界条件为：

$$\varphi=0,\quad u_{(\varphi)}=0,\quad \psi[u_{(\varphi)},\varphi]=h$$
$$\varphi=\pi,\quad u_{(\varphi)}=0,\quad \psi[u_{(\varphi)},\varphi]=0$$

边界条件当 $\varphi=\pi$ 时，$r_{(\varphi)}=P$，$u_{(\varphi)}=a$，$\psi[u_{(\varphi)},\varphi]=0$，代入式(3-23) 中，可得出计算图上 e 的表达式：

$$e=\frac{\frac{1}{2}a^2-2p^2}{h(1+\sin\alpha)-a\tan\beta-2p\cos\alpha} \quad (3\text{-}24)$$

同样如圆形料管那样，利用 $0<e<\frac{2p}{\cos\alpha}$ 不等式可求得这种成型器交接曲线的最大高度的表达式：

$$h>\frac{\frac{1}{4p}a^2\cos\alpha+a\tan\beta+p\cos\alpha}{1+\sin\alpha} \quad (3\text{-}25)$$

由式(3-23) 可看出，要求出成型器领口交接曲线函数 $\psi[u_{(\varphi)},\varphi]$，首先应确定出或求出 $r_{(\varphi)}$、p、$\tan\beta$、$u_{(\varphi)}$、α、h、e 等参数。其中 $r_{(\varphi)}$ 由式(3-17) 确定，参数 p、q 由料管形状决定，α、$\tan\beta$ 的确定与圆形料管相似，这里不再赘述。

$u_{(\varphi)}$ 是超椭圆在其转角 φ 位置时到起始点 N 的曲线长，是变量 φ 的函数，用极坐标表示的弧微分式为：

$$\mathrm{d}u_{(\varphi)}=\sqrt{r_{(\varphi)}^2+\left[\frac{\mathrm{d}r_{(\varphi)}}{\mathrm{d}\varphi}\right]^2}\,\mathrm{d}\varphi \quad (3\text{-}26)$$

$$u_{(\varphi)}=\int\sqrt{r_{(\varphi)}^2+\left[\frac{\mathrm{d}r_{(\varphi)}}{\mathrm{d}\varphi}\right]^2}\,\mathrm{d}\varphi \quad (3\text{-}27)$$

若在超椭圆方程式(3-16) 中，令 $\frac{q}{p}=c$，则该式变为：$c^nx^n+y^n=q^n$ (3-28)

将式(3-15) 有关参数代入上式，整理得：$r_{(\varphi)}=\frac{q}{\sqrt[n]{c^n\cos^n\varphi+\sin^n\varphi}}$ (3-29)

将 $r_{(\varphi)}$ 对 φ 微分得：$\frac{\mathrm{d}r_{(\varphi)}}{\mathrm{d}\varphi}=\frac{r_{(\varphi)}(-\sin^{n-1}\varphi\cos\varphi+c^n\cos^{n-1}\varphi\sin\varphi)}{c^n\cos^n\varphi+\sin^n\varphi}$ (3-30)

将式(3-29)、式(3-30) 代入式(3-27)，整理得：

$$u_{(\varphi)}=q\int\frac{\sqrt{c^{2n}\cos^{2n-2}\varphi+\sin^{2n-2}\varphi}}{(c^n\cos^n\varphi+\sin^n\varphi)^{\frac{1+n}{n}}}\mathrm{d}\varphi$$

令 $\omega_{(\varphi)}=\frac{\sqrt{c^{2n}\cos^{2n-2}\varphi+\sin^{2n-2}\varphi}}{(c^n\cos^n\varphi+\sin^n\varphi)^{\frac{1+n}{n}}}$ (3-31)

则 $u_{(\varphi)}=q\int_0^{\varphi}\omega_{(\varphi)}\mathrm{d}\varphi=qv_{(\varphi)}$ (3-32)

式中 $v_{(\varphi)}=\frac{u_{(\varphi)}}{q}=\int_0^{\varphi}w_{(\varphi)}\mathrm{d}\varphi$

$v_{(\varphi)}$的定积分可采用梯形法近似公式计算。这样交接曲线上任一点高$\psi[u_{(\varphi)},\varphi]$，只要确定有关参数$a$、$\alpha$、$c$、$n$的值，就可以用计算机进行辅助设计，并绘出交接曲线的展开图。其程序框图如下。

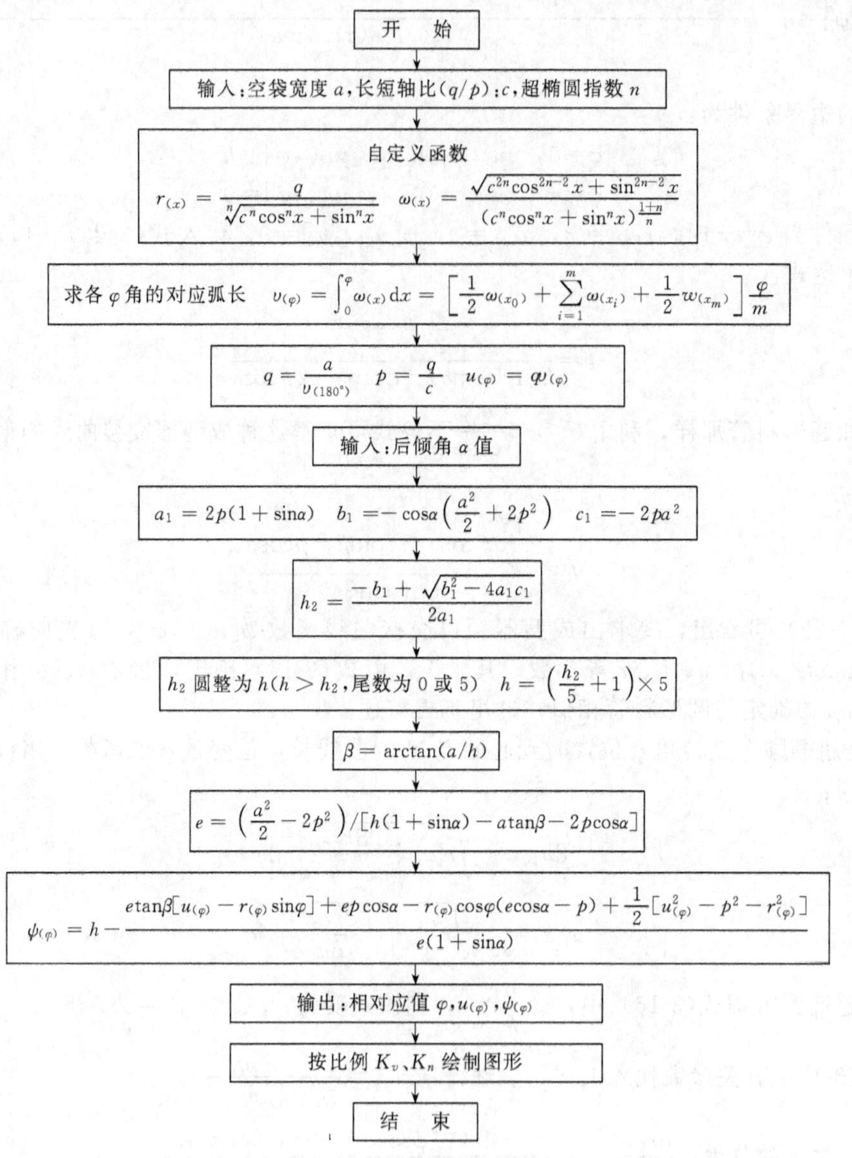

$\dfrac{\mathrm{d}r_{(\varphi)}}{\mathrm{d}\varphi}$应对式(3-17)的$\varphi$求导，但积分式内的被积函数不是初等函数，难以积出，为使用方便起见，用近似计算方法来解决。

当超椭圆截面指数$n>20$时，超椭圆即变为倒圆角的长方形，其倒角半径ρ可近似的由下式来表示：

$$\rho=\frac{(p^2+q^2)^{\frac{3}{2}}}{2pqn} \tag{3-33}$$

这样利用式(3-17)及三角函数关系就可计算出与φ对应的$r_{(\varphi)}$及$u_{(\varphi)}$的值。

至于料管截面为三角形、菱形、椭圆形的翻领形成型器领口交界线的设计计算，利用图3-22及式(3-17)，确定相应的截面指数n，就能达到预定目的了。

（3）设计计算实例

已知空袋净宽 $b=110\text{mm}$，长轴 $P=70\text{mm}$，短轴 $q=40\text{mm}$，后倾角 $\alpha=30°$，要求设计计算一椭圆形料管的翻领形成型器的领口交接曲线。

按上面计算框图编写程序如下。

```
#include<math.h>
#include<stdio.h>
#include<string.h>
#include<conio.h>
#define PI 3.1415926
#define RAD PI/180.0
float c=4/7;
float a=110.0;
int n=2,alpha=30;
float R(float x);
float W(float x);
float V(float x);
float U(float x);
float Z(float x);
void main()
{
        int i;
        float r,u,z,x;
        FILE *fp;
        if((fp=fopen("cheng xing qi.txt","w"))==NULL)
        {
                printf("cannot open this file! \n");
        }
        fprintf(fp,"\tWelcome to my program! \n");
        fprintf(fp,"\tName:cheng xing qi\n");
        fprintf(fp,"\tThis program is for the collar forming! \n");
        fprintf(fp,"\ta=110.0,q=70.0,p=40.0,alpha=30.0");
        fprintf(fp,"\n\t**************************************\n");
        fprintf(fp,"\t              DATA              \n");
        fprintf(fp,"\t fai\t    r\t    u\t    z\n");
        for(i=0;i<=180;i++)
        {            x=i*RAD;
                     r=R(x);
                     u=U(x);
                     z=Z(x);
                     fprintf(fp,"\t%3d(%.3f)%10.4f%10.4f%10.4f\n",i,x,r,u,z);
                     if(i%30=0)
                     {
                             fprintf(fp,"\n");
                     }
        }
                     fprintf(fp,"\t   DATA   IS     OVER\n");
```

```
        fclose(fp);
}
float R(float x)
{
    float r;
    float m1,m2;
    m1=pow(c * cos(x),n)+pow(sin(x),n);
    m2=pow(m1,1.0/(float)(n));
    r=q/m2;
    return r;
}
float W(float x)
{
    float w;
    float m1,m2,m3,m4;
    m1=pow(c,2 * n) * pow(cos(x),2 * n-2)+pow(sin(x),2 * n-2);
    m2=sqrt(m1);
    m3=pow(c,n) * pow(cos(x),n)+pow(sin(x),n);
    m4=pow(m3,(1+(float)(n))/(float)(n));
    w=m2/m4;
    return w;
}
float V(float x)
{
    float v,s,s1,s2=0;
    int i,m=180;
    s=x/m;
    for(i=0;i<=m;i++)
        s2=W(i * s)+s2;
    s1=(0.5 * W(0.0)+s2+0.5 * W(x)) * s;
    return s1;
}
float U(float x)
{
    float u;
    u=q * V(x);
    return u;
}
float Z(float x)
{
    float alpha1=alpha * RAD;
    float a1,b1,c1,h2,beita,e,z,m1,m2,m3;
    int h;
    a1=2 * p * (1+sin(alpha1));
    b1=-cos(alpha1) * (0.5 * a * a+2 * p * p);
    c1=-2 * p * a * a;
```

```
    h2=(-b1+sqrt(b1*b1-4*a1*c1))/(2*a1);
    h=((int)(h2/5)+1)*5;
    beita=atan(a/h);
    e=(0.5*a*a-2.0*p*p)/(h*(1+sin(alpha1))-a*tan(beita)-2*p*cos(alpha1));
    m1=e*tan(beita)*(U(x)-R(x)*sin(x))+e*p*cos(alpha1);
    m2=R(x)*cos(x)*(e*cos(alpha1)-p);
    m3=0.5*(U(x)*U(x)-p*p-R(x)*R(x));
    z=h-(m1-m2+m3)/(e*(1+sin(alpha1)));
    return z;
}
```

该程序的运行结果列表如下，右侧为用此数据生成的成型器展开图。

φ/(°)	$u_{(\varphi)}$	$\psi_{(\varphi)}$
0	0.00	205.09
15	18.65	200.28
30	36.99	187.94
45	52.89	173.62
60	66.16	159.93
75	77.66	147.05
90	88.32	134.35
105	98.98	120.96
120	110.48	105.77
135	123.74	87.21
150	139.64	63.38
165	157.99	33.20
180	176.64	0.00

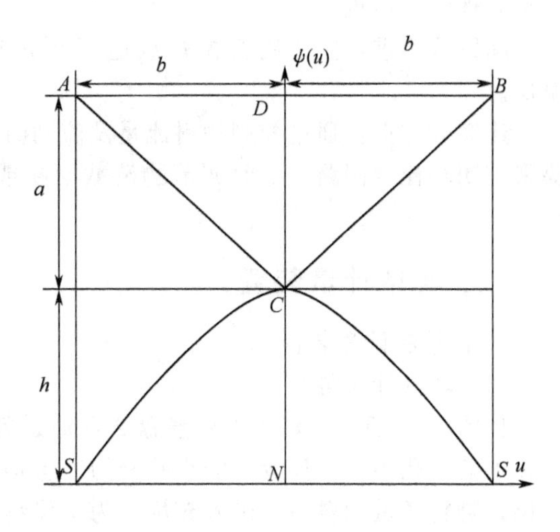

第三节 计量装置

一、计量方法

充填入袋的产品对数量、质量或容积有一定的要求，用来保证充填量的装置称为计量装置。计量装置可以是机器的一个组成部分，也可以是独立的设备。

常用的计量方法有三种：计数法、定容法与称重法。

1. 计数法

被包装物料按个数进行计量和包装的方法。常用的有单件计数、多件计数、转盘计数、履带计数。

单件计数：常用于块状物料，可使物料单列定向排列并依次通过光电计数装置，光电计数器发出电信号进行计数，并控制输送物料闸门，完成一次计数循环。

多件计数：由计量腔一次装入多件物料进行计量。

转盘计数：由转盘上平均分布的扇区面内均布一定数量的小孔，形成若干组均分的间隔孔区，改变每一扇形区的孔数就可以改变计量数量。

履带计数：由具有若干均布凹槽的履带带动物料依次通过传感器进行计数。

2. 定容法

定容法经常用于密度稳定的粉状、颗粒状物料的计量，常见的有量杯式、螺杆式、活塞式和计量泵式。

量杯式：利用量杯的容积进行计量的方法。常用的有转盘、转鼓、插管等结构形式。

螺杆式：利用螺杆的螺旋槽在单位转速中总旋出的容积进行计量的方法。

活塞式：利用柱塞式活塞的运动，把产品从供料槽吸到料缸中，到达预定容积后料缸下部的控制法打开，活塞向下推动，使缸中的产品流入充填容器的计量方式。

计量泵式：通过转鼓上的槽在旋转过程中带出物料的方法计量。泵可以是齿轮泵或转阀式计量泵。

3. 称重法

适用于易吸潮、粒度不均匀，密度的变化幅度较大而计量精度较高的物料计量。有间歇式称重和连续式称重。

间歇式称重：主要用机械秤或电子秤进行计量的方法。称重精度高，灵敏度好，但效率低。

连续式称重：通过控制物料流量及流动时间间隔来计量物料的质量。当物料密度变化时，要采用闭环控制回路，及时调节物流截面积或移动速度来达到流量的稳定。适用于高速称量充填。

二、典型计量装置

1. 计数法计量装置

(1) 转盘计量装置

如图 3-24 所示，转动的定量盘 2 在通过料箱底部时，料箱中的物料在重力的作用下就落入 2 上的小孔中，定量盘上的小孔分为三组均布，当两组进入装料工位时，必有一组处于卸料工位，物料通过卸料槽 1 进入充填。为确保物料能顺利地进入定量盘的小孔，常使小孔的直径比物料的直径稍大 0.5～1mm，盘的厚度比物料厚度（直径）稍大。料箱正面平板多采用透明材料，以利于观察料箱内物料的充填情况。当物品直径变化或每次充填数量发生改变时，只需更换定量盘即可。这种装置常用于药片、药丸、糖球等规则物品的计数定量包装。

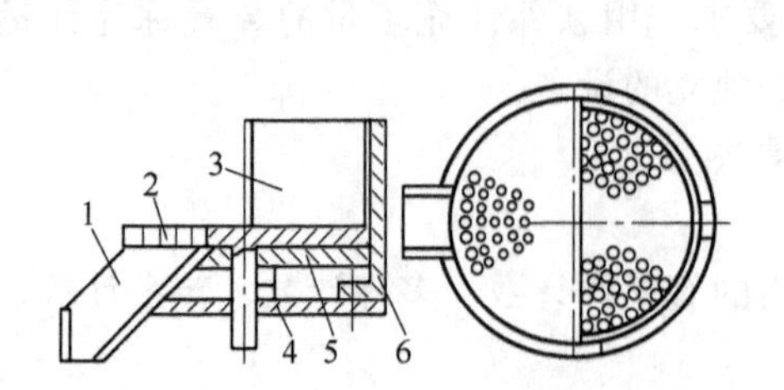

图 3-24 转盘计数充填机示意图

1—卸料槽；2—定量盘；3—料斗；4—底盘；5—卸料盘；6—支架

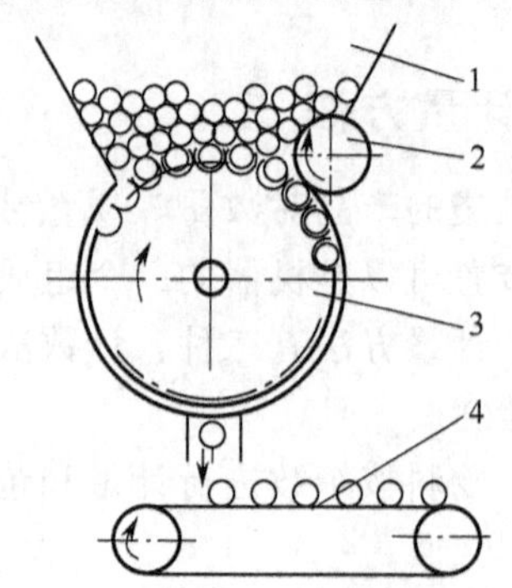

图 3-25 转鼓式计数装置原理图

1—料箱；2—拨轮；3—计数转鼓；4—运输带

(2) 转鼓式计量装置

转鼓式计量装置的原理与转盘式基本相似，如图 3-25 转鼓转动时，各组计量孔眼在料斗中搓动，物料靠自重填入孔眼。当充满物料的孔眼转到出料口时，物料又靠自重跌落出去，充填进入包装容器。

(3) 履带计数计量装置

图 3-26 为履带计数计量装置。该履带由若干组均匀的凹穴和光面的条板 10 组成，依次调节计数值。物料在料仓 2 的底部经筛分器 3 筛分后进入料仓 1，然后靠自重和振动器 9 的作用不断落入板穴中，并由拨料毛刷 4 将板上的多余物料拨去。当物料移至卸料工位，便借转鼓的径向推头 8 使之成排掉下，再经卸料斗槽 7 装入包装容器 6。在履带连续运行过程中，一旦通过探测器 5 检查出条板凹穴有缺料现象，即自动停车。该装置适用于片状、球状等规则物料的计数。

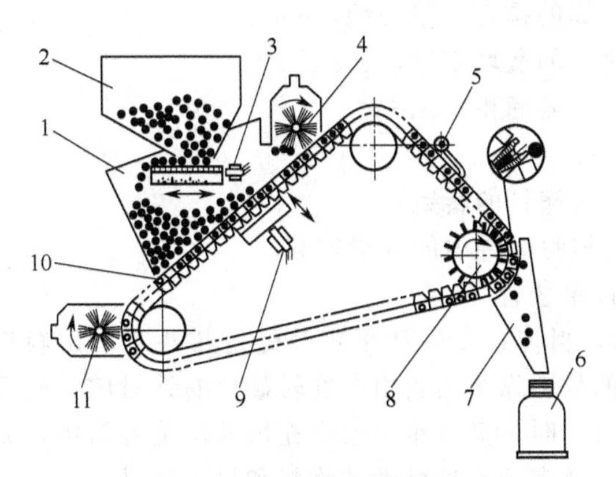

图 3-26　履带计数计量装置

1,2—料仓；3—筛分器；4—拨料毛刷；5—探测器；6—包装容器；7—卸料斗槽；8—径向推头；9—振动器；10—条板；11—清屑毛刷

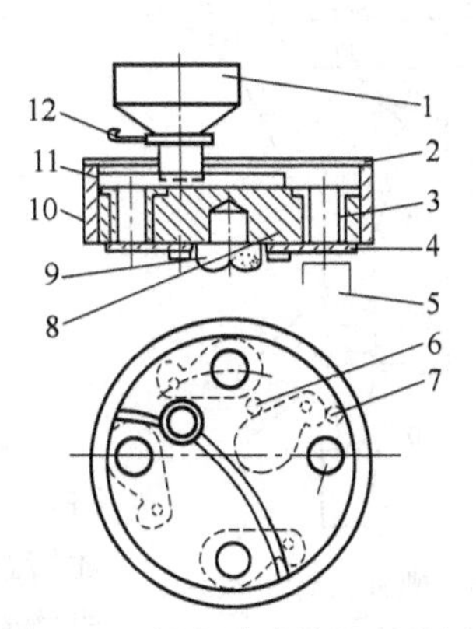

图 3-27　量杯式充填机示意图

1—料斗；2—粉罩；3—量杯；4—活门；5—粉袋；6—闭合圆销；7—开启圆销；8—圆盘；9—转盘主轴；10—护圈；11—粉料刮板；12—下粉闸门

2. 定容法计量装置

(1) 量杯式计量装置

如图 3-27，物料经料斗 1 自由地靠重力落到计量杯内，圆盘上有多个量杯（图中 4 个）和对应的活门 4，圆盘上部为粉罩 2。当转盘主轴 9 带动圆盘 8 转动时，粉料刮板 11（与料斗 1 固定在一起）将量杯 3 上面多余的物料刮去。当量杯转到卸料工位时，开启圆销 7 推开量杯底部活门 4，量杯中的物料在重力作用下充填到下放的容器中去。

该装置是容积固定的计量装置，若要改变定量，则要更换量杯。可调量杯式的计量装置，量杯由上、下两部分组成，通过调节机构可以改变上、下量杯的相对位置，实现容积微调。微调可以自动进行，也可以手动进行。

量杯计量的生产能力为：

$$Q=\frac{Gmn}{1000}\quad (\text{kg/min}) \tag{3-34}$$

式中 G——每个量杯计量的量值，g，$G=V\rho$；

V——每个计量量杯的计量容积，cm^3；

ρ——计量物料的散堆密度，g/cm^3；

m——转盘或滑板上安装的计量杯数；

n——转盘每分钟的工作转数，r/min。

(2) 螺杆式计量装置

如图 3-28 所示，料斗 1 内插板 2 打开，经水平螺旋给料器 3 以恒定速度供出物料，进入垂直螺旋给料器 6，经搅拌器 5 搅动后由输出导管 9 流出。料位检测器 4 检测料位高度并控制水平螺旋给料器 3 的给料量。当容器到位后，螺杆停止转动，物料停止流下；闸门 7 打开，6

转动将物料进行充填；充填完毕，螺杆停止转动，闸门 7 关闭。适宜于充填流动性好的颗粒料、粉状固体物料，也可用于稠状流体物料。

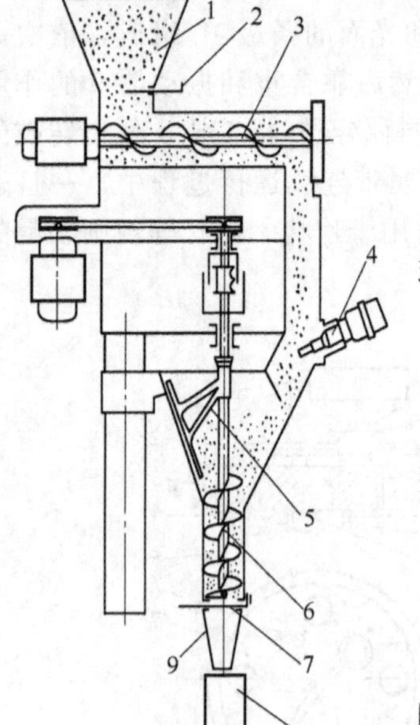

图 3-28 螺杆式计量装置

1—料斗；2—插板；3—水平螺旋给料器；4—料位检测器；5—搅拌器；6—垂直螺旋给料器；7—闸门；8—包装容器；9—输出导管

螺杆容积计量装置的生产能力为：

$$Q=\frac{Gn}{1000}\quad (\mathrm{kg/min}) \tag{3-35}$$

$$G=V\rho n_0\quad (\mathrm{g})$$

$$V=FL\quad (\mathrm{cm^3})$$

式中 G——计量螺杆每次的计量量值，g；

V——每转一周的螺杆计量容积，$\mathrm{cm^3}$；

ρ——计量物料的散堆密度，$\mathrm{g/cm^3}$；

F——螺旋空间截面积，$\mathrm{cm^2}$；

L——螺距，cm；

n_0——计量一次螺杆的转数；

n——螺杆装置每分钟内的计量转数。

(3) 计量泵式计量装置

如图 3-29 所示，当转鼓 3 的计量容腔经过料斗 1 的出料口时，存于料斗 1 中的物料靠重力自由落在转鼓 3 的计量腔，然后随转鼓 3 转到排料口 4 时，又靠重力自由充填入包装容器中，完成物料的计量充填。适宜于充填黏性体物料和粉末物料。

(4) 活塞式计量装置

如图 3-30 所示，当活塞推杆 7 向上移动时，由于物料的自重或黏滞阻力，使活门 5 向下压缩弹簧 6，物料从活门 5 与活塞顶盘 3 的环隙进入活塞下部缸体 2 的内腔，当活塞向下移动时，活门 5 在弹簧的作用下关闭环隙，活塞 4 下部的物料被活塞压出并充填到容器中去。该装置的计量是通过活塞 4 的往复运动，在活塞两极限位置之间形成一定的容腔来计量物料。应用较广泛，粉、粒状固体、稠状流体物料均适宜。

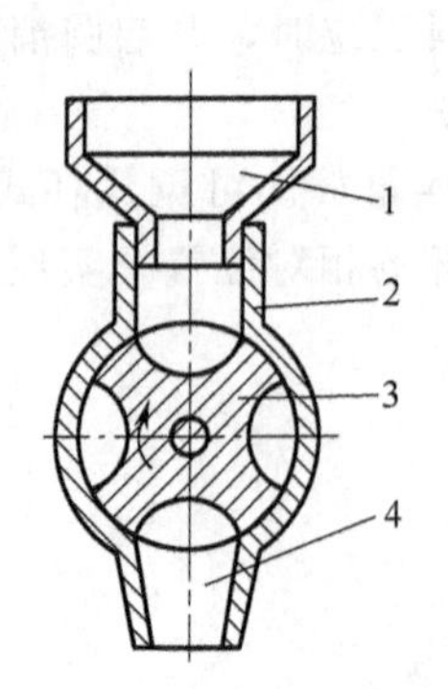

图 3-29 计量泵式计量装置

1—料斗；2—转鼓机壳；3—转鼓；4—排料口

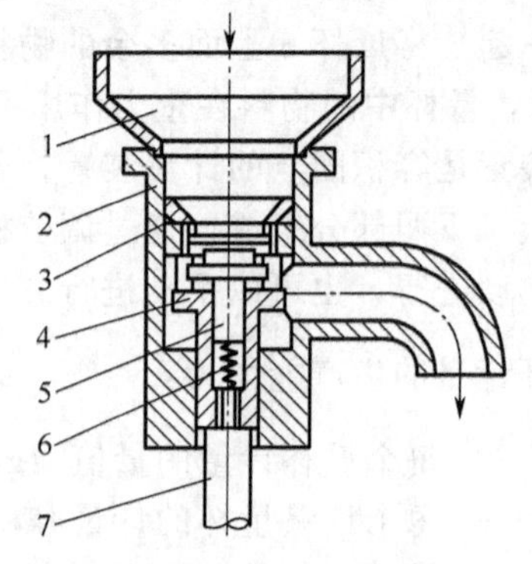

图 3-30 活塞式计量装置

1—料斗；2—缸体；3—活塞顶盘；4—活塞；5—活门；6—弹簧；7—活塞推杆

(5) 插管式计量装置

如图 3-31 所示，插管式计量装置工作时，现将插管 1 插入具有一定粉层高度的储料槽 4 中，由于粉末之间及粉末与管壁之间有一定的附着力，所以当插管 1 上升被提起时粉末不会脱落掉下；当插管 1 转到卸料工位时，由顶杆 2 将插管中的物料推入容器 3 进行充填。

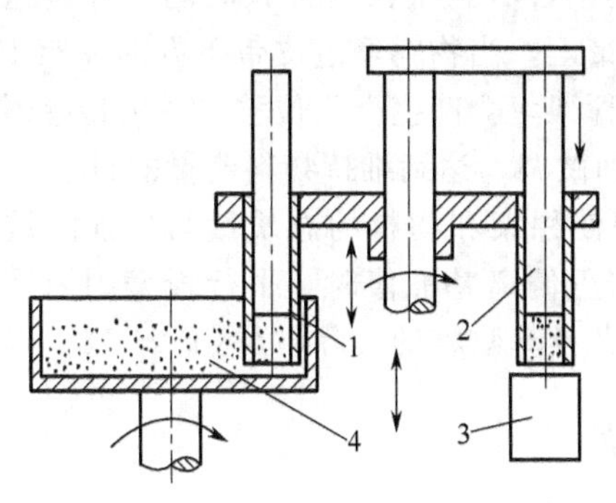

图 3-31 插管式计量装置

1—插管；2—顶杆；3—容器；4—储料槽

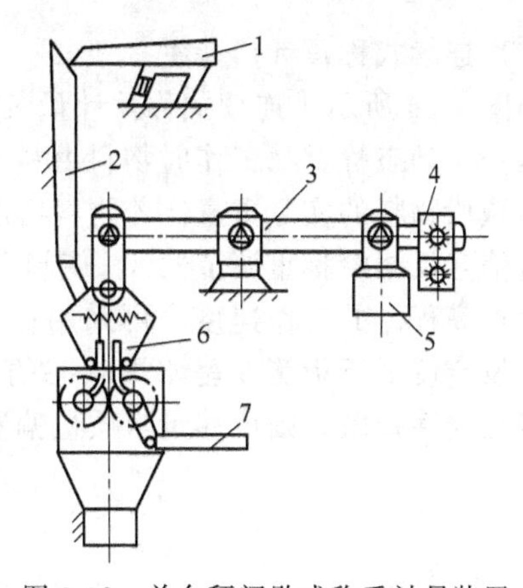

图 3-32 单台秤间歇式称重计量装置

1—电振给料机；2—导管；3—天平杠杆；4—光电检测装置；5—配重砝码；6—料斗；7—开启机构

3. 称重法计量装置

(1) 间歇式称重计量装置

如图 3-32 所示为单台秤间歇式称重计量装置，采用电振给料机、杠杆天平式秤和两级光电检测及控制装置等，第一级光电装置控制粗加料，使供料机往秤斗加料到定量要求值的 80%～90%，而后由第二级光电装置控制细加料，达到定量要求值时停止给料，并发出排料信号，由开启机构排料。称重器排净物料后，进行下一个称量工作循环。

多台单杆秤并列称重计量装置，包括粗加料、细加料、停止给料到排料以及再次开始粗加料等四个阶段依次相接。各阶段过程的时间长短影响着称量速度和精度，缩短各阶段时间会提高计量速率，但不利于计量精度。采用多套单杆秤计量装置由于计量过程得到一定的重叠，故可以在保证包装计量精度的条件下，提高总的计量速度。如图 3-33 所示为两套单杆秤计量装置，两套秤平行进行计量，计量速度可提高 1 倍。单杆秤计量装置可以沿半径方向安装在一个回转圆盘上，圆盘缓慢回转，各套计量装置在监控系统作用下依次参与计量作业，圆盘回转一周，各套计量装置完成一个计量工作循环。此装置要求圆盘在低速下平稳地运转，以避免转速变化及离心力对计量精度的影响。

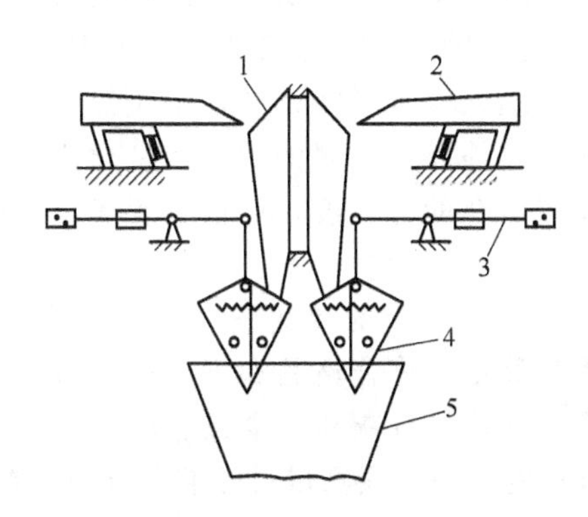

图 3-33 两套单杆秤计量装置

1—导管；2—电振给料机；3—计量秤；4—称量斗；5—装填漏斗

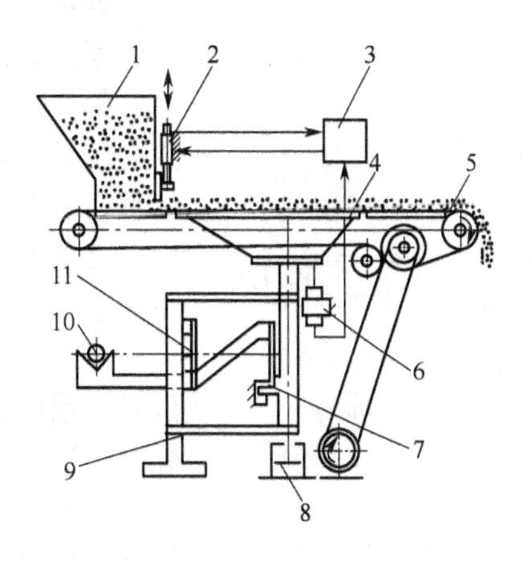

图 3-34 连续式称重计量装置

1—料斗；2—闸门；3—称重调节器；4—秤架；5—输送带；6—传感器；7—限位器；8—阻尼器；9—平行板簧；10—配重；11—弹性支点

(2) 连续式称重计量装置

如图 3-34 所示为连续式称重计量装置，称重时物料在秤盘上没有停顿时间，称量速度很快，是一个动态称重。工作时物料由料斗 1 流到传送带上，当物料经过皮带下方的秤架 4 时即可测出该段物料的实际重量。若物料密度发生变化，秤架将会产生上下位移，并由传感器 6 转换成电信号反馈给称重调节器 3，使闸门 2 的开启得到微调，达到维持物料流量的目的。

为提高秤体的工作速度，可采用比较平衡法。即使秤架和物料的总质量与外加配重相平衡。先设定使平行板簧 9 呈水平状态的基准值，当物重偏离基准值时，平行板簧则因受力变形。若是线性弹簧，则位移量与质量偏差成正比，由此推算物料的实际质量。

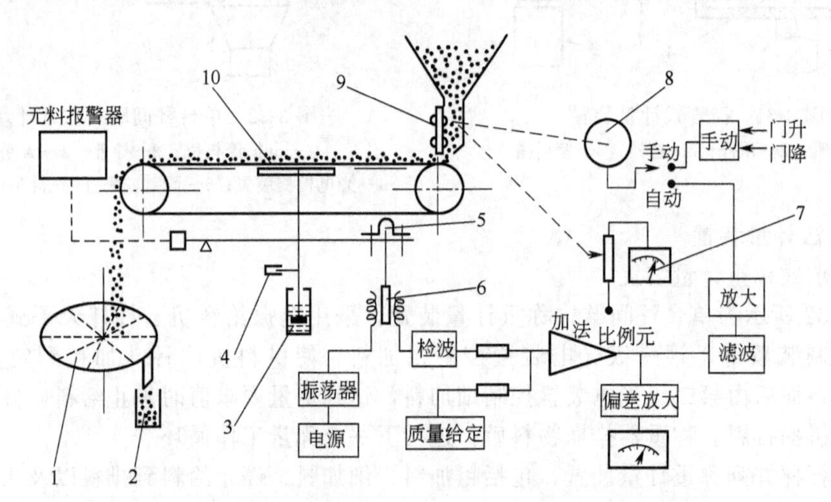

图 3-35 电子皮带秤的计量原理示意图

1—料盘；2—容器；3—阻尼器；4—限位器；5—Ω形弹簧；6—差动变压器；7—比重计；8—可逆电动机；9—闸门；10—秤盘

图 3-35 所示为一电子皮带秤的计量原理示意图，除用计量外，还可用作物料质量流量测定和计算及连续配比。原理是：由秤盘 10 感应到其上面一段皮带上的物料的质量变化。通过差动变压器 6 的位移变化，将此变化转为相应的电量变化，再经调节器和放大器驱动可逆电动机 8，带动放料闸门控制皮带上料层的厚度，以保证带上的物料流量为一定值；然后由皮带同步转动的等分圆料盘，每次截取相同量的料层。Ω形弹簧 5 参与计量，并起制动作用，由阻尼器 3 起到稳定平衡目的，限位器 4 使秤的位移限制在一定的范围内。当外界或物料的比重有变化时，经过电子元件的反馈，可调节闸门 9 的开关度，保证物料流量及时调整到给定要求。

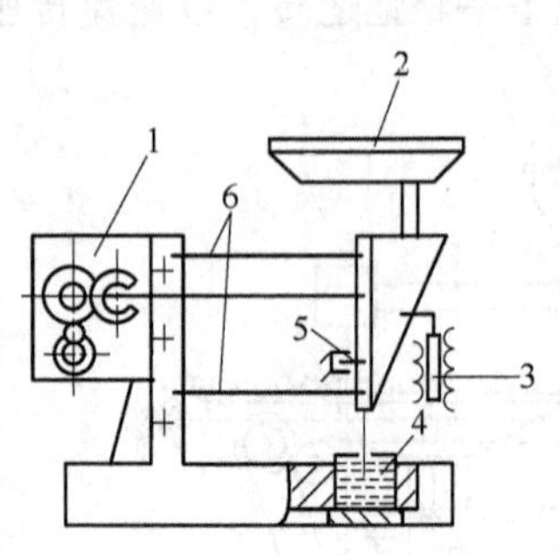

图 3-36 弹簧平衡式电子秤原理图

1—定值机构；2—秤盘；3—差动变压器；4—阻尼器；5—限位器；6—弹簧片

图 3-36 所示为自动质量选别机上的弹簧平衡式电子秤。它可以对运动中物品连续地逐个称量，将合格品和不合格品进行自动分类，适用于袋装、灌装、盒装的洗衣粉、食品、药品等的质量检测。该装置采用比较测量的方法，只测量对标准质量的偏差值，标准质量由定值机构 1 设定。如包装好的物料重 200g，送入秤盘 2 后，就立即和与设定的标定量 200g 作比较，在合格偏差范围内（如±10g），则无信号输出；若超重或超轻，则秤盘 2 发出位移信号，此信号通过差动变压器 3 变成电信号，经放大使电磁铁动作，不合格品即被分选出来。

第四节　封袋方法及封袋机构

一、封袋方法

袋装产品的封口方法有结扎、热封、钉封、粘封等。充填封口机封口装置主要利用包装袋封口部位的塑料材料具有热塑性能，进行加热加压的方法使袋口密封，这种方法称为热封。常用的热封方式有：热板式、脉冲式、高频式、超声波式等，不同的热封方式适应不同的包装材料以及封缝部位和运动形式，各种方法的特点如表 3-3 所示。

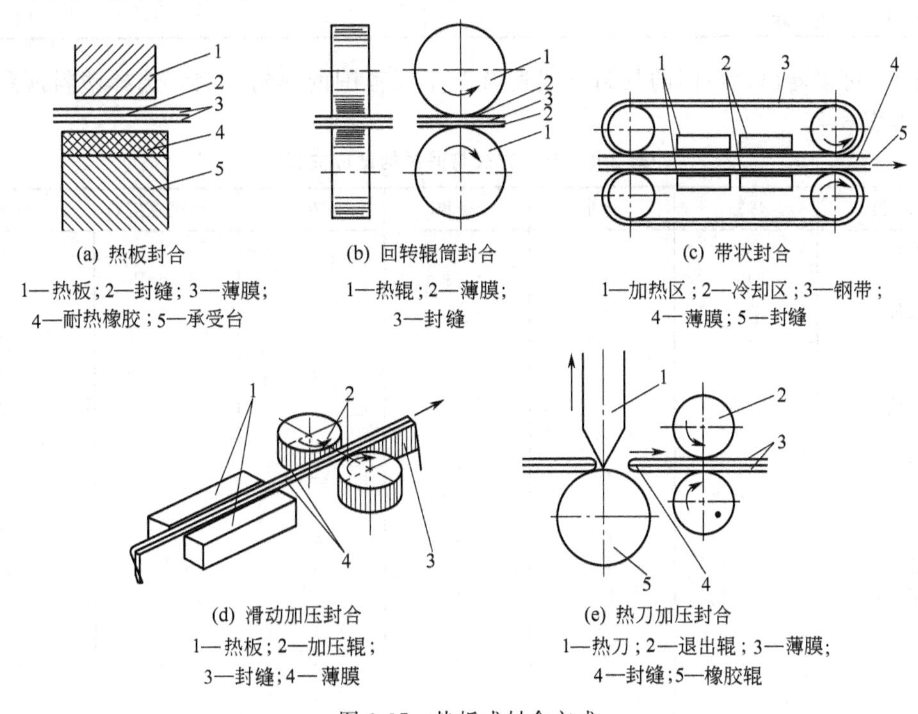

图 3-37　热板式封合方式

表 3-3　各种热封方法及特点

名　称	方　法	特点及适用范围	示意图
热板式	用电热丝、电热管、真空热管对板形、棒形、带形和辊形热封头恒温加热，然后引向封口部位，对塑料包装材料压合封接。一般使用交流电，可按调节的温度实现恒温控制。有板形、棒形、辊形、带形等	结构简单，封合速度较快，可恒温控制。常用于封合聚乙烯等复合薄膜，而对受热易收缩与分解的薄膜，如各种热收缩薄膜，聚氯乙烯等不宜应用	图 3-37(a) 图 3-37(b) 图 3-37(c) 图 3-37(d) 图 3-37(e)
脉冲式	将镍铬合金扁电热丝直接压住薄膜，再瞬时通以大电流加热，接着用空气或通冷却水强制冷却封缝，然后放开压板。在电热丝与薄膜间常用耐热防粘的聚四氟乙烯织物，薄膜另一端承压台上带耐热的硅橡胶衬垫，使封缝均匀	结构上略比热板状封合复杂，但适用于易热变形与受热易分解的薄膜，所得封口质量较好，因冷却占有时间，故生产率受到限制，只适用于间歇封合	图 3-38(a)
高频式	即介质加热封口，将薄膜夹压在上、下电极间，电极通以高频电流，在强电场作用下，薄膜的各双偶极子均力求按场强方向排列。由于场强方向高速变化，双偶极子不断改变方向，导致相互碰撞而生热。所以频率越高，温度越高	热量由被封物质内部引起，中心温度较高而不过热，所得封缝强度较高，对高阻抗的聚氯乙烯很适合，发热量大。但不适用低阻抗薄膜	图 3-38(b)

续表

名　称	方　　法	特点及适用范围	示意图
超声波式	用脉冲频率 20kHz 以上的高频电磁振荡波使电声换能器的晶体在电磁场的作用下产生伸缩，发出超声波，使薄膜封口表面的分子高频振动，以至相互交融、界面消失，形成一个封合的整体	冷封合、无噪声、封合速度快、封口质量好，封口强度高。适应多种薄膜，尤其适应热封性能差的拉伸薄膜，如 OPP 等。但设备投资费用大	图 3-38(c)
电磁感应	在薄膜之间加上很薄的磁性材料，或在薄膜中预先掺加一些磁性氧化铁粉，塑料在高频磁场作用下即瞬时熔化粘合	加热部分可不直接和薄膜袋接触，能连续又高速地进行封合，适合于生产线的生产	
红外线	将红外线直接照射在薄膜有关位置进行熔化封口，照射源的发热极高，为提高透明薄膜封口效率，需要在封口层下铺上黑布	能对一般加热无法封口的聚四氟乙烯和厚度达 5～6mm 以上的聚乙烯片进行封合	

从表 3-3 可以看出，不同的热封方式适合于不同范围的热封材料，选择塑料薄膜热封方式，可参考表 3-4。

表 3-4　封口方式与薄膜的适应关系

薄膜种类	热板	脉冲	高频	超声波	电磁感应	红外线
聚乙烯(低密)	0	0		×	×	0
(高密度)	0	0		×	×	0
聚丙烯(无延伸)	0	0	×	×	×	△
(双向延伸)	△	0	0	0	×	△
聚苯乙烯	×	0	×	0	×	△
聚氯乙烯(硬质)	△	0	0	×	△	△
(软质)	×	△	0	×	△	△
聚偏二氯乙烯	×	△	0	△		
聚氟化乙烯	×	×	×	×	0	0
聚乙烯醇	△	△	△	△	△	△
聚酯(双向延伸)	×	△	×	0	△	△
聚酰胺(无延伸)	×	△	△			
(双向延伸)	×	△				
聚碳酸酯	×	△	×	0	△	
尼龙	×	0	△	△	△	△
防潮玻璃纸	△	△		△	△	
乙烯叉二氯	△	△		△	△	△
醋酸纤维素	△	△		△	△	

注：0 表示好，△表示一般，×表示不行、不明。

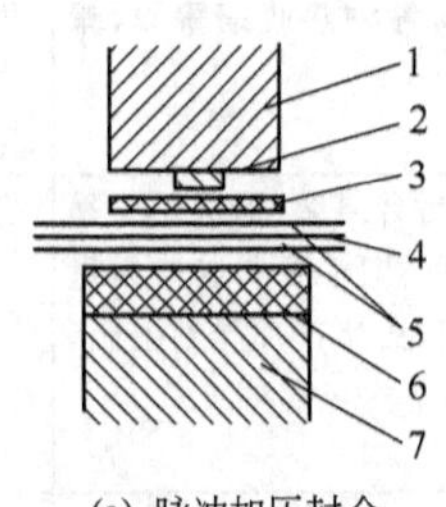

(a) 脉冲加压封合

1—压板；2—扁电热丝；3—防粘材料；4—封缝；5—薄膜；6—耐热橡胶垫；7—工作台

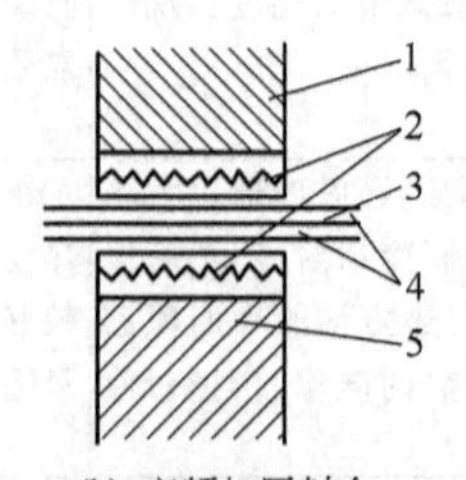

(b) 高频加压封合

1—压头；2—高频电极；3—封缝；4—薄膜；5—工作台

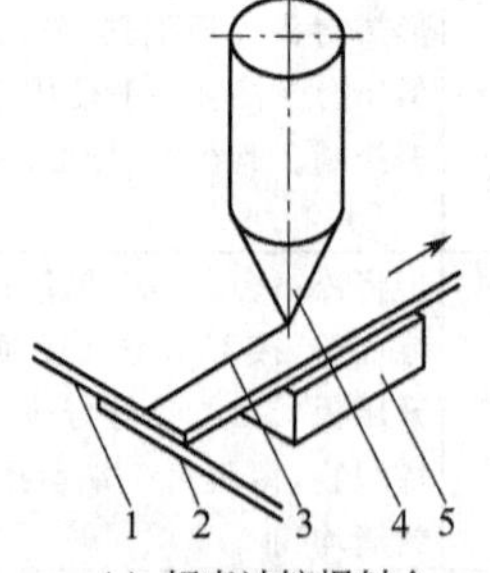

(c) 超声波熔焊封合

1,2—薄膜；3—封缝；4—超声波发生器；5—工作台

图 3-38　脉冲、高频、超声波式封合方式

影响热封质量的因素很多，主要有包装材料的熔点、热稳定性（耐热分解性与耐热收缩性）与流动性，在包装材料已确定的情况下，决定热封质量的条件则是热封温度、压力、封头形状和加热方式等。一般说温度低点、压力小点、时间长点、封接质量较好。

热封温度：因为温度太高，薄膜易软化或收缩变形，影响封口美观，甚至烧穿；但温度过低，封口部位塑料不能全部熔融，即使压合，封缝强度也较低。不同薄膜的热封温度不同，常见薄膜的热封温度范围见表 3-5 所示。

表 3-5 常见薄膜热封温度范围

薄膜类别	热封温度范围	薄膜类别	热封温度范围
PVC	140～200℃	PE	160～180℃
PP	170～210℃	拉伸 PE	157～170℃

热封时间：在一定压力下，热封温度升高，热封时间相应缩短，薄膜受热变形时间短，生产率提高；若时间太长，有些塑料会热分解；充填机的热封时间应设计成可调的，以适应不同的包装材料热封。

热封压力：热封压力太大，则封口变形增加，封接强度下降。上限为收缩率不超过 3%，下限为封接强度不小于 $1kgf/cm^2$，上下限间范围越宽，其热封性能越好。

热封头形式：对于单体薄膜，封头表面大都采用光板，上板用不锈钢，下板用硅橡胶，为了美观，封口宽度一般为 2～3mm。对于复合薄膜，为了提高封接强度和增加美观，封头表面常刻有纵横花纹，封口宽度一般为 10mm。

加热方式：除采用高频和超声波之类内部加热方式外，与其他加热板接触的表面温度，总高于薄膜之间的封接面温度，封接时间越短，薄膜越厚，这一温差就越大，越易引起接触热板表面的薄膜过热。为此，最好采用双面加热方法。若用聚乙烯等单膜作包装材料，热封器表面需涂一层非乙氧甲基型树脂、钛酸酯等，或采用浸有聚四氟乙烯的织物，以防热合时包装材料与热封器之间产生粘连。采用脉冲加热方式，一般应使热封器冷却到塑料薄膜熔融温度以下后，热封器才可与薄膜脱开，因此限制了包装速度。

综上所述，在包装材料、充填机等确定以后，袋包装产品的封口质量主要受温度、压力、时间三大因素影响，而且三者之间相互联系、相互制约，可通过试验选择适当的参数。

二、纵封器

袋装机上的纵封器主要用来完成制袋工艺中纵缝封合。为适应制袋袋装机的运动形式需要，纵封器有辊式回转与板式往复直线运动两种形式。

连续制袋式袋装机的纵封器是辊式的，工作时两辊筒作等速相向连续回转，叠合后的包装材料从两辊筒之间通过时，安装在辊筒内的电热丝加热靠辐射传递热能并压合薄膜形成纵缝，该纵封器对包装材料具有施压、封合、牵引作用。

间歇运动制袋式袋装机上的纵封器大都是板状的，多用汽（或油）缸、凸轮推动作往复直线运动，向叠合的包装材料侧边进行热压紧与释放。压紧时进行热封，形成纵缝；释放时料袋在牵引装置的作用下运动。

1. 辊式纵封器

辊式纵封器如图 3-39 所示，主要由纵封器、加热器、加热线圈、固定与可调轴承等组成。纵封器的辊面宽为 10～20mm，辊面上开有直纹、斜纹或网纹等花纹，以适应各种薄膜封合的需要，纵封器采用的材料有铜、45# 钢、40Cr 钢及“金属塑料”（聚四氟乙烯渗入金属粉末烧结成型的微孔内）等，纵封器半径由下式求算。

$$R=\frac{QL}{60\omega} \tag{3-36}$$

式中　Q——包装机生产能力，袋/min；

L——包装袋袋长尺寸，mm；

ω——纵封器回转角速度。

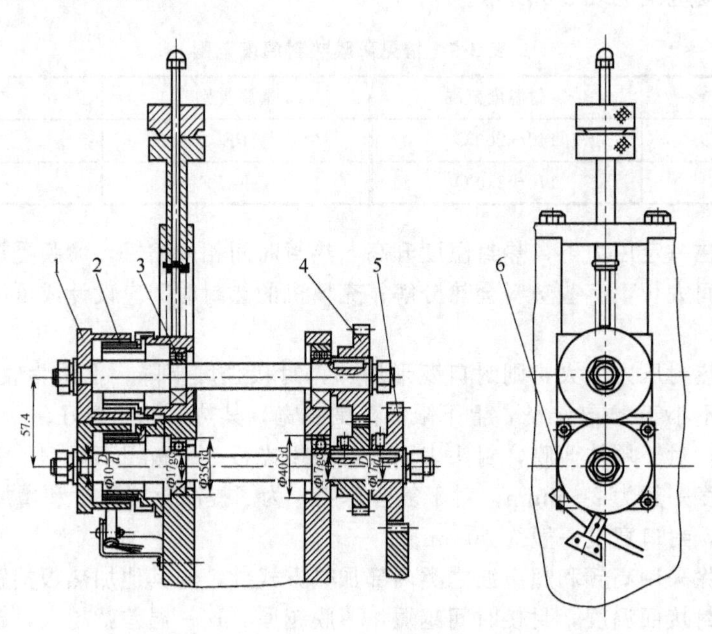

图 3-39　辊式纵封器

1—纵封器；2—加热线圈；3—轴承；4,5—齿轮；6—测温器

由上式看出，纵封器半径 R 与生产能力 Q 和纵封器角速度 ω 及袋长 L 有关。正常生产中 R 及 L 不变，则生产率的变化由纵封器角速度起作用，要提高生产率就得加大纵封器角速度；在一定的纵封器半径 R 及生产率 Q 情况下，若袋长 L 改变时，相应变换纵封器输出角速度 ω，生产中用搭配齿轮的办法变更由分配轴输出到纵封器的角速度，此种改变袋长规格的调节为粗调节。

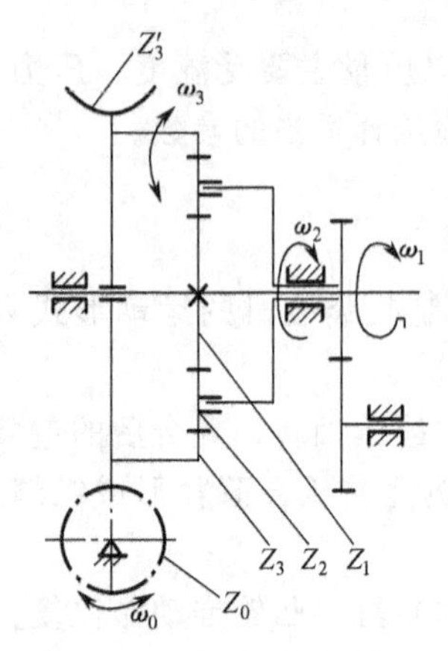

图 3-40　伺服电机控制的圆柱齿轮差动机构

纵封器又起输送包装材料的作用，包装材料在输送中是按光电色标位置分切的，分切正确与否，靠光电传感器的自动控制装置，使纵封器能忽快忽慢改变角速度，并在传动中配置一套齿轮差动机构来实现，亦是微量改变袋长 L，与前述相比，角速度改变为微调节。

图 3-40 为圆柱齿轮差动机构的示意图。中心轮和蜗杆为输入端，其中中心轮由分配轴传动，蜗杆受伺服电机驱动，而与行星齿轮相连的输出轴则通过外部的串联齿轮组驱动纵封器。设 Z_0、ω_0 分别为主动蜗杆头数和角速度；Z_1、ω_1 分别为主动中心齿轮的齿数和角速度；Z_2、ω_2 分别为行星齿轮的齿数及其轴套（系杆）的输出角速度；Z_3、ω_3 分别为内齿轮的齿数和角速度；Z'_3 为蜗轮的齿数。

由行星齿轮的传动原理可知：

$$\frac{\omega_1-\omega_2}{\omega_3-\omega_2}=-\frac{Z_3}{Z_1}$$

整理后得机构输出角速度为：

$$\omega_2=\frac{Z_1\omega_1+Z_3\omega_3}{Z_1+Z_3} \tag{3-37}$$

由上式可见，输出角速度 ω_2 与两个分别输入差动机构的角速度 ω_1、ω_3 有关，与太阳轮及内齿轮有关，而与行星轮无关。

在正常生产中，由分配轴输入的角速度 ω_1 不变，由于光电信号控制伺服电机正反转，因而蜗轮蜗杆输入的角速度无论在大小和方向上都是可变的。这样 ω_3 有三个值即：$\omega_3=+\frac{z_0}{z_3'}\omega_0$，$\omega_3=0$，$\omega_3=-\frac{z_0}{z_3'}\omega_0$，将 ω_3 值分三种情况代入（3-37）式得：

$$\omega_2=\begin{cases}\dfrac{z_1\omega_1+\dfrac{z_3z_0}{z_3'}\omega_0}{z_1+z_3} & (1)\\[2ex] \dfrac{z_1\omega_1}{z_1+z_3} & (2)\\[2ex] \dfrac{z_1\omega_1-\dfrac{z_3z_0}{z_3'}\omega_0}{z_1+z_3} & (3)\end{cases} \tag{3-38}$$

上式中（1）是在纵封器牵引包装材料时，色标滞后于规定时刻需要差动机构比正常输出角速度稍大的输出时采用。此时，两个输出差动机构的角速度 ω_1 和 ω_3 同向回转。式中（2）是色标按规定时刻到达光电头，光电头无信号输入，伺服电机不转动，仅由分配轴传来的 ω_1 输入差动机构，而输出差动机构带动纵封器的是角速度正常值。式中（3）是色标超前于规定时刻通过光电头，需要差动机构比正常值偏小的角速度输出时采用，这时 ω_1 和 ω_3 反向回转。

差动机构由光电信号控制，使得输出轴忽快忽慢地回转，带动纵封器使牵引速度发生变化，保证薄膜袋的正确封切位置，其纠正输送材料长度的值 ΔL 为：

$$\Delta L=R\times\Delta\omega\cdot\Delta t \tag{3-39}$$

式中 R——纵封器的半径；

$\Delta\omega$——纵封器角速度的变化量，它由差动机构输出而获得，其值为式(3-38) 中（2）式分别与（1）式、(3) 式的差的绝对值；

Δt——纠正偏差持续的时间，s。

2. 板式纵封器

常采用的板式纵封器的结构形式如图 3-41 所示，它的结构和要实现的运动比较简单，主要由张紧块、压板、电热丝等组成，并将油缸（或汽缸）产生的往复直线运动直接或通过杠杆原理，推动板式纵封器压向加料管，完成封合。其中，(a) 为直推式，汽缸固定，由压缩空气推动汽缸内的活塞和连杆使整个纵封头向左移动，直至纵封头与圆形料管（其上有折圆后的塑料薄膜）相碰为止。设有压力调整装置，其压紧力大小由弹簧控制，电热丝由小弹簧作用使张紧块上移，使电热丝始终保持张紧状态。为保证热封质量，防止热变形缩短热封时间，在热封头的压板内有纵向通孔，用来加冷却水迫使热封头冷却。(b) 为拉动式，汽缸可以安置在机体内，整机外形较平整，拉动时采用杠杆原理，以增大作用力的倍数，但增加了汽缸行程，且热封板横向受压不均匀。(c) 为杠杆式，将汽缸推力通过杠杆转换成热封板对纵封处的压力，具有上述两者的某些优点，克服了一些不足；但结构复杂，增加了传动杆件，传力效果受到一定的影响。(d) 为杠杆夹合式，汽缸摆动，通过杠杆带动纵封器活动头绕支点摆动，完成薄膜的对接式纵缝封合。

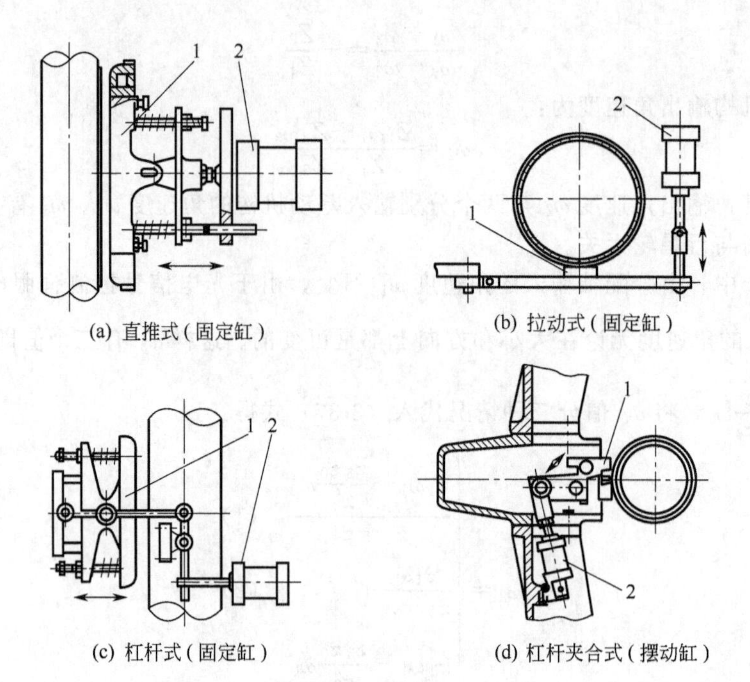

图 3-41 板式纵封器

1—纵封器；2—汽缸

板式纵封器的设计主要是热封件的结构设计、调压弹簧的设计计算及驱动汽（或油）缸的设计计算。

驱动汽（或油）缸设计时，活塞的行程一般不大，缸径的设计取用的压缩空气（或压力油）的工作压力，根据热封对象和热封温度的不同，单位面积热合压力可在 1～10kgf/cm^2（1kgf/cm^2＝98.0665kPa）的范围内根据实验确定最佳值。在加料管纵封的部位，嵌一条硅橡胶，使纵封在长度上封缝均匀，热封器与加料管间的距离一般为 12～15mm 左右，为补偿电热丝受热时伸长，在热封器的一端或两端应设计有张紧装置。

三、横封器

横封器是将经纵向封合后的筒状包装材料，按照工艺要求的长度规格进行横向封合。按照横封器工作的运动形式，可分为连续运动和间歇运动两种形式。

1. 连续式横封器

横封器的结构一般较为复杂，且应用于连续制袋式袋装机上的横封机构应满足如下一些工艺要求。

① 横封器的热封件与连续运动着的包装料袋热封瞬时应有相同的线速度。否则，热封时就可能造成封口部位起皱、拉伸过度，甚至断裂。

② 袋长规格变化时，横封器热封件回转半径不变的情况下，经调节有关部位能得到所需热封线速度。对此，要求横封器在工作中用不等速回转机构带动，袋装机上常用偏心链轮及转动导杆机构作横封不等速回转机构。

图 3-42 为立式连续式袋装机上进行横封热合的典型回转辊形横封器结构，每一只横封器上有对称分布的两只热封件（如图 A—A 截面），热封件由电热丝加热并自动进行恒温控制。热封所需压力通过调节套筒 6 及压缩弹簧 4 对包装料袋施加热封压力，通过锁紧螺母 7、支杆 8 可调节两个横封器间的间隙。

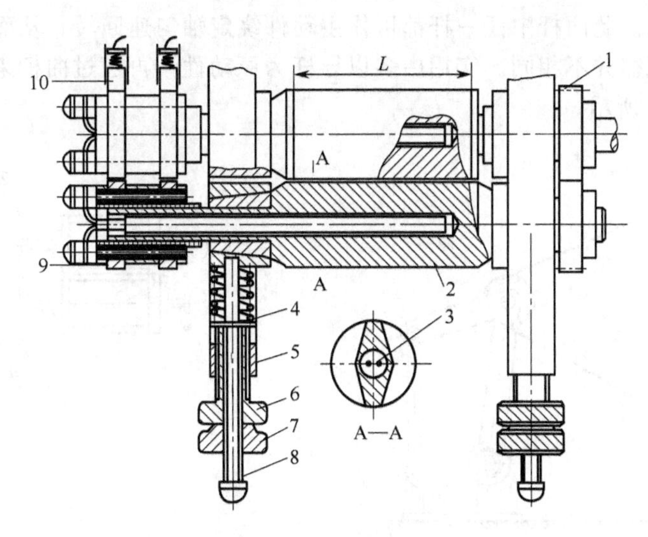

图 3-42　立式袋装机连续横封器结构图

1—主动齿轮；2—横封器；3—电热管；4—压缩弹簧；5—机架；
6—调节套筒；7—锁紧螺母；8—支杆；9—滑环；10—碳刷

横封件的工作表面大都具有花纹，以加强包装袋的密封强度并增加美观。花纹式样视包装材料的性质和厚度决定。一些常用材料的花纹式样参考表 3-6。

表 3-6　热封头表面花纹与包装材料的选用

花纹组合	封头(1)							
	封头(2)							
包装材料	玻璃纸	○	○	△	×	×	△	×
	防潮玻璃纸	○	○	△	×	×	△	×
	聚乙烯玻璃纸	○	○	△	×	×	△	×
	聚乙烯/玻璃纸/聚丙烯	○	○	△	×	×	△	×
	聚丙烯(无延伸)	×	×	×	○	○	△	×
	聚丙烯(拉伸)	×	×	×	○	○	△	×
	无延伸聚丙烯/拉伸聚丙烯	×	×	×	×	×	○	×
	聚丙烯(中低压)	×	×	×	△	△	×	○
	铝箔	○	△	○	×	×	×	×
	涂塑材料	×	○	×	×	×	×	○

注：○—最适用；△—一般用；×—不用。

图 3-43 为使横封器产生不等速回转的偏心链轮机构，它由两只相同齿数的主动链轮 2、从动链轮 4 和一只张紧链轮 5，再绕以套筒滚子链 3 构成。其中主动链轮 2 由分配轴带动作匀速回转，其偏心距由滚花手轮 1 进行调整。从动链轮 4 则绕定轴做不等速回转，并经中间传动装置（如图 3-44）带动横封器的热封滚轮实现不等速回转。

图 3-45 为使横封器产生不等速回转的转动导杆机构，曲柄 BC 同转动导杆 AC 的轴心距可

以调节，且 $BC>AC$。此两杆中任一杆都可作主动件绕定轴匀速回转，从而另一杆作非匀速回转，但它们的运动规律并不相同。实用中多以导杆为原动件，再通过曲柄来驱动袋装机的横封机构，如图 3-45(b) 所示。

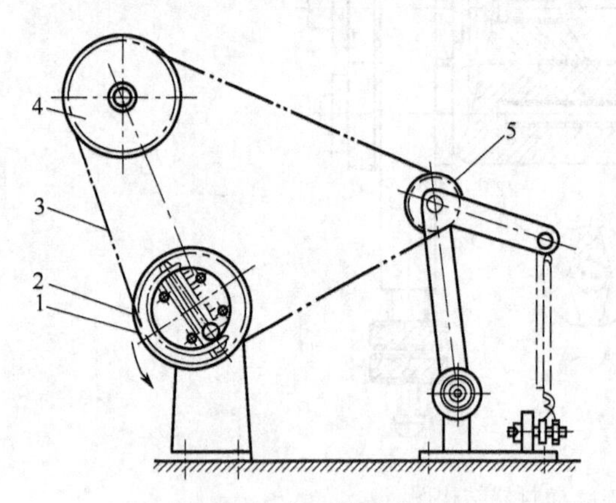

图 3-43 偏心链轮机构

1—滚花手轮；2—主动链轮；3—套筒滚子链；4—从动链轮；5—张紧链轮

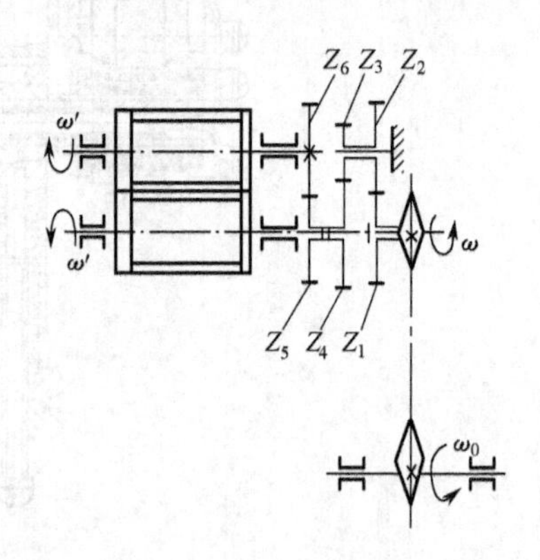

图 3-44 横封机构传动关系

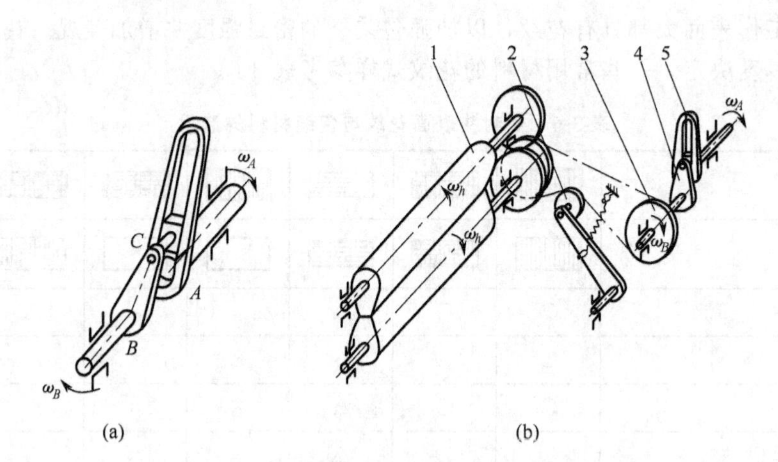

图 3-45 转动导杆机构及驱动的横封机构原理图

1—热封头；2—张紧链轮；3—链轮；4—曲柄；5—导杆

2. 间歇式横封器

(1) 执行部分

立式间歇制袋式袋装机横封机构按功能和运动形式可分为两类，一类只作封口用，即只有间歇的往复运动；另一类除作封口热合外，还牵引料袋由上而下地移动，故往往作开合与上下运动合在一起的复合运动，显然后者结构较为复杂。

图 3-46(a) 所示，汽缸（或油缸）1、3 在同一水平面内做往复直线运动带动横封器 2 合拢及离开，从而完成横封工序，汽缸（油缸）3 带动整个横封装置及汽缸（或油缸）1 作上、下往复运动，将横封器夹持着的薄膜向下拉出一个袋的长度。

图 3-46(b) 所示，只是用一只汽缸（或油缸）1 带动横封器 2 运动，通过支点及杠杆的作用使横封器两部分同时动作，使横封器合拢及离开，上下拉薄膜运动与图 3-46(a) 相似。

图 3-46(c) 所示，带动横封器作开合热封的汽缸与图 3-46(b) 相似，而上下拉膜运动不是用汽缸来实现，由曲柄连杆机构来带动横封器作上下往复直线运动，回转曲柄的长度可以根

据需要进行调节，从而改变拉膜的长度。

图 3-46(d) 所示与图 3-46(c) 有许多相似之处，横封动作靠汽缸 1 与杠杆滑块机构来完成。拉膜的动作是由一套六杆机构来完成的，六杆机构是由电机通过变速后驱动曲柄作原动件的，在六杆机构作用下，横封器不作上、下直线运动而是一圆弧摆动。

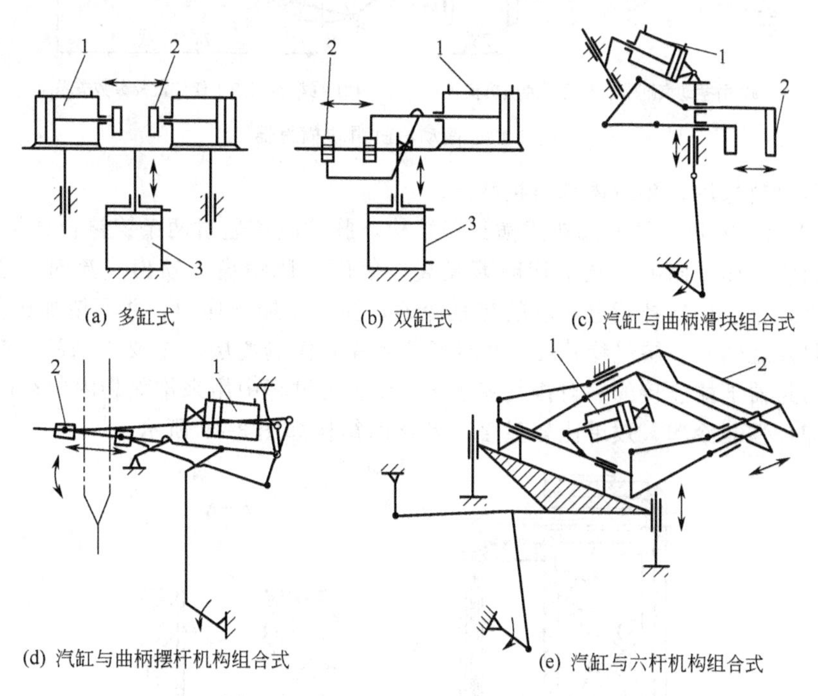

(a) 多缸式　(b) 双缸式　(c) 汽缸与曲柄滑块组合式

(d) 汽缸与曲柄摆杆机构组合式　(e) 汽缸与六杆机构组合式

图 3-46　间歇式横封机构工作示意图

1—汽缸（油缸）；2—横封器；3—牵引汽缸（油缸）

从以上可以看出间歇式横封机构的运动形式是多种多样的，其中图 3-46(a) 结构及动作简单，但横封时要求两只汽缸动作配合好，若不能同步最好能避免使用。图 3-46(b)、(c)、(d) 避免了上述问题，用一只汽缸使横封器两部分同时分开和合拢，但结构复杂。图 3-46(a)、(b) 中拉膜运动是汽缸来实现的，行程难以调节，薄膜袋长度发生变化时较难适应。在图3-46(c)、(d) 中袋长变化时调节曲柄长度就能适应，且图 3-46(c) 拉膜部分比较简单，图3-46(d) 显得复杂，拉膜过程中袋子作圆弧运动，摆动较大，调节后袋子不可能在两横封器中间被热封，易造成薄膜前后张力不均。若制袋充填机的拉膜动作不要横封器承担，而由另外专门的一套机构去完成，则横封器的运动要简单得多，但整机的传动机构也许稍为复杂些。

图 3-46(e) 所示，该横封器由两部分组成，横封开合运动由摆动汽缸带动的摆杆滑块机构完成，上下升降运动由曲柄带动的六杆机构完成。

横封器设计中应解决的问题是：在满足横封头最大开合行程的情况下，确定各杆长度及摆动汽缸活塞杆的行程，如图 3-47。滑块的行程应由包装尺寸决定，设滑块的行程为 L，则每一只滑块的最大行程为 $L=(0.75\sim1)D$，D 为成型器热合方向的料管尺寸。从图中分析知，摆杆 AB 在中间位置 AB_2 时，压力角 $\angle B_2C_2A$ 最大，为使机构轻巧，应使 $\angle B_2C_2A\leqslant30°$，其他杆件的尺寸可以利用三角关系求出。

(2) 横封器结构

用于间歇制袋式袋装机横封器上的加热封口方法有脉冲式、热板式、熔断式和高频式等，

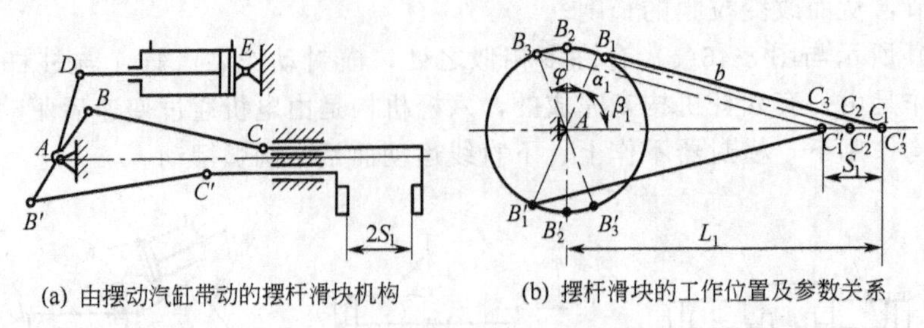

(a) 由摆动汽缸带动的摆杆滑块机构　　(b) 摆杆滑块的工作位置及参数关系

图 3-47　摆动汽缸滑块横封器

可按不同包装材料选用，热封体都是板状的。

图 3-48 所示为电热丝脉冲加热式横封器结构，脉冲电流通过两条镍铬合金热封扁丝 5，使其发热缝合料袋，而用圆电热丝 7 切断薄膜袋，使用冷风喷嘴 1 喷出气流对料袋进行强制冷却，弹性伸缩装置 2 用来补偿电热丝的热胀冷缩，为了使加压均匀，并不使加压薄膜变薄，在电热丝与热封件之间有一层绝缘片 4、聚四氟乙烯片 6 作隔离层，主要用来防止热封薄膜被粘牢。另外，横封器下端连接的一对排气夹板 8，在热封过程中用来排除袋内留存的部分空气。

若用冷却水强制冷却，效果比较显著，其截面结构如图 3-49 所示。

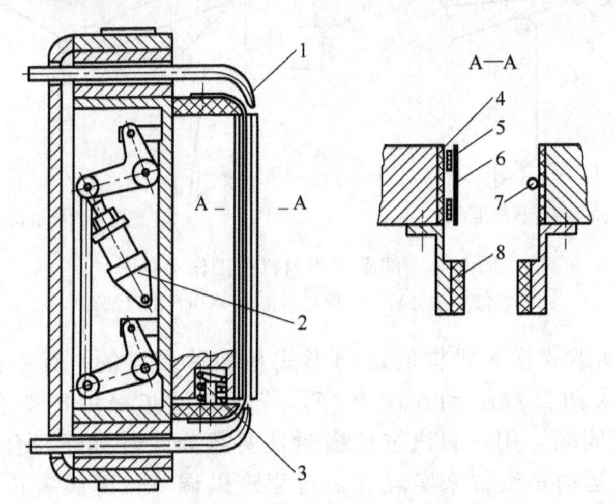

图 3-48　电热丝脉冲加热式横封器

1—冷风喷嘴；2—弹性伸缩装置；3—电热丝伸缩补偿装置；4—绝缘片；5—热封扁丝；6—聚四氟乙烯片；7—圆电热丝；8—排气夹板

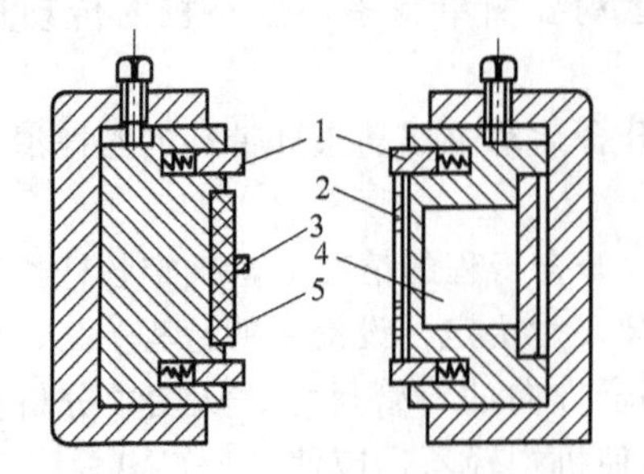

图 3-49　冷却水冷却横封器

1—夹板；2—热封扁丝；3—切割圆丝；4—冷却水孔；5—耐热橡胶

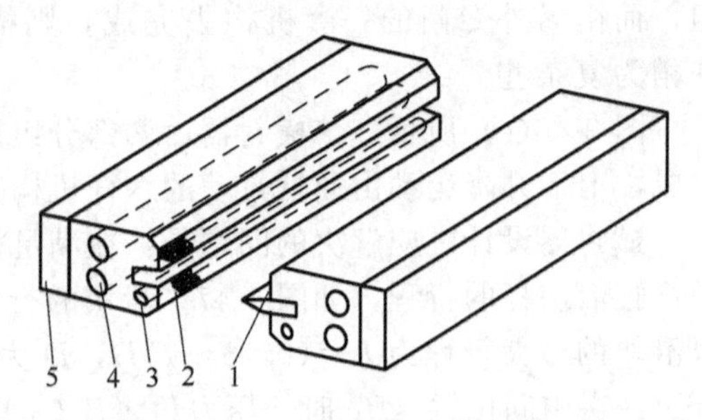

图 3-50　热板加热式横封器

1—切刀；2—热板；3—测温元件；4—加热元件；5—绝缘体

图 3-50 所示为热板加热式横封器，每只热封件有上、下两个热板 2，并装有两只加热元件 4，一只测温元件 3 以及切刀 1 等。此加热器可以对热板进行恒温控制。

高频加热式横封器如图 3-51 所示，分左右两只电极，可在两只电极间通以高频电流进行加热加压封合，电极外侧各有一对弹簧夹具，以减少电极合拢时的刚性冲击及对封缝的拉力，电极表面胶粘着环氧板，环氧板表面又粘着聚四氟乙烯织物作耐热绝缘防粘材料，这样除防止薄膜粘上电极外，还可防止薄膜一旦被热穿时，高频切刀与另一电极直接接触而产生的打火现象。

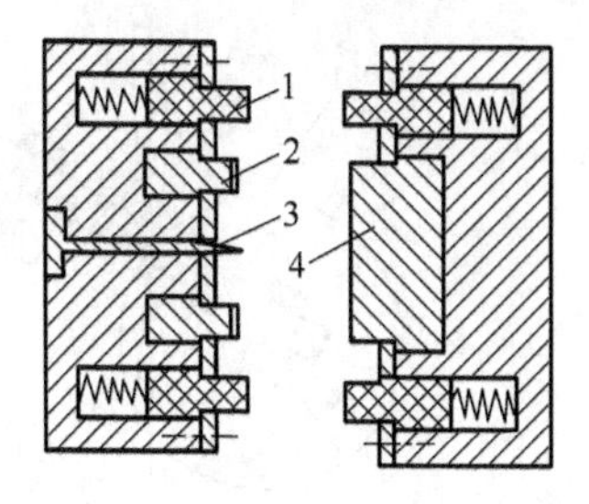

图 3-51　高频加热式横封器
1—弹性夹板；2,4—封合电极；3—加热切刀

第五节　切断装置

在制袋式袋装机上，当制成袋后或装袋封口结束时，应用切断装置将相互连接着的薄膜料袋分割成单袋。切断的方式有热切和冷切等。可根据包装材料的材质、料袋在制袋过程中运动形式和切口的形式等要求选择。

一、热切机构

热切是将薄膜局部受热熔化并施加一定压力而使薄膜分开的一种方法。采用热切的切断机构可与横封机构合在一起，在横封同时，进行热切断。

热切中有高频加热刀（图 3-51），电热丝熔断（图 3-49）及电加热切刀（图 3-50）等。其中高频加热刀用在间歇式袋装机上，对聚氯乙烯薄膜袋进行封口，同时完成切断，实际是一只具有刃口的电极；电热丝切断是电热丝与薄膜直接接触，使熔化的薄膜切断，可间歇式或连续式通电；电加热切刀具有刃及热量，可使薄膜切断。

二、冷切机构

冷切是利用锋利的金属刀刃使薄膜在横截面上受剪切力而分开薄膜料袋的方法。冷切常用的工具有滚刀、铡刀（或剪刀）、锯齿刀等。

1. 滚刀

滚刀式切断装置如图 3-52 所示，由动刀与固定刀组合而成，两刀的形状尺寸完全相同，仅安装方向相反。动刀顺料袋前进方向作等速回转，每袋一周。动刀与定刀间有微隙，保证无袋时不会打坏刀尖，有袋时顺利分切。工作时，动刀与定刀刃间不是全线同时相遇，而是在刀刃的全长上按 1°～2°左右的倾角依次相遇，这样似剪刀剪切一般，有利于将薄膜切断。

刀的有效回转半径 R_d 可由下式确定：

$$R_d\omega = 1.5v \tag{3-40}$$

式中　ω——动刀回转的角速度，rad/s；

v——纵封器牵引包装材料前进的线速度，m/s。

由此可见，动刀切断包装袋的速度应大于薄膜前进的速度。由于两刀刃间有微隙，这样切断薄膜袋时，并不是靠两把金属刀刃完全相遇来完成的，而是靠动刀线速度大于薄膜袋运动速度，产生挤与拉相结合的力将薄膜分割开。

该滚刀切断机构与横封机构不是一体的，而切断时必须切在横封接缝正中，使薄膜袋外形

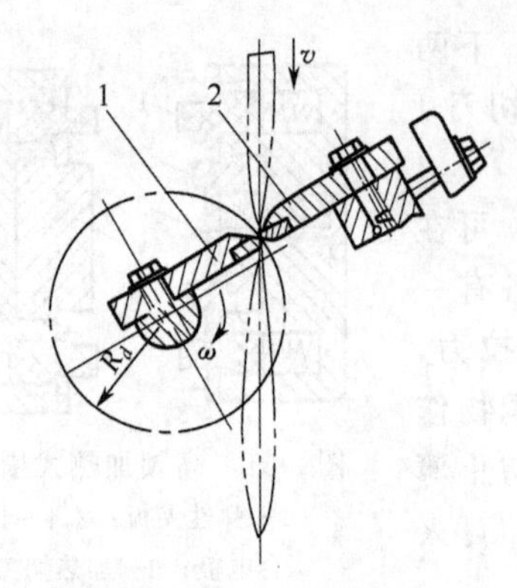

图 3-52 滚刀式切断装置

1—动刀；2—定刀

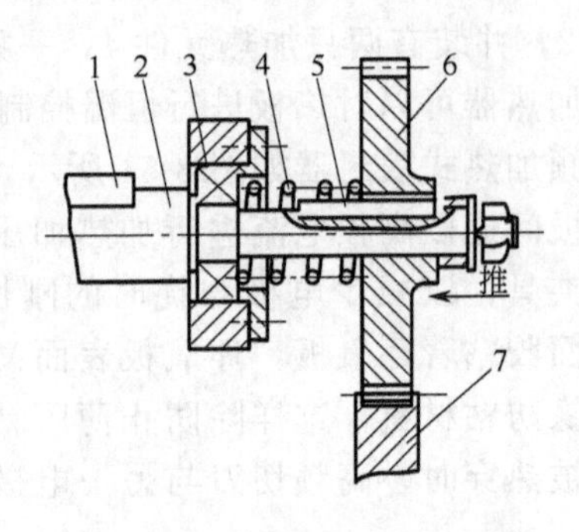

图 3-53 滚刀相位调节装置

1—滚刀；2—主轴；3—轴承；4—弹簧；5—键；6—从动齿轮；7—主动齿轮

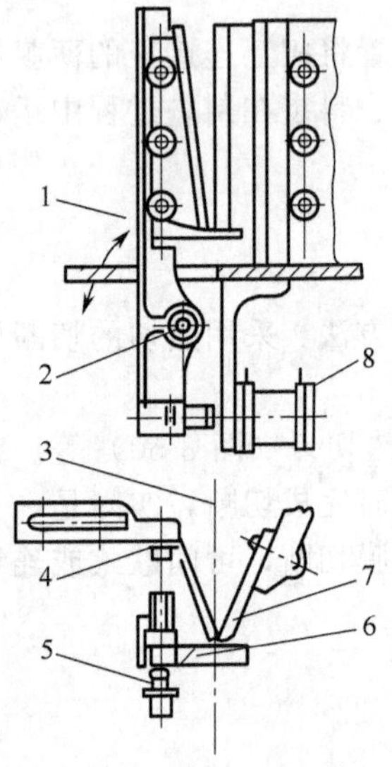

图 3-54 铡刀式切断装置

1—动刀定位块；2—转轴支承；3—包装料袋；4—引导板；5—压力弹簧；6—动刀；7—定刀；8—动力汽缸

美观。滚刀和定刀切断料袋应有一定的相位要求，图 3-53 为相位调节装置。

相位调节装置可通过调节两齿轮的相对位置来实现。带动滚刀 1 回转的从动齿轮 6 的轴向固定靠弹簧 4 的推力作用，当切断刀工作不与横封器同步时，只要用手按图示箭头方向推动从动齿轮 6，使从动齿轮 6 沿主轴 2 上的键 5 滑动克服弹簧力，离开主动齿轮，并根据滞后或超前的情况分别对从动齿轮 6 作逆或顺时针回转一定角度后再将从动齿轮 6 送回原处，与主动齿轮 7 啮合，即能满足同步要求。

2. 铡刀（或剪刀）

铡刀或剪刀切断机构只能用于间歇运动制袋充填包袋机，在薄膜袋停止运动的瞬时进行切断工作。

图 3-54 所示动力汽缸 8 驱动活动刀架绕转轴支承 2 作摆动，动刀 6 用螺钉、压力弹簧 5 压在活动刀架上，与定刀 7 为弹性接触，定刀用螺钉拧紧在固定刀架上，固定刀架与机架相固定，动刀与定刀之间的相对位置，靠动刀下的动力定位块 1 保持，不至发生咬刀而损坏刀具，包装料袋 3 在引导板的引导下，经两个刀口的相对运动而被切断。

这种铡刀在卧式对折薄膜制袋包装机上应用较多，常用在制袋装置以后，将连续的空袋一个个切断分离，然后交由后面开袋充填机构去完成充填等工艺过程。

3. 锯齿刀

这种切断方式应用在热板加热封口的间歇制袋式袋装机上，如图 3-55 所示。

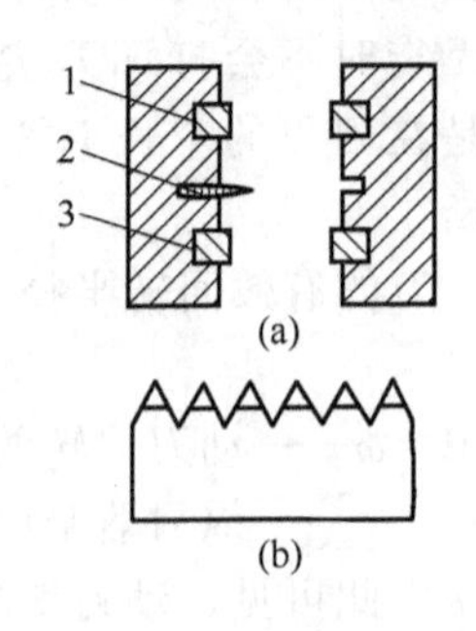

图 3-55 锯齿刀式切断装置

1—上热封板；2—锯齿刀；3—下热封板

锯齿刀安装在热封件中间，相对应的另一只横封器中间开一道凹槽，在板状加热热封的同时，锯齿刀齿尖穿透薄膜正好插入凹槽，使上下两只袋得以切断。

锯齿刀的形状：齿距 $t=3\sim6\text{mm}$，齿尖角 $\alpha=60°$，每个齿的齿侧均磨成刃口。

第六节　牵引、供袋、开袋装置

一、料袋牵引装置

制袋式袋装机工作时，牵引装置使包装材料与制袋成型器产生相对运动，使料袋顺序地通过一个个工位，完成加料、整形、排气、封口和切断等工序。

包装工艺上对料袋牵引装置的要求是：能按时、定长的牵引料袋，并能根据需要在一定范围内任意调节拉过料袋的长度，料袋的速度应能控制。前述的翻领形成型器制袋式袋装机及象鼻形成型连续制袋式袋装机中的料袋牵引装置均非专设的，往往与其他机构结合在一起，有的与横封机构合一，有的与纵封机构结合。但均能符合上述提出的一些工艺要求，此外还有一些专门的牵引装置。

1. 滚轮牵引式

滚轮牵引式靠一对滚轮的对滚，利用滚轮与包装材料之间的摩擦力进行料袋牵引。图 3-56(a) 所示为离合器和制动器驱动的滚轮牵引装置，动力由分配轴 6 通过锥齿轮 5 及电磁离合器 4 传给同步齿形带 3，从而带动拉膜滚轮 8 转动牵引薄膜。开始牵引时，电磁离合器 4 吸合，电磁制动器 7 脱开，当光电管通过光码盘检测实际牵引薄膜达到设定的袋长后，电磁离合器 4 脱开，电磁制动器 7 快速相应制动，准确控制袋长。

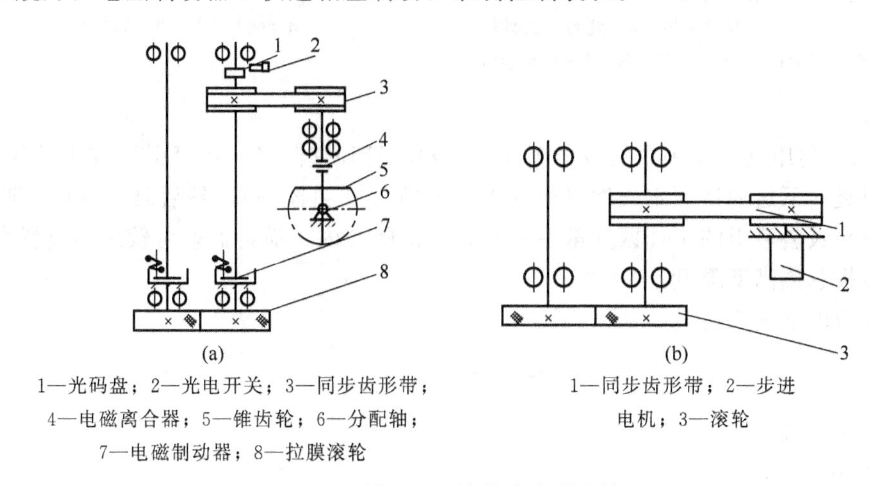

(a)
1—光码盘；2—光电开关；3—同步齿形带；4—电磁离合器；5—锥齿轮；6—分配轴；7—电磁制动器；8—拉膜滚轮

(b)
1—同步齿形带；2—步进电机；3—滚轮

图 3-56　滚轮式牵引机构

图 3-56(b) 所示为步进电机驱动的滚轮牵引装置。步进电机是离合器和制动器驱动的改进形式，省去了离合器和制动器，简化了机构，减少了累积误差形成的环节，直接由步进电机 2 通过同步齿形带 1 带动滚轮 3 转动完成薄膜牵引。依靠步进电机的启动、停止及转动角度来控制袋长。

2. 夹板牵引式

图 3-57 所示包装材料通过翻领形成型器 4 在装料导管外成为筒状，接着由纵封装置 5 进行纵缝封接，再由钳式横封切断装置 7 进行横向封接、牵引和切断。进给方式是由驱动装置 8 驱动钳式横封切断装置 7 向下进行牵引。当驱动横封切断装置 7 开始向上运动时，制动装置 3 即压住薄膜，纵封装置 5 压住薄膜进行纵缝，随横封切断装置 7 向上运动，通过拉杆和摆杆等组成的牵引装置 6，使包装材料带自卷盘松展开一段。在横封切断装置 7 到达最高位置钳住薄膜进行热封切断时，驱动装置 8 就驱动横封切断装置 7 向下运动。此时制动装置 3 抬起，随横

封切断装置的向下运动，牵引着已松展的薄膜带通过翻领形成型器而卷成筒状。横封切断装置7达到最低位置时，松开其夹持，进入下一工作循环。

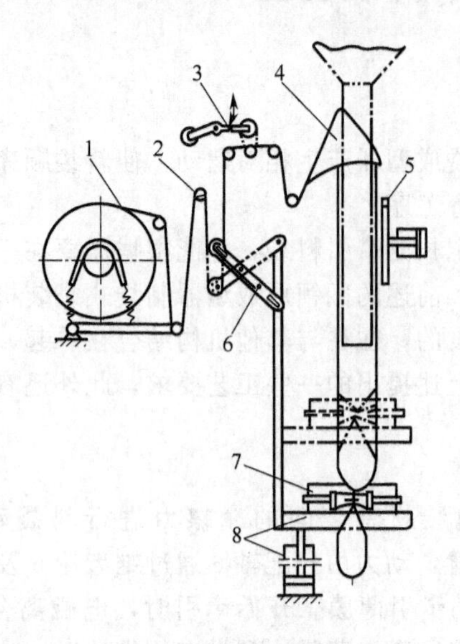

图 3-57　翻领形成型器制袋的包装机卷盘包装材料供给装置原理图

1—薄膜支撑装置；2—导辊；3—制动装置；4—翻领形成型器；5—纵封装置；6—牵引装置；7—横封切断装置；8—驱动装置

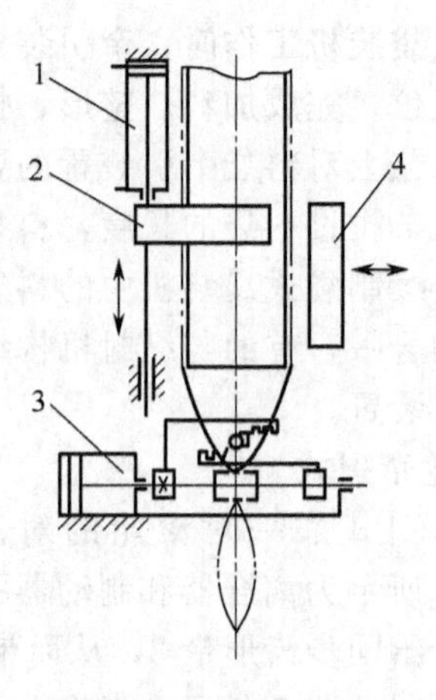

图 3-58　吸头牵引式

1—牵引汽缸；2—真空吸头；3—横封汽缸；4—纵封器

3. 吸头牵引式

图 3-58 所示，利用真空吸头 2 的吸力吸住成型器料管外壁薄膜，在牵引汽缸 1 的作用下，真空吸头 2 拉料袋向下运动达预定长度（由光电头或行程开关控制），然后真空解除，吸头向上返回，这样吸头吸袋牵引的工作区间都在料袋长度范围之内，横封器就可较近的设置在料管下端附近，使整机总体高度降低。

真空吸头吸力由下式表达

$$F_x=(P_0-P)S$$

式中　P_0——标准气压；

P——吸头内压强；

S——吸头总吸附面积。

真空吸头吸附着料袋靠两者间产生的摩擦力克服成型器、导辊等对包装材料运动的总阻力，则有：

$$F_M=kfF_x\geqslant nP_z$$

式中　F_M——料袋与真空吸头间产生的摩擦力；

f——料袋与吸头间材料系数；

P_z——对料袋运动产生阻力的合力，可通过估算或具体测试获得；

k——利用系数，取 0.5～0.8；

n——安全系数，取 2～3。

整理得

$$S\geqslant\frac{nP_z}{kf(P_0-P)} \tag{3-41}$$

4. 摩擦带式

图 3-59(a) 所示装置是在料筒两侧对称安装两组同步齿形带，通过调压装置使齿形带与薄膜之间产生压力，当两摩擦带间歇同步回转时，依靠其间产生的摩擦力牵引料袋向下运动。主动带轮可采用步进电动机或伺服电动机驱动，在生产率不高时，也可借助有电子离合器的普通电机驱动。

图 3-59(b) 为汽缸顶压式同步齿形带牵引装置，同步齿形带轮分别安装在支架 3 上，支架 3 可在导杆 2 上滑动。工作时，两边支架由汽缸顶紧，以便使同步齿形带压紧在充填筒外部的薄膜上。为保持压力均匀，防止打滑，在同步齿形带的中间部位安装了压紧尼龙板，由弹簧压紧，当同步齿形带拉膜时不会产生大的振动和噪声，工作平稳。同步齿形带可由主传动驱动，也可由步进电机单独驱动。该装置操作方便，在停机或更换新薄膜料卷时，顶紧汽缸会自动松开，重新开机时无需调整。适用于大、中型立式袋成型—充填—封口机。

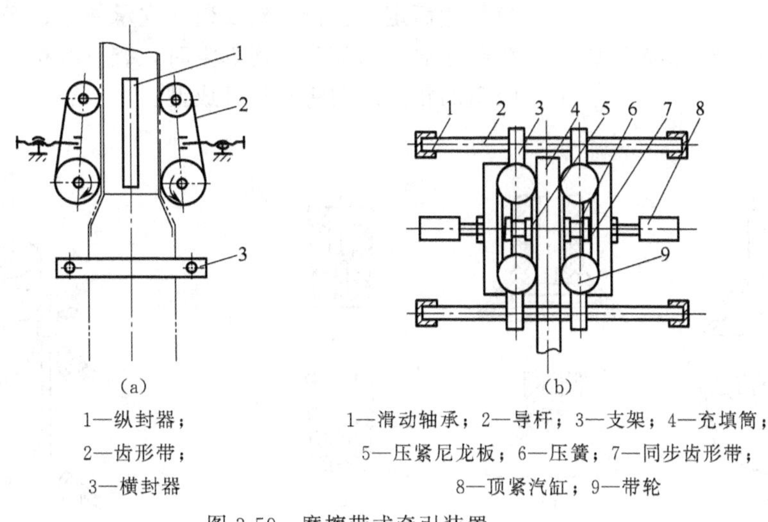

(a)

1—纵封器；
2—齿形带；
3—横封器

(b)

1—滑动轴承；2—导杆；3—支架；4—充填筒；
5—压紧尼龙板；6—压簧；7—同步齿形带；
8—顶紧汽缸；9—带轮

图 3-59 摩擦带式牵引装置

齿形带满足下式才能实现对料袋的牵引：

$$2Nf_1 \geqslant nP_z + 2Nf_2 \tag{3-42}$$

式中 f_1——摩擦带与料袋间摩擦系数，如采用橡胶带与 PE 材料，可取为 0.8；

f_2——料袋与料管管壁之间摩擦系数，如采用不锈钢与 PE 材料，可取为 0.18；

N——调压装置通过带施加于料管的正压力，N；

P_z——成型器、导辊等对料袋运动的阻力，N；

n——安全系数，可取为 2～3。

则齿形带加于料管的正压力

$$N \geqslant \frac{nP_z}{2(f_1 - f_2)} \tag{3-43}$$

为减小正压力，应设法满足 $f_1 \gg f_2$。

若令齿形带的紧边拉力为 P_L，则应使 $P_L \geqslant 2Nf_1$，摩擦带才能转动自如，亦即

$$P_L \geqslant \frac{nf_1P_z}{f_1 - f_2} \tag{3-44}$$

二、供袋、开袋装置

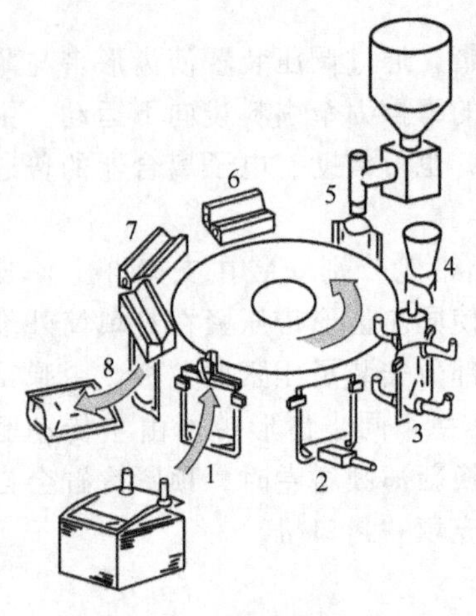

图 3-60　横型供袋方式

开袋—充填—封口机使用成品包装袋，需要采用专门的供袋装置，将包装袋分别依次送入包装机供充填使用。根据包装袋在贮袋斗内放置情况不同，有横型和竖型之分。如图 3-60 为横型供袋方式。无论哪种形式，袋子从袋斗中的取出并逐一供送，几乎全部是利用真空吸盘的吸放，再配合少量机械动作来实现的。真空吸盘的形式如图 3-61 所示。

扁平袋、自立袋进入工序盘或工序链必须让袋开口成型，袋开口成型由开袋装置来完成。开袋方法大都利用真空吸盘将袋口打开，如图 3-62 所示。吸盘少则一对，多则两对，视袋口尺寸而定。吸盘成对安装在支承件上，经真空通道与真空系统相连通，当吸头内通真空时，袋口两层薄膜被吸持住，随着吸盘的相向运动将袋打开成型。

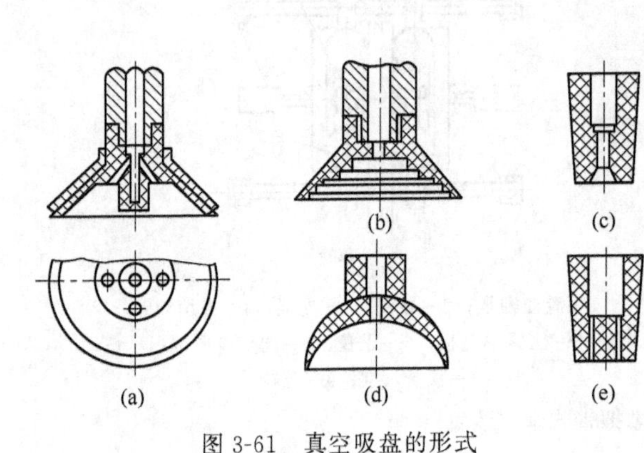

图 3-61　真空吸盘的形式

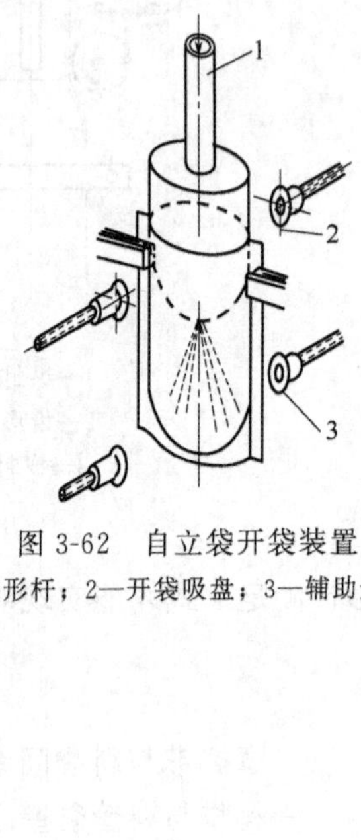

图 3-62　自立袋开袋装置

1—袋整形杆；2—开袋吸盘；3—辅助开袋吸盘

思　考　题

1. 什么是袋装？袋装的特点有哪些？

2. 枕形袋的纵缝口有几种形式？

3. 袋装机主要由哪些部分组成？主要机型有哪些？

4. 常用的制袋成型器有哪些？主要特点是什么？

5. 常用纵封器的形式有哪些？辊式纵封器具有哪些作用？

6. 常用的计量方法有哪些？主要使用场合？

7. 常用的热封方式有哪些？特点是什么？

8. 影响热封质量的因素有哪些？它们是如何影响的？

9. 纵封器应能根据光电信号忽快忽慢来改变速度，这由一套什么机构来完成？

10. 纵封器牵引包装材料时，色标滞后于规定时刻，两个输出差动机构的角速度回转方向如何？反之，应如何回转？

11. 连续制袋式袋装机上的横封机构应满足哪些工艺要求？

12. 横封器的不等速回转机构常见的有哪些机构？

13. 切断相邻包装袋的方法有哪些？其中冷切中，常用哪些方法？

14. 料袋牵引装置常见的有哪些？

15. 三角形成型器的安装角α对薄膜成型及成型器形状有何影响？

16. 翻领形成型器的后倾角α对薄膜成型及成型器的结构有何影响？

17. 有一制袋式袋装机，若生产包装袋的袋长为60mm，宽50mm的产品，使用三角形成型器，其安装角为30°，生产能力为50袋/min，纵封器每转一周生产一只产品，试设计纵封器的半径以及三角形成型器三角形板的形状。

18. 如图3-59(a) 所示，当两条齿形带的主动轮产生的总转矩为18N·m时，料袋摩擦牵引装置刚好能够正常工作（即不打滑）。已知两主动轮的节圆直径为0.16m，齿形带与料袋之间的摩擦系数$f_1=0.8$，料袋与料筒壁间的摩擦系数$f_2=0.18$，安全系数$n=2.5$，计算牵引过程中总阻力P_z值。

第四章 灌装机械

第一节 概 述

一、基本概念

灌装机就是将液体产品按预定量灌注到包装容器内的机器。

用于灌装的液体产品按其黏度可分为流体和半流体。

流体：在自身重力作用下可以按一定速度流过圆管的任何液体。流速主要是受流体黏度和压力的影响，一般黏度范围规定为 1～100cP（$1cP=10^{-3}Pa \cdot s$），如酒类、油类、糖浆、果汁、牛奶、酱油等。

半流体：在大于自身重力的压力作用下才能在圆管中流动的液体叫半流体，其黏度大约在 100～1000cP，如松糕油、番茄酱、肉糜、牙膏等。

对于低黏度液料，根据液体中是否含有二氧化碳气体又可分为不含气和含气的两类，对于是否含有酒精成分又可分为软饮料（不含酒精）和硬饮料（含有酒精）。

包装容器按其容器强度可分为刚性和柔性包装容器。

刚性包装容器：任何可以承受 15lb（1lb=0.45359237kg）的向下压力而不变形的用金属、玻璃、陶瓷或塑料制成的、加封盖后不漏液体的容器，主要有玻璃瓶、金属罐、塑料瓶等。

柔性包装容器：柔性包装容器包括多层塑料复合瓶、复合袋，用纸、铝箔、塑料等多层复合材料制成的盒等。这里只介绍使用刚性包装容器的灌装机械。

二、灌装机的分类

1. 按灌装方法分类

常压灌装机：在常压下将液体充填到包装容器内的机器。适宜于灌装低黏度不含气体的液体产品，如白酒、醋、酱油、牛奶、药水等。

负压灌装机：先对包装容器抽气形成负压，然后将液体充填到包装容器内的机器。适宜于灌装低黏度的液料，如油类、糖浆、含维生素的饮料、农药、化工试剂。但不适合于灌装含芳香性的酒类，因为会增加酒香的损失。

等压灌装机：先向包装容器充气，使其内部气体压力和储液缸内的气体压力相等，然后将液体充填到包装容器内的机器。适宜于含气体饮料的灌装，如啤酒、汽水等，可减少其中所含二氧化碳气体的损失。

压力法灌装机：利用外部的机械压力将液体产品充填到包装容器内的机器。适宜于灌装黏稠性物料，如番茄酱、肉糜、牙膏、香脂等。

2. 按包装容器的主要运动形式分类

旋转型灌装机：包装容器进入灌装工位后，由灌装机转盘带动绕主立轴旋转运动，转动近一周完成连续灌装，然后由转盘送入压盖机进行压盖，如图 4-1 所示。这种灌装机在食品、饮料行业应用最广泛，如汽水、果汁、啤酒、牛奶的灌装，此机主要由供料系统、供瓶系统、灌装阀、大转盘、传动系统、机体、自动控制等部分所组成。其中灌装阀是保证灌装机能否正常工作的关键。

直线型灌装机：包装容器沿着平直的直线运动，并在停歇时进行成排灌装。如图 4-2 所示。这种灌装机结构比较简单，制造方便，但占地面积比较大，由于是间歇运动，生产能力的提高受到一定限制，因此一般只用于无气液料类的灌装，局限性较大。

图 4-1 旋转型灌装机

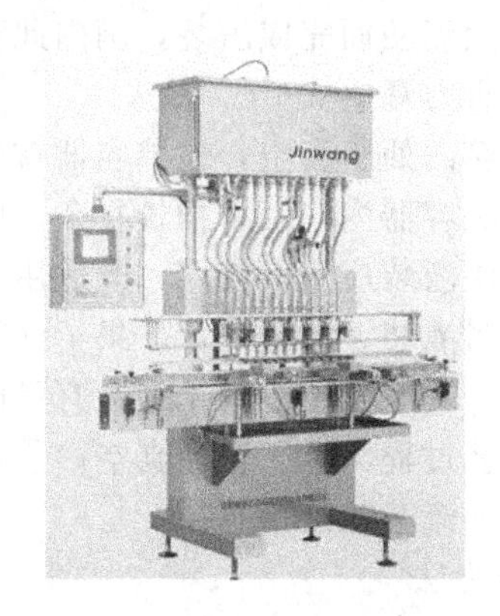

图 4-2 直线型灌装机

3. 按自动化程度分类

手工灌装：灌装过程全部采用人工操作控制，多为无气类液料的灌装。但目前较少使用。

半自动化灌装机：在液体灌装中，上瓶、卸瓶均以手工操作，但灌装过程为自动。一般多为含气液料的灌装。

自动化灌装机：该类型可分为单机自动机和联合自动机（可以包括连续进行洗瓶、灌装、压盖、贴标、装箱等工序）。其中联合自动机适宜于大中型厂的灌装生产线，如饮料、啤酒等的灌装生产线。

第二节 灌装与定量方法

一、灌装方法

由于液体产品的物理性质和化学性质不相同，在灌装过程中，必须采用适当的灌装方法。一般灌装机常采用下列几种灌装方法。

1. 常压法

常压法也称纯重力法，即在常压下，液料依靠自重流进包装容器内。大部分能自由流动的不含气液料都可用此法灌装，例如白酒、果酒、牛奶、酱油、醋等。常压法灌装的工艺过程为：①进液排气；②停止进液；③排除余液。即液料进入包装容器时，容器内的空气同时被排除。当容器内液料达到定量要求时，自动停止进料，然后排除排气管中的余液。

2. 等压法

等压法也称压力重力式灌装法，利用贮液箱上部的压缩空气，首先对包装容器充气，使之形成与贮液箱内相等的气压，然后被灌液料再依靠自重流进包装容器内。这种方法普遍用于含气饮料，如啤酒、汽水、汽酒等的灌装。采用此种方法灌装，可以减少这类产品中所含二氧化碳的损失，并能防止灌装过程中过量起泡而影响产品质量和定量精度。其工艺过程为：①充气等压；②进液回气；③停止进液；④释放压力。释放瓶颈内残留的压缩空气，以免突然降压引起大量冒泡。

3. 真空法

是在低于大气压的条件下进行灌装的，可按下面两种方式进行。

(1) 压差真空式

贮液箱内处于常压，只对包装容器抽气使之形成真空，液料依靠贮液箱与待灌容器间的压差作用产生流动而完成灌装，国内此种方法较常用。

(2) 重力真空式

贮液箱内处于真空，包装容器首先抽气使之形成与贮液箱内相等的真空，然后液料依靠自重流进包装容器内，因结构较复杂，国内较少用。

真空法灌装应用面较广，既适用于黏度稍大的液料灌装，如油类、糖浆等，也适用于含维生素的液料灌装，如蔬菜汁、果子汁等，瓶内形成真空减少了液料与空气的接触，延长了产品的保质期。真空法还适用于灌装有毒的物料，如农药等，以减少毒性气体的外溢，改善劳动条件。其工艺过程为：①瓶抽真空；②进液排气；③停止进液；④余液回流。即排气管中的残液经真空室回流至贮液箱。

4. 压力法

利用机械压力或气压，将被灌物料挤入包装容器内，这种方法主要用于灌装黏度较大的稠性物料，例如灌装番茄酱、肉糜、牙膏、香脂等，有时也可用于汽水一类软饮料的灌装，这时靠汽水本身的气压直接灌入未经充气等压的瓶内，从而提高了灌装速度，形成的泡沫因汽水中无胶体容易消失，对灌装质量有一定影响，但不算太大。其工艺过程为：①吸料定量；②挤料回气。

5. 虹吸法

利用虹吸原理完成的灌装方法。此种方法出现最早，人们最容易接受，原理比较简单，现在很少使用。

上述几种灌装方法的正确选择，除考虑液体本身的工艺性能如黏度、重度、含气性、挥发性外，还必须考虑产品的工艺要求、灌装机的机械结构等综合因素。

二、定量方法

产品的准确定量灌装不但涉及到成本的高低，同时也影响产品在消费者心目中的信誉。液料的定量一般采用容积定量，也有采用重量定量。容积定量有控制液位高度定量法、定量杯定量法和定量泵定量法。重量定量一般采用电子式计量法。

1. 控制液位高度定量法

这种方法是通过控制被灌容器中液位的高度以达到定量灌装。每次灌装的液料容积等于一定高度的瓶子内腔容积，故也称它为“以瓶定量”。该法结构比较简单，不需要辅助设备，使用方便，但对于要求定量准确度高的产品不宜采用，因为瓶子的容积精度直接影响灌装量的精度。

图 4-3 所示为该方法的原理图，当开始灌装时，包装容器上升顶起橡胶垫 5，使滑套 6 和灌装头 7 间出现间隙，液体流入瓶内，瓶内原有气体由排气管 1 排至贮液箱 8，当瓶内液体达到排气管嘴 A—A 截面时，气体不再能排出，随着液料的继续灌入，液面超过排气管嘴，瓶内气体被压缩，压强增大，一旦压力平衡，液料就不再进入瓶内而沿排气管上升，根据连通器原理，一直升至与贮液箱内液位水平为止，然后瓶子下降，压缩弹簧 4 保证灌装头与滑套间重新封闭，排气管内的液料流入瓶内，完成一次定量灌装。只要操作条件不变，瓶内每次灌装的液料高度也保持不变。若要改变灌装定量，只需调节排气管 1 伸进瓶内的高度位置即可。

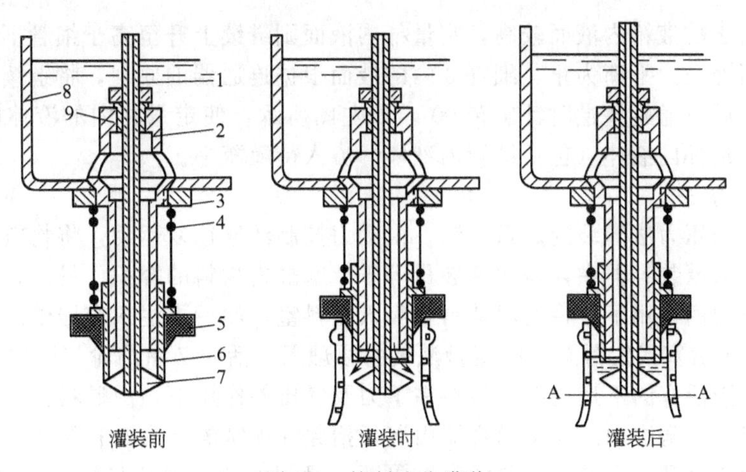

图 4-3　控制液位灌装

1—排气管；2—支架；3—紧固螺母；4—弹簧；5—橡胶垫；6—滑套；7—灌装头；8—贮液箱；9—调节螺母

2. 定量杯定量法

这种方法是先将液体注入定量杯中进行定量，然后再将计量的液体注入待灌瓶中，因此，每次灌装的容积等于定量杯的容积。

图 4-4 所示为定量杯定量的原理图。在待灌容器进入灌装工位前，定量杯 1 由于弹簧 7 的作用而下降，并浸入贮液箱的液体中，则箱内的液体沿着其周边流入并充满定量杯。随后待灌瓶由瓶托抬起，瓶嘴将灌装头 8、进液管 6 和定量杯 1 一起抬起，使定量杯上口超出液面，并使进液管中间隔板上、下孔均与阀体 3 的中间相通，这样定量杯中液体由调节管 2 流入瓶内，瓶内空气则由灌装头上的透气孔 9 逸出，当定量杯中流体下降至调节管 2 的上端面时，定量灌装则完成。灌装定量可由调节管 2 在定量杯中的高度来调节，也可更换定量杯。本结构适用于灌装酒类产品。

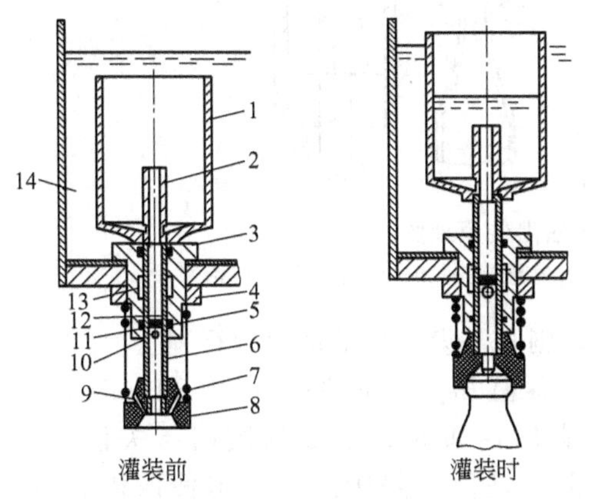

图 4-4　定量杯定量

1—定量杯；2—调节管；3—阀体；4—紧固螺母；5—密封圈；6—进液管；7—弹簧；8—灌装头；9—透气孔；10—下孔；11—隔板；12—上孔；13—中间槽；14—贮液箱

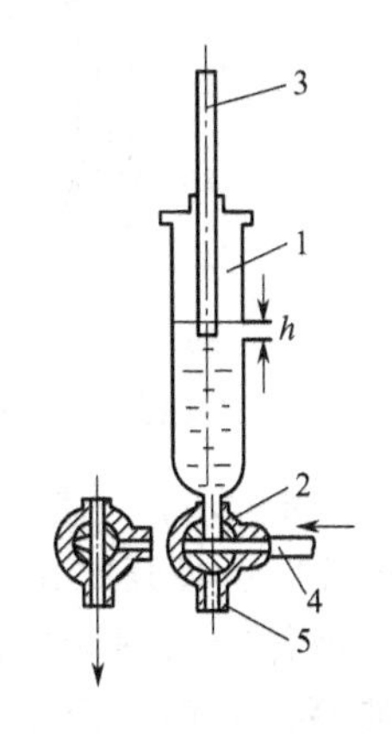

图 4-5　旋塞定量原理

1—定量杯；2—三通旋塞；3—细管；4—进液管；5—出口

图 4-5 为旋塞定量原理示意图。首先三通旋塞 2 位于图中所示的位置，液体靠静压通过进液管 4 进入定量杯 1 中，杯内空气经细管 3 排出，当定量杯内的液面达到细管的下缘时，空气

无法排出，但由于贮液箱内液面较高，定量杯内液面则继续上升至高于细管下缘处，杯内空气则被压缩直到两处压力平衡为止。细管3内的液面根据连通器的原理，将继续上升至同贮液箱内液面相平，然后三通旋塞逆时针旋转90°，如左图所示，使定量杯内的液体同贮液箱内的液体隔开，同时定量杯内液体（包括细管内液体）流入待灌瓶中。

3. 定量泵定量法

这是一种采用压力法灌装的定量方法，由动力控制活塞往复运动，将物料从贮料缸吸入活塞缸，然后再压入灌装容器中，每次灌装量等于活塞缸内物料的容积。另外，还有利用一层柔软薄膜在气体压力的作用下，将物料从料缸吸入灌料室，然后再注入容器中。

图4-6是利用活塞式定量泵进行定量灌装的原理图。活塞7由凸轮（图中未示出）控制作上下往复运动，当活塞向下运动时，液料在重力及气压差作用下，由贮料缸1的底部的孔经滑阀4的月牙槽流入活塞缸内。当待灌容器由瓶托抬起并顶紧灌装头5和阀4时，弹簧3受压缩而滑阀上的月牙槽上升，则贮料缸与活塞缸隔断，滑阀上的下料孔与活塞缸接通，与此同时，活塞正好在凸轮作用下向上运动，液料再从活塞缸压入待灌容器内，当灌好液料的容器连同瓶托一起下降时，弹簧3迫使滑阀也向下运动，滑阀上的月牙槽又将贮料缸与活塞沟通，以便进行下一次灌装循环。假若在某一个瓶托上没有待灌容器时，尽管活塞到达某一工作位置仍然在凸轮作用下要向上运动，但由于滑阀上月牙槽没有向上移动，故液料仍被压回贮料缸，不致影响下一次灌装循环的正常进行。

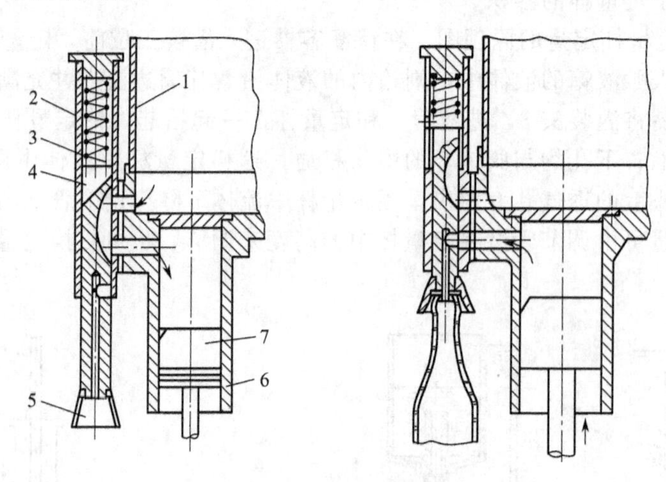

图4-6 定量泵定量法灌装原理图

1—贮料缸；2—阀室；3—弹簧；4—滑阀；5—灌装头；6—活塞缸体；7—活塞

对于这种定量方法，若要改变每次的灌装量，则只需设法调节活塞的行程。

图4-7所示为隔膜泵式定量灌装的原理图。料缸压力一般保持在0.11MPa以下。在气压作用下，液体流入灌装室2中。灌装室充满后，通向料缸3的阀门4关闭，防止回流；然后启通容器方向，空气压力作用在柱塞上，柱塞将隔膜压下，迫使液体流入容器。灌装完毕加在隔膜上的气压释放。阀门换向，再次从料缸吸料。在瓶颈导向装置上装有“无容器不灌装”机构，该机构只有接触到容器时才能触动气源控制系统，使气流推动隔膜运动。

调换大小不同的灌装室可以改变灌装量，也可以通过调节挡块，改变灌装室里的移动距离来改变灌装量，其容积调节范围可达到10倍以上。由于无活塞与缸壁之间的摩擦产生的微屑，对于卫生要求严格的注射药物是适合的。

比较上述三种定量方法，从定量精度来看，第一种方法由于直接受到瓶子容积精度以及瓶

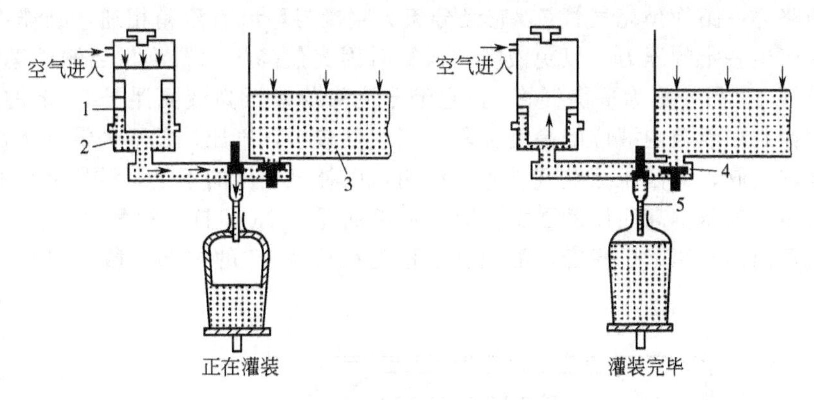

图 4-7　隔膜泵式灌装原理图

1—隔膜；2—灌装室；3—料缸；4—阀门；5—进料管

口密封程度的影响，其定量精度不及后两种方法高，若从机械结构看，第一种显然最为简单，因此，它得到广泛应用。

定量方法的正确选择，除考虑产品所需要的定量精度外，还应考虑到液料本身的工艺性，例如对含气饮料灌装若采用定量杯定量法，则贮液箱内的泡沫反倒可能降低定量精度，因此，在这种情况下，一般以采用控制液位高度定量为好。

4. 电子计量法

电子计量法是一种重量计量，工作原理如图 4-8 所示，灌装阀上有两个大小不同的液道，液体通过液道时，由负载传感器实时地测量液体重量，当充填的液体接近规定的充填量时，灌装阀则可转换成小流量的回路，直至灌装到规定量。这种装置在灌装前显示器清零，容器重量有测定偏差，则重新设置，对灌装量毫无影响，因而此种灌装量精度非常高。当灌装量改变时，只要变更数据开关的给定值，即可瞬时实现，较易实现生产的集中管理。

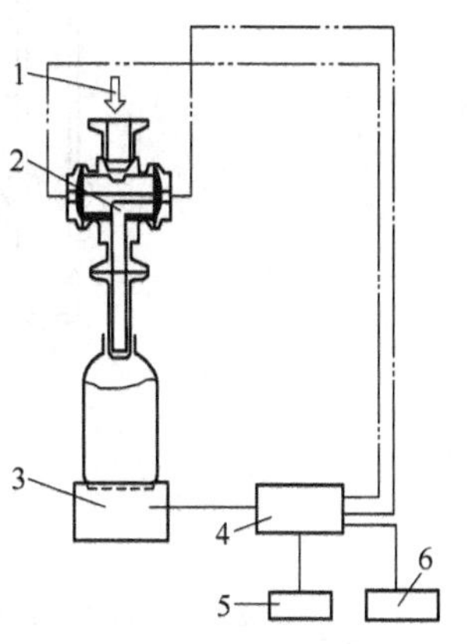

图 4-8　称毛重灌装机

1—进液管；2—灌装阀；3—负载传感器；4—控制器；5—定值器；6—显示器

第三节　灌装机的主要结构及工作原理

灌装机的结构因灌装方法不同而不一样，但其主要结构一般包括：供料装置、供瓶机构、托瓶升降机构、灌装阀等。

一、供料装置

1. 常压法供料装置

此法灌装系统较为简单，液体产品由高位槽或泵经输液管送进灌装机的贮液箱，贮液箱内液面一般由浮子式控制器保持液位基本恒定，但也有用电磁阀控制的，贮液箱内的流体产品再经过灌装阀的开关进入待灌容器中。

2. 等压法供料装置

图 4-9 为含气液料的等压法供料装置图。输液总管 2 与灌装机顶部的分流头 9 相连，分流头下端均布有六根输液支管 14 与环形贮液箱 12 相通。在打开输液总阀 6 之前，需先打开支管上液压检查阀 1 以调整液料流速并判断其压力的高低，待压力调好后，才打开总阀。无菌压缩

空气管 3 分两路：一路为预充气管 7，它经分流头直接与环形贮液箱相通，其作用是在开机前对贮液箱充气产生一定的压力，以免液料初入缸时因突然降压而冒泡。当输液总阀 6 打开后，则应关闭截止阀 4。另一路为平衡气管 8，它经分流头与接至高液面浮子 13 上的进气阀 11 相连，其作用为控制贮液箱内液位的高度上限。当气量减小，气压偏低而使液面太高时，高位浮泡即上升打开进气阀，无菌压缩空气进入贮液箱，以补充气压的不足，结果液位有所下降。反之，当气量增多，气压偏高而使液面太低时，低液面浮子 16 即打开放气阀 18，使液位有所上升。这样贮液箱内的气压趋于稳定，液面基本稳定在视镜 17 的中部。截止阀 5 始终处于被打开位置。

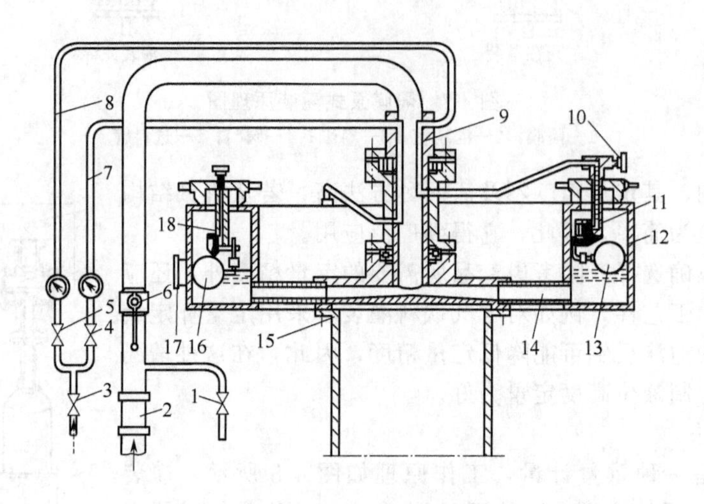

图 4-9　等压法供料装置

1—液压检查阀；2—输液总管（透明段）；3—无菌压缩空气管（附单向阀）；4，5—截止阀；6—输液总阀；7—预充气管；8—平衡气管；9—分流头；10—调节针阀；11—进气阀；12—环形贮液箱；13—高液面浮子；14—输液支管；15—主轴；16—低液面浮子；17—视镜；18—放气阀

3．负压法供料装置

负压法灌装系统按其灌装方式分两种类型：一种是待灌瓶和贮液箱中都建立真空，液体是靠自重产生流动而灌装；另一种是瓶中建立真空，靠压差完成灌装。前者的供料系统可用单室，后者用双室、三室、多室等多种形式。

① 单室　这是一种真空室与贮液箱合为一室的供料系统。

图 4-10 为其供料装置图。被灌液体经输液管 1 由进液孔 3 送入圆柱贮液箱 5 内，箱内液面依靠浮子 4 控制基本恒定，箱内液面上部空间的气体由真空泵经真空管 2 抽走，从而形成负压，瓶子由托瓶台 7 带动上升并首先打开气阀 9 对瓶内抽气，接着瓶子继续上升打开液阀 8 进行灌液，瓶内被置换的气体吸至贮液箱内再被抽走。

这种结构使贮液箱内整个液面成为挥发面，故不宜灌装含有芳香性的液体，但它的总体结构比较简单，并容易清洗。

② 双室　此装置是由一个贮液箱与一个负压室组成的供料系统。

图 4-11 为其供料系统图，液体产品经输液管 1 输送到贮液箱 8 内，箱内液位由浮子 7 控制，机外真空泵将负压室 2 内气体抽走，使之形成负压，每一个灌装阀均有一吸液管 6 通往贮液箱，另有一抽气管 3 通往负压室，当托起的瓶子顶紧灌装阀端部的密封垫时，瓶内气体则被抽走，随后，液料在贮液箱与瓶内压差作用下流入瓶中，当瓶内液位升高至抽气管 3 的下缘时，即开始沿气管上升，直至与回流管 4 的液柱等压为止。当瓶子下降脱离灌装阀后，抽气管

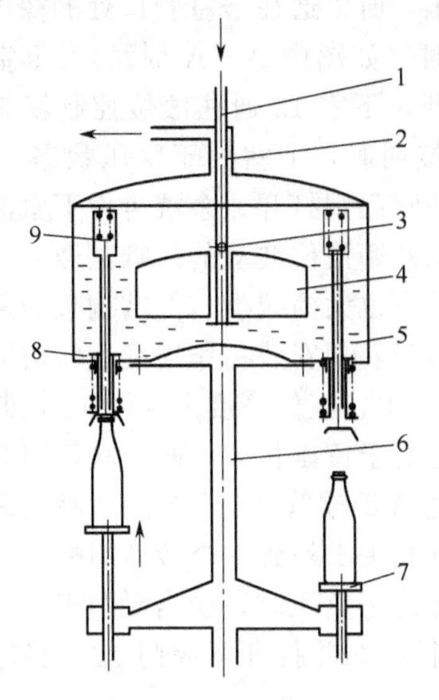

图 4-10　单室真空法供料装置示意图

1—输液管；2—真空管；3—进液孔；4—浮子；5—贮液箱；6—主轴；7—托瓶台；8—液阀；9—气阀

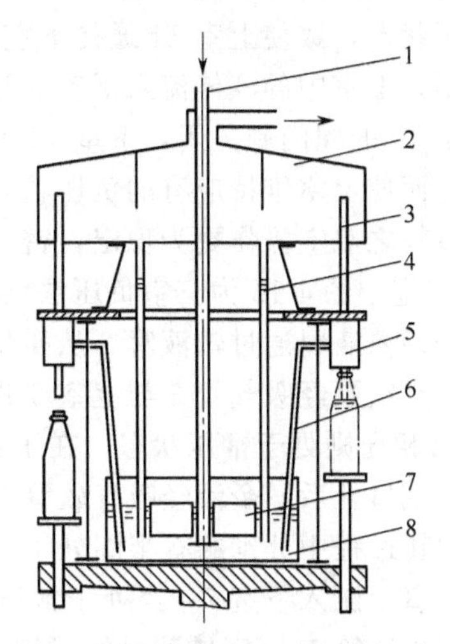

图 4-11　双室负压法供料系统

1—输液管；2—负压室；3—抽气管；4—回流管；5—灌装阀；6—吸液管；7—浮子；8—贮液箱

3 内的液料即被吸进负压室 2，再经回流管 4 流回贮液箱 8。当没有瓶子或瓶子破损时，无法进行灌装，这就减少了液料的损失。

与单室比较，双室供料系统挥发面减少，但由于有余液经真空室直接流回贮液室，因此箱内液面难以控制稳定。且储液箱处于机体下部，又密布有吸液管及回流管，清洗和维修不便。

③ 多室　这种结构不仅使贮液箱与负压室分开，而且另设一个液位控制箱，负压室也不止一个。

如图 4-12 为其灌装系统示意图。贮液箱 6 的上方设一负压室 10，液料由高位槽 1 经送液管输送给液位控制箱 3（其内的液位靠浮子 13 控制），并与贮液箱 6 接通，在液位控制箱上方有上、下两个负压室 11 和 12，上室 11 至下室 12 以及下室 12 至液位控制箱 3 之间均有管道接通，管道上均装有控制阀门，上室 11 通过真空管与负压室 10 相通，灌装时余液先被抽回到负

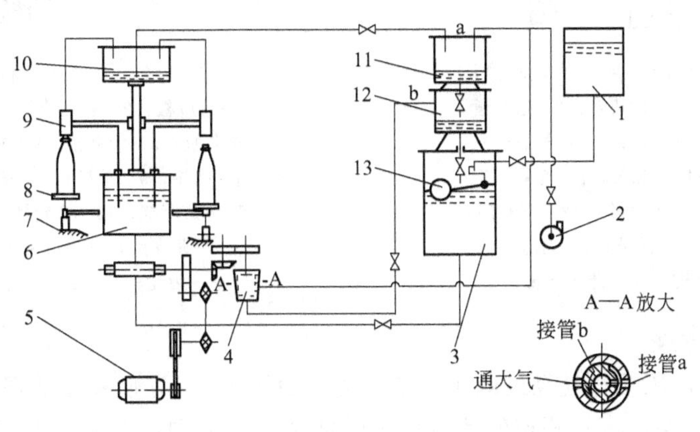

图 4-12　多室真空法灌装系统示意图

1—高位槽；2—真空泵；3—液位控制箱；4—破气阀；5—电动机；6—贮液箱；7—升瓶滑道；8—托瓶台；9—灌装阀；10—负压室；11—负压上室；12—负压下室；13—浮子

压室 10，又被吸回到上室 11，这时由于上室 11 处于负压，所以通往下室管口处的橡皮垫被吸住，而使阀门封闭，当破气阀 4 转至上下两室相通位置时（如图中 A—A 剖面），下室也随之处于负压状态，致使上室 11 通往下室 12 的阀门自动打开，下室 12 通往液位控制箱 3 的阀门则被封闭，上室中的液体流入下室。当破气阀 4 与大气接通时，下室处于常压状态，上室 11 通往下室 12 的阀门则关闭，下室 12 通往液位控制箱 3 的阀门则打开，余液再由下室流入液位控制箱，而使上室维持应有的负压状态。这样，余液对贮液箱液位波动的影响甚微。

多室较之双室操作更为稳定，密封性能良好，物料挥发也大为减少，但结构较为复杂。

④ 三室　图 4-13 为三室负压法供料装置示意图。贮液箱 16 安装在作连续运转的灌装机工作台上，待灌液料通过输液管 2 从高位槽输送入贮液箱 16 中，液位高度由浮子 14 控制。正常工作时，真空泵经吸气管 3 与上室 5 相连，使上室 5 一直处于负压状态，而贮料箱因有通气孔 11 与大气相通则处于常压状态。在压差作用下，液料通过吸液软管 8、灌装阀 9 吸入瓶内。当液料接近瓶口处后，余液经吸气软管 6 吸入上室。真空分配头 1 外套一个转动的配气环，可使下室在回转过程中分别约有半圈处于负压和常压状态。当处于负压时，能自动打开上阀门 10，余液从上室 5 流入下室 7。当处于常压时能自动关闭上阀门 10 并打开下阀门 12，其存液则从下室返回贮液箱 16，完成液料的回流输送。

三室结构的真空度虽然可在较大范围内调节，但轴向高度较大，影响高速运行的稳定性。

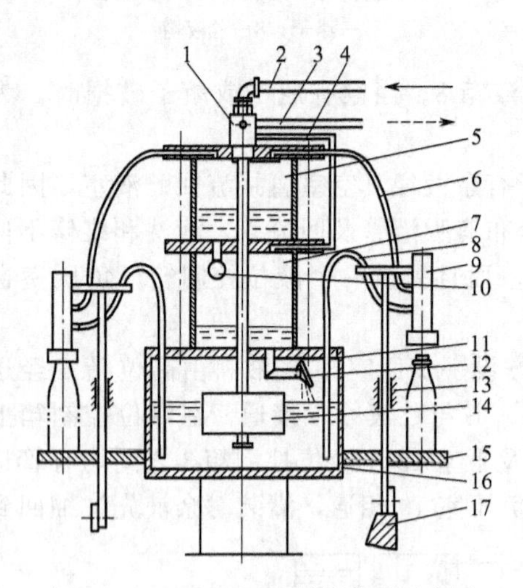

图 4-13　三室负压法供料装置示意图

1—真空分配头；2—输液管；3—吸气管；4—通气管；5—上室；6—吸气软管；7—下室；8—吸液软管；9—灌装阀；10—上阀门；11—通气孔；12—下阀门；13—升降杆；14—浮子；15—托瓶台；16—贮液箱；17—升瓶凸轮

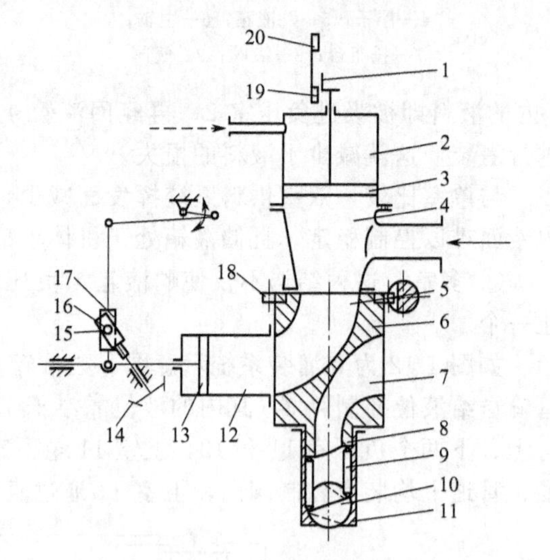

图 4-14　压力法供料系统简图

1—感应板；2—稳压汽缸；3—稳压活塞；4—进料缸；5—上孔道；6—转阀；7—下孔道；8—端面凸轮；9—顶杆；10—滚柱；11—下料器；12—活塞缸；13—推料活塞；14—齿轮；15—可调支点；16—可调螺母；17—摇块；18—齿轮；19，20—上、下接近开关

4．压力法供料装置

如图 4-14 所示，压缩空气经过减压调整后进入稳压汽缸 2，使稳压活塞 3 对进料缸 4 的物料保持一定的压力。与活塞杆相连的感应板 1 随活塞上下运动，经上、下接近开关 19、20 发出信号控制供料泵运转或停转。转阀 6 在齿轮-齿条带动下作来回摆动，当上孔道 5 沟通进料缸 4 及活塞缸 12 时，推料活塞 13 正好在连杆机构带动下向左运动，物料被吸入活塞缸；当旋塞阀的下孔道 7 沟通活塞缸及下料器 11 时，活塞 13 正好向右运动，物料被推送至灌装容器

内。当旋转阀来回摆动时，端面凸轮 8 使两只顶杆 9 上下窜动，压迫滚柱 10 实现快速启闭，提高灌装精度。推料活塞 13 的运动行程可调节，这是通过转动齿轮 14 使可调螺母 16 移动而实现的。

5. 虹吸法供料装置

虹吸法供料系统需解决两个问题：一是保证贮液箱内液位恒定，确保灌装定量精度；二是保持虹吸管内始终充满液料，以便能继续正常灌装。如图 4-15 所示，液位由浮子 2 控制进液阀 7 开闭的大小来保持恒定。灌装阀 3 连同虹吸管 1 在凸轮控制下做升降运动，当灌装阀下降，并压紧灌装瓶时，灌装阀内的液门打开，贮液箱内液料经虹吸管进入瓶内，直至瓶内液面与箱内液面相平，进液自动停止。接着，灌装阀上升，阀内液门关闭，而虹吸管另一端浸没在充满液料的贮液杯 5 内，保持虹吸管内充满液料，待下一瓶时仍能继续进行虹吸灌装。

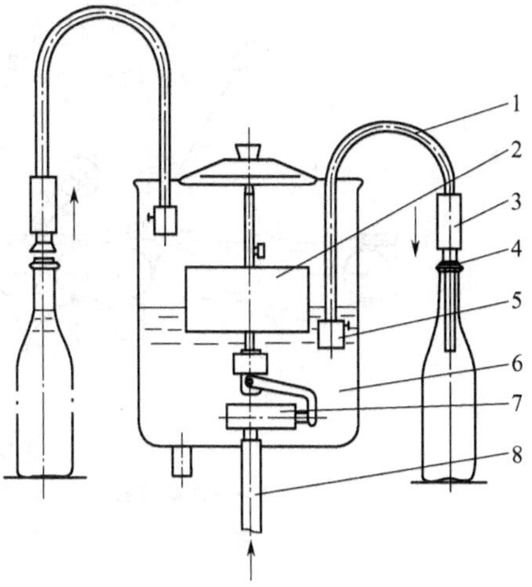

图 4-15 虹吸法供料装置示意图

1—虹吸管；2—浮子；3—灌装阀；4—灌装头；5—贮液杯；6—贮液箱；7—进液阀；8—进液管

二、供瓶机构

在自动灌装机中，按照灌装的工艺要求，准确地将待灌瓶送入主转盘升降托瓶台上，是保证灌装机正常而有序地工作的关键。一般供瓶机构的关键问题是瓶的连续输送和瓶的定时供给。

常用的连续输送装置有链带传送，一般采用不锈钢或尼龙坦克链带。为了准确地送入灌装机，必须设法使瓶子单个地保持适当的间距送进，目前瓶子的定时送给一般采用分件供送螺杆或拨盘等限位机构。

1. 分件供送螺杆机构

分件供送螺杆机构可将规则、不规则的成批物件按给定工艺要求分批或逐个地供送到包装工位。并完成增距、减距、分流、合流、升降、起伏、转向或翻身等工艺要求。

设计供送螺杆的关键在于，必须在满足被供送瓶的外廓尺寸、有效高度、星形拨轮节距和生产能力等条件下，预选螺杆的内外径及长度。合理确定螺旋线的组合形式、旋向、螺旋槽的轴向剖面几何形状以及有关的主要参数。下面仅介绍螺旋线的组合形式以及主要参数。

(1) 分件供送螺杆的组合形式

图 4-16 是典型送瓶机构的示意图，它由锥齿轮传动的变螺距螺杆、固定侧向导板、链式水平输送带（未画出）和星形拨瓶轮（即拨轮）等组成，分件供送螺杆在结构上是一种空间高副机构，它的结构形式受供送瓶的大小、形状等的制约。从外观形式看，前端应设计成截锥台形（斜角约为 30°～40°），有助于将玻璃瓶顺畅地导入螺杆的工作区段，而另一端应具有与玻璃瓶同半径的圆弧过渡角，以便和星形拨轮同步衔接，为了使刚进入螺杆工作区段的玻璃瓶运动平稳，第一段最好采用等螺距，使它暂不产生加速度，鉴于星形拨轮的节距通常都大于两只玻璃瓶原来在链带上紧相接触时的中心距，因此，最后一段螺旋线一定要变螺距，并以等加速规律逐渐增大其间距。对于高速（一般在 250～550r/min 或更高些）分件供送螺杆来说，还必须增添过渡段，即加速度按某种规律（如简谐、多项式等）变化的螺旋线，以保证整个螺杆的单头螺旋线在各个衔接点均有对应相等的螺旋角、速度和加速度，从而消除冲击现象。

如果速度偏低，也可省去等速段而采取变加速段和等加速段的组合螺旋线，甚至有的只采取等加速段螺旋线。

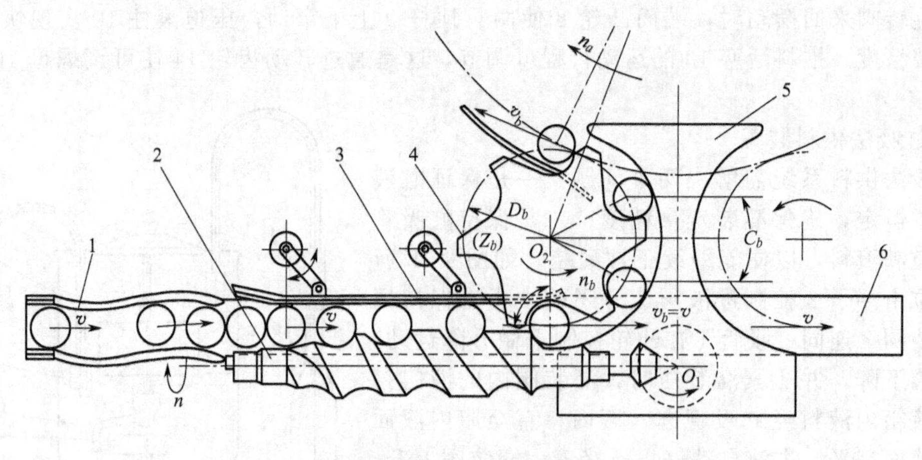

图 4-16 典型变螺距螺杆与星形拨瓶轮组合装置简图

1—波形减速板；2—分件供送螺杆；3—平动感应导板；4—双层星形拨轮；
5—双层弧形导板；6—输送板链

(2) 组合螺旋线的参数确定

为了计算方便，列出 10 种瓶罐的设计计算模型，如图 4-17 所示。

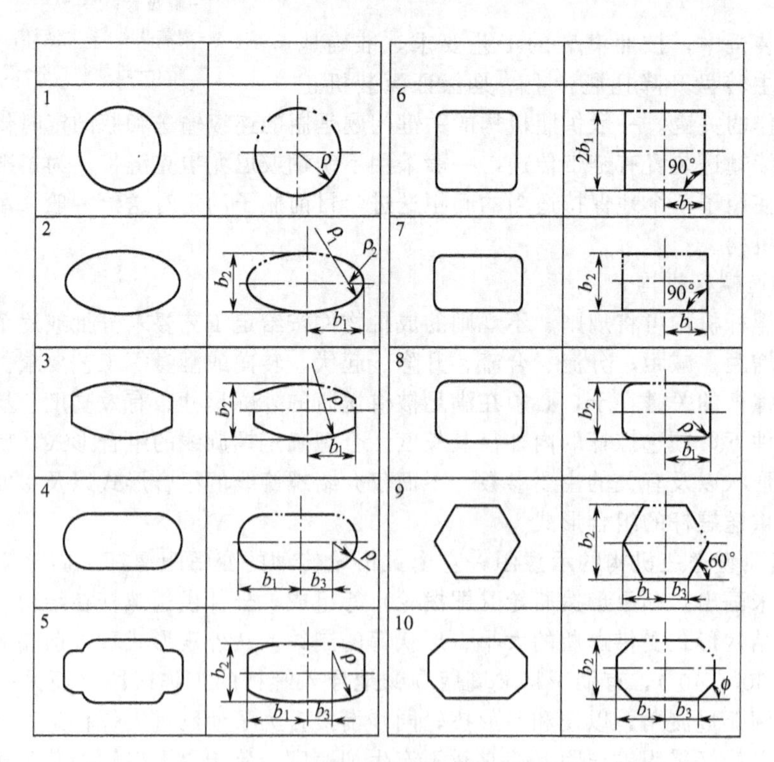

图 4-17 10 种典型瓶罐的设计计算模型

若已知螺杆的转速 n（其值与供送能力相当），星形拨轮的齿数 Z_b 及节距 C_b，则拨轮的转速

$$n_b=\frac{n}{Z_b} \tag{4-1}$$

拨轮的节圆直径

$$D_b=\frac{C_b Z_b}{\pi} \tag{4-2}$$

当物件被等速输送带拖动前进时，如果让整个变螺距螺杆仅起一定的隔挡作用，并在末端与星形拨轮取得速度的同步，显然应保证输送带的运行速度 v_l、螺杆的最大供送速度 v_{3m} 和拨轮的节圆线速度 v_b 均相等，即

$$v_l=v_{3m}=v_b=C_b n \tag{4-3}$$

如图 4-18 对供送正圆柱形物件，令其主体部位的圆弧半径为 ρ，螺杆的内外半径各为 r_0，R 可取

$$R\leqslant r_0+\rho \tag{4-4}$$

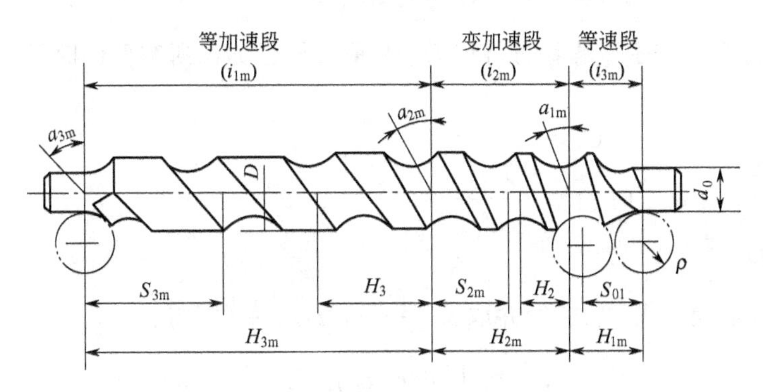

图 4-18　三段式组合螺杆外形图

而对供送其他形状的物件，令其主体部位的长度（或长轴）、宽度（或短轴）各为 $2b_1$、b_2，R 可取

$$R\approx r_0+\frac{1}{2}b_2 \tag{4-5}$$

一般情况下，对于 r_0 值主要依螺杆芯部及其支轴的结构强度和尺寸等因素加以确定，但有些场合也从满足某种工艺要求的角度来考虑。如供送安瓿，为防止倾倒挤碎，应选用较大的螺杆内径和较小的螺旋角。

① 螺杆等速段　首先确定输入等速段的螺距，取

$$S_{01}=W_0+b_0=2\rho+\Delta \tag{4-6}$$

求出

$$\Delta=W_0+b_0-2\rho \tag{4-7}$$

式中　W_0——输入等速段螺旋槽外沿轴向宽度，mm；

b_0——输入等速段螺旋槽的界面宽度，3～5mm；

Δ——两相邻瓶罐主体部分的外廓间距。

设等速段螺旋线的最大圈数为 i_{1m}，而其中间任意值 $0\leqslant i_1\leqslant i_{1m}$，又因等速段外螺旋线展开图形是一条斜直线，故相应的螺旋角

$$\tan\alpha_{01}=\frac{S_{01}}{\pi D} \tag{4-8}$$

周向展开长度

$$L_1=\pi D i_1,\quad L_{1m}=\pi D i_{1m} \tag{4-9}$$

轴向长度

$$H_1=S_{01}i_1,\quad H_{1m}=S_{01}i_{1m} \tag{4-10}$$

供送速度

$$v_0=\frac{S_{01}n}{60} \tag{4-11}$$

瓶罐与输送带的最大速差

$$\Delta v_l=v_l-v_0=\frac{n}{60}(C_b-S_{01}) \tag{4-12}$$

从式(4-12) 可见，n、C_b 过大会加剧输送带工作面磨损，引起噪声。

② 螺杆变加速段　设此段螺杆的供送加速度 a_2 由零值依正弦函数变化规律增至某一最大值 $\bar{a}$，则写出

$$a_2=C_1\sin\left(\frac{\pi}{2}\times\frac{t_2}{t_{2m}}\right) \tag{4-13}$$

及相应的供送速度、轴向位移：

$$v_2=\int a_2\,dt_2=-C_1\frac{2t_{2m}}{\pi}\cos\left(\frac{\pi}{2}\times\frac{t_2}{t_{2m}}\right)+C_2 \tag{4-14}$$

$$H_2=\int v_2\,dt_2=-C_1\frac{4t_{2m}^2}{\pi^2}\sin\left(\frac{\pi}{2}\times\frac{t_2}{t_{2m}}\right)+C_2t_2+C_3 \tag{4-15}$$

式中，t_2、t_{2m} 分别表示瓶罐移过行程 H_2 和最大行程 H_{2m} 所需要的时间。由边界条件确定各待定系数：

当 $t_2=t_{2m}$ 时，$a_2=\bar{a}$　　$C_1=\bar{a}$

当 $t_2=0$ 时，$v_2=v_0$　$C_2=v_0+\dfrac{2\bar{a}t_{2m}}{\pi}$

当 $H_2=0$ 时，$C_3=0$

将 C_1，C_2，C_3 各值代入式(4-15)，并取 $t_2=\dfrac{60i_2}{n}$，$t_{2m}=\dfrac{60i_{2m}}{n}$ 得：

$$H_2=S_{01}i_2+\frac{14400\bar{a}i_{2m}^2}{\pi^2n^2}\left(\frac{\pi i_2}{2i_{2m}}-\sin\frac{\pi i_2}{2i_{2m}}\right) \tag{4-16}$$

式中，i_2、i_{2m} 分别表示变加速段螺旋线圈数的任意值和最大值（即 $0\leqslant i_2\leqslant i_{2m}$），通常取 $i_{2m}=1\sim2$。外螺旋线周向展开长度为：

$$L_2=\pi Di_2,\ L_{2m}=\pi Di_{2m} \tag{4-17}$$

代入式(4-16)，视 L_2 为自变量求导，可得相应的螺旋角：

$$\frac{dH_2}{dL_2}=\tan\alpha_2=\tan\alpha_{01}+\frac{3600\bar{a}i_{2m}}{\pi^2n^2R}\left(1-\cos\frac{\pi i_2}{2i_{2m}}\right) \tag{4-18}$$

在限定区间 $1\leqslant i_2\leqslant i_{2m}$ 内，其螺距为：

$$S_2=H_{2i_2}-H_{2i_{2-1}}=S_{01}+\frac{14400\bar{a}i_{2m}}{\pi n^2}\left[\frac{1}{2}-\frac{2i_{2m}}{\pi}\cos\frac{\pi\ (2i_2-1)}{4i_{2m}}\sin\frac{\pi}{4i_{2m}}\right] \tag{4-19}$$

同理，在限定区间 $0\leqslant i_2\leqslant 1$ 内，第一、第二段衔接处的螺距为

$$S_{12}=S_{01}+\frac{7200\bar{a}i_{2m}}{\pi n^2}\left(i_2-\frac{2i_{2m}}{\pi}\sin\frac{\pi i_2}{2i_{2m}}\right) \tag{4-20}$$

将 C_1、C_2 代入式(4-13)、式(4-14) 即可得到速度和加速度：

$$v_2=v_0+\frac{120\bar{a}i_{2m}}{\pi n}\left(1-\cos\frac{\pi i_2}{2i_{2m}}\right) \tag{4-21}$$

$$a_2=\bar{a}\sin\frac{\pi i_2}{2i_{2m}} \tag{4-22}$$

以上表明，当其他条件一定时，α_2、S_2、v_2 均随 i_2 的增大而增大，若取 $i_2=0$，显然$\alpha_2=\alpha_{01}$，$v_2=v_0$，$a_2=0$，这完全符合螺杆前两段的位移、速度及加速度曲线的衔接要求。

③ 螺杆等加速段　令此段的供送加速度为 $a_3=\bar{a}$，则相应的供送速度及轴向位移：

$$v_3=\int\bar{a}\,dt_3=\bar{a}t_3+C_4 \tag{4-23}$$

$$H_3=\int v_3\,dt_3=\frac{1}{2}\bar{a}t_3^2+C_4t_3+C_5 \tag{4-24}$$

式中，t_3 表示被供送瓶罐移过行程 H_3 所需要的时间。由边界条件得知：

当 $t_3=0$ 时，$H_3=0$，$v_3=v_{2m}=v_0+\frac{120\bar{a}i_{2m}}{\pi n}$，故可确定各待定系数：$C_4=v_{2m}$，$C_5=0$

将 C_4、C_5 代入（4-24），并取 $t_3=\frac{60i_3}{n}$，经整理得：

$$H_3=\left[S_{01}+\frac{1800\bar{a}}{n^2}\left(\frac{4i_{2m}}{\pi}+i_3\right)\right]i_3 \tag{4-25}$$

式中，i_3、i_{3m} 分别表示等加速段螺旋线圈数的任意值和最大值。显而易见，等加速段螺旋线的展开图是一条斜线和一条按抛物线规律变化的曲线叠加而成的。

由于外螺旋线周向展开长度为：

$$L_3=\pi Di_3，L_{3m}=\pi Di_{3m} \tag{4-26}$$

将 L_3 代入式(4-25)，视 L_3 为自变量求导，可得相应的螺旋角：

$$\frac{dH_3}{dL_3}=\tan\alpha_3=\tan\alpha_{01}+\frac{3600\bar{a}}{\pi Dn^2}\left(\frac{2i_{2m}}{\pi}+i_3\right) \tag{4-27}$$

$$\tan\alpha_{3m}=\tan\alpha_{01}+\frac{3600\bar{a}\ (2i_{2m}+\pi i_{3m})}{\pi^2 Dn^2} \tag{4-28}$$

又因

$$\tan\alpha_{3m}=\frac{60v_{3m}}{\pi Dn}=\frac{C_b}{\pi D} \tag{4-29}$$

将以上三式联立，解出等加速度

$$\bar{a}=\frac{\pi n^2\ (C_b-S_{01})}{3600\ (2i_{2m}+\pi i_{3m})} \tag{4-30}$$

由上式可见，等加速段的供送加速度与螺杆转速的平方成正比；当星形拨轮节距和等加速段螺距均保持定值时，如果适当地增加后两端螺旋线的总圈数，则有助于降低螺杆的供送加速度或提高螺杆的转速，有利于提高生产率。

在限定区间 $1\leqslant i_3\leqslant i_{3m}$ 内，其螺距为

$$S_3=H_{3i_3}-H_{3i_3-1}=S_{01}+\frac{1800\bar{a}}{\pi n^2}[4i_{2m}-\pi(1-2i_3)] \tag{4-31}$$

故知

$$S_{3m}=C_b-\frac{\pi(C_b-S_{01})}{2(2i_{2m}+\pi i_{3m})}<C_b \tag{4-32}$$

同理，在限定区间 $0\leqslant i_3\leqslant 1$ 内，第二、三段衔接处的螺距为

$$S_{23}=S_{01}+\frac{7200\bar{a}i_{2m}}{\pi n^2}\left\{1-\frac{2i_{2m}}{\pi}\left[1-\cos\frac{\pi\ (1-i_3)}{2i_{2m}}\right]+\frac{\pi i_3^2}{4i_2m}\right\} \tag{4-33}$$

将 C_4 值代入（4-23）得

$$v_3=v_0+\frac{60\bar{a}}{n}\left(\frac{2i_{2m}}{\pi}+i_3\right) \tag{4-34}$$

以上表明，当其他条件一定时，等加速度的外螺旋线螺旋角、螺距和供送速度都随着螺旋圈数的增大而增大。若取 $i_3=0$，则 $\alpha_3=\alpha_{2m}$，$v_3=v_{2m}$，$a_3=\bar{a}$，这完全符合螺杆后两段的位移、速度及加速度曲线的衔接要求。

最后，为便于设计计算和机械加工，将式(3-30）的 $\bar{a}$ 值分别代入以上式中，可求出从螺杆前端计起的第二段轴向总长及周向展开总长的任意值。鉴于 $i_2=0$，$H_2=0$；$i_3=0$，$H_3=0$，故

$$H_{02}=H_{1m}+H_2=S_{01}i_{02}+\frac{4i_{2m}^2(C_b-S_{01})}{\pi(2i_{2m}+\pi i_{2m})}-\sin\frac{\pi(i_{02}-i_{1m})}{2i_{2m}} \tag{4-35}$$

$$L_{02}=\pi D i_{02} \tag{4-36}$$

$$H_{03}=H_{1m}+H_{2m}+H_3$$

$$=S_{01}i_{03}+\frac{C_b-S_{01}}{2i_{2m}+\pi i_{3m}}\left[\frac{2(\pi-2)i_{2m}^2}{\pi}+\frac{\pi}{2}\left(\frac{4i_{2m}}{\pi}+i_{03}-i_{1m}-i_{2m}\right)(i_{03}-i_{1m}-i_{2m})\right] \tag{4-37}$$

$$L_{03}=\pi D i_{03} \tag{4-38}$$

式中，$i_{1m}\leqslant i_{02}\leqslant i_{1m}+i_{2m}$或$i_{02}=i_{1m}+i_2$；$i_{1m}+i_{2m}\leqslant i_{03}\leqslant i_{1m}+i_{2m}+i_{3m}$或$i_{03}=i_{1m}+i_{2m}+i_3$。

概括指出，H_{1m}仅与S_{01}、i_{1m}有关，而H_{2m}、H_{3m}均与S_{01}、C_b、i_{2m}、i_{3m}有关。对中低速螺杆允许采用两段式组合方案。若选第二、三段组合，则$i_{1m}=0$，$i_{02}=i_2$，$i_{03}=i_{23}=i_{2m}+i_3$；若选第一、三段组合$i_{2m}=0$，$i_{02}=i_{1m}$，$i_{03}=i_{13}=i_{1m}+i_3$。

螺旋槽的剖面可用相贯体几何作图法求出，也可用解析法求出。制造螺杆的材料要求质轻、耐磨，目前多用轻合金或工程塑料等制造。

2. 定数量供给机构

对于直线式灌装机常要求有多个容器同时送往灌装工位进行灌装，因而要求容器供给装置系统间歇地每次供给所要求数量的容器，以适应灌装工作的需要。如图 4-19 所示，待瓶或罐由输送机运送，经花盘轮分隔装置而直到输送机端头。在最前端的瓶或罐到达要求位置时，碰上电开关 9，使推板 8 立即将要求数量的一排瓶或罐横向推进一个距离。推板 8 行进中驱动摆盘 6，使之逆时针转动，但凸轮 5 及棘爪摆杆 4 不动，推板 8 行进到与摆盘 6 脱离接触时，摆盘 6 受弹簧作用而恢复到原位。推板 8 做返回运动时，又驱动摆盘 6 使之顺时针转动，同时通过销子 7 使凸轮 5 一起转动，从而迫使棘爪摆杆 4 摆动，脱离开棘轮 3，此时，花盘轮由传动装置驱动转动，对输送来的瓶或罐做连接分隔传送。当推板 8 往回运动到又与摆盘 6 脱离接触时，凸轮 5 受弹簧作用又转回到原位，棘爪摆杆也往回摆动到原位，棘爪嵌入棘轮轮齿中，制动住花盘轮 2 的转动，在棘爪脱离开棘轮的时间间隔内，经由花盘轮分隔传送出要求数量的瓶或罐。

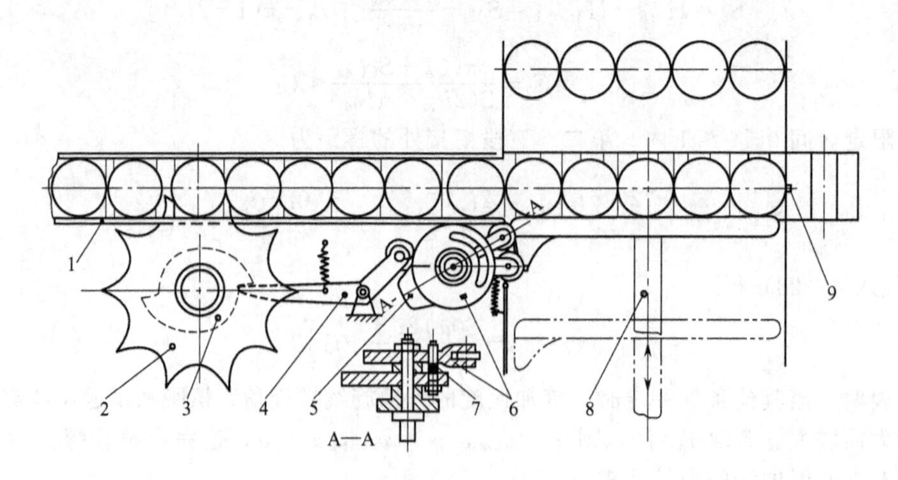

图 4-19 定数量供给的花盘轮装置

1—输送机；2—花盘轮；3—棘轮；4—棘爪摆杆；5—凸轮；
6—摆盘；7—销子；8—推板；9—电开关

这种装置也可以用在自动包装生产线上，用于装箱机的装箱物品定数量集积供给。

目前定数量供给机构多采用电子式的，利用 PLC 电路控制，用红外线计数头传递容器数量信号，当达到设定数量后，罐装头才进入灌装容器准备进行灌装。

3. 星形拨瓶轮

此机构的功能是将瓶的限位器送来的瓶子，准确地送入灌装机中瓶的升降机构或将灌满的瓶子从升降机构取下送入传送带的机构。

如图 4-20 所示，拨瓶轮中的尺寸 h 及 R_c 均由瓶子的高度和直径来决定，拨瓶轮一般采用酚醛层压板等材料，以免与玻璃瓶产生硬性碰撞，拨瓶轮一般由上、下两片组成，为了保证拨轮与托瓶台的位置相对应，在轮片上应开有弧槽形孔，调好后再安装在转轴上。

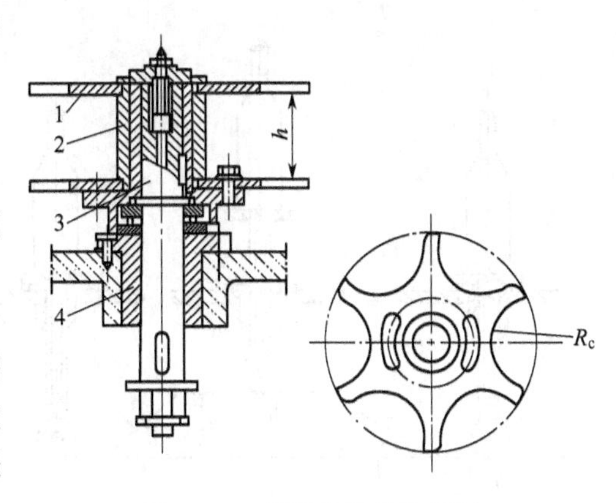

图 4-20 星形拨轮结构简图

1—星形拨轮；2—拨轮盘；3—轴；4—轴承座

为了使瓶子稳定传送，在传送带旁边还需要安装护瓶杆，在进出瓶拨轮外还要安装导板，护瓶杆离开传送中心线的距离要可调，以适应不同规格的瓶子。

另外，星形拨瓶轮不仅要将瓶子分隔转弯，而且传递速度必须与洗瓶机的速度匹配，否则易出现倒瓶、缺瓶或阻塞现象。为了防止倒瓶时影响正常生产，某些灌装机在分件供送螺杆、拨轮的传动部分安装有离合器，一旦出现故障使其自动停转，有的还安装微动开关，当离合器脱开的同时，压迫微动开关，使全机停转。星形拨瓶轮的设计请看有关参考文献［1］［2］。

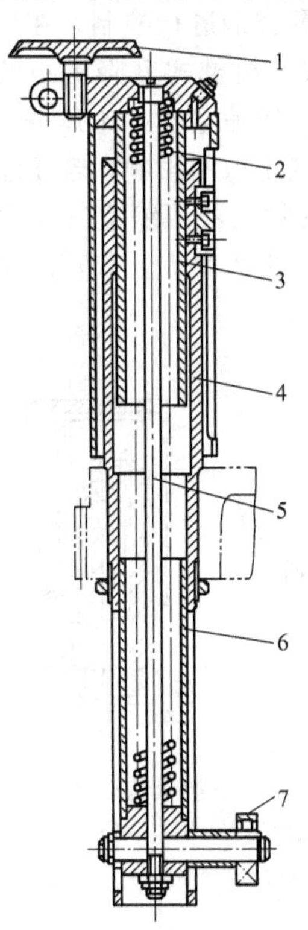

图 4-21 机械式升降瓶机构原理图

1—瓶托台；2—弹簧；3—上滑筒；4—滑座；5—拉杆；6—下滑筒；7—轴承

三、托瓶升降机构

在一般旋转型灌装机中，由拨瓶轮送来的瓶子必须根据灌装工作过程的需要，先将瓶子升到规定的位置，然后再进行灌装。灌装完后瓶子下降到规定的位置，以便拨瓶轮将其送到传送链带上送走，这一动作过程由瓶的升降机构来完成。

托瓶的升降机构的要求：运行平稳、迅速、准确、安全可靠、结构简单。常用的有机械式、气动式、气动与机械组合式等三种形式。

1. 机械式

图 4-21 为机械式升降瓶机构原理图，瓶托的上滑筒 3 和下滑筒 6 通过拉杆 5 与弹簧 2 组成一个弹性筒，在下滑筒的支承销上装有轴承 7，使瓶托台可沿着凸轮导轨的曲线升降。由于上、下滑筒间可产生相对运动，这不仅保证了瓶口灌装时的密封，同时又保证了有一定高度误差的瓶子仍可正常灌装。滑座 4 用螺母固定在下转盘周边的圆孔中，并随转盘一起绕立轴旋转，这种机械式升降瓶机构实际上是由圆柱凸轮—直动从动杆机构完成的，不同的是圆柱凸轮不动，而直动从动杆绕圆柱凸轮的中心轴线旋转，因此，它们之间的相对运动是一致的。图 4-22 是升降凸轮的展开图，瓶托上升时，凸轮倾角 α 最大，许用推荐值为 $[\alpha]\leqslant 30°$。

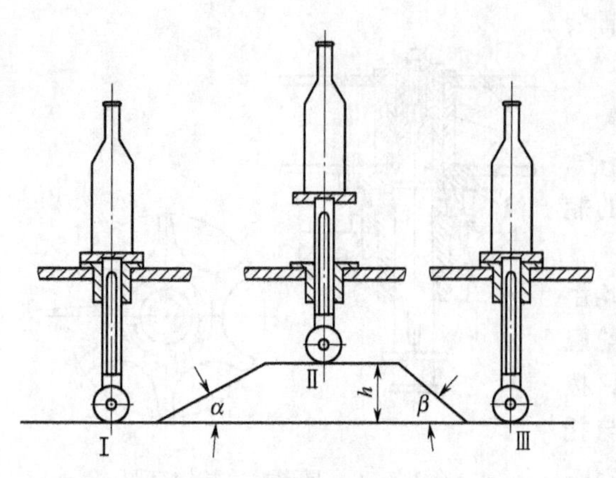

图 4-22　升降凸轮展开示意图

这种升瓶机构的结构比较简单，但可靠性差，若灌装机运转过程中出现故障，瓶子沿着滑道上升，很容易将瓶子挤坏，对瓶子质量要求很高，特别是瓶颈不能弯曲，瓶子被推上瓶托时，要求位置准确，在工作中，缓冲弹簧也容易失效，需要经常更换。另外在降瓶和无瓶区段有较大的弹簧力，这会增加凸轮磨损，并易折断滚子销轴。因此，这种结构适用于小型半自动化不含气体的液料灌装机中。

2. 气动式

图 4-23 为气动式瓶的升降机构，升降动力为压缩空气，其压力通常为 2.5～4kgf/cm^2。从图中可以看到当控制碰块使阀门 6 关闭、排气阀门 8 开启时，压缩空气将自下部进气管 5 进入到汽缸 1 中，活塞 2 受到下端压力气体的作用向上运动，托瓶台 4 及其所承托的瓶子上升，在此过程中灌装嘴插入瓶内，以便进行灌装。灌装完毕后，控制机构关闭排气阀门 8，开启阀门 6，压力气体自活塞 2 上端引入汽缸 1 中，由于活塞上、下气压相等，托瓶台 4 及已装物料的瓶子等在自重的作用下下降，当托瓶台降到与灌装机转盘水平面等高时，排卸装置将装料瓶自灌装机转盘上排卸出去封口。阀门 6 与排气阀门 8 通常用凸轮式碰块及转柄进行控制，在灌装机工作运转中，凸轮碰块作开、关的控制操纵。这种升降机构，克服了机械式升降机构的缺点，因为它采用气体传动，有吸震能力，当发生故障时，瓶子被卡住，压缩空气好比弹簧一样被压缩，这时瓶子不再上升，故不会挤坏。但活塞的运动速度受到空气压力的影响，若压缩空气压力下降，则瓶的上升速度减慢，以致不能保证瓶嘴与灌装阀的密封；若压缩空气压力增加，则瓶的上升速度快，导致瓶不易与进液管对中，又使瓶子下降时冲击力增大，如若灌装含气性气体，则容易使液料中的二氧化碳逸出。

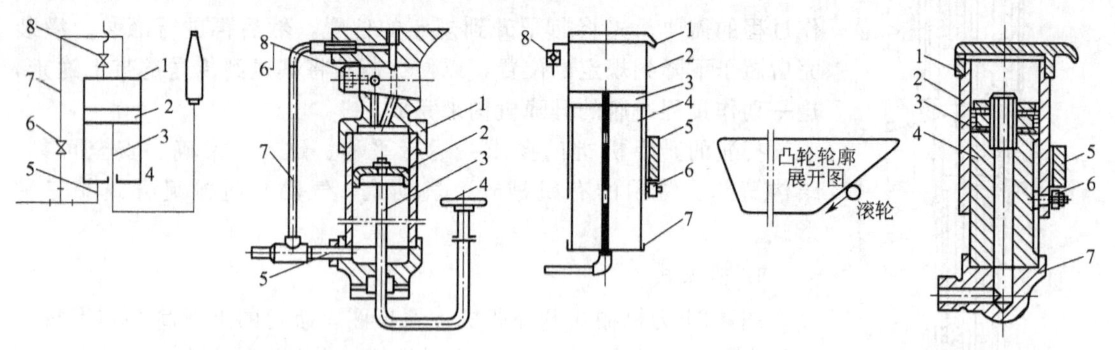

图 4-23　气动式瓶的升降机构

1—汽缸；2—活塞；3—连杆；4—托瓶台；
5—下部进气管；6—阀门；
7—上部进气管；8—排气阀门

图 4-24　气动与机械组合式升瓶机构

1—托瓶台；2—汽缸；3—密封塞；4—柱塞杆；
5—凸轮；6—滚轮；7—封头；8—减压阀

3. 气动与机械组合式

此装置采用以气动机构作托瓶升起、用凸轮推杆机构将已装料瓶降下的组合式升降机构。它利用气动机构托瓶升起具有自缓冲功能，托升平稳，且节约时间。同时又利用凸轮推杆机构能较好获得平稳的运动控制的特点，使托瓶升降运动得到快而好的工作质量。但此种升降机构的结构较为复杂。

如图 4-24 为此种托瓶升降的原理图。柱塞杆 4 为空气套筒结构，上端装有密封塞 3、下端固定装有封头 7，组成活塞部件。封头 7 上固联着压缩空气输送管道和减压排气阀。托瓶台安装在汽缸 2 的上端，缸体下部安装着滚轮 6，它们组成汽缸部件。活塞部件置于汽缸内，是固定不动的；汽缸部件则是托瓶升降的运动部件，当作托瓶升降工作运行时，压缩空气自封头 7 进入，经柱塞杆 4、密封塞 3 内的中心孔进入到活塞上部空间，驱使汽缸部件以活塞部件为导柱向上托瓶升起，并维持到完成灌装为止。此时滚轮 6 已到达使装料瓶作下降运动的凸轮 5 廓形部分，随着灌装机继续运转；滚轮 6 受凸轮 5 下降廓形的约束，带动汽缸部件作下降运动。为减少其动力消耗，此时应停止压缩空气的供给，且视凸轮结构形式的不同，即凸轮下降廓形与滚轮间的接触约束方式的不同，设置减压排气阀，达到托瓶下降平稳，节省辅助工作时间，且减少动力消耗的目的。为此，应根据灌装的工作程序，设置压缩空气的开关控制器。

上述三种升降瓶机构各有其优缺点。在设计时，应根据灌装机的具体要求，进行具体的分析，选择和设计出先进合理、经济可靠的结构。

四、灌装瓶高度调节机构

由于灌装包装容器瓶子的规格很多，如 640mL 的啤酒瓶高度为（289±1.5）mm；350mL 的高度为（231±1.5）mm，小瓶汽水的高度为 203mm，为了适应多种瓶高的灌装，需要调节装有灌装阀的贮液缸与装有升降瓶台的转盘之间的距离，使贮液缸能沿着立柱相对于转盘作上、下移动，目前常用的高度调节结构有两种形式。

1. 中央调节式

如图 4-25 所示，贮液缸底部立轴 1 的下端有螺杆，它与固装在转盘上的法兰式螺母 2 相连接，并用固定螺栓 3 拧紧。调节时，松开螺栓，转动贮液缸，基本达到所需瓶高后，再调整灌装阀与升瓶台的中心使其对准，最后再拧紧螺栓，固定贮液缸。这种结构最为简单，但由于灌装阀与升瓶台调节后不易对中，故仅适应于灌装广口瓶或铁罐，同时由于采用单根贮液缸底部主轴 1 支承，贮液缸运转时稳定性较差。因此在一些小型灌装机上，采用蜗轮蜗杆的调节结构，如图 4-26 所示。调节时，首先松开锁紧螺母 1，退出销轴 2 使传动键 3 松开，然后用手柄摇动蜗杆 6，使蜗轮 5 转动，由于蜗轮与下部立轴 4 的端部采用螺纹连接，因此，蜗轮一边转动，一边上下移动，并带动上转盘 8 也一起上下移动，从而实现高度调节。待调节至要求高度时，是销轴 2 压紧传动键 3，并用锁紧螺母 1 锁住。

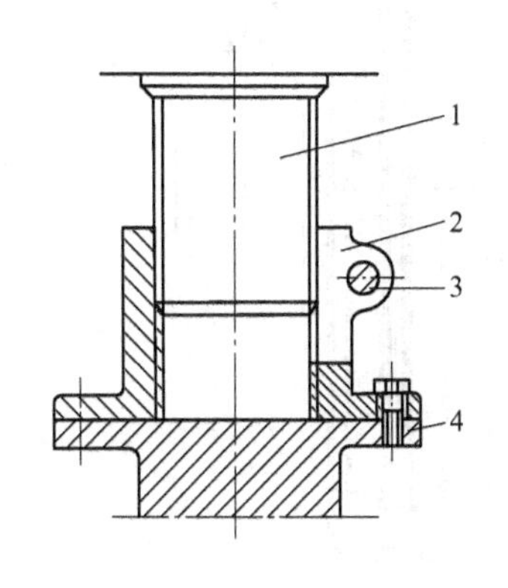

图 4-25　转动液缸中央调节式

1—贮液缸底部立轴；2—法兰式螺母；3—固定螺栓；4—下转盘

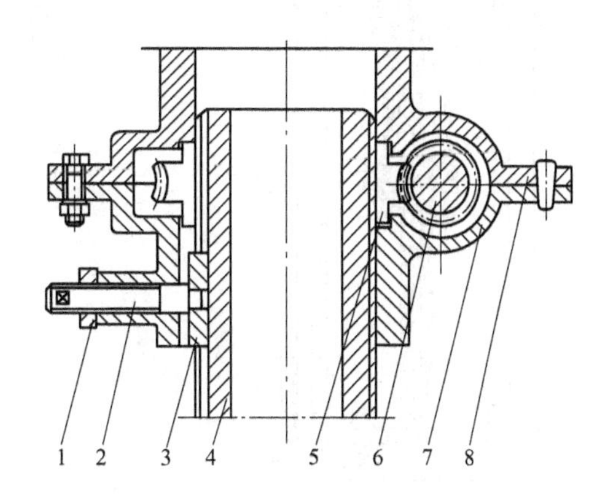

图 4-26　蜗轮蜗杆式高度调节机构原理图

1—锁紧螺母；2—销轴；3—传动键；4—下部立轴；5—蜗轮；6—蜗杆；7—下罩壳；8—上转盘

2. 三立柱调节式

如图 4-27 所示，在贮液缸与转盘之间除有轴套 1、立轴 2 的可伸缩连接外，还沿其周边均布三根由螺纹连接的立轴 5，立轴上装有螺母 6 及链轮 7。调节时，松开紧定装置 3，只需转动某一链轮，则三根立柱一起被升降，而不改变灌装阀相对于升瓶台的中心位置，调好后，应旋紧紧定装置 3。这种结构较为复杂但更为合理，已得到了广泛的运用。

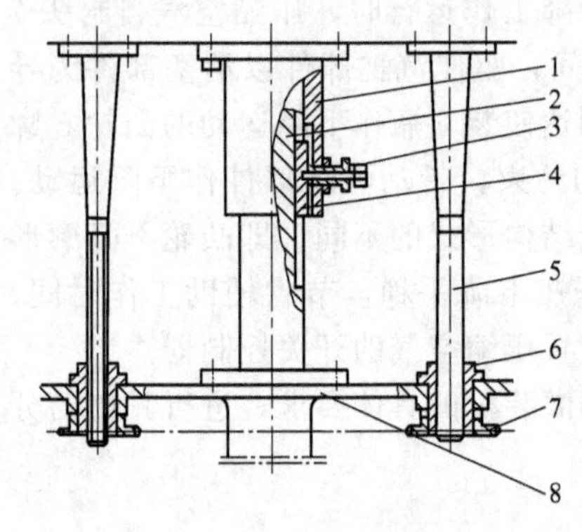

图 4-27　三立柱调节式

1—轴套；2,5—立轴；3—紧定装置；4—导向平键；6—螺母；7—链轮；8—下转盘

五、灌装阀的结构及工作原理

灌装阀是将贮液箱中的液料充填到灌装容器内的机构。它是贮液箱、气室（充气室、排气室、负压室）和灌装容器三者之间的流体通路开关，根据灌装工艺要求，能依次对有关通路进行转换。主要由阀体、阀端、阀门、密封元件等组成。

1. 阀体

灌装阀的阀体按阀门的数目，其结构有单阀型、双阀型和多阀型。

单阀型灌装阀只有一个气阀或液阀。如常压灌装阀的气道始终处于开启状态，故只需一个液阀，如图 4-28 所示，料瓶由瓶托送上，当瓶口顶住垫圈 8 并继续上升时，下液管 4 管端的

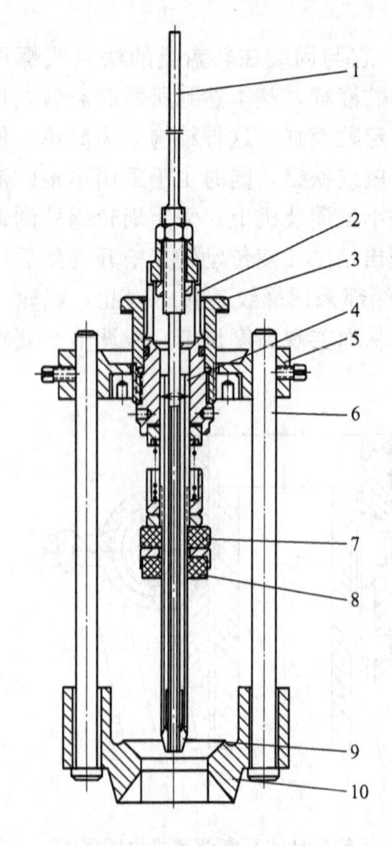

图 4-28　单阀型灌装阀

1—回气管；2—阀体；3—连接套；4—下液管；5—阀座；6—导杆；7—调整垫片；8—垫圈；9—灌嘴；10—导瓶罩

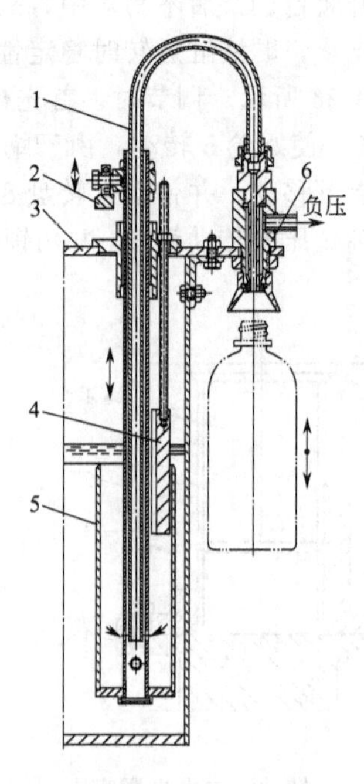

图 4-29　压差式负压灌装法

1—吸料管；2—凸轮；3—料箱；4—计量调整块；5—量杯；6—灌装头

内斜面与灌嘴9外斜面脱开，液料即流入料瓶内；当瓶下降后，下液管4在弹簧的作用下与灌嘴9密闭，液料停止流出。压差式负压灌装法，只有一个气阀。如图4-29所示，当瓶上升到瓶口与灌装头6贴合时，量杯5在凸轮2的作用下上升，并将量杯5提出液面。与此同时，负压系统接通使之抽去瓶内空气，在压差作用下，量杯5内液料被吸入瓶内，然后瓶子和量杯5分别下降复位。此时负压仍接通，灌装管口内余液被吸入管内，不产生滴漏现象，该装置适用于灌装农药。

双阀型灌装阀是既有液阀又有气阀。如重力式负压灌装阀，有一个气阀和一个液阀，如图4-30所示。当灌装瓶上升顶紧橡胶密封圈10时，负压管5对瓶内抽真空，当瓶内的负压与贮液箱的压力相等时，液料从料管1在重力的作用下流入灌装瓶。

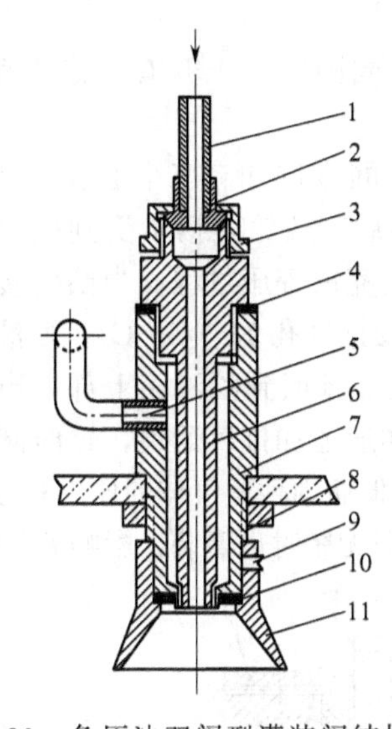

图4-30 负压法双阀型灌装阀结构简图

1—料管；2—接管头；3—锁紧螺母；4—垫片；5—负压管；6—灌头心；7—套筒；8—螺母；9—紧定螺钉；10—橡胶密封圈；11—瓶套

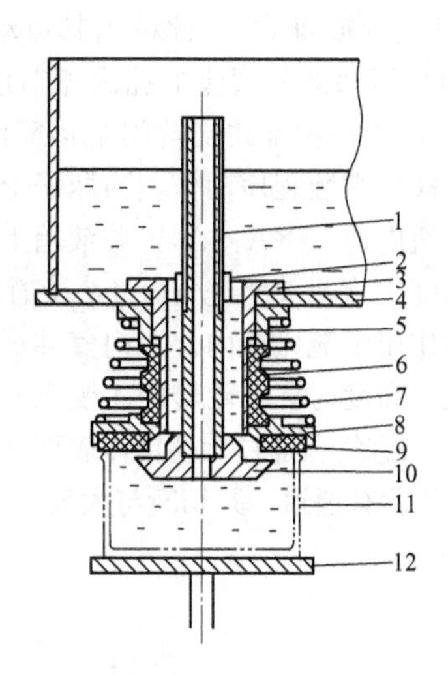

图4-31 端面式单移阀结构原理图

1—回气管；2—螺母；3—阀座；4—贮液箱；5—螺母；6—橡皮外套；7—弹簧；8—滑套；9—橡皮活门；10—固定阀蝶；11—待灌容器；12—托瓶台

多阀型灌装阀不仅配有充气阀和充液阀，还有回气阀等辅助阀门。

灌装阀的阀体若按阀门的启闭形式分为单移阀、旋转阀和多移阀。

(1) 单移阀

阀体中只有一个可动构件，它相对于不动构件作往返一次的直线移动。这种阀属于单阀。根据可动部分开闭流体通路的方法又可分成以下两种。

① 端面式　利用移动块的端面来开闭流体通路。如图4-31所示，它可用于马口铁罐、广口玻璃瓶的灌装。阀座3借助螺母5固定在贮液箱4上，固定阀蝶10用螺纹连接于阀座3上，并用螺母2吊紧，弹簧7保证橡皮活门9与固定阀蝶10间的密封，橡皮外套6同样起密封防漏作用。升瓶后在橡皮活门9与阀蝶10间形成液门进行灌装。

② 柱面式　利用轴向移动阀件在圆柱面上的孔道与不动部分(阀座)的孔道接通与否来切换流体通路。

如图4-32所示为柱面式单移阀结构原理图，它是利用往复式圆柱形阀芯和阀体，其上适当位置开径向孔来达到灌装阀的启闭要求。

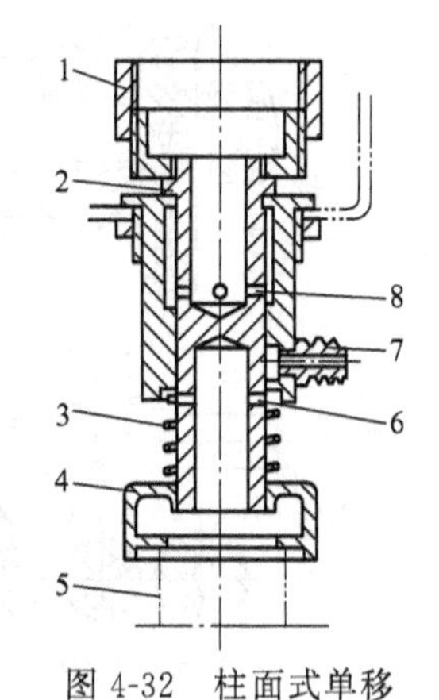

图4-32 柱面式单移阀结构原理图

1—定量杯；2—阀芯；3—弹簧；4—压盖；5—容器；6—下孔口；7—抽气孔；8—上孔口

用螺纹调节高度的定量杯1连接在阀芯2上，压盖4下无罐体时，定量杯浸没在贮液箱中，阀芯2处于起始位置，抽气孔7和上孔口8与罐体均不相通；压盖4下面有罐体时，顶定量杯1随同阀芯2上升，下孔口6对准抽气孔7，罐内气体被排出；当阀芯继续上升，定量杯1则高出液面，下孔口6离开抽气孔，与真空系统切断；同时下孔口6和上孔口8接通，液体从定量杯1流入罐体内，最后，灌装头在弹簧3的作用下，阀芯恢复到原位，完成一个工作循环。这种灌装头适用于非黏性食用液体的灌装。

（2）旋转阀

阀体中的可动构件相对于不动构件在开闭阀时作旋转或摆动，利用流道孔眼对准和错开来完成流体通路的开闭，根据相对转动面是圆柱面（或圆锥面）还是平面，又可以分成柱式（或锥式）和盘式两种形式。

① 柱式（或锥式） 此种阀其可动部分旋塞的圆柱面（或圆锥）上开有一定夹角的孔眼，它们分别与不动部分阀座的孔眼相对应。

图4-33为一种锥式旋转阀结构简图，该阀在旋塞9的不同方位开有三个通孔，凸轮转柄1控制灌装阀按灌装程序动作。当瓶子上升到与密封圈14接触后，凸轮转柄1受到碰块作用，进气管4与瓶内通气（A—A），贮液箱上部的压力气体进入瓶内完成等压过程；当凸轮转柄1转到另外的角度，旋塞关闭进气管4，接通液道6和10（B—B）及排气孔11（C—C），贮液箱中的液料在重力作用下流入瓶内，瓶内气体通过排气孔11和排气孔5排回到贮液箱上部；当瓶内液料上升到规定高度时，凸轮转柄1受到碰块作用，旋塞切断液体通道和排气通道，这时阀体下部的排气孔11和进气孔通过旋塞锥体表面纵向通道与大气接通，降低瓶内残留气体的压力；最后凸轮转柄转动关闭所有通道，并切断与大气的通路。此种阀虽简单，但无瓶时也灌装，影响灌装质量。

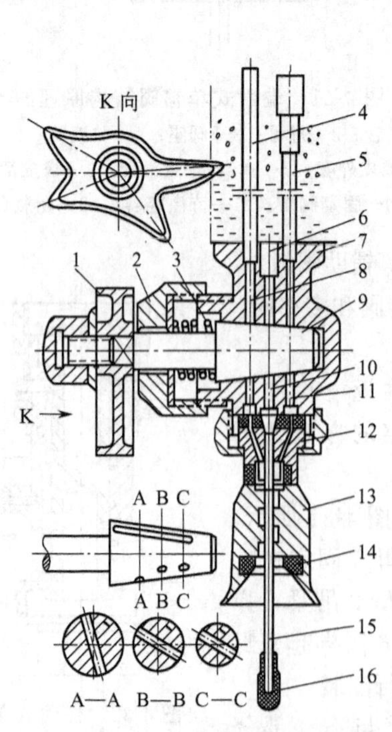

图4-33 锥式旋转阀结构简图

1—凸轮转柄；2—螺母；3—弹簧；4—进气管；5—排气管；6，10—液道；7—阀体；8—进气孔；9—旋塞；11—排气孔；12—接套；13—定位罩；14—密封圈；15—液管；16—灌装头

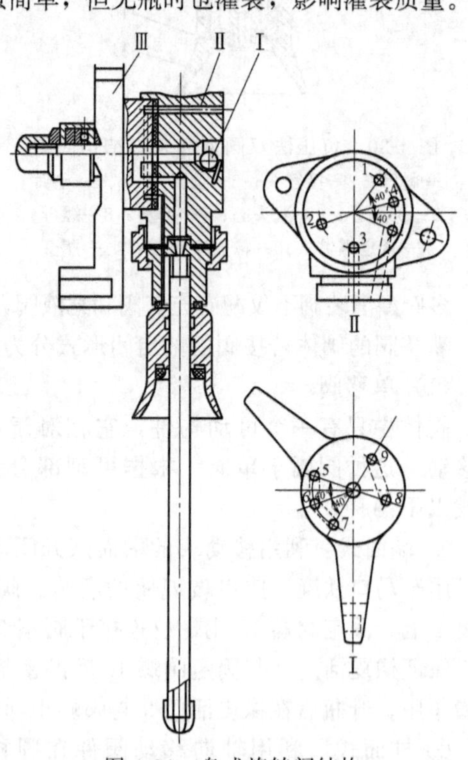

图4-34 盘式旋转阀结构

Ⅰ—钢球；Ⅱ—阀座；Ⅲ—阀盖

② 盘式　此种阀在其可动构件阀盖的端平面上开有一定夹角的孔眼，它们分别与不动构件阀座的孔眼相对应，完成灌装工艺过程。

图 4-34 为盘式等压灌装啤酒、汽水的一种旋转阀结构。阀座Ⅱ用螺钉固定在贮液箱的大转盘上，内部有两个气体孔道 1、4，还有两个液体孔道 2、3，孔道 1 与贮液箱中的气室相通，孔道 4 与灌装瓶相通，但它们彼此之间并不相通。孔道 2 与贮液箱中液室相通，孔道 3 与灌装瓶相通，它们彼此也不相通。阀盖Ⅲ套在固定于阀座中的短轴上，阀盖上有气体孔道 5、6、7 彼此相通，还有液体通道 8、9 彼此也相通，阀盖上旋爪由固定挡块拨动，使阀盖旋转，并与阀座处于不同的相对位置，从而完成灌装工艺的各个过程。

第一工作位置（充气等压）：此时阀盖由原始位置逆时针方向旋转 40°，所处的位置是阀盖上孔道 5、6 与阀座上的孔道 1、4 相对应，此时贮液箱内气室的气体由阀座上孔道 1 经过阀盖上孔道 5、6，再转入阀盖上孔道 4，并进入待灌瓶中，从而完成充气等压过程。

第二工作位置（进液回气）：此时阀盖逆时针方向旋转 40°。所处的位置是阀盖上的孔道 8、9 与阀座上的孔道 2、3 相对应，则贮液箱中的液体依靠液位差由阀座上的孔道 2，经过阀盖上的孔道 8、9 再转入阀座上的孔道 3，并进入待灌瓶中，而瓶内气体由阀座上的孔道 4，经过阀盖上的孔道 7、6，再转入阀座上的孔道 1，并排入贮液箱的气室内，从而完成进液回气过程。

第三工作位置（气、液全闭）：此时阀盖顺时针方向旋转 80°，这样阀盖上只有孔道 5、8 分别与阀座上孔道 4、2 相对应，实际上不能沟通贮液箱与待灌瓶间的气体通道和液体通道，从而使气、液道均处于关闭状态。

第四工作位置（排除余液）：此时阀盖再沿逆时针方向旋转 40°，这样又回到第一工作位置，气道中的余液由于自重流入待灌瓶中，从而完成排除余液过程，以免影响下一灌装循环的正常进行。

第五工作位置（气、液全闭）：此时阀盖再顺时针方向转 40°，这样又回到第三工作位置，也就是原始位置，从而完成一个灌装工艺循环。

另外在阀座中还装有一可游动的钢球Ⅰ，当无瓶或瓶子破裂时，由于液体流速突然增大，钢球Ⅰ则堵塞阀座上的进液孔道，从而减少了液体损失。

比较上述两种旋转阀，柱式旋转阀磨损漏液问题较难解决，故多用于黏度较高的物料，而盘式旋转阀液料在阀体内尚需迂回穿过孔眼，势必增加制造与清洗的困难，故多用于黏度较低的物料。

(3) 多移阀

阀体中有几件可动部分作直线移动以完成液路或气路的开闭，属于双阀型或多阀型。根据控制液门打开的方法，又可分成下面两种。

① 气动式　气阀在机械作用下首先打开，待瓶内充气达到与贮液箱内气相空间等压时，瓶内气压产生的

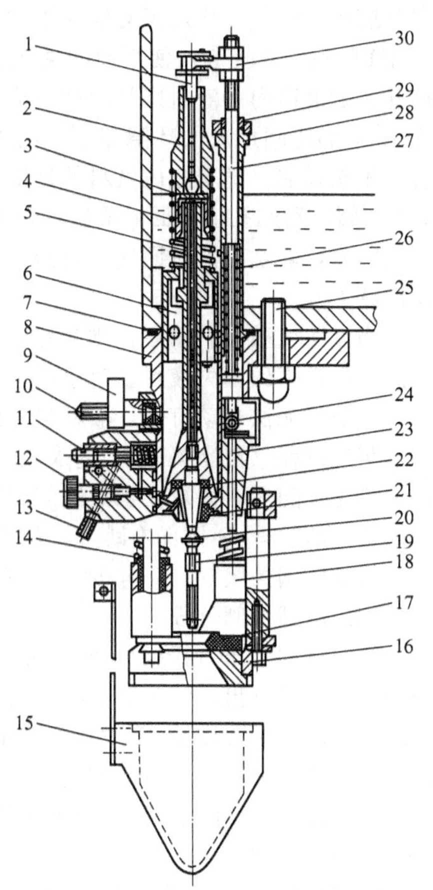

图 4-35　气动式多移阀结构简图

1—气阀；2—气阀套；3—通气胶垫；4—液阀弹簧；5—液阀；6—入液套；7—密封圈；8—阀座；9—摆角；10—关闭按钮；11—排气按钮；12—排气调节阀；13—排气嘴；14—弹簧；15—喷气护罩；16—对中罩；17—瓶口胶垫；18—升降导柱；19—回气管；20—分散罩；21—阀底胶垫；22—关阀胶垫；23—顶杆；24—跳珠；25—大螺栓；26—气阀弹簧；27—推杆；28—推杆套；29—密封胶圈；30—提气阀叉

向上作用力正好足以克服液阀的密封力，于是液阀会自动打开。

图 4-35 为用于灌装啤酒、汽水等含气饮料的气动式多移阀结构简图，阀座 8 用大螺栓 25 固定于贮液箱底部，密封圈 7 可防止漏液，在气阀 1 和通气胶垫 3 之间形成一个气门，在液阀 5 和阀座 8 底部之间形成液门，关阀胶垫 22 保证液门关闭时不漏液，在排气按钮 11 的锥形端部与胶垫之间又形成一个气门，由于两个气门和一个液门先后关闭，从而完成整个灌装工艺过程。其工作过程如下。

第一过程（充气等压）：当待灌空瓶由托瓶台顶起上升时，瓶口对准对中罩 16，接着与瓶口胶垫 17 接触并得以密封，然后顶起对中罩沿着升降导柱 18 继续上升，对中罩顶面侧边的凸台顶起顶杆 23，通过跳珠 24 将推杆 27 顶起，再通过提气阀叉 30 将气阀 1 提起，贮液箱上气室内的压缩气体则从气阀的圆周上三个凹槽通入，经过液阀 5 中心的孔道与回气管 19 进入待灌瓶内，完成充气等压过程。

第二过程（进液回气）：由于气阀 1 的提起，解除了对气阀套 2 向下的压力，同时由于待灌空瓶内已充气，增加了对液阀下端向上的压力，因此，液阀弹簧 4 则能伸张，并将与气阀套 2 相连的液阀 5 提起，使下面的关阀胶垫 22 升高并与阀座 8 内下部的环形孔口离开，液门则打开，贮液箱内的液料则从液阀下面锥端的外环缝隙经过弯曲孔道流入中部的环孔，顺着回气管 19 与阀座间形成的环隙流下，再经分散罩 20 分散成伞状，沿瓶壁四周流入，保证稳定灌装，不至冒泡，随着瓶内液料的逐渐上升，瓶内气体则从回气管的中心孔经过上端的通气胶垫 3 与气阀 1 间的孔道返回贮液缸的气室内，完成进液回气过程。为了防止液阀弹簧 4 伸张时将气门阻塞，影响进液时回气，在液阀杆中部有一凸台，当碰及入液套 6 的上孔口时，液阀则不能继续上升。

当无瓶或灌瓶时爆瓶，则对中罩因无瓶顶住而自动下降，气阀弹簧 26 压下推杆，气阀、液阀关闭，不致漏失液料。对于瓶上有孔洞的破瓶，虽然推杆并不下降，但由于瓶内始终充气不足，液门无法自动打开，液料也不致漏失。

第三过程（液满关阀）：进入瓶内的液料升至略超过回气管管口时，由于压力平衡，进液自动停止。随后，固定在贮液缸旋转轨道旁的控制曲线块碰触关闭按钮 10，装在关闭按钮尾端曲头上的跳珠 24 则向右跳开，使推杆 27 下降（但推杆下端并不与顶杆顶端接触），推杆的下降带动气阀关闭气门，同时，因气阀弹簧压力比液阀弹簧压力大，故压下液阀 5 并关闭液门，完成液满关阀过程。

第四过程（压力释放）：阀门关闭后，瓶颈内残留有压力气体，必须在瓶子下降前，将瓶颈内气压缓慢排出，以免突然降压引起大量泡沫溢出，致使容量不足，为此利用另一个固定的曲线块，碰触排气按钮 11，使瓶颈内的压缩气通过阀座下端侧面的小孔道从斜下的排气嘴 13 放出，完成压力释放过程。排气调节阀 12 可调节压力释放速度。

第五过程（排除余液）：由于瓶颈部分蕴藏的气压消除，当瓶子下降时，回气管中心小孔内残存的余液则滴入瓶内。

随着顶杆 23 的下降，跳珠 24 在关阀按钮内部弹簧（可同时受压缩和扭转）的作用下向左跳回，整个灌装阀回复到初始状态，至此，灌装过程全部完成。

为了调整瓶内液料的定量高度，回气管中部，在分散罩 20 的下面有一个凸节，用作将回气管旋入液阀内，并将关阀胶垫 22 压紧，对于不同灌装高度的瓶子，则应更换不同长度的回气管。

显然，这种阀能较好地满足含气饮料等压灌装的工艺要求，特别是采用沿壁灌装和压力释放的措施，使灌装更为稳定。但阀的结构较为复杂，增加了制造装配和调整的困难，特别是弹簧的设计和制造质量必须保证，否则很难达预定的灌装工艺要求。

② 机械式　气阀在机械作用下首先打开，过一定时间后，液阀仍在机械作用下打开。

图 4-36 为此阀的结构原理图，当待灌瓶升起并顶紧阀端密封圈 3，使下液管 2 及液阀芯 5 克服液阀弹簧 8 的弹力一起上升，与此同时，气管 14 在气阀弹簧 17 的作用下也跟随上升，致使下液管 2 的末端仍然保持与套在气管下端的胶垫 1 密封，所以尽管液阀芯 5 与液阀座 6 间的上液门已打开，但是液料并不能流出，而气管上的气孔 16 却露在气阀座 13 的外面与气室相通，以便对瓶子完成充气和抽气。一旦气管顶端碰及蝶形螺栓 18，则气管不再能上升，而瓶子由托瓶台继续顶起，则下液管 2 末端与胶垫 1 间的下液门才被打开，贮液箱内液料由气阀座 13 与液阀座 6 间的环孔，经液阀芯 5 与液阀座 6 间的锥形环隙，再经液阀芯上的液孔 9 通过下液门流入瓶内，瓶内被排挤的气体由气管返回气室，从而完成进液回气过程。

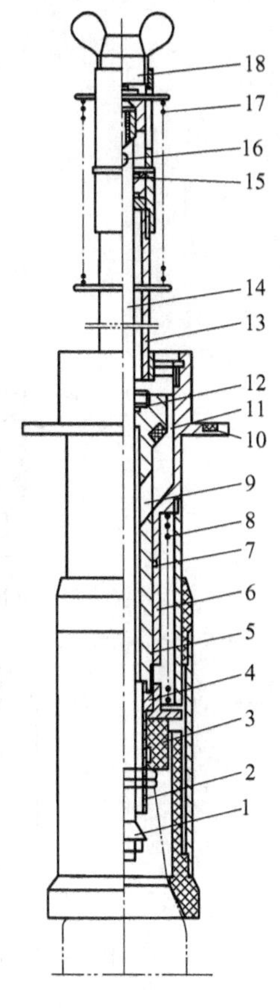

图 4-36　机械式多移阀结构原理图

1—胶垫；2—下液管；3—密封圈；4—密封圈；5—液阀芯；6—液阀座；7—O 形密封圈；8—液阀弹簧；9—液孔；10—密封圈；11—上液门胶垫；12—O 形密封圈；13—气阀座；14—气管；15—O 形密封圈；16—气孔；17—气阀弹簧；18—蝶形螺栓

2. 阀端结构

根据气体和液料进出瓶子的不同情况，灌装阀阀端的气液道布置方法可以分为两类：一类是中心管灌液，环隙回气；另一类是环隙灌液，中心管回气，前者称为长管灌装阀，后者称为短管灌装阀。

(1) 长管阀的结构特点

基本特点：见图 4-37，灌装嘴口伸入到接近瓶底的部位，灌装过程分为两个阶段：第一阶段为液料尚未到达灌装嘴口之前，属于管嘴自由出流；第二阶段在液料开始淹没灌装嘴口之后，属于管嘴淹没出流。而第二过程占灌装过程的绝大部分，此阶段中液料仅表面一层和背压气体接触，减少了氧气在液料中的溶解，但由于灌装管径受瓶口尺寸与自身结构限制，灌装流通截面较小，灌装时流量偏低。

(2) 短管阀的结构特点

特点是：灌装过程中，灌装嘴口伸入到瓶颈部位，灌装的水力过程完全是稳定的管嘴自由出流，如图 4-35 所示。在回气管上均装有分散罩，使灌装过程形成沿壁流。由于灌装管呈环隙状，浸润周边和液道截面相对圆形管大，对液流阻力相应减小，灌装易控制，呈稳定的层流。

另外，对于控制瓶内液位高度的定量方法，在设计阀端结构时还应注意使液门尽量靠近瓶口，以便瓶内液料升至回气管之后，瓶颈处气体能在较小空间内尽快被压缩，尽早达到气压平衡，同时要求出液口截面不能过大，以便液料能很快被截流，保证定量精度。

3. 阀门的启闭结构

目前灌装机的阀门开闭结构一般采用下列几种形式。

(1) 由升瓶机构进行控制

它可控制阀体中可动部分产生轴向直线移动，因此，对于单移阀及多移阀中的气阀，均可采用升瓶机构，通过待灌瓶的升降来开闭，如图 4-35 所示。对于机械式多移阀中的液阀亦可采用升瓶机构分两次升瓶法来控制打开，这种形式无需另外增加控制机构，且能保证无瓶不灌装，但在多移阀中，要由下面的升瓶机构首先打开位于上端的气阀，结构上尚需精心设计。

(2) 由固定挡块进行控制

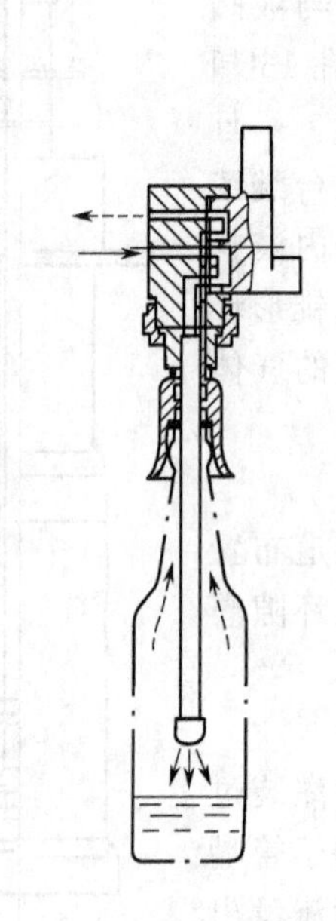

图 4-37　长管灌装阀

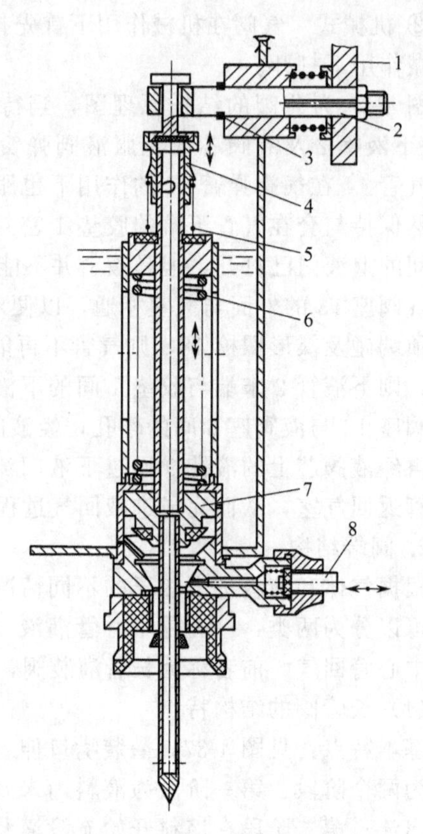

图 4-38　由固定挡块与拨叉启闭阀门的结构简图

1—拨叉；2—摆杆；3—密封垫片；4—气阀；5—气阀弹簧；6—弹簧；7—液阀；8—排气阀

它可控制阀体中可动部分产生回转摆动或径向、轴向的直线移动，因此，对旋转阀一般均采用灌装机转盘旋转轨道旁的固定挡块来控制阀门的开闭，如图 4-34 所示；对于压力法的单移阀也可采用固定挡块来控制；对于多移阀中压力释放等径向移动的阀门，亦要采用固定挡板来控制。为了防止无瓶时液阀仍然打开出现漏液，有时就需另外采用气动、电动或机械的自控方法；一旦升瓶台无瓶时，则要使固定挡块对相应的灌装阀不起作用，避免产生漏液现象。

(3) 由固定挡块及回转拨叉进行控制

利用固定挡块拨动回转拨叉摆动，再由拨叉带动阀体中可动部分做直线移动。如图 4-38 所示，拨叉 1 装在贮液箱外面，在运转中由固定挡块（图中未画出）拨动，使摆杆 2 向上抬起，以打开气阀 4。待瓶内充气等压后，液阀 7 下端所受气压增加，以致压缩弹簧 6 能克服自重及其上部所受的液体压力而自动打开液门。液料装满后，拨叉受另一固定挡块控制反转让气门和液门都关上。接着，借另一固定挡块将排气阀 8 打开。最后降瓶，完成灌装全过程。

(4) 利用瓶内充气压力进行控制

当待灌瓶中的气压达到与贮液箱内的背压相等时，液阀弹簧自动打开液门，完成灌装，此种阀的优点是不仅能保证碎瓶时不漏液，还能保证瓶上有孔洞的破瓶及充气不足时不漏液，使灌装能够稳定进行。但其缺点是对阀门封闭弹簧的设计制造精度有较高的要求。

4. 阀门的密封结构

灌装阀是安装在流体通路上的开关，必须保证不向外漏气和漏液。因此在阀门开闭处的接触面，可动部分相对于不动部分的运动面，以及安装于贮液箱上的接合面和压紧于瓶口上的接触面等都有一个选择何种密封防漏的结构问题，但大致可归纳为平面及圆柱面间的两大类问题。

(1) 接触平面的密封

在灌装阀中一般采用密封材料进行压紧密封，这种密封形式容易保证防漏，只需改变压紧力就能改变密封力以及磨损后的重新密封，故使用寿命较长，安全可靠。如图 4-35 所示的气动多移阀，在气阀 1、液阀 5 的阀门处均有胶垫，并靠气阀弹簧 26、液阀弹簧 4 保证密封；在阀端与瓶口接触处靠阀底胶垫 21，并靠升瓶弹簧保证灌装时瓶口的密封；在凸缘装于贮液箱处也有密封圈 7 并靠大螺栓 25 压紧密封。

(2) 相对运动圆柱面的密封

在灌装阀中一般采用密封材料进行自封型密封，所谓自封型密封是将密封材料于压紧时形成适当的预压紧量，借助材料的反弹力压紧密封面而起密封作用的。这种密封形式运动磨损后容易产生泄漏。假若预紧力过大，又要增加运动过程中的摩擦阻力，相应的也就增加了磨损的速度，泄漏后只得更换密封材料。如图 4-36 所示，在气管 14 与气阀座 13 相对运动圆柱面间，为防止气阀关闭时漏气，在气孔 16 的上下两端均装有 O 形密封圈，在液阀芯 5 与液阀座 6 之间也装有 O 形密封圈。

第四节　灌装阀的设计

一、灌装阀设计的一般步骤

1. 拟定结构方案

(1) 确定阀体中阀门的数目

根据选定的灌装方法及其相应的工艺过程，确定液室、气室和容器之间所需的阀门数目及其相对位置。对于预抽真空阀的结构（预抽真空即先抽取待灌瓶内约 90%的原有空气，然后再充入其他气体进行等压灌装），除需设一个液门外，尚需设三个气门。即一个用于充气及回气的气门，处于靠近贮液箱气室的位置；一个用于预抽真空的气门及一个用于压力释放的气门，均处于靠近阀端与瓶颈相连的位置。

对于三室长管阀的结构，除需设一个液门外，也需设三个气门。即一个用于充气的阀门，一个用于加速排气、实现快速罐装的气门，一个用于压力释放的气门，它们均应处于靠近阀端与瓶颈相连的位置。

(2) 确定阀体的结构布局

根据阀门的启闭形式，确定阀体的可动构件与不可动构件的结构布局，以及作相对运动表面之间的密封形式。

比较而言，移动阀特别是平面密封结构容易实现弹簧的压紧密封。由于流道截面大，弯路少，零件的结构形状亦较简单，故有利于提高灌装速度，且便于清洗。但其零件数量偏多，而且密封弹簧一旦失效，灌装就难以进行。而旋转阀的零件数目少，有一定的可靠性，但难以保证破瓶不灌装，特别是采用密封面的密封结构，密封材料磨损后无法进行补偿，只得重新更换，容易产生泄漏现象，故应用不广泛。

(3) 确定阀端的结构布局

根据灌装液体的工艺要求，可确定长管或短管的阀端结构。长管结构的中心管插入靠近瓶底用于进液，如三室长管阀。而短管结构的中心管插到瓶颈部位，用于充气或排气，如预抽真空阀。另外，为了保证定量精度及稳定出流等，还必须合理布局阀端的某些结构要素。如图4-35所示的短管结构的阀端结构，回气管19和液阀5采用了可调的螺纹连接方式，阀底胶垫21与阀座8之间所构成的液门尽量靠近阀端，有助于提高定量精度。灌装时气管的分散罩20恰好位于液料进入瓶颈的部位，在分流圈上方还采用一个倒圆台形环隙，而且阀座呈凹环状，这样就可避免液门被打开后产生偏流现象。

(4) 启闭阀门的结构形式

阀门的启闭结构，应根据阀门在阀体中所处的位置及其启闭运动方式适当选择。

2. 计算流道基本参数

由初定的结构尺寸，再准确计算灌装阀出流界面的流速，使其尽量形成稳定的层流。据此求得所需的灌装时间，进而考虑灌装机的主轴转速及灌装区所占角度，校核并修正所设计的阀，使之符合给定的生产能力。只有满足了这些要求，才能最后确定灌装阀的结构尺寸，绘制图纸。

二、灌装阀流道的工艺计算

1. 阀端孔口流量的计算

经过灌装阀孔口出流的液料体积流量为：

$$V=u_0A_0 \tag{4-39}$$

式中 u_0——孔中截面上液料的流速，m/s；

A_0——孔口的流通截面积，m^2。

液料流速 u_0 可以由孔口截面及贮液箱（或定量杯）中自由液面间列伯努利方程式求得

$$Z_1+\frac{u_1^2}{2g}+\frac{p_1}{\rho g}=Z_0+\frac{u_0^2}{2g}+\frac{p_0}{\rho g}+\sum h \tag{4-40}$$

设贮液箱（或定量杯）液面的表面积为 A_1，u_1 为灌装时其自由液面的液料流速，根据液体流动的连续性方程式，可将 u_1 折算成 u_0，而阻力损失 $\sum h$ 也可写成用 u_0 表达的一般形式，则上式可改写成为：

$$Z_1+\frac{p_1}{\gamma}+\frac{(A_0u_0/A_1)^2}{2g}=Z_0+\frac{p_0}{\gamma}+\frac{u_0^2}{2g}+\left(\sum k\lambda\frac{L}{d}+\sum k\xi\right)\frac{u_0^2}{2g} \tag{4-41}$$

即：

$$\left[1+\left(\sum k\lambda\frac{L}{d}+\sum k\xi\right)-k_1\right]\frac{u_0^2}{2g}=(Z_1-Z_0)+\frac{p_1-p_0}{\gamma} \tag{4-42}$$

式中 A_1——贮液箱（或定量杯）自由液面的面积；

$k_1=\left(\frac{A_0}{A_1}\right)^2$——贮液箱（或定量杯）自由液面的速度折算系数，对于贮液箱情况因自由面积较大，故可取 $k_1\approx0$；

$k=\left(\frac{A_0}{A}\right)^2$——从自由液面至灌装嘴口截面之间，因通流截面积不同，各段流道的速度折算系数；

$\sum k\lambda\frac{L}{d}$——各段直管阻力系数之和；

$\sum k\xi$——各种局部阻力系数之和；

ρ、γ——分别为液料的密度、重度。

由此可求得孔口截面上液料的流速为

$$u_0=\frac{1}{\sqrt{1+\left(\sum k\lambda\frac{L}{d}+\sum k\xi\right)-k_1}}\times\sqrt{2g\left[(Z_1-Z_0)+\frac{p_1-p_0}{\gamma}\right]} \tag{4-43}$$

因此经孔口出流的液料流量为：

$$V=u_0A_0=\frac{1}{\sqrt{1+\left(\sum k\lambda\frac{L}{d}+\sum k\xi-k_1\right)}}\times A_0\sqrt{2g\left[(Z_1-Z_0)+\frac{p_1-p_0}{\gamma}\right]}$$

$$=CA_0\sqrt{2g\left(\Delta Z+\frac{\Delta p}{\gamma}\right)}=CA_0\sqrt{2gY} \tag{4-44}$$

式中　C——灌装阀中液道的流量系数；

Y——孔口截面上的有效压头（包括静压头与位压头）。

由上式可见，液料体积流量主要是三个参数的函数，这三个参数为：液道流量系数 C，孔口截面积 A_0，孔口截面上有效压头 Y，现分别讨论如下。

（1）流量系数 C

它实际上就是液料流经灌装阀中液道所受的阻力损失系数，显然，阀中流道阻力越小，C 值越大，但 C 值恒小于 1。

流量系数 C 可通过计算来确定。当阀的结构及操作条件确定后，其各段阻力系数均可查表获得，但由于灌装阀中各个局部阻力之间距离很近，在两个阻力之间很难形成一段变流，而且相互之间容易干扰，结果使流量系数降低，所以应予以修正，其修正系数 ε 一般建议取 0.77～0.87，由此：

$$C=\varepsilon\times\frac{1}{\sqrt{1+\left(\sum k\lambda\frac{L}{d}+\sum k_i\xi\right)-k_1}} \tag{4-45}$$

为了计算时参考，表 4-1 列出了在 20℃时几种食用液料的主要水力特性参数。

表 4-1　几种食用液料的主要特性参数

液料名称	汽　水	啤　　酒	白　酒	果　酒	牛　奶
密度 ρ(kg/m³)	1.025×10^3	$(1.1027\sim1.0138)\times10^3$	0.993×10^3	1.012×10^3	1.029×10^3
黏度 μ/Pa·s	1.140×10^{-3}	$(1.533\sim1.449)\times10^{-3}$	2.806×10^{-3}	2.106×10^{-3}	1.790×10^{-3}

流量系数 C 的另一种确定方法是实验法。一般参照现有同类型灌装机的运转条件测定上述液料流量计算公式中 A_0、Y、V 的数值（V 可由测定的灌装时间 T_L 间接计算求得），然后按公式就很容易求得该阀液道的流量系数 C。

（2）阀口流通截面积 A_0

在瓶口尺寸允许的情况下应尽量取大值，当截面积相同时，还应尽量增大水力半径，有利于减小局部损失，增大流量，减少灌装时间。

所谓水力半径是指通流口的通流面积与润湿周边之比，即：

$$R=\frac{A}{L} \tag{4-46}$$

式中　A——通流面积；

L——润湿周边长度。

对于圆形孔口：
$$R=\frac{\pi d^2}{4\pi d}=0.25d$$

正方形孔口：
$$R=\frac{a^2}{4a}=0.25a$$

矩形孔口：
$$R=\frac{ab}{2(a+b)}$$

环形孔口：
$$R=\frac{D^2-d^2}{4(D+d)}$$

由此可见，以圆形和正方形的水力半径最大，矩形次之，环形最小。

但从灌装的稳定性看，应尽量增大截面上的润湿周边长度，从而减小水力半径，使雷诺系数 Re 减小，液料流动会更加稳定。所以圆形管适合于输液道，而环形孔口适合于灌装阀孔口。

（3）孔口截面上有效压头 Y

它包括两项，一项是孔口截面上的静压头 $\frac{\Delta p}{\gamma}$，它除受自由出流还是淹没出流的影响外（自由出流时为常数，淹没出流时随淹没高度的变化而变化）。主要取决于贮液箱和瓶内气相的压力差，在常压法和等压法以及依靠自重的真空阀中，气相压力差基本上为零（不考虑排气道的阻力）；在依靠压差灌装的真空阀中，气相压力差应大于零，若提高灌装速度应取大值，但必须保证灌装时贮液箱内的液料及瓶内顶隙处的余液不被真空泵抽走；另一项是孔口截面上的位压头 ΔZ，它除了受控制液位高度定量还是定量杯定量的影响外（控制液位高度定量时为常数，定量杯定量时随定量杯内液位的变化而变化），主要取决于贮液箱内自由液面至灌装阀孔口截面间的高度 Z_1。

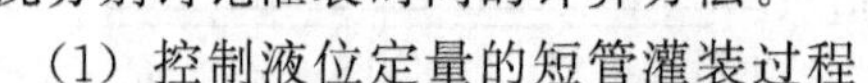

2. 灌装时间的计算

定量方法和灌装阀管口伸进瓶内位置的不同对灌装时间影响亦不同，大体上可以下列几种情况分别讨论灌装时间的计算方法。

（1）控制液位定量的短管灌装过程

如图 4-39，若管口伸进瓶颈部分，贮液箱内液位保持不变，贮液箱与待灌瓶内气相空间的压力也基本不变，则该灌装过程属于稳定的管嘴自由出流，亦即液料体积流量是个常量。

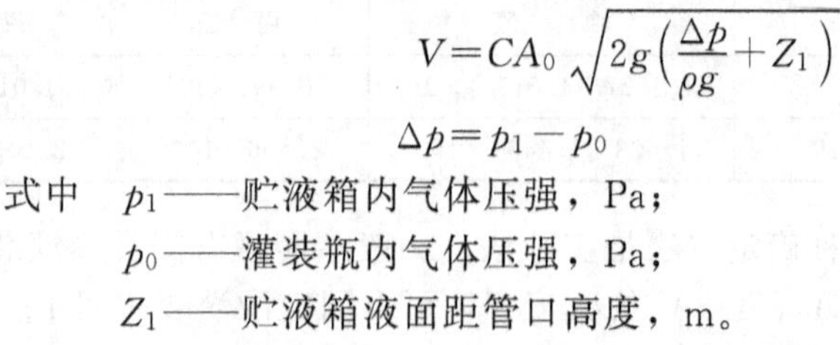

图 4-39　液位定量的短管灌液过程

$$V=CA_0\sqrt{2g\left(\frac{\Delta p}{\rho g}+Z_1\right)}$$

$$\Delta p=p_1-p_0$$

式中　p_1——贮液箱内气体压强，Pa；

p_0——灌装瓶内气体压强，Pa；

Z_1——贮液箱液面距管口高度，m。

设料瓶的定量容积为 V_0（m^3），则所需灌装时间为：

$$t_l=\frac{V_0}{V} \tag{4-47}$$

由式可见，只有增大 V 才能提高灌装机的生产能力，而 V 的增加，又在于参数 C、A_0、Δp 和 Z_1，但在增大参数 C、Δp 和 Z_1 的同时，应考虑导致液料流速的提高，这将对灌装的稳定进行不利，而 A_0 的提高除应考虑瓶口尺寸的限制外，还应考虑当液位升至回气管后，能否及时达到定量精度。

（2）控制液位定量的长管灌装过程

如图 4-40 所示，整个灌装时间应包括淹没管嘴前、后两部分时间的和，即 $t=t_{l_1}+t_{l_2}$，前段为稳定的自由出流，此阶段的灌装时间 t_{l_1} 参阅式(4-47) 计算。后段为不稳定的管嘴淹没出流，即孔口截面上的静压头是流经该截面的液料流量 V 的函数。

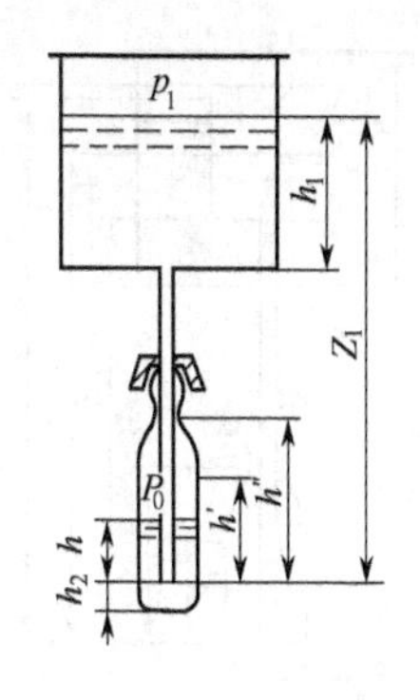

图 4-40 控制液位定量长管灌装

对于瓶的内腔截面积 F_b，当液料在瓶内淹没管嘴孔口高度为 h 时，其瞬时流量为：

$$V=\frac{F_b\,\mathrm{d}h}{\mathrm{d}t}=CA_0\sqrt{2g\left(\frac{\Delta p}{\rho g}+Z_1-h\right)} \tag{4-48}$$

一般瓶体部分为截面积不变的圆柱体（令为 F_{b1}），而瓶颈部分的截面积（令为 F_{b2}）随瓶的高度而变化，因此，灌液时间也应分两部分来求积分。

从开始淹没管嘴孔口至瓶内灌满定量液料为止所需灌液时间应为：

$$t_{l_2}=\int_0^{h'}\frac{F_{b1}\,\mathrm{d}h}{V}+\int_{h'}^{h''}\frac{F_{b2}\,\mathrm{d}h}{V}$$

$$=\frac{2F_{b1}}{CA_0\sqrt{2g}}\left(\sqrt{\frac{\Delta p}{\rho g}+Z_1}-\sqrt{\frac{\Delta p}{\rho g}+Z_1-h'}\right)+\frac{1}{CA_0\sqrt{2g}}\sum_{i=1}^{n}\frac{V_i}{\sqrt{\frac{\Delta p}{\rho g}+Z_1-h_i}} \tag{4-49}$$

式中 h'——瓶体部分离开管嘴孔口的最大高度；

h''——瓶颈部分灌满定量液料后离开管嘴孔口的最大高度；

h_i——对应于瓶颈部分所分割的容积 V_i 中液料离开管嘴孔口的平均高度；

$\mathrm{d}h$——瓶内液料高度的微小增量。

(3) 定量杯定量的短管灌装过程

如图 4-41，对于定量杯定量法，若灌装嘴口伸入在瓶颈部分，由于定量杯内液位在灌装过程中逐渐降低，因此，液体流动速度也会随时间相应减慢，故灌装过程属于不稳定的管嘴自由出流情况。即液料体积流量 V 是变量，它是孔口截面压头的函数。当定量杯内液料降至任意位置时，流经管嘴孔口的液料瞬时流量为：

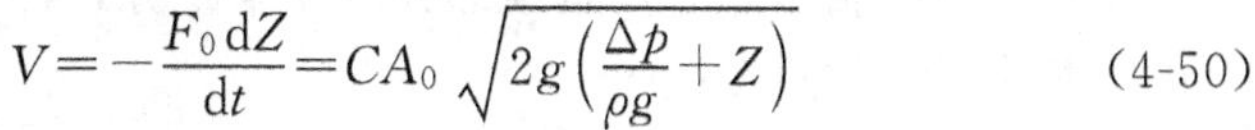

$$V=-\frac{F_0\,\mathrm{d}Z}{\mathrm{d}t}=CA_0\sqrt{2g\left(\frac{\Delta p}{\rho g}+Z\right)} \tag{4-50}$$

式中 F_0——定量杯的截面积；

$\mathrm{d}Z$——定量杯液料高度的微小增量；

$\mathrm{d}t$——对应于增量 $F_0\mathrm{d}Z$ 的时间。

式中负号表明定量杯内液料高度是随时间增长而减少的，由此可得：

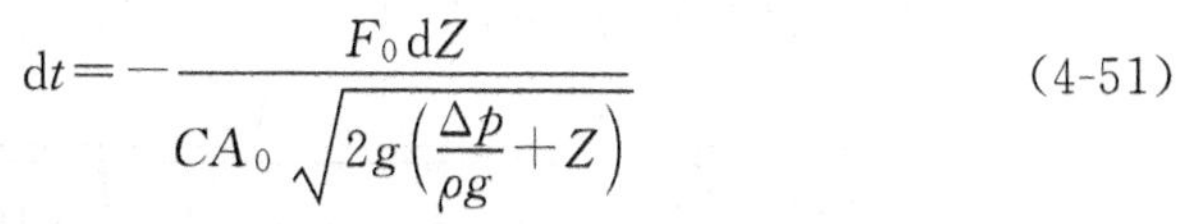

$$\mathrm{d}t=-\frac{F_0\,\mathrm{d}Z}{CA_0\sqrt{2g\left(\frac{\Delta p}{\rho g}+Z\right)}} \tag{4-51}$$

图 4-41 定量杯定量的短管灌装过程

定量杯内液料全部注入瓶内所需灌液时间应为：

$$t_l=-\int_{Z_1}^{Z_2}\frac{F_0\,\mathrm{d}Z}{CA_0\sqrt{2g\left(\frac{\Delta p}{\rho g}+Z\right)}}=\frac{2F_0}{CA_0\sqrt{2g}}\left(\sqrt{\frac{\Delta p}{\rho g}+Z_1}-\sqrt{\frac{\Delta p}{\rho g}+Z_2}\right) \tag{4-52}$$

式中 Z_1——定量杯内充满液料时距管嘴孔口的高度；

Z_2——定量杯流完液料时距管嘴孔口的高度。

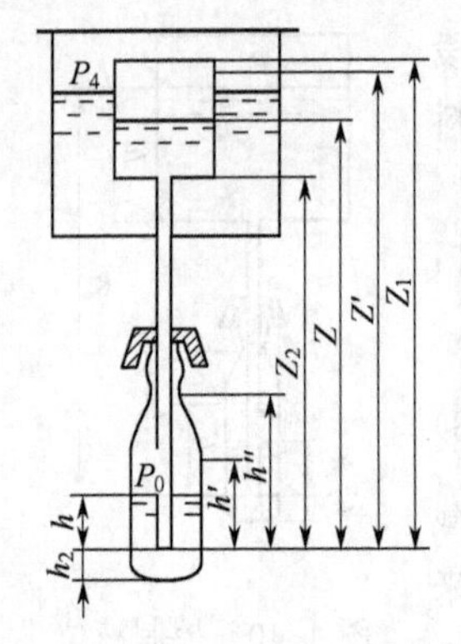

图 4-42 定量杯定量的长管灌装过程

(4) 定量杯定量的长管灌装过程

如图 4-42 所示，若灌装嘴口伸入在接近瓶底，那么，灌装过程也分两步：第一步在液料尚未灌至灌装嘴口之前，属于不稳定的管嘴自由出流情况，其灌装时间 t_{l_1} 的计算方法前面已述；第二步液料已淹没嘴口之后，属于不稳定的管嘴淹没出流情况，其液料流量 V 是孔口截面上的位压头和静压头两个参数的函数，而其位压头和静压头均是变化的，故液料流量当然也是变化的。

当液料在瓶内淹没管嘴孔口高度 h 时，相应定量杯的液料高度为 Z，这时流经管嘴孔口的瞬时流量为：

$$V=\frac{F_b\mathrm{d}h}{\mathrm{d}t}=CA_0\sqrt{2g\left(\frac{\Delta p}{\rho g}+Z-h\right)} \tag{4-53}$$

欲解上式必须首先求出两个变量 h 和 Z 的关系。

因

$$F_0\mathrm{d}Z=-F_b\mathrm{d}h \tag{4-54}$$

式中 F_0——定量杯的横截面积；

F_b——瓶内腔的横截面积。

两边积分解得：

$$Z=-\frac{F_bh}{F_0}+C$$

积分常数 C 可由初始条件求得，当液料刚淹没管嘴口，即 $h=0$ 时，相应定量杯内液料高度为 Z'，故 $C=Z'$。又设定量杯内充满液料时期液面离开管嘴孔口的距离为 Z_1，管嘴孔口离瓶底的距离为 h_2，由上式得：$Z'=Z_1-\frac{F_b}{F_0}h_2$。

在上述瞬时流量公式(4-53) 中，将变量 Z 用变量 h 转换后可得：

$$V=\frac{F_b\mathrm{d}h}{\mathrm{d}t}=CA_0\sqrt{2g\left[\frac{\Delta p}{\rho g}+Z'-\left(\frac{1+F_b}{F_0}\right)h\right]} \tag{4-55}$$

同样，要按瓶体部分及瓶颈部分两段来积分，得到开始淹没管嘴孔口至瓶内灌满定量液料为止所需的灌装时间为：

$$\begin{aligned}t_{l_2}&=\int_0^{h'}\frac{F_{b1}\mathrm{d}h}{CA_0\sqrt{2g\left[\frac{\Delta p}{\rho g}+Z'-\left(1+\frac{F_{b1}}{F_0}\right)h\right]}}+\int_{h'}^{h''}\frac{F_{b2}\mathrm{d}h}{CA_0\sqrt{2g\left[\frac{\Delta p}{\rho g}+Z'-\left(1+\frac{F_{b2}}{F_0}\right)h\right]}}\\&=\frac{2F_{b1}}{CA_0\left(1+\frac{F_{b1}}{F_0}\right)\sqrt{2g}}\left[\sqrt{\frac{\Delta p}{\rho g}+Z'}-\sqrt{\frac{\Delta p}{\rho g}+Z'-\left(1+\frac{F_{b1}}{F_0}\right)h'}\right]\\&\quad+\frac{1}{CA_0\sqrt{2g}}\sum_{i=1}^{n}\frac{V_i}{\sqrt{\frac{\Delta p}{\rho g}+Z'-\left(1+\frac{F_{bi}}{F_0}\right)h_i}}\end{aligned} \tag{4-56}$$

同理，每瓶所需的灌装时间： $t_l=t_{l_1}+t_{l_2}$

3. 充气或抽气时间的计算

对于常压法，其灌装时间即为灌液时间，而对于等压法或真空法，其灌装所需时间应为灌液时间与充气等压或抽气时间两项之和。

(1) 充气等压时间

当空瓶上升至灌装阀的瓶口且接触并密封时，瓶内开始充气，直至与贮液箱液面上的气压相等为止，从流体力学可知，这一过程是容器内（即贮液箱内气相空间）的气体经收缩形管嘴的外射流动，因为充气的气道在灌装阀的内部，且充气的时间很短，故可把充气过程近似看成是没有摩擦损失的绝热过程（或叫等熵过程）。

由气体绝热过程方程式可知

$$p_0 V_b^K = p_1 V_1^K \tag{4-57}$$

式中　p_0——充气前瓶内的气压（即为大气压），Pa；

p_1——充气后瓶内气压（即为贮液箱内压力），Pa；

V_b——瓶内原有气体的容积（即空瓶的容积），m^3；

V_1——瓶内气压增高至 p_1 时，原有气体被压缩成的容积；

K——绝热指数，对于空气 $K=1.4$。

因此，对于一只瓶充气进入的气体容积为 $\Delta V=V_b-V_1$，充气等压所需时间：

$$t_g=\frac{\rho_1(V_b-V_1)}{W_g} \tag{4-58}$$

由绝热过程方程式可知　　$\rho_1=\rho_0\left(\frac{p_1}{p_0}\right)^{\frac{1}{K}}$

上两式中　ρ_0、ρ_1——对应于气压为 p_0、p_1 时，瓶内气体的密度，kg/m^3；

W_g——向瓶内充气过程中，流经气道孔口截面上的气体平均质量流量，kg/s。

显然，气体的质量流量是一个变量，这是因为瓶内气压是由 p_0 不断变化为 p_1，随着瓶内瞬时气压的不同，就有不同的瞬时值，即气体的质量流量是瞬时气压的函数。

根据气体绝热过程的柏努利方程式，列出贮液箱与气道孔口截面的能量方程：

$$\frac{K}{K-1}\times\frac{p_1}{\rho_1 g}+\frac{u_1^2}{2g}=\frac{K}{K-1}\times\frac{p_{0t}}{\rho_{0t}g}+\frac{u_{0t}^2}{2g} \tag{4-59}$$

式中，u_1 为贮液箱气相空间的气体流速，可近似认为 $u_1\approx 0$；p_{0t}、ρ_{0t}、u_{0t} 分别为某瞬时瓶内气体的气压、空气的密度及灌装阀气道孔口的气体流速。由上式可求得：

$$u_{0t}=\sqrt{\frac{2K}{K-1}\times\frac{p_1}{\rho_1}\left[1-\left(\frac{p_{0t}}{p_1}\right)^{\frac{K-1}{K}}\right]} \tag{4-60}$$

令 $\beta=\frac{p_{0t}}{p_1}$ 为瞬时压力比，则气体经孔口射出的瞬时质量流量为：

$$W_{gt}=A_g\rho_{0t}u_{0t}=A_g\sqrt{\frac{2K}{K-1}p_1\rho_1}\beta^{\frac{1}{K}}\sqrt{1-\beta^{\frac{K-1}{K}}} \tag{4-61}$$

式中　A_g——灌装阀气道孔口的截面积。

由上式可做出 W_{gt}-β 线图，如图 4-43 所示，图中 β_r 称为临界压力比，由 $\frac{dW_{gt}}{d\beta}=0$ 可求得 $\beta_r=\left(\frac{2}{K+1}\right)^{\frac{K}{K-1}}$。对于空气 $\beta_r=0.53$，对应 W_{gr} 为极限喷射量。图中虚曲线是根据上面公式计算绘制的，实际上，由实验测得，当 $\beta<\beta_r$ 时，气流为超音速，这时流量保持不变，故应为过 M 点的一条水平线。

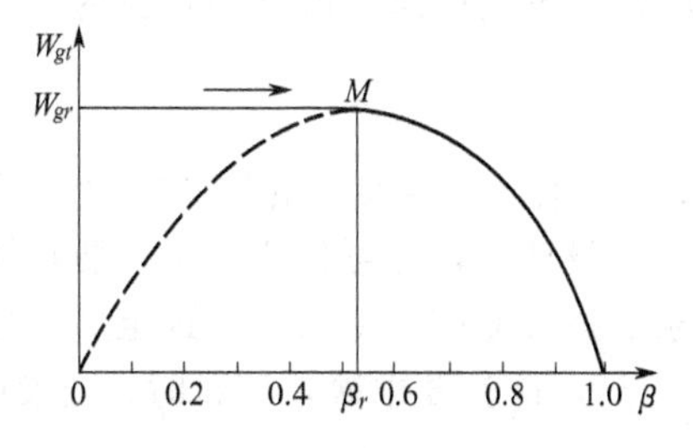

图 4-43　气体绝热过程流量与压力比的变化曲线

由 W_{gt}-β 曲线图经过定积分，就可求出充气过程中的气体平均质量流量为：

$$\begin{aligned}W_g&=\frac{\int_{\beta_{min}}^{\beta_{max}}W_{gt}\,d\beta}{\beta_{max}-\beta_{min}}\\&=\frac{1}{\beta_{max}-\beta_{min}}\left[W_{gr}(\beta_r-\beta_{min})+\int_{\beta_r}^{\beta_{max}}W_{gt}\,d\beta\right]\end{aligned} \tag{4-62}$$

式中，$\beta_{max}=1$，$\beta_{min}=\frac{p_0}{p_1}$。

以上计算忽略了气道阻力的影响，计算中又取的是平均质量流量，故存在一定误差。根据实验资料，建议取充气等压时间为0.5～1s左右。

(2) 抽气时间

对于负压法灌装而言，灌液前瓶内要形成一定的负压，气压必须由原有的 p_0 降低为 p_1，则瓶内原有空气的体积 V_b 将膨胀为 V_1，且部分的气体不断被抽走，温度基本保持不变，因此这一过程近似看成是等温过程，由气体等温过程方程式求得：

$$V_1=V_b\frac{p_0}{p_1} \tag{4-63}$$

体积增大部分的空气即为必须抽走的空气量，所以抽气真空的时间应为：

$$t_g=\frac{\rho_1(V_1-V_b)}{W_g}=\frac{V_b\rho_0\left(1-\frac{p_1}{p_0}\right)}{W_g} \tag{4-64}$$

式中，W_g 为真空泵平均分配在每头灌装阀上的抽气速率。

W_g 应由真空泵的抽气速率 W_z 减去真空系统的空气泄漏量 W' 以及液料中溶解空气逸出量 W''，再除以灌装机的头数 j 而求得，即：

$$W_g=\frac{1}{j}(W_z-W'-W'') \tag{4-65}$$

W' 的值一般可由表4-2估算。

表4-2 真空系统的空气泄漏量

真空度/mmHg	200～375	125～200	75～125	25～75
空气泄漏量/(kg/h)	13.6～18.0	11.3～13.6	9.1～11.3	4.5～9.1

注：1mmHg=133.322Pa。

被灌装液料中原来所溶解的空气，由于抽成一定真空，溶解量则有所减少，简单估算时，可参考标准大气压下，温度20℃时每立方米水中溶解 2.5×10^{-2} kg 空气来计算，因此单位时间内由液料中逸出的空气量应为：

$$W''=\frac{2.5\times10^{-2}QV_b}{3600} \tag{4-66}$$

式中 Q——灌装机的生产能力，瓶/h。

设计时，亦可先假定每只瓶在抽气真空阶段所需的时间，然后根据上面几个公式估算真空泵的抽气速率，待泵型号选定后，校核瓶在进液回气阶段能否保证瓶内始终维持已形成的真空度 p_1，这就要求灌入液料时，要及时抽出与 p_1 相对应的同体积空气，即要求：

$$W_g\geqslant\frac{V_bp_1}{t_l}=\frac{V_b\rho_0p_1}{t_lp_0}=[W_g] \tag{4-67}$$

假若不能满足上面不等式，则需重新选择 W_g 或者设法改变 t_l。

4. 生产能力的计算

旋转型的自动灌装机的生产能力可用下式计算：

$$Q=60nj \tag{4-68}$$

式中 j——灌装机头数；

n——灌装台的转速，r/min。

由上式可见，要提高灌装机的生产能力就必须增加头数 j 和转速 n。如果采用增大灌装机

的头数 j 来提高生产率，灌装机的旋转台直径就要相应增大，这不仅使机器庞大，而且在旋转台转速一定的情况下，还必须考虑离心力的影响，即瓶托上的瓶子在尚未升瓶压紧灌装阀之前以及在灌满液料降瓶离开灌装阀之后，其绕主轴旋转时产生的离心力都必须小于瓶子与瓶托之间的摩擦力，否则瓶子将会被抛出托瓶台，从而影响正常操作，由此可得灌装头中心到立轴中心的距离，必须满足下列不等式：

$$R \leqslant \frac{900gf}{\pi^2 n^2} \tag{4-69}$$

式中　f——瓶与托瓶台间的摩擦系数。

如果采用提高主轴的转速 n 来提高生产率，除同样需要考虑离心力的影响外，必须保证有足够的灌装时间，使得瓶子在限定的灌装区内能够达到定量灌装的要求。

主轴旋转一周即灌装机完成一个工作循环所需时间为：

$$T = \frac{60}{n} \tag{4-70}$$

在完成一个工作循环的时间内必须包括下列几个部分：

$$T = T_1 + T_2 + T_2' + T_3 + T_3' + T_4 \tag{4-71}$$

如图 4-44 所示，其中 T_1 为进出瓶之间的无瓶区所占去的时间，无瓶区的大小由进瓶、出瓶拨轮的结构所决定，显然，拨轮取得越大，进出瓶越稳，但所占无瓶区的角度相应也要增大。T_2、T_2' 为升瓶、降瓶所占去的时间，它们除应考虑升瓶前、降瓶后尚需稍为稳定的时间外，同时还应考虑升降瓶凸轮所允许的压力角，参照机械原理的有关知识，瓶托上升时为工作行程，许用压力角 $[\alpha] \leqslant 30°$。瓶托下降时为空行程，许用压力角 $[\alpha] \leqslant 70°$。若所选罐装头数较少，则总体结构和托瓶凸轮相应减小，为满足上述要求，则其所对应的区间就要增大，结果往往会影响其他区间的合理安排。所以要尽量选择短管罐装，以减少升降瓶的行程，从而减少升降瓶区。T_3、T_3' 为开阀、关阀区所占的时间，这与灌装阀的结构形式和开闭方法有关系，一般旋转阀较移动阀开启所需时间长些，利用固定挡块开闭较之利用瓶子本身升降开闭所需时间长些，一般根据阀的生产情况，选择时间为 0.5～1s 左右。T_4 为灌装区所占时间，它必须保证定量灌装足够的需要。

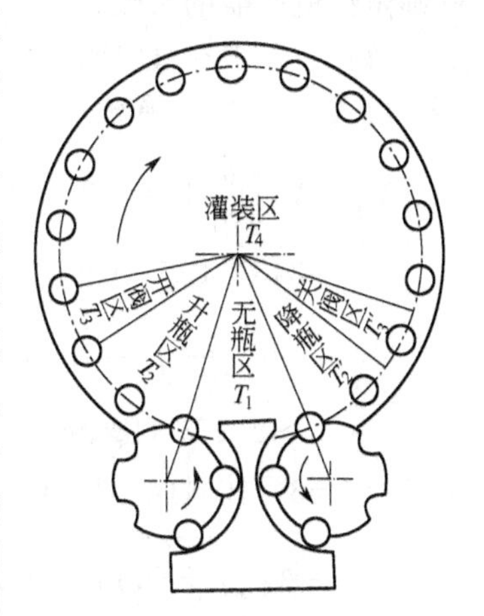

图 4-44　旋转型灌装机的工作循环图

因此，确定主轴转速 n 的关键是必须保证转盘上灌装区所占时间 T_4 大于工艺上所需时间，依照前设符号，对常压法可取：

$$T_4 \geqslant t_l \tag{4-72}$$

对等压法、真空法可取：

$$T_4 \geqslant t_l + t_g \tag{4-73}$$

令灌装区所占角度为 α_4，则主轴转速 n 应为：

$$n = \frac{60}{T} = \frac{60\alpha_4}{360° T_4} = \frac{\alpha_4}{6° T_4} \tag{4-74}$$

对于定量杯定量法的灌装，确定主轴转速 n 还必须保证充满定量杯所需的时间，在转盘上，一般要求在开阀前、关阀后这段区间内完成，即要求满足不等式：

$$T_2' + T_1 + T_2 \geqslant t_0 \tag{4-75}$$

式中，t_0 为充满定量杯工艺上所需的时间，它可用下式计算：

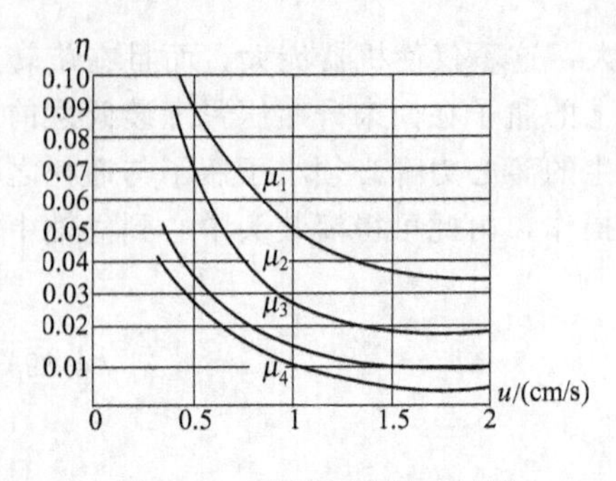

图 4-45 定量杯充满时间的校正系数曲线

$$t_0=\left(\frac{DH}{\eta u\sqrt{2gu}}\right)^{\frac{2}{5}} \tag{4-76}$$

式中 D——定量杯的直径，cm；

H——定量杯的高度，cm；

u——定量杯由液面沉下的速度；

η——比例系数。

u 值由控制定量杯沉降的凸轮曲线所决定，η 值由图 4-45 中查得，它与 u 值和液料的黏度有关。

【例】某台等压法灌装机，用来瓶装 640mL（空瓶容积 670mL）啤酒时，生产能力要求达到 10000 瓶/h，若采用盘式旋转阀及短管的阀端结构。已知阀端孔口处气管为 ϕ9mm×3mm，液道内径为 ϕ13mm；转盘上灌装区角度为 200°；储液箱内气体压力为 1.5 表压；空气常压状态下的密度为 1.183kg/m³；啤酒的密度为 1.013×10^3kg/m³，黏度为 1.448×10^{-3} Pa·s。其余尺寸如图 4-46 所示。试确定该机所需的头数。

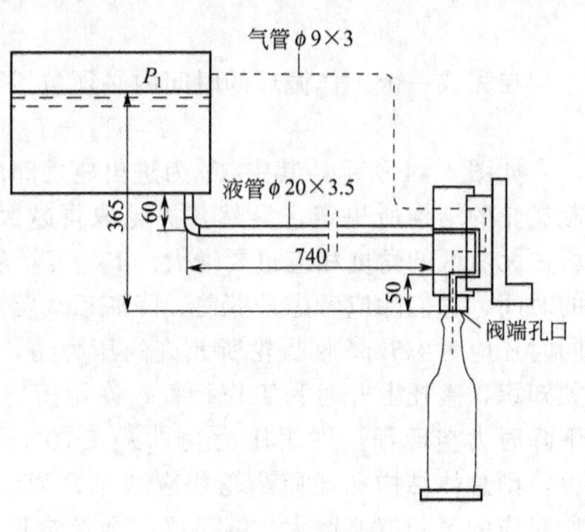

图 4-46 等压法灌装机计算简图

解：(1) 求充气时间

由式(4-57) 及绝热方程得

$$V_1=V_b\left(\frac{p_0}{p_1}\right)^{\frac{1}{K}}=670\times10^{-6}\times\left(\frac{1}{2.5}\right)^{\frac{1}{1.4}}$$

$$\approx348\times10^{-6}\ (\mathrm{m^3})$$

$$\rho_1=\rho_0\left(\frac{p_1}{p_0}\right)^{\frac{1}{K}}=1.183\times\left(\frac{2.5}{1}\right)^{\frac{1}{1.4}}$$

$$\approx2.276\ (\mathrm{kg/m^3})$$

由 $\beta_r=0.53$，按式(4-61) 得

$$W_{gr}=A_g\sqrt{\frac{2K}{K-1}p_1\rho_1\beta^{\frac{1}{K}}\sqrt{1-\beta^{\frac{K-1}{K}}}}$$

$$=\frac{\pi}{4}\times0.013^2\times\sqrt{\frac{2\times1.4}{1.4-1}\times2.5\times98.1\times10^3\times2.276\times0.53^{\frac{1}{1.4}}\times\sqrt{1-0.53^{\frac{1.4-1}{1.4}}}}$$

$$\approx3.616\times10^{-3}\ (\mathrm{kg/s})$$

由 $\beta_{\min}=\dfrac{1}{2.5}=0.4$，$\beta_{\max}=1$，按式(4-62) 得

$$W_g=\frac{1}{\beta_{\max}-\beta_{\min}}\left[W_{gr}(\beta_r-\beta_{\min})+\int_{\beta_r}^{\beta_{\max}}W_{gt}\,\mathrm{d}\beta\right]$$

$$=\frac{1}{1-0.4}\left[3.616\times10^{-3}\times(0.53-0.4)+\int_{0.53}^{1}W_{gt}\,\mathrm{d}\beta\right]$$

方括号内最后一项定积分的值，可由式(4-61) 并令其中 $\beta^{\frac{1}{K}}=\sin\alpha$ 进行换元积分求得即，$\int_{0.53}^{1}W_{gt}\,\mathrm{d}\beta\approx1.335\times10^{-3}$。代入上式，则

$$W_g=\frac{(0.47+1.335)\times10^{-3}}{0.6}\approx3\times10^{-3}\ (\mathrm{kg/s})$$

由式(4-58) 求得充气所需时间

$$t_g=\frac{\rho_1(V_b-V_1)}{W_g}=\frac{2.276\times(670-348)\times10^{-6}}{3\times10^{-3}}\approx0.244\ \text{(s)}$$

(2) 求灌液时间

该控制液位定量的短管灌液过程，根据经验灌装时间暂取为 9s。

由式(4-47) 及式(4-39) 求得阀端孔口截面的流速

$$u_0=\frac{V_0}{A_0t_l}=\frac{640\times10^{-6}}{\frac{\pi}{4}(0.013^2-0.009^2)\times9}\approx1.03\ \text{(m/s)}$$

对于阀端孔口上面一段的环管，其长度 $L_1=50$mm，当量直径 $d_{1e}=4$mm。雷诺数 $Re_1=\frac{u_0d_{1e}\rho}{\mu}\approx2882$，若取管子绝对粗糙度 $\varepsilon_1=0.1$，查表得 $\lambda_1=0.062$，则该段阻力系数

$$\lambda_1\frac{L_1}{d_{1e}}=0.062\times\frac{50}{4}=0.775$$

对于贮液箱至灌装阀间一段的直管，其长度 $L_2=740+60=800$mm，管内径 $d_2=20-2\times3.5=13$mm，速度折算系数 $k_2=\left(\frac{A_0}{A_2}\right)^2\approx0.52$，雷诺数 $Re_2\approx4871$，同样取 $\varepsilon_2=0.1$，查表得 $\lambda_2=0.045$，则该段折算的阻力系数

$$k_2\lambda_2\frac{L_2}{d_2}=0.52\times0.045\times\frac{800}{13}=1.44$$

对于灌装阀阀体内的阻力损失近似看成是三个 90°弯头，加上输送管道的一个 90°弯头，其阻力系数均为 $\xi'=0.75$，再考虑进口阻力系数 $\xi''=0.05$ 及截面突然缩小阻力系数 $\xi'''=0.31$，则它们总的折算阻力系数

$$k_2(4\xi'+\xi'')+\xi'''=0.52\times(4\times0.75+0.05)+0.31=1.896$$

由式(4-45) 求得流速系数

$$C=\varepsilon\times\frac{1}{\sqrt{1+\left(\sum k\lambda\frac{L}{d}+\sum k_i\xi\right)-k_1}}$$

$$=0.87\times\frac{1}{\sqrt{1+0.775+1.44+1.896}}\approx0.385$$

由式(4-47) 求得灌装时间

$$t_l=\frac{V_0}{CA_0\sqrt{2gZ_1}}$$

$$=\frac{640\times10^{-6}}{0.385\times\frac{\pi}{4}\times(0.013^2-0.009^2)\times\sqrt{2\times9.81\times0.365}}\approx8.99\text{s}$$

计算结果与前面假定灌液时间基本相符，故不再修正、重算。

(3) 求灌装机头数

由式(4-73) 求得灌装区应占时间

$$T_4>t_l+t_g=8.99+0.224=9.234\ \text{(s)}$$

考虑灌装的稳定，取 $T_4=10$ (s)，再由式(4-74) 求得主轴转速

$$n=\frac{\alpha}{6^\circ T_4}=\frac{200^\circ}{6^\circ\times10}\approx3.33\ \text{(r/min)}$$

最后，由式(4-68) 可得灌装机所需头数为

$$j=\frac{Q}{60n}=\frac{10000}{60\times3.3}=50$$

思　考　题

1. 什么是流体？什么是半流体？

2. 什么是刚性包装容器？什么是柔性包装容器？

3. 灌装机按灌装方法可分为哪几类？按包装容器的主要运动形式分可分为哪几类？主要用于哪些液体的灌装？

4. 常用的灌装方法由哪些？并解释其工艺过程。

5. 液体灌装常用的定量方法由哪些？选择定量方法应考虑哪些因素？

6. 简述单室、双室、三室供料系统的特点？

7. 供瓶机构的主要作用是什么？分件供送螺杆的主要作用是什么？一般分件供送螺杆由哪几段组成？分件供送螺杆拼接的条件是什么？

8. 托瓶的升降机构有哪几种形式？托瓶升降机构的要求是什么？

9. 灌装瓶常用的高度调节结构有哪两种形式？

10. 罐装法的作用是什么？主要由哪几部分组成？

11. 什么是单移阀？什么是多移阀？

12. 长管阀、短管阀的灌装特点是什么？

13. 灌装机的阀门开闭结构一般采用哪些形式？

14. 灌装阀的密封结构有哪些？

15. 灌装阀的设计要考虑哪些因素？

16. 什么是流量系数？灌装时间的长短与哪些因素有关？

第五章 封口机械

第一节 概 述

柔性包装材料（如普通纸、玻璃纸、蜡纸、复合薄膜、塑料袋等）的封口一般是粘封或热封，不需另设封口机，封口是在相应的裹包机或袋装机上完成。而刚性、半刚性包装容器（如金属罐、玻璃瓶、塑料瓶等），一般在完成物品的灌装、充填之后，需借助相应的封口机械进行封口，以使产品得以密封保存，并便于流通、销售和使用。

根据容器的种类及其对产品的密封要求，常见的封口形式大体上有下列几种。

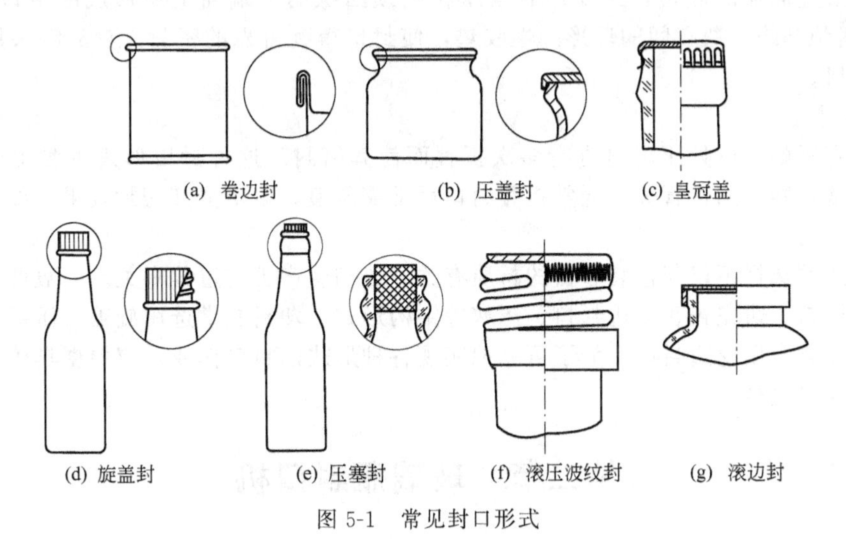

图 5-1 常见封口形式

1. 卷边封

如图 5-1(a) 所示，将翻边的罐身与涂有密封填料的罐盖内侧周边互相钩合、卷曲并压紧而使容器密封。这种封口形式主要用于马口铁罐、铝罐等金属容器的密封。

2. 压盖封

如图 5-1(b)、(c) 所示，盖的内侧涂有密封填料，当外盖压紧并咬住瓶身或罐身时，密封填料受压变形起密封作用，并由于外盖波纹周边卡在瓶口凸沿下边使密封得以维持。图 (b) 这种封口形式多用于瓶装食品（泡菜、果酱、肉类等）的广口容器的盖。图 (c) 为皇冠盖，主要用于瓶装啤酒、饮料、酒类等。

3. 旋盖封

将螺纹盖旋紧容器口，使密封垫或瓶口内的瓶塞产生弹性变形而使其密封，见图 5-1 (d)。这种封口形式主要用于盖子为塑料或金属件，而罐身为玻璃、陶瓷、塑料或金属件组合的容器，如瓶装奶粉、牙膏管等。螺旋盖容易开启和密封，并能重复使用，应用相当广泛。

罐头食品用的广口瓶，为便于消费者开启，多采用多头螺纹，即在瓶子封口部制成三道或四道的螺纹段，每道螺纹长度约为其整圈螺纹长度的 1/3，而且具有较大的导程；与之相配的瓶盖内侧，制成与瓶子螺纹道数相适应的数个凸爪，以便与瓶子连接。

4. 压塞封

如图 5-1(e)，将具有一定弹性的内塞以机械压力压入容器口内，以塞与瓶口表面间挤压变形而使其密封。这种封口形式主要用于软木塞、橡胶塞、塑料塞与玻璃瓶密封的容器，如瓶装酒、酱油、醋等。在很多情况下也用瓶塞与螺纹瓶盖两者相结合来实现包装封口，如高档酒、药品和有毒性物品的瓶装封口等。在瓶口压塞封口后，再辅以蜡封、旋盖封或压盖封，以提高封口的密封性。

5. 滚压波纹封

指将容易成型的薄金属盖壳套在瓶颈顶部，用滚轮滚压金属盖，滚压出与瓶口螺纹形状完全相同的螺纹的密封方法，如图 5-1(f)。这种盖启封时，金属盖将沿着裙部周边预成型的压痕断开，所以这种盖也称为扭断盖。又由于这种封口便于识别启封与否，因此也叫防盗盖。常用于葡萄酒、白兰地等高档酒类的玻璃瓶的封口。

6. 滚边封

将圆筒形金属盖的底边，经变形后紧压在瓶颈凸缘的下端面上所形成的封口，如图 5-1(g)。位于瓶颈凸缘与瓶盖间的环形弹性胶垫，使封口得到可靠的密封。食品罐头用的广口瓶常用这种封口。

7. 折叠封

将包装容器的开口处压扁再进行多次折叠而使其密封。这种封口形式主要用于半刚性容器，如装填膏状物料的铝管等。通常折叠封口后常需压痕，以增强其密封效果。如牙膏、鞋油尾部等包装密封。

封口形式的选择不仅与包装容器的材质有关，还和生产工艺过程有关。一般玻璃瓶主要选择有压盖、旋盖、防盗盖、滚边封口、压塞等结构形式。塑料瓶常选用旋盖、压塞和螺旋盖联合封口。金属罐常用卷边封口。为了可靠地实现各种形式的封口作业，应根据具体条件适当地选用相应的封口机械。

第二节　玻璃瓶封口机

一、压盖封口机结构原理

压盖封口的瓶盖一般为皇冠盖，所谓皇冠盖是预压成的冠状金属圆盖，边缘有皱褶，盖内浇注有密封材料。压盖机使皇冠盖的折皱边压入瓶口凹槽内，并使盖内密封材料产生适当的压缩变形量，完成对瓶口的密封。

图 5-2 所示为压盖机工作原理示意图。盖子放在贮盖斗 1 内，支承在固定顶盘 15 上的小型电动机 16 带动理盖盘 2 旋转，理盖盘的周边等间距地装有若干导向环 3，被理盖盘搅动的盖子按同一方向经过导向环落入输盖槽 4 内，然后由气嘴 6 的压缩空气吹进压盖头 5 的底端槽口内。压盖头与星形盘 7 均由齿轮 9 带动旋转，瓶子被送入星形盘并正好位于压盖头的下方。压盖头与瓶子同步旋转过程中，由于固定凸轮 14 使其作上下运动并对盖子施加压力，实现压盖动作。中心固定轴 12 一般可采用蜗杆蜗轮 10 及螺母螺旋 11 使其升降，以便适应不同瓶高压盖的需要。

采用转盘送盖装置，其结构简单，但机械搅动易磨损盖上商标，供盖速度也不可能太快。采用电磁振动料斗式送盖装置可解决这一问题，如图 5-3 所示，盖子放在贮盖斗 1 内，贮盖斗内壁上有螺旋形的瓶盖跑道 2，贮盖斗的底部装有衔铁 3，它与装在底盘 6 上的电磁线圈 4 相对应，整个贮盖斗用几组弹簧片 5 支承在底盘上，而底盘又经减振垫 7 与基座相连，从而形成

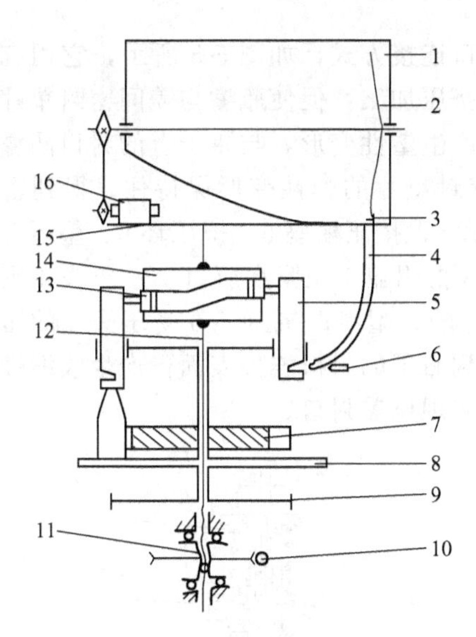

图 5-2　压盖机工作原理示意图

1—贮盖斗；2—理盖盘；3—导向环；4—输盖槽；5—压盖头；6—气嘴；7—星形盘；8—底盘；9—齿轮；10—蜗杆蜗轮；11—螺母螺旋；12—中心固定轴；13—辊子；14—固定凸轮；15—固定顶盘；16—电动机

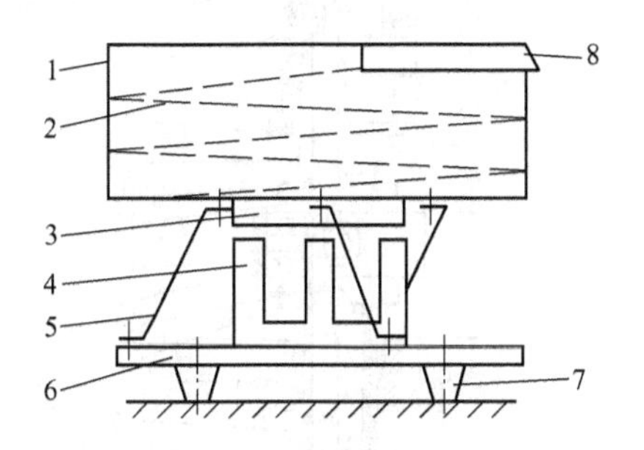

图 5-3　电磁振动料斗式送盖示意图

1—贮盖斗；2—瓶盖跑道；3—衔铁；4—电磁线圈；5—弹簧片；6—底盘；7—减振垫；8—出盖口

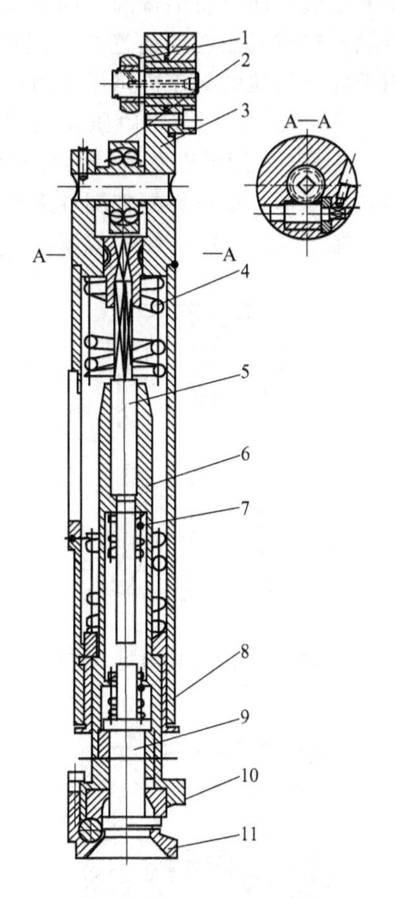

图 5-4　压盖头的结构原理图

1,2—滚子；3—套筒；4,7—弹簧；5—顶杆；6—顶杆套；8—螺套；9—冲头；10—压盖模；11—导向环

一个近似双自由度系统的振动模型。在激振电磁吸力为正半周时，带动贮盖斗向下方振动，后半周时因电磁铁用半波整流供电，吸力为零，贮盖斗在弹簧片作用下向前上方振动，带动螺旋跑道上的瓶盖加速运动直至抛起，当贮盖斗再在电磁吸力作用下向后方回振时，瓶盖已产生了一个小位移。于是瓶盖按 50Hz 激振频率不断向前跳动。螺旋跑道上设有一定形状的孔眼，以便反向的瓶盖仍旧能落回贮盖斗内。

图 5-4 为压盖头的结构原理图，滚子 1、2 受固定凸轮控制使套筒 3 作上下运动，经螺套 8、顶杆套 6 及弹簧 4 使压盖模 10 作上下运动。当压盖进入压头底部槽口后，压盖模开始下降，导向环 11 校正瓶口位置使其准确套上盖子。压盖模继续下降使盖子与瓶口密封。与此同时，冲头 9 被顶起，弹簧 7 受压缩，冲头 9 与顶杆 5 间的间隙控制了压盖的行程（约 11～13mm），它可通过转动蜗轮蜗杆来调节。随后顶杆套 6 上升，弹簧 7 伸长并经冲头 9 迫使瓶子下落，以免出现吊瓶现象。弹簧 4 的作用是为了补偿瓶高的误差，它可通过螺套 8 调节成足够的预压缩量，对于最低瓶而言，压盖过程中不再被压缩，而对于高瓶而言，压盖过程中超过冲头与顶杆控制的行程后，他们就要被压缩，显然，这时的压盖力就有较大的增加，易出现破瓶现象。

玻璃瓶的压盖封口还有用铝质圆帽盖挤压紧固封口连接方式，如图 5-5 所示，它用有弹性密封衬垫的圆柱帽式铝盖，戴在待封口瓶上，经压盖挤压加工，促使瓶嘴与盖间密封垫片产生弹性压缩变形，同时使铝盖圆柱面受挤压到锁口部位产生塑性变形，与瓶子上的封口凸缘间成挤压接触，构成机械性勾连连接。把瓶嘴与盖间的密封垫片的弹性变形保持住，得到密封连接。用于此种压盖的封盖机挤压头由压盖心轴 3、压头 4、挤压模座 5、挤压环 6、垫环 7 等组成，如图 5-6 所示。压盖时由压盖机施力，压盖心轴 3 把铝盖 1 压紧在瓶口上；压头 4 则压挤压环 6，挤压环 6 用弹性及流变性好的材料制造，如橡胶、塑料；挤压环 6 受压头 4 的压力作用发生弹性变形，挤压铝帽盖圆柱表面，促使其贴靠到瓶子的封口连接表面，产生收缩性塑性变形，与瓶子封口结构凸缘构成紧固的机械性连接，实现压盖封口。

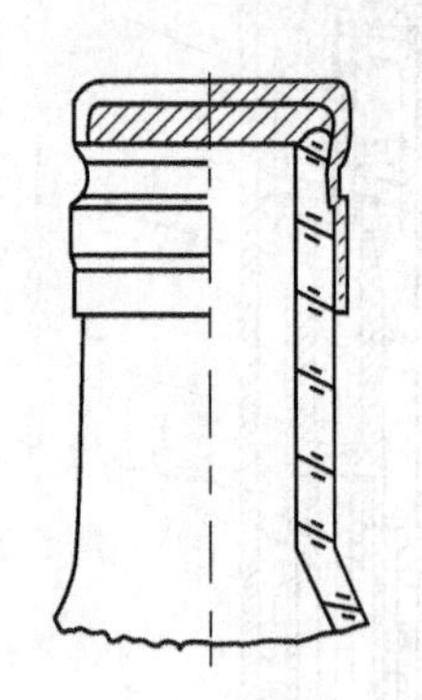

图 5-5 铝质圆帽盖封口连接

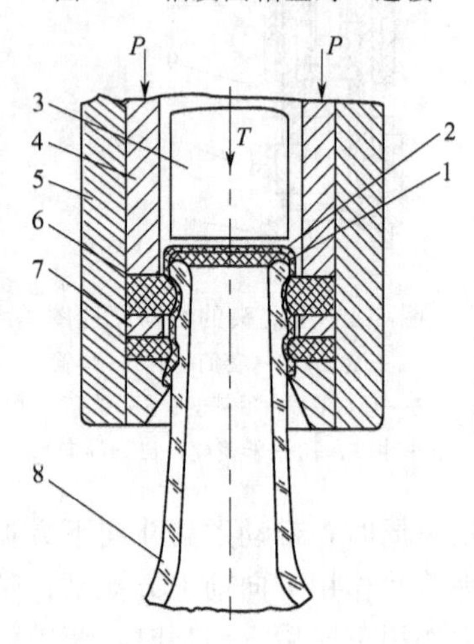

图 5-6 铝帽盖压盖封口加工示意图

1—铝盖；2—密封垫片；3—压盖心轴；4—压头；5—挤压模座；6—挤压环；7—垫环；8—瓶子

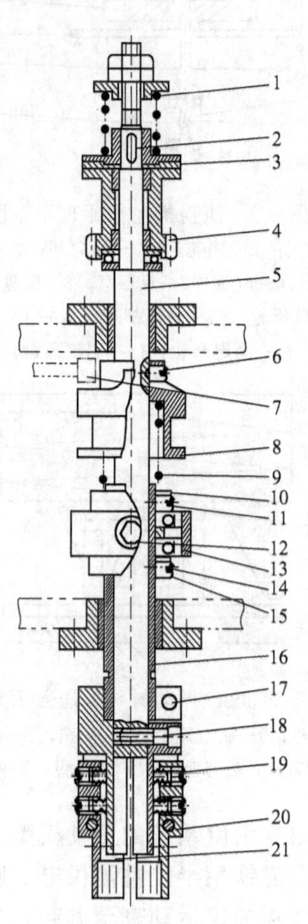

图 5-7 旋盖头结构原理图

1—弹簧；2—键；3—摩擦离合器；4—小齿轮；5—升降轴；6,11,14,18—螺钉；7—挡块；8—定位凸轮；9—弹簧；10—上挡圈；12—辊子；13—升降块；15—下挡圈；16—升降套；17—夹紧螺钉；19—小弹簧；20—取盖夹头；21—抓盖夹头

二、旋盖封口机结构原理

图 5-7 为旋盖头结构原理图。旋盖夹头由两片组成，一片是取盖夹头 20，另一片是抓盖夹头 21，小弹簧 19 保证夹盖时有足够的夹紧力。取盖夹头用螺钉 18 与升降轴 5 固连，抓盖夹头 21 经螺纹及夹紧螺钉 17 与升降套 16 固连。升降轴 5 用螺钉 6 与定位凸轮 8 固连，又用键 2 与摩擦离合器 3 固连，升降套与上、下挡圈 10、15 分别用螺钉 11、14 固连，升降块 13 卡在

上、下挡圈之间。定位凸轮 8 与升降块 13 分别在转盘旁固定凸轮（图中未示）的控制下均可作上下运动。摩擦离合器与小齿轮 4 的轴端压合后，又可作旋转运动，这是由于小齿轮在绕旋盖机中心轴公转的同时又作自转的缘故。旋盖开始前，两片夹头上下错开，这时两片夹头并不旋转，这时由于定位凸轮顶端的切向槽被挡块 7 顶住，故摩擦离合器被迫打滑。在旋盖头接近进盖工位时，定位凸轮 8 控制取盖夹头 20 略微下降，完成取盖动作。紧接着，升降块 13 控制抓盖夹头 21 迅速下降，与取盖夹头一起完成抓盖动作。与此同时，定位凸轮解脱了挡块 7 的作用，摩擦离合器重新转动，经升降轴 5 使两片夹头一起旋转。两片夹头抓紧盖子旋转过程中，在定位凸轮和升降块的控制下，又迅速下降，完成旋盖动作，旋转不到两圈即可旋紧。待螺纹旋到底时，若夹头仍向下旋转，则摩擦离合器因阻力过大而打滑，避免拧坏瓶盖。随后，挡块 7 下降重新顶住定位凸轮，使两片夹头停止转动。接着，抓盖夹头和取盖夹头分别在升降块和定位凸轮的控制下先后上升，脱离瓶盖恢复至原始位置。

总之，此种旋盖的工艺过程如下。

① 取盖　此时旋盖爪夹头不动，取盖夹头下降至供盖位置取盖，见图 5-8(a)。

② 抓盖　旋盖爪夹头不动，抓盖夹头快速下降至供盖位置与取盖夹头一起将盖抓紧，见图 5-8(b)。

③ 对中　旋盖爪夹头不动，两半爪夹头将盖转至旋盖工位，并置于瓶口上方，使瓶口与机头中心相互对中，见图 5-8(c)。

④ 旋盖　旋盖爪夹头边旋转边下降，将瓶盖旋紧在瓶口上，见图 5-8(d)。

⑤ 脱瓶　两半爪夹头停止旋转，并先后上升与瓶盖脱离，见图 5-8(e)。

⑥ 复位　旋盖机头恢复到起始位置，即取盖爪夹头又下降至取盖位置，见图 5-8(f)。

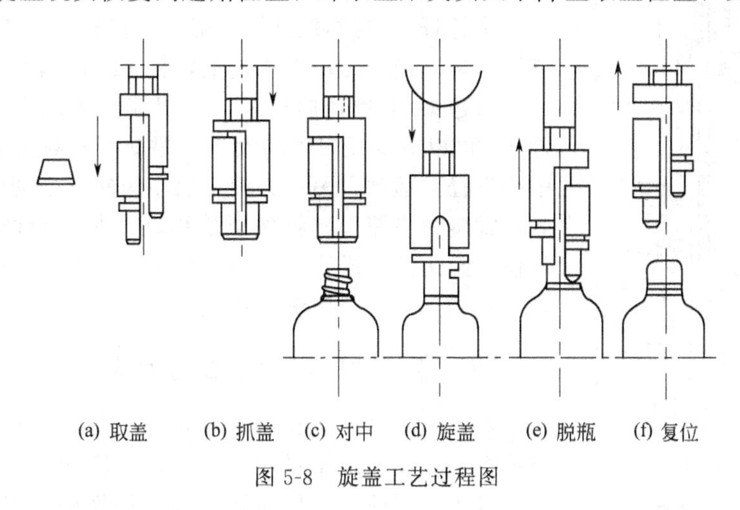

图 5-8　旋盖工艺过程图

图 5-9 为另一种封盖装置，在这种封盖机中，作用于盖子的几个滚轮由几根轴分别带动，而每根轴上都设置有控制转矩的离合器，瓶子在直线输送过程中即完成封口，它的优点是在不必要更换任何零件的情况下，在很短的停机时间内即可改变所处理的盖子和容器尺寸，但封盖速度受到瓶子输送带速度的限制。

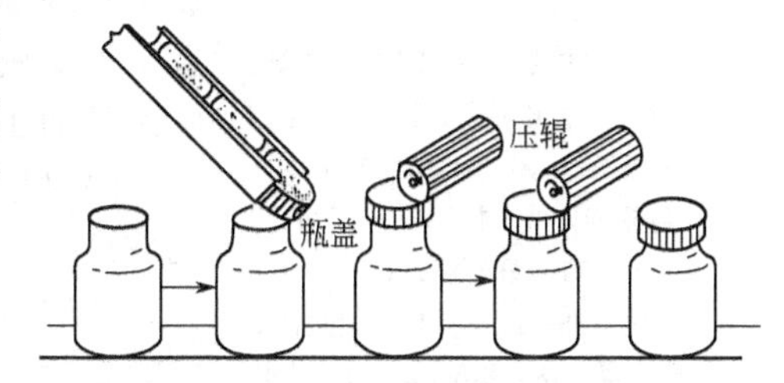

图 5-9　辊轮封盖示意图

三、滚压螺纹封口机结构原理

滚压螺纹封口机的总体结构与压盖机基本类

似，主要不同在于轧压执行机构的封盖头与压盖头有着不同的结构。螺纹封盖头利用旋转式螺旋滚对已套有圆柱形铝盖的圆柱部分进行螺旋滚压，强迫铝盖产生永久变形，使其成为与瓶口螺纹形状完全相同的贴合铝盖。在滚压螺纹加工工位首先将已套上的铝盖在顶端压紧，然后由旋转滚径向移动对铝盖滚压。

多头滚压螺纹装置必须完成以下的运动。

① 机头带动成型滚轮一方面相对于封口机的主轴完成周向旋转运动，另一方面相对于瓶体完成轴向升降运动。

② 螺纹成型滚轮相对于瓶体完成周向旋转运动和轴向直线运动（即螺旋运动）。

③ 螺纹滚和封边滚相对于瓶体完成径向进给运动。

对于单头滚压螺纹装置没有必要设置机头相对于机器主轴完成的周向旋转运动。

如图 5-10 所示是滚压螺纹封口机的滚压封盖结构原理图，小齿轮 3 在绕封盖机中心轴公转的同时自转，经齿轮套 7、导筒 8 带动支座 12 旋转，三根滚轮杆 11 用销轴 13 铰支在支座上，其中两根的底端分别装有螺旋滚 18，它们在高度方向装有一定偏差，另一根的底端装有封边滚 16，高度方向它均低于两只螺旋滚。压头 15 与压头杆 20 固连，随着升降套 2 在固定凸轮（图中未画出）控制下作上下运动，加之弹簧 5 的作用，压头 15 亦可作上下运动。封盖时，升降套 2 使整个滚压封盖头下降，套在瓶口上的铝盖经导向罩 17 定向后与压头 15 相接触。随着升降套 2 的继续下降，压头已被下面瓶盖顶住不能下降，与它固连的压头杆 20 也不能下降，弹簧 5 则被压缩，使压头对铝盖顶端产生压紧力，调节顶杆 1，可以改变压紧力的大小。与此同时，导筒 8、支座 12、滚轮杆 11 均不能继续下降，而齿轮套 7 却仍跟随升降套 2 继续下降，使得压块 9 压迫滚轮杆 11 绕销轴 13 摆动，螺旋滚 18、封边滚 16 作径向移动，对铝盖产生轧压径向力，调节螺母 4，可以改变径向力的大小。螺旋滚和封边滚一方面向瓶盖中心作径向运动，另一方面又由小齿轮 3 带动绕瓶盖旋转，因此，螺旋滚沿瓶口螺纹做螺旋移动，其螺距误差由弹簧 19 来补偿。封边滚也沿铝盖底边进行滚轧压封。封盖完成后，升降套 2 开始上升，封边滚和螺旋滚张开，整个压盖头上升复位。

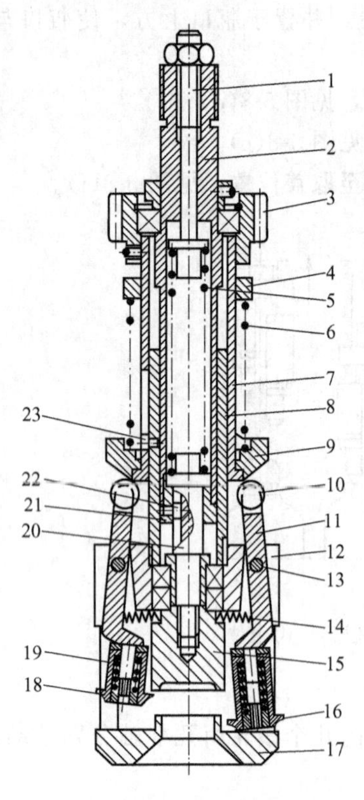

图 5-10　滚压封盖结构原理图
1—顶杆；2—升降套；3—小齿轮；4—螺母；5,6,14,19—弹簧；7—齿轮套；8—导筒；9—压块；10—滚子；11—滚轮杆；12—支座；13—销轴；15—压头；16—封边滚；17—导向罩；18—螺旋滚；20—压头杆；21—导向螺帽；22,23—导向键

四、滚边封口机的结构原理

对于包装食品罐头用的玻璃瓶，用带弹性密封圈、垫的金属薄板盖做卷边滚压封口，由于瓶与盖两者的质料性能相差较大，其中金属薄铁板材料强度高、韧性好、塑性变形性能好；玻璃材料脆性和硬度大。为使两者之间得到严密可靠的封口，玻璃瓶罐颈部结构上制作有供封口的凸棱。封口时弹性胶圈放置于玻璃瓶口与金属盖之间，以卷封滚压轮对封口结合部位实施滚压加工，使罐盖受到滚挤压，迫使弹性胶圈产生挤压变形，同时把罐盖边缘滚挤到瓶口封口用凸棱之下，构成牢固的机械性勾连连接。

玻璃瓶滚压滚边封口装置由滚轮、滚封进给装置及传动组成的滚封机头完成。若进行真空封罐时，要将滚封部置于真空腔室中，常用瓶颈协助实现真空腔室的密封。图 5-11 为滚封滚轮对玻璃瓶罐滚封的示意图。载上盖的玻璃瓶被送到下压头上，罐被托升并被加压住，定位于上、下压头间。在传动和径向进给装置作用下，滚封滚轮一方面绕滚封瓶罐圆周做滚转运动，同时又向瓶罐中心作径向进给运动，迫使罐盖周缘产生卷曲变形，弹性胶圈在盖与瓶罐封口凸棱间受到挤压变形；罐盖周缘在滚封滚轮的滚挤压作用下，卷曲到瓶罐凸棱的下缘，构成牢固的勾连连接，保障滚封的密封性要求。滚封滚轮的支承杆臂应具有好的挠弹性，以适应玻璃材料高硬度和脆性的特点，即便在瓶口封口部位圆度不规则的情况下，滚轮能自动退让，而不损坏瓶罐，且能得到好的密封性封口。图 5-12 为滚封玻璃瓶罐用的滚封机头结构，滚封滚轮部件安装在转盘 1 上，两个滚封滚轮部件对称配置。转盘 1 与径向进给控制凸轮 6 由传动装置驱动绕其中心同向转动，但转动速率不相同，其间的转速差促成滚封滚轮 5 在围绕瓶罐作滚动绕转的同时，受进给凸轮的控制向瓶罐作径向进给推进。压轮 2 安装在弹性杠臂 3 上，通过弹簧 4 使压轮 2 始终与凸轮 6 保持接触。

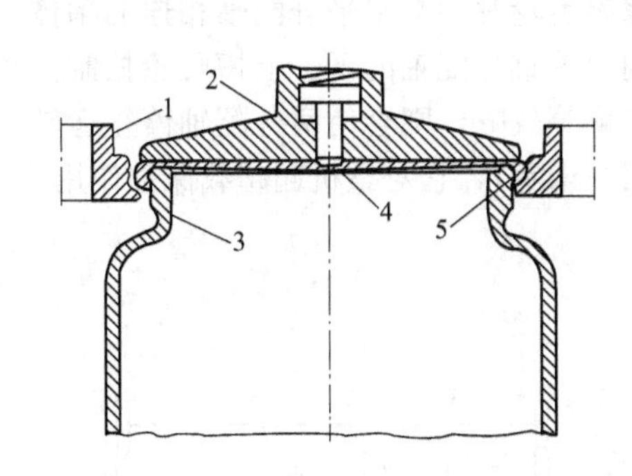

图 5-11 玻璃瓶罐滚封示意图
1—滚轮；2—上压头；3—玻璃瓶罐；
4—密封胶圈；5—盖

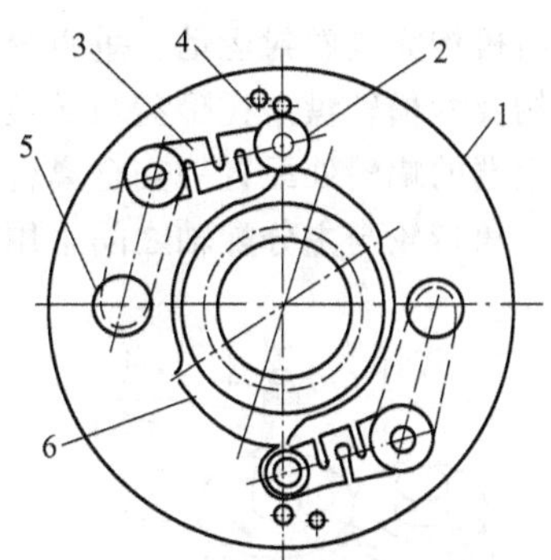

图 5-12 玻璃瓶罐滚封用机头结构
1—转盘；2—压轮；3—弹性杠臂；
4—弹簧；5—滚轮；6—凸轮

进行玻璃瓶罐的滚压卷边封口时，施加于瓶口滚挤压弹性胶圈的压力约为 $P=35\sim40\text{kgf/cm}^2$。$P$ 可按下式计算：

$$P=\frac{N}{\pi Dh} \tag{5-1}$$

式中 h——弹性密封胶圈与瓶口接触高度，一般为 3mm；

D——瓶口的外径，cm；

N——滚封时滚压挤紧弹性密封圈的力，kgf。

$$N=\frac{\pi D}{4\mu}P_{临} \tag{5-2}$$

式中 μ——密封圈与瓶口间摩擦系数，橡胶 $\mu=0.2\sim0.3$；

$P_{临}$——破坏密封的临界压力，kgf/cm^2。

应用滚轮来滚封玻璃瓶时，盖与瓶间的牢固程度与滚轮对瓶的绕转数有关，滚轮相对于瓶的绕转转数多，滚封牢度大，但以取 3 周转较为经济有利。大于 3 周转后效果不明显。

第三节 金属容器封口机

金属容器中应用较多的是金属罐，金属罐大多用镀锡铁板（马口铁）和铝板制造，马口铁三片罐是分别制造出带凸缘的罐身和罐盖，并在罐盖凸缘的封口结合部位涂上橡胶或树脂材料配制的胶液，形成具有弹韧性的密封用薄膜层，采用双重卷边封口法将罐身与罐盖的凸缘卷封成坚固牢实的密封性封底连接。制成空罐后进行灌装，然后再与罐盖在卷边封口机上卷边封口。铝质两片罐直接采用挤压加工法制造而成空罐，然后进行灌装再与罐盖卷边封口。

图 5-13 所示为 GT4B2 型卷边封口机示意图。充填有物料的罐体，借装在推送链上的等间距推头 15 间歇地将其送入六槽转盘 11 的进罐工位（Ⅰ）。盖仓 12 内的罐盖由连续转动的分盖器 13 逐个拨出，并由往复运动的推盖板 14 有节奏地送至进罐工位罐体的上方。接着，罐体和罐盖被间歇地传送到卷封工位（Ⅱ）。这时，先由托罐盘 10、压盖杆 1 将其抬起，直至固定的上压头定位后，用头道和二道卷边滚轮 8 依次进行卷封。然后，托罐盘和压盖杆恢复原位，已卷封好的罐头降下，六槽转盘再送至出罐工位（Ⅲ）。为了避免降罐时的吊罐现象，在压盖杆 1 与移动的套筒 2 间装有弹簧 3，以便降罐前给压盖杆一定预压力。由于卷封工位没有孔道与真空稳定器和真空泵相通。因此，卷封作业可在真空状态下进行。本机的传动系统为电动机经三角带驱动主传动轴，如图 5-14，经蜗杆蜗轮驱动垂直分配轴，经螺旋齿轮驱动两对差动齿轮（即图 5-13 中件 5、6），进而使卷封机构完成卷封运动。垂直分配轴下端再经螺旋齿轮驱动与水平分配轴相连的罐体、罐盖供送机构及六槽转盘。托罐盘与压盖杆的运动则分别由垂直分配轴的下、上槽凸轮控制。在垂直分配轴上端的蜗轮处配置一安全离合器，一旦出现卡罐等故障，则会使两分配轴停止运转。另外，从动三角带轮与主分配轴之间采用摩擦片传动（图中未示），它对整机起超载保护作用。

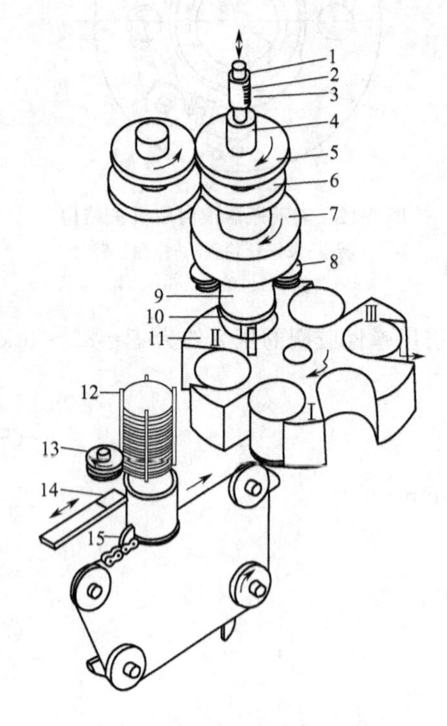

图 5-13　GT4B2 型卷边封口机示意图

1—压盖杆；2—套筒；3—弹簧；4—上压头固定支座；5,6—差动齿轮；7—封盘；8—卷边滚轮；9—罐体；10—托罐盘；11—六槽转盘；12—盖仓；13—分盖器；14—推盖板；15—推头

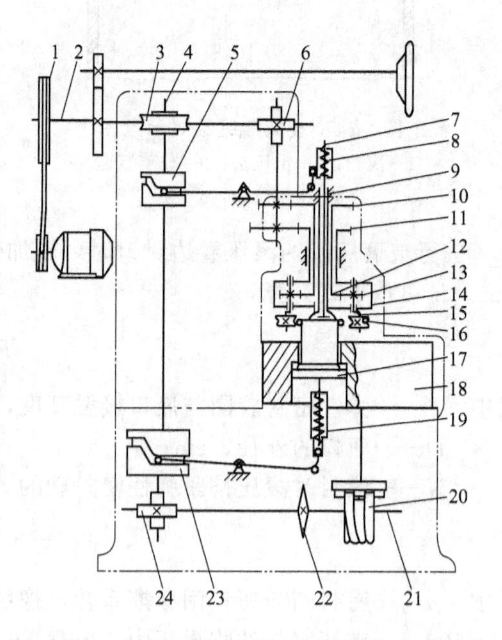

图 5-14　GT4B2 型自动真空封罐机传动系统图

1—三角皮带轮；2—轴；3—蜗轮；4—垂直分配轴；5,23—圆周槽凸轮；6,24—螺旋齿轮；7—顶盖杆；8,19—弹簧；9—上压头；10,11—齿轮；12—中心齿轮；13—行星齿轮；14—封盘；15—偏心销轴；16—卷边滚轮；17—托罐盘；18—六槽转盘；20—蜗杆凸轮机构；21—水平分配轴；22—链轮

一、卷边的形成过程

用两个沟槽形状不同的滚轮，分先后两次对罐体和罐盖的凸缘进行卷合，使罐体与罐盖的

周边牢固地紧密钩合而形成的五层（罐盖三层、罐体两层）马口铁皮的卷边缝的过程，称作二重卷边。为了提高罐体与罐盖的密封性，在盖子内侧预先涂上一层弹性胶膜（如硫化乳胶）或其他填充材料。

二重卷边一般采用滚轮进行两次滚压作业来完成。第一次作业又称头道卷边，如图 5-15 所示。在未卷边前的位置如实线所示，头道卷边结束后则如虚线所示。开始时，头道卷边滚轮首先靠拢并接近罐盖，接着压迫罐盖与罐体的周边逐渐卷曲并相互钩合。当沿径向进给 3.2mm 左右时，头道卷边滚轮立即离开，这时二道卷边滚轮继续沿罐盖的边缘移动，如图 5-16 所示，二道卷边开始位置如图 5-16(a) 所示，结束位置如图 5-16(b) 所示。二道卷边能使罐盖和罐体的钩合部分进一步受压变形紧密封合，其沿径向进给量为 0.8mm 左右。两次进给量共约 4mm。由此可见头道和二道卷边滚轮的结构形状显然不同。通常，头道卷边滚轮的沟槽窄而深，而二道卷边滚轮的沟槽则宽而浅。

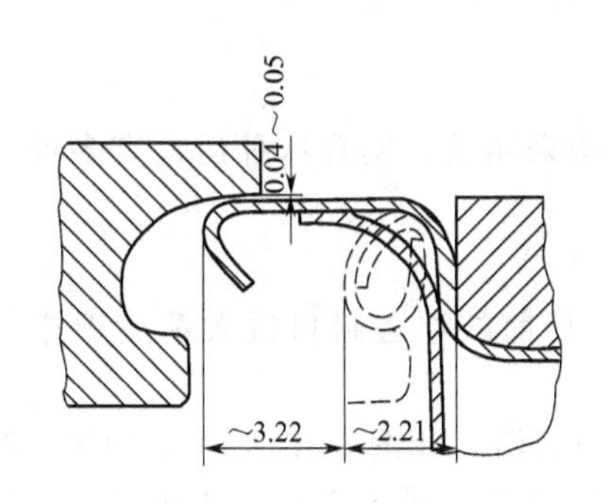

图 5-15　头道卷边

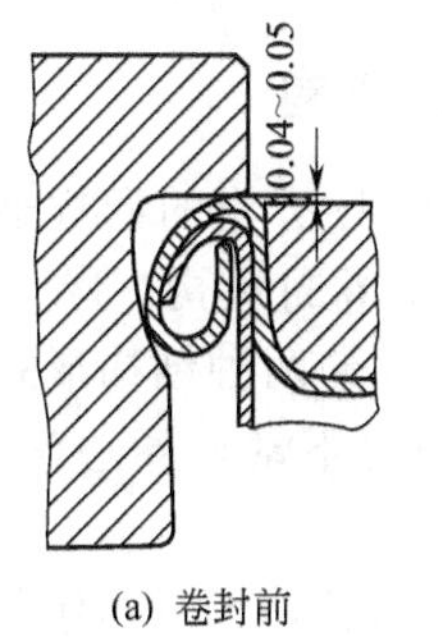

(a) 卷封前

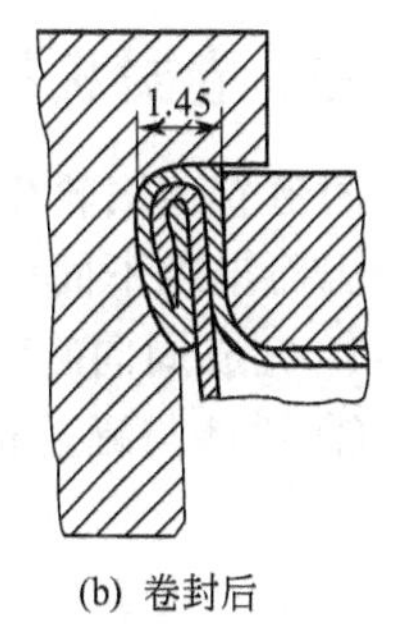

(b) 卷封后

图 5-16　二道卷边

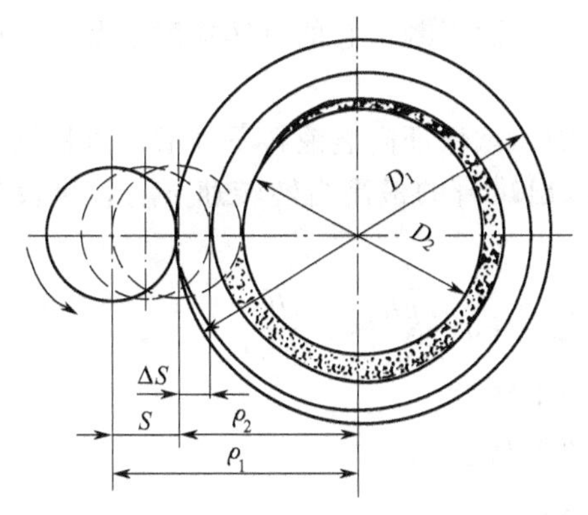

图 5-17　单个卷边滚轮径向进给过程示意图

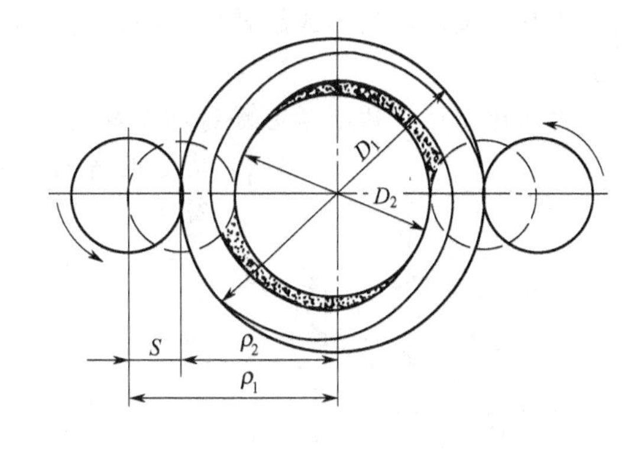

图 5-18　两个卷边滚轮径向进给过程示意图

在卷边形成过程中，若罐体固定不动，则卷边滚轮在绕罐体旋转的同时还要作径向进给运动。图 5-17 所示为单个卷边滚轮绕罐体转动两圈时的径向进给过程。若头道、二道卷边滚轮数各为两个，且对称布置，则每个滚轮只需承担径向进给量的一半，其径向进给过程如图 5-18 所示。若卷边滚轮的径向进给量 $S=\rho_1-\rho_2$，卷边滚轮旋转一周沿半径方向移动的距离（即每转进给量）ΔS 来表示，其数值可表示为：

$$\Delta S=\frac{S}{nz}=\frac{\rho_1-\rho_2}{nz} \tag{5-3}$$

无论采用单个卷边滚轮还是采用两个卷边滚轮，在完成径向进给量以后，尚留下部分区域（图中有斑点部分）未完成卷边工作。因此必须使二道卷边滚轮在完成二重卷边后，在不产生进给的情况下进行“光边整形”，以保证卷边质量。

二、卷边滚轮的运动分析

为了形成二重卷边，作为执行构件的卷边滚轮，相对于罐身必须完成特定的运动。

若卷封圆形罐，卷边滚轮相对罐身应同时完成周向旋转运动和径向进给运动。

若卷封异形罐，卷边滚轮相对罐身应同时完成三种运动，即周向旋转运动、径向进给运动和按异形罐的外形轮廓作的仿形运动。

为使罐盖与罐体的周边逐渐卷曲变形，每封一只罐身卷边滚轮需绕罐身旋转多圈（如GT4B2 型的卷边滚轮每封一罐绕罐身转 18 圈），而实际的有效圈数（从触及罐盖开始真正用于卷封工艺的圈数）应由单位径向进给量来确定，一般取头道为每圈 1mm 左右，二道为每圈 0.5mm 左右。

三、卷封机构的结构

两道卷边滚轮相对罐身所作的卷边运动由卷封机构来实现，实现这种运动有多种组合方式，因而出现不同结构的卷封机构。

1. 完成周向旋转运动的两种结构形式

① 罐体与罐盖被固定不动，卷边滚轮绕其旋转。目前的卷边封口机大都属于这种结构形式。

② 罐体与罐盖绕轴自转，而卷边滚轮不绕罐作周向旋转。如图 5-19 所示 GT4B13 型卷边封口机，罐体被紧夹在上、下压头 7、8 之间，并由行星齿轮 2 带动自转，从而完成相对于卷边滚轮 6 的周向旋转运动。这种结构虽较简单紧凑，但因罐体既有自转又有公转，若用于实罐卷封则其内装的液料形成旋转抛物面，易从罐口流出，从而限制了它的自转速度以及生产能力的提高。

为简化分析，暂不考虑罐身加盖及其公转等的影响，欲保证内装液料不外溢，可根据流体力学的有关理论近似求出罐身的最高自转转速 $n_{\max}$，供设计估算参考，即

$$n_{\max}=60\frac{\sqrt{gh}}{\pi R_n}\approx 60\frac{\sqrt{h}}{R_n}$$

式中 R_n——罐身的内半径；

h——罐内的顶隙高度；

g——重力常数。

相应的最高生产能力 $Q_{\max}$ 近似可取为：

$$Q_{\max}=\frac{n_{\max}j}{n} \tag{5-4}$$

式中 j——卷边封口机的头数；

n——根据卷封工艺要求，确定每封一罐所需的罐身自转数。

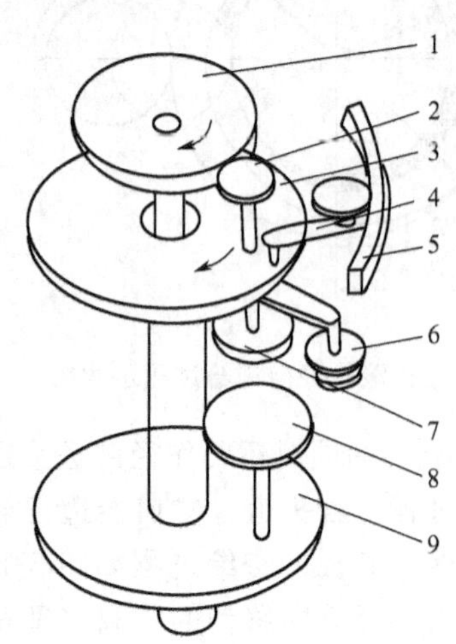

图 5-19 GT4B13 型卷边封口机卷封机构示意图
1—中心齿轮；2—行星齿轮；3—上转盘；4—摆杆；5—固定凸轮；6—卷边滚轮；7—上压头；8—下压头；9—下转盘

2. 完成径向进给运动的三种结构形式

（1）偏心套筒作原动件

图 5-20 所示为偏心套筒式径向进给装置原理图。齿轮 1、2 以相同方向不同转速分别驱动偏心套筒 3 和卷封转盘 5 转动。卷封转盘 5 上装有卷封滚轮 6，由于卷封转盘 5 与偏心套筒 3

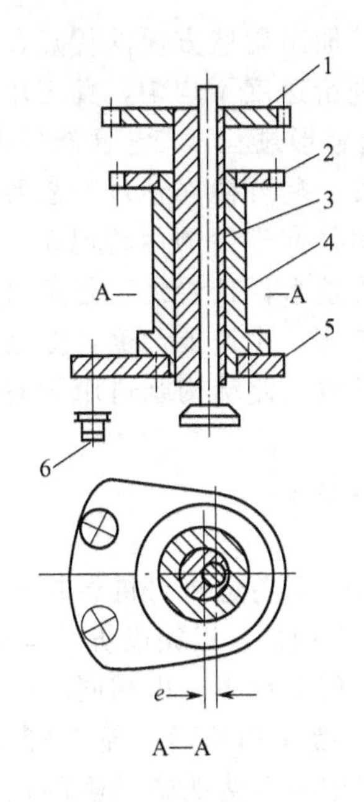

图 5-20　偏心套筒式径向进给装置原理图

1,2—齿轮；3—偏心套筒；4—套筒；5—卷封转盘；6—卷封滚轮

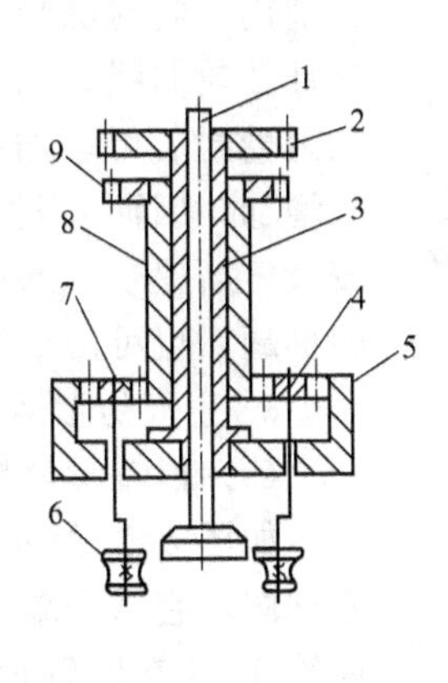

图 5-21　偏心曲轴式径向进给装置原理图

1—上压头；2,4,9—齿轮；3—内套筒轴；5—卷封转盘；6—卷封滚轮；7—偏心曲轴；8—套筒齿轮轴

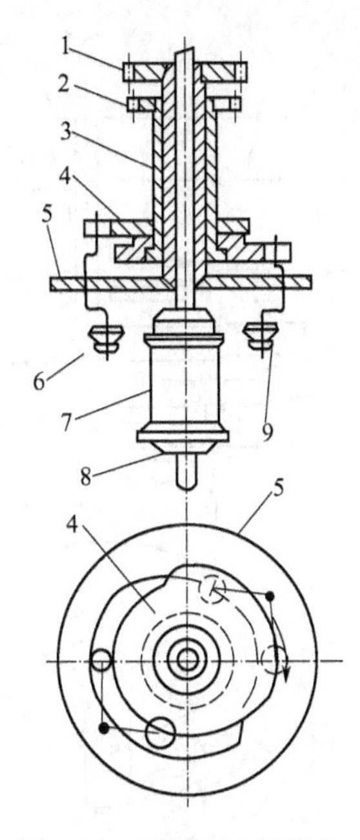

图 5-22　凸轮驱动式径向进给装置原理图

1—转盘驱动齿轮；2—凸轮驱动齿轮；3—上压头；4—凸轮；5—转盘；6—第一道卷封滚轮；7—罐体；8—下压头；9—第二道卷封滚轮

有速差，在其相对转动中促使卷封滚轮（即卷边滚轮）6 对罐体中心线的距离不断变化，从而使卷边滚轮也产生了相应的径向进给运动。

(2) 行星齿轮偏心曲轴作原动件

图 5-21 所示为偏心曲轴式径向进给装置原理图。齿轮 2、9 以相同方向不同转速通过内套筒轴 3 带动卷封转盘 5 转动和套筒齿轮轴 8 上的齿轮转动，偏心曲轴（即偏心销轴）7 安装在卷封转盘 5 上，偏心曲轴 7 下端安装着卷封滚轮 6，上端装着齿轮 4，在卷封转盘 5 上均布着四只行星齿轮 4，与卷封转盘一起绕套筒齿轮公转。由于卷封转盘与套筒齿轮存在速差，故形成差动轮系，遂使行星齿轮连同与其固联的偏心曲轴 7 在公转的同时又作自转，从而使与偏心曲轴铰支的卷封滚轮既能绕罐体作周向旋转，同时又能产生径向进给运动。其中，两只头道卷边滚轮和两只二道卷边滚轮，分别呈对称分布状态。

(3) 凸轮作原动件

图 5-19 所示为 GT4B13 型卷边封口机，在卷边滚轮 6 随罐体绕中心齿轮 1 公转的过程中，由固定凸轮 5 通过摆杆 4 驱使卷边滚轮相对于罐体作径向进给运动。当罐体被固定进行卷边封口时，为使卷边滚轮能完成相对罐体的周向旋转及径向进给的复合运动，得选用差速凸轮机构。

图 5-22 所示为凸轮驱动式径向进给装置原理图。齿轮 1、2 以相同方向不同转速分别带动转盘 5 及凸轮 4 转动。其罐体及上、下压头在卷封中不转动，而卷封滚轮 6、9 由卷封机头上的转盘 5 带动围绕罐体做行星式转动。由于封盘与凸轮有速差，凸轮 4 的共轭廓形在相对运动中同驱动卷封滚轮 6、9 做径向进给运动。从而实现卷边滚封中卷边滚轮既相对于罐体进行绕转运动，又向罐体中心作渐进的径向进给和退出运动，完成卷封工作。

以上三种实现径向进给运动的形式，其前两种以偏心结构形式使卷边滚轮实现径向进给运

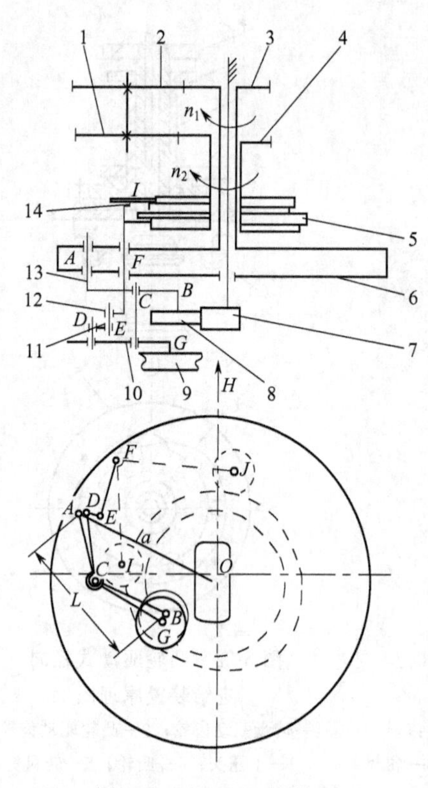

图 5-23　GT4B4 型卷边封口机卷封机构原理图

1,2,3,4—齿轮；5—盘形凸轮；6—封盘；7—罐形靠模凸轮；8—靠模滚子；9—卷边滚轮；10—卷边滚轮摆杆；11—连杆；12—摆杆；13—靠模摆杆；14—进给凸轮摆杆

动，具有结构简单、紧凑、加工制造方便的优点，但径向进给不能任意控制，进给速度不均匀，真正用于卷封工艺的时间少，无光边整形过程，工艺性能较差，只适用于卷封圆形罐。最后一种可根据卷封工艺要求设计凸轮曲线，因而能控制径向进给的运动规律。在二道卷封后可增加一段光边整形，且卷封工艺角可大大增加，因而卷封工艺性能好，生产能力高，但结构较大，磨损快，影响卷封精度。此结构既适用于卷封圆形罐，也可用于异形罐。

3. 完成仿形运动的结构形式

(1) 以罐形靠模为作用件

如图 5-23 所示为 GT4B4 型卷边封口机卷封机构原理图，它采用罐形靠模为作用件，以完成仿形运动。齿轮 3、4 在同轴齿轮 2、1 的带动下，以相同方向不同转速转动，并分别带动封盘 6 和盘形凸轮 5 转动。该凸轮组共有四只凸轮，其中一对为头道共轭的进给凸轮，另一对为二道共轭的进给凸轮。当封盘相对凸轮转动时，由于两者有速差，从而使进给凸轮摆杆 14 产生摆动，并通过连杆 11、卷边滚轮摆杆 10 驱动卷边滚轮 9 作径向进给运动。与此同时，由于卷边滚轮摆杆与靠模摆杆 13 都铰接在 C 点，而靠模摆杆 13 又绕固定的罐形靠模凸轮 7 摆动（摆动支点为封盘上的 A 点），因此卷边滚轮 9 又能作仿形运动。该机有四只卷边滚轮，头、二道各两只，图中仅示一只。

(2) 以非罐形靠模为作用件

罐形靠模在转弯处曲率变化较大，使得卷边滚轮在该处的惯性变化剧增，严重地影响卷封质量，也限制生产能力的提高。例如，卷封方形罐在从一条罐边到另一条罐边的转角处，很容易出现卷封不紧、起皱纹、轧伤等质量问题。因此，采用靠模与所要卷封的罐头外形，既不相同也不相似，而是将转角曲率设计成变化比较缓和的形状，以利提高卷封质量。

四、圆形罐卷封机构的运动设计

1. 采用偏心套筒完成径向进给运动

以 GT4B1 型卷边封口机为例，如前图 5-20 所示，偏心套筒 3 为原动件，以产生径向进给运动。显然，卷边滚轮 6 与罐体的中心距和封盘相对于偏心套筒运动的转角有关。

(1) 卷边滚轮的运动方程

如图 5-24 所示，设罐体的中心为 O，偏心套筒的几何中心为 A，偏心距 $OA=e$；卷边滚轮的中心为 M，$AM=R$；令封盘的转速为 n_1；偏心套筒的转速为 n_2，一般取 $n_2<n_1$。

首先，取卷边滚轮与罐体的最大中心距为初始位置建立极坐标。此时，若将上述的三心标记为 $O-A_0-M_0$，显然，$OM_0=OA_0+A_0M_0=e+R$。经时间 t 偏心套筒绕罐体中心 O 由 A_0 移至 A，相应的转角 $\alpha=2\pi n_2 t$。而卷边滚轮中心 M 一方面以 n_1 绕罐体中心转过 $\beta=2\pi n_1 t$，另一方面由于套筒偏心的作用又产生径向相对运动而移至 M 点。则可求出该瞬时卷边滚轮与罐体的中心距 OM。

在△OAM 中，由余弦定理可知

$$AM^2=OA^2+OM^2-2\times OA\times OM\cos\angle AOM$$

令 $OM=\rho$，$\angle AOM=\beta-\alpha=\theta$，则上式可改写为

$$\rho^2-2e\rho\cos\theta+e^2-R^2=0$$

故
$$\rho=\frac{2e\cos\theta\pm\sqrt{(2e\cos\theta)^2-4(e^2-R^2)}}{2}$$

$$=e\cos\theta\pm R\sqrt{1-\frac{e^2}{R^2}\sin^2\theta}$$

实际上，$e\ll R$，ρ 又不可能为负值，可见

$$\rho\approx R+e\cos\theta \tag{5-5}$$

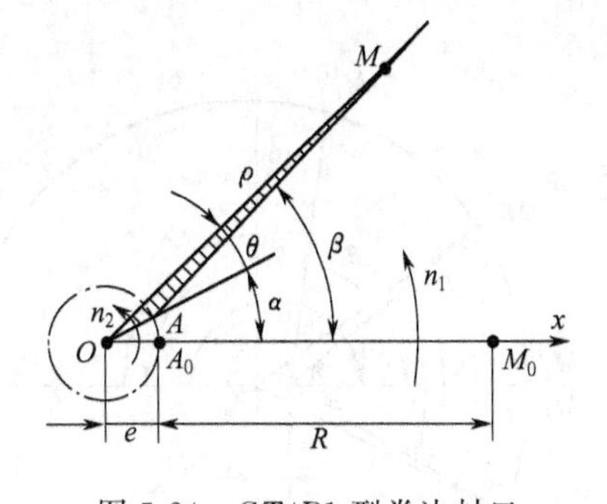

图 5-24 GT4B1 型卷边封口机卷封机构的运动分析图

上式表明，当机构参数 R、e 为定值时，卷边滚轮中心的极径 ρ 仅是相对极角（即相对运动角）θ 的函数。显然，该函数对于头道和二道卷边滚轮均适用。

上式就是 GT4B1 型卷边封口机卷边滚轮中心的运动方程，其绝对运动轨迹可近似认为是一条封闭而又对称的余弦螺旋线；至于卷边滚轮工作沟槽的绝对运动轨迹，则是以该沟槽的工作半径沿上述螺旋线，再画包络线而得到的等距曲线。不难看出，卷边滚轮中心相对于偏心套筒的运动轨迹，实际上是以 A_0 为圆心、以 R 为半径的一个圆。

（2）机构主要参数的确定

根据卷边滚轮的运动方程，可以确定或校核卷封机构的主要技术参数。

① 偏心套筒的偏心距　由式(5-5) 可知：

当 $\theta=0$ 时　　$\rho_{\max}=R+e$

当 $\theta=\pi$ 时　　$\rho_{\min}=R-e$

因此：

$$e=\frac{1}{2}(\rho_{\max}-\rho_{\min}) \tag{5-6}$$

对于头道卷边滚轮而言

$$\rho_{\max}^{(1)}=r+S^{(2)}+S^{(1)}+S_0^{(1)}+r^{(1)} \tag{5-7}$$

$$\rho_{\min}^{(1)}=r+S^{(2)}+r^{(1)} \tag{5-8}$$

代号上标（1）、(2) 分别表示属于头道、二道卷封的工作参数。

式中　r——封罐后盖子的半径；

$S^{(1)}$——头道的径向进给量；

$S^{(2)}$——二道的径向进给量；

$S_0^{(1)}$——头道卷边滚轮离开罐盖初始边缘的最大间隙，考虑到卷封沟槽的外廓形状并为托罐方便，应取一定的余量；

$r^{(1)}$——头道卷边滚轮的工作半径（一般取沟槽最深点的半径）。

将 $\rho_{\max}$、$\rho_{\min}$ 代入式(5-6) 则

$$e=\frac{1}{2}[S^{(1)}+S_0^{(1)}] \tag{5-9}$$

② 封盘及偏心套筒的转速　封盘转速 n_1 和偏心套筒转速 n_2 决定了卷封时间的长短。

如图 5-25 所示，若令头道卷封的起始点即当 $S_0^{(1)}=0$ 时为 $M_1^{(1)}$，则该滚轮与罐体的中心距 $\rho_1^{(1)}$ 可由式(5-5) 确定，即

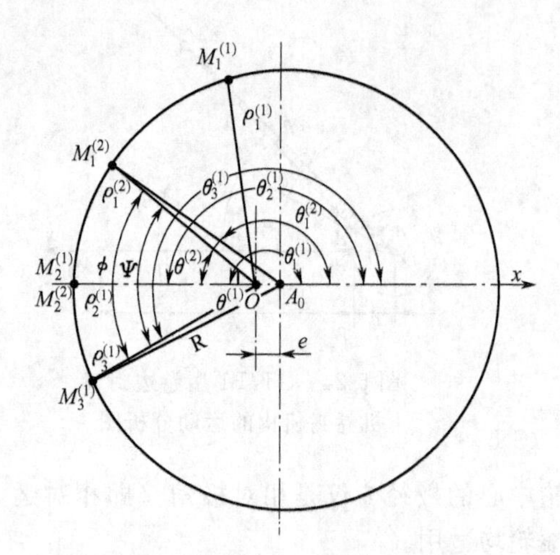

图 5-25　GT4B1 型卷边封口机卷封机构的运动综合图

$$\rho_1^{(1)}=R+e\cos\theta_1^{(1)}=r+S^{(2)}+S^{(1)}+r^{(1)}$$

又令头道卷封结束点为 $M_2^{(1)}$，该瞬时滚轮与罐体的中心距 $\rho_2^{(1)}$，同理可得

$$\rho_2^{(1)}=R+e\cos\theta_2^{(1)}=r+S^{(2)}+r^{(1)}$$

显然，该滚轮与罐体的中心距的最小值

$$\rho_{\min}^{(1)}=\rho_2^{(1)}=R-e,\ \theta_2^{(1)}=180°$$

头道的径向进给量

$$S^{(1)}=\rho_1^{(1)}-\rho_2^{(1)}=R+e\cos\theta_1^{(1)}-(R-e)$$

进而求得　$\cos\theta_1^{(1)}=\dfrac{S^{(1)}}{e}-1$

由此可知，头道的卷封工艺角为

$$\theta^{(1)}=\theta_2^{(1)}-\theta_1^{(1)}$$

同理，若令二道卷封的起始点为 $M_1^{(2)}$，相对运动角为 $\theta_1^{(2)}$；二道卷封的结束点为 $M_2^{(2)}$ 相对运动角为 $\theta_2^{(2)}=180°$，则

$$\cos\theta_1^{(2)}=\frac{S^{(2)}}{e}-1$$

由此可知，二道的卷封工艺角为：$\theta^{(2)}=\theta_2^{(2)}-\theta_1^{(2)}$

因此，头道、二道卷封所需的工艺时间分别为：

$$t^{(1)}=\frac{\theta^{(1)}}{2\pi(n_1-n_2)} \tag{5-10}$$

$$t^{(2)}=\frac{\theta^{(2)}}{2\pi(n_1-n_2)} \tag{5-11}$$

该卷封工艺时间不仅要保证完成设计生产能力，而且还应满足单位径向进给量。由此可得：

$$t^{(1)}=\frac{S^{(1)}}{n_1\Delta S^{(1)}} \tag{5-12}$$

$$t^{(2)}=\frac{S^{(2)}}{n_1\Delta S^{(2)}} \tag{5-13}$$

$$n_1-n_2=Q \tag{5-14}$$

式中　$\Delta S^{(1)}$、$\Delta S^{(2)}$——分别表示头道、二道卷封的单位径向进给量；

Q——表示卷边封口机的生产能力。

注意：式(5-14) 仅表示 n_1、n_2、Q 间的数值关系，即差速一圈封一罐。

根据式(5-10) 和式(5-12) 可得

$$\frac{n_1}{n_2}=1-\frac{\theta^{(1)}\Delta S^{(1)}}{2\pi S^{(1)}}$$

再将式(5-14) 联立，便可解出

$$n_1=\frac{2\pi S^{(1)}Q}{\theta^{(1)}\Delta S^{(1)}} \tag{5-15}$$

将 n_1 带入 (5-14) 便可求得 n_2。

③ 头道、二道卷边滚轮的封盘配置角　在每一工作循环中，要求头道滚轮卷封时，二道滚轮不触及罐盖；而当头道滚轮结束卷封且已离开罐盖一定距离（一般取 0.5mm 左右）后，二道滚轮应能开始卷封。否则，由于头道、二道滚轮沟槽形状不一，会使卷边出现不应有的压痕，影响封罐质量。

图 5-25 中，设头道滚轮卷封结束，退出 $\delta_2^{(1)}$ 时，其中心位置在 $M_3^{(1)}$ 点，而相对运动角为 $\theta_3^{(1)}$，由运动方程可知

$$\rho_3^{(1)}=R+e\cos\theta_3^{(1)}=r+S^{(2)}+r^{(1)}+\delta_2^{(1)}$$

如前所述，在头道卷封结束点，$r+S^{(2)}+r^{(1)}=R-e$ 故

$$\cos\theta_3^{(1)}=\frac{\delta_2^{(1)}}{e}-1 \tag{5-16}$$

在此刻，二道滚轮开始卷封。其中心位置在 $M_1^{(2)}$ 点，根据上述要求，二道相对于头道的工艺滞后角应是

$$\psi=\angle M_3^{(1)}OM_1^{(2)}=\theta_3^{(1)}-\theta_1^{(2)}$$

若取头道、二道滚轮中心与封盘上偏心套筒几何中心的间距相等，即 $A_0M_1^{(2)}=A_0M_3^{(1)}=R$ 则

$$\rho_1^{(2)}=R+e\cos\theta_1^{(2)}，\rho_3^{(1)}=R+e\cos\theta_3^{(1)}$$

按 $\Delta OA_0M_1^{(2)}$ 及 $\Delta OA_0M_3^{(1)}$ 所示的几何关系，可分别求出

$$\phi^{(2)}=\angle OA_0M_1^{(2)}=\arccos\frac{R^2+e^2-(\rho_1^{(2)})^2}{2Re}$$

$$\phi^{(1)}=\angle OA_0M_3^{(1)}=\arccos\frac{R^2+e^2-(\rho_3^{(1)})^2}{2Re}$$

因此，头道滚轮、二道滚轮在封盘上的配置角应是

$$\phi=\angle M_1^{(2)}A_0M_3^{(1)}=\angle M_1^{(2)}A_0O+\angle M_3^{(1)}A_0O=\phi^{(2)}+\phi^{(1)}$$

偏心套卷封滚轮整个计算过程框图如图 5-26 所示。

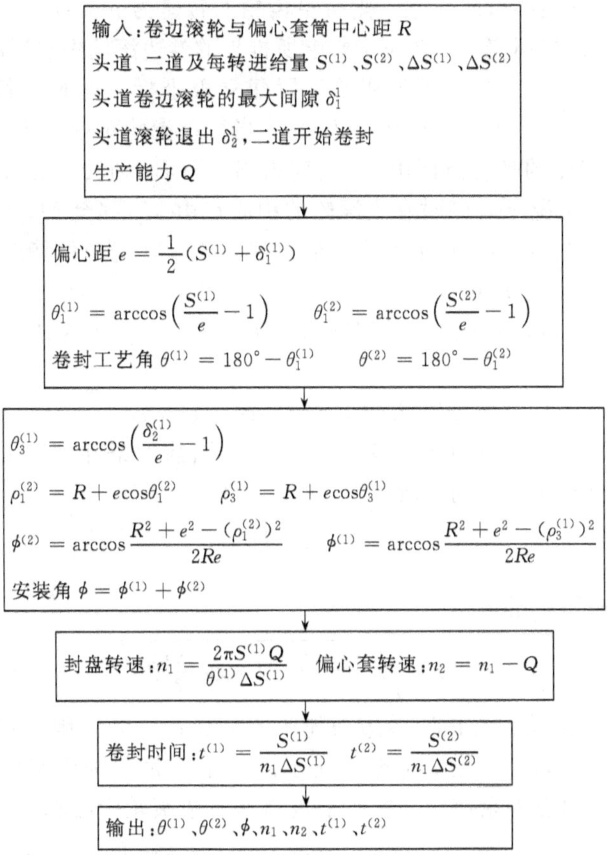

输入：卷边滚轮与偏心套筒中心距 R
头道、二道及每转进给量 $S^{(1)}$、$S^{(2)}$、$\Delta S^{(1)}$、$\Delta S^{(2)}$
头道卷边滚轮的最大间隙 δ_1^1
头道滚轮退出 δ_2^1，二道开始卷封
生产能力 Q

↓

偏心距 $e=\frac{1}{2}(S^{(1)}+\delta_1^{(1)})$
$\theta_1^{(1)}=\arccos\left(\frac{S^{(1)}}{e}-1\right)$　　$\theta_1^{(2)}=\arccos\left(\frac{S^{(2)}}{e}-1\right)$
卷封工艺角 $\theta^{(1)}=180°-\theta_1^{(1)}$　　$\theta^{(2)}=180°-\theta_1^{(2)}$

↓

$\theta_3^{(1)}=\arccos\left(\frac{\delta_2^{(1)}}{e}-1\right)$
$\rho_1^{(2)}=R+e\cos\theta_1^{(2)}$　　$\rho_3^{(1)}=R+e\cos\theta_3^{(1)}$
$\phi^{(2)}=\arccos\frac{R^2+e^2-(\rho_1^{(2)})^2}{2Re}$　　$\phi^{(1)}=\arccos\frac{R^2+e^2-(\rho_3^{(1)})^2}{2Re}$
安装角 $\phi=\phi^{(1)}+\phi^{(2)}$

↓

封盘转速：$n_1=\frac{2\pi S^{(1)}Q}{\theta^{(1)}\Delta S^{(1)}}$　偏心套转速：$n_2=n_1-Q$

↓

卷封时间：$t^{(1)}=\frac{S^{(1)}}{n_1\Delta S^{(1)}}$　$t^{(2)}=\frac{S^{(2)}}{n_1\Delta S^{(2)}}$

↓

输出：$\theta^{(1)}$、$\theta^{(2)}$、ϕ、n_1、n_2、$t^{(1)}$、$t^{(2)}$

图 5-26　偏心套卷封滚轮计算框图

2. 采用行星齿轮偏心销完成径向进给运动

以 GT4B2 型卷边封口机为例，该机专门用来卷封圆形实罐。

参阅图 5-21 所示，其卷封机构采用行星齿轮偏心销轴作原动件，以产生径向进给运动。显然，卷边滚轮与罐体的中心距是卷边滚轮所在封盘与中心齿轮相对运动角的函数。

(1) 卷边滚轮的运动方程

如图 5-27 所示，设罐体的中心（即中心齿轮的圆心）为 O，行星齿轮的圆心为 A，$OA=L$；其偏心轴孔的圆心为 M，偏心距 $AM=e$。若暂不考虑卷边滚轮中心的位置调整问题，则 M 点也就是卷边滚轮的中心。

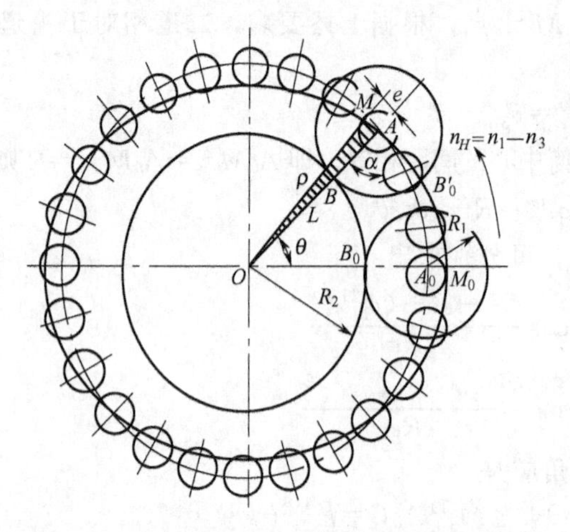

图 5-27　行星齿轮偏心销卷封机构运动分析

由于行星齿轮与中心齿轮的转速不同，它们之间以差动的形式传动。设行星齿轮随同封盘绕罐体中心的转速为 n_1，中心齿轮的转速为 n_2，一般 $n_2<n_1$。这样，卷边滚轮一方面随同封盘作牵连运动，完成绕罐体周向旋转；另一方面又随同行星齿轮自转对封盘作相对运动，由于卷边滚轮与行星齿轮又存在着一定的偏心距，故能完成对罐体中心的径向进给。

为了便于分析和作图，假设中心齿轮不动，即给整个机构加上一个反向的转速（$-n_2$），从而将该差动轮系转换为普通的行星轮系。则行星齿轮的转速为 $n_H=n_1-n_2$。由于原机构各构件之间的相对运动关系均保持不变，因此不会影响所推导的卷边滚轮中心运动方程的参数关系。

取卷边滚轮与罐体的最大中心距为初始位置建立极坐标。此时，若将上述的三心标记为 $O-A_0-M_0$，显然有 $OM_0=OA_0+A_0M_0=L+e$。当行星齿轮对中心齿轮以相对转速 n_H 由 A_0 转至 A 时，它同中心齿轮的啮合点便由 B_0 改变为 B，而 B_0 则转至 B'_0，行星齿轮的公转角为 θ，自转角为 α。在这种情况下，同时卷边滚轮的中心点由 M_0 移至 M，$OM=\rho$，由于在起始位置时 $B_0-A_0-M_0$ 三点共线，因此转至新位置后 B'_0-A-M 仍应保持三点共线。

在△OAM 中，由余弦定理可知

$$OM^2=OA^2+AM^2-2\times OA\times AM\cos\angle OAM$$

即

$$\rho^2=L^2+e^2-2Le\cos(\pi-\alpha) \tag{5-17}$$

令行星齿轮和中心齿轮的节圆半径各为 R_1、R_2，由前设条件可知 $L=R_1+R_2$，考虑到齿轮的啮合传动相当于节圆作纯滚动，故 $R_2\theta=R_1\alpha$，即

$$\alpha=\frac{R_2\theta}{R_1}$$

将上式代入式(5-17)，解得

$$\rho=\sqrt{L^2+e^2+2Le\cos\frac{R_2}{R_1}\theta} \tag{5-18}$$

式(5-17) 就是行星齿轮偏心机构卷边滚轮中心的运动方程。因为行星齿轮的节圆沿着中心齿轮的节圆作外切纯滚动，由数学可知，处于该行星齿轮节圆内某定点（即卷边滚轮的中心）的运动轨迹是一条内点外余摆线。实际上也就是卷边滚轮中心相对于中心齿轮或罐体中心的运动轨迹。当 $\frac{R_2}{R_1}=2$ 时，卷边滚轮以相对转速 n_H 绕罐体公转一圈时，即形成两条外余摆

线，可卷封两个罐头。

(2) 机构主要参数的确定

① 行星齿轮偏心轴孔的偏心距　由式(5-18) 可知，当 $\theta=0$ 时，$\rho_{\max}=L+e$；当 $\theta=\frac{\pi}{2}$时，$\rho_{\min}=L-e$，由此可得

$$e=\frac{1}{2}(\rho_{\max}-\rho_{\min})$$

② 封盘及中心齿轮的转速　可用 GT4B1 型卷边封口机相似的方法，先求头道和二道的卷封工艺角 $\theta^{(1)}$、$\theta^{(2)}$。

在头道卷封起始与结束点，滚轮与罐体的中心距分别为

$$\rho_1^{(1)}=\sqrt{L^2+e^2+2Le\cos\frac{R_2}{R_1}\theta_1^{(1)}}=r+S^{(2)}+S^{(1)}+r^{(1)}$$

$$\rho_2^{(1)}=L-e=r+S^{(2)}+r^{(1)}$$

两式相减

$$\rho_1^{(1)}-\rho_2^{(1)}=S^{(1)}=\sqrt{L^2+e^2+2Le\cos\frac{R_2}{R_1}\theta_1^{(1)}}-L+e$$

解得

$$\theta_1^{(1)}=\frac{R_1}{R_2}\left[\arccos\frac{(S^{(1)}+L-e)^2-L^2-e^2}{2Le}\right]$$

又因 $\theta_2^{(1)}=90°$，故头道卷封工艺角为

$$\theta^{(1)}=\theta_2^{(1)}-\theta_1^{(1)}=90°-\frac{R_1}{R_2}\left[\arccos\frac{(S^{(1)}+L-e)^2-L^2-e^2}{2Le}\right] \tag{5-19}$$

同理可得，二道卷封工艺角为

$$\theta^{(2)}=\theta_2^{(2)}-\theta_1^{(2)}=90°-\frac{R_1}{R_2}\left[\arccos\frac{(S^{(2)}+L-e)^2-L^2-e^2}{2Le}\right] \tag{5-20}$$

封盘及中心齿轮的转速 n_1、n_2 可用偏心套筒结构形式相同的方法求得，即

$$n_1=\frac{4\pi S^{(1)}Q}{\theta^{(1)}\Delta S^{(1)}} \tag{5-21}$$

$$n_2=n_1-\frac{Q}{2} \tag{5-22}$$

③ 头道和二道卷边滚轮中心的工艺配置角　用行星齿轮偏心销轴的控制来完成径向进给运动的装置，为了受力均匀，卷封滚轮呈对称状态分布，即头道和二道行星齿轮在封盘上的安装夹角为 90°。由于工艺上要求头道卷边滚轮卷封结束并退出一定距离后，二道卷边滚轮才能开始卷封。这样，要求正常卷封时，当头道滚轮达到进给最终位置时，二道滚轮中心应跟随受控的行星齿轮自转一定角度以后也能准确地到达进给最终位置。其自转角度称为头道和二道卷边滚轮中心的工艺配置角。

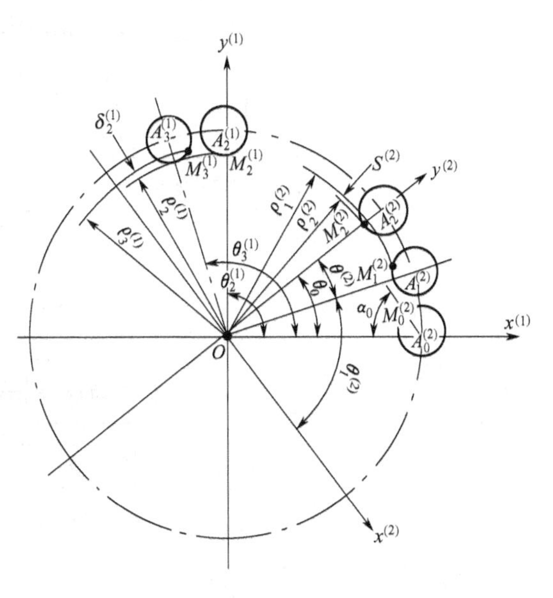

图 5-28　采用行星齿轮偏心机构的卷封装置头道二道卷边滚轮卷封工艺图

如图 5-28 所示，若头道滚轮卷封结束并退出距离 $\delta_2^{(1)}$ 时，二道滚轮正好开始卷封。该

瞬时，头道和二道行星齿轮中心所在的位置分别是 $A_3^{(1)}$、$A_1^{(2)}$，$\angle A_3^{(1)}OA_1^{(2)}=90°$，而卷边滚轮的中心分别是 $M_3^{(1)}$、$M_1^{(2)}$。当头道滚轮结束卷封时，头道和二道行星齿轮的中心位置分别为 $A_2^{(1)}$、$A_0^{(2)}$。同理可知 $\angle A_2^{(1)}OA_1^{(2)}=90°$，故 $A_0^{(2)}$ 恰好在头道的初始位置，即 $x^{(1)}$ 轴上。当头道卷边滚轮中心点位置为 $M_2^{(1)}$（偏心位于最里位置）时，则二道卷边滚轮中心 $M_0^{(2)}$ 距到达最里位置 $M_2^{(2)}$，尚需以相对转速绕罐体转过一个角度，即

$$\theta_0=\angle A_0^{(2)}OA_2^{(2)}=\angle A_0^{(2)}OA_1^{(2)}+\angle A_1^{(2)}OA_2^{(2)}=\theta_3^{(1)}-90°+\theta^{(2)}$$

式中 $\theta_3^{(1)}$——头道卷封结束并退出 $\delta_2^{(1)}$ 时，行星齿轮中心 $A_3^{(1)}$ 离初始位置的相位运动角，其值可由式(5-18) 通过求 $\rho_3^{(1)}$ 和 $\rho_2^{(1)}$ 的方法解得。

因此，头道和二道卷边滚轮中心的工艺配置角为

$$\alpha_0=\frac{R_2}{R_1}\theta_0=\frac{R_2}{R_1}(\theta_3^{(1)}-90°+\theta^{(2)}) \tag{5-23}$$

调试时，按上述条件先将头道滚轮中心调到所在行星齿轮偏心的最里位置，再将相位差为90°的二道滚轮中心从最里位置逆着行星齿轮的自转方向转过 α_0 后装入，就能保证两道卷封正常进行。

另外，卷封作用力的计算请看参考文献 [1]。

行星齿轮机构整个计算过程框图如图 5-29 所示。

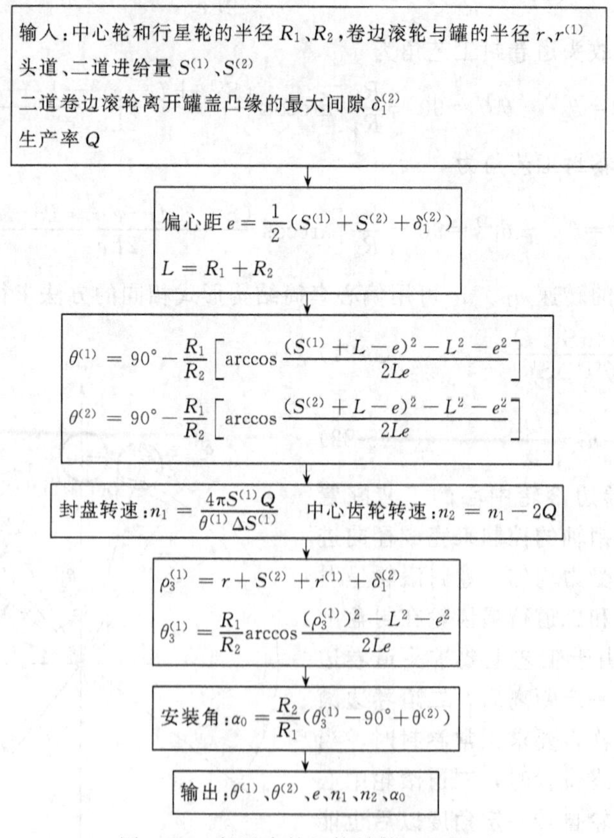

图 5-29 行星齿轮机构计算过程框图

3. 应用实例

【**例 1**】某一单头自动卷边封口机采用偏心套筒结构来完成径向进给运动。已知卷边滚轮与偏心套筒的中心距 $R=80$mm，头道卷边滚轮的径向进给量 $S^{(1)}=3.22$mm，绕罐体每转进给

量 $\Delta S^{(1)}=1\text{mm/r}$；二道卷边滚轮的径向进给量 $S^{(2)}=0.76\text{mm}$；绕罐体每转进给量 $\Delta S^{(2)}=0.52\text{mm/r}$；开始卷封前，头道卷边滚轮离开罐盖边缘的最大间隙为 $\delta_1^{(1)}=4.78\text{mm}$；头道卷边滚轮结束并退出 $\delta_2^{(1)}=0.5\text{mm}$ 时，二道卷边滚轮才开始卷封。该机生产能力为 $Q=40\text{pcs/min}$，试求设计该卷封装置所需要的主要技术参数。

解题步骤如下。

(1) 求偏心套筒的偏心距

由式(5-9) 得

$$e=\frac{1}{2}(S^{(1)}+\delta_1^{(1)})=\frac{1}{2}(3.22+4.78)=4\ (\text{mm})$$

(2) 求封盘及偏心套筒转速

头道卷封工艺角

$$\theta_1^{(1)}=\arccos\left(\frac{S^{(1)}}{e}-1\right)=\arccos\left(\frac{3.22}{4}-1\right)=101°15'$$

$$\theta^{(1)}=\theta_2^{(1)}-\theta_1^{(1)}=180°-101°15'=78°45'$$

二道卷封工艺角

$$\theta_1^{(2)}=\arccos\left(\frac{S^{(2)}}{e}-1\right)=\arccos\left(\frac{0.76}{4}-1\right)=144°6'$$

$$\theta^{(2)}=\theta_2^{(2)}-\theta_1^{(2)}=180°-144°6'=35°54'$$

封盘及偏心套筒转速

由式(5-15) 求得 $n_1=\dfrac{2\pi S^{(1)}Q}{\theta^{(1)}\Delta S^{(1)}}=\dfrac{360°\times 3.22\times 40}{78.75°\times 1}=589\ (\text{r/min})$

$$n_2=n_1-Q=589-40=549\ (\text{r/min})$$

(3) 求头道和二道卷边滚轮的配置角

由 (5-16) 求出头道滚轮卷封结束并退出 0.5mm 时，相对运动角为

$$\theta_3^{(1)}=\arccos\left(\frac{\delta_2^{(1)}}{e}-1\right)=\arccos\left(\frac{0.5}{4}-1\right)=208°57'$$

分别求出当二道卷边滚轮卷封开始时卷边滚轮与罐体中心距以及头道卷边滚轮卷封结束并退出 0.5mm 时头道卷边滚轮与罐体中心距

$$\rho_1^{(2)}=R+e\cos\theta_1^{(2)}=80+4\cos 144.1°=76.76\ (\text{mm})$$

$$\rho_3^{(1)}=R+e\cos\theta_3^{(1)}=80+4\cos 208.95°=76.50\ (\text{mm})$$

$$\angle M_1^{(2)}A_0O=\arccos\frac{R^2+e^2-[\rho_1^{(2)}]^2}{2Re}=\arccos\frac{80^2+4^2-76.76^2}{2\times 80\times 4}=35°3'$$

$$\angle M_3^{(1)}A_0O=\arccos\frac{R^2+e^2-[\rho_3^{(1)}]^2}{2Re}=\arccos\frac{80^2+4^2-76.50^2}{2\times 80\times 4}=28°15'$$

最后求出配置角 $\phi=\angle M_1^{(2)}A_0O+\angle M_3^{(1)}A_0O=35°3'+28°15'=63°18'$

(4) 求每封一罐卷边滚轮绕罐旋转的圈数

$$n=\frac{n_1}{Q}=\frac{589}{40}=14.725\text{r/pc}$$

(5) 求头道、二道卷边滚轮的卷封时间

由式(5-12) 得头道卷边滚轮的卷封时间

$$t^{(1)}=\frac{S^{(1)}}{n_1\Delta S^{(1)}}=\frac{3.22\times 60}{589\times 1}=0.33\ (\text{s})$$

由式(5-13) 得二道卷边滚轮的卷封时间

$$t^{(2)}=\frac{S^{(2)}}{n_1\Delta S^{(2)}}=\frac{0.76\times60}{589\times0.52}=0.15\ (\mathrm{s})$$

【例 2】 有一单头自动卷边封口机采用行星齿轮偏心销轴结构来完成径向进给运动。已知四只行星齿轮的齿数均为 $Z_1=28$，中心齿轮的齿数为 $Z_2=56$，模数均为 $m=2$，并取头道和二道径向进给量分别为 $S^{(1)}=3\mathrm{mm}$ 和 $S^{(2)}=0.7\mathrm{mm}$。开始卷封前，二道卷边滚轮离开罐盖边缘的最远距离为 $S_0^{(2)}=8\mathrm{mm}$。该机生产能力为 $Q=40$ 瓶/min。每封一罐，从头道开始卷封至二道结束卷封所需时间为 $t=\frac{13}{30}\mathrm{s}$。试确定设计参数。在安装调试时，先将头道行星齿轮偏心轴孔的中心放在最里位置，要求确定二道行星齿轮偏心轴孔的中心由最里位置逆其自转方向应调过的角度（或当量齿数），并说明对有关构件结构设计应采取的适当措施。

求解步骤如下。

(1) 确定销轴偏心距及齿轮中心距

参照式(5-6)、式(5-7) 和式(5-8)，可得销轴的偏心距

$$e^{(2)}=\frac{\rho_{\max}^{(2)}-\rho_{\min}^{(2)}}{2}=\frac{(r+S^{(2)}+S^{(1)}+S_0^{(2)}+r^{(2)})-(r+r^{(2)})}{2}=\frac{S^{(2)}+S^{(1)}+S_0^{(2)}}{2}$$

将已知值代入得

$$e=\frac{0.7+3+8}{2}=5.85\ (\mathrm{mm})$$

齿轮中心距 $$L=\frac{1}{2}m(Z_1+Z_2)=\frac{1}{2}\times2(28+56)=84\ (\mathrm{mm})$$

(2) 确定头道卷封工艺角

按式(5-19)，代入已知值，其中 $\frac{R_1}{R_2}=\frac{Z_1}{Z_2}=\frac{1}{2}$

$$\theta^{(1)}=90^\circ-\frac{1}{2}\times\left[\arccos\frac{(3+84-5.85)^2-84^2-5.85^2}{2\times84\times5.85}\right]=90^\circ-60.5^\circ=29.5^\circ$$

(3) 确定从头道卷封开始至二道卷封结束所需时间相对应的相对运动角

根据生产能力 $Q=40$ 瓶/min，每封一罐所需时间 $T=\frac{60}{Q}=\frac{60}{40}=1.5\ (\mathrm{s})$，故所求的相对运动角

$$\theta=\frac{t}{T}\times180^\circ=\frac{13}{30}\times\frac{180^\circ}{1.5}=52^\circ$$

(4) 确定从头道卷封结束至二道卷封结束所需时间相对应的相对运动角

$$\theta_0=\theta-\theta^{(1)}=52^\circ-29.5^\circ=22.5^\circ$$

(5) 确定头道滚轮在最里位置时，二道滚轮由最里位置应逆转的齿数

因头道和二道的工艺配置角

$$\alpha_0=\frac{Z_2}{Z_1}\times\theta_0=2\times22.5^\circ=45^\circ$$

则对应的当量齿数

$$Z_0=Z_1\times\frac{\alpha_0}{360^\circ}=28\times\frac{45^\circ}{360^\circ}=3.5$$

(6) 对有关构件设计所采取的措施

如图 5-30 所示，头道和二道滚轮在封盘上的安装夹角为 90°，而中心齿轮在该夹角范围内的齿数 $56\times\frac{90^\circ}{360^\circ}=14$，是一个整数。因此，头道行星齿轮的齿间与中心齿轮的轮齿相啮合时，

则二道行星齿轮也必然是齿间与中心齿轮的轮齿相啮合。但是，为了保证二道行星齿轮能调过三个半齿，就要求在设计、制造两道行星齿轮结构时，将头道偏心轴孔中心线对称的定位于齿间，而将二道偏心轴孔中心线错过半个齿，即对称的定位于轮齿。按图 5-30 所示中心齿轮啮合的位置，头道偏心在最里位置，而二道偏心则由最里位置已转过半个齿，这样，只要按图示位置保持头道行星齿轮不动，再将二道行星齿轮顺时针调过三个齿即可。

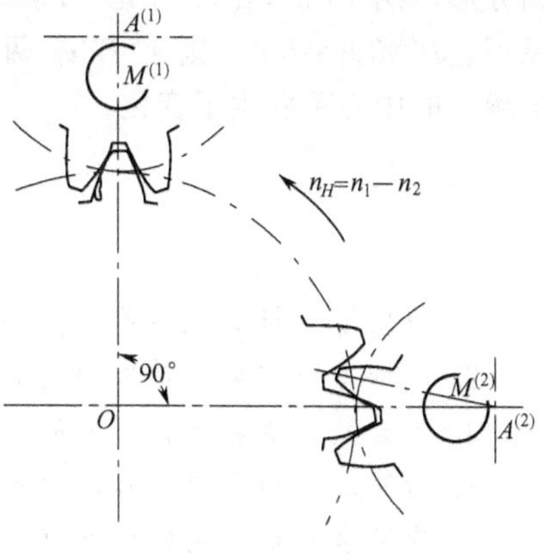

图 5-30　头道和二道卷边滚轮相对位置确定示意图

五、卷边滚轮径向进给距离的调整

卷边滚轮与罐体的最小中心距对保证封口质量具有重要的意义。由于零件的制造误差、卷边滚轮的磨损，以及对卷边滚轮封口松紧程度的不同要求，都必须改变卷边滚轮径向进给距离，因此有必要设置相应的调整装置。

由行星齿轮偏心机构卷边滚轮的运动方程可以看出，卷边滚轮与罐体的中心距同行星齿轮的偏心距有关。因此，可以通过改变行星齿轮的偏心距来调整。

图 5-31 所示为卷边滚轮径向进给距离的调整装置。行星齿轮 4 的轴心为 A，偏心孔的中心为 M，偏心距 $e_1=AM$。偏心销轴 3 的上部装在行星齿轮偏心孔内，下部安装着卷边滚轮，其中心为 O_1，偏心销轴的偏心距 $\boldsymbol{e}_2=MO_1$（前述在不考虑调整问题时，行星齿轮的中心即为卷边滚轮的中心，即 $\boldsymbol{e}_2=0$）。因此，卷边滚轮与行星齿轮的偏心距 $\boldsymbol{e}=\boldsymbol{e}_1+\boldsymbol{e}_2$。只要设法改变 $\boldsymbol{e}_1$ 和 $\boldsymbol{e}_2$ 两向量之间的夹角就能改变偏心距的大小。

在调整装置中，改变 $\boldsymbol{e}_1$ 和 $\boldsymbol{e}_2$ 两向量之间的夹角是通过以下的结构来实现的，在偏心销轴 3 的上端固连着方形短柄 10，并使 $PM \perp O_1M$。方形短柄安放在蜗轮 7 的周边缺口内，蜗轮借螺钉 8 及压簧片 9 装在封盘盖 6 内。调整时，先松开螺钉，再扳动蜗杆 11 使蜗轮旋转，并带

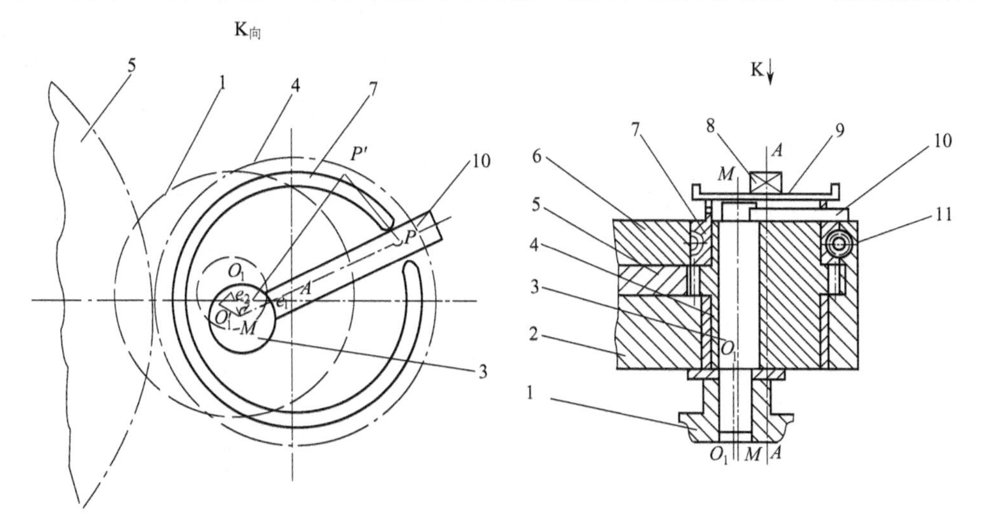

图 5-31　卷边滚轮径向进给距离的调整装置

1—卷边滚轮；2—封盘；3—偏心销轴；4—行星齿轮；5—中心齿轮；6—封盘盖；7—蜗轮；8—螺钉；9—压簧片；10—方形短柄；11—蜗杆

动方形短柄 10 绕其回转中心 M 转动。当 P 点沿逆时针方向转到 P' 时，则 O_1 点移至 O_1'，并保证 $\angle P'MO_1'=90°$，则 $\boldsymbol{e}_1$ 和 $\boldsymbol{e}_2$ 两向量之间的夹角由 $\angle O_1MP$ 变为 $\angle O_1'MP$，从而使卷边滚轮与罐体的中心距发生了变化。

思 考 题

1. 滚压螺纹封口机中单、多头滚压螺纹装置必须完成哪些运动？
2. 刚性容器常见的封口形式有哪些？
3. 什么是二重卷边缝？一般马口铁罐二重卷边时，总的径向进给量为多少？
4. 封圆形罐和异形罐时，滚轮必须完成哪些运动？
5. 异形罐卷封中完成仿形有哪几种方式？
6. 什么是卷封工艺角？
7. 卷边滚轮完成周向运动的结构形式有哪几种？
8. 卷封滚轮完成径向进给运动结构形式有哪几种？
9. 偏心套筒结构完成径向进给运动装置中，头道和二道的工艺配置角指的是什么？
10. 行星齿轮偏心销轴完成径向进给运动装置中，头道和二道的工艺配置角指的是什么？
11. 为什么要设置卷边滚轮径向进给距离调整装置？

第六章 裹包机械

第一节 概 述

裹包是一种最常用的包装方式，特别适于块状并具有一定刚度的物品的包装。用挠性材料局部或全部裹包产品的包装设备称为裹包机械。

一、几种典型的裹包方式

随着产品种类的繁多，包装材料的丰富多样及包装技术的发展提高，包装形式丰富多样，灵活多变。另外，由于被包装物品的特性、尺寸和形态的不同，采用的裹包形式也在变化。因此裹包的方式和种类也在不断变化、增加。如图 6-1 所示为几种典型裹包方式。

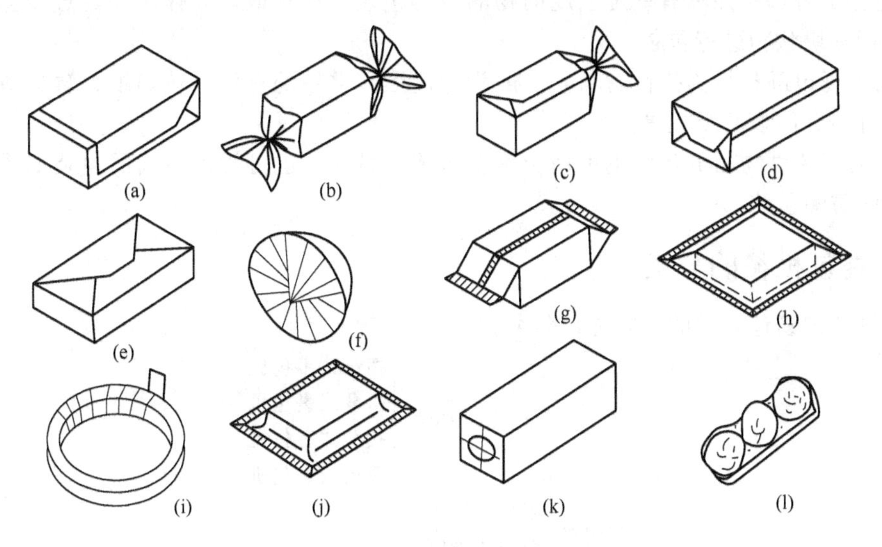

图 6-1 典型裹包方式

1. 半裹包

半裹包是用柔性包装材料将被包装物品的大部分裹包而裸露一部分的包装形式，如图 6-1(a)。如部分橡皮、口香糖等的内包装。

2. 全裹包

全裹包是用柔性包装材料将被包装物品的表面全部裹包的形式，它可分为扭结式、折叠式、接缝式、覆盖式。扭结式：双端扭结如图 6-1(b)、单端扭结如图 6-1(c)，主要用于糖果等的包装。折叠式：两端面折角如图 6-1(d)，折角在两个端面、侧面接缝折角在一个端面，如香烟、磁带等的外包装；底部折叠如图 6-1(e)；端部多褶式如图 6-1(f)。接缝式：如图 6-1(g)，也称枕形裹包；覆盖式如图 6-1(h)，将包装材料四边进行黏结或热封的包装。

3. 缠绕裹包

缠绕裹包如图 6-1(i)，用柔性材料缠绕被包装物品的裹包形式。

4. 泡罩包装

泡罩包装如图 6-1(j)，是将产品封合在由透明塑料薄片形成的泡罩与底板（用纸板、塑料薄膜或薄片、铝箔或其他复合材料制成）之间的包装方法，最常用于药品的包装。

5. 贴体包装

是将产品放在能透气的，用纸板或塑料薄片制成的底板上，上面覆盖可加热软化的塑料薄膜或薄片，四边封接并加热后，通过底板抽真空，使薄膜或薄片紧密地包紧产品的包装方法。

6. 热收缩包装

是利用有热收缩性能的塑料薄膜裹包产品或包装件，然后加热到一定温度使薄膜自行收缩而紧贴住包装件的一种包装方法，如图 6-1(k)。

7. 拉伸包装

是利用可拉伸的塑料薄膜在常温下对薄膜进行拉伸，对产品或包装件进行裹包的方法，如图 6-1(l)。

二、裹包的特点

① 适合于对块状并具有一定刚度的物品进行包装。粉状或散粒体物品经过浅盘、盒等预包装后，可按块状物进行包装。

② 用于裹包的材料为挠性材料，一般为卷筒形。常用的有纸、玻璃纸、塑料薄膜或复合材料。也可用有压痕的纸板等。

③ 可用于单件物品的包装也可用于集合包装。另外，也可为外表面的包装如香烟纸盒等的外表面的防潮包装。

三、裹包机械的分类

裹包机械按裹包方式的不同进行分类。

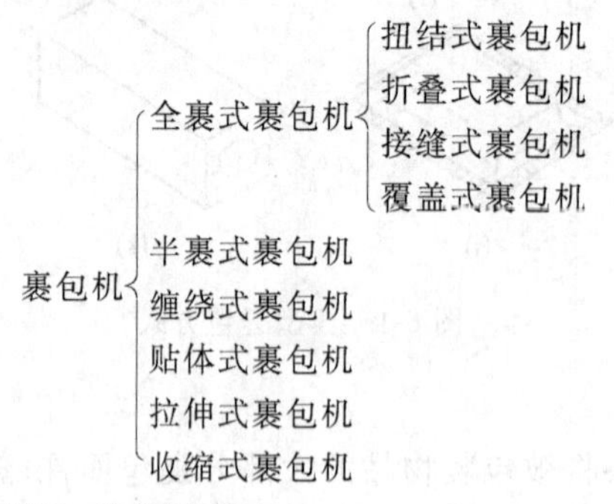

其中贴体式和收缩式将在第九章中论述。

第二节 典型裹包机械基本原理

一、折叠式裹包机

1. 折叠式裹包的工作原理

图 6-2 所示为一转塔折叠式裹包机结构示意及其工作原理图。被包装物品被堆放在贮料仓 10 中，当推料机构 9 链条上的推板运动到贮料仓 10 下部时，就将最底部的被包装件朝前推送，这时贮料仓 10 中的其他被包装件就在自重的作用下落到下部位置。

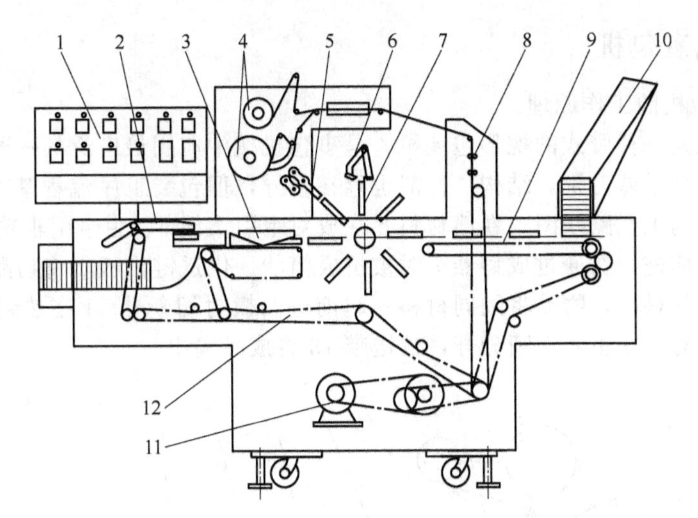

图 6-2　折叠式裹包机结构示意及其工作原理图

1—电器操作箱；2—推出机构；3—端面折叠机构；4—卷筒材料；5—侧面热封接机构；6—侧面折叠机构；7—带导槽回转塔；8—包装材料输送、切断棍；9—推料机构；10—贮料仓；11—电机；12—传动链

当链条上的推板将被包装件向前推送的过程中，碰到了由输送、切断棍从卷筒材料上牵引并切下的包装材料，包装材料与被包装件一起进入回转塔的导槽中，导槽的侧板使包装材料对包装件形成三面裹包。

转塔由间歇机构驱动，转塔就带着导槽中的包装件间歇向前转动，当转至侧面折叠机构 6 下面间歇时，两折叠板对包装件进行长侧面的折叠裹包，继续转动至侧面热封接机构 5 下时，完成对包装件进行侧面的封接。

当导槽继续转动至水平位置时，由导槽后的推杆将包装件由导槽中推出。由输送链向前输送的过程中由端面折叠机构 3 完成两端面的折叠，继续向前完成端面的封接。由推出机构 2 将完成裹包的包装件成排堆放输出。

折叠式裹包机应用广泛，包装外形美观。常用来裹包糖果、巧克力、香烟、香皂、音像制品及各种纸盒的外包装等。

2. 折叠式裹包的工艺

折叠式裹包的形式也多种多样，根据被裹包包装件传送路线的不同分为几种不同的折叠裹包工艺。直线型折叠裹包工艺路线，阶梯型折叠裹包工艺路线，组合型折叠裹包工艺路线。产品在裹包过程中既有圆弧运动，又有直线运动。一般在圆弧段完成侧向的裹包，在直线段完成两端的折叠封口。

这三种工艺路线，直线型工艺路线被裹包包装件输送机构最简单，但直线输送路线长，机器占地面积太大；阶梯型输送路线较短，但输送机构多，既有水平输送，又有垂直输送；组合型输送一般由旋转的带槽的转盘和直线输送带组成，输送机构简单，而且机器占地面积较小，目前这种裹包工艺路线应用较多。

3. 折叠式裹包机构组成

由折叠式裹包原理和裹包机工艺路线知，折叠式裹包机主要机构有：①裹包材料输送机构，完成裹包材料的定长切断和定位输送；②产品推送机构，将需裹包的产品送入到包装材料中；③裹包执行机构，完成裹包材料的折叠、热封或粘接等裹包操作；④传动机构，完成各操作机构的传动动作；⑤机架等。

二、接缝式裹包机

1. 接缝式裹包机的工作原理

接缝式裹包机是一种卧式的枕形包装机，是裹包机械中应用最广泛的一种。它的机型系列品种繁多，外观造型千差万别，结构、性能也存在差异，但包装工序流程基本相同，图 6-3 所示为接缝式裹包机的工艺路线图。卷筒材料 6 在成对牵引滚筒 5、主牵引辊轮 8 和纵封器轮 10 的联合牵引下匀速前进，在通过成型器 7 时被折成筒状。供送链推板 1 将物品 2 推送入经成型器 7 成型成的筒状材料内，物品将随同材料一起前进。横封切断器 11 在热封左面袋的前端和右面袋的后端的同时，在中间切断分开，输送带 13 将成品输出。

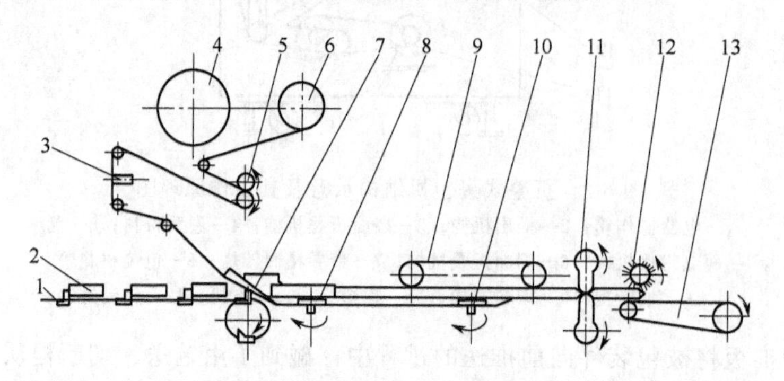

图 6-3 接缝式裹包机工艺路线图

1—供送链推板；2—物品；3—色标光电传感器；4—备用卷筒材料；5—牵引滚筒；6—卷筒材料；7—成型器；8—主牵引辊轮；9—传送带；10—纵封器轮；11—横封切断器；12—输出毛刷；13—输送带

接缝式裹包机工艺对产品的供送推板和横封切断器的传动有以下要求。

① 推板间距应与袋长相适应。可采用几种不同间距的供送链带，每种规格的链带适用于一定长度范围内的物品，以使物品被推送进成型器时与包装材料的速度大致协调。

② 横封切断器在工作时应与裹包材料的输送速度相当。为适应不同袋长要求，一般横封驱动机构选用不等速机构驱动，使横封时的瞬时角速度可调。

③ 应严格保证满足横封切断器转一圈，供送推板前进一个间距的传动要求。当供送推板间距改变时，应改变有关传动链的速比。

④ 横封切断器应在两袋之间的中间位置热封并切断。当袋长改变时，为满足要求②，它的工作相位需作相应的调整。

对于牵引辊、主牵引滚轮和纵封滚轮，它们的运动首先要保持材料在整个运动过程中有适宜的张紧力；其次是它们的运动速度应与袋长相适应。当包装材料印有定距商标图案，并要求图案与物品始终保持相对位置时，则需要自动补偿供送长度与图案间距不一致所造成的积累误差。

2. 接缝式裹包机的组成

图 6-4 所示为典型接缝式裹包机结构外观图，整机有如下几个基本部分构成。

① 进料填充部分　由等间距的推料板组成的输送链组成，匀速运动，将被包装物品按包装周期送入已成型的卷筒材料中，以便进行裹包。

② 裹包膜输送、成型部分　该部分由卷筒薄膜安装架、输送滚筒、色标检验装置、薄膜牵引装置、成型器等组成。在牵引滚筒及牵引辊轮的作用下，薄膜自卷筒薄膜卷上拉下，向前输送经成型器成型成筒状，实现对物品的裹包，同时不同位置的滚筒调节薄膜输送过程中的张力不均。

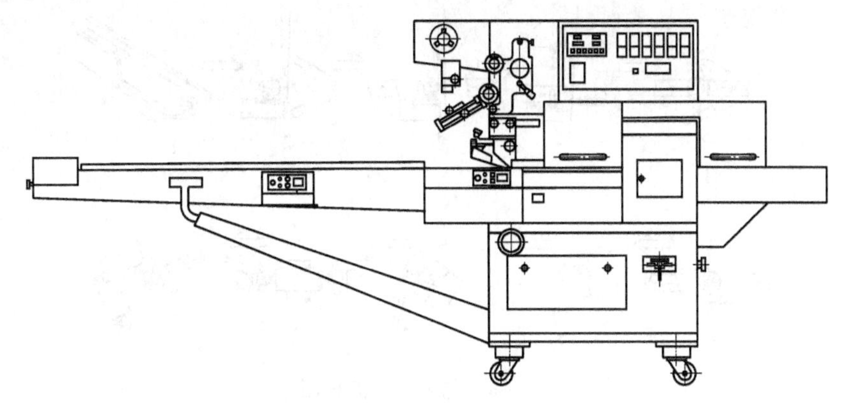

图 6-4　典型接缝式裹包机

③ 机架　是机器的主体，主机的各部分通过机架组合成完整的机器，同时也是主机动力、传动系统的支承基体。

④ 传动系统　是将主电机的运动向各执行部件、运动部件传递的系统，主要由链轮副、皮带轮副、凸轮、齿轮副、差动机构、不等速机构、无级调速机构等组成。

⑤ 封接、切断机构　包括纵向、横向封接，横向切断。它是接缝式裹包机的核心，其工作性能的好坏是衡量接缝式裹包机性能质量的主要依据。

⑥ 成品输出部分　包括输出皮带和输出毛刷，输出皮带的线速度一般为主机牵引速度的1.5～2倍。

⑦ 电器控制部分　它是裹包机的控制系统，其功能的强弱是裹包机自动化程度高低的重要标志。电器控制部分主要包括控制面板（或操作屏幕）、主电机控制系统、纵横向封接器温度控制系统、光电跟踪袋长控制系统、保护系统、温度及故障显示系统及计数等。以PLC及计算机控制为目前裹包机的主要控制系统。

三、扭结式裹包机

用挠性包装材料裹包产品，将末端伸出的裹包材料扭结封闭的机器称为扭结式裹包机。其裹包方式有单端和双端扭结，如图6-5中2、3所示。

扭结式裹包机按其传动方式分为间歇式和连续式两种。下面介绍一种国内常见的间歇双端扭结式裹包系统。

1. 间歇双端扭结式裹包机的工作原理

图6-5、图6-6所示分别为糖果的包装工艺流程图和包装扭结工艺路线图。

图6-6所示，主传送机构带动工序盘2作间歇转动。随着工序盘2的转动，分别完成对糖果的四边裹包及双端扭结。在第Ⅰ工位，工序盘2停歇时，送糖杆7、接糖杆5将糖果9和包装纸6一起送入工序盘上的一对糖钳手内，并被夹持形成U形。然后，活动折纸板4将下部伸出的包装纸（U形的一边）向上折叠。当工序盘转动到第Ⅱ工位时，固定折纸板10已将上部伸出的包装纸（U形的另一边）向下折叠成筒状。固定折纸板10沿圆周方向一直延续到第Ⅳ工位。在第Ⅳ工位，连续回转的两只扭结手夹紧糖果两端的包装纸，并完成扭结。在第Ⅵ工位，钳手张开，打糖杆3将已完成裹包的糖果成品打出，裹包过程全部结束。

2. 扭结式裹包机的组成

由扭结式裹包原理和扭结式裹包机工艺路线知，扭结式糖果包装机主要由主传动系统、电器控制系统、理料供送传动系统、包装纸供送系统、裹包机构、扭结机构、机架等部分组成。

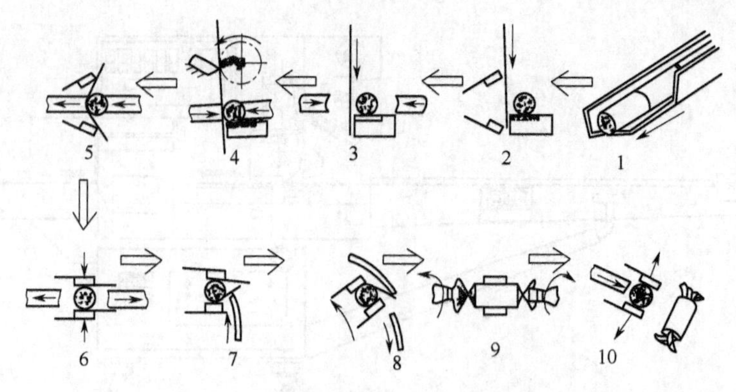

图 6-5　包装工艺流程图

1—送糖；2—送纸、糖钳手张开；3—夹糖；4—切纸；5—纸及糖进入糖钳手；
6—接、送糖杆离开；7—下折纸；8—上折纸；9—扭结；10—打糖

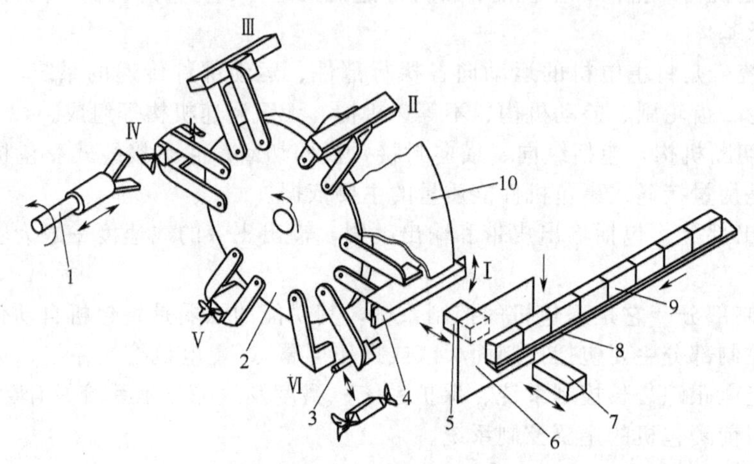

图 6-6　包装扭结工艺路线图

1—扭结手；2—工序盘；3—打糖杆；4—活动折纸板；5—接糖杆；
6—包装纸；7—送糖杆；8—输送带；9—糖果；10—固定折纸板

第三节　卷筒材料供送装置

现代裹包机基本采用卷筒材料。因为与预先裁切好的平张材料相比，卷筒材料更适宜于包装机的连续化、高速化和自动化生产。

卷筒材料的供送方式，有间歇供送和连续供送两种。而按切断位置的要求，又有定长切断和定位切断之分。定长切断，只要切断长度的误差不要太大即可，它适用于没有印刷图案的（如玻璃纸、铝箔等）或虽有图案但不要定位的（如一般的糖果包装商标纸）卷筒材料。随着商品包装装潢水平和要求的提高，往往在卷筒材料上事先印刷精美图案，一个包装材料上的图案的数量及位置是固定的，这就要求只能在指定的位置切断，即定位切断，一般以材料上所印刷的色标位置为准。

显然，定位切断对包装材料供送装置和整个机器的传动与控制系统提出了较高的要求。由于影响供送材料长度精度的因素是多方面的，设计计算和制造安装方面的误差；包装材料厚度与弹性模量的差别；牵引阻力的变化；包装车间环境的温、湿度也会影响供送长度；印刷时图案的间距也不均一等。因此，实现定位切断，需要在方案选择、结构设计、加工制造及机器传

动和自动控制诸方面采取综合措施。

下面介绍几种定位切断的供送装置。

一、间歇供送定位切断

卷筒材料间歇向前供送并定位（或定长）切断，它的供送时间可依据需要灵活拟定，从而给供送物品和完成相关的裹包操作提供了较多的工作时间。此外，它能方便地实现无包装物品不供送包装材料。但是，间歇供送本身不利于提高包装速度。

1. 后退补偿式

如图 6-7 所示为间歇供送后退补偿式的典型实例。扇形金属牵引辊 3 和圆柱橡胶牵引辊 4 都匀速转动，扇形面与圆柱橡胶牵引辊 4 接触时才牵引卷筒材料前进。开机前，先调整好光电传感器 10 的位置，将止回辊 9 抬起，使牵引辊脱离接触，按图中所示将卷筒材料 13 引至超过牵引辊，并使预订切断位置对准切断刀口，再放下止回辊，便可开机运转。

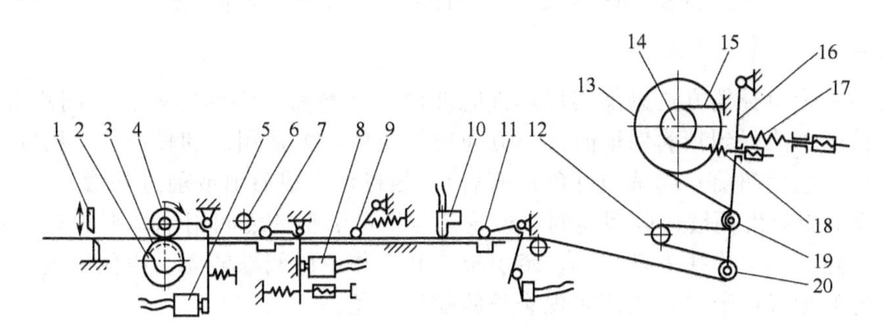

图 6-7　间歇供送后退补偿式

1—切断刀；2—凸轮；3—扇形金属牵引辊；4—圆柱橡胶牵引辊；5，8—电磁铁；6—静电消除器；7—拉纸辊；9—止回辊；10—光电传感器；11—断纸传感器；12—固定导辊；13—卷筒材料；14—阻尼盘；15—阻尼橡胶带；16—摆杆；17，18—拉伸弹簧；19，20—导辊

如果每次牵引长度无误差，那么停止牵引时，光电传感器下面的定位色标（可以是商标图案本身或专用定位色标）的左边缘就对准照射在材料上的光圈的右边缘。但实际上总是有误差的，其积累误差随着牵引次数的增加而递增。为消除累积误差，可使每次牵引长度大于色标间距 L^1。这样，每供送一张材料，色标的左边缘的停止位置就向左（前进方向）移动 $\Delta L=L-L^1$ 距离而进入光圈。当色标左移累积量接近光圈直径时，光电传感器便产生信号，通过电磁铁 8 使拉纸辊 7 下压，将已送出的材料拉回，从而消除累积误差，直至下次牵引开始后电磁铁才失电，拉纸辊靠弹簧力回升到原来位置，如此反复循环。这种通过使卷筒材料后退定距离消除累积误差的方式称之为后退补偿式。它能保证定位切断。

2. 前进补偿式

它的补偿方法与前者相反，让每次牵引长度比色标间距小 ΔL，当累积误差达到一定值（2～3mm）时，由补偿机构使包装材料前进一段距离，以消除累积误差。图 6-8 所示即为这种供送装置的典型实例。

齿轮 3 与棘轮 4 固连，棘轮 4 与摆杆之间用单向超越离合器连接。曲柄 8 为原动件，驱动摇板摆动，通过超越离合器使棘轮按顺时针方向间歇传动，再通过齿轮 3 传动使上、下牵引辊 5、6 作相向间歇运动，完成间歇供送。改变曲柄长度，也就改变了齿轮 3 顺时针转动的角度，便改变了供送长度。在曲柄上有供送长度刻度标牌。

当包装袋的误差累积到一定程度后，光电传感器 9 发出信号，电磁铁 1 起作用，棘爪 7 使棘轮顺时针多摆动一定的角度，从而实现袋长的补偿。

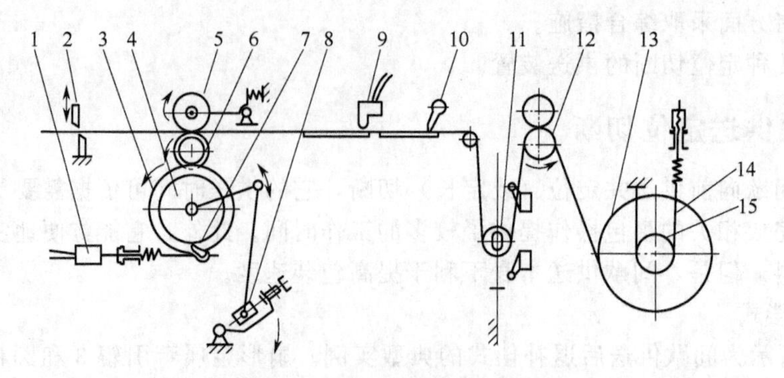

图 6-8　间歇供送前进补偿式

1—电磁铁；2—切断刀；3—齿轮；4—棘轮；5—上牵引辊；6—下牵引辊；7—棘爪；8—曲柄；9—光电传感器；10—止回板；11—导辊；12—预牵引导辊；13—卷筒材料；14—阻尼带；15—阻尼盘

3. 随机补偿式

上述两种带牵引补偿方式只能实现单方向补偿。当卷筒材料的印刷色标间距的误差较大，或每次牵引长度不能得到精确保证时，单方向的补偿就不太适用。随机补偿，则能自动检测牵引长度的偏长（色标超前）或偏短（色标滞后），随机地完成后退或前进补偿。

图 6-9 所示为随机补偿式典型实例。齿轮 7 与下牵引辊 9 之间用单向超越离合器连接，当曲柄 1 驱动齿轮 5 和 7 作往复摆动时，牵引辊 8 和 9 作单向间歇转动。由伺服电机 2 的正、反转实现牵引辊的加减速牵引，从而实现袋长的随机补偿。

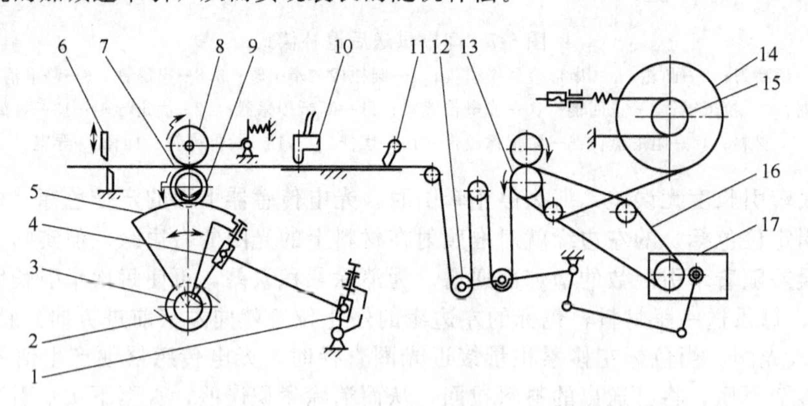

图 6-9　间歇供送随机补偿式

1—曲柄；2—伺服电机；3—圆锥齿轮；4—丝杠螺母；5—扇形齿轮；6—切断刀；7—齿轮；8—上牵引辊；9—下牵引辊；10—光电传感器；11—止回板；12—导辊；13—预牵引辊；14—卷筒材料；15—阻尼盘；16—链条传动；17—脉动无级变速器

另外，当用步进电机驱动牵引辊时，根据光电传感器检测到的色标的位置的超前或滞后，控制系统通过减小或增加给步进电机的脉冲电流的频率，从而实现随机补偿。

4. 直接补偿式

如图 6-10 所示为间歇供送直接补偿式的典型实例。

二、连续供送定位切断

1. 后退（或前进）补偿式

它的卷筒材料支架装置与间歇供送的要求相同，其中以图 6-7 所示的卷筒材料支架装置应

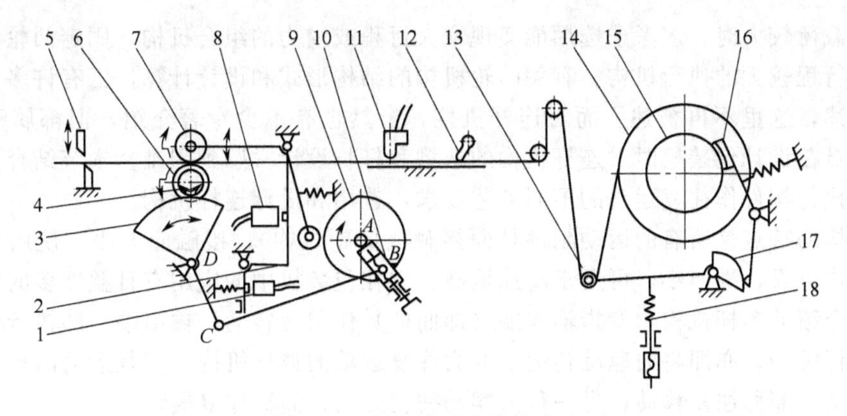

图 6-10 间歇供送直接补偿式

1,8—电磁铁；2—控制杆；3—扇形齿轮；4—齿轮；5—切断刀；6—下牵引辊；7—上牵引辊；9—凸轮；10—曲柄；11—光电传感器；12—止回板；13—导辊；14—卷筒材料；15—阻尼盘；16—阻尼块；17—扇形凸轮；18—弹簧

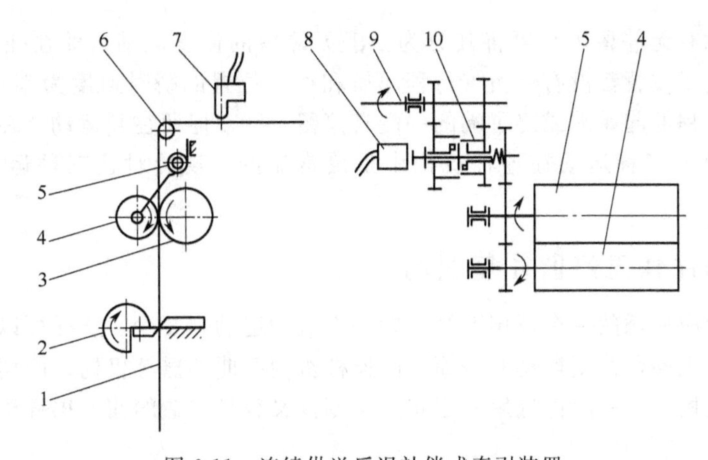

图 6-11 连续供送后退补偿式牵引装置

1—包装材料；2—转动切断刀；3—金属牵引辊；4—橡胶牵引辊；5—扭转弹簧；6—导向辊；7—光电传感器；8—电磁铁；9—输入轴；10—双向端面细齿离合器

用较多。这里只介绍牵引装置的工作原理，图 6-11 所示的牵引装置为其典型实例。

2. 随机补偿式

在连续供送过程中，控制系统自动检测色标位置，进行前进或后退补偿。

若牵引辊供送包装材料的长度与色标间距的误差大于补偿量时，就不能实现定位切断，除非调整供送长度。为此，在新型接缝式裹包机中，增加了供送长度的自动调整控制电路。当供送长度误差过大时，会连续出现同一补偿信号。例如，过长时，连续出现后退补偿信号，反之则连续出现前进补偿信号。控制电路中，当连续次数（实用中取 3 次）出现同一补偿信号时，就应调整供送长度。

第四节 裹包执行机构设计

裹包执行机构完成折叠、热封、上胶、扭结及包装过程中物品的移送等裹包操作。完成这些裹包操作的执行构件如折纸板、热封器等常作直线的或圆弧的往复运动，也有作旋转运动或平面曲线运动的。作往复运动的执行机构，一般选用汽缸、凸轮机构或连杆机构驱动，只有在工作行程或载荷较大时，才考虑选用能实现增大行程或增力的组合机构。固定凸轮与连杆组合机构即用于行程较大的执行机构。有关凸轮机构的结构形式和设计计算，已有许多专著和文章作了详细阐述，这里不再赘述。而对连杆机构，虽然也有不少专著介绍，但都属于一般性论述，设计人员在设计包装机时对连杆机构的选型和杆长设计常感到困难。本节结合实例，介绍如何依据对执行构件作往复运动的不同工艺要求，选用和设计连杆机构。

连杆机构的特点是所有的运动副都是面接触（低副机构），接触应力小，使用寿命长，加工容易，工作可靠，噪声小，可用于高速重载。它在包装机中的应用有日益增多的趋势。

这里所介绍的连杆机构，专指输入端（即曲柄）作匀速转动，输出端（即执行构件）作往复运动的连杆机构，亦即将匀速旋转运动变为往复运动的连杆机构。往复运动的形式，一种为直线往复运动，简称往复移动；另一种为摆动往复运动，简称往复摆动。

对往复运动的要求有三点：①行程大小；②动停时间；③运动过程中的速度变化规律。用连杆机构实现的往复运动，一般只能规定行程和动停时间，而不能像对凸轮机构那样规定运动速度变化规律。但是它的往复运动在杆长尺寸合理时类似简谐运动，速度变化比较缓和，故可用于高速。

依据往复运动有无停留，又可将其分为：①无停留的往复运动，即在往复行程的起始位置、中间位置和终了位置都没有停留（行程起始和终了位置的瞬时速度为零）；②单停留的往复运动，它只在行程的起始端或终了端的一端有停留；③双停留往复运动，在行程的起始和终了端都有停留。以上三种运动在连杆机构中是最常见的。现针对这三种运动要求分别进行讨论。

一、执行构件作无停留往复摆动

在机构选型中应遵循的一个通用准则，即构件数和运动副要少。这样可以简化机构和提高传动精度。而实现无停留往复摆动的最简单的连杆机构有曲柄摇杆机构、曲柄摇块机构和摆动导杆机构。在包装机中，一般都选用便于布局且零件又容易制造的曲柄摇杆机构来实现无停留的往复摆动。

如图 6-12 所示为一典型折纸机构实例。推送板 1 将被裹包物品 2 从位置Ⅰ推送到位置Ⅱ，在推送中包装材料 4 被固定折纸板（未画出）折叠而裹包成“匚”字形。在位置Ⅱ，由上折纸板 5 先行向下折纸，然后由下折纸板 6 向上折纸，将纸裹折成“凵”字形。上、下折纸板分

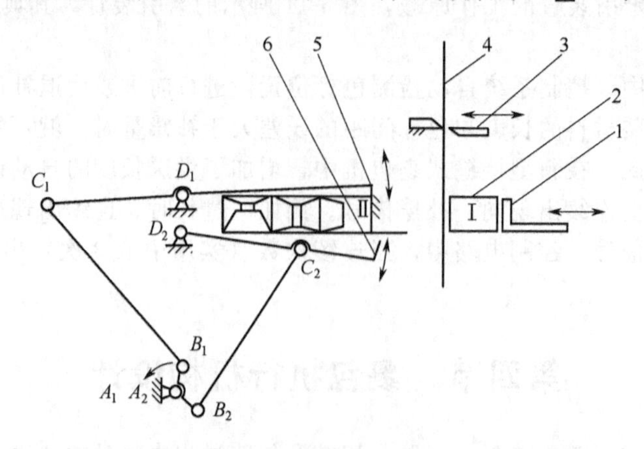

图 6-12　折纸机构简图

1—推送板；2—被裹包物品；3—动切纸刀；4—包装材料；5—上折纸板；6—下折纸板

别由曲柄摇杆机构 $A_1B_1C_1D_1$ 和 $A_2B_2C_2D_2$ 驱动，曲柄 A_1B_1、A_2B_2 同轴。

曲柄每转一圈包装一件产品。物品在位置Ⅱ停留期间内的曲柄转角用 φ_j 表示。显然，上、下折纸板应在曲柄转动 φ_j 角度的时间内完成上部折纸和下部折纸操作，它们的折纸顺序可以这样安排：①在物品被送至位置Ⅱ开始停留的时刻，上折纸板 5 刚好向下运动到与上部包装纸接触的折纸起始位置（注意，这不是上折纸板的最高位置），然后它继续向下运动到最低位置而完成上部折纸。上折纸板从开始折纸到折纸终了的工作行程摆角（即 C_1D_1 杆摆角）用 ψ_{1g} 表示，相对应的曲柄 A_1B_1 转角用 φ_{1g}表示。折纸终了时曲柄摇杆机构 $A_1B_1C_1D_1$ 处于外极限位置，A_1B_1 与 B_1C_1 在一直线上。②上折纸终了时刻，下折纸板 6 刚好上升到开始折纸的位置，然后上折纸板开始作上升的回程运动，而下折纸板则继续上升，直至到最高位置完成折纸。用 ψ_{2g} 和 φ_{2g} 分别表示下折纸板的有效工作行程（开始折纸到折纸终了）摆角和相应的曲柄 A_2B_2 转角。再次强调指出，下折纸板的折纸起始位置并不是它的最低位置（此时曲柄摇杆机构 $A_2B_2C_2D_2$ 不处于内极限位置）；而折纸终了位置为最高位置，曲柄摇杆机构 $A_2B_2C_2D_2$ 处在外极限位置，A_2B_2 与 B_2C_2 处于一直线。③继而下折纸板作回程运动，由折纸终了位置回到折纸起始位置。其摆角用 ψ_{2h} 表示，$\psi_{2h}=\psi_{2g}$，与此相对应的 A_2B_2 的转角 φ_{2h}，φ_{2h} 与 φ_{2g} 可以规定为相等，也可以不相等。此后，下折纸板继续向下运动，处于位置Ⅱ的物品的包装纸已被折成“凵”形，物品便可开始运动，进行以后的折叠包装工序。依据动作配合要求，应使：

$$\varphi_{1g}+\varphi_{2g}+\varphi_{2h}\leqslant\varphi_j$$

例如，某饼干裹包机的运动要求为：$\varphi_j=240°$，$\varphi_{1g}=80°$，$\varphi_{2h}=75°$，$\psi_{1g}=\psi_{2g}=\psi_{2h}=10°$。

下面讨论如何根据对上、下折纸板的运动要求设计曲柄摇杆机构 $A_1B_1C_1D_1$ 和 $A_2B_2C_2D_2$ 的杆长。

1. 规定曲柄与摇杆在外极限位置前的一对相应角位移

前述的上折纸板对曲柄摇杆机构 $A_1B_1C_1D_1$ 的运动要求，实质上是规定了曲柄摇杆机构 $A_1B_1C_1D_1$ 在外极限位置前，摇杆 C_1D_1 摆动 ψ_{1g} 角度到达外极限位置，相应的曲柄 A_1B_1 转角为 φ_{1g}。这样的运动要求，称为“规定曲柄与摇杆在外极限位置前的一对相应角位移”，可用 φ_{1g}—ψ_{1g} 表示，但为简便和通用起见，特将它们用符号 φ_1—ψ_1 表示。上例中的折纸机构的 φ_1（即 φ_{1g}）是沿逆时针方向转动的，因而这一对相应角位移的转向是相反的；倘若曲柄 A_1B_1 按顺时针方向转动，那么这一对相应角位移的转向则相同。当然，这两种不同情况会对曲柄摇杆机构的杆长产生影响。

现介绍图解法求解杆长的步骤。参阅图 6-13，其图解步骤如下。

① 作线段 AD，它代表固定杆，长度用 d 表示。A、D 分别为曲柄和摇杆的支点。

② 在适当位置取一点 C_0，作为摇杆 CD 和连杆 BC 的连接铰销 C 的外极限位置。连接 AC_0、C_0D，则 C_0D 为摇杆的外极限位置，$C_0D=c$；AC_0 为曲柄与连杆的长度之和，$AC_0=a+b$。

③ 分别过 A 点和 D 点作直线 AL、DK，使 $\angle LAD=\frac{\varphi_1}{2}$，$\angle KDA=\frac{\psi_1}{2}$，得 AL 和 DK 的交点 P，P 为以外极限摇杆位置 C_0D 为参考平面的 φ_1—ψ_1 这一对相应角位移的极点。必须注意 AL、DK 两直线的方向。

④ 连接 PC_0，过 P 点作 PN 线，使 $\angle NPC_0=\angle APD=\frac{\varphi_1-\psi_1}{2}$，得 PN 和 AC_0 的交点 B_0，则 $AB_0=a$，$B_0C_0=b$，分别为曲柄和连杆的长度。

⑤ 检验压力角，即 $|\gamma_{\max}-90°|\leqslant[\alpha]$，$|90°-\gamma_{\min}|\leqslant[\alpha]$。若压力角不能满足要求，可

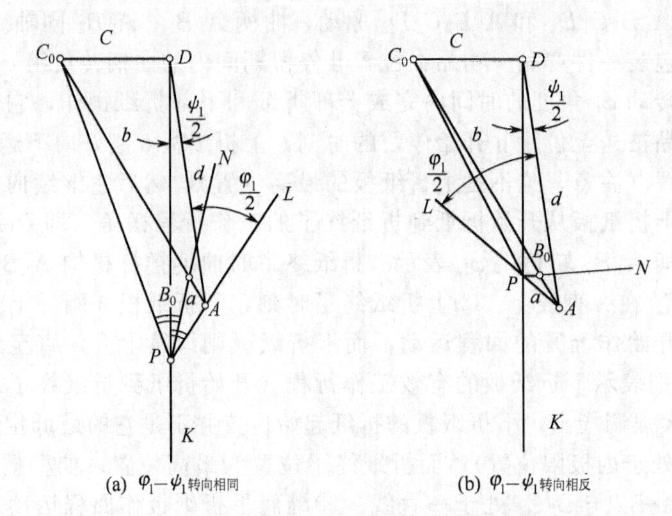

图 6-13　规定外极限位置前的一对角位移的图解

能是 C_0 的位置选取失当，则应重新选取 C_0 点，也有可能是 $\varphi_1—\psi_1$ 的值拟定不合理，如 ψ_1 值过大或 φ_1 太小，则应修改 φ_1、ψ_1 值。

2. 规定曲柄与摇杆在内极限位置前的一对相应角位移

若将图 6-12 所示的上折纸板改用由图 6-14 所示的曲柄摇杆机构驱动，而运动要求不变，则该机构变为要求满足“规定曲柄与摇杆在外极限位置前的一对相应角位移”的运动要求，即折纸板（或摇杆 CD）由开始折纸到折纸终了的转角为 ψ_g，相应的曲柄 AB 转角为 ψ_g，折纸终了时曲柄摇杆机构处于内极限位置。

对此运动要求的设计方法与前者相同，首先判别 $\varphi_g-\psi_g$ 这一对相应角位移的转向是相同还是相反，然后用图解法求解。对图 6-12 所示折纸机构，若曲柄 AB 沿顺时针方向转动，则当曲柄由 AB 位置转至内极限位置时（转角为 $\varphi_1=\varphi_g=80°$），驱动折纸板完成折纸操作（摆角为 $\varphi_1=\varphi_g=10°$），$\varphi_1—\psi_1$ 转向相同；当曲柄沿逆时针方向转动时，则是由 AB' 位置转至内极限位置（转角仍应为 $\varphi_1=\varphi_g=80°$）而驱动折纸板完成折纸，$\varphi_1—\psi_1$ 转向相反。

其图解步骤参阅图 6-15。

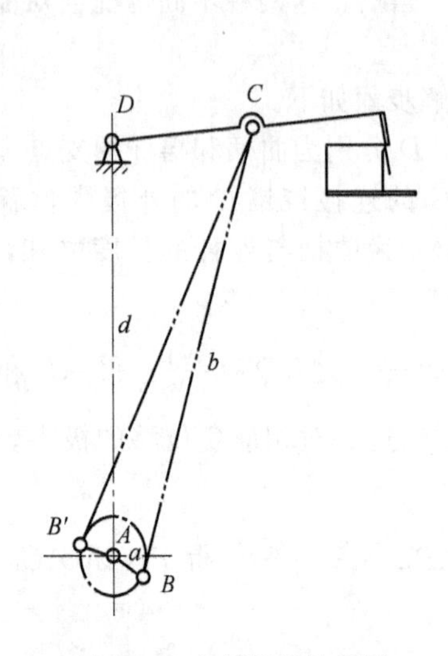

图 6-14　上折纸机构简图

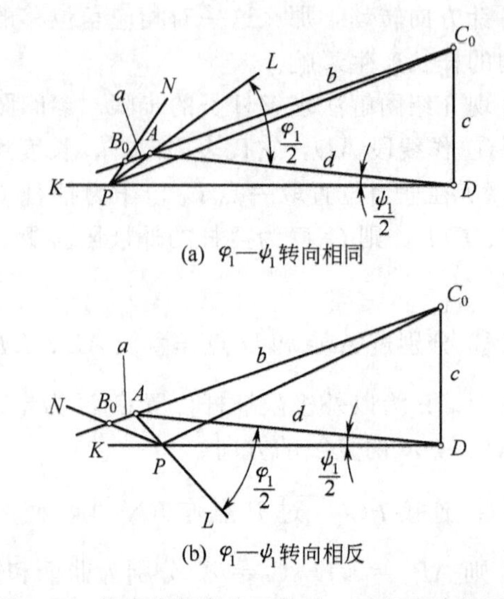

图 6-15　规定内极限位置前的一对角位移的图解

① 作线段 AD 代表固定杆。设定固定杆长为 240mm，取作图比例为 1∶4，则 $AD=\frac{240}{4}=60$mm。

② 在适当位置取点 C_0 作为铰销 C 的内极限位置。现取摇杆长 CD 为 100mm，$\angle C_0DA=84°$，则可画出 C_0 点$\left(C_0D=\frac{100}{4}=25\text{mm}\right)$。

③ 画 AL、DK 线，使$\angle LAD=\frac{\varphi_1}{2}=\frac{80°}{2}=40°$、$\angle KDA=\frac{\psi_1}{2}=\frac{10°}{2}=5°$，得直线 AL 与 DK 的交点 P，使 P 为以摇杆的内极限位置为参考平面的 $\varphi_1-\psi_1$ 这对相应角位移的极点。强调指出，倘若铰销 C_0 在直线 AD 的下方选取，那么图中的直线 AL、DK 也应改变方向。

④ 画 PN 线，使$\angle NPC_0=\angle APD$，得直线 PN 与 AC_0 的交点 B_0，则 AB_0、B_0C_0 分别为曲柄与连杆的长度。由图中量得：$\varphi_1-\psi_1$ 转向相同，$AB_0=5$mm、$B_0C_0=68$mm，曲柄实长 $a=5\times4=20$mm，曲杆实长为 18mm，连杆实长为 270mm。$\varphi_1-\psi_1$ 转向相反，$AB_0=4.5$mm，$B_0C_0=67.5$mm，曲柄实长为 18mm，连杆实长为 270mm。

⑤ 检验压力角，$\varphi_1-\psi_1$ 转向相同的 $\gamma_{max}=82°$，$\gamma_{min}=51°$，即最大压力角为 39°，适合。

摇杆总摆角 $\psi_m=26.5°$。在前述的用外极限位置前一对相应角位移（图 6-12 的曲柄摇杆机构 $A_1B_1C_1D_1$）驱动方案中，摇杆的总摆角 $\psi_m=21°$。这表明，同一运动要求采用不同驱动方案，摇杆的总摆角有差别。折纸终了位置处于内极限位置的摇杆（即折纸板）总摆角要比处于外极限位置的总摆角大，这是由曲柄摇杆机构的特性所决定的普遍现象，而且 φ_1 值愈小，其差值也愈大。因此，为减小摇杆的总摆角，应尽量设计成在外极限前后完成预定的包装操作。

3. 规定曲柄与摇杆在外极限位置前后的两对相应角位移

在前述的曲柄摇杆机构 $A_2B_2C_2D_2$ 中（参见图 6-12），下折纸板折纸操作可以概述为要求满足“规定曲柄与摇杆在外极限位置前后的两对相应角位移”的运动要求，即在外极限位置前，曲柄与摇杆的一对相应角位移为工作行程的运动要满足 φ_{2g}（80°）—ψ_{2g}（10°）的要求；在外极限位置后的一对相应角位移为回程运动，要满足 φ_{2h}（75°）—ψ_{2h}（10°）的要求。

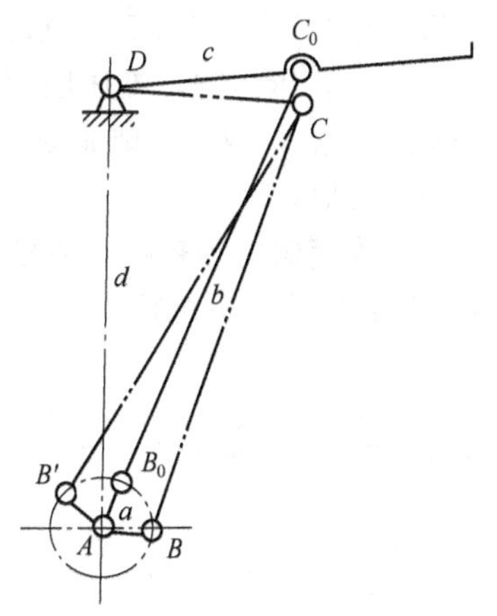

图 6-16　折纸处于外极限位置前后的下折纸机构简图

对曲柄摇杆机构的运动要求如图 6-16 所示：摇杆由 CD 位置摆动到外极限位置 C_0D 完成折纸，$\angle CDC_0=\psi_{2g}=10°$，由 C_0D 摆至 CD 为回程运动，$\angle C_0DC=\psi_{2h}=10°$。若曲柄沿逆时针方向转动，则$\angle BAB_0=\varphi_{2g}=80°$，$\angle B_0AB'=\varphi_{2h}=75°$；反之，曲柄沿顺时针方向转动时，则为$\angle B'AB_0=\varphi_{2g}=80°$，$\angle B_0AB=\varphi_{2h}=75°$。现规定两对相应角位移中转向相同的一对为第一对相应角位移，用 φ_1—ψ_1 表示；而转向相反的为第二对，用 φ_2—ψ_2 表示。据此准则，该折纸机构当曲柄沿逆时针方向转动时，工作行程的那对相应角位移转向相同，而回程运动的那对相应角位移则转向相反，故 $\varphi_1=\varphi_{2g}=80°$，$\psi_1=\psi_{2g}=10°$；$\varphi_2=\varphi_{2h}=75°$，$\psi_2=\psi_{2h}=10°$。当曲柄沿顺时针方向转动时，则与上述情况相反，$\varphi_1=\varphi_{2h}=75°$，$\varphi_2=\varphi_{2g}=80°$，$\psi_1=\psi_2=10°$。

用几何图解法求曲柄摇杆机构的杆长，见图 6-17（其中，图(a) 为曲柄沿逆时针方向转动，$\varphi_1>\varphi_2$，图(b) 为曲柄沿顺时针方向转动，$\varphi_1<\varphi_2$），具体步骤如下。

① 画线段 AD，代表固定杆，$AD=d$。

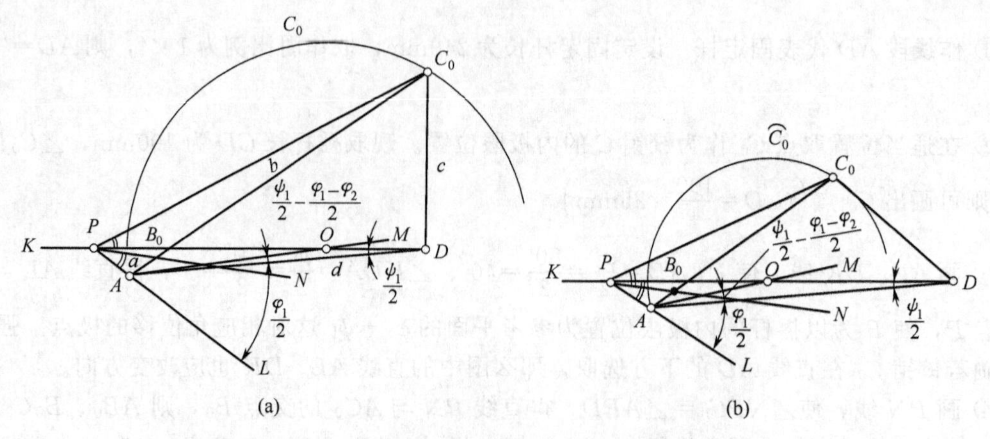

图 6-17 规定外极限位置前后的两对相应角位移的图解

② 画 AM、DK 线，使 $\angle MAD=\frac{\psi_1}{2}-\frac{\varphi_1-\varphi_2}{2}$，$\angle KDA=\frac{\psi_1}{2}$，得它们的交点 O。以 O 为圆心，画半径为 OA 的圆弧 $\widehat{C_0}$ [图 6-17(a) 中的 $\angle MAD=\frac{10°}{2}-\frac{80°-75°}{2}=2.5°$，$\angle KDA=\frac{10°}{2}=5°$；图 6-17(b) 中的 $\angle MAD=\frac{10°}{2}-\frac{75°-80°}{2}=7.5°$，$\angle KDA=5°$]。

③ 在圆弧 $\widehat{C_0}$ 上的适当位置取一点 C_0 作为铰销 C 的外极限位置，连接 C_0D、C_0A，则 $C_0D=c$，$C_0A=b+a$。

④ 画 AL 线，使 $\angle LAD=\frac{\varphi_1}{2}$ [图 6-17(a) 中的 $\angle LAD=\frac{80°}{2}=40°$，图 6-17(b) 中的 $\angle LAD=\frac{75°}{2}=37.5°$]，得 AL 的延长线与 DK 的交点 P。画 PN 线，使 $\angle NPC_0=\angle APD$，得 PN 与 AC_0 的交点 B_0。则 AB_0C_0D 为所求曲柄摇杆机构的外极限位置，$AB_0=a$，$B_0C_0=b$。

⑤ 检验压力角，方法同前。若压力角超过许用值，原因可能是 C_0 点位置选取失当，可重新选取 C_0 点；也有可能是 φ_1、φ_2 值不合理，如 φ_1、φ_2 值太小或两值之差太大等，则应修改 φ_1、φ_2 的值。

4. 规定曲柄与摇杆在内极限位置前后的两对相应角位移

若前述的下折纸板改用图 6-18 所示的曲柄摇杆机构驱动，下折纸操作可归结为要求满足"规定曲柄与摇杆在内极限位置前后的两对相应角位移"的运动要求，在内极限位置前的一对为工作行程，要求满足 $\varphi_{2g}(80°)$—$\psi_{2g}(10°)$ 的要求；在内极限位置后的一对为回程，要满足 $\varphi_{2h}(75°)$—$\psi_{2h}(10°)$ 的要求。

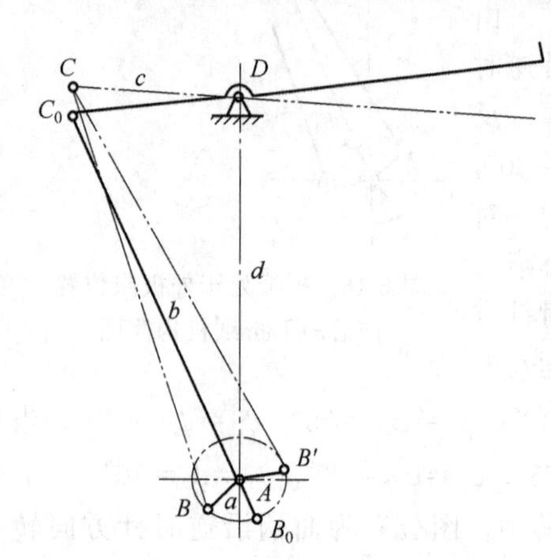

图 6-18 折纸处于内极限位置前后的下折纸机构简图

图解法步骤：首先判别 φ_1、φ_2 值，当曲柄沿逆时针方向转动时，则 $\angle BAB_0=\varphi_{2g}=80°$，$\angle CDC_0=\psi_{2g}=10°$，且转向相同，故 $\angle BAB_0=\varphi_1=80°$；而回程运动为 $\angle B_0AB'=\varphi_{2h}=75°$，$\angle C_0DC=\psi_{2h}=10°$，它们转向相反，故 $\angle B_0AB'=\varphi_2=75°$。当曲柄沿顺时针方向转动时，则与上述情况相反，$\angle B'AB_0=\varphi_{2g}=80°=\varphi_2$，$\angle B_0AB=\varphi_{2h}=75°=\varphi_1$，$\psi_{2g}=\psi_{2h}=\psi_1=\psi_2=10°$。然后按下述步骤作图，参见图 6-19 [图中(a) 为曲柄沿逆时针转，$\varphi_1>\varphi_2$；(b) 为曲柄沿顺时针转，$\varphi_1<\varphi_2$]。

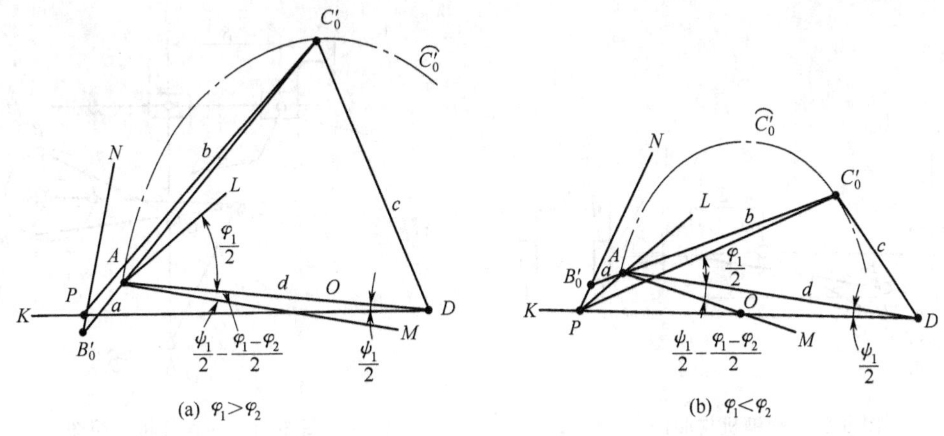

图 6-19　规定内极限位置前后的两对相应角位移的图解

① 作线段 AD，代表固定杆。

② 画 AM、DK 线，使$\angle MAD=\frac{\psi_1}{2}-\frac{\varphi_1-\varphi_2}{2}$，$\angle KDA=\frac{\psi_1}{2}$，得 AM 与 DK 的交点 O。以 O 为圆心，画半径为 OA 的圆弧$\widehat{C_0'}$。

③ 在$\widehat{C_0'}$上的适当位置取点 C_0' 作为铰销 C 的内极限位置，连接 $C_0'D$、$C_0'A$，则 $C_0'D=c$，$C_0'A=b-a$。

④ 画 AL 线，使$\angle LAD=\frac{\varphi_1}{2}$，得 AL 与 DK 的交点 P。画 PN 线，使$\angle NPC_0'=\angle APD$，得 PN 与 C'_0A 的交点 B'_0，则 $AB'_0=a$，$B'_0C'_0=b$。

⑤ 检验压力角，方法同前。当压力角太大时，根据具体情况，或者重新选取 C_0' 点，或者修改 φ_1、φ_2 值。

5. 规定摇杆的总摆角 ψ_m 和极位角 θ

当极限位置前后的两对相应角位移的 $\varphi_1+\varphi_2=360°$时，即变为要求满足“规定摇杆的总摆角 ψ_m 和极位角θ”的运动要求，$\psi_m=\psi_1=\psi_2$，$\theta=\frac{\varphi_1-\varphi_2}{2}$。注意，$\varphi_1$ 与 φ_2 的判断准则同前，当 $\varphi_1<\varphi_2$ 时，θ 为负值。它可借用前述的方法求解。

二、执行构件作无停留的往复移动

用连杆机构驱动执行构件作无停留的往复移动，常见的有如下几种形式。

1. 用曲柄滑块机构

用曲柄滑块机构驱动执行构件（它与滑块固连）实现无停留的往复移动最为简单。

图 6-20 所示为糖果裹包机推糖机构简图。该机构的运动是：推糖板 1 将糖块 2 由位置Ⅰ向右推送至位置Ⅱ，行程 $S=77$mm，相应的曲柄转角为 120°；而推糖板由推糖终了位置（最高位置）返回到推糖起始位置，相应的曲柄转角为 110°。对此运动要求可以概述为要求满足“规定曲柄与摇杆在外极限位置前后的两对相应位移”的运动要求。

2. 用六杆机构

图 6-21 所示为裹包机中常用于推送物品的六连杆机构。曲柄 AB 为主动件，驱动推送板 1 作往复移动。图中实线表示推送物品到终了位置，而双点划线表示推送物品的起始位置。滑块由 F_1 移至 F_0 的行程为 S，相应的曲柄转角为$\angle B_1AB_0=\varphi_1$，而与滑块 2 由 F_0 返回至 F_1 相应的曲柄转角$\angle B_0AB'_1=\varphi_2$。当 $\varphi_1+\varphi_2=360°$时，$S=S_m$。

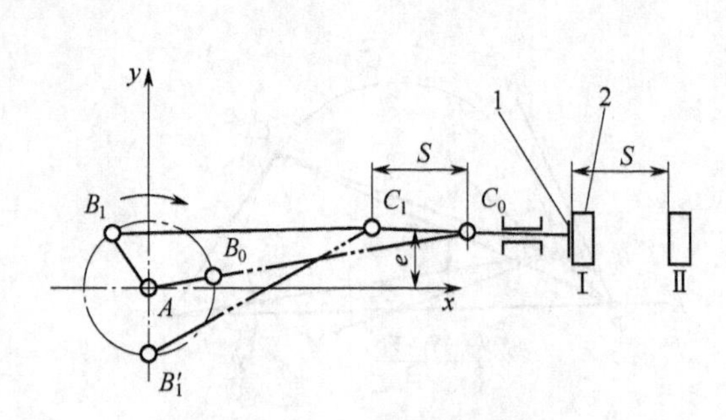

图 6-20　推糖机构简图

1—推糖板；2—糖块

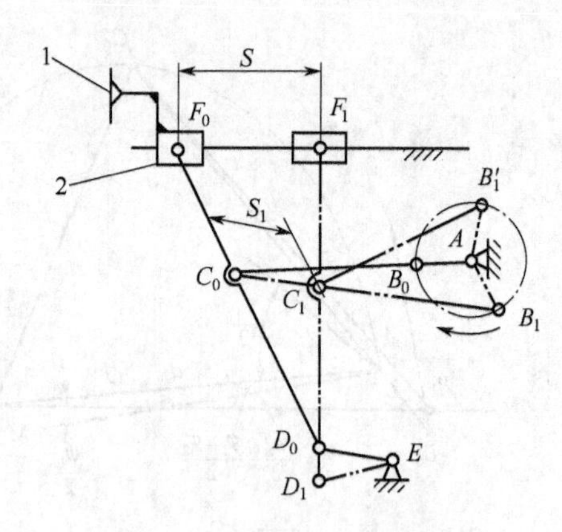

图 6-21　六连杆机构简图

1—推送板；2—滑块

3. 用串联组合的多杆机构

包装机中，由于布局及最大行程等方面的原因，而广泛采用各种形式的串联组合机构来实现往复移动，常见的有四种：曲柄摇杆机构与正切型机构串联组合、曲柄摇杆机构与正弦型机构串联组合、曲柄摇杆机构与摆动连杆机构串联组合和曲柄摇杆机构与弧度机构串联组合。

三、执行构件作有停留的往复移动

一般来说，用连杆机构实现无停留的往复运动比较容易，而实现有停留的往复运动则要复杂些。但从满足包装操作方面看，执行构件作无停留的往复运动常有不足之处。例如前述的推糖机构，移送糖块向左 32mm，而推板的总行程则要大得多（总行程约为 58mm），这一方面增大了推糖杆件的运动空间，加快了零件的磨损，同时推糖板在开始推糖时有很大的速度，容易击碎糖块，限制了包装速率的提高。因此，有的包装操作要求执行构件作有停留的往复运动。

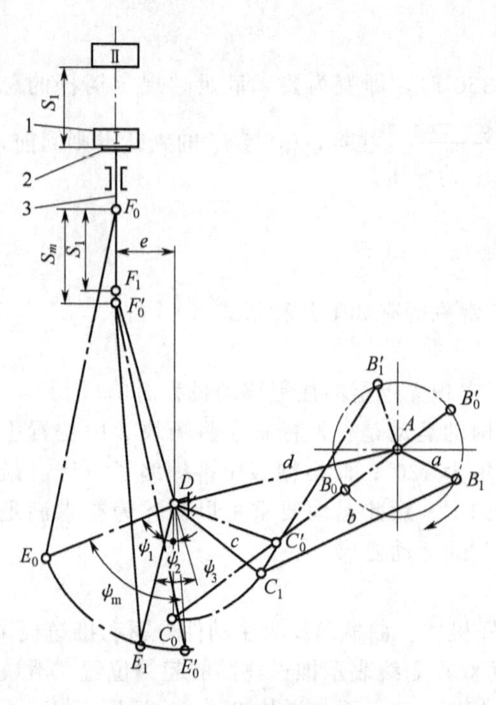

图 6-22　推盒机构简图

1—盒；2—推盒板；3—推杆

用连杆机构实现有停留的往复运动有多种形式，这里介绍一种四连杆机构，其从动件（摇杆或滑块）在极限位置前后运动速度较慢。将两个或两个以上的四连杆串联组合，并使它们同时在极限位置（应尽量利用内极限位置）附近运动，那么此时输出端的运动速度更慢，即实现近似停留。

见图 6-22 所示推盒机构。推盒板 2 将盒 1 从位置Ⅰ向上推送到位置Ⅱ，行程为 $S_1=F_1F_0=200\text{mm}$，相应的曲柄转角为 $\angle B_1AB_0=120°$；推盒板由推盒终了位置返回到起始位置（铰销 F 由 F_0 至 F_1），曲柄的转角为 $\angle B_0AB'_1=110°$。因要求推盒板在推盒起始位置近似停留，即铰销 F 的总行程 $S_m=F_0F'_0$ 接近 S_1。为此，该机构采用曲柄摇杆机构 $ABCD$ 与曲柄滑块机构 DEF 串联组合，并布置成铰销 F 在 $F_1F'_0$ 区间内运动时，这两个串联的四杆机构都处在各自的内极限位置前后，以尽量减小 $F_1F'_0$ 距离，接近停留状态。该机构可按下述步骤设计。

(1) 确定与执行构件工作行程 S_1 对应的杆件 DE 的摆角 ψ_1

见图 6-22，与执行构件工作行程 $S_1=F_1F_0$ 对应的杆件 DE 的摆角为$\angle E_1DE_0=\psi_1$。杆件 DE 与 DC 固连。显然，$\psi_1=\angle E_1DE_0=\angle C_1DC_0$ 值取大些，可使 DE 长度减小，但同时也使 $ABCD$ 的压力角增大。故应在 $ABCD$ 的压力角不超过许用值的条件下尽量将 ψ_1 值取大一些。推荐按表 6-1 确定 ψ_1 值。

表 6-1　ψ_1 与 φ 的关系

φ	80°	90°	100°	110°	120°	130°	140°	150°
ψ_1	35°	40°	45°	50°	55°	60°	65°	70°

表中 φ 为与工作行程 S_1 对应的曲柄 AB 的转角。该推盒机构的 $\varphi=120°$，根据表 6-1，可取 $\psi_1=55°$。

(2) 设计曲柄摇杆机构 $ABCD$

对其运动要求为$\angle B_1AB_0$ ($\varphi_1=120°$)—$\angle C_1DC_0$ ($\psi_1=55°$)、$\angle B_0AB'_1$ ($\varphi_2=110°$)—$\angle C_0DC_1$ ($\psi_2=\psi_1=55°$)，AB_0C_0D 为其外极限位置，可按前述的要求满足“规定曲柄与摇杆在外极限位置前后的两对相应角位移”的运动要求设计之。图中 $AB=168$mm、$BC=555$mm、$AD=600$mm、$\gamma_{min}=49°$、$\gamma_{max}=127°$（最大压力角为 41°）、$\psi_m=\angle C_0DC'_0=72.5°$，适合。

(3) 设计曲柄滑块机构 DEF

对其运动要求为：DE 杆转 ψ_1 角，相应的滑块（即铰销 F）的位移为 S_1，这是“规定曲柄与滑块的一对相应位移”；另外，为使铰销 F 在 F_1 位置近似停留，应使 DE_1F_1 位置接近内极限位置。

第五节　应 用 举 例

如条盒透明纸裹包机，该机为全自动包装机，包装材料采用卷筒式连续供送，被包装物品由输送带连续供给。它是在条盒表面裹包一层透明纸，以增加包装装潢质量和提高产品的保干、保湿能力。可用于包装条盒烟、盒装茶叶及长方形块状物品等盒表面的裹包。

一、条盒透明纸裹包机的组成及工作原理

1. 条盒裹包机的工艺路线的确定

该裹包机的折叠裹包工艺路线选为阶梯形，其包装工艺流程如图 6-23 所示：图(a) 为条盒进给，同时透明纸进给并定长切断；图(b) 为透明纸到位，同时条盒上托形成倒“U”形裹包；图(c) 为折叠底边的长边；图(d) 为折叠两顶端后部的短边；图(e) 为折叠底面的前长边，热封底面长边，折叠两顶端前部的短边；图(f) 为折叠两顶端的下部长边和上部长边，并完成两顶端封合。

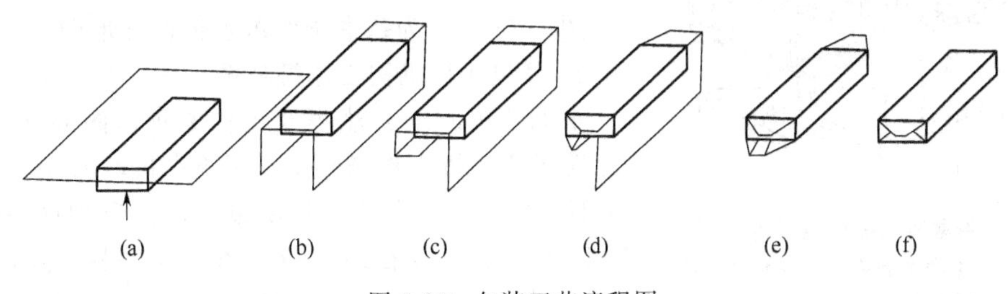

图 6-23　包装工艺流程图

2. 条盒裹包机的工作原理的确定

根据折叠裹包工艺路线及裹包机的工艺流程，条盒透明纸裹包机工作原理如图 6-24 所示。如图示 b 位，条盒烟 9 由条盒输送带送入顶板 8 上，此时，被定长切断的透明纸 1 已由 a 位送到顶板 8 的上部，并覆盖在条盒上面。接着条盒压下两个微动开关，主电动机启动，顶板 8 带着条盒烟 9 与透明纸 1 沿垂直导轨 7 上升，在垂直导轨的导向下，使透明纸呈“U”形包裹条盒。当顶板 8 上升到最高位之后，摆动板 2 与折叠板 3 一起将条盒托住，此时，顶板 8 开始下降到起始位。当摆动板 2 托住条盒并保持一段时间后，折叠板 3 将透明纸包裹后的底面一长边折叠完毕，见 d。与此同时，推板与两顶端折叠板 4 开始运动，完成 e 位所示的两顶端面前部的折叠任务。在 4 继续向前输送的过程中，底板和固定折叠板 5 完成 f 位所示的另一底面长边和两顶端后部的短边折叠任务。随后，底面热封器 6 向上运动，将底面长边热封。条盒在推板

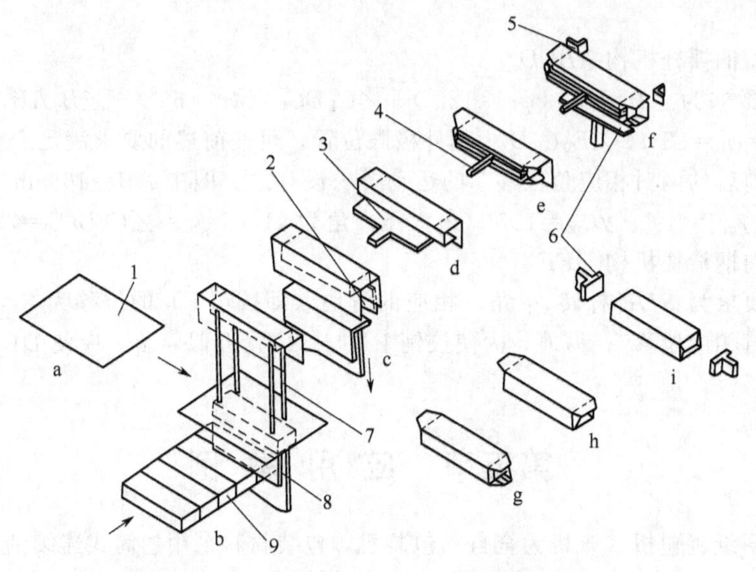

图 6-24 条盒透明纸裹包机工作原理图

1—透明纸；2—摆动板；3—折叠板；4—推板与两顶端折叠板；5—固定折叠板；6—热封器；7—垂直导轨；8—顶板；9—条盒烟

的推动下进入输出机构，在输出机构两侧固定折叠板的导向下，先后完成两顶端面的下部长边折叠和上部长边折叠任务（h、i 位）。最后由两端热封器 6 将条盒两端透明纸热封，完成整个透明纸条盒的包装任务。

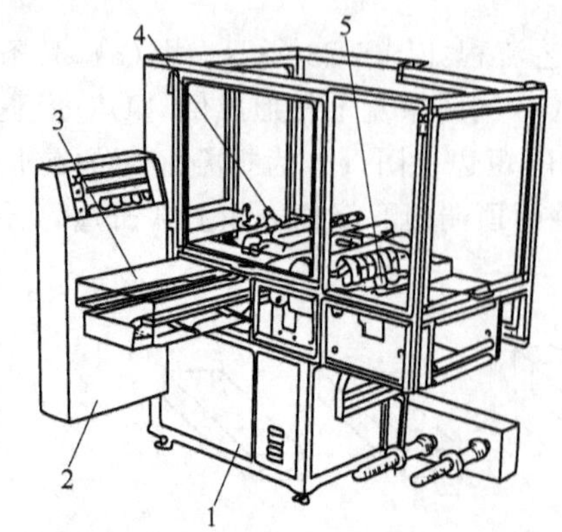

图 6-25 条盒透明纸裹包机外形图

1—箱体；2—电气控制箱；3—条烟输入装置；4—裹包执行机构；5—透明纸供送系统

3. 条盒透明纸裹包机的组成

该机主要由条盒输入装置、透明纸供送系统、裹包执行机构、传动系统、机架、条盒输出机构及控制系统等组成。图 6-25 所示为条盒透明纸裹包机外形图。

4. 裹包执行机构工作循环图

根据裹包的工艺流程及工作原理，图 6-26 所示为条盒透明纸裹包机工作循环图。托板（J1，图 6-27）在 0°～114°时，将条盒与覆盖的透明纸一起提升到最高位置，并在 114°～125°时停在最高位。条盒摆动板（J5，图 6-27）在 124°时开始下降，（J5，图 6-27）将条盒托住。透明纸

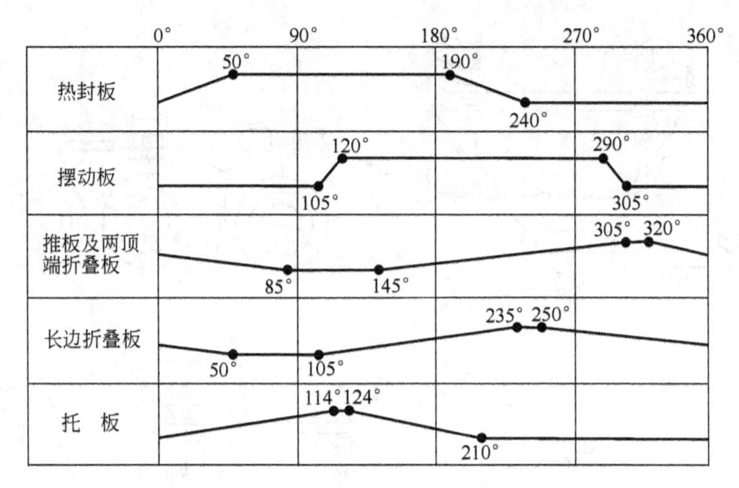

图 6-26　裹包机工作循环图

长边折叠板（J2，图 6-27）在 105°～235°时，对条盒底部后侧长边进行折叠，并在 235°完成折叠；条盒推板及两顶端折叠板（J3，图 6-27）在 145°～305°时，首先完成两端短边的折叠；前进的过程中，在 235°时再完成对条盒底部前侧长边的折叠，同时将后侧长边压住，长边折叠板（J2，图 6-27）在 250°开始返回。接着由固定折叠板对前侧短边进行折叠，在 305°完成并停留至 320°。摆动板（J5，图 6-27）在 90°～305°返回。热封器（J6、J7，图 6-27）在 50°～190°条盒停止时，完成端部热封。

二、传动系统

图 6-27 为条盒透明纸裹包机传动系统原理图。本机传动系统设有主传动与辅助传动两条传动链，辅助传动链由电动机 M2 驱动。当机器处于待料状态时，电动机 M2 转动，使条盒输送带运转，实现条盒供送。当机器正常工作时，电动机 M2 停止转动，条盒输送带则由主传动链驱动。主电动机 M1 与电动机 M2 始终处于互锁状态。在机械传动中为防止传动干涉，齿轮 Z10、Z16 上均装有单向超越离合器。

主传动系统主要由主体传动、条盒输入传动、透明纸输入传动、成型传动等系统组成。

1. 主体传动系统

主体传动是由主电动机 M1，通过带传动 D1/D2 及两对斜齿轮 Z1/Z2 和 Z3/Z4 传动，将运动传到凸轮轴Ⅲ上。

2. 成型传动系统

成型部分的传动可分为托板的传动、条盒推板的传动、透明纸长边折叠板的传动及热封器的传动。

托板 J1、透明纸长边折叠板 J2、条盒推板 J3 三者的运动，均由凸轮轴Ⅲ上的三个大凸轮 T1、T2、T3 分别驱动各自的摆杆、导杆、铰边等实现。

透明纸长边折叠挡板 J5、热封器（J6、J7）的运动则由凸轮轴Ⅵ上的凸轮 T4、T5 驱动。凸轮轴Ⅵ由凸轮轴Ⅲ通过链轮 Z7、Z8 驱动。

3. 条盒输入传动系统

条盒的输入传动即为输入皮带 J4 的传动，它可由凸轮轴Ⅲ，通过两对链轮 Z9/Z10 和 Z11/Z12及一对齿轮 Z13/Z14 来驱动，也可由电动机 M2 通过减速器 D、链传动 Z15/Z16 来带动。

4. 透明纸输入传动系统

透明纸输入传动，通过凸轮轴Ⅲ上的一对锥齿轮 Z5/Z6 带动电器凸轮轴Ⅶ转动，经链传

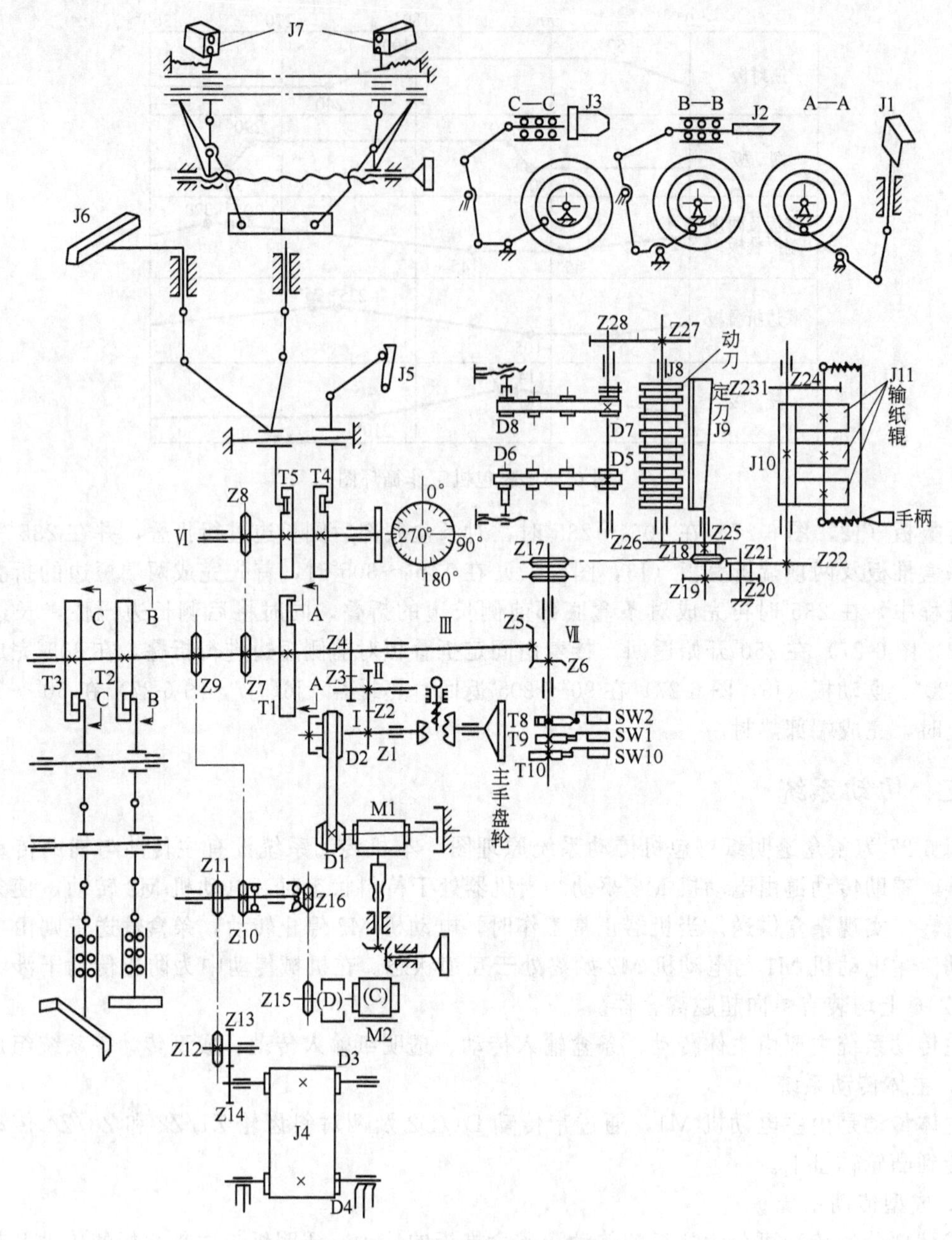

图 6-27　裹包机传动系统原理图

动 Z17/Z18 分别带动 Z19/Z25 传动，通过齿轮 Z19/Z20、Z21/Z22 和 Z23/Z24 带动输纸辊 J10、J11 转动，实现送纸。同时经 Z27/Z26 带动旋转切刀 J8 转动，完成切纸。另由切刀轴上的齿轮 Z27，通过齿轮 Z28 将运动传递给透明纸输送小皮带，完成切断纸的供送。

三、机器的主要机构

1. 条盒输送机构

图 6-28 所示为条盒输送机构简图。该机构的任务是将条盒包装机输出的条盒输送到托板位置。本机构主要由输送皮带护板 1、输送皮带 2、条盒支承板 5、螺杆 8、主动与被动辊等组成。为使护板 1 具有良好的导向作用，应调节两护板的间距，使之成锥形，即进口部分比条盒

长度宽 3mm 左右。输送皮带 2 的张紧力及主动、被动辊轴的平行，通过调节螺杆 8 便可实现。光电传感器 3 用来控制条盒的输入状态，当条盒因故受阻，遮住光电传感器 3 达 1.5s 以上时，实现自动停机。

2. 透明纸供送机构

图 6-29 所示为透明纸供送原理示意图。在实际工作中，盘状卷筒包装材料在供送过程中极易产生前冲的惯性力，使透明纸输送时的张紧状态变为松弛状态，影响输送、切断及包装质量。为此，本机构中设置有张力控制装置。

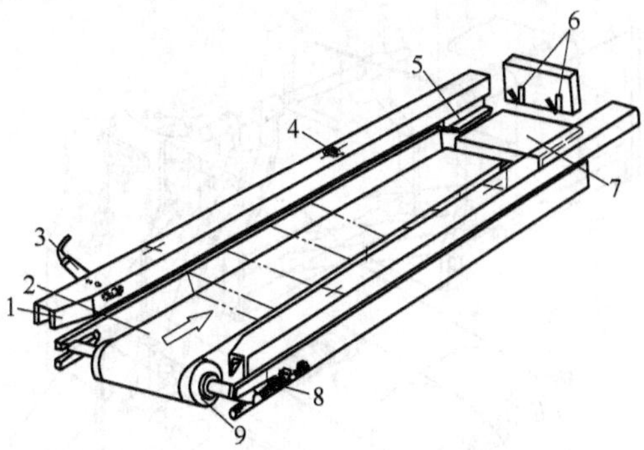

图 6-28　条盒输送机构简图

1—输送皮带护板；2—输送皮带；3—光电传感器；4—调节螺栓；5—条盒支承板；6—微动开关；7—托板；8—螺杆；9—被动皮带棍

图 6-30 所示为透明纸供送机构示意图。它主要由旋转切刀 9、拉纸辊 7、橡胶辊 8、纸辊轴 5 及传动机构等组成。卷筒透明纸 1 从纸辊轴 5 上拉出，经过几个导向辊后，进入拉纸辊 7 和橡胶辊 8 之间，将透明纸向前输送，旋转切刀 9 将其定长切断，然后由透明纸输送带将其送至托板上方，完成透明纸的供送。

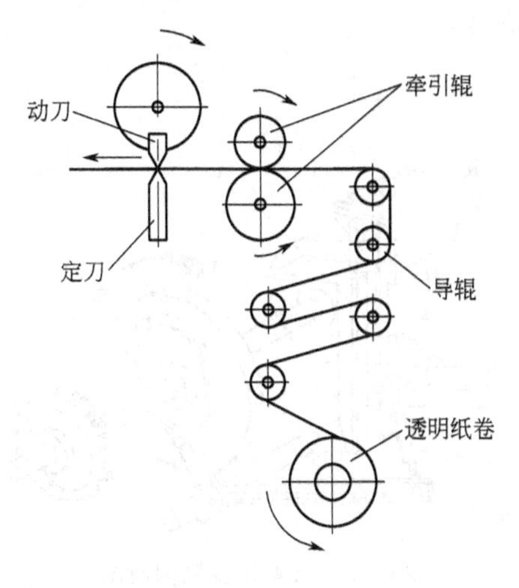

图 6-29　透明纸供送原理示意图

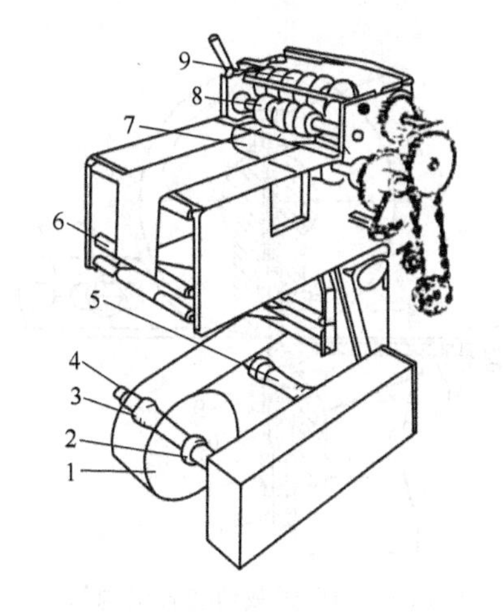

图 6-30　透明纸供送机构示意图

1—卷筒透明纸；2,3—固定螺母；4—微调螺杆；5—纸辊轴；6—导向辊；7—拉纸辊；8—橡胶辊；9—旋转切刀

图 6-31 所示为送纸缓冲机构简图。摆杆 3 上端由拉簧 5 拉紧，通过辊子与连接块 4 接触，摆杆 3 的下端与摆杆 6 为同轴相对固定。摆杆 6 通过螺杆 7 与包绕在制动圆盘 8 上的制动带 9 相连，并同时与制动带 10 相连。在连接块 4 和拉簧 5 的共同作用下机构呈向右倾斜的状态，因而制动带 9、10 分别紧紧包绕制动圆盘 8、11。同时，由于透明纸在拉纸辊与橡胶辊的作用下向前输送时，摆动架 2 带动连接块 4 作摆动，使制动带 9、10 分别脱开两制动圆盘 8 和 11，从而使纸辊轴 12 在透明纸的拉动下能顺利地旋转。因此，摆动架在透明纸输送过程中起到缓冲作用。

当透明纸通过拉纸辊与橡胶辊输送后，即由裁切装置进行切断。裁切以后的透明纸，依靠透明纸输送带与滚轮之间的摩擦力继续传送到托板包装工位。

图 6-32 所示为透明纸裁切装置结构简图。固定切刀 10 和旋转切刀 8 均应平行于前导板 1，

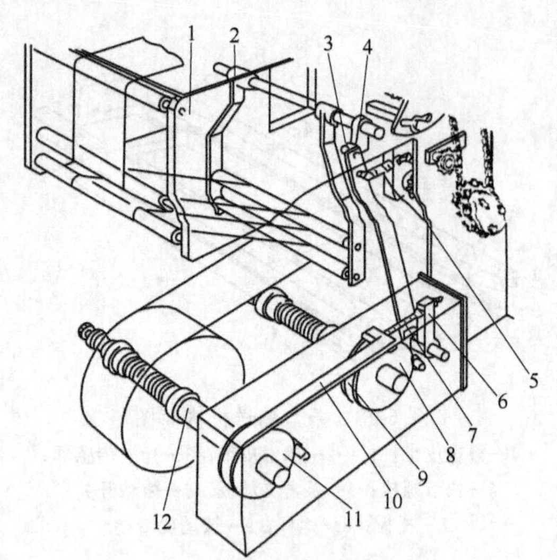

图 6-31　送纸缓冲机构简图
1—机架；2—摆动架；3,6—摆杆；4—连接块；5—拉簧；7—螺杆；8,11—制动圆盘；9,10—制动带；12—纸辊轴

固定切刀刀尖高出前导板 1mm，旋转切刀转动时，与导板 7 的间隙沿其圆弧保持 1mm，以利透明纸的导向。

3. 条盒托板机构

图 6-33 所示为条盒托板机构简图。它主要由托板 1、凸轮 5、滑座 3 及四杆机构等组成。凸轮 5 固定在轴 4 上，并随轴转动。凸轮 5 通过摆杆 6 和连杆 7 驱动滑块 2 沿滑座 3 上下运动。托板 1 固连在滑块 2 上，因此，随着凸轮 5 的连续运动，托板 1 将条盒及透明纸沿垂直通道不断推送到下一包装工位。

图 6-34 所示为条盒垂直通道装置示意图。在垂直通道侧护板 6 的作用下，使透明纸呈倒 U 形裹包条盒。条盒由弹性挡板 2 和摆动板 3 夹持，至 120°（见图 6-26）时，摆动板 3 已摆至水平位置，此时，与运动的长边折叠板 1 一起托住条盒。

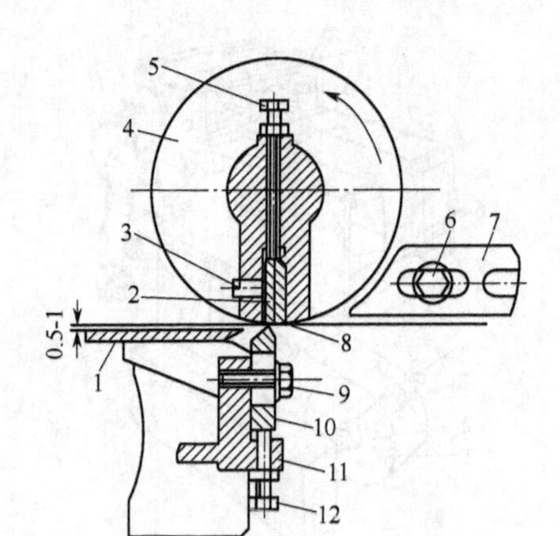

图 6-32　透明纸裁切装置结构简图
1—前导板；2—垫片；3—螺钉；4—刀架体；5,6,9,12—螺栓；7—导板；8—旋转切刀；10—固定切刀；11—刀体

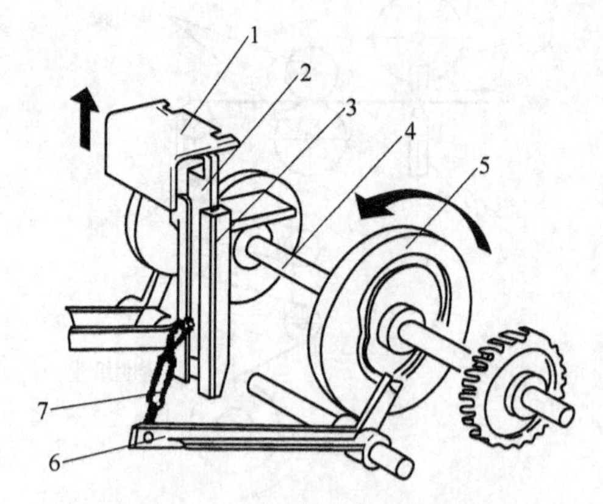

图 6-33　条盒托板机构简图
1—托板；2—滑块；3—滑座；4—轴；5—凸轮；6—摆杆；7—连杆

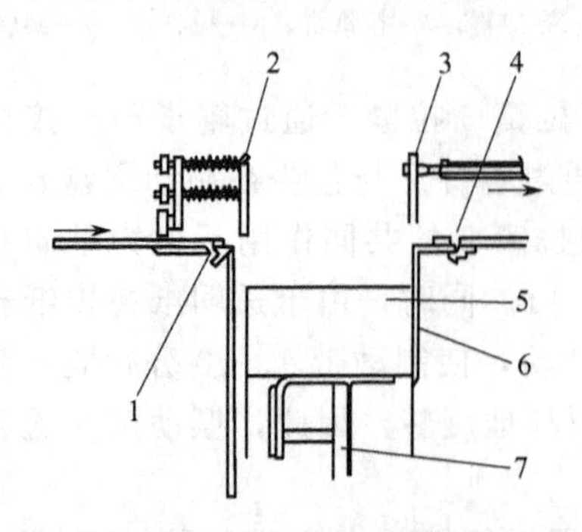

图 6-34　条盒垂直通道装置示意图
1—长边折叠板；2—弹性挡板；3—摆动板；4—螺钉；5—条盒与透明纸；6—侧护板；7—托板

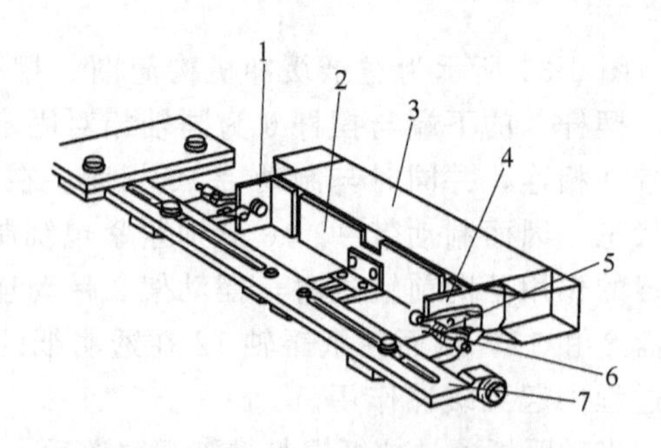

图 6-35　折角-推板装置结构简图
1—左折角板；2—推板；3—条盒及透明纸；4—右折角板；5—压簧；6—调节螺母；7—主体板

4. 折角-推板装置

图 6-35 所示为折角-推板装置结构简图。它主要由推板 2、右折角板 4、左折角板 1、主体板 7 等组成。其往复直线运动是由凸轮驱动，通过四杆机构来实现的。其作用是完成两顶端前部的折叠任务和推动条盒向前输送，在移动中完成其他折叠动作。

5. 底面折叠板机构

底面折叠板具有两种功能：除了折叠底面一长边外，同时与摆动板一起接住托板推上的条盒和透明纸，以便托板下降。

图 6-36 所示为底面折叠板机构结构简图。槽凸轮 7 连续回转，通过摆杆 8、连杆 1、摆杆 3 驱动底面折叠板 5 沿导轨 4、导轨板 6 实现往复直线运动。通过调节连杆 1 的长度可实现底面折叠板初始（终了）位置的调整；通过改变铰链 2 在摆杆 3 上圆弧槽内的位置，实现底面折叠板行程的调整。

6. 摆动板机构

图 6-37 所示为摆动板机构简图。它主要由摆动板 1、连杆 5、摆杆 7、凸轮 8 等组成。其作用是在托板上升过程中使透明纸定位并对条盒进行 U 形裹包，在托板下降时用来托住条盒。

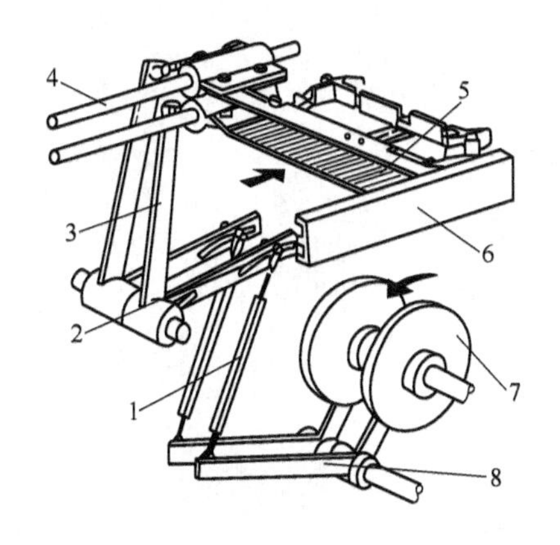

图 6-36 底面折叠板机构结构简图

1—连杆；2—铰链；3,8—摆杆；4—导轨；5—底面折叠板；6—导轨板；7—槽凸轮

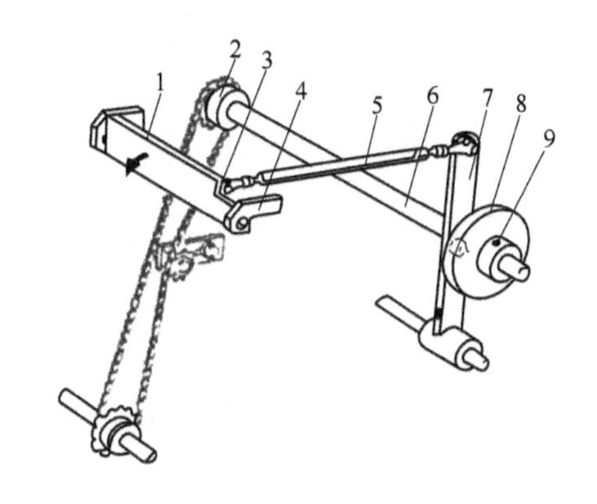

图 6-37 摆动板机构简图

1—摆动板；2—链轮；3—铰链；4—支架；5—连杆；6—轴；7—摆杆；8—凸轮；9—螺钉

运动由凸轮轴Ⅲ（见图 6-27）经链传动传递给凸轮 8，然后通过四杆机构驱动摆动板 1 按工作要求摆动。在条盒被托板托起的过程中，摆动板处于铅垂位置，当托板完成向上行程时，摆动板 1 与弹性挡板一起将条盒夹持住，随后托板下降至开始位置。摆动板 1 在 290°～350°（见图 6-26）时，又重新摆至垂直位置。

7. 条盒输出装置

图 6-38 为条盒输出装置示意图。条盒为间歇式移动，运动由推板推动。当条盒和透明纸依次经过固定折叠板 4、5、6 时，分别完成两顶端后部短边折叠、下部长边折叠和上部长边折叠。两端热封器 3 完成条盒两端透明纸的热封，通过出口通道 1 输出成品。

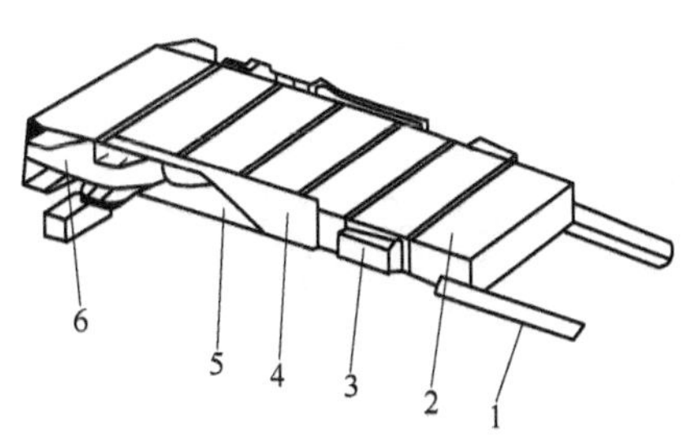

图 6-38 输出装置示意图

1—出口通道；2—成品；3—两端热封器；4,5,6—固定折叠板

思 考 题

1. 什么是裹包包装？常见的有哪些裹包形式？

2. 裹包机执行构件的运动形式有哪几种？

3. 裹包操作对曲柄滑块的运动要求有哪几种？

第七章　贴标机械

第一节　概　　述

标签是加在包装容器或产品上的线条或其他材料，上面印有产品说明和图样。其主要内容包括制造者、产品名称、商标、成分、品质特点、使用方法、包装数量、贮藏应注意事项、警告标志、其他广告性图案文字等，是现代包装不可缺少的组成部分。采用黏结剂将标签贴在包装件或产品上的机器叫贴标机械。

一、贴标机械的分类

标签的材质、形状很多，被贴标对象的类型、品种也很多，贴标要求也不尽相同。为满足不同条件下的贴标需求，贴标机有多种多样，不同类型的贴标机，存在着贴标工艺和有关装置结构上的差别。

贴标机的分类方法很多，如：①按自动化程度分，贴标机可分为半自动贴标机和全自动贴标机；②按容器的运行方向分，可分为立式贴标机和卧式贴标机；③按标签的种类分，可分为片式标签贴标机、卷筒状标签贴标机、热黏性标签贴标机和感压性标签贴标机及收缩膜套标签贴标机；④按容器的运动形式分，可分为直线式贴标机和回转式贴标机；⑤按贴标机结构分，可分为龙门式贴标机、真空转鼓式贴标机、多标盒转鼓贴标机、拨杆贴标机、旋转型贴标机；⑥按贴标工艺特征分，可分为压捺式贴标机、滚压式贴标机、搓滚式贴标机、刷抚式贴标机等。

二、贴标的基本工艺过程

① 取标　由取标机构将标签从标签盒中取出。主要保证取标数量满足要求。

② 标签传送　将标签传送给贴标部件。通常在传标过程中，完成印码、涂胶等工作。

③ 印码　在标签上印上生产日期、产品批次等数码。

④ 涂胶　在标签背面涂上黏结剂。该工作主要靠涂胶机构完成。

⑤ 贴标　将标签黏附在容器的指定位置上。

⑥ 滚压、熨平　将粘在容器表面的标签通过滚压、熨平，使其进一步贴牢，消除皱褶、翘曲、卷起等缺陷，使标签贴得平整、光滑、牢固。

三、标签的粘贴方式

贴标机对瓶罐等包装容器的标签粘贴方式有直线粘贴和圆形粘贴两种。

1. 直线粘贴

指容器向前移动呈直立状，并将涂有黏结剂的标签贴在容器指定位置。粘标过程分为三种状态。

① 容器间歇向前移动，不移动时再进行标签粘贴；

② 在容器移动过程中将标签送到预定工位进行粘贴；

③ 使涂有黏结剂的标签与容器的移动速度同步，进行切线粘贴。并能同步地将标签粘贴

到瓶身、瓶颈和瓶肩等处。

2. 圆形粘贴

使瓶罐横卧，在旋转过程中粘贴标签。

四、国家标准对贴标机的主要要求

依据国家标准 QB/T 2570 “贴标机” 的要求，贴标机的主要性能指标包含贴标率、损标率、正标率等指标。

① 贴标率　按照贴标签要求（单标或多标），贴上标签的包装容器数量与被检查的包装容器总数量的百分比。

② 损标率　在贴标过程中，被贴标机损坏的标签数量与被检查的包装容器贴标时所耗用的标签总数量的百分比。

③ 正标率　在被检查的包装容器中，正标的包装容器数量与被检查包装容器总数量的百分比。所谓正标是指标签贴到包装容器上，标签的中心线与其理论位置的偏差在规定范围内，称为正标。同一包装容器上有多张标签的，应按上述定义求出各自与理论位置的偏差，均应在规定范围内。

④ 贴标机应有互锁机构

a. 当没有包装容器时，自动停止取标。

b. 当包装容器掉落或卡住时，机器应自动停机。

国家标准对贴标机的主要性能指标的要求见表 7-1。

表 7-1　贴标机的主要性能指标

项　目	身标、肩标	身标、肩标、顶标	身标、顶标	身标、顶标、肩标、背标	身标、肩标、背标
包装容器损坏率/%	≤0.02	≤0.05	≤0.04	≤0.05	≤0.05
贴标率/%	≥98	≥96	≥97	≥95	≥96
损标率/%	≤0.8	≤1.3	≤1.2	≤1.5	≤1.3
正标率/%	≥93	≥90	≥90	≥88	≥90

正标必须符合下列要求。

① 身标、肩标：上下标的中心线对其理论位置的偏差≤2mm。

② 背标：标签中心线对其理论位置的偏差≤3mm。

③ 身标、肩标、顶标（带尖角）：三标中心线对其理论位置的偏差≤3mm。

第二节　贴标机的主要机构与工作原理

贴标机的主要工作机构由供标装置、取标装置、打印装置、涂胶装置及联锁装置等几部分组成。

一、供标装置

供标装置是指在贴标过程中，能将标签纸按一定的工艺要求进行供送的装置。它通常由标仓和推标装置所组成，其中标仓是贮存标签的装置，也称标盒。它可根据要求设计成固定的或摆动的，其结构形式有框架式和盒式两种，其中盒式标仓用的较多，它主要由一块底板和两块侧板组成，两侧板间距可调，以适应标签的尺寸变化。

标仓前端两侧通常设有挡标爪，有针形、爪形或梳齿形等不同结构形式，其作用是防止标签从标仓中掉落，同时在取标过程中又可把标签逐张分开。标仓中设有推标装置，使前方的标签取走后能不断补充。常见的供标装置有图 7-1 所示的几种形式。

图 7-1(a) 为滑车式，标盒设计成倾斜的，推标时，倾斜角和滑车的重量决定了对标签叠层的推动力。

图 7-1(b) 为重锤式，标盒是水平的，推标压力决定于重锤重量，补充标签时需停机，多适用于立式贴标机。

图 7-1(c) 为杠杆式，其标盒竖立，从顶面供标，供标力决定于平衡重锤的大小，随着标纸的减少，推标头自动上升。它适用于卧式贴标机，结构简单，生产率高，但补充标签需停机。

图 7-1(d) 为弹簧式，推标压力为弹簧的弹力，它是变化的，当标签叠层较厚时，压力就大，反之则小。弹簧可采用盘形弹簧，补充标签时也需停机，适用于立式贴标机。

(a) 滑车式　(b) 重锤式

(c) 杠杆式　(d) 弹簧式

图 7-1　供标装置示意图

上述供标装置在供标时，标盒都是固定的，当需标盒运动时，多采用连杆机构和凸轮机构使标盒产生移动和摆动的复合运动。

图 7-2 为摆动式标盒示意图。标盒 1 由一块支承板 5 和两块侧板 6 组成。两侧板之间的距离可用小螺杆 4 调整，以适应不同标签的宽度。标盒 1 的前端有挡标爪（图中未示出），挡住标签。推标装置由滑块 13、钢绳 12 及弹簧盘 7 组成，在取标过程中把标签不断向前推进，以补充取走的标签。整个标盒固定在座板 2 上，两臂杠杆 9 固定在支柱 3 上，其右臂用螺栓 15 与摇杆 17 连接，摇杆 17 又固定在座板 2 的传动部件上。两臂杠杆的摇动由凸轮 10 和 11 驱动，凸轮 10 固定在轴 8 上，轴 8 由真空转鼓传动系统通过齿轮 16 和 14 带动转动，使标盒完成向前接近真空转鼓和随转鼓转动方向的摇摆运动。当标盒靠近转鼓时，滚子 18 顶推阀门使转鼓相应部分接通真空，吸取标签。

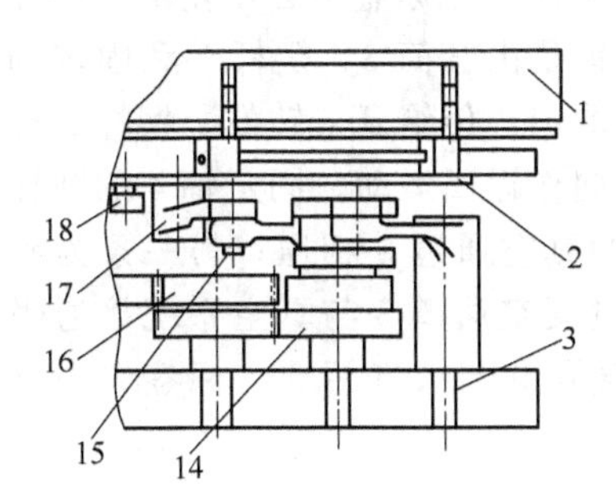

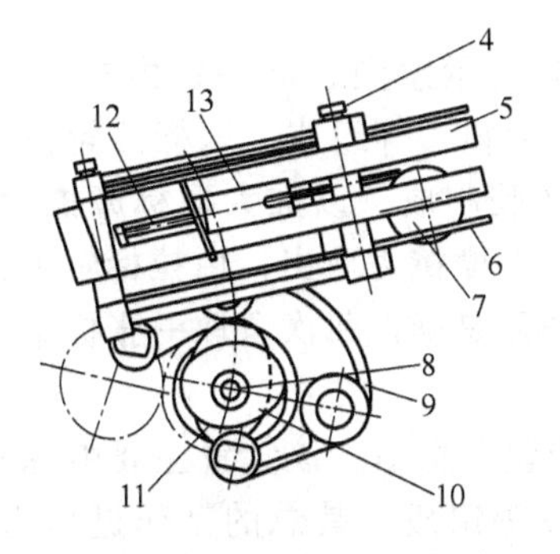

图 7-2　摆动式标盒示意图

1—标盒；2—座板；3—支柱；4—小螺杆；5—支承板；6—侧板；7—弹簧盘；8—轴；9—杠杆；10，11—凸轮；12—钢绳；13—滑块；14，16—齿轮；15—螺栓；17—摇杆；18—滚子

二、取标装置

根据取标方式的不同，取标机构可分为真空式、摩擦式、尖爪式等不同形式。

1. 真空转鼓式取标装置

其典型结构如图 7-3 所示。该装置是由鼓体 7、鼓盖 2、错气阀座 14、固定阀盘 12 和转动阀盘 6 等组成，开有大气通孔 13 和真空槽 9 的固定阀盘 12 与错气阀座 14 紧固在一起，安装在工作台 8 上。鼓体 7 与转动阀盘 6 固定在一起，顶部用鼓盖 2 密封。鼓体 7 上有 6 组相隔的气道 3，每组气道一端与橡皮胶鼓面 5 的 9 个气眼相通，另一端与固定阀盘 12 上的真空槽 9 或大气通孔 13 相接。转鼓轴 11 带动鼓体 7 旋转，在其旋转过程中，不同的气道对准真空槽 9，与真空系统接通，当此时真空吸标摆杆把标签递送过来时，气眼将此标签吸住。转鼓继续旋转，气道仍接通真空，气眼继续吸住标签，当转过近180°时，此气道离开真空槽而对准固定阀盘12的大气通孔，接通大气，标签失去真空吸力而被释放，此时这组气眼刚好处于贴标弯道位置，释放的标签被贴到与其相遇的容器上。旋转中6组气道按上述程序依次工作，取标、传递、贴标过程连续进行。

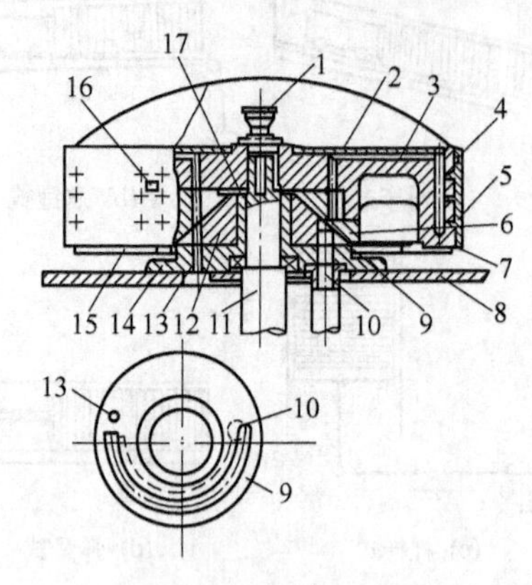

图7-3　真空转鼓式取标装置示意图

1—油杯；2—鼓盖；3—气道；4—气眼；5—橡皮胶鼓面；6—转动阀盘；7—鼓体；8—工作台；9—真空槽；10—真空通道；11—转鼓轴；12—固定阀盘；13—大气通孔；14—错气阀座；15—转鼓下盖；16—取标区；17—油槽

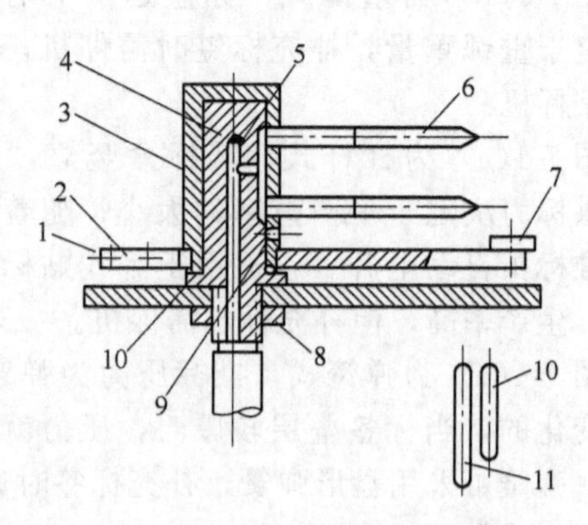

图7-4　真空吸标摆杆装置示意图

1—弹簧固定螺栓；2—摆杆；3—套筒；4—固定轴；5—真空通道；6—吸标杆；7—滚子；8—螺母；9—破气孔；10—真空槽；11—破气槽

在这类取标装置中，常用真空吸标摆杆配合真空转鼓进行工作，而标盒不必作复杂的供标动作。它的结构比较简单，图7-4是该类装置的示意图。该装置是由套筒3、摆杆2和固定的滚子7等组成。这种真空吸标摆杆机构，将标签从固定的标盒取出，传给真空转鼓。摆杆2绕固定轴4摆动，吸标杆6时而向着标盒运动，时而又向转鼓方向作返回运动。固定轴4的圆柱面上有两条纵向槽，其中一条为真空槽10，与固定轴4中心的真空通道5相通；另一条为破气槽11。真空吸杆摆向标盒时，吸标杆6对准真空槽10，通过真空通道5与真空系统接通吸取标签；当真空吸杆摆到转鼓上时，它对准破气槽11，经破气孔9与大气相通，标签失去真空吸力被真空转鼓取走。

2. 摩擦式取标装置

图7-5为摩擦式取标装置示意图，该装置由标盒1、取标凸轮3、定标针2及拉标辊4等组成。取标凸轮位于标盒下方，其表面常采用橡胶制成，以加大取标摩擦力，标盒中最下面的一张标签借此摩擦力取出，由拉标辊牵出送到指定工位。定标针的作用是确保每次只取一张标签。

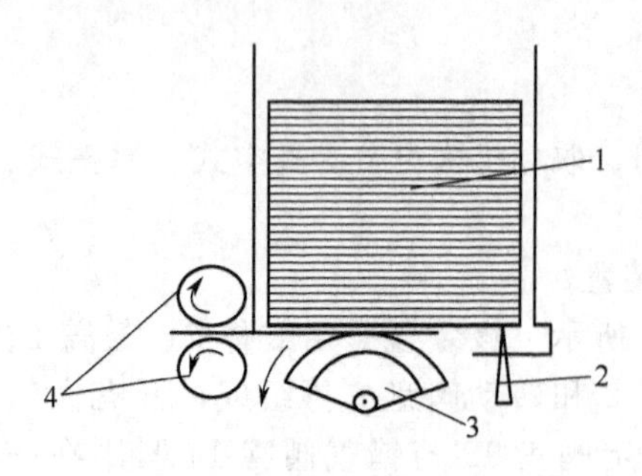

图7-5　摩擦式取标装置示意图

1—标盒；2—定标针；3—取标凸轮；4—拉标辊

3. 胶黏式取标装置

图7-6为胶黏式取标装置示意图。该装置主要由抹胶装置、取标板和机械手转盘等组成。其总的工作过程为：工作时，在取标板上先涂上黏结剂，当取标板转至标盒时，粘取一张标签，且在其内表面涂上黏结剂，在以后的旋转过程中，由旋转机械手摘下取标板上已涂胶的标签，在设定工位贴在容器上。该装置通常设计有供身标和颈标取标用的两种取标板，如图7-6(a)及图7-6(b)。它们被安装在摆动轴1的上段。摆动轴1共有8根，每根有3个支承，上端支承在盖板4的滑动轴承孔中，中部通过

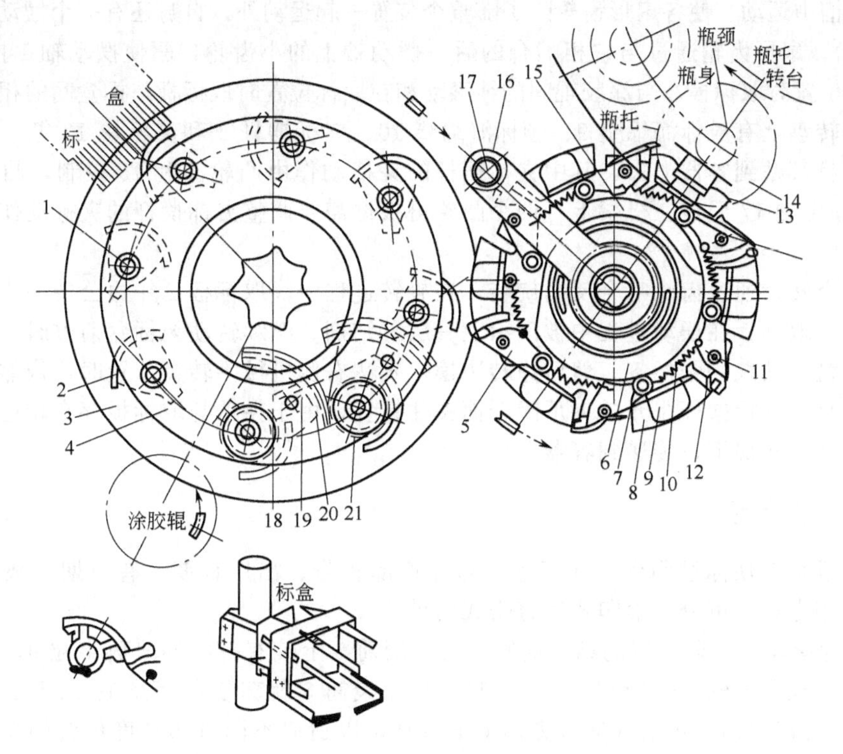

(a) 旋转胶黏式取标装置示意图

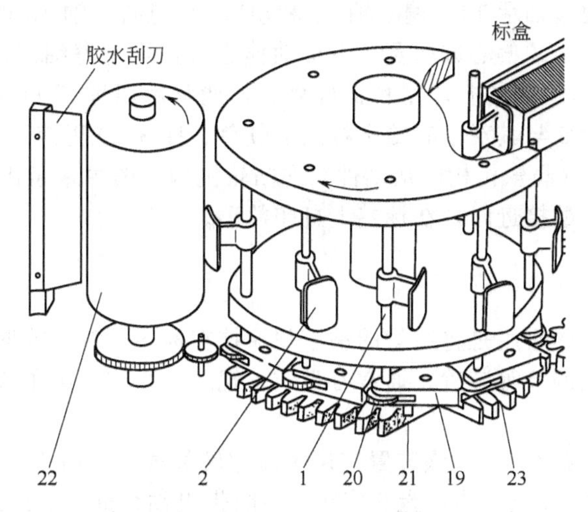

(b) 旋转胶黏式取标装置局部空间结构示意图

图 7-6 胶黏式取标装置示意图

1—摆动轴；2—取标板；3—转动台面；4—盖板；5—夹标摆杆；6,15,21—凸轮；7—螺钉；8—扇形板；9—身标海绵垫；10—颈标海绵垫；11—摆动轴；12—夹标块；13,14—海绵垫；16—固定臂；17—固定轴；18—滚柱；19—扇形齿轮；20—小齿轮；22—涂胶辊；23—驱动齿轮

滚动轴承支承在转动台面 3 上，下部通过滚动轴承支承在与转动台面 3 及盖板 4 同轴线的驱动齿轮的辐板上。摆动轴的下端固装有小齿轮 20，它和通过轴承安装在摆轴下端的扇形齿轮 19 啮合。扇形齿轮上设置有滚柱 18，它可在一个固定于机座的凸轮 21 的凹槽中运动。当该装置在主动齿轮带动下，驱动转动台面 3 和盖板 4 带动摆动轴 1 绕主动齿轮旋转时，各扇形轮上的滚

柱在凸轮凹槽中运动。使各扇形齿轮除了随整个装置一起运动外，自身还有一个摆动运动（由凸轮曲线控制）。扇形齿轮通过与它相啮合的后一摆动轴上的小齿轮，驱使摆动轴 1 按要求摆动，实现在涂胶位置时取标板 2 与涂胶辊间的纯滚动和在取标位置时取标板与标盒间的相对停止。

机械手转盘上有身标海绵垫 9、颈标海绵垫 10、夹标摆杆 5 和夹标块 12 等。它的作用是传递标签并将其贴到容器上去，其中夹标摆杆的夹持动作由凸轮 6 和 15 控制，凸轮则通过固定臂 16 和固定轴 17 固定在机架上。两个凸轮可根据需要调整夹标摆杆的夹标动作的起始和终止时刻。

左右两个转盘通过齿轮啮合反向旋转，在旋转过程中，取标板 2 一边公转一边摆动。当经过涂胶辊时，取标板在摆动过程中被滚涂上一层黏结剂。继续转动至标盒前方时，取标板再次摆动，从标盒上粘取一张标签。然后边转边摆，到达右侧机械手转盘位置时，依靠凸轮控制转盘旋转，转盘上夹标摆杆张开的夹爪闭合而夹住标签。由于夹爪与取标板存在转速差，在运转过程中便可把标签揭下，传递到容器上。

三、打印装置

打印装置是在贴标过程中，在标签上打印产品批号、出厂日期、有效期等数码的执行机构。按其打印方式，可分为滚印式和打击式两种。

图 7-7 为滚印式打印装置的结构简图。打印滚筒 5 上装有打印的号码字粒 9，并通过垫圈和螺母夹紧。在曲柄轴 15 上套装有套筒 16，打印滚筒 5 就套装在套筒 16 的上部，并用导向键 17 连接。打印滚筒 5 可沿导向键方向上下移动，以适应不同打印高度位置的需要，工作时用螺钉 3 将其固定。齿轮 19 带动套筒 16 旋转，并使打印滚筒 5 作同轴转动。海绵滚轮 14 用于给字粒涂抹印色，它通过轴承 13、偏心轴 12 和横臂 10 与曲柄轴 15 连接，（形成一个曲柄摆杆机构）。调节偏心轴 12 的偏心方向及上下移动偏心轴，可把海绵滚轮 14 调整到适当的位置和高度，以保证海绵滚轮 14 与打印字粒良好接触，调整后用螺钉 11 固定。海绵滚轮 14 在轴承上旋转，当打印滚筒 5 与其对滚时给字粒涂上颜色。杠杆 20 用销子与曲柄轴 15 连接，当杠杆 20 上的滚动轴承 18（凸轮机构的从动件）在凸轮机构（图中未示出）作用下，使打印滚筒 5 作偏转运动向真空转鼓接近时，在标签上打印数码。

四、涂胶装置

涂胶装置有多种，它的作用是将适量的黏结剂涂抹在标签的背面或取标执行机构上。它主要包括上胶、涂胶和胶量调节等装置，通常有盘式、辊式、泵式、滚子式等不同形式。

1. 盘式涂胶装置

图 7-8 为盘式涂胶装置示意图，该装置应用于真空转鼓式贴标机上。黏结剂盛放在胶槽 10 中，圆皮带 6 带动带胶盘 5 旋转，带胶盘 5 旋转中不断带出黏结剂。通过调节刮胶刀 11 与带胶盘 5 的间隙来控制带出黏结剂的多少。涂胶盘 2 与带胶盘 5 同时转动，涂胶盘 2 外圈的涂胶海绵 1 与带胶盘 5 保持接触，相互运动中将适量的黏结剂转涂于涂胶海绵 1 上。当涂胶盘 2 转过某一角度到达真空转鼓的位置时，涂胶海绵 1 把黏结剂抹到吸附在真空转鼓上的标签背面。通过调节螺纹轴 8，可以控制带胶盘 5 与涂胶盘 2 之间的贴靠程度，调整好后需用锁紧螺母紧固。

2. 辊式涂胶装置

辊式涂胶装置可分为卧式、立式两种，又有单辊、双辊和三辊等不同结构。按其涂胶辊的辊柱表面形状，又可分为光圆柱辊面和环槽辊面式两种。图 7-9 为单立辊式涂胶装置示意图。该装置用于旋转型贴标机上，其胶涂抹宽度较宽，应用比较广泛。其上胶多由泵送完成，所以要求黏结剂有一定的流动性，通常不使用糨糊。

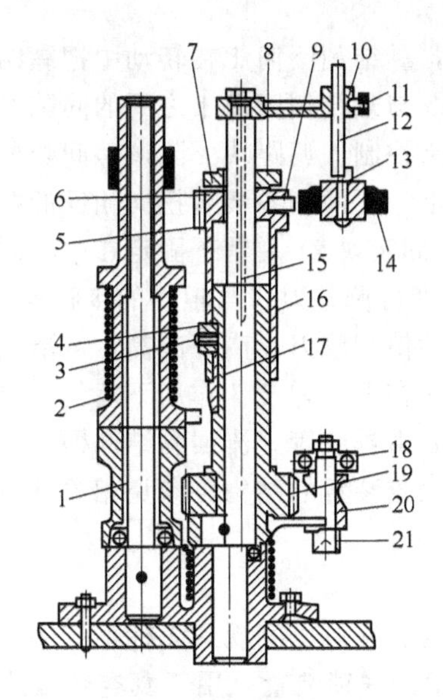

图 7-7 滚印式打印装置结构示意图

1,16—套筒；2—弹簧；3,4,6,11—螺钉；5—打印滚筒；7—垫圈；8,21—螺母；9—号码字粒；10—横臂；12—偏心轴；13—轴承；14—海绵滚轮；15—曲柄轴；17—导向键；18—滚动轴承；19—齿轮；20—杠杆

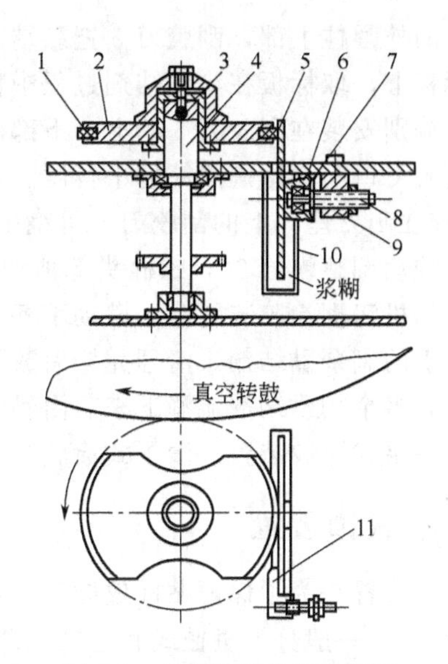

图 7-8 盘式涂胶装置示意图

1—涂胶海绵；2—涂胶盘；3—套；4—轴；5—带胶盘；6—圆皮带；7—轴承；8—螺纹轴；9—支座；10—胶槽；11—刮胶刀

图 7-9 所示的装置采用气动式往复泵泵送黏结剂。泵管 9 内有活塞，活塞在汽缸 16 中用由气嘴 14 或 15 进入的压缩空气推动作往复运动。压缩空气的切换由两个无触头行程开关 11 和 13 控制一个两位四通阀来实现。当压缩空气由气嘴 15 进入汽缸 16 时，顶起活塞，泵管 9 向上运动。在接触板 10 到达行程开关 11 时，发出信号，四通阀切换，压缩空气改由气嘴 14 进入汽缸 16，推动泵管 9 向下运动，气嘴 15 排气；到接触板 12 正对行程开关 13 时，又发出信号使控制阀切换。如此反复，使泵管 9 不停地作往复运动，频率可达 100 次/min，行程约 40mm。泵管 9 下端套装有泵活塞体 19，用销子固定在泵管上，活塞体下端开口内设计一个钢球 18。活塞体和黏结剂缸 17 呈滑动配合，黏结剂缸底部有底盖封闭，并由三根支杆固定在黏结剂桶的顶盖上。当泵管在压缩空气的推动下作振动式往复运动时，泵活塞体也作同样的往复运动。向下运动时，便挤压缸中的黏结剂，黏结剂顶开钢球流入泵管；当活塞体向上运动时，钢球便堵塞泵活塞体 19 的出口，不让泵管 9 内的黏结剂外流。如此往复，黏结剂不断向上输送，黏结剂嘴 3 不断地将输送上来的黏结剂喷浇在连续转动的黏结剂

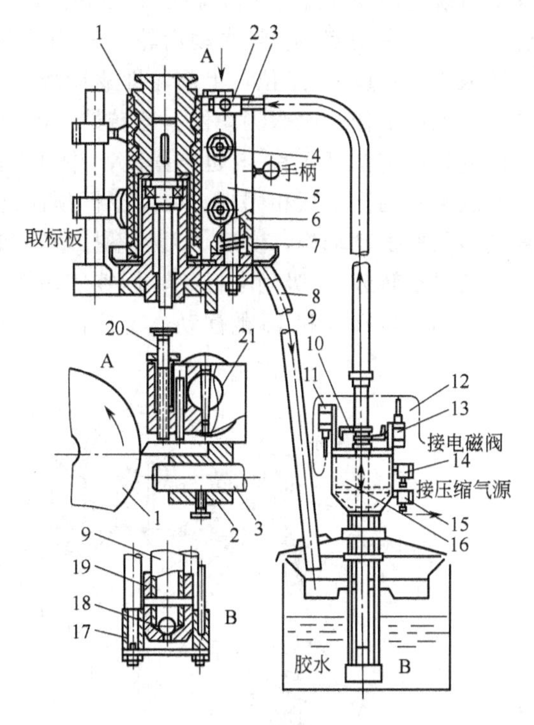

图 7-9 单立辊式涂胶装置示意图

1—黏结剂滚筒；2—黏结剂嘴夹；3—黏结剂嘴；4—偏心调距块；5—刮胶刀；6—刮刀座；7—扭转弹簧；8—排胶管；9—泵管；10,12—接触板；11,13—行程开关；14,15—气嘴；16—汽缸；17—黏结剂缸；18—钢球；19—泵活塞体；20—调整螺栓；21—固定块

滚筒1的外圆柱上部，刮胶刀5把黏结剂刮成要求厚度，黏结剂滚筒1在转动中把黏结剂涂抹在取标板上，取标板在涂黏结剂过程中作摆动。刮胶刀5与黏结剂滚筒1之间的间隙可通过调整两个分别安装在刮胶刀5的上、下部的偏心调距块4来控制。调距块4除调整间隙外，还可调整刮胶刀口与黏结剂滚筒的平行度。刮刀座6内部的上、下两侧各装有扭向相反的扭转弹簧7，安装在刮刀座6上的刮胶刀5可绕中心固定轴转动。固定块21用销子固定在中心固定轴的上端，拧动调整螺栓20，螺栓头部顶动刮刀座6转动，即可调整刀口与辊筒的接触点。

在停机清理涂胶装置时，搬动手柄，刮刀座6的摆动使刮胶刀5离开滚筒，可清理辊筒和刮胶刀上的剩余黏结剂。清理完毕后放下手柄，刮刀座6在扭转弹簧7作用下复位。整个工作过程中，多余的黏结剂流淌下来后由黏结剂盆接住，然后由排胶管8流回黏结剂桶。

有关泵式涂胶装置、滚子式涂胶装置、节流控制式涂胶装置的结构可参见相关资料。

五、联锁装置

这类装置是为了保证贴标效能和工作可靠性而设置的。它可以实现“无标不打印”和“无标不涂胶”，一般分为机械式和电气式两种。图7-10所示的联锁装置可用于真空转鼓式连续贴标机。在分配轴2上装有上凸轮4和下凸轮3，上凸轮4控制摆杆7和19作摆动运动，两摆杆滑套在固定的立轴9和20上。在立轴上装有探杆10和17及定位杆5和15，各立轴上的探杆和定位杆用套筒固连在一起，并与相应的摆杆弹簧（图中未画出）作挠性连接。下凸轮控制打印装置中与偏心套13相连的滚子22作摆动运动。偏心套13可绕固定小轴14摆动，在偏心外圆上滑装打印轮12。它的旋转由其固联的齿轮带动，该齿轮（图中未画出）与主动齿轮18啮合，并由其带动旋转。当主动齿轮18、分配轴2、真空转鼓11按一定传动比旋转时，每当真空转鼓11转过一个工位，上凸轮即驱动两摆杆7和19进行摆动，两探杆10和17摆向真空转鼓，在鼓面上作一次探测动作。若转鼓上没有标签，探杆10和摆杆19的前端即陷入转鼓面上的槽内，两定位杆5和15也作摆动，并顶住挡块1和16；挡块1与滚子22相固接，挡块16与涂胶装置的支承板相固接。由定位杆顶住这两个挡块，使打印装置和涂胶装置都不能做接近真空转鼓的摆动动作，实现“无标不打印”和“无标不涂胶”。

若真空转鼓11吸附了标签，标签使两探杆10和17无法陷入真空转鼓11的槽内，因此就阻止了两定位杆5和15的摆动，定位杆与挡块不相碰，打印装置和涂胶装置能够摆动到贴靠

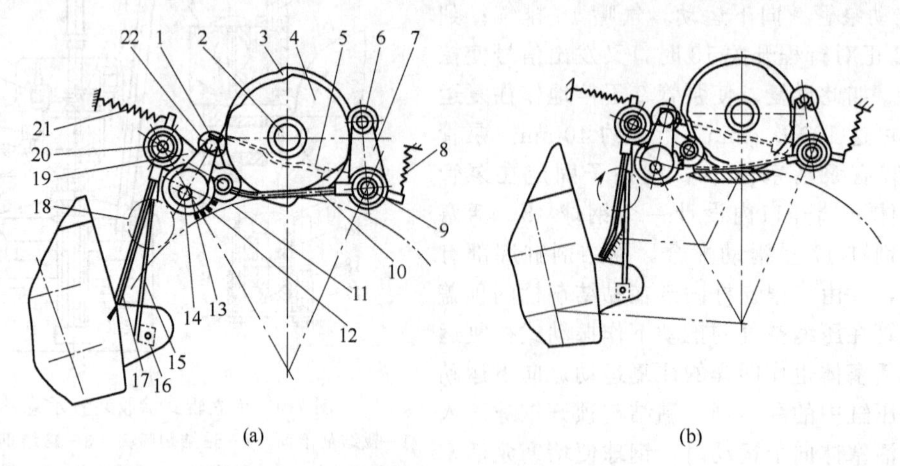

图7-10　联锁装置示意图

1,16—挡块；2—分配轴；3,4—凸轮；5,15—定位杆；6—滚子；7,19—摆杆；8,21—弹簧；9,20—立轴；10,17—探杆；11—真空转鼓；12—打印轮；13—偏心套；14—固定小轴；18—主动齿轮；22—滚子

在真空转鼓面上，在标签上印上数码并涂抹黏结剂，实现“有标打印”和“有标涂胶”。

第三节　常见粘合贴标机

一、直线式真空转鼓贴标机

直线式真空转鼓贴标机是最常见的贴标机，又因真空转鼓的作用和贴标流程不同有多种形式。

1. 结构

图 7-11 所示为一种典型结构的直线式真空转鼓贴标机，由板式输送链 1、供送螺杆 2、真空转鼓 3、搓滚输送带 7、海绵橡胶衬垫 8 及涂胶装置 4、印码装置 5、标盒 6 等组成。该机特点是：搓滚装置是与真空转鼓分开的独立装置。除利用真空实现取标、送标外，还能完成打印字码、涂胶、贴标等工作；设有“无瓶不取标”和“无标不涂浆”装置。

2. 装置的作用

如图 7-11 所示，其真空转鼓 3 不断地绕自身垂直轴作逆时针旋转，并把标盒 6 中的标签取出送到贴标工位。转鼓圆柱面分隔为若干个贴标区段，每一段上有起取标作用的一组真空小孔，小孔直径为 3～4mm，其真空的“通”或“断”靠转鼓中的滑阀来控制。转鼓外有两个标盒，作摆动与移动的复合运动，整个过程重复着“送进—吸标—急退回—再送进”的循环动作，其运动规律保证真空转鼓 3 能从标盒 6 中取出标签。涂胶装置 4 由胶盒、上胶辊和涂胶辊等组成。胶盒绕其轴心作摆动运动，当真空转鼓 3 带着标签经过涂胶装置 4 时，涂胶辊靠近转鼓 3 给标签涂胶，随后即摆离转鼓 3，以免胶液涂到转鼓上，胶盒的这些动作多是依靠弹簧和凸轮完成的。

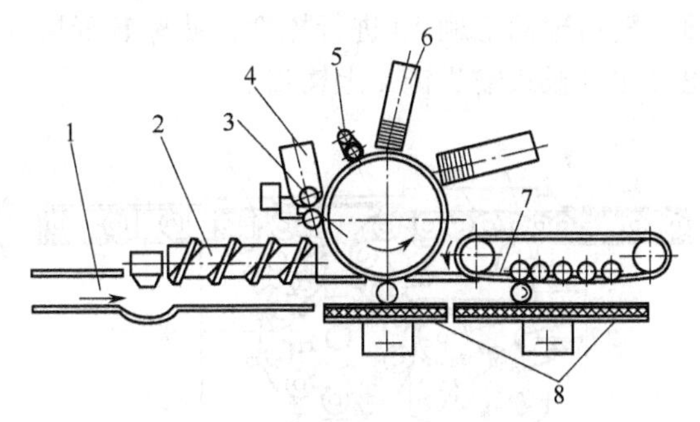

图 7-11　真空转鼓贴标机示意图

1—板式输送链；2—供送螺杆；3—真空转鼓；4—涂胶装置；5—印码装置；6—标盒；7—搓滚输送带；8—海绵橡胶衬垫

3. 工作过程

图 7-11 所示真空转鼓贴标机，其容器由板式输送链 1 进入供送螺杆 2，使容器按一定间隔送到真空转鼓 3，同时触动“无瓶不取标”装置的触头，使标盒 6 向转鼓靠近；标盒支架上的滚轮触碰真空转鼓的滑阀，使正对标盒位置的真空气眼接通，从标盒 6 中吸出一张标签贴靠在转鼓表面；随后，标盒 6 离开转鼓准备再次供标。带有标签的转鼓经印码、涂胶等装置，在标签上打印批号、生产日期并涂上适量黏结剂。随着转鼓的继续旋转，已涂黏结剂的标签与螺杆送来的待贴标容器相遇，当标签前端与容器相切时，转鼓上的吸标真空小孔通过阀门逐个卸压，标签失去吸力，与真空转鼓 3 脱离而黏附在容器表面上。容器带着标签进入搓滚输送带 7 和海绵橡胶衬垫 8 构成的通道，标签被抚平、贴牢。至此，一个贴标动作全部完成。该机仅适用于圆柱体容器上粘贴一个身标。

直线式真空转鼓贴标机的结构形式较多，有在工作过程中，标盒不作任何运动，取标工作由真空吸标摆杆完成，而上胶、贴标等工作均由真空转鼓在传送标签中完成的；有使用卷盘标签的真空转鼓贴标机；有适合于非圆柱体容器的真空转鼓贴标机等。

这些贴标机的特点是：贴标时容器直接由设置在贴标机上的板式输送链进行输送，在输送过程中接受贴标。容器所经过的轨迹是一直线或近似直线。

二、回转式贴标机

回转式贴标机由板式输送链与回转工作台交替载运容器，通过相应的贴标工作区段。容器在贴标机上经过的是一条由直线与圆弧组成的轨迹。回转式真空转鼓贴标机，是回转式贴标机中应用较为广泛的一种。它采用了真空转鼓结构部件，具有吸标、传送、贴标等多方面的功能，机器结构合理简单，并能提高贴标工作效率和可靠性。图 7-12 为回转式真空转鼓贴标机示意图。它适用于圆柱体容器的贴标。工作时容器先由板式输送链 4 送进，经供送螺杆 6 将容器分隔成要求的间距，再经星形拨轮 7，将容器送到回转工作台 9 的所需工位，同时压瓶装置压住容器顶部，并随回转工作台一起转动。标签放在固定标盒 12 中，取标转鼓 1 上有若干个活动弧形取标板，取标转鼓 1 回转时，先经过涂胶装置 2 将取标板涂上黏结剂，转鼓转到标盒 12 所在位置时，取标板在凸轮碰块作用下，从标盒 12 粘出一张标签进行传送。经打印装置 11 时，在标签上打印代码，在传送到与真空转鼓 3 接触时，真空转鼓 3 利用真空力吸过标签并做回转传送。当与回转工作台上的容器接触时，真空转鼓 3 失去真空吸力，标签粘贴到容器表面。随后理标毛刷 10 进行梳理，使标签舒展并贴牢，最后定位压瓶装置升起，容器由星形拨轮 8 送到板式输送链 4 上输出。

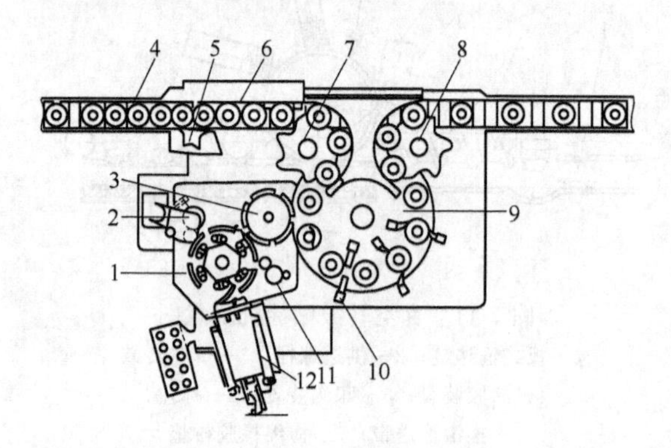

图 7-12　回转式真空转鼓贴标机示意图

1—取标转鼓；2—涂胶装置；3—真空转鼓；4—板式输送链；5—分隔星轮；6—供送螺杆；7,8—星形拨轮；9—回转工作台；10—理标毛刷；11—打印装置；12—标盒

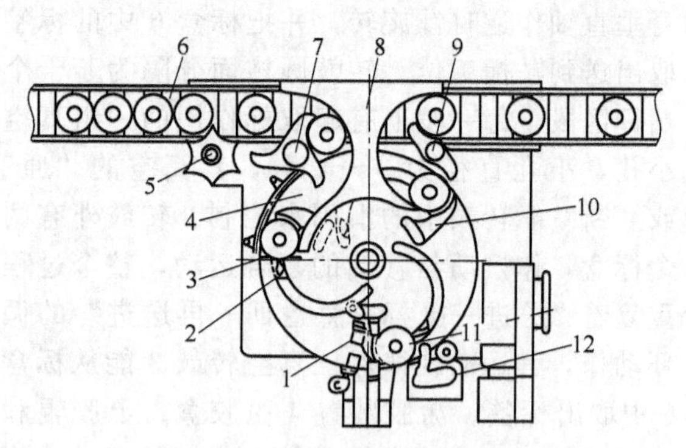

图 7-13　叉形取标杆回转式贴标机示意图

1—胶皮或毛刷；2—压标器；3—叉形取标杆；4—回转工作台；5—星形轮；6—板式输送链；7—进给拨轮；8—导板；9—输出拨轮；10—推进器；11—容器；12—打印装置

回转式转鼓贴标机，有适用于圆柱体容器的，也有适用于非圆柱体容器的；有真空型的，也有非真空型的。非真空型与真空型转鼓贴标机的主要区别在于取标及传送装置不同。

图 7-13 是带有叉形取标杆的回转式贴标机示意图。容器由板式输送链 6 经星形轮 5 分隔成等间距，然后由拨轮 7 拨送至回转工作台 4。同时，固定在回转工作台上的推进器 10 保持容器位向并顶推着容器随回转工作台一起运转。当容器到达叉形取标杆 3 的位置时，压标器 2 把标签由叉形取标杆 3 压夹于容器表面，而叉形取标杆 3 由传动机构驱动返回进行新的取标工作循环。随工作台回转的压标器 2 与容器，经胶皮或毛刷 1 将标签粘贴抚平，使之贴牢。打印装置 12 在标签表面打印日期代码。这时压标器受凸轮控制而离开容器表面，已粘贴好标签的容器由输出拨轮 9 沿导板 8 拨送到板式输送链 6 上送出。该机的叉形取标杆的取标与传送过程如图 7-14 所示。在取标与传送中，叉形取标杆 1 由传动装置驱动，在标盒 4 及贴标工位间作往复摆动。在它向标盒摆动时，只与涂胶摆杆 2 上的滚筒接触，两者同时向右摆动，使叉形取标杆 1 涂上黏结剂，如图 7-14(a) 所示。图 7-14(b) 所示为叉形取标杆 1 及涂胶摆杆 2 向右摆

动时，涂胶摆杆 2 摆向涂胶装置滚轮 3 的表面去粘取黏结剂，而叉形取标杆 1 则摆到标盒 4 的下端面，粘出最底层的标签。图 7-14(c) 所示为叉形取标杆 1 取标后，立即作反向摆转运动，进行标签传送，而涂胶摆杆 2 的滚筒则到达滚轮表面粘取黏结剂。图 7-14(d) 所示为叉形取标杆 1 已摆到贴标工位处，只待容器由回转工作台送到。当标签被压标器 5 压到待贴容器表面时，叉形取标杆 1 就往右摆动，开始下一个取标、传送的工作循环。

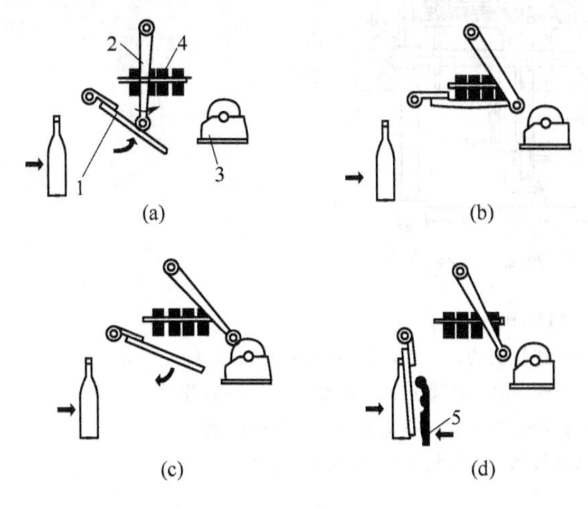

图 7-14 取标与传送过程示意图

1—叉形取标杆；2—涂胶摆杆；3—涂胶装置滚轮；4—标盒；5—压标器

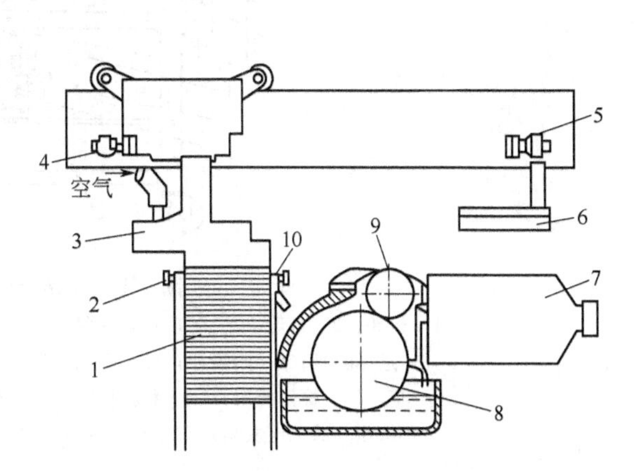

图 7-15 压式贴标机示意图

1—标盒；2—梳齿；3—真空吸标部件；4—后缓冲挡；5—前缓冲挡；6—上压垫；7—待贴标容器；8—胶木辊；9—涂胶辊；10—吹风嘴

这种回转式贴标机，结构简单，能同时进行瓶颈、肩、身三处贴标。但由于涂胶、取标、传送、贴压等工作的往复间断性，使贴标机的工作效率比较低。

三、压式贴标机

图 7-15 是一种半自动压式贴标机的示意图。该机需要人工上瓶、卸瓶。其中真空吸标部件 3 可沿导轨做往复运动，其上的吸嘴在某一确定位置接通真空，依靠真空吸力，吸嘴从标盒 1 吸取上面的一张标签。在标盒 1 上部装有吹风嘴 10 与梳齿 2，使标签处于松散状态，以保证真空吸嘴每次只吸取一张标签。吸取标签后真空吸标部件 3 向右运动，通过涂胶辊 9 时，标签背面被涂上一层黏结剂。真空吸标部件 3 继续向右运动，直到碰到前缓冲挡 5 时停止，吸嘴随之下降到待贴标容器 7 上。当标签与瓶子接触时，吸嘴切断真空，标签落在容器上。然后真空吸标部件返回，上压垫 6 下降，衬有橡皮的压垫即压捺一下，使标签紧密地贴在容器上。后缓冲挡 4 限制吸嘴的返程运动，并准确地开始下一贴标循环。

这种贴标机，只需改变个别部件，即可用于在瓶子（方瓶、扁瓶或异形瓶）、纸箱、纸盒及其他产品上贴标签。该机可采用各种纸质的标签，如素纸、光纸或涂上漆的纸，也可贴锡箔标签。

四、滚动式贴标机

滚动式贴标机通常是利用涂胶装置在容器表面某些部位涂上黏结剂，通过容器在运输或转位过程中的自转，将标签紧裹在其表面上，然后通过毛刷或搓滚传送带将标签压紧压实。这类贴标机适用于圆形食品罐头的贴标，是针对圆形罐头可以滚动的特点进行设计的。

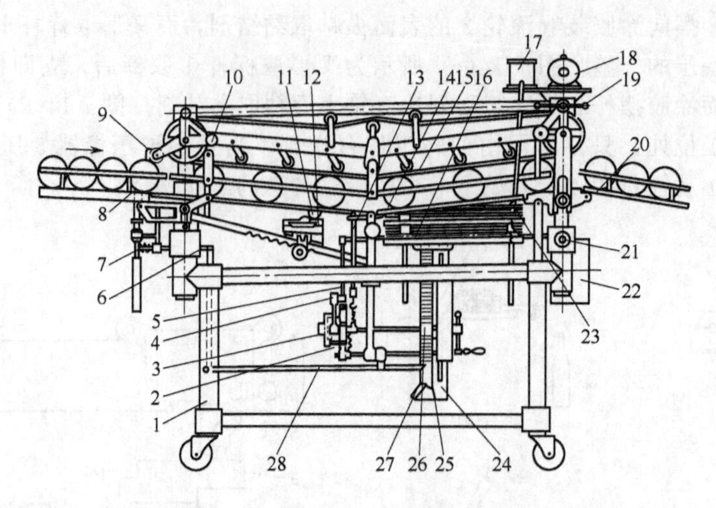

图 7-16　圆罐自动贴标机示意图

1—机架；2—棘轮；3—棘爪；4—摆杆；5—曲柄连杆机构；6，13，28—连杆；7—挡罐杆；8—进罐斜板；9—间隔器；10—手轮；11—小牙轮；12—胶盒；14—控制块；15—输送带；16—标签托架；17—贮胶桶；18—电机；19—手柄；20—出罐斜板；21—启动按钮；22—电气箱；23—含胶压条；24—导杆；25—齿条；26—齿轮；27—斜块

图 7-16 所示为一圆罐自动贴标机简图。它主要由罐头输送装置、贴标装置、标签高度控制装置、传运装置及机架等组成。工作时，需贴标签的圆罐沿进罐斜板 8 滚到间隔器 9，将罐头等距分开。罐头进入张紧的输送带 15 下面后，借摩擦力的作用按顺序地向前滚动。当罐头途经胶盒 12 时，盒内的两个旋转的，浸沾黏结剂的小牙轮 11，便在罐身表面粘上两滴黏结剂。罐头再继续向前滚动至标签托架 16 时，罐身表面的黏结剂粘起最上面一张标签，随着罐头的滚动，标签便紧紧地裹在罐身上。在罐身粘取标签前，标签的另一端由压在标签上的含胶压条 23 涂上黏结剂，以便进行纵向粘贴、封口。含胶压条由贮胶桶 17 利用液位差的作用，不断供给黏结剂。贴好标签的罐头沿出罐斜板 20 滚出。

标签高度控制装置的作用是保证罐头能自动从标签托架 16 中取到标签，因此要求标签叠正常工作时高度高于控制块 14。当标签叠高度随着贴标而降低且低于控制块 14 时，罐头运行到这一位置就将压在控制块 14 上，从而使连杆 13 上升，并拉紧弹簧，使与弹簧相连的棘爪 3 离开棘轮 2。这时，曲柄连杆机构 5、摆杆 4 则将棘轮推过一齿。同时，与棘轮同轴的齿轮 26 亦转动相同的角度，进而带动与齿轮相啮合的齿条 25 向上运动，从而使装在齿条上端的标签托架 16 上升，直到标纸高度高于控制块 14 为止。这样，当罐头滚至这里时便压在标签上而碰不到控制块 14，标签高度控制装置也不会动作。

当标签用完后，导杆 24 上升，使装在下端的斜块 27 碰到连杆 28 的右端。连杆 28 沿斜块 27 斜面往左运动，使与之相连的连杆 6 通过中间杠杆后向右移动。连杆 6 的左端是插在挡罐杆 7 中的，当连杆 6 右移时，挡罐杆 7 在上部弹簧作用下，迅速弹起，位于罐头通道中间，挡住罐头，从而实现无标不进罐的目的。

摇动手柄 19 便可使机架上部和输送皮带进行上下调节，以适应不同规格的圆罐贴标。转动手轮 10 可实现罐高的调节。

五、龙门式贴标机

龙门式贴标机有单排及多排之分，图 7-17 所示为一单排移动式玻璃容器贴标机。该机标签存放在标盒 2 中，重块 3 始终压着标签向左下方移动。取标辊 1 每转动一圈，从标盒 2 中取出最前面的一张标签，并落到拉标辊 4 处。当标签传送到涂胶辊 5 时，其背面被涂上一层黏结剂，黏结剂是由上胶辊 6 从胶缸 7 中带到涂胶辊上的。随后标签沿龙门导轨 8 落下，容器由输送带带着向右等距运动，通过龙门导轨时，带着标签一起移动，靠毛刷 10 把标签抚平在容器表面。如需要印码，在涂黏结剂前可设置打印机构。各机构的运动由齿轮副 9 传给。

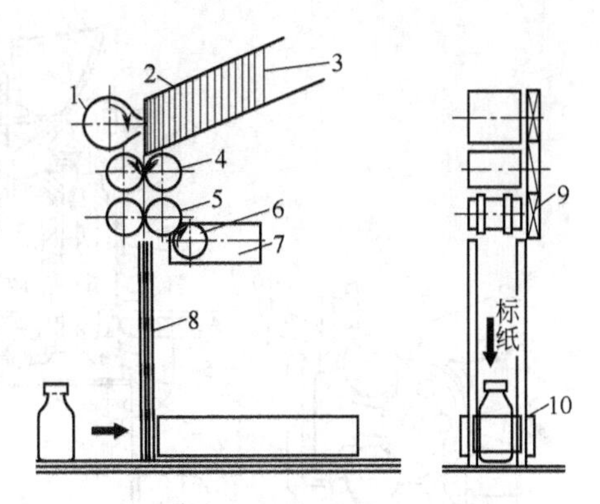

图 7-17　单排移动式玻璃容器贴标机床示意图

1—取标辊；2—标盒；3—重块；4—拉标辊；5—涂胶辊；6—上胶辊；7—胶缸；8—龙门导轨；9—齿轮副；10—毛刷

这种贴标机适合于圆柱形玻璃容器身标的粘贴，且只能粘贴宽度大致等于半个容器周长的标签，过长过短都不能贴。由于标签在龙门导轨内是靠自身重力下落到贴标位置的，因此该机种的生产能力受到一定限制。另外，这种贴标机在贴标位置的准确性上存在一定问题。这种贴标机的结构简单，适合于产量不大的中小型食品工厂的容器身标的粘贴，生产能力为 1500～1800 瓶/h。

六、多标盒转鼓贴标机

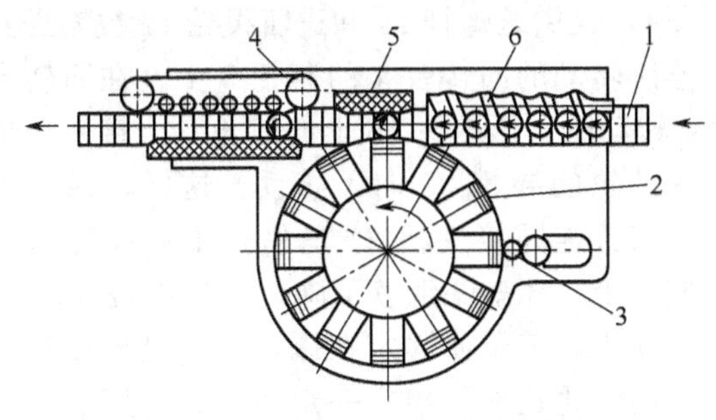

图 7-18　多标盒转鼓贴标机示意图

1—板式输送链；2—转鼓；3—涂胶装置；4—搓滚输送带；5—海绵衬垫；6—供送螺杆

这种类型的贴标机如图 7-18 所示。它与前述真空转鼓贴标机有相似之处，其最大特点是转鼓上有 12 个标盒。工作时容器由板式输送链 1 送入，经供送螺杆 6 按一定的间距进入贴标机。转鼓 2 不断地旋转，当供送螺杆中有容器时，涂胶装置 3 给相应标盒中的第一张标签涂上黏结剂。当此标盒转到与海绵衬垫 5 相对应的位置时，刚好与送来的容器相遇，标签被滚粘在容器上，随后容器通过搓滚输送带 4 把标签滚搓贴牢。

该机无取标及标签传送等装置，结构简单，但生产过程中调整和给标盒补充标签时需停机，影响产量。其生产能力为 10000 瓶/h。

七、压盖贴标机

压盖贴标机是一种组合式贴标机，如图 7-19 所示，在进瓶拨轮 11 和出瓶拨轮 12 之间，除压盖工位外，还设有瓶子冲洗、烘干和贴标装置，特别是贴标装置适宜不同尺寸瓶子的贴标，且这些装置都是自动的。

如图 7-19 所示，空心轴 2 垂直装在机座 1 上，它由驱动装置 3 驱动，并可上下调节。回转台 4 固定在空心轴 2 上，回转台上有 6 个瓶托 5，（参见 A—A 视图及 D—D 视图）。它们通过平面轴承 6 装在垂直圆筒 7 上并可旋转。瓶托 5 通过轴 8 由驱动装置 3 控制，瓶托上有一层弹性材料 9，其工作平面与瓶子输送带 10 的输送面处于同一平面。其中供送螺杆 14、进瓶拨轮 11 和出瓶拨轮 12 均由驱动装置 3 驱动。

在导向轴承 15 内装有若干垂直运动的压盖头 16，它们正对着瓶托。每一个压盖头上部装有一个滚轮 17，滚轮 17 在凸轮 19 的导槽 18 里运动，凸轮 19 固定在一根可上下调节的轴 20

上，以防止凸轮 19 转动。每一个压盖头 16 具有一个王冠盖接受槽 21，槽的上部有一个压盖锥体 22，锥体孔 23 供下压块 24 穿过之用。平面轴承 25 使压盖锥体 22 和下压块 24 可在压盖头内转动。凸轮上部有一个装在轴上的王冠盖整理供料装置 26，其内有搅拌圆盘 29 和一条导槽 30。搅拌圆盘 29 是由驱动装置 28 经轴 27 带动的。导槽 30 的作用是将盖子输送到压盖头 16 的接受槽 21 中。调节手轮 13，通过机座 1 上的与轴相连的（图中未示出）提升联动机构，可使由导向轴承 15、压盖头 16、凸轮 19、整理供料装置 26 及王冠盖导槽所组成的压盖机的主体部分上下运动。

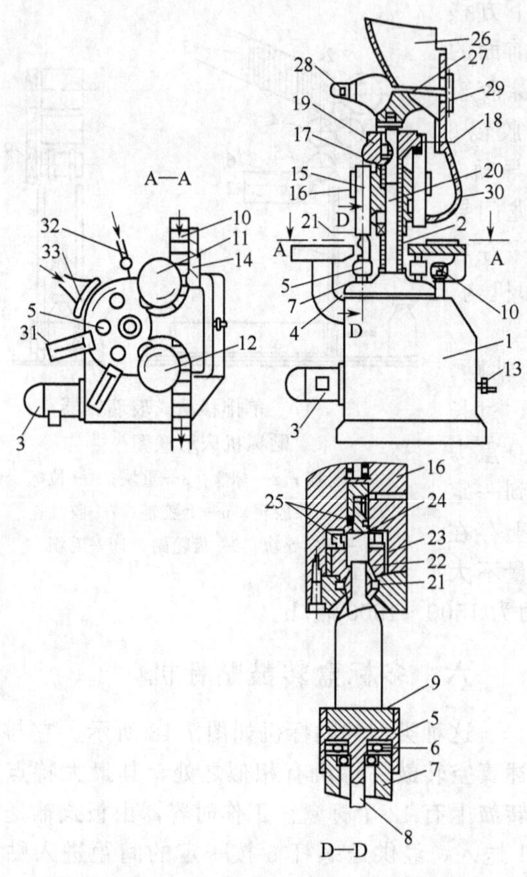

图 7-19 组合式瓶子压盖贴标机示意图

1—机座；2—空心轴；3—驱动装置；4—回转台；5—瓶托；6,25—平面轴承；7—垂直圆筒；8,20,27—轴；9—弹性材料；10—输送带；11—进瓶拨轮；12—出瓶拨轮；13—手轮；14—供送螺杆；15—导向轴承；16—压盖头；17—滚轮；18,30—导槽；19—凸轮；21—接受槽；22—压盖锥体；23—锥体孔；24—下压块；26—整理供料装置；28—驱动装置；29—搅拌圆盘；31—贴标装置；32—冲洗装置；33—干燥装置

压盖贴标联合机工作时，先将装满液体的瓶子由输送带 10 送入，（参见 A—A 视图），经供送螺杆 14 和进瓶拨轮 11 被输送到连续转动的回转台 4 的瓶托 5 上。在回转台 4 转动时，压盖头 16 上的滚轮一个接一个地沿凸轮的导槽 30 向下移动，这样，每一个压盖头连同接受槽 21 里的盖子一起降落到瓶口上。压盖头继续下降，通过压盖锥体 22 的作用，盖子便固定在瓶口上。接着压盖头上的滚轮达到导槽中一定的位置，压盖头停止下降，压盖过程结束。冲洗装置 32 冲洗被瓶托 5 和压盖头 16 压紧的瓶子，瓶子继续向前运行经过干燥装置 33 被热空气烘干。瓶子再运行经过贴标装置 31 时，由于瓶子转动，标签被贴上。这时，压盖头 16 上的滚轮被凸轮导槽向上抬起，贴标后的瓶子离开压盖头 16，并由出瓶拨轮 12 输送到输送带上输出。

该机贴标装置若不要求瓶子转动时，瓶子托盘和压盖头的旋转传动装置可以脱开。另外，该机不仅适用于王冠盖，也适于其他盖子，既可以制成单机使用，又可与灌装机联用。

八、压敏胶标签贴标机

压敏胶标签是预先涂胶的，贴标时不需要在标签背面涂胶，将标签直接粘贴到包装件表面即可。

1. 基本粘贴工艺

① 滚压法　涂胶标签纸贴在隔离纸上，然后印刷图案。标签间有一定距离并成卷筒状。贴标时将隔离纸一端绕在一个滚筒上，滚筒旋转时，先经压标辊，将标签压在容器上，如图 7-20 所示。此法压标的位置和容器的位置

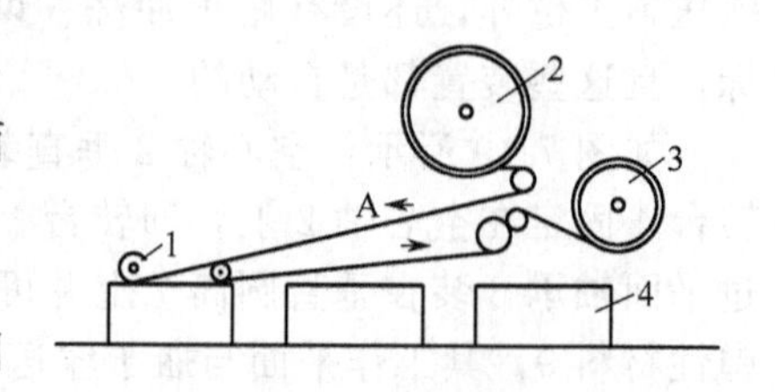

图 7-20 滚压法贴标示意图

1—压紧辊；2—标签卷筒；3—标签隔离纸卷筒；4—包装件

配合要准确，隔离纸运动的线速度与容器输送带的速度要同步。比较适合在平面上贴标。

② 冲击法　冲压头在贴标时将标签从隔离纸上吸起，并移到贴标位置，随时可将标签压在容器上，如图 7-21 所示。此法适合在凹进较深的商品表面贴标。

③ 空气喷射法　贴标头底部端面有很多小孔，孔内装有产生真空和喷气的装置。贴标时贴标头用真空从隔离纸上将标签吸起移到容器上方，然后启动喷气管将标签吹到容器上并压紧，如图 7-22 所示。此法可贴长方形和异形标签，并能在曲面或凹面上贴标。

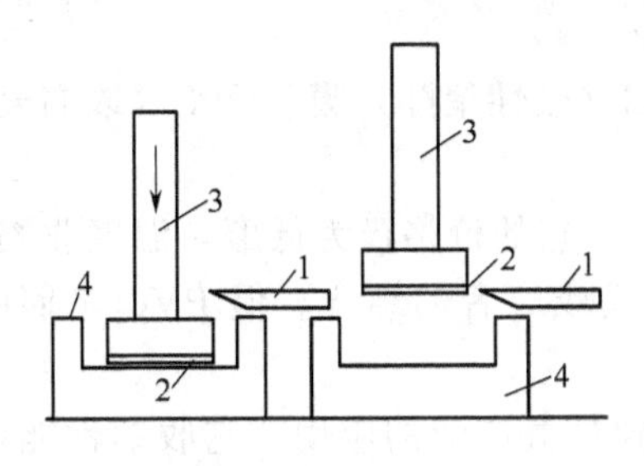

图 7-21　冲击法贴标示意图

1—标签隔离纸；2—标签；3—冲击头；4—包装件

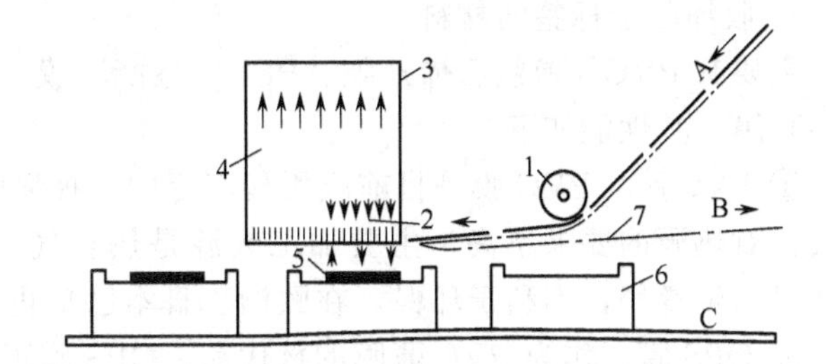

图 7-22　空气喷射法贴标示意图

1—导辊；2—空气喷嘴；3—贴标头；4—真空腔室；5—标签；6—包装件；7—标签隔离纸

2. 压敏胶标签贴标机形式

压敏胶标签贴标机，按其结构形式，可分为卧式和立式等各种形式。

图 7-23 为一种立式压敏胶标签贴标机示意图。该机的支承架上装有压敏胶标签卷筒 1，压敏胶标签带由卷盘引展。标签带经张力调节装置 2 及导辊，再从标签检测装置 5 下面通过，到达印刷辊 7 与传送辊 11 间接受印码和输送，绕经导辊组和标签剥离装置 9。当标签带绕过标签剥离装置 9 前端时，标签从隔离纸带上被剥离下来，并由压贴滚轮装置 10 压贴到协调配合的待贴标对象上。而剥离下的隔离纸带则绕经压轮与传送辊 11 间，由隔离纸卷取装置 14 卷取成卷盘。有关机械装置安装固定在滑座 13 上，该滑座可通过高度调节装置 3 调节，并沿导柱 4 上下移动，调整到合适的高度后固定。标签检测装置 5 用来检测标签的位置间距及标签的供给是否中断，贴标对象的供给情况由贴标对象检测装置 12 检测。各检测装置将检测结果以信号形式输入到电子控制装置 8 中，并在电子系统中进行比较、综合、放大，得到相应的控制信号，以驱动相关装置，使贴标工作协调进行。

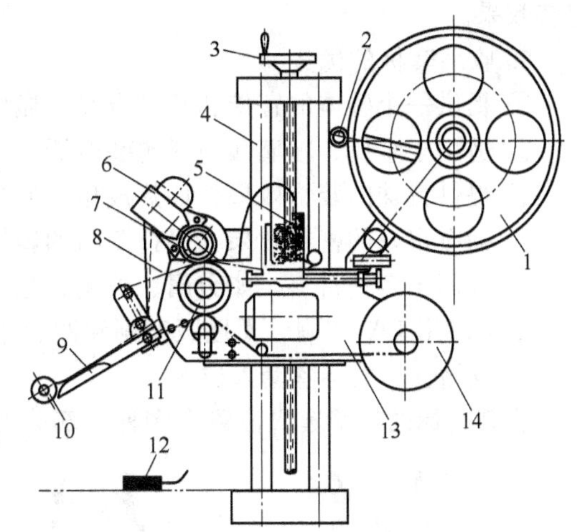

图 7-23　立式压敏胶标签贴标机示意图

1—压敏胶标签卷筒；2—张力调节装置；3—高度调节装置；4—导柱；5—标签检测装置；6—印刷供墨装置；7—印刷辊；8—电子控制装置；9—标签剥离装置；10—压贴滚轮装置；11—传送辊；12—贴标对象检测装置；13—滑座；14—隔离纸卷取装置

九、收缩膜套标签机

收缩膜套标签机近来发展十分迅速，对此进行详细介绍。

1. 收缩套标及收缩膜套标签机

收缩套标是一种印刷在塑料或软管上，可以随容器的轮廓经加热而收缩变形的标签。它由羟苯基乙酰胺材料逐渐发展而来，起初是为了防止塑料药瓶的造假行为，直到 Dean 公司的牛奶瓶也使用了这种标签后，才使其正式推向大众消费市场。随后，收缩套标在奶制品产品的应用上日益盛行，从纯牛奶到风味牛奶、酸奶，甚至是咖啡的包装。

从全球市场发展看，塑料容器和纸箱将会代替玻璃瓶。那些更有光泽、更有强度和视觉冲击力的收缩套标可以帮助产品提升品牌形象。除了奶制品，收缩套标具有很广阔的其他市场机会，包括果汁、饮用水、药品、汽车配件、宠物食品，甚至是园艺产品。

完成收缩套标工艺的设备即为收缩膜套标签机。

2. 收缩膜套标签的材料

主要有 PVC（聚氯乙烯）膜、PET（聚酯）膜、PETG（改性聚酯）膜、OPS（取向聚苯乙烯）膜，其性能如下。

① PVC 膜：PVC 膜是目前应用最广泛的一种薄膜材料。它的价格极为低廉，温度收缩范围大，对热源的要求不高，主要加工热源是热空气、红外线或二者的结合。但 PVC 难回收，燃烧时产生毒气，不利于环保，在欧洲、日本已禁止使用。

② OPS 膜：作为 PVC 薄膜的替代品，OPS 膜正在得到日益广泛的应用。它收缩性能好，也有利于环保，现在该产品在国内市场销售形式极好。目前，高质量的 OPS 膜还主要依赖进口，这成为制约其发展的一个重要原因。

③ PETG 膜：PETG 共聚物膜不仅有利于环保，并且能够预先调整收缩率。但是，由于收缩率过大，在使用中也会受到限制。

④ PET 膜：PET 膜是国际公认的环保型热收缩膜材料，它的技术指标、物理性能、应用范围和使用方法均接近 PVC 热收缩膜，但价格比 PETG 膜更便宜，是目前最先进的单向收缩薄膜，其横向收缩率达到 70%，纵向收缩率小于 3%，且无毒，无污染，是替代 PVC 膜最理想的材料。

此外，热收缩薄膜管也是生产收缩膜套标签的材料，且在生产中无须缝合便可一次成型。与横向平展薄膜相比，用热收缩薄膜套标签的成本较低，管体表面印刷较难实现。同时，热收缩薄膜管标签的图文只能印刷在薄膜表面，在运输和存储过程中图文容易磨损，而影响了整个包装效果。

3. 收缩套标的优势

① 提供一个整体的宣传和装饰方案（瓶体 360°贴标）。

② 适用于金属、玻璃和塑料包装容器。

③ 提供特殊的装饰效果，如热成型、照片、肌理和金属效果，以增强视觉冲击。

④ 拥有很好的密封效果（保持商品的新鲜性和安全性）。

⑤ 适用于多种材料，如金属、玻璃、塑料。

⑥可以用 UV 印刷、柔性版印刷和凹版印刷。

4. 收缩套标的标签套入位置

收缩套标的标签套入位置有多种，部分如图 7-24 所示，其中，（a）为瓶口型，（b）为整

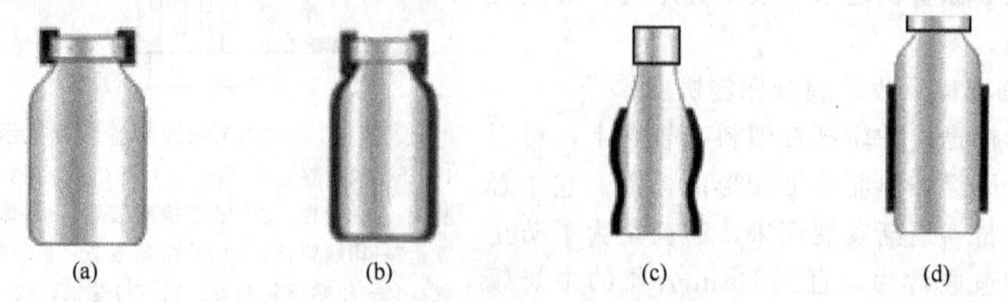

图 7-24　收缩套标的标签套入装置

瓶型，(c) 为瓶身到底型，(d) 为瓶身中间定位型。

5. 收缩膜套标签机的主要组成与作用

以某种直线式套标机的主要组成为例，说明如下。

直线式套标机主要由送瓶链道、标膜预牵引、送标、切膜、刷膜（套膜）、标纸整理、热缩通道等组成。

① 送瓶链道　主要是将待套标的瓶子进行传送，经过螺旋棒将瓶均匀分布在输送链上，通过套标、标纸整理后，传送到热收缩通道内进行收缩固标、产生成品。

② 标膜预牵引　主要为了使送标过程中标膜没有阻力，将标膜从膜卷上预牵引到标前端，供送标机构送标。

③ 送标机构　由伺服电机驱动送标机构，进行送标（取标），每次送一个标。

④ 切膜机构　由伺服电机驱动多头刀片，旋转切膜，使标纸脱开，由刷标机构传送到被套的瓶子中去。

⑤ 标纸整理机构　将标定位，保证套好的标纸在所需的位置，确保产品合格。

⑥ 热缩通道　将套标的产品进行加热使其收缩，使标纸紧贴于瓶子（容器）表面，完成套标的最后一个过程。

6. 收缩膜套标签机的结构外形及参数

由广东达尔嘉公司生产的 RBX400 型收缩膜套标签机外形如图 7-25 所示。

该机适用于各种容器瓶、容器罐，多种形状及材料的收缩膜包装，如食品、饮料、清洁用品、药品、酒瓶等各式塑料瓶、玻璃瓶、PVC、PET、PS、铁罐等容器。它有多瓶型选择，可满足圆瓶、方瓶、椭圆瓶的瓶口、瓶身套标需求。采用强迫式直接套入法，其定位准确且快速。可使用各种 0.035mm 厚度的收缩膜，节省大量原材料成本。加温可调范围 100～600℃，适合各种材质收缩膜，其热风收缩炉温度均匀稳定，收缩效果较好。

图 7-25　RBX400 型收缩膜套标签机

收缩膜套标签机的基本参数为：标签厚度；标签长度；主机生产速度；瓶罐尺寸：直径及瓶罐高度等 。

十、RG 型不干胶自动贴标机

RG 型不干胶自动贴标机综合应用了机电一体化技术及先进的光电控制装置，该设备在技术上的应用有一定的典型性，其使用面非常广泛，在此重点介绍。

1. 设备工作原理和性能

RG 型不干胶自动贴标机对瓶子的适应性强，使用范围广，主要针对食品、药品、日化、化工等行业各种规格的塑料瓶。

当瓶子经过调距装置成等距排列进入光电传感区域，由步进电机控制的卷筒贴标纸得到信号后自动送标，正确无误的将自动剥离的标纸贴到瓶身上。另一组光电传感器及时的限制后一张标纸的送出。在连续的进瓶过程中标纸逐张正确的贴到瓶身上，经过滚轮压平后，自动输出，完成整个贴标的工艺过程。

RG 型不干胶自动贴标机利用功能强大的人机界面设计，控制设备的整个操作过程。设备采用液晶式显示、触摸式操作。

2. 产品结构

产品结构如图 7-26 所示。

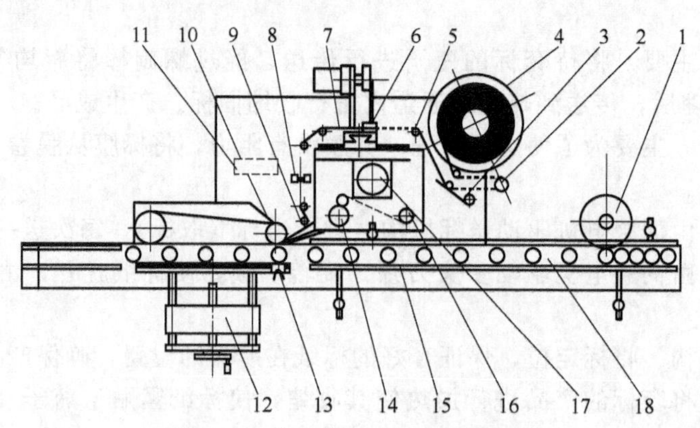

图 7-26　不干胶自动贴标机结构图

1—瓶距调整轮；2—缓冲导轮架；3—标纸压片；4—标纸盘；5—导杆；6—打码机；7—标纸；8，13—光电传感器；9—剥标板；10—卷瓶胶带；11—电器控制箱；12—瓶颈调整架；14—标纸卷动轮；15—拦瓶杆；16—标纸回收轮；17—步进电机；18—输送链板

3. 贴标流程概述

① 将待贴标容器置入输送链板 18，当经过瓶距调整轮 1 时，瓶距调整轮 1 将阻碍瓶子慢慢通过，由速度差产生瓶距。瓶距调整轮 1 的转速大小与瓶距有关，转速快瓶距小，反之则瓶距大。其瓶距的大小视实际情况而定（相关因素为瓶子直径的大小和标签的长短）。当瓶子进入光电传感器 13 时，则发出信号给步进电机 17 转动，带动标纸卷动轮 14，标纸卷动轮 14 附有压紧导轮，其转动则带动标纸 7，并经过剥标板 9，剥离的标签纸正好贴在瓶子的圆周上，瓶子继续前进，由卷瓶胶带 10 和瓶颈调整架 12 将标签纸牢固的贴在瓶身上，完成贴标工作的整个流程。

② 标签纸与标签纸之间 3～4mm 的区域为透光区域，因此另一组光电传感器 8 的工作原理是：当透光时，则发信号给步进电机 17，光电传感器 8 命令步进电机 17 停止工作，若无瓶经过该区域时则步进电机停止工作，标签纸将不再输出，实现无瓶不贴标的要求。

③ 打码机 6 的工作原理是：和步进电机刚好是正反运动，当步进电机 17 停止工作时，打码机开始工作，反之则停止。打码机 6 是由电机驱动连杆带动打印头产生的往复运动，完成一次打码。打码位置可以通过调整调节螺杆移动到指定的打码位置。标纸压片 3 则是有弹性地压紧标纸，使标纸具有一定的张力，在打码时保持标纸平整，打码效果则会较好。

④ 整个贴标头可垂直升降，具体操作是：松开紧固螺钉扳手，旋动升降螺杆手轮，即可调整高低，然后锁紧。

⑤ 夹板与卷瓶胶带的距离略小于瓶子的直径。

4. 电机转速调整

本设备共有四台电机，分别为输送台传送电机、卷瓶胶带电机、瓶距调节电机和送标电机（步进电机）。步进电机在生产厂出厂时已调整好，其他的电机都可以在生产现场由操作者通过人机界面里的参数来调整速度的快慢。调速电机的转速可根据贴标的生产速度和标签纸的长度等因素来进行调整。调整好电机之间的转速关系将会使贴标效果更加理想。

调整时，首先将贴标机校准到水平位置，检测各电机的单独运转情况，然后分别启动并做相应的调整，使之相互协调，并以贴出的标纸平整为准。

第四节　贴标机的设计与计算问题

贴标机的设计中，涉及真空转鼓在吸标时所需吸力的计算，搓滚输送装置的设计，贴标机的相关运动及功率的计算等问题，在此作简要介绍。

一、真空转鼓的吸力计算

当设计真空转鼓时，必须能够知道可靠地吸住标签所需的真空度，并以此为根据选择适用的真空泵。

图 7-27 为真空转鼓吸标时，标签上所受作用力的示意图。

由于转鼓的真空气腔和真空吸标孔眼内处于真空状态，产生的吸住标签的吸力 N_n(N) 可以下式确定：

$$N_n = m\frac{\pi d^2}{4}(P_a - P_1) \tag{7-1}$$

式中　m——真空吸标孔眼的个数；

d——真空吸标孔眼的直径，mm；

P_a——大气压，N/mm^2；

P_1——转鼓内真空气腔的计算压强（小于大气压），N/mm^2。

当标签处于倾斜位置时（如图 7-27 所示的情况，颈标在真空转鼓上的情况就可能是这样），标签的重量 G 分解为两个分力，一个是垂直于转鼓外表面的法向分力 N，一个是与法向分力相垂直的切向分力 T，这两个分力的大小分别为

$$\begin{aligned} N &= G\cos\alpha \\ T &= G\sin\alpha \end{aligned} \tag{7-2}$$

式中　G——标签的重量；

α——标签与水平面的夹角。

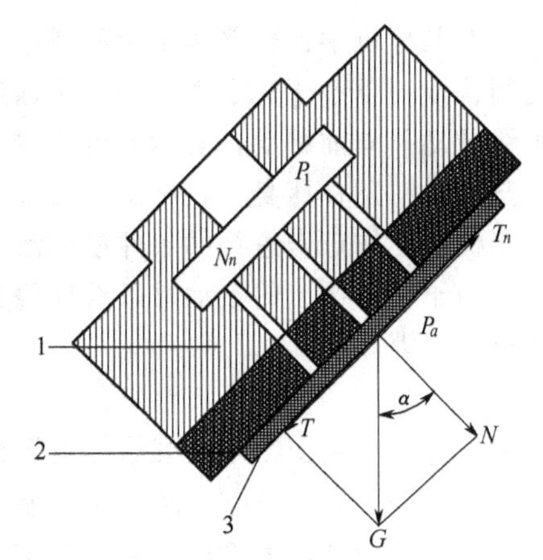

图 7-27　标签受力示意图

1—转鼓；2—吸头；3—标签

在大多数情况下，标签处于垂直位置，这时标签的重力平行于转鼓的表面，即 $\alpha=90°$，因此：$N=0$，$T=G$。

防止标签在重力的切向分力的作用下产生移动的力为标签与转鼓之间的摩擦力，此摩擦力记为 T_n，取决于标签对转鼓面的正压力以及标签与转鼓面之间的摩擦系数，因此

$$T_n = f(N_n - N) \tag{7-3}$$

式中　f——标签与转鼓表面的摩擦系数；

N_n——转鼓的真空气腔和真空吸标孔眼产生的真空吸力，N；

N——标签的重量在垂直于转鼓外表面的法向分力，N。

真空吸力能够吸住标签，而不致脱落的条件是：真空吸力 N_n 及标签与转鼓面之间的摩擦力 T_n 满足

$$N_n > N$$

$$T_n > T$$

引入安全系数，则应表示为：

$$N_n = K_1 N \tag{7-4}$$

$$T_n = K_2 T \tag{7-5}$$

式中，K_1、K_2 为相关的安全系数。

综合式(7-1)、式(7-2)、式(7-3)、式(7-4)、式(7-5) 可得：

$$P_a - P_1 = \frac{4T}{fm\pi d^2} \frac{K_2}{1-\dfrac{1}{K_1}} \tag{7-6}$$

当取 $K_1 = K_2 = K$ 时，
$$P_a - P_1 = \frac{4T}{fm\pi d^2} \frac{K_2}{K-1} \tag{7-7}$$

对上式，以 K 为变量，对右侧取一阶导数并使它等于零，则可得出当 $K=2$ 时有最小值，即当 $K=2$ 时即可保证可靠地将标签吸住。因此，

$$P_a - P_1 = \frac{16T}{fm\pi d^2} = \frac{16G\sin\alpha}{fm\pi d^2} \tag{7-8}$$

当 $\alpha = 90°$时，
$$P_a - P_1 = \frac{16G}{fm\pi d^2} \tag{7-9}$$

由上述关系确定了保证可靠地吸住标签时，真空转鼓的真空气腔内所需的真空度之后，再根据贴标机的生产率即可选择适用的真空泵。

二、搓滚输送装置的设计问题

在贴标机中比较普遍采用的搓滚输送装置，是由搓滚输送皮带和海绵衬垫组成的，这两者之间构成一条小于瓶子直径的狭窄通道。瓶子通过这条通道时，在皮带的搓动作用下绕本身的轴线转动并向前移动，实际上可以看作瓶子在衬垫上作滚动。经过搓滚的作用，瓶子上的标签就牢固地粘贴在瓶身上，粘贴的效果与瓶子在通道中所受的压力和搓滚速度有关。

搓滚工作正常进行的条件是搓滚输送皮带的线速度与瓶子在海绵衬垫上的运动速度相等。

瓶子在衬垫上的滚动可以看作绕其瞬时转动中心转动，瞬时转动中心就在瓶子与衬垫的接触点上。因此

$$v_1 = 2v_0 \tag{7-10}$$

式中 v_1——瓶子在与搓滚输送皮带相接触那一点上的运动速度；

v_0——瓶子中心速度，它应该等于板式输送带的速度。

上述是设计搓滚输送装置时应该考虑的速度条件。

在搓滚过程中，搓滚输送皮带把瓶子推向海绵衬垫，而海绵衬垫在瓶子的压迫之下产生了弹性变形。为了避免瓶子只绕本身的轴线旋转而不是在衬垫上作滚动，因此必须满足如下条件：瓶子在衬垫上的滑动摩擦力 F_2 等于或小于它在搓滚输送皮带上的滑动摩擦力 F_1，即

$$F_2 \leqslant F_1 \tag{7-11}$$

三、贴标机的运动计算

自动贴标机的运动计算是以所需的生产能力为基础的，同时它又与贴标机的结构形式有关。以真空转鼓贴标机为例，它的运动计算可以按下列方法进行。

真空转鼓的转速 $n_{鼓}$（r/min）可由下式求得：

$$n_{鼓}=\frac{Q}{60m} \tag{7-12}$$

式中　Q——贴标机设计生产能力，瓶/h；

m——真空转鼓的吸标工位数。

贴标机的总传动比

$$i=\frac{n_{电}}{n_{鼓}}=i_1\times i_2\times\cdots\times i_n \tag{7-13}$$

式中　$n_{电}$——贴标机传动电机的转速，r/min；

i_1、i_2、…、i_n——各级机构的传动比。

进瓶螺杆输送瓶子的速度 $v_{杆}$（m/s）为：

$$v_{杆}=\frac{tn_{杆}}{60} \tag{7-14}$$

式中　t——进螺杆的节距，m；

$n_{杆}$——螺杆的转速，r/min。

而 $n_{杆}$ 由下式计算：

$$n_{杆}=\frac{Q}{60} \tag{7-15}$$

板式输送链的运动速度 $v_{板}$（m/s）为：

$$v_{板}=Kv_{杆} \tag{7-16}$$

式中　K——考虑瓶子在输送链上的滑动系数，可取 $K=1.2\sim1.3$。

搓滚输送主动皮带轮的转速 $n_{搓}$（r/min）

$$n_{搓}=\frac{60v}{\pi D_{搓}} \tag{7-17}$$

式中　$D_{搓}$——搓滚输送皮带主动皮带轮的直径，m；

v——皮带运动线速度，m/s；可由上述搓滚输送装置的速度条件决定。

在设计涂胶装置的传动时，应该保证涂胶辊在涂胶时与真空转鼓上的标签没有相对滑动，以免发生标签在搓动作用下脱落下来或者涂胶效果不良等情况，为此应使涂胶辊与真空转鼓的外圆柱面的线速度相等。即

$$n_{辊}=\frac{D_{鼓}\ n_{鼓}}{D_{辊}} \tag{7-18}$$

式中　$D_{鼓}$——真空转鼓的直径，m；

$D_{辊}$——涂胶辊的直径，m；

$n_{鼓}$——真空转鼓的转速，m；

$n_{辊}$——涂胶辊的转速，m。

四、贴标机的功率计算

贴标机的功率计算是选择贴标机驱动电机，进行传动设计以及其他主要零部件设计的基础。由于贴标机的种类很多，结构也各有所异，因此贴标机的功率计算也必须根据其本身的结构特点区别对待，具体分析。

贴标机功率计算总的原则是贴标机所需的总功率等于驱动贴标机上各个机构所消耗的功率总和。以真空转鼓贴标机为例，贴标机所消耗的总功率应等于以下各项功率消耗的和：驱动进出瓶输送链的功率，真空转鼓由静止加速到工作转速的启动功率，真空转鼓在旋转过程中克服锥形错气阀的摩擦阻力所消耗的功率，真空转鼓在贴标工作中驱使瓶子在贴标弯道中进行滚动

所需的功率等。其他类型的贴标机由于结构不同，总功率中所包含的分项就不同。例如，如果贴标机中设置有滚搓标装置的，则必须计入这一装置的功率消耗；如果贴标机中的标仓有摆动动作时，则需估算驱动标仓摆动所需的功率；如果贴标机中的涂胶机构、打印机构在工作中有动作，也需计入这些机构消耗的功率；如果贴标机中设置有进瓶螺旋，在计算中也要考虑它的功率消耗。

对于贴标机中某些典型机构的功率计算说明如下。

1. 真空转鼓的启动功率

使转鼓由静止状态启动并达到所需要的工作转速 ω 所消耗的功，等于转鼓以 ω 转速转动时所具有的动能。因此，启动转鼓所需的功 A(J) 应为：

$$A=\frac{1}{2}J\omega^2 \tag{7-19}$$

式中　ω——转鼓转动的角速度，1/s；

J——转动惯量，$kg \cdot m^2$。

转动惯量与转动物体的质量分布状态及大小有关，根据转鼓的几何形体的特点进行必要的简化，可以把转鼓认为是一个质量均匀、壁厚不大的绕其几何中心轴线转动的圆环。这样，若转鼓的半径为 R(m)，重量为 G(N)，转鼓的转动惯量为：

$$J=\frac{G}{g}R^2 \tag{7-20}$$

式中　g——重力加速度。

由此可得，启动转鼓的功为 A(J)：

$$A=\frac{GR^2\omega^2}{2g} \tag{7-21}$$

记转鼓的启动时间为 t(s)，则启动转鼓的平均功率（kW）为：

$$N_1=\frac{A}{1000t}=\frac{GR^2\omega^2}{2000gt} \tag{7-22}$$

启动时间 t 一般可取 1～10s。

2. 在贴标过程中转鼓驱使瓶子在贴标弯道中滚移所需的功率

转鼓驱动一个瓶子滚动的受力情况如图 7-28 所示。转鼓作匀速转动，它使瓶子在弯道中运动的驱动力为 P(N)。瓶子与弯道海绵衬垫接触处的反力为 N_1，与转鼓面接触点处反力为 N_2。由于接触处转鼓橡胶面的海绵衬垫的变形，反力作用点并不在转鼓中心和瓶子中心的连线上，而分别偏离 δ_1 和 δ_2 的距离，δ_1、δ_2 称为滚动摩擦系数。N_1、N_2 和 δ_1、δ_2 的大小决定于弯道宽度与瓶子直径 d 的差值，即与瓶子在弯道中的夹紧状况有关。由于瓶子较轻，它在弯道底板的滑动摩擦力可忽略不计。瓶子绕瞬时转动中心 D 点转动，驱动瓶子转动的主动力矩为 Pd，阻碍瓶子滚动的阻力矩为（$N_1\delta_1+N_2\delta_2$），如果瓶子绕 D 点的转动为匀速转动，则主动力矩与阻力矩的绝对值应该相等，即

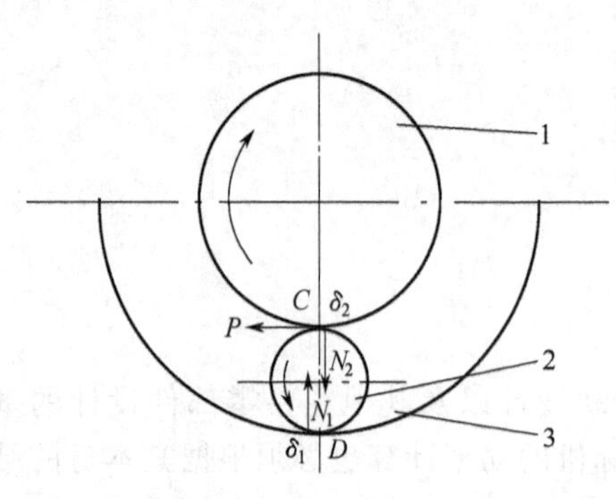

图 7-28　受力分析图

1—转鼓；2—瓶子；3—弯道

$$Pd=N_1\delta_1+N_2\delta_2=N(\delta_1+\delta_2) \tag{7-23}$$

式中　δ_2——瓶子与转鼓面的滚动摩擦系数，mm；

δ_1——瓶子与海绵衬垫的滚动摩擦系数，mm；
d——瓶子的直径，mm。

$$N_1=N_2=N$$

δ_1、δ_2 可由实验测得。

贴标工艺要求瓶子在贴标过程中只许做滚动而不许与转鼓之间发生相对滑动，满足这个要求的条件是：$P\leqslant Nf_2$。

考虑到最大驱动的情况，则：

$$P=Nf_2 \tag{7-24}$$

f_2 是瓶子与转鼓橡胶面的滑动摩擦系数，可由设计手册查得。

N 是反力，与瓶子在弯道中的夹紧状况有关，可以通过实验测定。

转鼓驱动弯道中所有瓶子滚动时，转鼓所需的转矩 M(N·m) 为：

$$M=mPR \tag{7-25}$$

式中 m——弯道中瓶子个数；
R——转鼓的半径，m；
P——单个瓶子的驱动力，N。

若转鼓转动的速度为 n(r/min)，则转鼓驱动瓶子在弯道滚动面中作贴标工作时所消耗的功率 N_2(kW) 为：

$$N_2=\frac{Mn}{9750} \tag{7-26}$$

3. 转鼓转动时克服摩擦力矩消耗的功率

转鼓转动时克服摩擦所消耗的功率主要在克服锥形错气阀的摩擦力矩上。这是一种锥面摩擦，如果轴向载荷为 G(N)，错气阀的锥顶角 φ，锥面大端和小端的半径分别为 R、r(m)，锥面错气阀可动部分与固定部分接触面上的摩擦系数为 f，则锥形错气阀的摩擦力矩 M(N·m) 为：

$$M=\frac{fG(R+r)}{2\sin\left(\frac{\varphi}{2}\right)} \tag{7-27}$$

轴向载荷 G 实际上是施加于错气阀上的转鼓、主轴以及传动齿轮整个组装件的重量。

若转鼓的转速为 n(r/min)，则转鼓转动时克服锥形错气阀的摩擦力矩所消耗的功率 N_3(kW) 为：

$$N_3=\frac{Mn}{9750} \tag{7-28}$$

4. 两翼输送链输送瓶子时所消耗的功率

计算牵引输送链运动的拉力，可以采用逐点计算法。所谓逐点计算法，就是将输送链的牵引构件——链条所形成的整个轮廓分成若干连续的区段，逐点计算出各区段之间的交接点的张力值，最后得出驱动链轮的绕入点和绕出点上的张力。

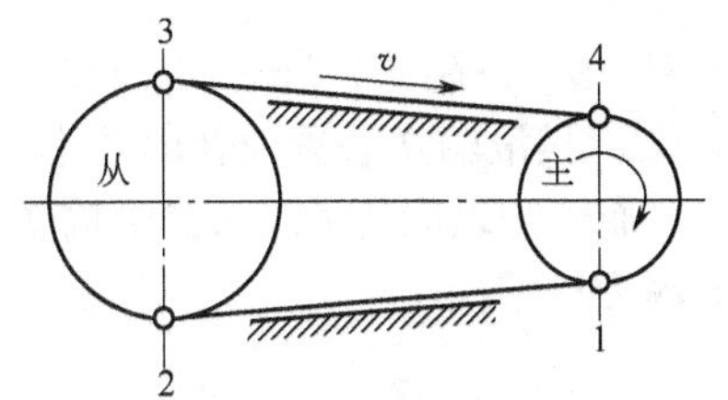

图 7-29 瓶子输送链

如图 7-29 所示，整条瓶子输送链可分为下列各直线段和曲线段。

主动链轮曲线区段 4～1，无载直线区段 1～2，改向链轮曲线区段 2～3，有载直线区段3～4，记各区段交接点处的张力分别为 S_1、S_2、S_3、S_4。链条上各点的张力是不同的，以 S_1 为最小，S_4 为最大。计算从 S_1 开始，其他各点的张力，按照链条的行进方向，

轮廓中的每一点的张力值等于前一点张力与这两点之间的阻力之和，即

$$S_2 = S_1 + W_{1-2} \tag{7-29}$$

$$S_3 = S_2 + W_{2-3} \tag{7-30}$$

$$S_4 = S_3 + W_{3-4} \tag{7-31}$$

式中，W_{1-2}、W_{2-3}、W_{3-4}为各区段的阻力。

最小张力 S_1(N) 的大小决定于链条从动边的下垂阻力，其值为：

$$S_1 = Kq_{链} Ag \tag{7-32}$$

式中 K——下垂系数，与链条的布置状况有关，对于水平链条，$K=6$；

$q_{链}$——链条单位长度的质量，kg/m；

A——两链轮的中心距，m。

无载分支上的阻力 W_{1-2}(N) 实际上就是输送链条与滑动导轨的摩擦力。

$$W_{1-2} = q_{链} fLg \tag{7-33}$$

式中 $q_{链}$——链条单位长度的质量，kg/m；

f——链条与滑动导轨的摩擦系数，对于钢制支承，取 $f=0.4 \sim 0.7$；

L——链条无载直线段的长度，m。

如果无载分支的链条没有支承而是自由下垂的，则此段阻力可以不计。

改向链轮的阻力包括三部分：链条绕入链轮的刚性阻力，链轮中轴承的摩擦阻力，链条绕出链轮的刚性阻力。根据经验，这三项阻力之和为改向链轮绕入端张力的 2%～4%。即 W_{2-3}(N)：

$$W_{2-3} = (0.02 \sim 0.04) S_2 \tag{7-34}$$

有载分支上的阻力 W_{3-4}(N) 为：

$$W_{3-4} = (q_{链} + q_{料}) fLg \tag{7-35}$$

式中 $q_{链}$——链条单位长度的质量，kg/m；

$q_{料}$——每米链条上承载的瓶子的质量，kg/m；

f——链条与滑动导轨之间的摩擦系数，对于钢制支承，取 $f=0.4 \sim 0.7$；

L——有载分支链条长度，m。

驱动链轮的牵引力 P_0(N)，可按下式计算：

$$P_0 = (S_4 - S_1) + W_{4-1} \tag{7-36}$$

式中，W_{4-1}为驱动链轮上的阻力，而

$$W_{4-1} = (0.03 \sim 0.05)(S_4 + S_1) \tag{7-37}$$

两翼输送链轮所消耗的功率 N_4(kW) 则为：

$$N_4 = \frac{2P_0 v}{1000} \tag{7-38}$$

式中 v——链条行进速度，m/s。

5. 搓滚输送装置消耗的功率

瓶子是以间距 t 进入搓滚输送装置的，若输送器的长度为 L，同一时间内在输送器中的瓶子数为：

$$M = L/t \tag{7-39}$$

在搓滚输送瓶子时，能量的消耗主要在于克服瓶子与海绵衬垫和搓滚皮带的滑动摩擦及其他各种阻力上，海绵衬垫和搓滚皮带的变形能量消耗不大，在计算中可不予考虑。瓶子克服其与海绵衬垫之间的滑动，所消耗的能量计算如下：

如图 7-30，瓶子与衬垫接触，由于受力 q 的作用，瓶子压入衬垫将近半个瓶子。则瓶子与衬垫接触范围长度的增加为：

$$L=L_{acb}-L_{ab}=\frac{\pi D}{2}-D=\left(\frac{\pi}{2}-1\right)D \quad (7\text{-}40)$$

式中 D—瓶子的直径。

若瓶子中心的运动速度为 v，则瓶子的滑动速度 v_1(m/s) 为：

$$v_1=vL/D \quad (7\text{-}41)$$

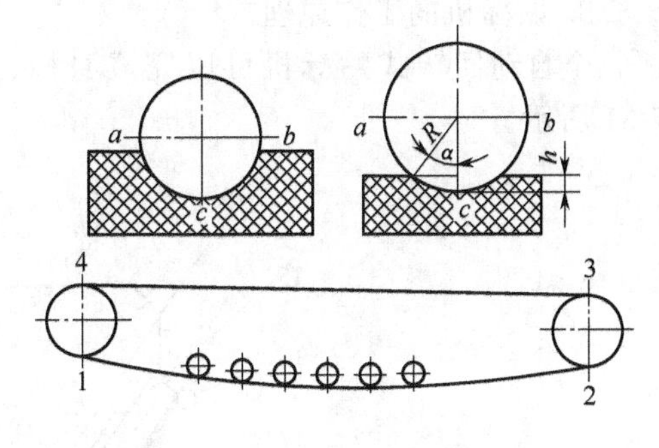

图 7-30　瓶子与衬垫接触的变化

式中 L——瓶子与衬垫的接触弧长的增加量。

克服一个瓶子所受的由衬垫弹性变形造成的阻力所消耗的功率 N(kW) 为：

$$N=Pv_1/1000 \quad (7\text{-}42)$$

式中 P——驱动瓶子沿输送器运动所需的力 (N)，$P=qgf$；

f——玻璃沿橡胶面滑动的摩擦系数，$f=0.4$。

因此，K 个瓶子消耗的功率 N(kW) 为：

$$N=Pv_1K/1000 \quad (7\text{-}43)$$

瓶子克服其与搓滚皮带的滑动，消耗的功率可根据同样的方法考虑。

搓滚皮带是由硬橡胶制成的，它在压力 q 作用下产生变形，瓶子的压入深度为 h。参见图 7-30，皮带接触范围长度的增加为：

$$L=L_{acb}-L_{ab}=2R\alpha-2R\sin\alpha=2R(\alpha-\sin\alpha) \quad (7\text{-}44)$$

式中 R——瓶子圆柱部分的半径，mm；

α——接触半角，rad。

而

$$\cos\alpha=\frac{R-h}{R}=1-\frac{h}{R}$$

瓶子在皮带上的滑动速度 v_2(m/s) 为：

$$v_2=v_1L/D \quad (7\text{-}45)$$

克服瓶子相对于皮带滑动阻力的功率 N(kW) 为：

$$N=Pv_2K/1000 \quad (7\text{-}46)$$

另外，还必须计算搓滚输送装置克服运动阻力的消耗功率。

为了计算克服支承、驱动滚筒、改向滚筒的阻力所消耗的功率以及皮带弯曲的功率损失，把搓滚皮带分成几段，参照前述的逐点计算法来求出，具体过程从略。

第五节　贴标机的设计实例

一、高速全自动回转式贴标机的设计

1. 概述

高速全自动回转式贴标机主要应用于圆柱瓶的贴标，在国内使用广泛。其关键部件：上胶、取标、送标凸轮-齿轮机构的设计理论和机构参数的合理选择，是整个贴标机开发的关键。在此，先介绍本机的布局及主要部件的结构设计过程，然后从机理方面对全自动回转贴标机的关键部件的相关机构进行分析，得出该机构合理的设计方案，对各机构的设计思路进行介绍。

2. 贴标机的工作原理

全自动回转式贴标机可以完成身标、肩标、背标及封顶标的任意组合，工作原理如图7-31所示。

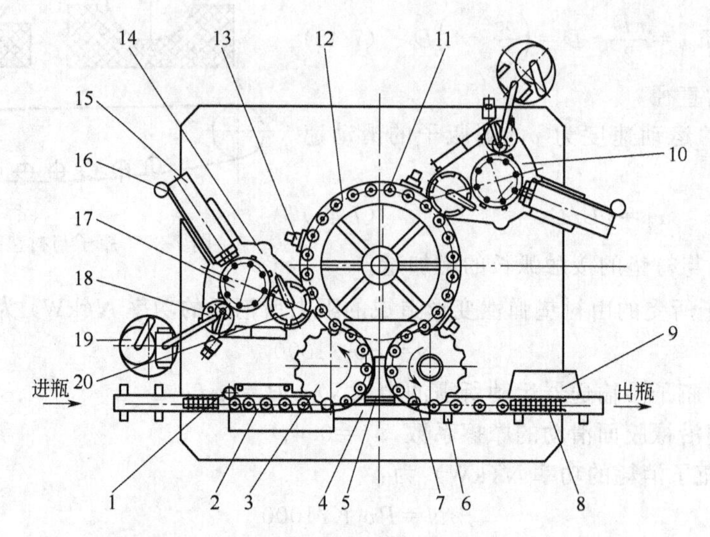

图7-31 工作原理示意图

1—止瓶星轮；2—进瓶螺杆；3—进瓶星轮；4—中心导板；5—封顶标毛刷；6—滚标装置；7—出瓶星轮；8—输送带；9—积瓶台；10—背标标签台；11—托瓶盘；12—托瓶台；13—刷标架；14—贴标台（身标，肩标，封顶标）；15—标签盒；16—推标元件（汽缸）；17—标板轴转台；18—胶水刮刀和胶辊；19—胶水桶；20—夹标转鼓

① 输瓶带上排列紧密的瓶子送经止瓶星轮1，经变距螺杆（进瓶螺杆）2而进入进瓶星轮3。进瓶螺杆是一变距螺旋，其作用是将排列紧凑的容器分隔并定距，使其能顺利地进入进瓶星轮的卡位。螺杆的转速与进瓶星轮的转速之间保持一定的传动比，螺杆末端的节距与进瓶星轮的节距相同。螺杆每转一周，螺旋槽中的容器就前进一个螺距，螺杆末端也就旋出一个容器进入进瓶星轮。

② 进瓶星轮3再与中心导板4配合，使容器沿着以进瓶星轮中心为原点，半径为一定值的圆弧运动。

③当容器进入到托瓶台12上的托瓶盘11时，压瓶头（图中未示出）在升降凸轮（图中未示出）的作用下压住容器顶部，并随托瓶盘一起做同心转动，将容器送入第一标站的贴标工位（即托瓶盘上的容器与夹标转鼓相切的位置，亦即图中贴标台14的位置）。

④ 夹标转鼓把粘有胶水的标签轻轻压在容器壁上，标签纸与容器壁的粘贴部分仅是标签纸的一小部分，随着托瓶台的转动，托瓶盘带着容器一起顺时针自转90°，容器经过刷标工位，毛刷把标签纸未粘贴的边刷服在容器壁上。随着托瓶台的继续转动，容器再经过多次自转，使顶标未粘贴的边也被毛刷刷服。顶标的粘贴过程与身颈标的粘贴过程基本一致，都是位于第一标站，从上胶、取标到夹标、传标都与身颈标同时进行。不同之处是封顶标的刮标及毛刷滚筒的滚标有所区别：容器经进瓶星轮交给托瓶台，在第一标站处，容器粘上标签纸（包括身标，颈标，顶标），然后，托瓶盘和容器一起顺时针自转90°使瓶子通过刷标工位，这时三标中的身标、颈标已基本上完全刷服在容器壁上，顶标中间部分也基本上刷服，但两边仍未刷服。当容器转到下一段，托瓶转盘带动容器逆时针自转一定角度，使顶标的一边被刷服，容器又再顺时针自转一定角度，把顶标的另一边也刷服。然后就进入刮标阶段。在出瓶处，压瓶头离开容器，在这个位置，由刮标装置把顶标封口刮平。在出瓶星轮和中心导板上部装有转动的

毛刷滚筒和固定的平毛刷，分别用来刷服容器壁上的顶标和顶标的接口部位。最后，容器随托瓶台转到第二个贴标工位进行背标粘贴（图中背标标签台 10 的位置）。背标的粘贴过程与第一次的粘贴过程相同，在此不再重复（容器所有的自转运动都是通过托瓶台内的转位凸轮来控制的。完成贴标后的容器将要到达出瓶星轮时，压瓶头在升降凸轮的作用下升起，解除对容器的压力，使容器在出瓶星轮与中心导板的共同作用下，改变运行方向并被送出贴标机。）。

⑤ 输瓶带把瓶子带离机器，从而完成贴标过程。

⑥ 标签运行路线的控制原理：标签从标盒里取出并被贴在容器上的运行过程，是在标签台上进行的。均布安装在标签台取标转盘上的各个取标板，在动力驱使下，绕盘心转动，与之相关联的胶辊及夹标转鼓亦同步转动，取标板受标签台内的凸轮曲线控制，各自能在各个位置按所需的角度摆动，每个取标板在运行到胶辊处时都按一定摆动规律与胶辊作纯滚动，使取标板圆弧表面各处均匀与胶辊接触一次，由于胶辊表面附有一层薄的胶水膜，故取标板与胶辊滚动时便粘上胶水，之后取标板转至标盒处，经过自身的摆动、变向，使其弧面与标签纸面均匀接触，并从标盒中粘出标纸。当取标板转至夹标转鼓与中心转盘的连心线处时，标纸刚好被夹标转鼓上的夹指夹走（夹指的开合是由夹标转鼓上的两片凸轮组件来控制的），由夹标转鼓把标签纸转传去与容器粘贴，而取标板又转向胶辊处，重复下一个取胶、取标、送标的动作周期。

3. 总布局及主要部件结构

以广东轻工机械集团公司生产的高速四标贴标机（B·TB24-8-6 贴标机）相关结构为例，设备分为传动部分、进瓶螺旋装置、进出瓶星轮、输瓶带、托瓶转盘、第一标站、第二标站及胶水供给装置等，其总体布局如图 7-32。

① 传动部分　电动机转速 2900r/min，功率 5.5kW，电机采用变频调速控制，动力通过皮带传给蜗杆蜗轮减速器 j。

蜗杆蜗轮减速器 j 速比 $i=1:25.5$，通过齿轮 Z_h 将动力传送给主传动轴齿轮 Z_b。

Z_b 把动力传给 Z_c 和 Z_d，使进出瓶星轮转动，再传给 Z_a，通过万向节带动第一标站内各齿轮转动，完成上胶—取标—夹标工作。传给 Z_g，通过离合器和万向节带动第二标站内各齿轮转动，完成背标的上胶—取标—夹标工作。

Z_c 通过 Z_{e_1}、Z_{e_2}、Z_f 及一对 $Z_{伞}$ 将动力传给进瓶螺旋 Q。

Z_b 自身转动可带动装于其上部的托瓶转台及压瓶头转动，使其内的压瓶头、托瓶转盘在控制凸轮作用下，完成定、放瓶和贴标任务。

② 进瓶螺旋装置　进瓶螺旋装置由进瓶螺旋 Q 及安装结构组成，为使瓶子能平稳传递，进瓶螺杆的螺距是按加速度分段变距，在进瓶段，加速度由零变至一恒值，中间段加速度保持恒值，出瓶段加速度由恒值变为零。

③ 标站　标站包括回转摆杆齿轮机构、胶辊刮刀组件、夹标转鼓及标盒。

a. 回转摆杆齿轮机构：完成上胶—取标—送标的重要部件。

b. 夹标转鼓：是贴标机上主要部件之一，作用是将上胶后的标签纸从取标板上揭下来，使涂胶面翻转向外，然后转送到贴标位置，将标签粘贴到瓶子上。如需在商标上打印日期，则由打印机构配合夹标转鼓在上述过程中完成。图 7-33 是夹标转鼓结构图。同一台贴标机的四套夹标转鼓中，身标转鼓加装有打字推垫，顶标、颈标还有推标机构。这是因为瓶子颈部比瓶身小，贴标时必须把标纸向外推出，才能使标纸贴到瓶颈上。机器工作时，夹放标凸轮 8、固定支座 10、夹持臂 1、推标凸轮 12 以及打字推垫凸轮是不转动的。机器转动夹指 6 和垫板 7 在摆杆 3 和夹放标凸轮 8 控制下开合。随着转动，标夹把标纸从取标板上取下来并送到贴标位置，当滚轮至夹放标凸轮的放标点时，对身标来说，海绵 4 将标纸压到瓶子上，而

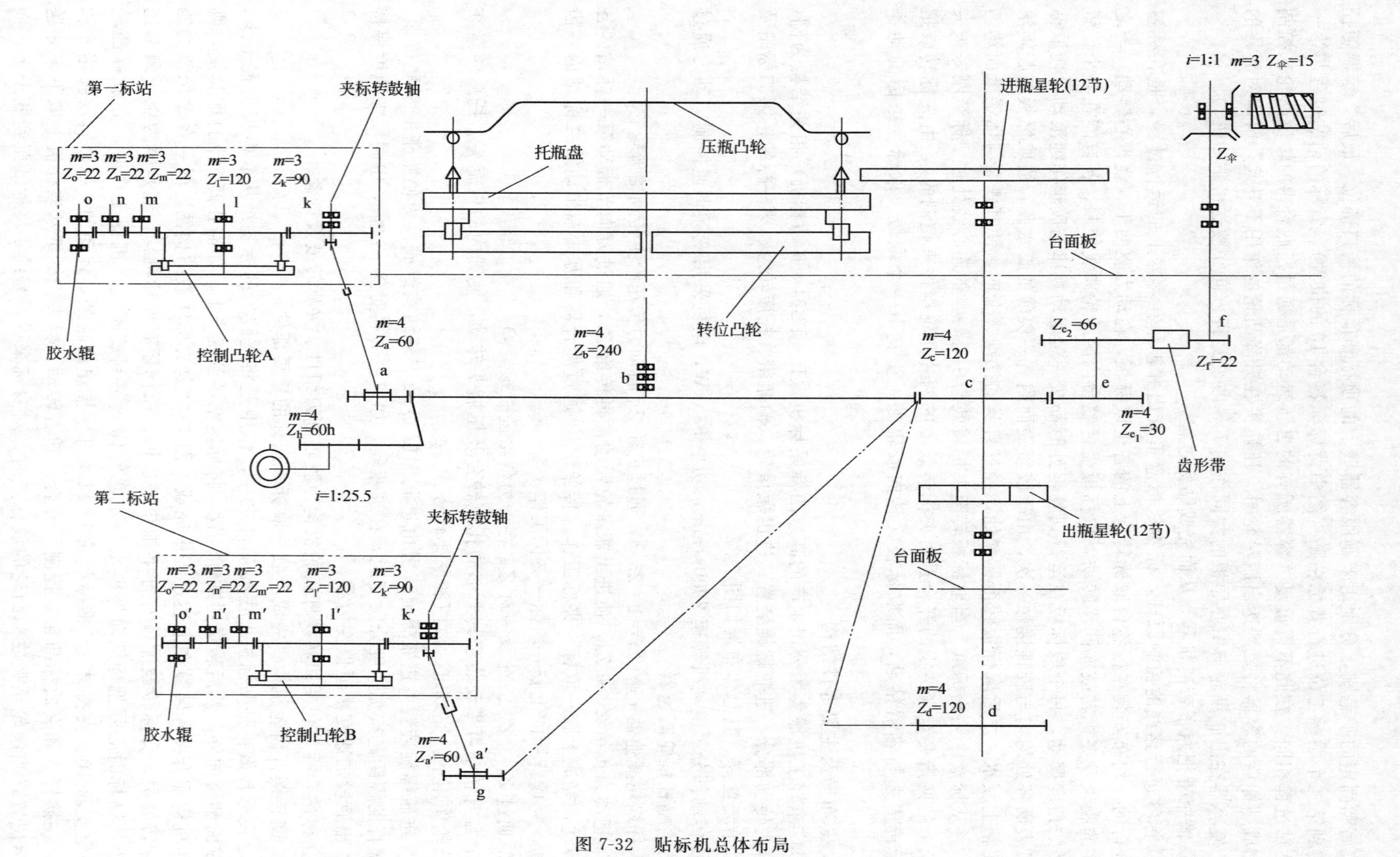

图 7-32 贴标机总体布局

颈标有一个推标机构把标纸向外推出（推标凸轮 12 尖部把颈标海绵 4 向外推出与瓶子颈部接触，标纸靠背部胶水的粘力粘在瓶子颈部上。整个推标机构靠弹簧压力保存持滚轮与推标凸轮接触。)。

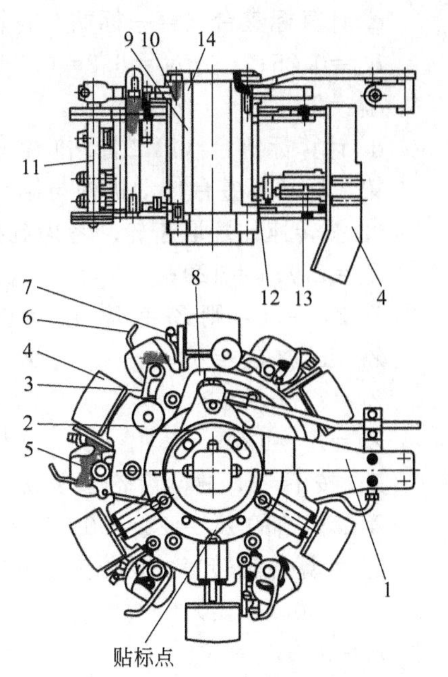

图 7-33　夹标转鼓结构图

1—夹持臂；2—滚轮；3—摆杆；4—海绵；5—夹指弹簧；6—夹指；7—垫板；8—夹放标凸轮；9—转动支座；10—固定支座；11—心轴；12—推标凸轮；13—推标导向机构；14—顶盖凸轮

④ 标签盒推标结构　图 7-34 为标签盒推标原理图，取标板 1 取标时，标纸和取标板之间有一定的弹性推力，取标板 1 与标纸不接触以减少标纸损耗，标盒构架能在支架 10 上灵活地滑动。电磁阀 12，旋转汽缸 13，偏心套 14，拉杆 11 组成一套送进机构。电磁阀 12 通电时，滑阀换向。旋转汽缸 13 左侧腔进气，叶片带动偏心套 14 转动 180°，通过拉杆 11 把盒体向前推进约 6mm。偏心套 14 的偏心率 e 必须大于或等于 6mm，电磁阀断电时，标盒体位于向后位置。

⑤ 导瓶板　各种导瓶板使瓶子能沿着确定的运行方向准确地运行。

⑥ 输瓶带装置　承托瓶子按需要的速度运行，通过与机外的输瓶带联系，完成瓶子输入和输出本机的任务。本机输瓶带动力由机外供给，由变频器控制与主机同步。

⑦ 胶水供给装置　胶水供给装置是机外供给装置，胶水泵是一种特殊的往复式气动吸泵，具有加温系统，能提供适当流量和温度的胶水给机器及收集多余的胶水。盛胶液的胶桶内有一抽吸管，吸管外周环绕有正电阻温度系数 NTC 元件为电热盘管，抽吸管在汽缸的带动下做上下往复运动，不断把经过加热的胶水送往温度显示管。显示管含热敏发光材料，能反映出通过该管的胶水的即时温度，自动控制胶水的温度，胶水通过温度显示管后从胶辊上端自由流下，调节胶水刮刀与胶辊间的间隙，使胶水均匀地布满整个胶辊表面，而多余部分则顺着管道流回胶水桶。

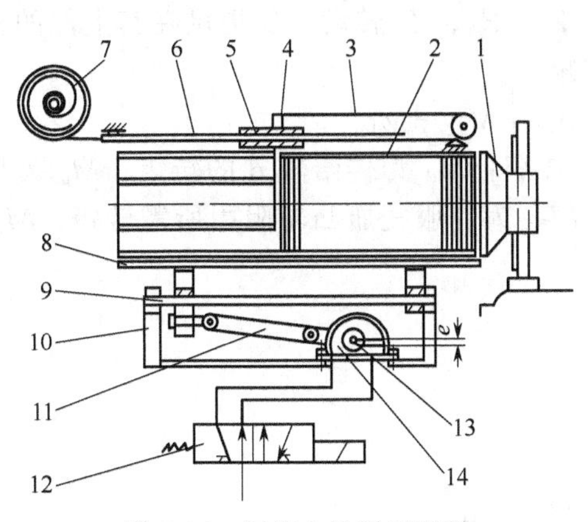

图 7-34　标签盒推标原理图

1—取标板；2—标盒导条；3—拉绳；4—推板；5—滑板；6,9—导轨；7—卷弹簧；8—标签盒；10—支架；11—拉杆；12—电磁阀；13—旋转汽缸；14—偏心套

⑧ 日期打印装置　采用喷墨打印或激光打印的方式。

4．主要参数的设计计算

设计的主要参数：额定生产能力为 36000 瓶/h（身标、肩标），30000 瓶/h（身标、肩标、背标、顶标）；贴标标数为 4（身标、肩标、背标及封顶标任意组合）；托瓶头数为 24；标站取标板数为 8；夹标转鼓夹指数为 6。

① 转速比的计算，参照图 7-32。

a．计算进瓶螺旋驱动齿轮 Z_f 与托瓶盘齿轮 Z_b 的速比 i_{fb}：

$$i_{fb}=n_f/n_b=600/25\approx24$$

b．计算轴 b 与电机速比 i_{bj}：

$$i_{bj}=0.0098$$

c. 计算标签台（第一标站）各轴（k、m、n、o 轴）的速比：

$i_{ba}=0.25$；　$i_{lk}=6/8=0.75$；　$i_{mn}=1$；

$i_{mo}=1$；　$i_{ol}=5.45$。

d. 计算标签台（第二标站）各轴（k′、l′、m′、n′、o′轴）的速比：

第二标站标签台传动机构与第一标站相同。

② 按转速比配取齿轮。考虑到托瓶盘回转直径为 960mm，确定 $Z_b=240$，模数 $m=4$。

$Z_c=Z_b/i_{cb}=120$；　$Z_{e_1}=Z_c/i_{e_1c}=30$；

选 $Z_{e_2}=66$，则 $Z_f=Z_{e_2}/i_{fe_2}=66/3=22$；

$Z_h=Z_b\times i_{bh}=60$；　$Z_a=Z_b\times i_{ba}=60$；

$Z_l=Z_k/i_{lk}=120$；　$Z_o=Z_l/i_{ol}=22.87$，取 $Z_o=22$；

$Z_d=Z_c=120$；

$Z_{f伞}$ 按 $I=1$，故两齿轮 Z 及 m 相等，按 $Z_{f伞}=15$，$m=3$（选定）。

第二标站的 $Z_{k'}=Z_k=90$，$Z_{l'}=Z_l=120$，$Z_{m'}=Z_m=22$，$Z_{n'}=Z_n=22$，$Z_{o'}=Z_o=22$。

③ 计算各轴转速，单位为 r/min（下面式中略）。

$n_f=600$（设定）；　$n_e=n_f/i_{fe_2}=200$；

$n_c=n_e/i_{e_1c}=50$；　$n_b=25$；

$n_d=n_c=25$；　$n_a=n_b/i_{ba}=100$；

$n_k=n_a=100$；　$n_l=n_k\times i_{lk}=75$；

$n_o=n_l\times i_{ol}=393.375$。

第一标站与第二标站传动结构相同，各轴转速相同。

$n_h=n_b/i_{bh}=100$；

$n_j=n_b/i_{bj}=2551$。

④功率计算及选取

a. 转矩计算。按图 7-32，轴 b 的 Z_b 要带动 Z_a、Z_c、Z_d、Z_g 转动，要提供在其上部的托瓶台转动时克服压瓶凸轮和托瓶凸轮所产生的阻力转矩。

设：$$M_b=M_a+M_c+M_d+M_g+M_{压}+M_{托}+M_{bp}$$

式中，M_a 为传给轴 a 的转矩；M_c 为传给轴 c 的转矩；M_d 为传给轴 d 的转矩；M_g 为传给轴 g 的转矩；$M_{压}$ 为克服压瓶凸轮阻力所需转矩；$M_{托}$ 为克服托瓶凸轮阻力所需转矩；M_{bp} 为克服轴 b 自重转动所需转矩。

计算结果为（具体过程略）：

$M_b=736.35\text{N}\cdot\text{m}$；

$M_j=(M_b i_{bj})(1+30\%)/\eta_{bj}\approx 9.38\text{N}\cdot\text{m}$。

b. 电机选取。

电机转速 $n_j=2551\text{r/min}$，蜗杆所需转矩 $M_j=9.38\text{N}\cdot\text{m}$；

则 $N_{电}=(M_j n_j)/9550=2.51\text{kW}$；

电机转矩 $T=(5.5\times 9550)/2900=18.1\text{N}\cdot\text{m}$。

c. 自动高度调整系统提升电机：选定带减速器的电机，功率为 0.37kW，输出转矩为37N·m。

5. 上胶、取标、送标凸轮-齿轮组合机构

取标板完成上胶、取标、送标动作是通过凸轮-齿轮组合机构来实现的，如图 7-35 所示。

小齿轮 3 和取标板 2 被固定在同一根轴上，取标板 2 随取标转毂 1 公转。由于装在扇形齿轮 4 上的滚子 5 受凸轮 6 的凸轮槽控制，使得扇形齿轮 4 摆动，扇形齿轮 4 带动小齿轮 3、取标板 2 摆动，完成上胶、取标、送标动作（该类设备的具体结构可参见图 7-6）。

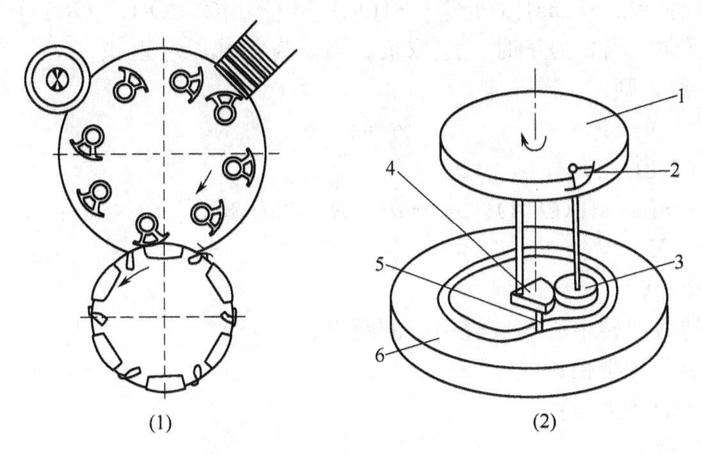

图 7-35　凸轮-齿轮组合机构

1—取标转毂；2—取标板；3—小齿轮；4—扇形齿轮；5—滚子；6—凸轮

根据贴标机托瓶转台转向的不同，贴标机分左-右机和右-左机。在此只讨论右-左机的情况，并规定所有元件的角度逆时针为正，顺时针为负。

取标转毂转一周，取标板有 3 个工作过程：上胶、取标、送标，在 3 个工作过程之间有 3 个过渡阶段。由于取标板的自转是靠凸轮来控制，因此，凸轮曲线应有 3 个工作曲线段，如图 7-36 的 ab、cd、ef。

6. 上胶过程分析

(1) 上胶段凸轮工作曲线的设计

如图 7-37 所示，在上胶段，取标板曲面通过取标转毂公转（即绕圆心 O）及标板自转（绕 C 点转动）而与胶辊相对滚动，把胶水均匀抹到标板面上。为满足取标板与胶辊相对滚动的要求，必须做到以下两点。

a. 取标板曲面与胶辊在任何时刻均相切。

b. 取标板与胶辊接触的点瞬时速度相同（或任意时间内，取标板面转过的弧长与胶辊滚过的弧长相等）。

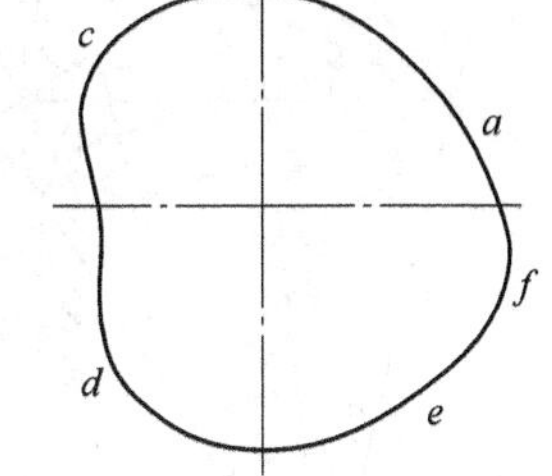

图 7-36　3 个工作曲线段

通过对上述两个条件的满足情况及误差作一个分析，可得出合理的凸轮曲线。

图 7-37 中，O、O_1 分别为取标转毂和胶辊的中心。A 为标板的曲率中心。标板的自转中心为 C，且 C 绕圆心 O 公转。B 为标板上与胶辊相切的点。

记胶辊面与取标板面之间的距离为 X，图 7-37 中表示的是 $X=0$ 的情况。

当 $X=0$ 时，若 $v_B=\omega_2 b$，即满足取标板与胶辊纯滚动条件。

在$\triangle O_1OC$ 中：

$$(O_1C)^2=d^2+R^2-2dR\cos\alpha \tag{7-47}$$

$$R/\sin\gamma=O_1C/\sin\alpha$$

$$\gamma=\arcsin(R\sin\alpha/O_1C)$$

由于 γ 与 α 反向，所以，

$$\gamma=\pm\arcsin(R\sin\alpha/O_1C) \tag{7-48}$$

在$\triangle CAO_1$ 中：

$$(O_1C)^2=(O_1A)^2+e^2-2\times O_1A\times e\times\cos q \tag{7-49}$$

$$e^2=(O_1C)^2+(O_1A)^2-2\times O_1C\times O_1A\times\cos\gamma_2$$

$$\gamma_2 = \pm\arccos\{[(O_1C)^2 + (O_1A)^2 - e^2]/(2\times O_1C\times O_1A)\} \tag{7-50}$$

由于 γ_2 与 α 反向，当 α 为正时，γ_2 取负；当 α 为负时，γ_2 取正。

记 $\angle OO_1A$ 为 γ_1，则

$$\gamma_1 = \gamma - \gamma_2 \tag{7-51}$$

综合式(7-47)、式(7-49) 有

$$q = \arccos\{[(O_1A)^2 + e^2 - d^2 - R^2 + 2dR\cos\alpha]/(2\times O_1A\times e)\} \tag{7-52}$$

式中 $O_1A = a + b + X$

$d = a + b + R + X - e$

d——取标转毂回转中心与胶辊中心的距离；

R——取标板公转半径；

a——取标板曲率半径；

b——胶辊半径；

e——取标板偏心距。

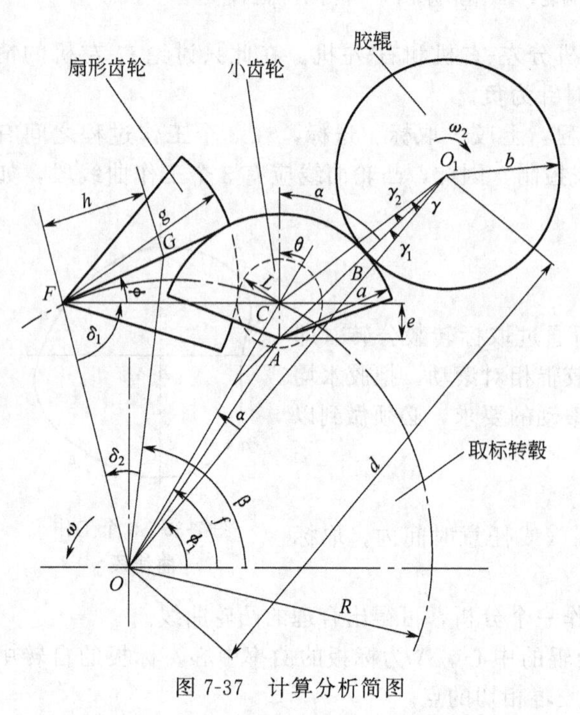

图 7-37 计算分析简图

X 为胶辊面与取标板面之间的距离。当 $X=0$ 时，胶辊面与取标板面相切；X 为正，表示离开；X 为负，表示干涉。由于 X 值十分小，不影响三角函数各公式的应用。

记 Z_0、Z_1 分别为取标转毂齿轮 O、胶辊齿轮 O_1 的齿轮齿数，齿轮 O 转角为 α 时对应齿轮 O_1 转角为 q_1，则取标转毂 O 和胶辊 O_1 之间的传动比为：

$$I = q_1/\alpha$$

则取标板与胶辊滚过的标板弧长为：

$$S_1 = aq \tag{7-53}$$

胶辊与取标板滚过的胶辊弧长为：

$$S_2 = (q_1 - \gamma_1)b \tag{7-54}$$

取标板与胶辊相对滑动的距离：

$$\Delta S = S_1 - S_2 \tag{7-55}$$

由上面各式可以看出，在给定数值 R、a、b、e 后，ΔS 为 α 与 X 的函数。

取 $X=0$，即为取标板始终与胶辊相切；取 $\Delta S=0$，可以求出 X 与 α 的函数表达式，此时取标板与胶辊无相对滑动。

取标板与胶辊最理想的运行状况是纯滚动，即 $X=0$，同时 $\Delta S=0$。从上面的分析结果中可以看出，要完全满足这两个条件是不可能的，因此，必须确定一个最佳的方案来达到取胶的要求。从取标板及胶辊的结构来分析，取标板取胶面通常为天然橡胶，橡胶硬度为65HS，厚度为 5～7mm。取胶面有槽，槽深约 1mm。胶辊为不锈钢结构，外表面抛光，取标板与胶辊对滚后胶水藏于取标板的槽中。在标板取胶后继续转动的过程中，胶水流出槽底而到达取标板表面。因此，胶辊与取标板之间允许存在少量的滑动及干涉，少量的干涉可以由橡胶的柔性来补偿，适当范围内的相对滑动亦不会引起取标板及胶辊的损害。但是上述两个数值都存在一个极值，超过这个极值则很容易损坏取标板、胶辊和传动系统。因此，合理的方案是把相对滑动值 ΔS 和干涉值 X 都保持在一个限定范围之内，此限值由经验及实验数据给出。

（2）取标板的自转角度

在上胶过程中，取标板除公转外，还绕 C 点自转，设标板的自转角度为 θ（见图 7-37）。

在 $\triangle OAO_1$ 和 $\triangle OCA$ 中，根据余弦定理有：

$$d^2+(O_1A)^2-2\times d\times O_1A\times\cos\gamma_1=R^2+e^2-2Re\cos\theta$$

$$\theta=\arccos\{[2\times d\times O_1A\times\cos\gamma_1+R^2+e^2-d^2-(O_1A)^2]/(2Re)\} \tag{7-56}$$

式中，θ 与 α 方向一致。α 为正时，θ 取正；α 为负时，θ 取负。

由上式，θ 是 γ_1 的函数。由式(7-47)、式(7-48)、式(7-49)、式(7-50) 可知，γ_1 是 α 的函数，因此 θ 为 α 的函数。对上胶过程中的任意位置 α，可以通过式(7-56) 求得满足上胶要求的标板自转角 θ。

7. 取标过程分析

（1）运动分析

取标过程是通过已抹上胶水的取标板与标纸对滚，将标签从标签盒里取出，粘在取标板上。它要求取标板圆弧面在摆动过程中所形成的包络面为一平面。与标签纸平面贴合，并且在贴合过程中无相对滑动。

对应于取标过程中的两个运动位置，选取坐标系如图 7-38 所示。

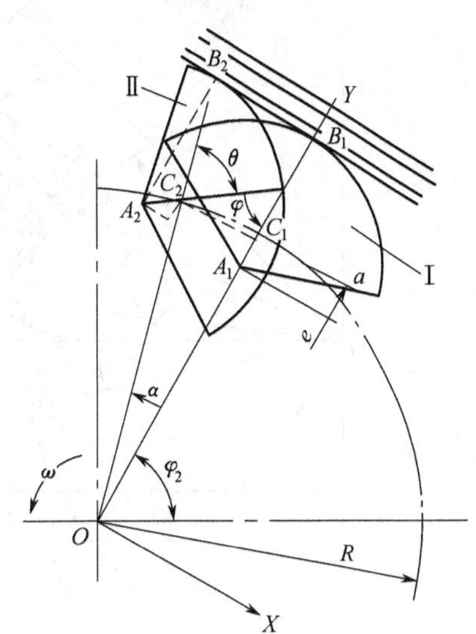

图 7-38 取标过程中的两个运动位置

取标板在 Y 方向的最高点是标签被粘段与未粘段的分界点，设标板从位置Ⅰ运动到位置Ⅱ，分界点从 B_1 移动到 B_2，这时标板与标签接触的弧长为 φa，标签的被粘长度为 B_2 的 X 坐标值。

$$X_{B2}=X_{A2}=-R\sin\alpha-e\sin\varphi$$

标板所摆过的弧长 φa 必须等于标签被粘的长度，因此有：

$$\varphi a=R\sin\alpha+e\sin\varphi \tag{7-57}$$

分界点 B 在取标过程中，除在 X 方向移动之外，在 Y 方向也有移动：

$$Y_{B_1}=a+R-e$$

$$Y_{B_2}=a+R\cos\alpha-e\cos\varphi$$

$$\Delta Y=Y_{B_2}-Y_{B_1}$$

$$\Delta Y=R(\cos\alpha-1)+e(1-\cos\varphi) \tag{7-58}$$

与取胶过程相似，要同时满足标板与标纸之间无滑动及平面包络线是不可能的，由于标签盒与标板之间的安装距离可以调整，（参见图 7-31 中 15、16、17 及图 7-34），标签盒的另一端有弹簧机构顶住标签，标签可在一定范围内前后移动，所以只要当 $|\Delta Y_{max}|$ 不超过一定的值，即可以实现粘标。

（2）标板的自转角度

由图 7-38 可知： $\theta=\varphi-\alpha$

代入式(7-57) 式得：

$$(\theta+\alpha)a=R\sin\alpha+e\sin(\theta+\alpha) \tag{7-59}$$

对于任意位置 α，解超越方程(7-59) 即可求得对应的标板自转角度 θ。在此应注意 α 与 θ、φ 反向。

8. 送标过程分析

取标板从标签盒取下标签后，转至送标位置。此时，与之同步的夹标转毂上的夹标机构从取标板上取下标签。为了实现平稳送标，要求标签从标板上掀下来的角度必须从小到大变化，变化要尽量均匀，且角度最大值不超过 75°。

如图 7-39 所示，取标板在取标转毂的带动下转动，当标板上点 B 转到与夹标转毂 E 相切时，夹子开始夹住标纸取标。在此之前，标板不自转，其自转角度为一定值 θ_0，设定 OB 的距离为 L。

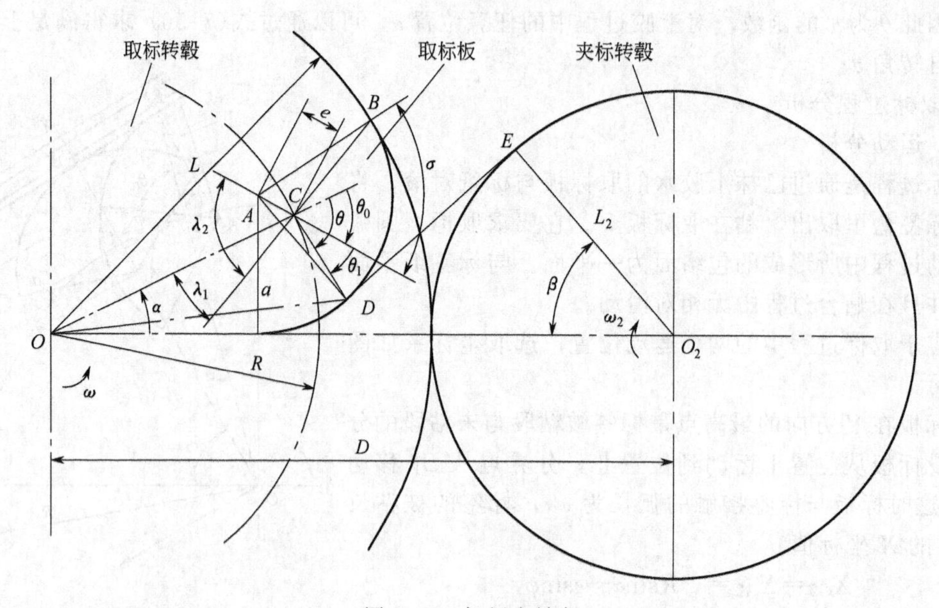

图 7-39 标板自转角

在△ACB 中，$\angle BAC=\omega/(2a)$

$$BC^2=e^2+a^2-2ae\cos\angle BAC$$

又
$$a/\sin(\pi-\lambda_2)=BC/\sin\angle BAC$$

$$\lambda_2=\arcsin\{a\sin[\omega/(2a)]/BC\}$$

在△OBC 中：

$$L^2=R^2+BC^2-2\times R\times BC\times\cos(\pi-\lambda_1)$$

即
$$\lambda_1=\arccos[(L^2-R^2-BC^2)/(2\times R\times BC)]$$

自转角度的定值 θ_0 为：

$$\theta_0=-(\lambda_2-\lambda_1)=-\arcsin\{a\sin[\omega/(2a)]/BC\}+\arccos[(L^2-R^2-BC^2)/(2\times R\times BC)] \tag{7-60}$$

为实现送标，此时 B 点的速度 v_B 必须与夹子的速度 v_E 相等

$$\omega L=\omega_2 L_2 \tag{7-61}$$

$$L_2=D-L \tag{7-62}$$

令
$$i=\omega/\omega_2$$

则
$$L=D/(1+i)$$

式中 D——取标转毂中心 O 与夹标转毂中心 O_2 的距离；

ω_2——夹标转毂的角速度；

i——取标转毂与夹标转毂的传动比。

当取标转毂的转角为 α 时，根据传动条件有，夹标转毂的转角 β 为：

$$\beta=\alpha/i \tag{7-63}$$

在直角 $\triangle O_2ED$ 中：

$$DE=L_2\tan\beta \tag{7-64}$$

$$O_2D=[L_2^2+(DE)^2]^{1/2} \tag{7-65}$$

设标板总弧长为 $2S$，则弧长的一半为 S

$$\sigma=S/a \tag{7-66}$$

要使标签纸在剥落时与取标板无相对滑动，则在任何时间范围内剥下的标纸，长度必须与已剥落标纸的标板弧长相等。即：

$$a\times\angle BAD=DE$$

则
$$\angle BAD=DE/a \tag{7-67}$$

$$\angle DAC=\angle BAD-\sigma$$

在 $\triangle ACD$ 中

$$CD^2=a^2+e^2-2ae\cos\angle DAC$$

又
$$CD/\sin\angle DAC=e/\sin\angle ADC$$

$$\angle ADC=\arcsin[(e\sin\angle DAC)/CD] \tag{7-68}$$

又
$$\theta_1=\angle DAC+\angle ADC \tag{7-69}$$

$$\theta=\theta_0+\theta_1 \tag{7-70}$$

在给定参数 R、e、a、ω、i 之后，由式(7-60) 至式(7-70) 可以确立 θ 为 α 的函数。

9. 上胶、取标、送标凸轮曲线

(1) 工作段曲线

上胶、取标、送标过程的实现，最后都归于对标板自转角 θ 的要求。标板的自转是通过凸轮-齿轮机构来实现的。齿轮机构只是改变了机构的传动比，而传动比可以认为是一个常数，因此，凸轮曲线必须使标板产生相应的自转角 θ。

如图 7-37 所示，扇形齿轮上的滚子轴心线 G 在扇形齿轮的角平分线上。

设定当标板无自转，即 $\theta=0$ 时，轴心 G 在连心线 CF 上。

根据齿轮的传动原理有：

$$\varphi g=-\theta f$$

即
$$\varphi=-f\theta/g$$

式中 f——小齿轮的分度圆半径；

g——扇形齿轮的分度圆半径。

又
$$\delta_1=\arccos[(f+g)/(2R)]$$

在 $\triangle FOG$ 中：

$$\rho^2=h^2+R^2-2hR\cos(\phi+\delta_1)$$

$$\rho=[h^2+R^2-2hR\cos(\phi+\delta_1)]^{1/2} \tag{7-71}$$

式中 h——滚子轴心 G 距扇形齿轮转动中心 F 的距离。

$$\beta=t+\angle COG$$

而
$$\angle COG=180°-2\delta_1-\delta_2$$

又
$$h/\sin\delta_2=\rho/\sin(\delta_1+\phi)$$

$$\delta_2=\arcsin[h\sin(\delta_1+\phi)/\rho]$$

$$\beta=180°+t-2\delta_1-\delta_2 \tag{7-72}$$

式中 β——滚子轴心线与取标转毂连线对应的转角；

t——小齿轮中心对应的位置角。

δ_1、δ_2 的含义见图 7-37。

式(7-71)、式(7-72) 即为上胶、取标、送标凸轮工作段曲线的方程式，分别为凸轮的矢径及矢角。

(2) 过渡段曲线

为使整个上胶、取标、送标凸轮-齿轮组合机构具有较好的动力性能，过渡段曲线取从动件（取标板）的转角为正弦加速度曲线来进行设计，可以保证其一阶、二阶导数均连续。曲线的具体计算依据机械原理的相关知识进行。

10. 凸轮的计算机辅助设计

从前面的分析可以看出，标板的运动不仅受本机构参数的影响，其他相关机构参数对其也有约束。它们对取标板的作用是综合性的，各参数的合理组合和选取对标板能否完成上胶、取标、送标动作非常重要，因此，凸轮机构的设计和相关参数的选取采用计算机辅助设计的方法来进行，以便进行多次运算，对参数进行优化。

凸轮轮廓曲线设计框图如图 7-40 所示。

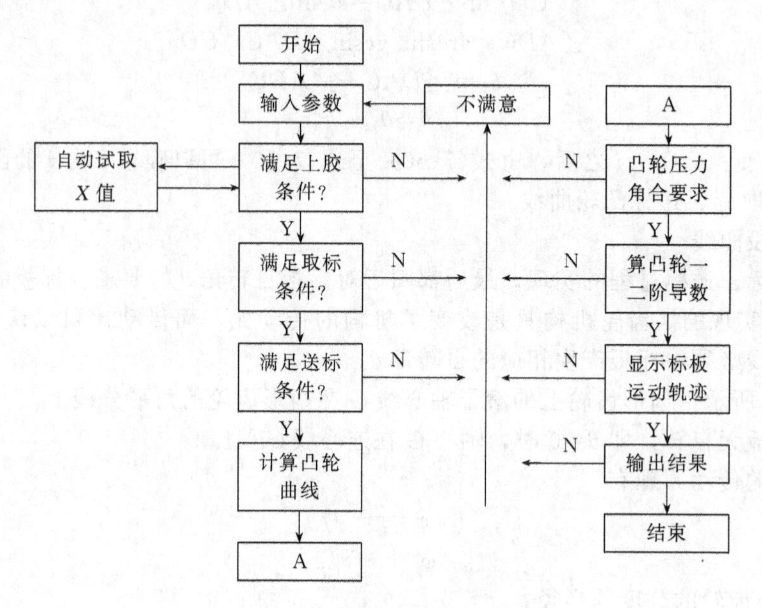

图 7-40　凸轮轮廓曲线设计框图

二、小型异形瓶不干胶自动贴标机

因小型异形瓶自立能力差，不能采用传统的旋转瓶法贴不干胶标。在此，介绍小型异形瓶不干胶自动贴标机设计的相关问题。

1. 结构和组成

图 7-41 为小型异形瓶不干胶自动贴标机的组成原理框图，整机结构由五大部分组成：贴标头、履带式传送带、上瓶机构、底座支架、单片微型计算机控制系统。

贴标头主要用于安装步进电机、送纸机构、回纸机构、张紧机构、不干胶标带、压标装置、出标装置、控制装置，完成标带的输送与控制。

带有定位机构的履带式传送带主要用于安装主驱动电机、上瓶机构、装有定位机构的履带板、检测定位机构是否到位的光电传感器的微调机构，完成瓶的定位和输送。

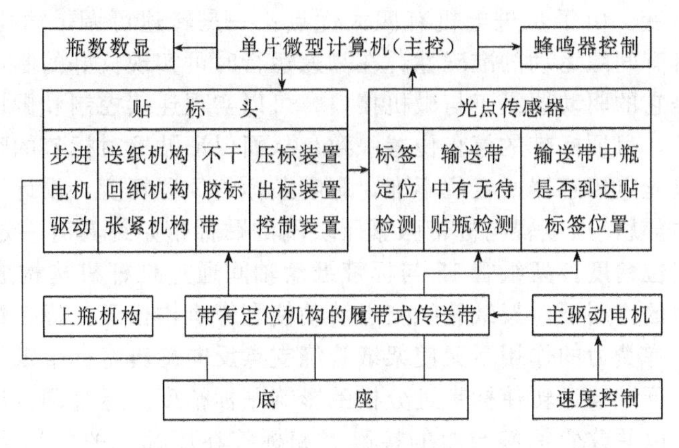

图 7-41 贴标机的组成原理框图

上瓶机构是由链传动带动分瓶轮，通过滑道保证连续、同步上瓶的机构。

单片微型计算机控制系统由硬件和软件两部分组成。主要完成贴标系统的控制、计数和报警。

底座支架主要起连接支承贴标头、带有定位机构的履带式传送带的作用及实现贴标头的上下、左右调整作用。

2. 设计中的四大关键技术

① 小型异形瓶不能采用传统的旋转瓶法贴不干胶标，如何保证瓶的定位精度是设计贴标机的技术关键。可采用夹持定位法，利用随行夹具解决瓶的定位精度问题。

② 为了提高贴标速度，既要在瓶匀速运行中进行贴标，又要保证贴标的位置精度，这是设计小型异型瓶不干胶自动贴标的主要难题。可采用机、光、电和微机一体化技术解决。

③ 对于瓶的定位、上标、贴标等几个工位，必须保持严格的相位关系。这种关系一旦失调，将使贴标的位置不准，造成大量废品。可采用光电检测、微机控制的方法解决。

④ 为了保证贴标机能够连续地独立工作，不仅要保证连续地将瓶送上传送带，而且要保证上瓶与传送带中的随行夹具同步和传送带中瓶口方向的一致。

3. 贴标机的设计

(1) 贴标头的设计

图 7-42 是贴标头结构原理图，贴标头由盘式标带的架带、送带、收带、剎带、出标机构组成，采用间歇运动方式。每一个瓶到达贴标位置时，标带自动运行一步，让标准确地贴在瓶上。贴标的位置精度由三个光电传感器联合控制：光电传感器 3 用于检测输送带中是否有瓶；光电传感器 9 用于检测标的定位；还有一个光电传感器（图中未示出），用于检测输送带中瓶是否到达贴标位置。

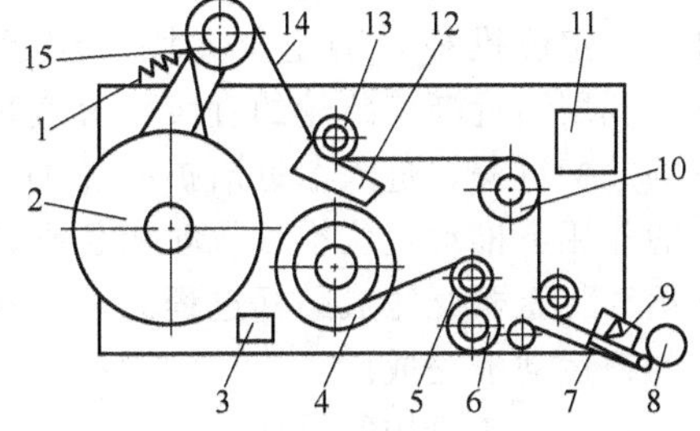

图 7-42 贴标头结构原理图

1—弹簧；2—标带纸盘；3，9—光电传感器；4—标带收纸盘；5—偏心压辊；6—送纸辊；7—出标板；8—压标辊；10—导纸管；11—贴标数显示窗口；12—标带张紧压块；13—标带张紧导纸管；14—标带；15—架纸管

标带的传动，选用步进电机带动送纸辊，依靠偏心压辊与送纸胶辊间的挤压力所产生的摩擦力带动标带运行，同时，废纸带通过步进电机带动卷回纸盘。由于贴标时，送纸辊每次贴标转过的角度基本一致，而标带收纸盘的直径逐渐增大，为了避免纸带张力过大把纸带拉断或影响标带的定位精度，设计中采用摩擦打滑结构，保证送纸辊与标带收纸盘之间的张力在

整个贴标过程基本不变。由于步进电机有四大优点：一是转速可调，简化了变速箱和传动机构；二是步进电机具有间隙运动的准确性，在高速运行时可实现良好的制动响应；三是在失电时有自锁功能；四是它的驱动器易于与微机接口，可以实现连续控制和微调。因此，由光电传感器 9 控制步进电机，保证标带的停止位置一致，从而保证贴标时标签的运行速度一致。为了避免贴标带松弛造成光电传感器 9 定位不准，影响贴标的位置精度，设计了标带张紧压块机构（图 7-42 中 12）。这样就使送纸辊与标带张紧压块间的贴标带始终具有一定的张力，从而保证了光电传感器 9 的定位精度。架纸管 15 与标带纸盘轴间通过杠杆机构构成摩擦刹带机构，当标带运行时，在张力的作用下，架纸管绕支点转动使刹带机构松开，标带纸盘绕轴转动使标带放松，张力减小。在弹簧力的作用下又使架纸管绕支点反向旋转将标带纸盘刹住，避免了标带纸盘在惯性力的作用下继续运转使标带过分松弛影响贴标精度。通过调节出标板的角度可以改变标签的输出角度，以便改变标签与瓶的接触点和标签在压标辊的作用下水平方向的运行速度，使其与输送带的运行速度相匹配，保证贴标位置的前后一致性。

(2) 履带式传送带的设计

履带式传送带为传送瓶的机械主体，每节履带板上都装有一套瓶定位夹具。图 7-43 为夹具的结构原理图。这种结构可以保证瓶在平稳运行中具有较高的定位精度。

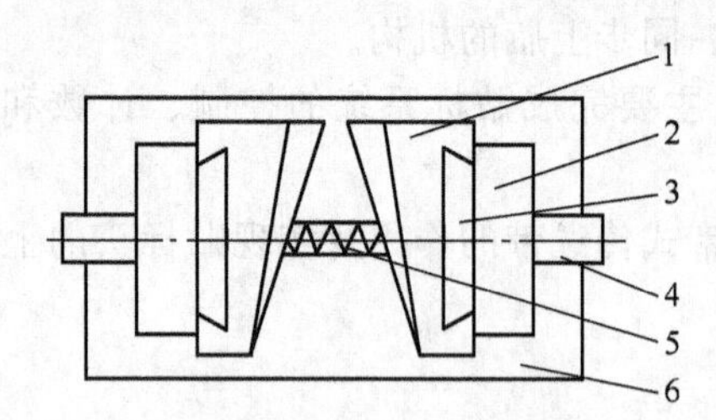

图 7-43　夹具结构原理图
1—定位夹块；2—定位推杆支座；3—定位块推板；4—定位推杆；5—复位弹簧；6—履带板

定位夹具由两个定位夹块、两个推板、两个支座、两个推杆、一个复位弹簧的对称结构组成，如图 7-43。由于小型异形瓶的关键尺寸为几个型面的夹角，贴标签时既要保证贴标表面水平，又要保证贴标表面中线位置不变，设计成对称定位夹块。其中的定位夹块，为了满足贴标表面水平，根据瓶的夹角设计夹块的锥角；为了防止夹紧时瓶的转动，可通过试验，确立一个符合瓶角度的定位块角度；为了保证瓶在每一个夹具中位置的一致性，在履带板的设计时增加竖直立板，在安装中保证每个履带板上定位支座轴孔中心线与立板平行且与立板距离误差不超过 0.05mm，这样在定位夹块夹紧力的作用下使瓶的底部与立板接触，保证了瓶在每个履带板中的前后位置精度，从而满足了夹紧时瓶的定位要求。

履带式传送带由交流调速电机驱动双链条传动，履带板固定在链条上随链条一起运动，通过托链机构保证履带板在上面时上表面水平。每对定位支座分别固定在一个履带板上，以定位支座为导向，利用一对渐近渐扩凸轮的渐进部分推动定位推杆，定位推板带动定位夹块一起运动实现瓶的定位夹紧；利用渐近渐扩凸轮的直线部分实现瓶在定位夹紧状态下的贴标过程；进入渐近渐扩凸轮的渐扩部分，在复位弹簧的作用下推动定位推板带动定位夹块和定位推杆一起向外运动将瓶松开完成贴标过程。从而满足了贴标过程在连续匀速运动下完成。

(3) 上瓶机构的设计

为了保证贴标机能够连续地独立贴标的需要，设计一套自动上瓶机构。图 7-44 为上瓶机构原理图，可保证将瓶连续、同步地送上输送带，且保证瓶口方向一致。

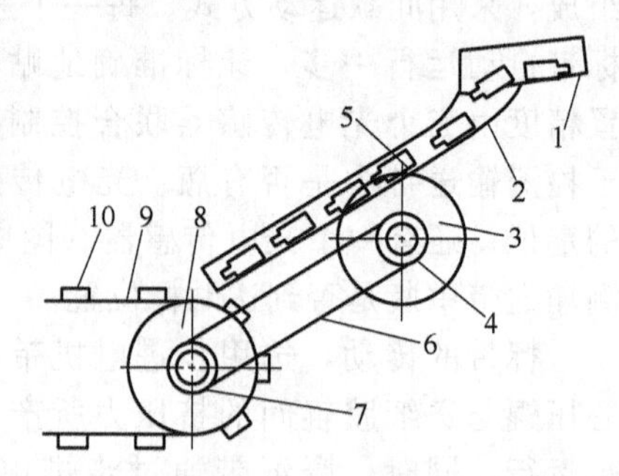

图 7-44　上瓶机构原理简图
1—排序滑道；2—下瓶滑道；3—分瓶轮；4—从动小链轮；5—瓶子；6—链条；7—主动小链轮；8—输送带从动链轮；9—输送带；10—夹具

上瓶机构与输送带通过等比链传动实现连续、同步上瓶。由于输送带链轮每转动一周走过七个夹具，为了保证每个夹具中只送一个瓶，所以设计的分瓶轮为每两个叶片间容纳一个瓶、有七个叶片的盘型分瓶轮。通过分瓶轮从封闭滑道内有序拨瓶实现上瓶的同步和连续。为了防止分瓶轮的叶片切入点与封闭滑道内的瓶子出现卡死现象，在封闭滑道死区附近开了一个活门，以使卡住的瓶可以顺利通过。并在下瓶滑道前增设了排序机构，保证了进入分配器的瓶口方向一致。

(4) 机架部分设计

机架是整机的连接、支承部分。为了便于维修和清洗，采用各部分独立设计、装配，通过机架连接在一起构成整台机器。履带式传送带固定在机架上，贴标头通过上下、左右可调机构与机架相连，从而实现了贴标头位置可调的要求。左右可调结构满足贴标在所贴标表面上左右位置要求。上下可调结构是为了满足出标角度和出标口与贴标表面间的位置要求。

(5) 单片微型计算机控制系统设计

单片微型计算机控制系统是整机控制的核心部分。它的主要任务可以概括为以下三个方面。

a. 接收光电传感器的输出信号，并向各执行机构发布数据信号和同步信号，保证整机有序的运行。

b. 确保无瓶时不贴标及同一个瓶上不贴两个标。

c. 使整机增加智能化管理：逻辑计算、延时控制、已贴标瓶数数显和软件抗干扰等。

图 7-45 为单片微型计算机控制系统框图，其控制原理为：当履带板经过光电传感器 2 时，如果夹具中有瓶，则光电传感器 2 发出信号，蜂鸣器发出一次声响，并将信号延时记录直至该履带板到达贴标位置，并且光电传感器 3 检测到该履带板的定位支座，光电传感器 3 才发出信号，启动步进电机开始贴标，同时计数数显接收到一个信号计数加一。当标带上下一个标签到达时，光电传感器 1 发出信号，步进电机制动完成一个瓶的贴标过程。当履带板经过光电传感器 2 时，如果夹具中无瓶，则光电传感器 2 不发出信号，即使该履带板到达贴标位置，并且光电传感器 3 检测到该履带板的定位支座，光电传感器 3 也不发出信号；这样就实现了有瓶贴标无瓶不贴标，一瓶贴一标的要求。光电传感器 3 的位置可通过微调机构进行前后位置调整，以满足所贴标前后位置的要求。

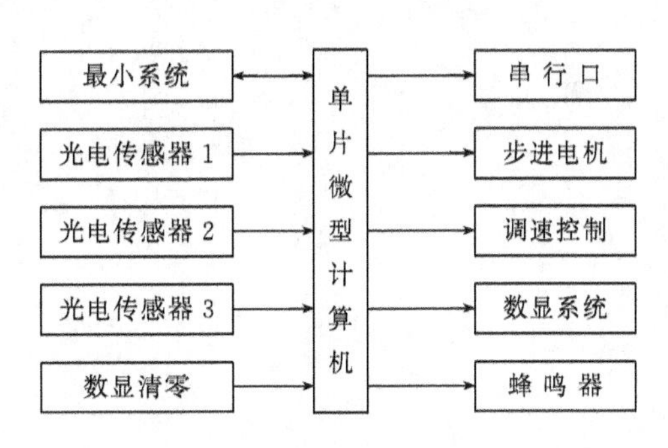

图 7-45 单片微型计算机控制系统框图

思考题

1. 简述贴标机的基本工艺过程。

2. 国家标准对贴标机的主要要求指标有哪些？

3. 图 7-2 所示的回转式真空转鼓贴标机只适用于圆柱体容器的贴标，如果设计一种适合于非圆柱体容器贴标的回转式真空转鼓贴标机，请提出设计方案，并说明设计中的异同点。

4. 简述贴标机的主要机构及其工作原理。

5. 为什么说带有叉形取标杆的回转式贴标机的工作效率比较低？

6. 简述收缩套标的优点，并结合所见的实际包装件加以说明。

7. 简述机、光、电一体化技术在 RG 型不干胶自动贴标机上的应用。分析设备的工作原理，回答以下问题：

(1) 标签纸在粘贴后发生起皱或不平整，甚至贴不上去的可能原因是什么？

(2) 出现半张粘贴，另半张未贴上或起皱的可能原因是什么？

(3) 出现飞标签纸现象的可能原因是什么？

(4) 贴标时瓶子互相粘贴在一起的可能原因是什么？

(5) 标签纸贴到瓶子前自动剥离的主要原因是什么？

(6) 标签卷纸太松的可能原因是什么？

(7) 设备无法启动的可能原因是什么？

(8) 打字头不工作的可能原因是什么？

8. 简述高速四标贴标机的总体布局及主要部件的工作原理。

第八章　装盒与装箱机械

第一节　概　　述

纸箱与纸盒是主要的纸制包装容器，两者形状相似，习惯上小的称盒，大的称箱，一般由纸板或瓦楞纸板制成，属于半刚性容器。由于它们的制造成本低、重量轻，便于堆放运输或陈列销售，并可重复使用或作为造纸原料，因此至今乃至将来仍是食品、药品、饮料包装的基本形式之一。

盒装包装是一种广为应用的包装方式，它是将被包装物品按要求装入包装盒中，并实施相应的包装封口作业后得到的产品包装形式。包装作业可借助于手工及其他器具，也可用自动化的盒装包装机完成。现代商品生产中，装盒包装工作主要采用自动化的装盒机来完成。装盒包装工作中涉及待包装物品、包装盒与自动装盒机三个方面，三者之间以包装工艺过程相连接。

装箱机械是用来把经过内包装的商品装入箱子的机械，装箱工艺过程和装盒类似，所不同的是装箱用的容器是体积大的箱子，纸板较厚，刚度较大。包装用纸箱按结构可分为瓦楞纸箱和硬纸板箱两类，用得最多的是瓦楞纸箱。通常由制箱厂先加工成箱坯，装箱机直接使用箱坯。采用箱坯种类不同，装箱工艺过程也不同，即使采用相同箱坯，工艺过程也有多种，因此装箱机械也就表现为种类多样。

第二节　纸盒的种类及装盒机械的选用

纸盒是商品销售包装容器，一般由纸板裁切、折痕压线、弯折成型、装订或粘接成型而制成。其盒形多样，制盒材料也由单一纸板材料向纸基复合纸板材料方向发展。

纸盒包装虽然在缓冲、防震、防挤压和防潮等方面没有运输包装那样的要求，然而其结构要根据不同商品的特点和要求，采用合适的尺寸、适当的材料（瓦楞纸板、硬纸板、白纸板等）、美观的造型来安全地保护商品，美化商品，方便使用和促进销售。

一、纸盒的种类及选用

纸盒的种类和式样很多，但差别大部分在于结构形式、开口方式和封口方法。通常按制盒方式可分为折叠纸盒和固定纸盒两类。

1. 折叠纸盒

折叠纸盒即纸板经过模切、压痕后，制成盒坯片，在装盒现场再折叠成各种盒；或者将盒坯片的侧边粘接，形成方形或长方形的筒，然后压扁成为盒坯，在装盒现场再撑开成各种盒。盒坯片和盒坯都是扁平的，装在装盒机的贮盒坯架上时，取放都很方便。纸板厚度一般在0.3～1.1mm之间，可选用的纸板有白纸板、挂面纸板、双面异色纸板及其他涂布纸板等耐折纸箱板。折叠盒适合于机械化大批量生产。

常用的折叠纸盒形式有扣盖式、粘接式、手提式、开窗式等。折叠纸盒按结构特征又可分为管式折叠纸盒、盘式折叠纸盒和非管非盘式折叠纸盒三类。

① 管式折叠纸盒　图8-1所示为四种常见的管式折叠纸盒，其主要特点是：由一页纸板

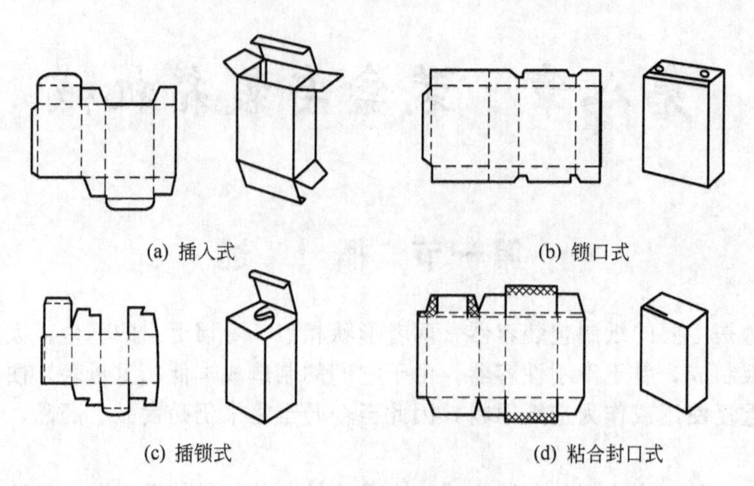

图 8-1　常见管式折叠纸盒

裁切压痕后折叠，边缝粘接，盒盖盒底采用摇翼折叠组装固定或封口。盒盖是商品内装物进出的门户，其结构必须便于内装物的装填和取出，且装入后不易自开，从而起到保护作用，而在使用时又便于消费者开启。

其他还有正揿封口式折叠纸盒、连续摇翼窝进式折叠纸盒、锁底式手提折叠纸盒、间壁封底式折叠纸盒等。

② 盘式折叠纸盒　图 8-2 所示为几种典型盘式折叠纸盒结构形式，其主要特点是：由一页纸板裁切压痕，四边以直角或斜角折叠成主要盒型，在角隅侧边处进行锁合或粘接成盒。由于盘式折叠纸盒盒盖位置在最大面积盒面上，负载面比较大，开启后观察内装物的面积也大，适用于食品、药品、服装及礼品的包装。

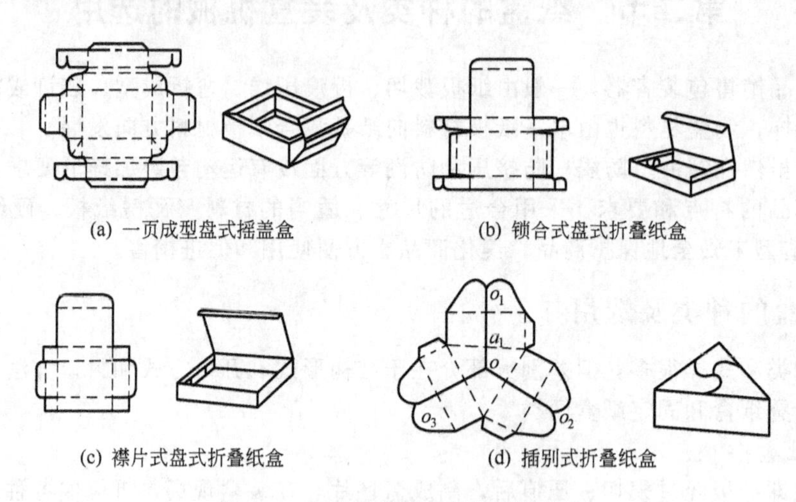

图 8-2　典型盘式折叠纸盒结构形式

③ 非管非盘式折叠纸盒　既不是单纯由纸板绕一轴线旋转成型，也不是由四周侧板呈直角或斜角折叠成型，而是综合了管式或盘式成型特点，并有自己独特的成型特点。图 8-3 所示为一种非管非盘式折叠纸盒，可用于瓶罐包装食品的组合包装等。

2. 固定纸盒

固定纸盒又称粘贴纸盒，用手工粘贴制作，其结构形状、尺寸空间等在制盒时已确定，其强度和刚性较折叠纸盒高，但生产效率低、成本高、占据空间大。本节不做过多介绍。

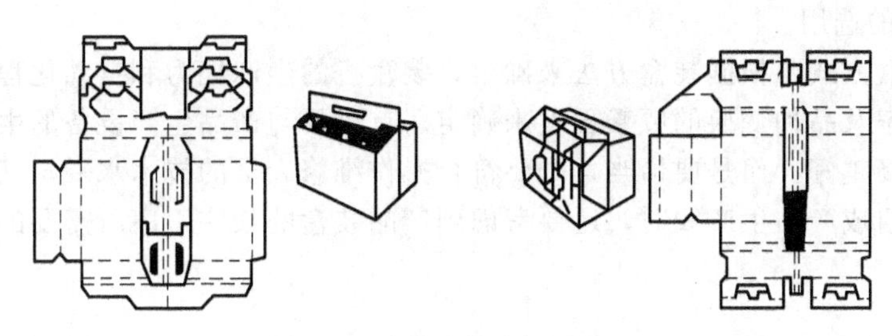

图 8-3 非管非盘式折叠纸盒

3. 纸盒的选用

包装容器的选用涉及的因素很多，就盒的结构形式来说，有以下几点。

① 当商品很容易从盒的狭窄截面放入或取出时，如牙膏、药瓶等，可选用筒式盒，采用盖片插入式封口，比较方便；如果商品较重或有密封性要求时，应选用盖片黏结封口方式；如果商品为分散的颗粒或个体时，容易因盖片松开而散漏，如皂片、图钉等，其翼片和盖片应选用扣住式结构。

② 当商品不易从盒的狭窄面放入或取出时，如糕点、服装和工艺美术品等，应选用浅盘式盒。

③ 为了宣传商品或便于顾客了解商品时，如牙刷、首饰和蛋糕等，宜选用开有透明窗的盒。

二、装盒机械的选用

1. 装盒方法

① 手工装盒法　最简单的装盒方法就是手工装盒，不需要其他设备。主要缺点是速度慢，劳动生产率低，对食品和药品等卫生条件要求高的商品，容易污染。只有在经济条件差，具有廉价劳动力的情况下才适用。

② 半自动装盒方法　由操作工人配合装盒机来完成装盒过程。用手工将产品装入盒中，其余工序，如取盒坯、打印、撑开、封底、封盖等都由机器来完成，有的产品，如药品和化学用品等，装盒时还需要装入说明书，也需要用手工放入。半自动装盒机的结构比较简单，装盒种类和尺寸可以变化，改变品种时调整机器所需的时间短，很适合多品种小批量产品的装盒，而且移动方便，可以从一条生产线很方便地转移到另一条生产线。有的半自动装盒机，用来装一组产品，如小袋茶叶、咖啡、汤料和调味品等，每盒可装 1～50 包。装盒速度与制袋充填机配合，相对地讲，每装一盒的时间较长，因此，机器运转方式为间歇转位式，自动将小袋产品放入盒中并计数，装满后自动转位；放置空盒、取下满盒和封盒的工序由操作工人进行。

半自动装盒机，由于大部分采用手工装产品，所以装盒方式多为直立式，便于充填。

③ 全自动装盒方法　除了向盒坯贮架内放置盒坯外，其余工序均由机器完成。全自动装盒机的生产率很高，但机器结构复杂，操作维修技术要求高，设备投资也大。变换产品种类和尺寸范围受到限制，这方面不如半自动装盒机灵活，因此，适合于单一品种的大批量产品装盒，如牙膏、香皂、药片等。全自动装盒过程中，产品由机器自动装入盒内，故一般均采用横向装盒方式，即产品推入的方向与盒坯输送带运动方向互相垂直，且在同一平面内。产品在装盒之前应处于平放位置，如果在充填机输出时为直立位置，则在产品输送带的上方适当位置放置导板，将产品逐渐翻倒成水平位置后再装盒，对于成组装盒的产品，多数也以横向装盒为宜。

2. 装盒设备的选用

装盒机的装盒方式要根据装盒方法来确定，装盒机的生产能力和自动化程度，则根据产品生产批量、生产率及品种变换的频繁程度来确定。首先要与产品生产设备的生产率相匹配。自动化程度并非越高越好，而是要恰当，既要符合操作维修人员的技术水平，又能达到最佳经济效益。此外，在组成产品生产线时，还要考虑到产品装盒的某些工序所需要的附属装置能否与主机配套。

第三节　装盒机械及工艺路线

根据不同的装盒方式，装盒机械一般分为充填式和裹包式两大类型。充填式能包装多种性态的物品，使用模切压痕好的盒片经现场成型或者预先折合好的盒片经现场撑开（有的包括衬袋）之后，即可进行充填封口作业；裹包式的多用来包装呈规则形状（如长方体、圆柱体）、有足够耐压强度的多个排列物件，而且需借助成型模加以裹包，相关作业才能够完成。它们各有特点和适用范围，但占优势地位的，应属充填式装盒机械，也就是包装机械术语国家标准所指的“开盒—充填—封口机”及“盒成型—充填—封口机”等机种。

一、充填式装盒机械

1. 开盒—充填—封口机

该类机械在工艺上可采用推入式充填法及自落式充填法。

① 推入式充填法　图 8-4 为连续式开盒—推入充填—封口机外形简图。

该机采用全封闭式框架结构，主要组成部分包括：分立挡板式内装物传送链带 1、产品说明书折叠供送装置 2、下部吸推式纸盒片撑开供送装置 3、推料杆传动链带 4、分立夹板式纸盒传送链带 5、纸盒折舌封口装置 6、成品输送带与空盒剔除喷嘴 7 以及编码打印、自动控制等工作系统。

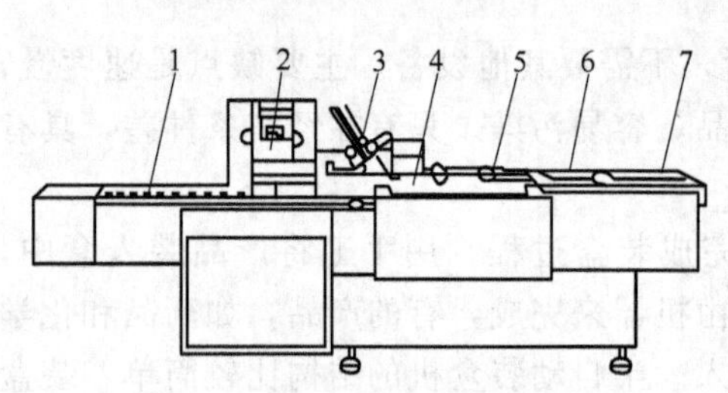

图 8-4　连续式开盒—推入充填—封口机外形简图

1—内装物传送链带；2—产品说明书折叠供送装置；3—纸盒片撑开供送装置；4—推料杆传动链带；5—纸盒传送链带；6—纸盒折舌封口装置；7—成品输送带与空盒剔除喷嘴

图 8-5 所示为该机的水平直线型多工位连续传送路线。它适用于开口的长方体盒型，在垂直于传送方向的盒体尺寸最大，可包装一定尺寸范围内的多种固态物品。内装物（有的附带产品说明单）传送链带（图中 1）、推料杆传送链带（图中 4）和纸盒传送链带（图中 5）并列配置，以同步速度绕长圆形轨道连续循环运行。内装物和纸盒均从同一端供送到各自链带上，而与其一一对应并做横向往复运动的推料杆可将内装物平稳地推进盒内（推入端的纸盒盖舌借固定导轨 8 向上张开一定角度，以便内装物顺利通过）。接着依次完成折边舌、折盖舌、封盒盖、剔空盒（或纸盒片）等作业。最后，将包装成品逐个排出机外，该机生产能力较高。

为适应内装物的形体、尺寸、个数的变化，允许纸盒规格有较宽的选择范围。当更换产品时，需调整有关执行机构的工作位置及结构尺寸。

此类装盒机械的传动路线大体上如图 8-6 中的实线部分所示。从能流分配看，是由单流与分流组成的混流传动，而且多数为连续回转运动，少数为往复移动或摆动。虚线部分则表示各主要工作单元在相位调整方面的对应关系，以确保整个机械系统协调可靠。为此，在适当部位铺设手盘车（如图中的手盘车 2、3）。特别对上述三条传送链带，应选择推料杆作为相向对称调节其他两条链上分立挡板和分立夹板有效作用宽度的基准，从而扩大装盒的通用能力。手盘车 1，供全机手动调试之用。由于无级调速电机和有关传动附加了必要的技术措施，故能保证实现整体的单向传动。

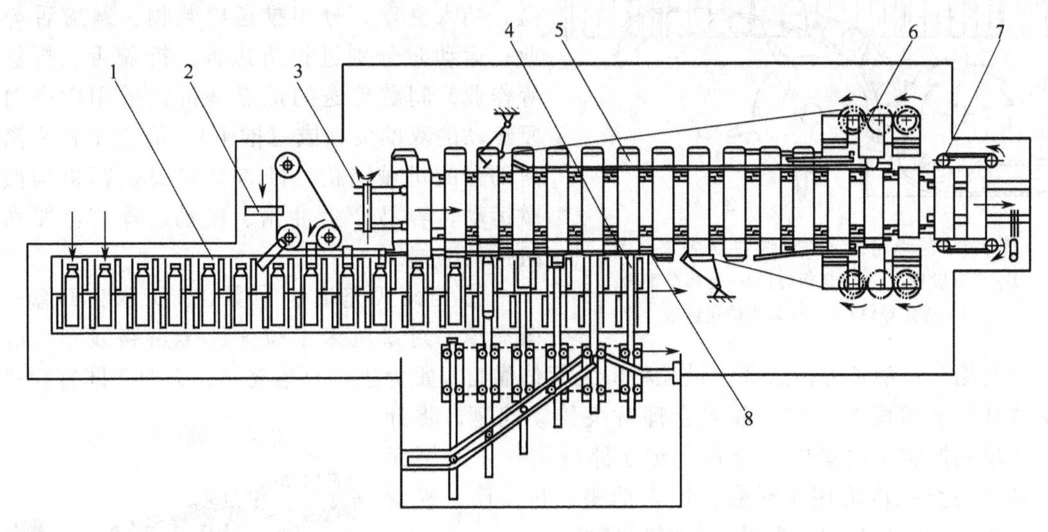

图 8-5　开盒—推入充填—封口机多工位连续传送路线图

1—内装物传送链带；2—产品说明书折叠供送装置；3—纸盒片撑开供送装置；4—推料杆传动链带；5—纸盒传送链带；6—纸盒折舌封口装置；7—成品输送带与空盒剔除喷嘴；8—固定导轨

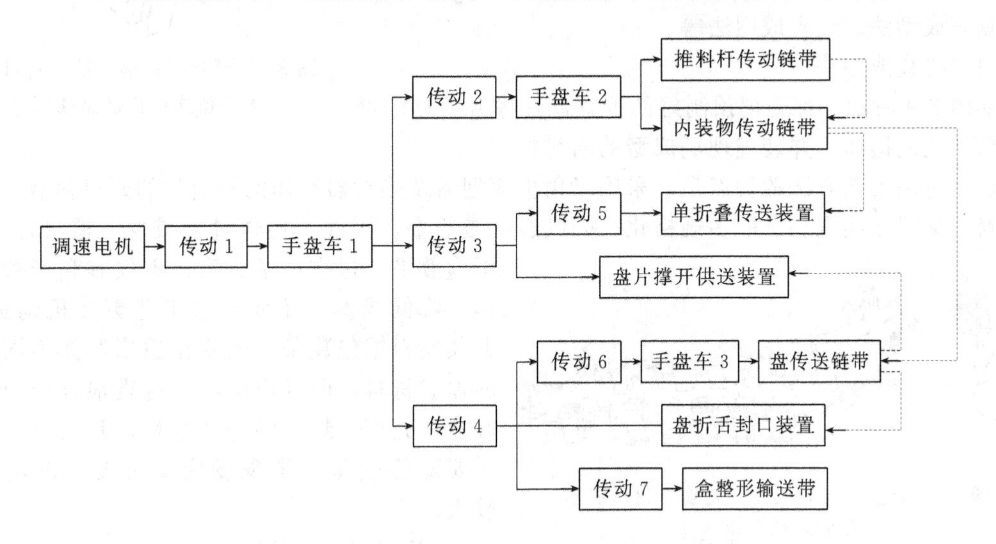

图 8-6　连续式开盒—推入充填—封口机传动路线图

这类机型一般设有微机控制及检测系统，可自动完成无料（包括说明书）不送盒，无盒（包括吸盒、开盒动作失效）不送料，而且连续三次断盒即自行停车。此外，对生产能力、设备故障和不合格品能够自动进行分类统计和数字显示；当变换纸盒规格时，只需以按键方式向微机控制系统输入几个主要参数，便可达到调整全机或分部试车的目的。

就全自动装盒机械而言，无论给单机或自动线配套使用，都必须妥善解决自动加料问题。图 8-7 所示的是专为瓶子之类多件包装提供的连续供送装置，主要由齿形拨轮 1、输送板链 2、星形分配轮 3、固定导轨 4 等组成。若改变每盒的充填个数，需更换相应的星轮和推头，同时调整各传送链带上分立挡板和分立夹板的工作间距。

实际上，被包装产品的多样化，必会导致为装盒机械配套的供料装置的不断更新，要因地制宜地加以选用。

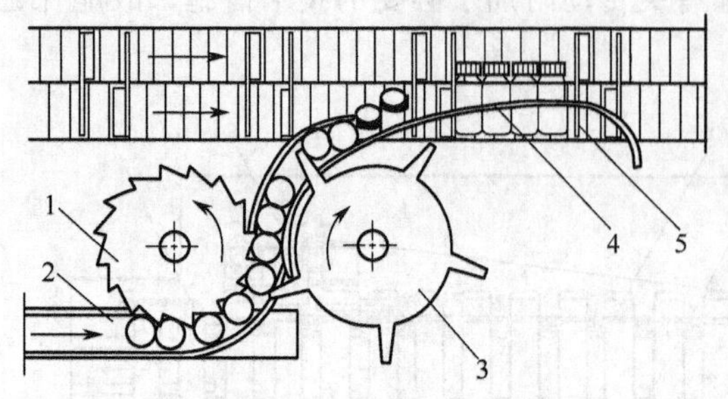

图 8-7　星形轮式多件连续供送装置简图

1—齿形拨轮；2—输送板链；3—星形分配轮；4—固定导轨；5—内装物传送链带

间歇式传送路线一般在停歇时分别进行开盒、插入夹座、分步推送内装物、塞盖舌等作业；运动时分别进行折边舌、折盖舌、折盒盖等作业。间歇传送的优点是可以采用做横向往复运动的双推头（或三推头），简化了长距离推料部分的机械结构。缺点是有关执行机构做间歇运动，容易产生冲击、振动、噪声，加剧了机件的磨损。

② 自落式充填法　图 8-8 所示为开盒—自落充填—封口机多工位连续传送路线图，适用于上下两端开口的长方体纸盒。散粒物料大都依靠自身重力进行自落充填。为便于同容积式或称重式计量装置配合工作，并且合理解决传动问题，将计量—充填—振实工位集中安排在主传送路线的一个半圆弧段，其余的直线段可用于开盒、插入链座、封盒底、封盒盖等作业。对这种盒型，多以热熔胶粘搭封合。

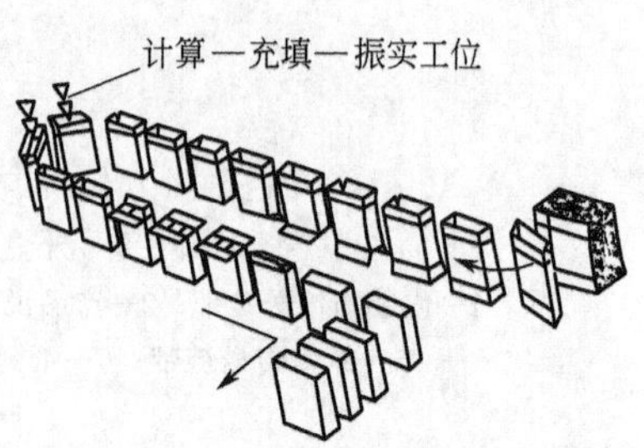

图 8-8　开盒—自落充填—封口机多工位连续传送路线图

2. 成型—充填—封口机

该类机型的工艺通常采用的有衬袋成型法、纸盒成型法、盒袋成型法、袋盒成型法等。

(1) 衬袋成型法

如图 8-9 所示，首先把预制好的折叠盒片撑开，逐个插入间歇转位的链座，并装进现场成型的内衬袋。

这种包装工艺方法的特点是：采用三角板成型器及热封器制作两侧边封的开口衬袋，既简单省料，又便于实现袋子的多规格化；因底边已被折叠，因此主传送过程减少一道封合工序；纸盒叠平，衬袋现场成型，不仅有利于管理工作，降低成本，还使装盒工艺更加机动灵活，尤其能根据包装条件的变化适当选择不同品质的盒袋材料，而且也可不加衬袋很方便地改为开盒—充填—封口的包装过程；其缺点主要是需要配备一套衬袋现场成型装置，占用空间较大。

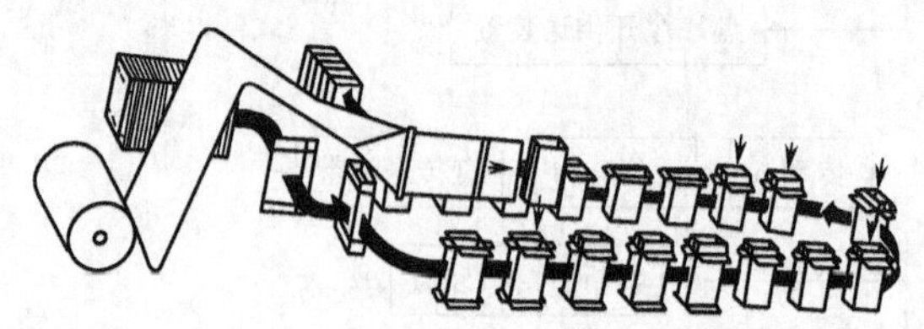
图 8-9　开盒—衬袋成型—充填—封口机多工位间歇传送路线图

(2) 纸盒成型法

图 8-10 所示为盒成型—夹放充填—封口机多工位间歇传送路线，适于顶端开口难叠平的长方体盒型的多件包装。纸盒成型是借模芯向下推动已模切压痕好的盒片使之通过型模而折角粘搭起来的，然后将带翻转盖的空盒推送到充填工位，分步夹持放入按规定数量叠放在一起的竖立小袋及隔板。经折边舌和盖舌后，就可插入封口。

(3) 盒袋成型法

图 8-11 所示为盒袋成型—充填—封口机多工位间歇传送路线。先将纸盒片折叠粘搭成为两端开口的长方体盒型，转为竖立状态移至衬袋成型工位。采用翻领形成型器和模芯制作有中间纵缝、两侧窝边、底面封口的内衬袋。

(4) 袋盒成型法

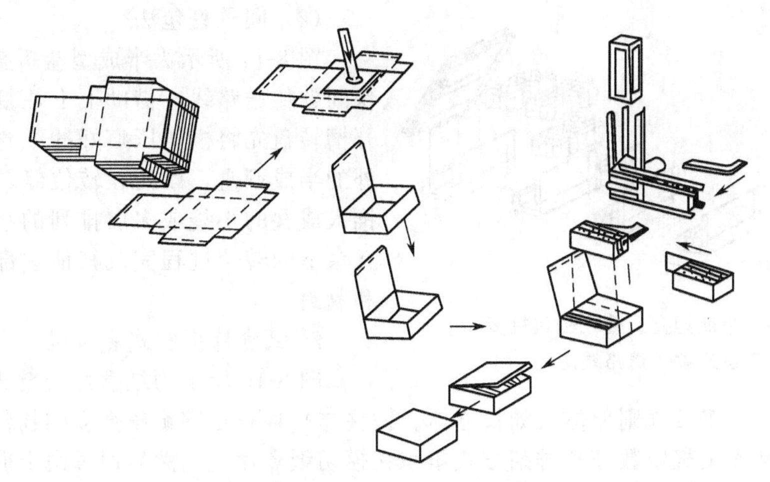

图 8-10　盒成型—夹放充填—封口机多工位间歇传送路线图

如图 8-12 所示为袋盒成型—充填—封口机多工位间歇传送路线。卷筒式衬袋材料一经定长切割，即以单张供送到成型转台。该台面上均布辐射状长方体模芯，借机械作用将它折成一端封口的软袋。接着，用模切压痕好的纸盒片紧裹其外，待粘搭好了盒底便推出转台，改为开口朝上的竖立状态。然后沿水平直线传送路线依次完成计量充填振实、物重选别剔除、热封衬袋上口、粘搭压平盒盖等作业。由于该机的成型与包装工序较分散，生产能力得以提高。

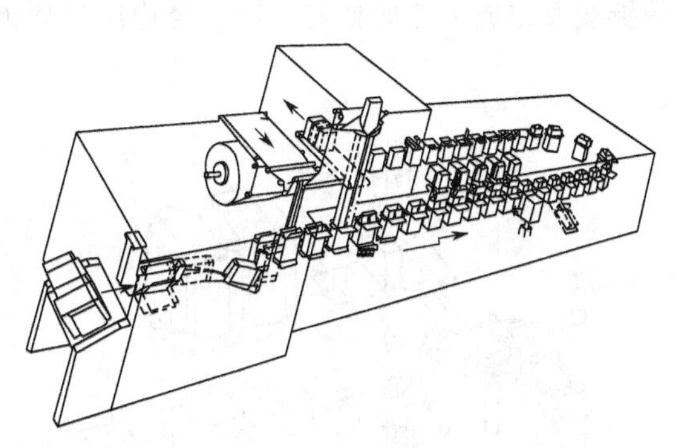

图 8-11　盒袋成型—充填—封口机多工位间歇传送路线图

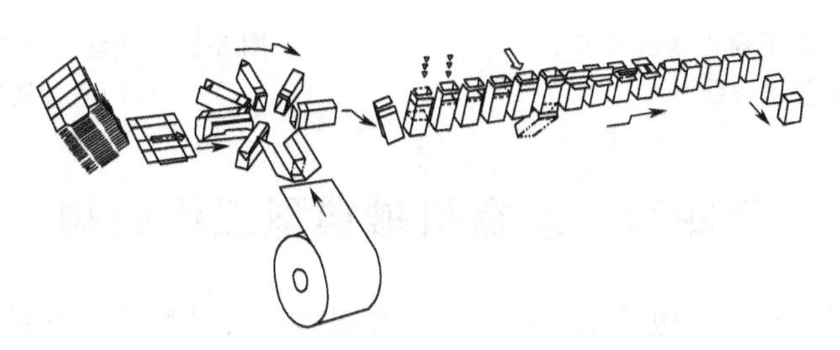

图 8-12　袋盒成型—充填—封口机多工位间歇传送路线图

二、裹包式装盒机械

1. 半成型盒折叠式裹包机

(1) 连续裹包法

图 8-13 所示为半成型盒折叠式裹包机多工位连续传送路线，适于大型纸盒包装。工作时先将模切压痕好的纸盒片折成开口朝上的长槽形插入链座，待内装物借水平横向往复运动的推杆转移到纸盒底面上之后，再开始各边盖的折叠、粘搭等裹包过程。

采用此裹包式装盒方法有助于把松散的成组物件包得紧实一些，以防止游动和破损。而且，沿水平方向连续作业可增加包封的可靠性，大幅度提高生产能力。

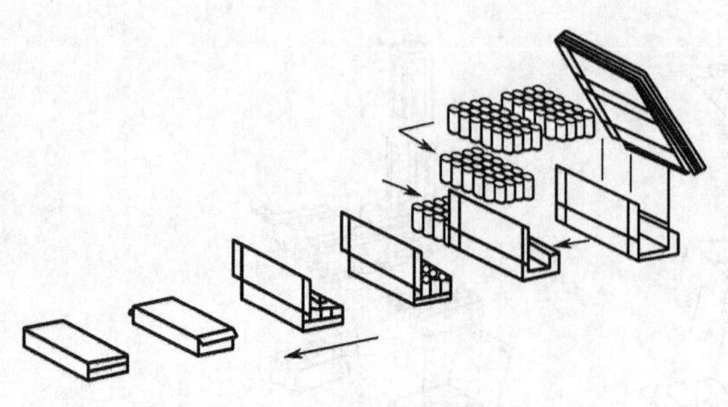

图 8-13 半成型盒折叠式裹包机多工位连续传送路线图

(2) 间歇裹包法

图 8-14 所示为半成型盒折叠式裹包机多工位间歇传送路线。借助上下往复运动的模芯和开槽转盘先将模切压痕好的纸盒片形成开口朝外的半成型盒，以便在转位停歇时从水平方向推入成叠的小袋或多层排列的小块状物，然后在余下的转位过程完成其他边部的折叠、涂胶和紧封。

2. 纸盒片折叠式裹包机

图 8-15 所示为纸盒片折叠式裹包机多工位间歇传送路线，适于较规则形体（如长方体、棱柱体）且有足够耐压强度的物件进行多层集合包装。先将内装物按规定数额和排列方式集积在模切纸盒片上，然后通过由上向下的推压作用使之通过型模，即可一次完成除翻转盖、侧边舌以外盒体部分的折叠、涂胶和封合。接着沿水平折线段完成上盖的粘搭封口，经稳压定型再排出机外。

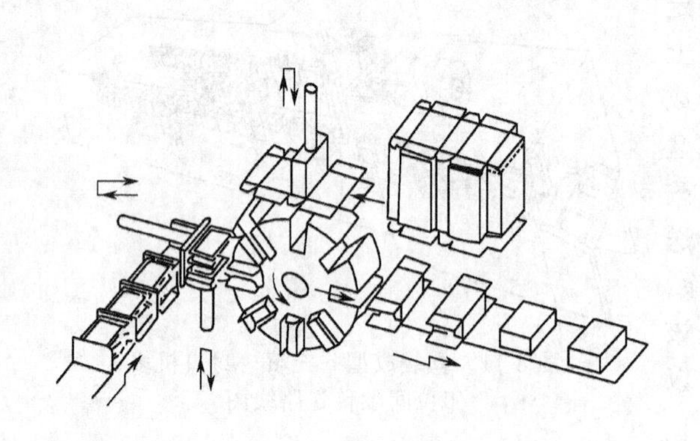

图 8-14 半成型盒折叠式裹包机多工位间歇传送路线图

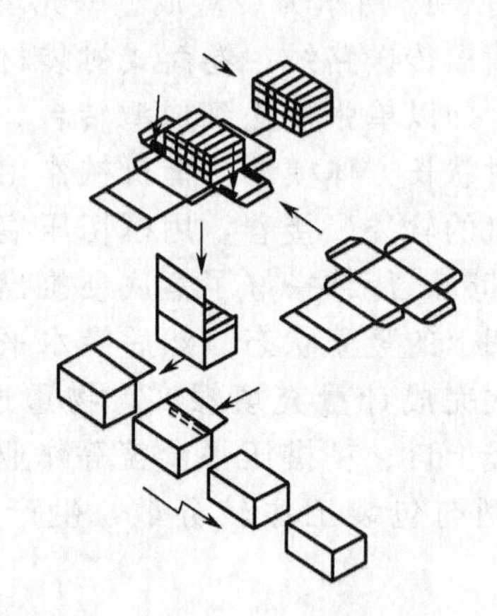

图 8-15 纸盒片折叠式裹包机多工位间歇传送路线图

第四节 装盒机械典型工作机构

装盒机械的工作机构主要包括纸盒撑开及成型机构、传动装置、推料机构、说明书输送机构、封盒装置等，各机构之间通过协调配合完成装盒作业。本节介绍装盒机械中的一些典型工作机构。

一、纸盒撑开及成型机构

1. 下部推吸式纸盒撑开机构

图 8-16 为下部推吸式纸盒片供送及撑开装置，可与推入式充填—封口机配套使用。

该装置的主要特点是：纸盒片存库 2 的通道采用圆弧与水平直线相组合的结构形式，在高生产率条件下能减少单位时间的加放次数，而且还降低了机身高度，便于操作；存库底口尺寸及工作位置可调，能适应供送多种规格纸盒片的需要，仅要求盒片必须按规定的折叠方位堆放在槽内，以保证顺利开盒；借助摆动导杆机构 14 使推头 4 及其支座沿滑杆 3 做具有急回特性的直线往复运动，以供送盒片至开盒工位；推头的极点位置也可调节，当无料供送时，通过电信号吸动推头偏转下移，可暂停推出盒片；依靠固定的上吸盘 7 和沿圆弧轨迹平动的下吸盘 9 共同配合将叠平的盒片撑开；下吸盘能作垂直于水平的分位移，纸盒受开盒导板 8 的作用得以进一步撑开，并顺利引入快速移动的盒子夹板 10 内。

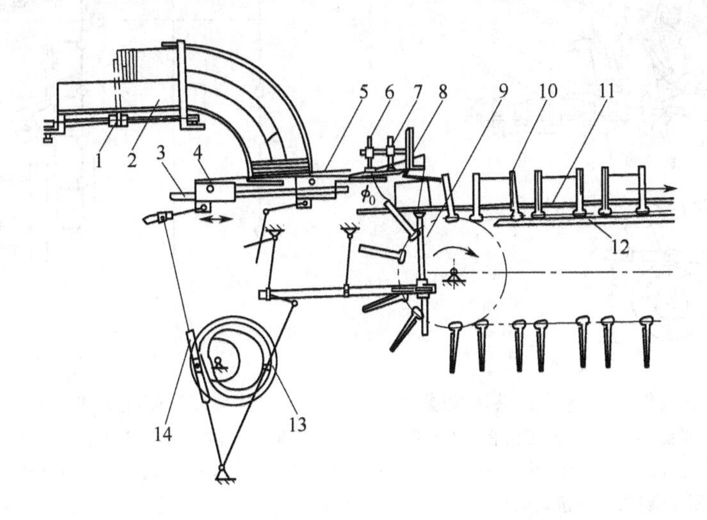

图 8-16　下部推吸式纸盒片供送及撑开装置

1—压板；2—纸盒片存库；3—滑杆；4—推头；5—挡板；6—挡块；7—上吸盘；8—开盒导板；9—下吸盘；10—盒子夹板；11—盒子滑轨；12—滚子链导轨；13—凸轮摇杆机构；14—摆动导杆机构

这种装置优点较多、结构简单、通用性强、性能可靠、工序分散、生产率高，对硬质、软质盒片都适用。

2. 下部吸推式纸盒撑开机构

图 8-17 为下部吸推式纸盒片撑开及供送装置，也可与推入式充填—封口机配套使用。

工作时吸盘摆杆 2 上的一对吸盘将存库内堆置的纸盒片逐个吸出，开盒导板 7 的制挡作用使盒撑开成型。当吸盘摆至固定滑板 3 的工作面即停止吸气并与盒底脱离。接着由推盒摆杆 4、接盒摆杆 9 引导盒子沿该倾斜滑板进入连续运行的主传送链带的盒子夹板 6 的扇形空间。最后用压盒摆杆 8 轻拍整形，取得链带的同步运动速度。纸盒一移到滑板下沿，吸盘即向上回摆以提取另一张盒片。

此装置执行机构较多，动作配合关系也较严格。吸盘的吸盒效果与存库内盒片堆放高度密切相关，故应规定适当下限。竖立盒片库贮存量不大，与提高生产能力必须增加吸盒频率形成矛盾。为顺利开盒，应选用质地挺括的纸盒片。

3. 侧吸式纸盒撑开机构

图 8-18 是其中一种，它的功能是将叠合盒片自盒库中吸出，撑展成立体盒筒，并送到自动装盒机中传送包装盒的链条输送机纸盒托槽内。包装盒以叠合盒片成叠地直立着置放在盒片贮箱 2 的腔膛中，盒片贮箱 2 的前方设有弹性挡爪 5 挡住盒片叠，后部有推进盒片叠的推块 3。盒片的送进多采用真空吸嘴吸送方式，真空吸嘴安装在摆杆 1 前端，与真空系统相接，摆杆 1 由传动装置驱动做返复运动，将叠合盒片自盒片贮箱吸取出，经过成型通道时，撑展成方柱形盒筒体，最后送到链条输送机的纸盒托槽内定位。此后，真空吸嘴断开真空，链条输送机载着盒筒向前行进一个工作节距的位移，摆杆 1 回摆使真空吸嘴贴合到片贮箱前方，与盒片叠表面接触，当接通真空时将该盒片吸住。就此又重复将盒片传送到链条输送机上的另一纸盒托槽内，如此循环重复，不断进行供盒成型工作。

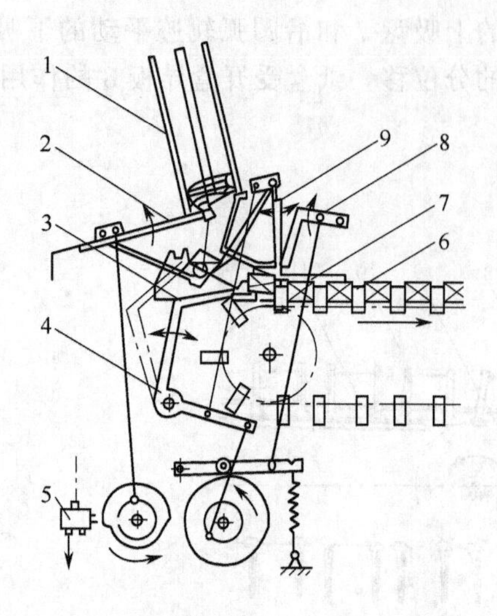

图 8-17　下部吸推式纸盒片撑开及供送装置

1—纸盒片存库；2—吸盘摆杆；3—固定滑板；4—推盒摆杆；5—吸盘气阀；6—盒子夹板；7—开盒导板；8—压盒摆杆；9—接盒摆杆

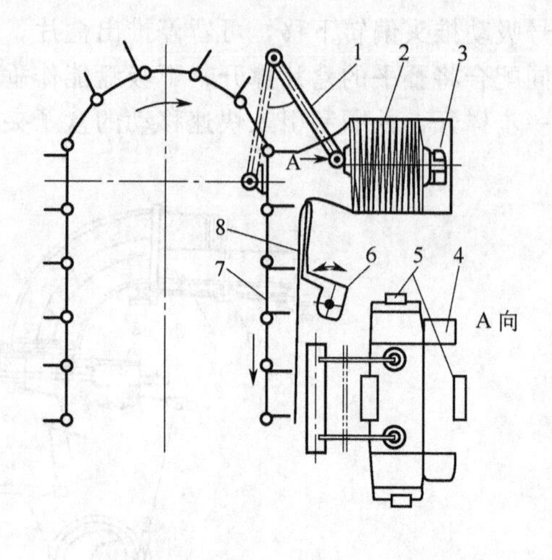

图 8-18　侧吸式纸盒撑开及供送机构

1,6—摆杆；2—盒片贮箱；3—推块；4—纸盒；5—挡爪；7—纸盒托槽；8—导板

4. 纸盒成型机构

图 8-19 为两端开口长方体盒成型过程示意图。已模切压痕好的单张纸盒片先用盒片及成型盒供送机构 8 夹到折角工位。由于一边已涂胶，故折叠后即可与内边粘搭在一起。接着，将盒筒沿模芯 1 送至压合工位，以增加黏结强度。再借助气吸式转向摆杆 6 将两端开口的成型盒由水平状态转为竖立状态，并移入纸盒传送链带 7 两夹板的扇形空间，依次进行多工位的间歇转位。

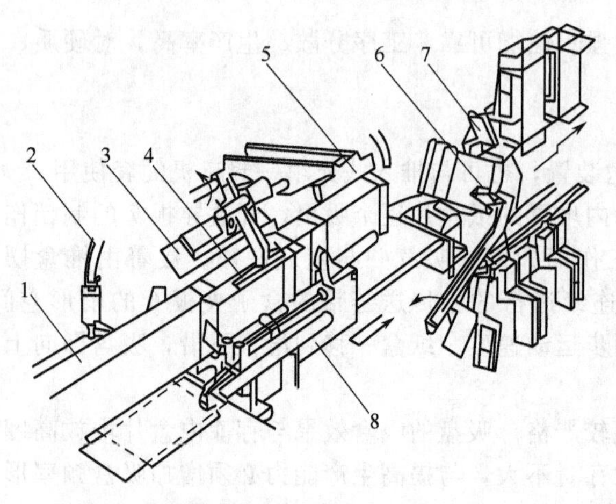

图 8-19　两端开口长方体盒成型过程示意图

1—模芯；2—涂胶器；3,4—折角机构；5—搭边压板；6—气吸式转向摆杆；7—纸盒传送链带；8—盒片及成型盒供送机构

二、装盒机主传送系统

图 8-20 所示为开盒—推入充填—封口机连续主传送系统示意图，该传送系统由两组并列同步运行的传送链带构成。其一是纸盒传送链带 7，共有三条套筒滚子链，链上按一定规则均布长方形的金属片，以夹持被等间距传送的盒子；其二是内装物传送链带 6，共有两条套筒滚子链，链上连接着与各组盒子夹片一一对应的推料机构。当物件被逐个送到载料槽 3 上之后，因有链条的牵引以及上、下导轨 4、5 的制约，使得推料板 2 沿着载料槽滑动并将物件推入纸盒传送链上一端开口的空盒内。包装成品最后经排盒导板 1 输出。

在设计传动链时应注意：

① 为使链条连接方便和连接磨损均匀，最好采用偶数链节的链条与奇数齿的链轮相配合。

② 为减轻在高速运动时链传动产生的冲击和振动，选用节距适当小的链条和齿数适当多的链轮。

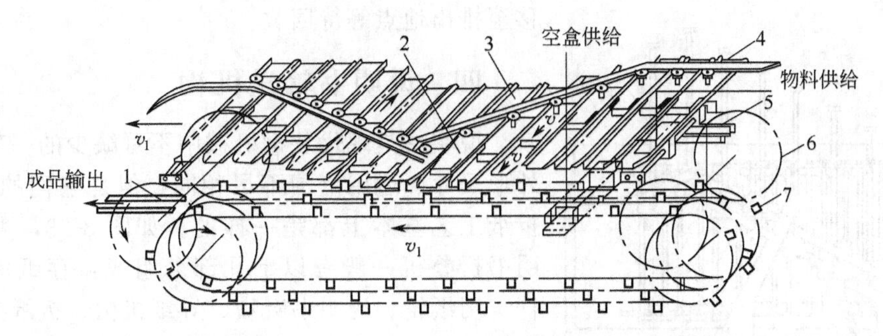

图 8-20 开盒—推入充填—封口机连续主传送系统示意图

1—排盒导板；2—推料板；3—载料槽；4—上导轨；5—下导轨；6—内装物传送链带；7—纸盒传送链带

③ 为使从动链轮的转速稳定，主从动链轮的齿数应该相等，紧边长度等于其节距的整倍数。

④ 为了使链条始终保持适宜的紧张度且易装拆，需要设置相应的调节装置。

三、推料机构

常见的推料机构有滑板式推料机构和滑杆式推料机构。

1. 滑板式推料机构

图 8-21 所示为滑板式推料机构简图。载料槽 1 和推料板 2 为可动配合，槽底部还同传送链上一对平行的支承导向滑杆 5 相连。由于安置了上、下导轨 6、7，再借链的牵引，迫使推料板和载料槽的导向滚轮分别产生所要求的直线往复运动。

为了防止各相对运动构件在接触部位发生自锁现象，上、下导轨的斜置角度应满足 $\alpha_2 \geqslant \alpha_1$，即推料板和载料槽接触面间的极限摩擦角应大于载料槽和支承导向滑杆接触面间的极限摩擦角，这样工作才会稳定可靠。

在该机构中，滚轮下导轨采用了双向限位的槽式结构，可防误动作；滚轮上导轨采用了平动的四连杆机构，属保护性措施，一旦推料遇到故障，便会通过与导轨相连的摆杆触动微动开关，控制停机。

2. 滑杆式推料机构

对于滑杆式推料机构来说，应用比较广泛的为推杆-滑块支座式，如图 8-22 所示。该机构的特点是：上部主要用于推程，下部都用于回程；采用推料杆与滑块支座的组合形式，可扩大推程，又显得轻巧灵活，适用于单机和作业线；在上部推程区间，推料杆的槽式导轨，一侧被固定，另一侧做成摆动的（装一复位弹簧），倘若推料发生故障，通过微动开关可传递控制信号，实现自动停机；这种推料机构只有横向推料作用，所以还需配备与其并列同步运行的内装物传送链带；每当纸盒传送链带中断（或停止）了供盒，立即发出检测信号，借助记忆控制系统吸动一牵引电磁铁，使同它相连的一块导板偏摆，使与缺盒相对位的推料杆滚轮改道而沿平行于链传动方向往前连续运动，停止推料作用，在这种情况下，与缺盒相对应的待充填物则

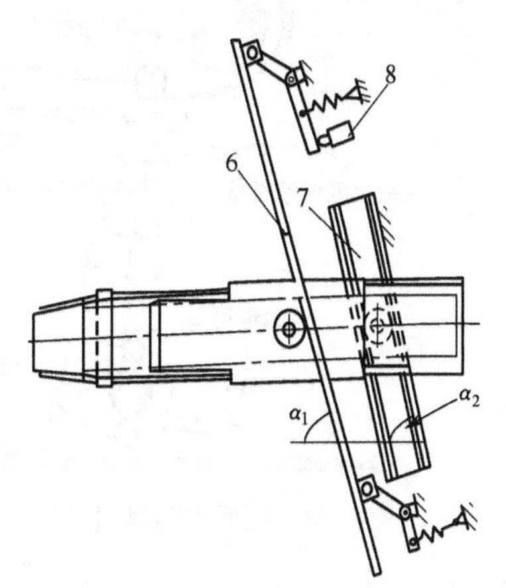

图 8-21 滑板式推料机构

1—载料槽；2—推料板；3—中间弹簧片；4—两侧弹簧片；5—支承导向滑杆；6—上导轨；7—下导轨；8—微动开关

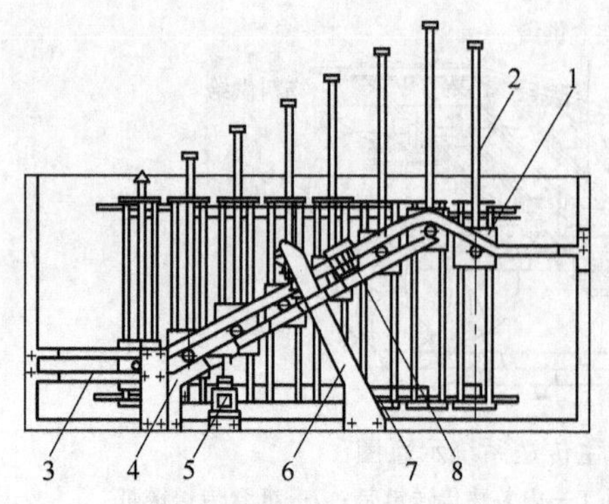

图 8-22　推杆-滑块支座式推料机构

1—滑块支座；2—推料杆；3,4—推料杆导轨；
5—推料杆滚轮改道导板控制电磁铁；
6—摆动导轨复位弹簧支架；
7—链条导轨；8—微动开关

移至排出地点等待回收。

四、说明书输送机构

说明书是现代装盒机械中不可缺少的一部分，尽管外形尺寸、适用范围不尽相同，但是它们的传动原理，折纸工艺基本上都是一样的。如图 8-23，可以看出说明书折叠机一般有以下几部分组成：存纸库、挡纸摆杆、叼纸轮、说明书吸嘴、导纸机构、折纸挡板、传纸机构。其一般的工艺如下：吸嘴吸纸—折纸机构折纸—传纸张机构输送折叠好的说明书—拾取机构拾取说明书—拾取机构释放说明书。

1. 折纸机构及改进

对自动装盒机来说，其折纸机的性能直接影响着装盒机的工作稳定性和可靠性。对自动装盒机上折纸机的要求，除能完成设定的多种规格折纸功能外，还要能把纸张（说明书）逐张分离，以进入下一步工序。应用一些多功能装盒机时，有纸分离不佳而出现双张、多张的情况。为解决这一问题，可对折纸机做一微小改进（见图 8-24）。在堆放说明书的外伸纸盘上的相应位置加装了一块分纸橡胶，该分纸橡胶与原机的纸张分离装置相结合。其工作原理是模拟人对堆叠纸张的手工分搓。当吸气嘴吸下说明书时，紧贴纸张的分纸橡胶起到橡胶与纸张摩擦的作用，完成对说明书纸张间的第一次分离。说明书被吸下来后，分纸叉进而插入这张纸与上层纸之间，随后吹气嘴也进入这一位置，吹气嘴上的挡纸片挡住上层纸，此时吹气嘴吹气将上层纸隔开，使最后一张纸被抽出分离。经过上述小改进后，对避免双张、多张能起到较好的效果。

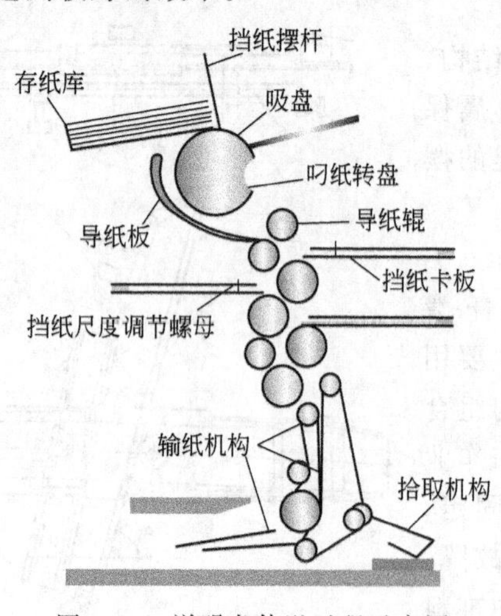

图 8-23　说明书传送过程示意图

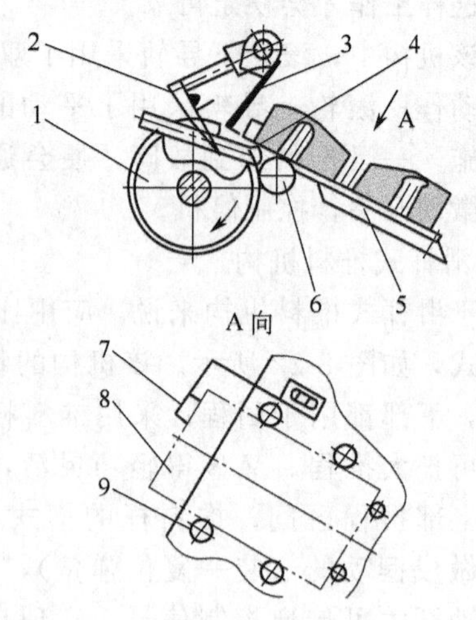

图 8-24　折纸机分张示意图

1—卷纸轮；2—吹气嘴；3—分纸叉；4—吸气嘴；
5—外伸纸盘；6—卷纸辊；7—分纸橡胶；
8—说明书；9—定位柱

2. 说明书抓取装置

(1) 机构说明

说明书抓取装置是装盒机说明书供给装置中的一个中间重要机构，它的作用是把折纸机构折叠好的说明书由水平连续进给的状态调整到垂直间歇进给状态。对于整个装盒机来说，完成一个完整的包装，要把物料和说明书装到纸盒中，物料和纸盒都是靠机构间歇供给的，因而要求说明书的供给也必须是间歇的，而且还要有固定的位置。如图 8-25 所示，位置 1 表示说明书由折纸机按一定要求折好后，由输送带传送到的位置。说明书传输到位置 1 后，被挡块阻挡停下，等候夹持，此时说明书是水平位置，并且因为折纸机结构的限制，只能为水平状态。位置 2、3 表示装盒机正常工作时对说明书的位置要求，说明书应为垂直位置，因而要加一个说明书调向装置，把说明书由水平态改变为垂直态，并且与整机同步，每一个循环要供给一张说明书，以确保装盒线上说明书供给的连续。

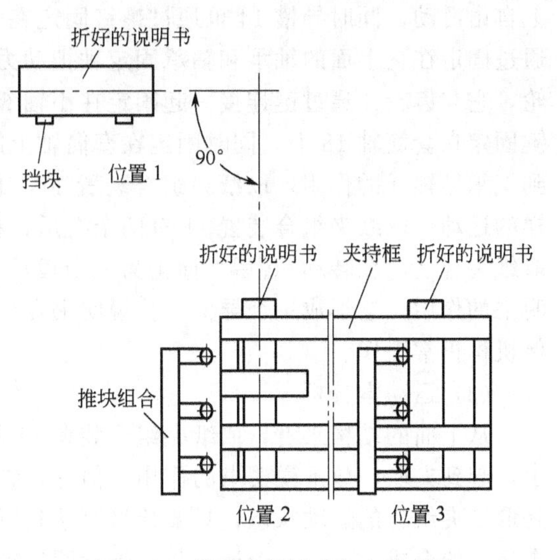

图 8-25 说明书的运动方向示意图

说明书抓取装置如图 8-26，它通过取纸夹组合装置 11 夹取输送带中的说明书，抽出后退回，然后旋转 90°，再伸出取纸夹，把说明书放到装盒机所要求的垂直位置。

该机构是通过链轮 24 与主机相连接，接受主机传来的动力，并通过两个分路进行传导，最终在滑座 13 上形成一个复合运动。

(2) 结构分析

链轮 24 通过链条与主机相连，是机构的动力来源，它通过键连接固定在大轴 19 上，同时通过键连接固定在大轴上的还有拨轮 23、摆杆 16，它们随大轴一起运动。轴承固定轴 15 上面

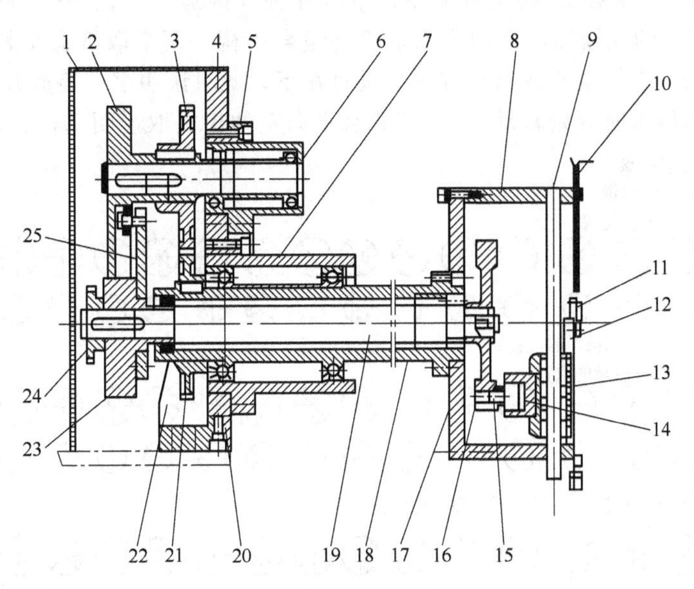

图 8-26 说明书抓取装置

1—外罩；2—槽轮；3—齿轮Ⅰ；4—立板；5—小轴承座；6—小轴；7—大轴承座；8—支架；9—导轴；10—挡板；11—取纸夹组合装置；12—连接条；13—滑座；14—导槽；15—轴承固定轴；16—摆杆；17—底板；18—套筒轴；19—大轴；20—安装板；21—齿轮Ⅱ；22—筋板；23—拨轮；24—链轮；25—拨爪

固定着一个轴承，轴承同时在导槽 14 之中可以自由滑动，滑座 13 通过直线轴承可以在导轴 9 上自由滑动，同时导槽 14 也通过螺钉固定在它上面，拨爪 25 通过螺钉固定在拨轮 23 上，它通过固定在它上面的轴承和轴承固定轴把动力向 2 号件传导，2 号件是一个带有 4 个导槽的槽轮，它与齿轮 3 通过键连接一起固定在小轴 6 上。齿轮 21、齿轮 3 是配对齿轮，齿轮 21 通过键固定在套筒轴 18 上，同时固定在套筒轴上的还有支架 8 和底板 17 组成的一个支承架，它起到支承导轴 9 的作用，取纸夹组合装置 11，它通过连接条 12 固定在滑座 13 上，与滑座做同样的运动，取纸夹组合装置 11 有两个拨爪，在伸出取说明书的时候，通过撞击一个拨爪而使取纸夹合上，在转动 90°后，撞击另一个拨爪，让纸夹打开，放下说明书。挡板 10 起到限制说明书的作用，它形成一个导槽，让说明书在导槽之中运动，保证折好的说明书不至于散开，确保机构正常工作。

(3) 运动学分析

从上面的结构来看，取纸夹组合装置 11 的运动是我们所关心的运动，它相当于一个机械手，起到夹取、放下说明书的作用，但是，它与滑座 13 连接在一起，因而滑座的运动状态就是取纸夹组合的运动状态，只要让滑座达到所要求的运动状态就可以了。滑座的运动实际是两个运动的合成运动，一个运动是在轴承固定轴 15 的拨动下沿着导轴 9 的往复运动，另一个是随着导轴一起转动。前一个运动是连续的，链轮 24 每转一周，滑座便往复一周，后一个运动通过槽轮传导的，是间歇的，链轮 24 每转一周，导轴会随着转动 1/4 周，滑座也会跟着转动 1/4 周。从本机构的结构来看，两个运动的转动方向是相同的，因而，链轮 24 转动一周，滑座在导轴上不能完成一个往复循环，只能完成 3/4 循环。具体分析如图 8-27 所示，上面一排代表槽轮 2、导轴 9、导槽 14 的位置关系，下面一排代表槽轮机构的拨爪以及 15 号件上轴承的位置关系。以下面一排为主动，每转 1/8 周为一个位置进行排列，因为装盒机每完成一个循环，链轮 24 要转动 2 周，所以共分为 17 个位置关系进行排列，上面相对应的 17 个排列是相应的槽轮 2、导轴 9、导槽 14 的位置关系，单看导轴 9 的运动，在一个循环中，它只转动了 180°。为了保障运动的连续性，采用了双取纸夹组合机构，两个取纸夹交替取纸，完成循环。对于取纸夹的运动，滑块带着取纸夹首先是垂直在下，此时说明书已经放开，然后垂直向上运动，到达导轴中间位置时开始转动 90°，接着水平向左伸出夹取说明书，夹取说明书后返回到

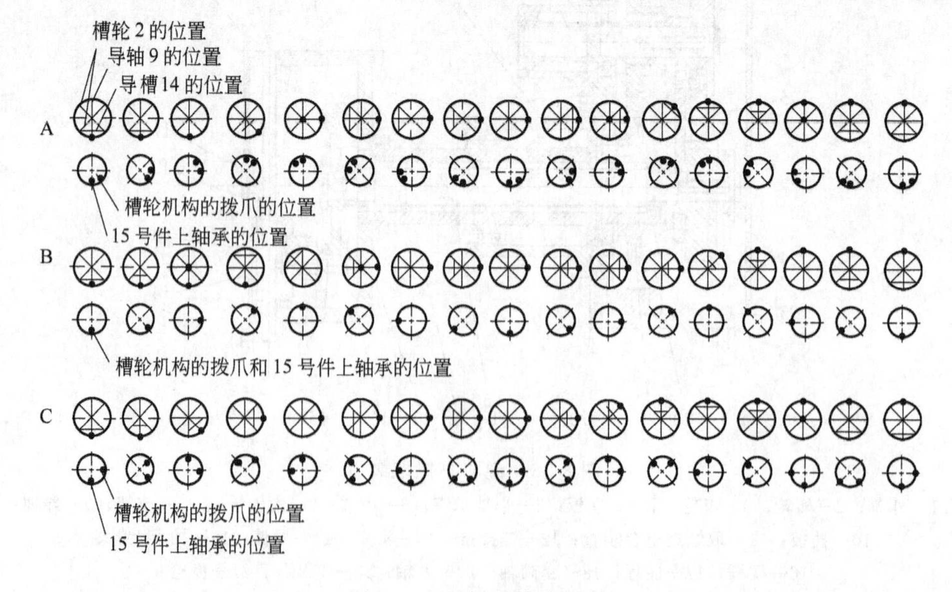

图 8-27　机构运动分析图

右边，再转动90°，然后向下伸出，在最下点放开说明书，这样完成一个循环。接下来另一个取纸夹完成下一个循环，值得注意的问题是，就整个机构来说，槽轮机构的拨爪和15号件的安装的空间位置关系不同，会对运动的形态造成不同的影响，如图8-27所示，分别列举了3种不同的安装角度时的运动状态，A是槽轮机构拨爪和15号件的空间位置错开45°进行安装，其运动状态上面已经分析过，是比较理想的状态。实际工作中也是采取这种形式的。B是槽轮机构拨爪和15号件的空间位置重合在一起，滑块在最高点时开始转动，这种安装形式不好，在最高点时转动，转到水平位置的时候取纸夹在最左边，这时取纸夹已经越过撞块而无法打开，不仅不能取到说明书，还会在转动过程损坏说明书，此方案极不可取。C是槽轮机构拨爪和15号件的空间位置错开90°进行安装，滑块在低点刚过就进行了旋转，这种安装形式也不好，说明书和取纸夹还没有完全脱离，此时旋转，会把已经放到位的说明书刮离位置，导致说明书进给的失败。当然，就本机构来说，还有许多安装方法都可以实现所要求的运动状态。

五、封盒装置

物品装入包装盒后，封盒装置完成最后的包装作业。封盒装置包括插舌和折舌机构。如图8-28所示，一般折右边舌和折舌盖借助固定导轨的作用在盒行进过程中来完成，折左边舌采用摇杆机构来完成。

图8-28所示为开盒—推入充填—封口机封盒系统的机构与结构简图。

从图8-5看出，当与主传送链带并列同步运行的推料杆将内装物逐个推入盒内后，有关执行机构就从两侧开始对盒子依次完成折左边舌、折右边舌、折插盖舌、压盖整形、成品输出和空盒剔除。

在工作过程中，为防推料使盒沿传送链带产生横向窜动，后侧的折边舌务必提前进行，然后借导轨压住。至于其他与封盒有关的构件则按前后对应原则布局，力求相向作用力完全抵消。执行元件的结构、形状、尺寸大小、表面光滑度以及与主传送链带的联动状况等与能否实现稳定可靠、高效能的工作有极密切的关系。

事实上，在盒子做等速直线运动时，封盒的三组件（即图8-28中6、7、8）却做正圆的等速运动，以致两者在每一次工作循环中不可能达到完全的同步。那么，当插刀的纵向分速度滞后或者超前于盒子时，加上接触表面存在一定的干摩擦，会使已折好的盖舌出现偏左或偏右的扭曲变形。如果变形过大，舌角造型欠佳，就会引起插舌困难、盒体边角裂口等缺陷。当然，插刀的宽度、厚度及对刀是否适当也都有一定影响。另外，为使已插进的盖舌不被退出的刀头带出来，除要求插刀表面光滑外，也可用改善纸盒造型来加以克服。例如，在盖舌折痕两侧开出两条短缝（或叫锁槽），就足以增强边舌对盖舌的制挡作用。

随着纸盒规格的变化，封盒系统要设法增加相应的变化措施，以适应完成不同规格的装盒动作要求，这包括有关构件的快速调整与更换。

1. 插舌机构工作原理及参数确定

参考图8-29，设计插舌机构时，要先给定或预选某些参数值，如纸盒外沿宽度B，盖舌插入深度D，传送链上两盒中线间距S_ϕ，插刀转速n_d(r/min)，还需求出插刀的平动半径ρ，角速度ω_d，线速度v_d，即

$$\omega_d=\frac{\pi n_d}{30}\quad v_d=\frac{\pi\rho n_d}{30}=\rho\omega_d \tag{8-1}$$

纸盒传送链带线速度

$$v_1=\frac{S_\phi n_d}{60}=\frac{S_\phi\omega_d}{2\pi} \tag{8-2}$$

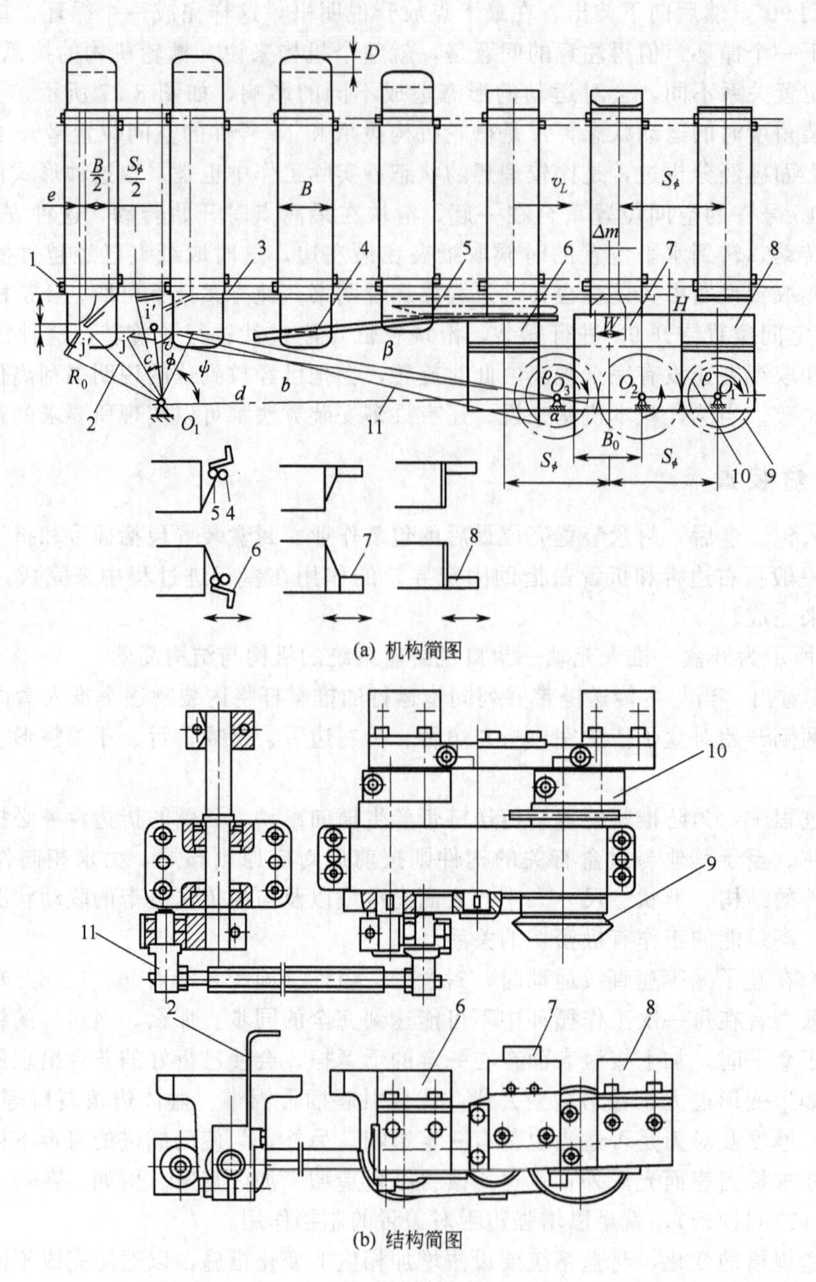

图 8-28 开盒—推入充填—封口机封盒系统

1—纸盒传送链带；2—折左边舌拨杆；3—折右边舌导轨；4,5—折盖舌导轨；6—折舌机构；7—插舌机构；8—压盖机构；9—主动锥齿轮；10—平行双曲柄机构（内装滚动轴承）；11—曲柄摇杆机构

为了保证顺利插舌和封盒牢靠，常取盖舌插入深度 $D=12\sim20\text{mm}$，插刀插入深度 $H=D+(2\sim3)\text{mm}$。对刀时务必遵守一条准则：当驱动刀架的双曲柄转至与纸盒传送链带相垂直，亦即刀头插入盒体最深处时，应使两者的中线恰好重合。因此插入和退出过程相对于盒体中线便具有完全的对称性，说明刀头对盒子的起插角 θ_m 和退出角 θ_n 相等，而同步角 θ_r 则在 0 与 θ_m（或 θ_n）之间，据此得：

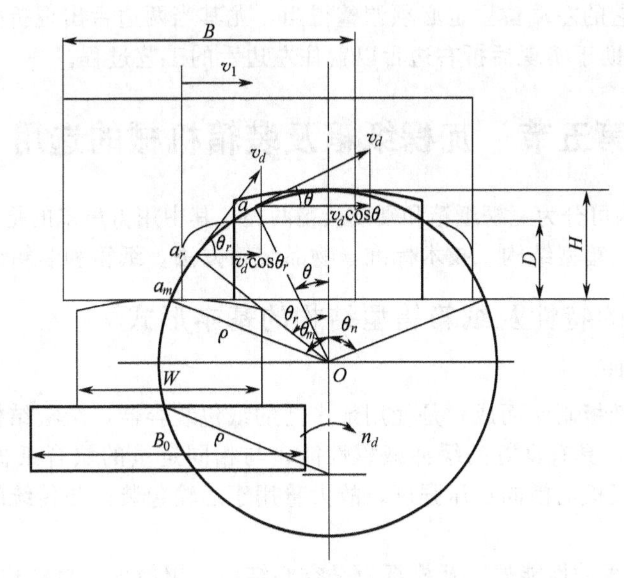

图 8-29 插舌机构的参数关系及运动分析

$$\cos\theta_m=\frac{\rho-H}{\rho}=1-\frac{H}{\rho} \tag{8-3}$$

即

$$0<1-\frac{H}{\rho}<1 \text{ 或 } \rho>H \tag{8-4}$$

及

$$\cos\theta_r=\frac{v_1}{v_d}=\frac{S_\phi}{2\pi\rho} \tag{8-5}$$

即

$$\frac{\rho-H}{\rho}<\frac{S_\phi}{2\pi\rho}<1 \text{ 或 } \frac{S_\phi}{2\pi}<\rho<\frac{S_\phi}{2\pi}+H \tag{8-6}$$

显然，ρ 仅取决于 S_ϕ、H，换言之，ρ 一定要满足式(8-4) 和式(8-6) 所限定的数值范围。

接着，对插刀、盖舌、盖体这三者的相对运动关系作进一步剖析。可求得插刀及其推板的有效宽度

$$W=B-2(\Delta S_{r0}+\delta) \tag{8-7}$$

$$B_0=B+2(\Delta S_{r0}+\delta) \tag{8-8}$$

式中，ΔS_{r0} 为同步点至最深点相对盒体的横向位移量；δ 为保证插刀的两边不与盒体的左右内壁接触、两者之间的最小间距。

详细公式推导请参阅有关参考文献。

2. 折舌机构工作原理及参数确定

参阅图 8-28，此折舌机构主要由折舌拨杆和折舌导轨组成，专用来折盒子的两个边舌。通常取边舌长度 $L=0.5B$ 左右。

折左边舌拨杆 2 借助曲柄连杆机构带动。图中 a、b、c、d 分别代表曲柄、连杆、摇杆和机架的有效长度；β 代表曲柄的极位角；ψ、ϕ 分别代表摇杆的极位角和转位角；R_0 代表折舌拨杆的工作半径。

折舌机构的设计计算应根据已知条件，如 S_ϕ、B、L 等值，并考虑主传送系统及相关机构的布局，可预选 a（有时取 $a=\rho$）、c、d，然后再求解其他参数。当折舌拨杆前端沿顺时针方向摆至极位 i' 时，要使 $i'O_1$ 连线能同主传送链带上某一盒子的中线恰好重合，而当该拨杆回摆到另一极位 j' 时，则应偏离盒子（对多规格盒型，是指最宽盒子）的边舌之外，取其横向间距为 Δl。因此，连杆长度和摇杆支座的位置必须设计成为可调节的结构形式。再有，对安装

折右边舌导轨来说，它的左端位置也必须调整得当，尤其当两边舌出现折叠情况（$L=0.5B+2mm$ 左右）时，应有助于实现后折右边舌以盖住左边舌的工艺过程。

第五节　瓦楞纸箱及装箱机械的选用

包装用纸箱按结构可分为瓦楞纸箱和硬纸板箱两类，其中用得最多的是瓦楞纸箱。本节主要讲述瓦楞纸箱的特性、箱型结构、技术标准，物品装箱方法，纸箱和装箱设备选用的原则等。

一、瓦楞纸箱的特性及纸箱箱型结构的基本形式

1. 瓦楞纸箱的特性

瓦楞纸箱由瓦楞纸板制作而成，是使用最广泛的纸包装容器，纸板结构为空心结构，大约空 60%～70%的体积，具有良好的缓冲减震性能，与相同定量的层合纸板相比，瓦楞纸板的厚度大 2 倍而增强了纸板的横向抗压强度，故大量用于运输包装。与传统的运输包装相比，瓦楞纸箱有如下特点。

① 轻便、牢固、缓冲性能好。瓦楞纸板是空心结构，用最少的材料构成刚性较大的箱体，故轻便、牢固。

② 原料充足，成本低。生产瓦楞纸板的原料很多，边角木料、竹、麦草、芦苇等均可，故其成本较低，仅为同体积木箱的一半左右。

③ 加工简便。瓦楞纸箱的生产可实现高度的机械化和自动化，用于产品的包装操作也可实现机械化和自动化；同时，便于装卸、搬运和堆码。

④ 贮运使用方便。空箱可折叠或平铺展开运输和存放，节省运输工具和库房的有效空间，提高其使用效率。

⑤ 使用范围广。

⑥ 易于印刷装潢。瓦楞纸板有良好的吸墨能力，印刷装潢效果好。

2. 纸箱箱型结构的基本形式

纸箱种类繁多，结构各异。按照国际纸箱箱型标准，基本箱型一般用四位数字表示，前两位表示箱型种类，后两位表示同一箱型种类中不同的纸箱式样。这里主要介绍 02 类摇盖纸箱结构基本形式。

02 类摇盖纸箱由一页纸板裁切而成纸箱坯片，通过钉合、黏结剂或胶纸带粘合来结合接头。运输时呈平板状，使用时封合上下摇盖。这类纸箱使用最广，尤其是 0201 箱，可用来包装多种商品，国际上称为 RSC 箱（regular-slotted case）。02 类箱基本箱型和代号如图 8-30 所示。

这种箱多数为上下开口，也有侧面开口的，是由一张瓦楞纸板，经过模切、压痕后折叠而成。侧边采用黏结或钉合方法连接。RSC 箱作为长方形比正方形的节省材料。因此，其尺寸特点为：翼片和盖片垂直于折痕的长度相等；其长度为纸箱宽度的一半。这样的尺寸结构，形成的箱坯片为一张长方形的瓦楞纸板，开缝后无边角余料，材料利用率最高；同时，两盖片盖合后，正好将开口处完全盖严。

二、通用瓦楞纸箱的技术标准

通用瓦楞纸箱国家标准（GB 6543—86）适用于运输包装用单瓦楞纸箱和双瓦楞纸箱。按照使用不同瓦楞纸板种类、内装物最大质量及纸箱内径尺寸，瓦楞纸箱可分为三种型号，见表 8-1。其中一类箱主要用于出口及贵重物品的运输包装；二类箱主要用于内销产品的运输包装；三类箱主要用于短途、价廉商品的运输包装。

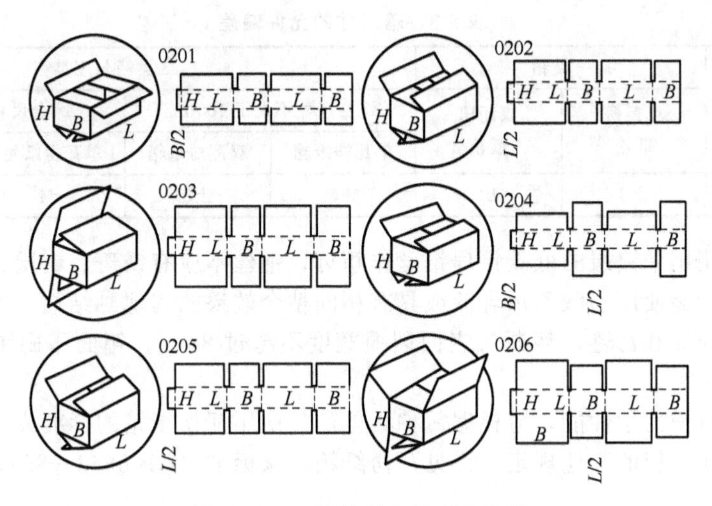

图 8-30　02 类箱基本箱型和代号

制造瓦楞纸箱所用的瓦楞纸板种类如表 8-2，瓦楞纸箱的尺寸允许偏差如表 8-3。

表 8-1　瓦楞纸箱的分类

种类	内装物最大质量/kg	最大综合尺寸/mm	代号			
			纸板结构	一类	二类	三类
单瓦楞纸箱	5	700	单瓦楞	BS-1.1	BS-2.1	BS-3.1
	10	1000		BS-1.2	BS-2.2	BS-3.2
	20	1400		BS-1.3	BS-2.3	BS-3.3
	30	1750		BS-1.4	BS-2.4	BS-3.4
	40	2000		BS-1.5	BS-2.5	BS-3.5
双瓦楞纸箱	15	1000	双瓦楞	BD-1.1	BD-2.1	BD-3.1
	20	1400		BD-1.2	BD-2.2	BD-3.2
	30	1750		BD-1.3	BD-2.3	BD-3.3
	40	2000		BD-1.4	BD-2.4	BD-3.4
	55	2500		BD-1.5	BD-2.5	BD-3.5

注：纸箱综合尺寸是指内尺寸长、宽、高之和。

表 8-2　纸箱的类别及对应纸板种类

名称	类别	瓦楞纸箱代号	瓦楞纸板代号	名称	类别	瓦楞纸箱代号	瓦楞纸板代号
单瓦楞纸箱	一类箱	BS-1.1	S-1.1	双瓦楞纸箱	一类箱	BD-1.1	D-1.1
		BS-1.2	S-1.2			BD-1.2	D-1.2
		BS-1.3	S-1.3			BD-1.3	D-1.3
		BS-1.4	S-1.4			BD-1.4	D-1.4
		BS-1.5	S-1.5			BD-1.5	D-1.5
	二类箱	BS-2.1	S-2.1		二类箱	BD-2.1	D-2.1
		BS-2.2	S-2.2			BD-2.2	D-2.2
		BS-2.3	S-2.3			BD-2.3	D-2.3
		BS-2.4	S-2.4			BD-2.4	D-2.4
		BS-2.5	S-2.5			BD-2.5	D-2.5
	三类箱	BS-3.1	S-3.1		三类箱	BD-3.1	D-3.1
		BS-3.2	S-3.2			BD-3.2	D-3.2
		BS-3.3	S-3.3			BD-3.3	D-3.3
		BS-3.4	S-3.4			BD-3.4	D-3.4
		BS-3.5	S-3.5			BD-3.5	D-3.5

表 8-3 箱尺寸的允许偏差

种类	一类箱		二类箱与三类箱			
	单瓦楞纸箱	双瓦楞纸箱	综合尺寸不大于 100mm		综合尺寸不大于 1000mm	
			单瓦楞纸箱	双瓦楞纸箱	单瓦楞纸箱	双瓦楞纸箱
尺寸允许偏差/mm	±3	±5	±3	±5	±4	±6

钉合瓦楞纸箱用带镀层的低碳钢扁钢丝作箱订，钢丝不应有锈斑、剥层、龟裂或其他质量上的缺陷。粘合纸箱使用乙酸乙烯乳液或具有相同粘合效果的其他黏结剂。箱体要方正，表面不允许有明显的损坏和污迹，切断口表面裂损宽度不超过 8mm。箱面印刷图文清晰，深浅一致，位置正确。

瓦楞纸箱的机械力学性能，应根据每种具体产品所用瓦楞纸箱的标准或技术要求，或由供需双方商定。瓦楞纸箱的其他规定，详见瓦楞纸箱国家标准（GB 6543—86）。

三、装箱方法分类

装箱与装盒的方法相似，但装箱的产品较重，体积也大，还有一些防震、加固和隔离等附件，箱坯尺寸大，堆叠起来也较重，因此装箱的工序比装盒多，所用的设备也复杂。

1. 按操作方式分类

① 手工操作装箱　先把箱坯撑开成筒状，然后把一个开口处的翼片和盖片依次折叠并封合作为箱底；产品从另一开口处装入，必要时先后放入防震、加固等材料；最后封箱。用粘胶带封箱可用手工进行，如有生产线或产量较大时，宜采用封箱贴条机。

② 半自动与全自动操作装箱　这类机器的动作多数为间歇运动方式，有的高速全自动装箱机采用连续运动方式。半自动操作装箱，取箱坯、开箱、封底均为手工操作。

2. 按产品装入方式分类

① 装入式装箱法　产品可以沿铅垂方向装入直立的箱内，所用的机器称为立式装箱机；产品也可以沿水平方向装入横卧的箱内或侧面开口的箱内，所用的机器称为卧式装箱机。

铅垂方向装箱通常适用于圆形的和非圆形的玻璃、塑料、金属和纤维板制成的包装容器包装的产品，分散的或成组的包装件均可。广泛用于各种商品，如饮料、酒类、食品、玻璃用具、石油化工产品和日用化学品等。常见的立式装箱机均为间歇运动式，对提高速度有一定限制。为了提高速度，有的设计成多列式，即在同一台装箱机上，每次装几个箱。装箱过程如图 8-31 所示，产品在空箱运输带上方运送，有一组夹持器与要装箱的产品同速度前进，到达规定位置后，夹住产品并逐渐下降，将产品装入箱内，然后松开提起返回。如此连续循环进行，不停顿地装箱。

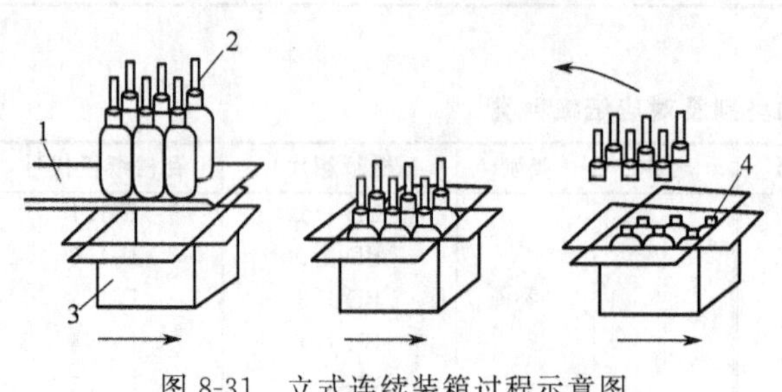

图 8-31　立式连续装箱过程示意图

1—送料器；2—夹持器；3—空纸箱；4—产品

图 8-32 为属于立式装箱机的瓶子吊入式装箱机结构示意图。该机主要组成部分为：箱输送装置、瓶子输送装置、抓头梁和气动夹头、控制系统等。

装箱机工作时，空箱由输送带（图中未示）送到瓶子导向套 11 的下方，待装的瓶子由输送链 1 向左方输送。当送到待装工位时，挡光板 13 被推开，光电装置发出信号，抓头梁 8 下降，气动夹头 9 将瓶颈套住，并借助压缩空气把瓶颈夹紧。在链条 4 的带动下，抓头梁 8 快速上升。在抓头梁的上方安装有一汽缸，将每排抓头分开，目的在于使瓶子前后方向间隔适应空箱内的隔板间隔。在双摇杆 6 的作用下，抓头梁沿着大链轮 10 作圆弧轨迹的平移运动，当件 8 两端的滚轮沿导向槽垂直下降到最低位置时，气动夹头 9 松开，通过瓶子导向套 11 的导向作用，将瓶子装入空箱中。集装完毕后，电动机反转，抓头梁上升，回到初始位置，准备下一次工作循环。此时装满瓶子的箱由输送带送到下一工位。

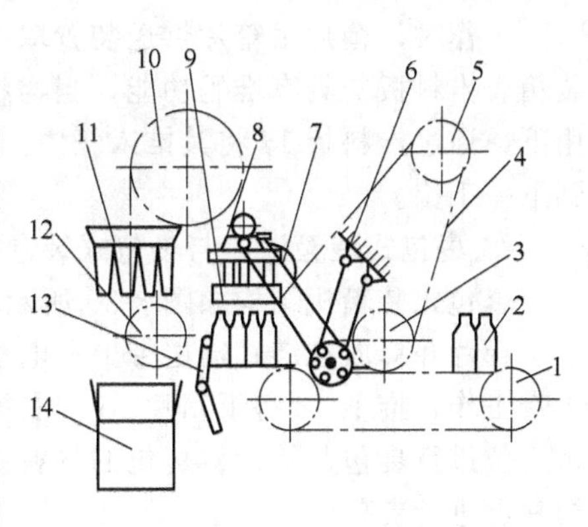

图 8-32　瓶子吊入式装箱机结构示意图

1—输送链；2—瓶子；3—张紧轮；4—链条；5—主动链轮；6—双摇杆；7,12—导向轮；8—抓头梁；9—气动夹头；10—大链轮；11—瓶子导向套；13—挡光板；14—纸箱

水平方向装箱适合于装填形状对称的产品（圆形、方形等），装箱速度为低速和中速。常见的卧式装箱机均为间歇操作，有半自动和全自动的两类。半自动装箱需要人工放置空箱；全自动装箱需要设置取箱坯、开箱和产品堆叠装置。

全自动水平装箱机操作过程如图 8-33 所示。其操作过程依次为：从箱坯贮存架上取出一个压扁的箱坯；将箱坯横推撑开成水平筒状；将箱筒送至装箱位置，并合上箱底的翼片；将产品从横向推入箱内，并合上箱口的翼片；在箱底和箱口盖片的内侧涂胶；合上全部盖片并压紧。黏结用的胶黏剂为快干胶，2～3s 即可固化粘牢。

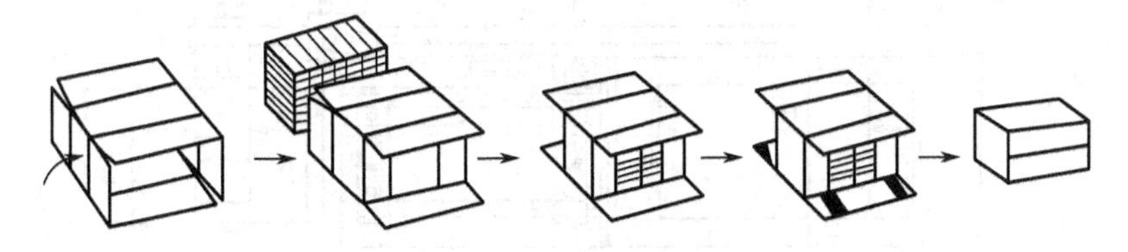

图 8-33　全自动水平装箱机操作过程示意图

水平推入式装箱机结构如图 8-34 所示。该装箱机由输送机构、堆码机构、封箱装置送装置、控制与驱动系统等组成。控制与驱动由机械、气动和电气共同实现。

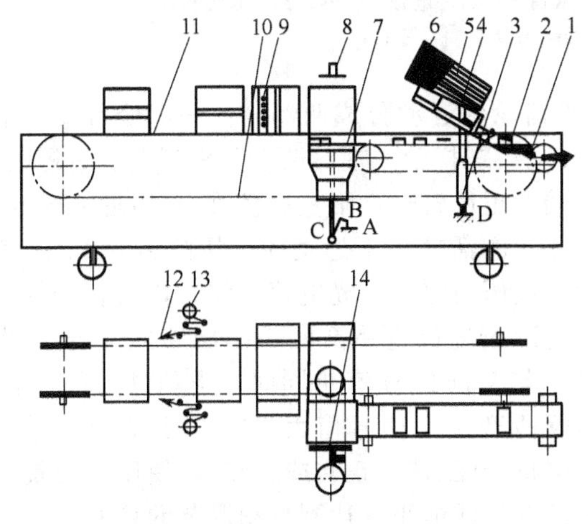

图 8-34　水平推入式装箱机结构图

1—输送带；2—物料；3—汽缸；4—箱供送装置；5—箱片；6—真空吸盘；7,14—推料板；8—推料链轮；9—喷胶嘴；10—箱输送链；11—推箱板；12—压板；13—封条卷筒纸

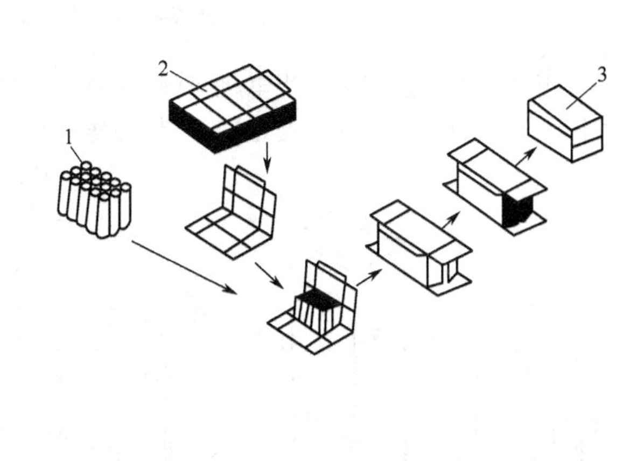

图 8-35　裹包式装箱法

1—物料；2—箱胚；3—包装件

工作时，箱片由箱片供送装置取下成型后，在箱输送链 10 的作用下送至装箱工位，等待装箱。推料板 7 具有堆码功能，当物料在推料板 7 上堆码完毕后，在曲柄连杆 A、B、C 的作用下，通过推料板 14 将其推入箱内。装满物料的箱在箱输送链 10 和推箱板 11 的作用下输送到下一工位。

② 裹包式装箱法　与裹包式装盒的操作过程相同，参见图 8-35。

裹包式装箱机结构如图 8-36 所示，在箱片仓 14 上堆积有许多箱片，真空吸头 16 吸出最下层箱片并释放在链式输送带上；电机 26 经传动系统将运动传给主动链轮 19，以带动链式输送带工作；推爪 18 将纸箱片 15 向右推并作步进运动，推送到压痕工位进行压痕，然后送到裹包工位进行裹包装箱；被裹包的物料由输送带 28 向右输送，推料板 31 把它们推送到待裹包的箱片上进行裹包。

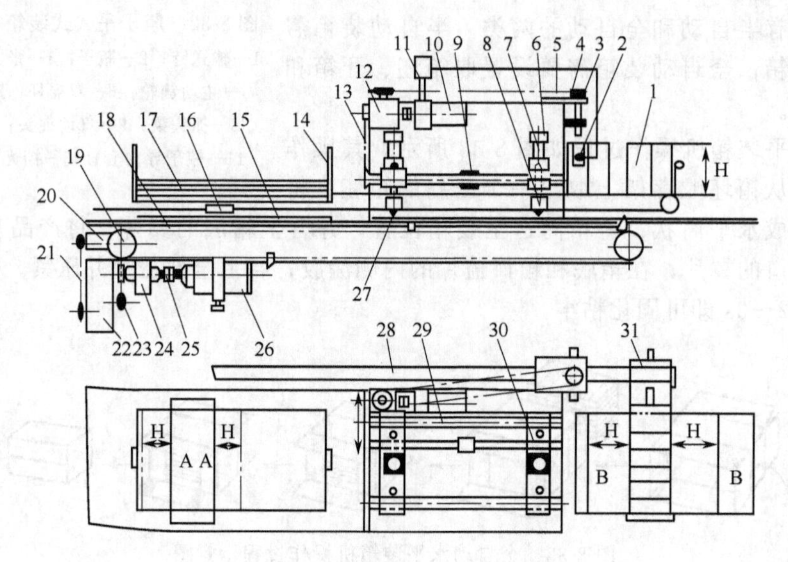

图 8-36　裹包式装箱机结构示意图

1—物料；2—光电管；3—螺杆；4,7,29—导向杆；5,13,21,23—链；6—汽缸；8—刀具夹头；9—螺杆轴；10,26—电机；11—控制器；12,20—圆锥齿轮；14—箱片仓；15,17—纸箱片；16—真空吸头；18—推爪；19—主动链轮；22—减速器；24—电磁离合器；25—联轴器；27—压痕刀具；28—输送带；30—横梁；31—推料板

箱片在输送过程中，当电机 10 转动时，通过锥齿轮将运动分成两部分：一部分带动光电管作上下运动；另一部分通过链 13 带动螺杆轴 9 转动。螺杆轴 9 左右两端分别有左、右螺纹，当螺杆轴 9 正反转时，则左右横梁 30 靠近或分开。当汽缸 6 中的活塞上下运动时，压痕刀具 27 或离开箱片，或压向箱片。光电管工作时，其管径的一半位置对准被裹包物品高度 H 的上棱边，若产生的信号值与基准信号值相同时，电机 10 不工作；若光电管所产生的信号值大于或小于基准信号值时，则电机 10 工作（正转或反转），使压痕刀具之间的距离变大或缩小，达到自动调节的目的。

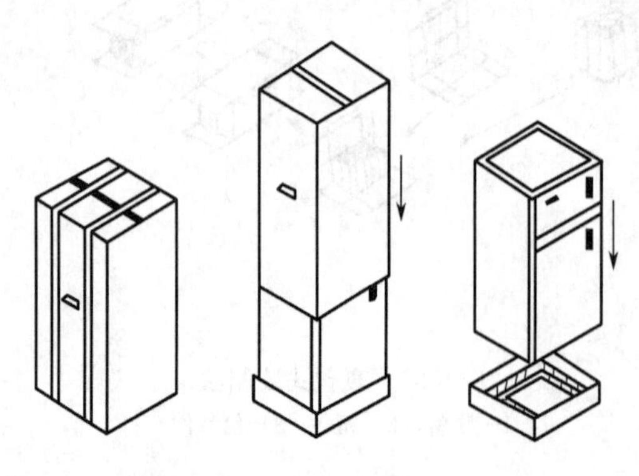

图 8-37　套入式装箱示意图

③ 套入式装箱法　如图 8-37 所示，这种装箱方法适合包装质量大，体积大和较贵重的大件物品，如电冰箱、洗衣机等。采用套入式，其特点是

纸箱采用两件式，一件比产品高一些，箱坯撑开后先将上口封住，下口没有翼片和盖片；另一件是浅盘式的盖，开口向上也没有翼片和盖片，长宽尺寸略小于高的那一件，可以插入其中形成一个倒置的箱盖。装箱时先将浅盘式的盖放在装箱台板上，里面放置防震垫，重的产品可在箱下放木质托盘，然后将产品放于浅盘上，上面也放置防震垫，再将高的那一件纸箱从上部套入，直到把浅盘插入其中，最后用塑料带捆扎。

四、瓦楞纸箱和装箱设备的选用

1. 瓦楞纸箱的选用

瓦楞纸箱是运输包装容器，其主要功用是保护商品。选用时首先应根据商品的性质、质量、储运条件和流通环境来考虑，运用防震包装设计原理和瓦楞纸箱的设计方法进行设计，应遵照有关国家标准。出口商品包装要符合国际标准或外商的要求，并要经过有关的测试。在保证纸箱质量的前提下，尽量节省材料和包装费用，还要照顾到商品对箱内容积的利用率，箱对卡车、火车厢容积的利用率以及仓储运输时堆垛的稳定性。

2. 装箱设备的选用

一般情况下生产厂不设制箱车间，瓦楞纸箱均由专业的制箱厂供应。选购装箱机应考虑以下几点。

① 在生产率不高、产品轻、体积小时，如盒、小袋包装品、水果等在劳动力不短缺的情况下，可采用手工装箱。但对一些较重的产品，或易碎的产品，如瓶装酒类、软包装饮料、蛋等，一般批量也比较大，可选半自动装箱机。

② 高生产率，单一品种产品，应选用全自动装箱机，如啤酒和汽水等装纸箱或塑料周转箱。

③ 全自动装箱机结构复杂，还要有产品排列、排行、堆叠装置相配合。虽然生产速度和效率都很高，但必须建立在机器本身的动作协调，配套装置齐全，运转平稳，以及控制系统灵敏可靠的基础上，用于生产量大的场合。

第六节　装箱机械典型工作机构

由于被包装物品种类繁多，装箱机的形式也多种多样，不同的装箱机械，其工作机构也有所不同，本节对一些典型的工作机构进行介绍。配合装箱机械一起工作的，还有开箱装置、封箱装置以及其他一些辅助装置。

一、开箱装置

开箱装置主要由箱坯存放架、取坯开箱成型两部分组成。箱坯存放方式有水平堆积式、竖直排列式和倾斜式。取坯开箱成型主要有机械式和真空式。真空式根据真空吸盘的吸引方向又可分为上吸、下吸和侧吸。

1. 箱坯竖直排列，机械取坯开箱

采用这种方式，竖直的箱坯后面应有压紧力，以免箱坯倾倒，如牙膏装箱机（见图 8-38）。

由图 8-38 可知，瓦楞纸箱坯 8 在箱坯存放架 7 上竖直排列，后面有压块 6 向前压紧。架上第 1 张箱坯被压杆 1 压下，沿着活动扇门 2 与后面箱坯之间的间隙滑到底部（活动扇门为一对，图中只示出右边）。活动扇门打开，与其相连的夹紧爪 3 即夹牢压扁的箱坯后面的一层，这时推杆 4 伸出，从折页开缝中插入，顶开前一层纸板，使箱子撑开，压板 9 随即压下使之完全成为箱筒，以待装箱。

装箱完毕后，送去贴封条。箱子前行时碰到挡块，挡块上端连着棘爪，棘爪推动棘轮转动，棘轮与链轮相连，链条前移一张箱坯的厚度，将后面的箱坯补上。

这种开箱方式占地面积小，适用上开口和侧开口的箱子。

2. 箱坯水平堆积，机械取坯开箱

这种方式箱坯靠自重压紧，不需附加力。最底下的一张箱坯被送出后，箱坯自动添补，不需输送装置。若堆积分量太重时，在送出箱坯前，应将一部分箱坯抬起，减少送出时的阻力。

图 8-39 所示为成条香烟装箱机开箱机构原理图。箱坯 2 送出前通过拨爪 3 将架上部的一大部分箱坯勾住，凸轮 8 将下部的一小部分箱坯的位置降低一张厚度，这样既可因上、下两部分脱离而减轻压在下面箱坯上的重量，又正好让推板 9 将最底下一张箱坯从架中推出。推出的箱坯由滚筒 7 送出。推板 6 由链轮带动向前，推动被滚筒送出的一张箱坯前进。挑杆 4 插入箱坯折页间的开缝中，将箱坯初步打开，抬板 5 随即抬起，并与推板 6 共同将箱子成型。

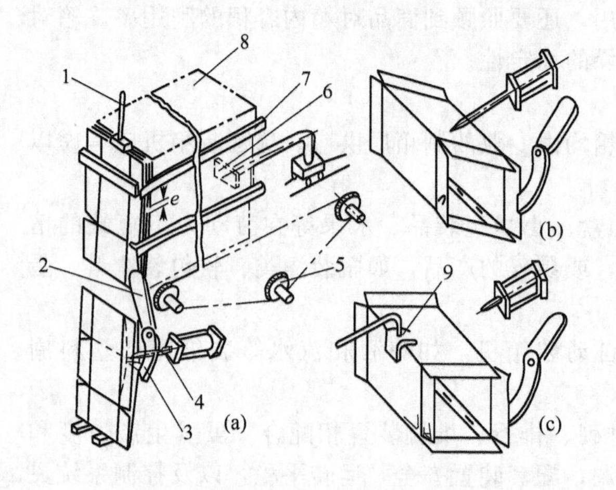

图 8-38 纸盒牙膏装箱机开箱机构原理图

1—压杆；2—活动扇门；3—夹紧爪；4—推杆；5—链轮；6—压块；7—箱坯存放架；8—瓦楞纸箱坯；9—压板

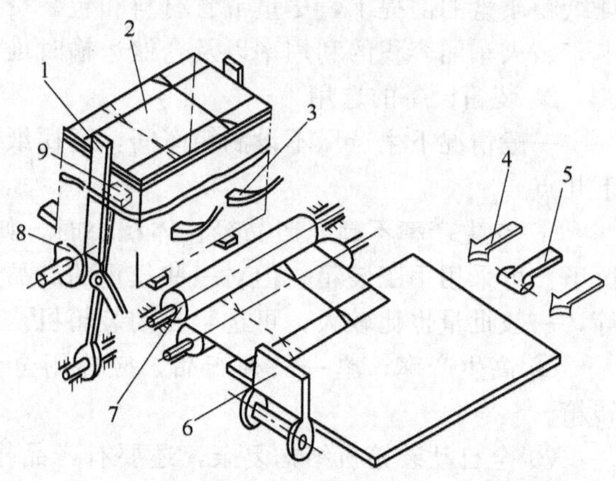

图 8-39 成条香烟装箱机开箱机构原理图

1—箱坯存放架；2—箱坯；3—拨爪；4—挑杆；5—抬板；6,9—推板；7—滚筒；8—凸轮

这种方式主要适合于侧开口式箱子装箱。

3. 箱坯水平堆积，上吸取坯开箱

如图 8-40 所示，箱坯 4 水平堆积在升降托板 3 上，周围有挡板 5。真空吸盘 1 向下运动吸住最上面一块箱坯后向上运动，经过挡板 5 被推成方形。随后，升降托板升起一个箱坯厚度的高度，重复同样的循环。

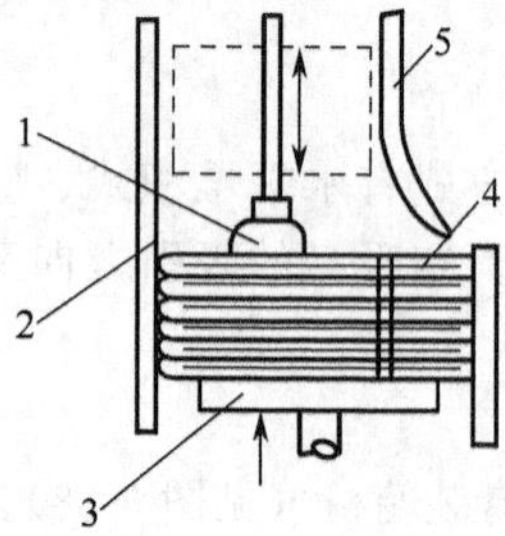

这种机构结构简单，占地面积小。真空吸盘可用真空泵或压缩空气喷射产生真空。这种方式不适合箱坯有孔眼的情况，箱坯表面要比较光滑，否则无法吸起箱坯。

图 8-40 上吸开箱机构原理图

1—真空吸盘；2—挡板；3—升降托板；4—箱坯；5—挡板

二、产品排列集积装置

对块状物品来说，排列之前一般先经过转位装置，转位的目的是把块状物品转动一定的角度以符合排队的要求。对软袋物品来说，排列之前要先经过分流装置。

转位方法有多种，这里仅举两个例子说明。

图 8-41 所示为皮带滑板转位装置。图 8-41(a) 为实现 90°转位装置，输送带把物品推上斜置滑板，利用落差使其翻转 90°；图 8-41(b)

为 270°转位装置，输送带把物品推上滑板，经挡板4、5 的阻挡翻转两次。

图 8-42 所示为曲面导板转位装置。输送带把物品送入曲面导板和挡板形成的通道中，靠曲面导板的形状把正方或长方的物品调转。

分流是软袋排列时采用的重要方法，常见的分流方式有刮板式、移箱式、摆杆式、隔板式和链条托板式等。这里以刮板式为例进行介绍。

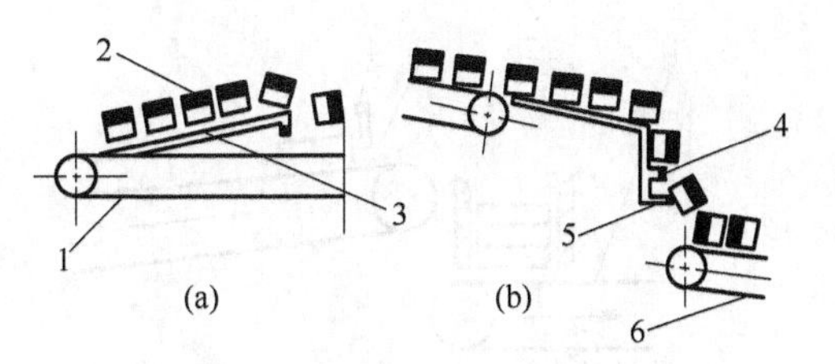

图 8-41 皮带滑板转位装置

1—输送带；2—物料；3—滑板；4—小挡板；5—大挡板；6—输出带

如图 8-43 所示为刮板式分流装置原理图，软袋被输送带送到接袋板上，拨杆将软袋抬起，链条刮板将被抬起的软袋刮走，每转一格刮走一袋，这样就将软袋分流为几排。另外，也可以把链条式刮板改为几块刮板作直线往复运动。

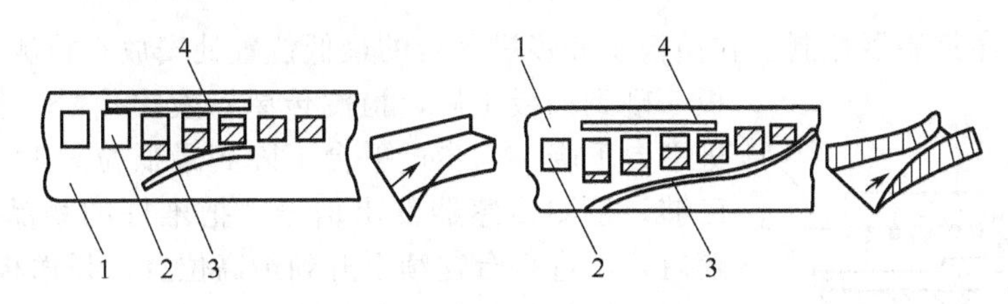

图 8-42 曲面导板转位装置

1—输送带；2—物料；3—曲面导板；4—挡板

经过排列或者分流后，物品就可以进一步进行堆积了。块状物品在箱内是按一定顺序排列堆积的，这样可使箱子容积充分利用而且紧凑安全。排列堆积靠输送供给装置和堆积排列装置完成，堆积好的物品由推进装置将其推入到箱内。

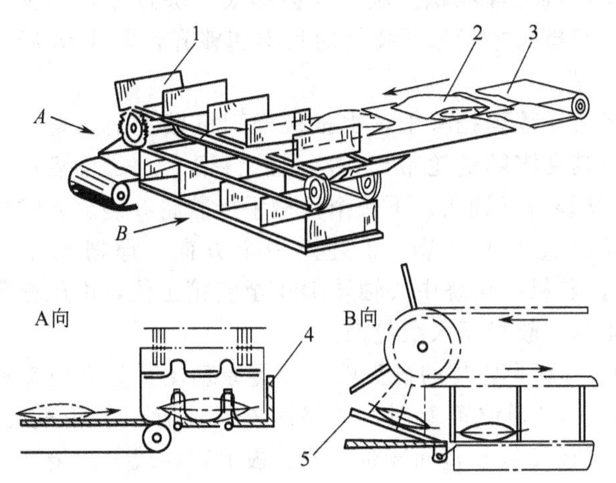

图 8-43 刮板式分流装置原理图

1—链条刮板；2—软袋；3—输送带；4—接袋板；5—拨杆

最基本的排列堆积是单个排列和单个堆积。单个排列最为简单，从传送带按顺序传过来的物品被输送到有挡板限位的平台上即可。单个堆积要复杂些，以下几例为单个堆积的机构原理图。

图 8-44 所示为皮带式单体堆积装置原理图。物品由输入皮带送来，通过限位开关顺势下落，在活门挡板隔阻下，堆积到输出皮带上。当物品下落数达到规定数后，限位开关闭合，活动挡板开启。输出皮带移动，堆积好的物品被送出。这种方法简单，但由于下落时的惯性与反弹，堆积不易整齐。

图 8-45 所示为升降台式堆积装置原理图。物品由输入皮带送来，顺势落下被挡板 3 阻挡落到带有升降机构的台架上。每落下一个物品，台架下降一个物品的高度，拍齐板把落下的物品拍打整齐。

图 8-46 所示为行层堆积装置原理图。物品通过输送带（滚道、滑道、输送皮带等）送来，托送板设置在输送带下面，它能做前进、后退的动作。在前进过程中，物品顺序排列在托送台板上，当被前面的挡板挡住时，恰好排好了一行所需的个数。随后托送台板后退，挡销挡住物品不动，顺次落到步进平台上。每送来一层，步进平台自动降一次，直到堆完为止。装置的动

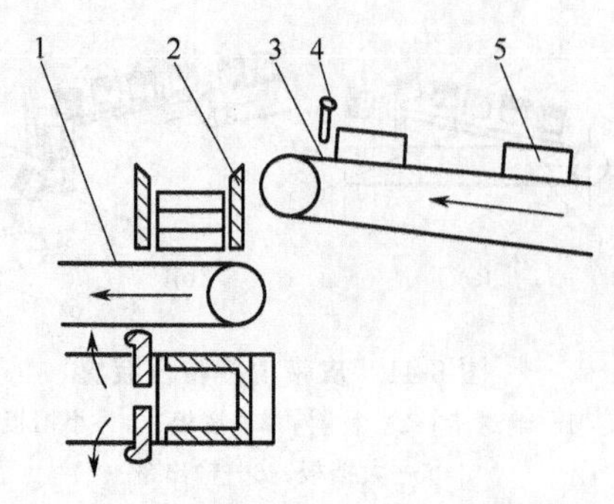

图 8-44　皮带式单体堆积装置原理图

1—输出皮带；2—活门挡板；3—输入皮带；4—限位开关；5—物品

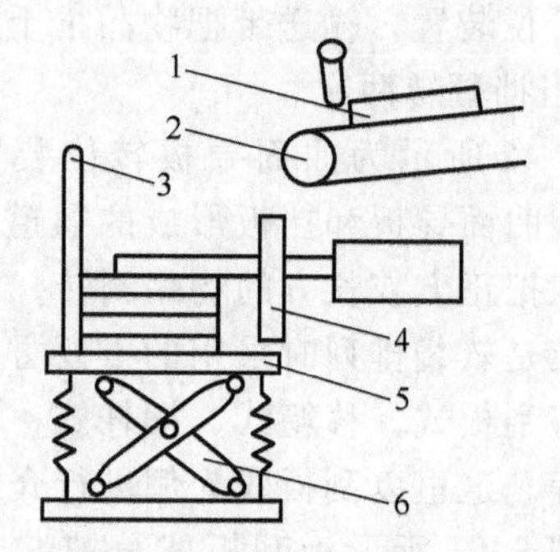

图 8-45　升降台式堆积装置原理图

1—物品；2—输入皮带；3—挡板；4—拍齐板；5—台架；6—升降杆

作顺序由机电程序控制器控制。在挡板 1 和步进平台的最低位置处安放有检测传感器。当托送板 5 碰到挡板 1 后，检测传感器发出信号，托送板后退，步进平台下降。当步进平台下降到最低位置时，表明堆积层数已够，检测传感器发出信号，把堆好的物品送到装箱工位。随后，步进平台连续上升到最高位置，托送板又开始前进。

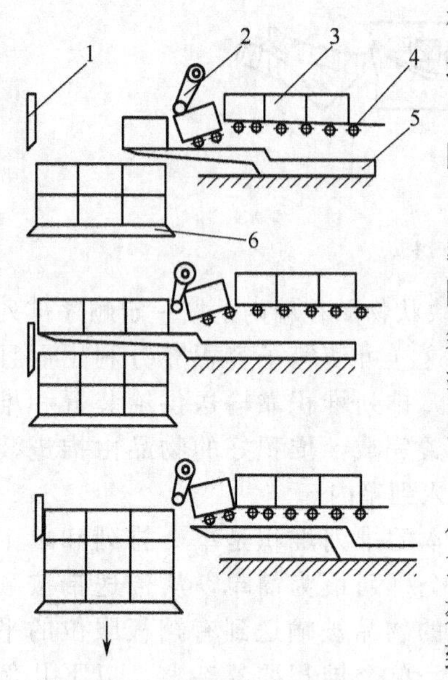

图 8-46　行层堆积装置原理图

1—挡板；2—挡销；3—物料；4—输送带；5—托送板；6—步进平台

对于软袋物品，装箱之前要进行分层排列，分层方法有多种，图 8-47 表示一种分层方法：先装最底层，托板逐渐下降将软袋堆积分层。该方法特别适用于套入式装箱。有些软袋头薄底厚，按正常堆积方法，则会形成一头过厚，一头过薄，只有互相搭头才能保证装箱的紧凑和整齐，图 8-48 所示即为这种情况。

软袋经料斗落到托板上，由推板推到机械手上，满 3 袋后机械手将其夹牢随链轮带出，落到贮料架上。贮料架自转 180°，3 个软袋自行调头；下一个机械手接着将 3 袋放入贮料架上，这样便放入了 6 袋（3 袋换一个方向，厚薄趋于一致）；然后，贮料架再绕中心轴转 180°至装箱工位，由压板将互相搭头排列的软袋压入纸箱内。

图 8-49 所示为软袋的搭头堆积装置原理图。分层板在料斗中从位置 a 转到位置 b 时，一袋洗衣粉便置于装箱板上，而进入料斗的第二袋便靠在分层板上。当分层板又从 b 转回 a 时，装箱板上就存放了两袋互相搭头的纸袋，以供装箱用。

三、装箱装置

按照产品装箱方式的不同，可以分为落入式装箱、夹紧装箱、吊入式装箱等，下面分别介绍，并对应用中的一些问题进行讨论。

1. 落入式装箱

落入式装箱主要靠物品本身重力。装箱时采用一行、一列或一层同时装入的方法，一般要多次装入才能完成一箱。

落箱装置一般由计数装置、装入执行机构和滑道组成。图 8-50 所示为单行装箱装置。

物品集积器承接物品供给系统送来的单个物品，在空当内排好。集积器的底部是活门，可

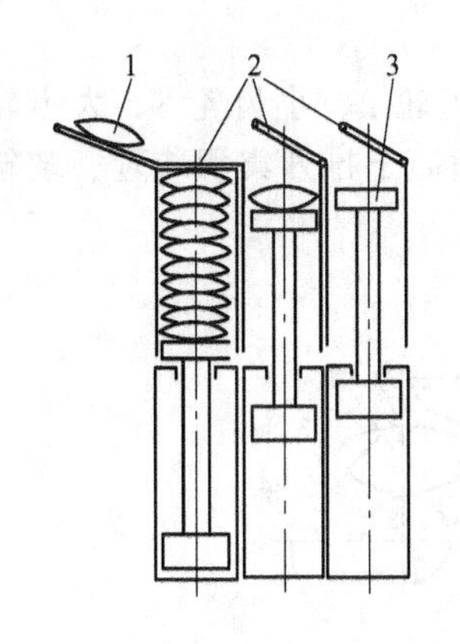

图 8-47　软袋分层方法示意图
1—软袋；2—分流板；3—托板

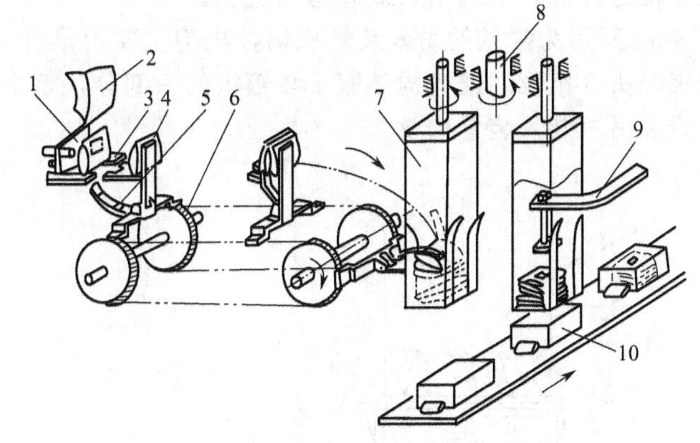

图 8-48　搭头堆积装置原理图
1—推板；2—料斗；3—托板；4—软袋；5—机械手；6—链轮；
7—贮料架；8—中心轴；9—压板；10—纸箱

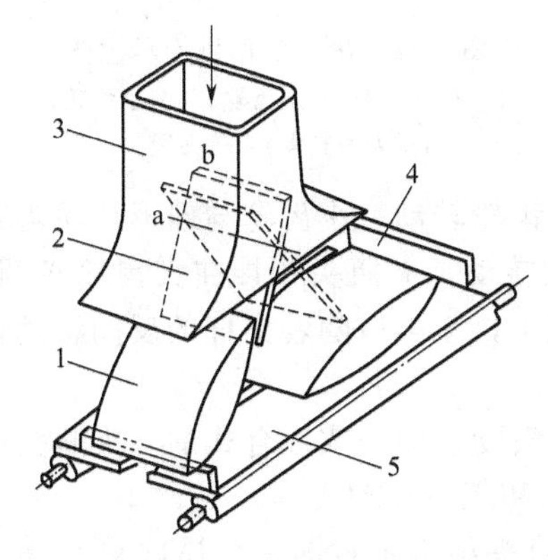

图 8-49　分层板式搭头堆积装置原理图
1—纸袋洗衣粉；2—分层板；3—料斗；
4—挡板；5—装箱板

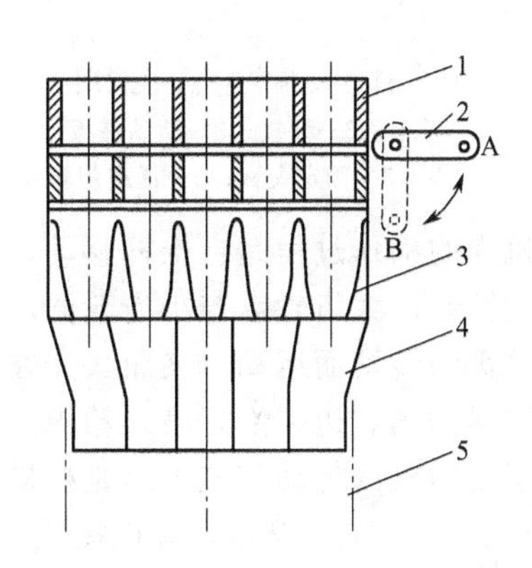

图 8-50　单行装箱装置
1—物品集积器；2—活门机构；3—弹簧片滑槽；
4—导槽；5—包装箱

以是单扇门，也可以是双扇门，每个空当下都有一个活门。活门由杆组控制，由主动杆带动做限位摆动。主动杆处于 A 状态时，活门关闭封底，处于 B 状态时，活门开启，物品下落。滑槽使物品垂直下落互不碰撞，滑槽内弹簧片起弹性滞阻作用，能缓和装箱物品下落的速度和对箱底的冲击。弹簧片是用 0.5～1.5mm 的弹簧钢热处理后做成的。导槽的作用是使落下的物品靠拢进入包装箱内。

落入式装箱中重要的问题是对下落的物品进行缓冲保护。除了利用弹簧片滑槽外，还可以在导槽表面涂覆滞阻材料，增大对物品的摩擦力，还可以在承托箱子的台板上加缓冲装置。

2. 夹紧装箱

对于装入袋中柔软而富有弹性的物品，如果用推板推，会因反弹而偏移，因此，装箱时常常要先夹紧而后装入，图 8-51 为其一例。有弹性的软袋在活扇门上先被排列成堆，活动夹板向右将软袋夹紧，与固定夹板配合起夹紧作用，上面由压板压紧。装箱时，活扇门转轴转动，活扇门开启，夹板 3、5，压板 4，软袋一起插入箱中一半时，夹板停止，压板继续下降把袋压至和箱底接触；然后，夹板提上，压板把袋压平后也提上，这样，袋被紧凑地装入箱中。

3. 吊入式装箱

瓶罐装箱多用吊入法。细颈瓶子的结构特点是瓶口直径小，瓶身直径大，多用来装液体，正态直立稳定性好，采用吊入式装箱较适宜。

图 8-52 所示为常见的吊入装箱机构，机构主要由推杆 1、扇形齿轮 2、小齿轮 3、大齿轮盘 4 和夹瓶头 5 组成。此机构是瓶子装箱机的一部分，整个装箱机由瓶子排列集积装置、装箱移动装置和吊瓶装入装置构成。

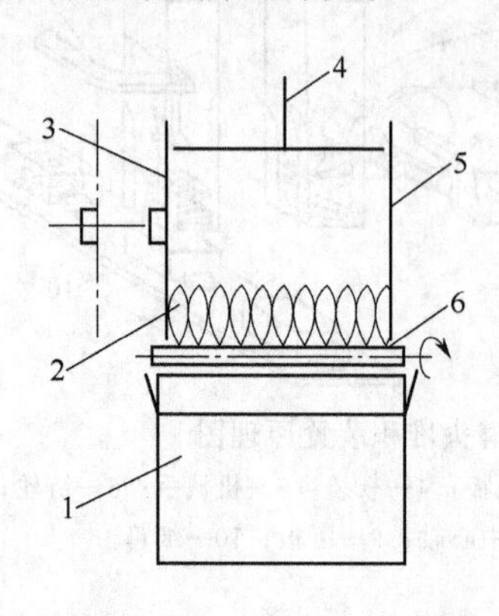

图 8-51　夹紧装箱法示意图

1—纸箱；2—纸袋；3—活动夹板；4—压板；5—固定夹板；6—活扇门转轴

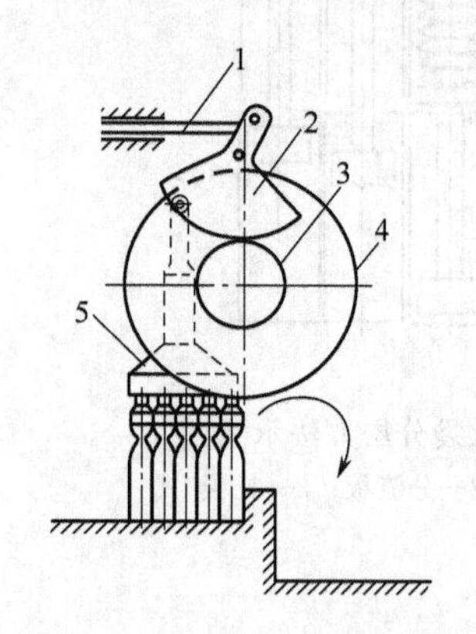

图 8-52　吊入装箱机构示意图

1—推杆；2—扇形齿轮；3—小齿轮；4—大齿轮盘；5—夹瓶头

该机构的动作过程是：推杆移动，推（拉）动扇形齿轮转动，小齿轮与扇形齿轮啮合，随扇形齿轮转动；大齿轮盘与小齿轮固定一起，大齿轮也转动，夹瓶头铰接在大齿轮盘圆周上，随大齿轮盘的转动而运动。夹瓶头先在集积台上吸取瓶子，吸牢后随着推杆的反向移动，瓶子被吊起并移动到右边，恰好吊入箱内。

瓶子装箱机的传动装置可以是机械式的，也可以是气动、液压或综合式的。夹瓶头的类型很多，有机械式、电磁式、真空式和压力气动式等。

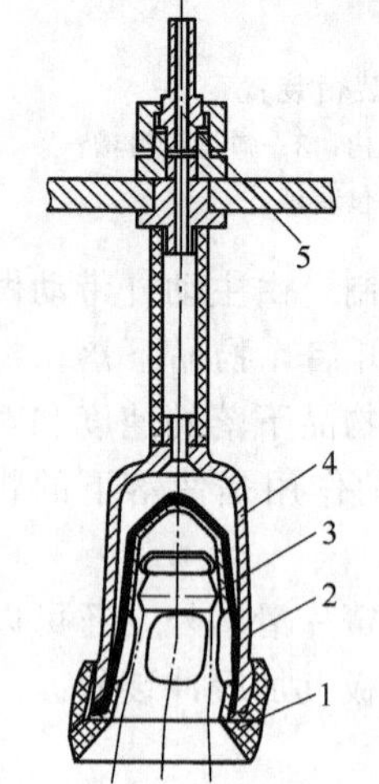

图 8-53　压力气动式夹瓶头结构示意图

1—橡皮导向套；2—橡皮薄套；3—金属内衬套；4—夹头罩；5—气管

图 8-53 所示为压力气动式夹瓶头结构示意图，金属内衬套 3 下部周向开有若干个长槽孔，夹头罩 4 与橡皮薄套 2 之间存在一密封性气室。当压缩空气通过气管 5 到达气室时，促使橡皮薄套 2 从金属内衬套 3 上的长槽孔向中心凸胀，形成手指夹钳，紧紧地夹住瓶颈，瓶口颈部凸缘使其不易滑脱。断气后，气室与大气相通，橡皮薄套 2 恢复原形，瓶子脱落。

在实际应用中，装箱机会出现一些问题，影响其工作性能，下面对这些问题进行一些讨论，并提出改进的措施。

（1）装箱机抖动的问题及改进

装箱机抖动就是指吸头架在下落装箱时产生的抖动，它会使瓶子摇摆，增加瓶子碰刮导向架和箱子的机会，使成品的商标纸容易刮烂，当抖动严重时，还可能造成碰撞爆瓶，影响操作安全。装箱机运作过程中抖动的产生原因往往是由于传动零部件存在间隙和运动惯性冲击及设计不当造成的。

① 抖动产生的原因分析　装箱机的主传动采用曲柄四杆机构加辅助平衡汽缸装置，其工作原理如图 8-54 所示，曲柄 1 转动通过连杆 2 带动大链轮 3，四杆机构中的摇杆在设定的转角范围内正反向转动，由滚子链 4 传动到小链轮 5，带动同轴相连的摆动臂 6 正反转摆动，从而牵引吸头架 8 沿弧形导轨 7 往复运动，使吸头架 8 在 a 位置从集瓶台吸瓶，经过 b

位置到 c 位置将瓶放入箱子内，再空行回位置 a 吸瓶，进入下一循环，从而完成整个装箱流程。汽缸 9 单边充压缩空气，利用汽缸拉力产生辅助转矩，起吸头架的重力平衡作用。在吸瓶装箱的连续运行过程中，由于速度相对较快，汽缸 9 产生的辅助转矩由与大链轮 3 转动同向，经过位置 b 瞬间转变为与大链轮 3 转动反向。在转变瞬间，由于传动零部件存在间隙及汽缸中的空气可压缩的原因，因此造成运动惯性冲击，从而导致吸头架抖动，而且随着传动零部件的不断磨损及接触部位压陷等，间隙逐渐增大，运动惯性冲击就越大，抖动就越严重，而辅助汽缸在不同的位置所产生的辅助转矩的大小是不同的，如果原来设计时零部件的强度安全系数余量不大，就会使传动件的疲劳强度显得不足，容易发生曲柄、连杆、销轴断裂等机械故障。

② 改进方案　从上面分析可知，汽缸 9 虽然起到平衡吸头架重力、减轻传动载荷的作用，但同时又增加了运动惯性冲击，造成吸头架抖动。为了解决上述存在的问题，在原有设备的基础上，可增设吸头架重量平衡装置，代替并取消辅助汽缸 9。采用钢丝绳重量平衡装置，如图 8-55，两个配重块及防护罩可以装在装箱机的后面，不妨碍操作人员操作，操作方便性没有降低。

通过改进，用钢丝绳重量平衡装置代替了辅助平衡汽缸装置，由于取消了汽缸 9，清除了一个冲击抖动产生源，可以取得较好的改进效果。

(2) 装箱机抓瓶头结构的改进设计

对于气动式抓瓶头，其抓瓶头内套为具有弹性的聚氨酯材料，属易损件。在使用过程中存在以下问题。

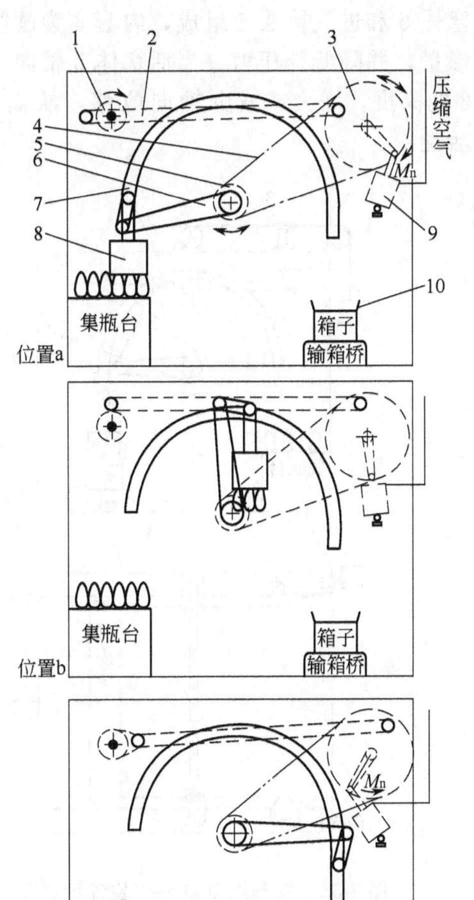

图 8-54　装箱机主传动原理示意图
1—曲柄；2—连杆；3—大链轮；4—滚子链；5—小链轮；6—摆动臂；7—弧形导轨；8—吸头架；9—汽缸；10—导向架；M_n—汽缸产生的辅助转矩

a. 对抓瓶头内套的材料要求较高，需耐磨损、弹性好、且不易老化。

b. 瓶装线中瓶盖大多周边为波纹形，容易将抓瓶头内套划伤，影响使用寿命。一般厂家在使用三个月后需更换 75%以上的抓瓶头内套，从而增加了使用成本。

c. 该抓瓶头是靠压缩空气压力使抓瓶头内套膨胀将瓶颈抱紧，因此对一些饮料用聚酯瓶、白酒瓶及矿泉水瓶等的抓取，可靠性相对较差，影响了其使用范围。

d. 高速瓶装线抓瓶头内套易损而造成维修周期缩短，从而影响整条生产线的生产能力。

对抓瓶头的改进必须克服现有抓瓶头存在的问题，即降低对抓瓶头内套材料的要求，拓宽其适用的范围，延长其使用寿命，而且必须做到抓瓶和放瓶迅速、可靠，适用于高速装卸箱机的使用。基于以上的设计思想，可以设计出一种变形式抓瓶头。

变形式抓瓶头是利用聚氨酯材料硬度较低、弹性较好的特点设计的。即当其受到一定压力后，具有类似压缩弹簧的性质，所不同的是它不是轴向的收缩弹性变形，而是向一定方向凸出，但在压力释放后能自动迅速恢复原状态。

图 8-56 为变形式抓瓶头的结构图，是由抓瓶头外壳 1、定距环 2、内套 3、密封环 4、活塞体 5 和进气接头 6 组成，内套 3 为圆筒状，均布五个长孔，以吸收收缩变形时圆周方向的变形量，并降低外压力。当活塞体 5 轴向下运动时，内套 3 发生径向变形，并可通过改变定距环 2 的高度，增大或减少轴向位移，从而适应被抓瓶颈的大小，因此在结构上具有较大的灵活性。

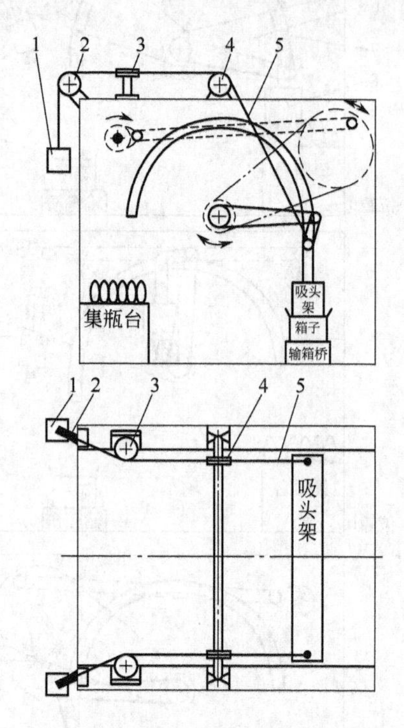

图 8-55　钢丝绳重量平衡装置示意图

1—配重块；2,3,4—钢丝绳滑轮；5—钢丝绳

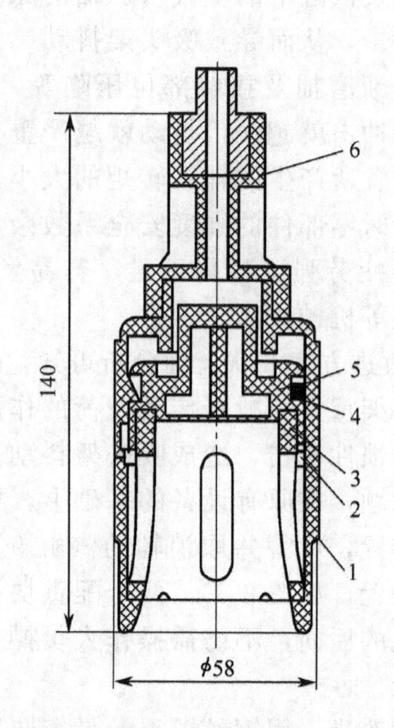

图 8-56　变形式抓瓶头结构图

1—抓瓶头外壳；2—定距环；3—内套；4—密封环；5—活塞体；6—进气接头

变形式抓瓶头的工作原理与现用抓瓶头有着明显的差别，它不是依靠聚氨酯材料的膨胀变形，而是利用其具有较好弹性恢复力的弹性变形。当压缩空气通过进气接头 6 进入汽缸腔后，推动活塞体 5 向下运动，迫使抓瓶头内套 3 发生径向向内的弹性变形，缩小内径，从而卡在被抓瓶的瓶颈上，实现将瓶抓住的目的；释放时，汽缸排气，依靠内套 3 的弹性回复力使活塞体复位，同时将瓶释放，完成从抓瓶到放瓶的全过程。由于聚氨酯材料的硬度较低和抓瓶头内活塞体的轴向定位，即使压缩空气压力突然超压，也不易将瓶子挤碎。

四、封箱装置

封箱机的典型工作机构有折合折页机构、封条敷贴机构、涂胶机构等。

1. 折合折页机构

图 8-57 所示为折内折页机构。折合前内折页导向板 4 是用来折合前内折页，它的前部向上倾斜，箱子经过时前内折页可自动地被压下折封。后内折页的折合是当箱子到一定位置时，汽缸带动连杆使折合后内折页 L 形悬臂 1 向下摆动将内折页压下。

图 8-58 所示为一种机械式折内折页机构。它是箱子在前进中由折页板 3 转动折页器 2 绕转轴 4 转动来折合前后的折页。折页板 3 较长，它能压住内折页直到外折页折下前不张开。

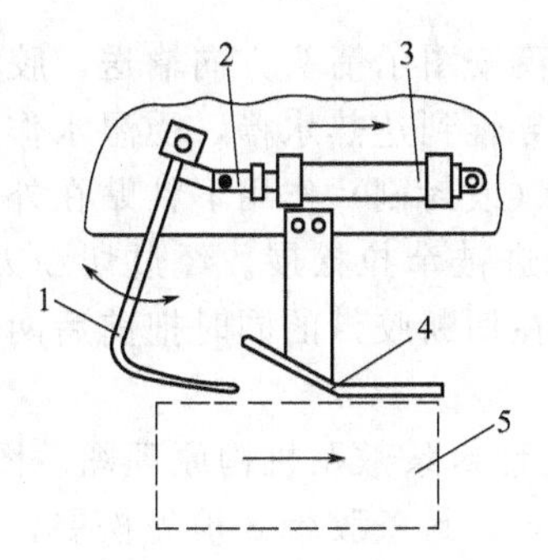

图 8-57 折内折页机构

1—折合后内折页 L 形悬臂；2—连杆；3—汽缸；
4—折合前内折页导向板；5—纸箱

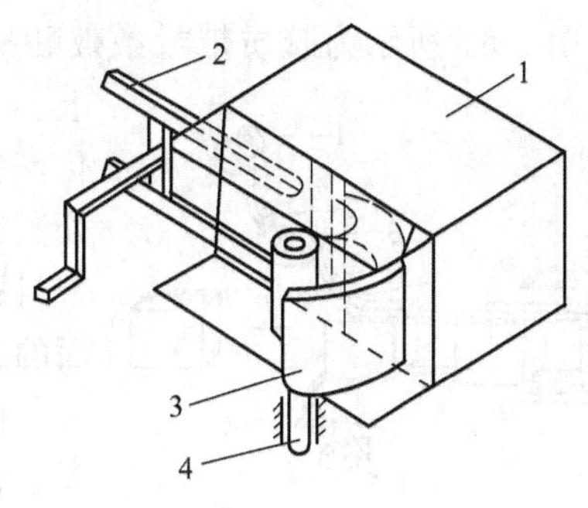

图 8-58 机械式折内折页机构

1—纸箱；2—折页器；
3—折页板；4—转轴；

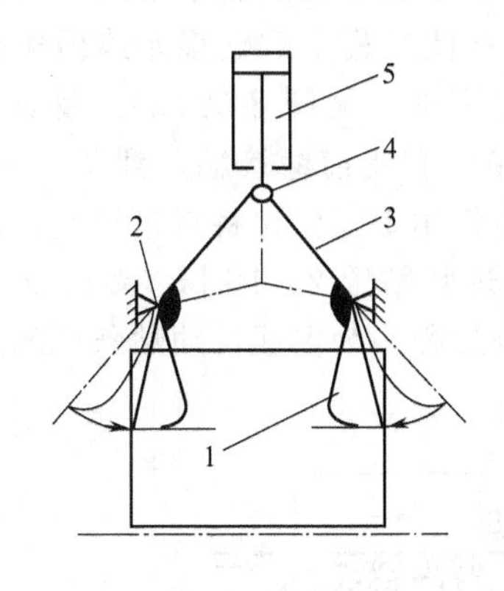

图 8-59 同时折前、后内折页机构

1—转动折页器；2—铰链支座；
3—摆杆；4—铰链；5—汽缸

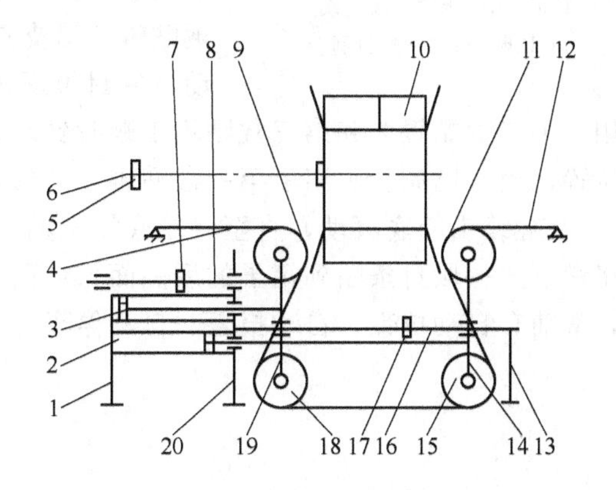

图 8-60 双缸折页机构示意图

1,13,20—机架；2,3—汽缸；4—折页链；5—推箱器；6—输送链；
7,17—挡块；8,16—滑杆；9,11—折页器；10—箱坯；
12—输送导轨；14,19—活动板；15,18—链轮

图 8-59 所示为同时折前、后内折页机构。汽缸通过活塞杆头部铰链 4 推动摆杆 3 在铰链支座 2 上转动，使折页器完成折前、后内折页的动作。

图 8-60 所示为双缸折页机构示意图。已打开的箱坯 10 向下落，并由输送链 6 上的推箱器 5 夹持，汽缸 2、3 在指令控制下开始动作，带着活动板 14、19 沿滑杆 8、16 做相对运动，折页链 4 通过链轮 15、18 做同样的相对运动。这样，折页器 9、11 就能把底部两折页折合。汽缸停止运动，折页链 4 把住纸箱的底部，输送链 6 运动，推箱器 5 把箱推到与折页链同一水平位置的输送导轨 12 上，外折页拉于导轨两侧，汽缸这时返回原位，等待下一个循环。挡块 7 与 17 可调节汽缸行程，以适应不同长度纸箱折页的需要。这种折页机构的折页器较宽，折页质量较好，但落箱机构较复杂，不易控制。

折外页还可采用曲面折页板。曲面折页板是把长条金属薄板弯曲成使外折页能逐渐折倒的折页，在箱子向前运动中，外折页就势折好。这种装置简单可靠，造价低，但占地面积大，折页质量一般。

2. 封条敷贴机构

该机构主要用来将有胶质的封条贴到箱子折页接缝上来完成封箱。根据封箱时的不同要求可分为上贴、下贴和上下同贴三种。封条是单面胶质带或黏胶带，胶带不同，装置结构也不同。用胶质带时，要有浸润胶质带胶层的装置，用黏胶带时则不要浸润和加热装置，它只要将黏胶带以手工松展引导粘贴到箱子最前端，随后纸箱送进时受到牵拉松展。

如图 8-61 所示为胶质带封条敷贴机构的原理图。纸箱按图示箭头方向输送，胶带卷挂在上、下架子上。胶带经导辊到达热水槽，受温水作用胶层熔化恢复黏性，在压贴轮（或封刷）作用下粘贴在外折页接缝处。胶带随着纸箱的送进被牵拉松展。经过切断刀下面时，带封刷的切断刀下降，在切断胶带的同时把前后两个箱子侧面的封条刷贴牢固。

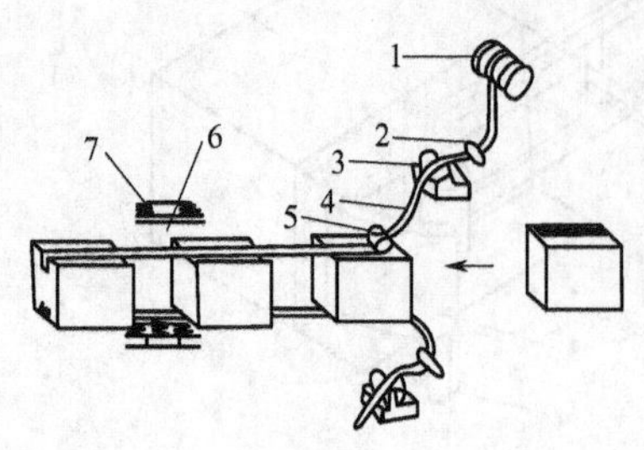

图 8-61　胶质带封条敷贴机构原理图

1—胶带卷；2—导辊；3—热水槽；4—胶带；5—压轮（或封刷）；6—切断刀；7—侧封刷

图 8-62 所示为黏胶带封条敷贴机构原理图。图 8-62(a) 表示机构的工作开始状态。封条胶带 8 被先松展，经导向辊和张紧辊并穿过导向板到达敷贴工位，当纸箱 6 由输送皮带 3 送到图示位置时，第一个直立敷贴辊 5 将胶带端部贴到箱子的前侧面。箱子在输送带的带动下在前进中使第一个直立敷贴辊 5 沿支点向下旋转，在此过程中敷贴辊始终沿箱壁滚动，使封带逐步贴到箱子的下部，见图 8-62(b)。受连杆 9 的作用，第二敷贴辊 2 和第三敷贴辊 1 顺时针转动，分别与箱底和箱前壁接触。到图 8-62(c) 所示位置，箱子已完全脱离了第一敷贴辊，齿形切刀 4 在弹簧作用下复位，将封带切断，而敷贴辊 1、2 继续沿箱底滚动，直至将箱底完全贴好。当箱子越过敷贴辊 2、1 时，辊 1、2 在复位时将剩下的一段封条贴到箱子的后侧面，从而完成贴条的全过程。为保证自动贴条机的正常运行，常辅有自动拉带、自动报警、自动停车等装置。

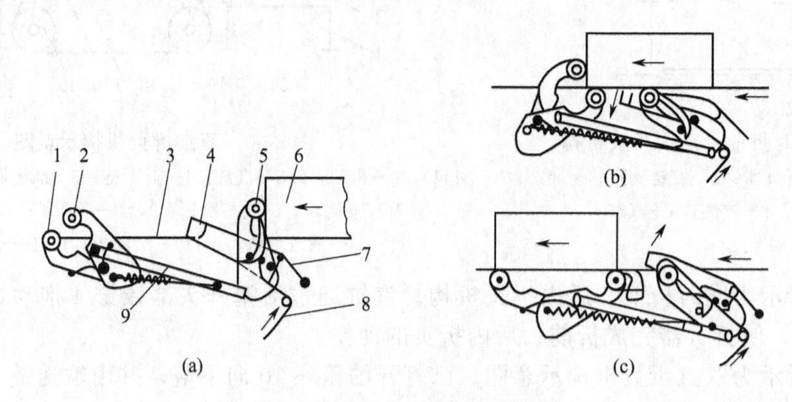

图 8-62　黏胶带封条敷贴机构原理图

1,2,5—敷贴辊；3—输送皮带；4—切刀；6—纸箱；7—支点；8—封条胶带；9—连杆

3. 涂胶机构

涂胶机构是在箱子的折页上涂胶的专用机构，根据胶的种类和涂胶方式不同，可以有多种分类方法。根据胶的性质分为水溶胶涂胶机构和热熔胶涂胶机构两大类。

水溶胶包括低温浆糊、醋酸乙烯树脂的乳胶和硝酸钠等。涂胶方法有辊式、喷雾、挤压等。无论哪种方式，均需停止较长时间使胶固化。由于环境温度不同，固定时间变化幅度较大，一般粘封后施压 1min 以上可以基本保证不会崩开。

热熔胶本身的特点决定了其涂胶机构要简单一些。涂胶方法主要有喷雾和辊筒式。瓦楞纸箱的封箱几乎都用喷雾式。喷雾涂胶机构上设有定时器，控制黏结剂熔解时间，为了使喷雾器不堵塞，必须使胶在加热熔入后不碳化。

按涂胶机构的执行零件和折页接触与否分为接触式和非接触式两类。

图 8-63 所示为接触式涂胶机构。图 8-63(a) 为辊筒式，折页在胶辊上通过时即涂上胶水，胶水厚度可由调节板控制；图 8-63(b) 为滚珠式，涂胶头压向箱板，滚珠压缩，胶水从滚珠

与挡口之间流出；图 8-63(c) 为海绵式，胶水通过海绵的毛细孔涂到折页。

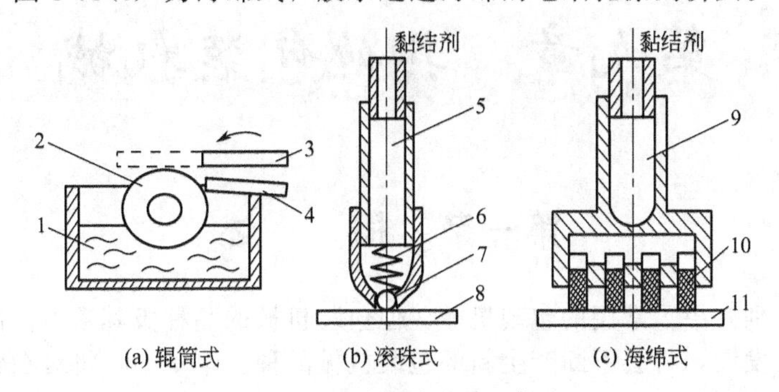

图 8-63 接触式涂胶机构

1—胶水池；2—胶辊；3,8,11—折页；4—调节板；5,9—胶水筒；6—弹簧；7—滚珠；10—海绵

非接触式主要是指喷雾涂胶法。这种方法是把胶水在盛胶容器内加压喷射到需要粘接的表面上。当喷射乳胶黏结剂时，乳胶盛于大容器中，由导管通到喷嘴，用压缩空气使胶水在喷嘴口化成雾滴状喷射到折页面上。根据需要，喷出的雾滴落在折页表面上可呈点状、条状和面状。

图 8-64 所示为喷雾法涂胶原理图。用喷雾法涂热熔性树脂黏结剂时，要在料斗中先将其加热熔化，再用导送管经泵加压喷射出去，为使树脂能在最佳温度（约 180℃）下喷射，导送管应进行保温加热。输送低黏度胶（100Pa·s 以下）时，用低压压缩机；中黏度时用齿轮泵；高黏度（200Pa·s 以上）时用活塞泵。热熔树脂输送管道有硬管和软管之分，硬管为金属管，软管为金属制软管或聚四氟乙烯管。

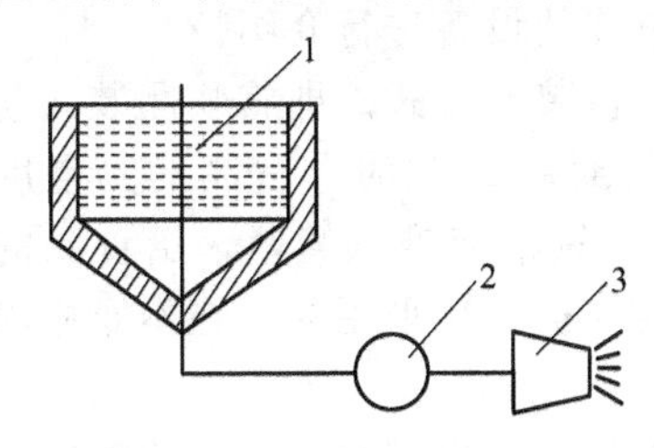

图 8-64 喷雾法涂胶原理图

1—胶液；2—加压泵；3—喷嘴

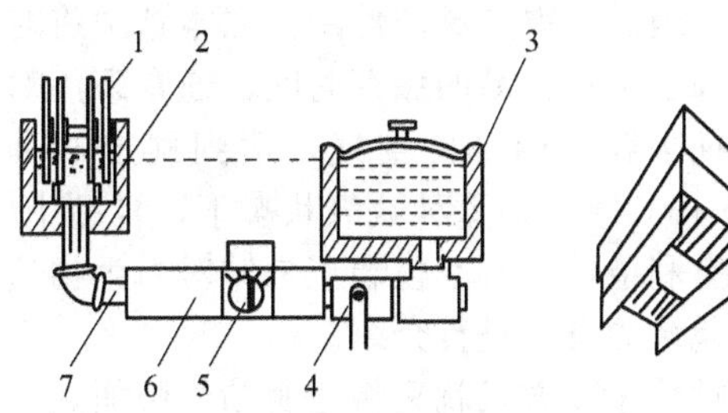

图 8-65 接触法涂胶机构实例

1—涂胶轮；2—涂胶槽；3—贮胶池；4—球形阀；5—温度调节器；6—加热器；7—导管

图 8-65 所示为一种接触法涂胶机构实例，它不仅能用于热熔胶，也适用于冷胶。贮胶池 3 经导管 7 与装在涂胶工位的涂胶槽 2 相通。导管上装有球形阀 4 和加热器 6，其温度由温度调节器 5 控制。操作时将热熔胶装在贮胶池内，经加温熔融后流入涂胶槽，槽内有 4 片涂胶轮 1，在链条（图中未表示）带动下转动，将胶水涂到箱子内折页上。若需间隔地涂胶，只要改用齿形涂胶辊即可。涂胶槽和贮胶池的液面相同，便于及时向贮胶池补充胶。

思考题

1. 日常生活中常见的纸箱、纸盒有哪些，瓦楞纸箱的特点是什么？
2. 常见的装盒机械有哪些类型，有哪些主要装置，其工作原理是什么？
3. 常见的装箱方法有哪些？分类依据是什么？
4. 装箱机械都有哪些主要装置，其作用是什么？
5. 除了书上介绍的装箱机抓瓶头的改进设计方法外，你还能想到其他的改进方案吗？

第九章 其他包装机械

第一节 概 述

在前几章，分别介绍了常用的包装机械，但包装机械的品种极其繁多，而随着科学技术的进步和工业生产的发展，将会不断产生新的包装机械品种。本章中，将对在包装工业中常见的下列包装机械进行介绍。

当单个或数个包装物被完成包装后，往往需要将单个或数个包装物用绳、钢带、塑料带等捆紧扎牢以便于运输、保管和装卸。它通常是包装的最后一道工序。完成该项作业的设备即为捆扎机械。在本章中将对其进行介绍。

热成型包装也是广泛使用的一种包装方式。它首先利用热塑性塑料片材作为原料制造容器，在装填物料后再以薄膜或片材密封容器实现包装。整个热成型包装通常由成型容器、装填物料及密封薄膜等组成。在本章中将对实现热成型包装的设备进行介绍。

利用具有热收缩性能的塑料薄膜对物料进行包裹、热封，然后让包装物品通过一个加热室，使薄膜在一定温度下受热收缩，紧贴物品，形成一个整齐美观的包装品，即为热收缩包装。热收缩包装具有良好的捆束性，密封性；包装外形的适应性较好，被包装物可用于低温贮藏等，因而获得广泛的使用。在本章中将对实现热收缩包装的设备进行介绍。

为了延长食品的保存时间，通常采用对食品进行真空包装的方式。即将物品装入包装容器后，抽去容器内部的空气，达到预定的真空度，并进行封口。此时，食品的真空度通常在600～1333Pa，在这种缺氧状态下，食品中生长的霉菌和需氧细菌难以繁殖，给食品的保存提供了有利条件。真空包装正是针对微生物这种特性而发明并被广泛采用的。在本章中将对实现真空包装的设备进行介绍。

贴体包装方式就是将透明贴体膜加热软化后覆盖在产品上，启用真空吸力将胶膜依产品形状成型并粘贴于纸板（或气泡布等底板）上，即产品紧紧裹包束紧于贴体膜与纸板之间，用于商业吊卡展示包装或工业防震保护包装。立体感强，可有效防潮、防尘、防震。贴体包装方式与热成型包装相似。区别在于它不需要热成型模具，包装材料经加热软化后，以包装物品自身为模成型，依靠衬底纸板上的黏结剂与衬底封合，冷却后包装薄膜贴合在被包装物品上。在本章中将对实现贴体包装的典型设备进行介绍。

包装工业技术的进步，使包装工艺发展到分别进行内包装、外包装、运输包装等包装操作。其相关工艺均可采用自动或半自动包装设备完成。而将这些相互独立的自动或半自动包装设备、辅助设备等按包装工艺的先后顺序组合起来，即可成为包装流水线或者自动化包装线。在包装流水线或者自动化包装线中，工人可能参与一些辅助的包装作业，如整理、输送、包装容器供给，也可能实现完全自动化作业等。本章的最后将对某些典型的包装流水线、生产线及辅助设备进行介绍。

第二节 捆 扎 机 械

一、概述

捆扎通常是指将单个或数个包装物用绳、钢带、塑料带等捆紧扎牢以便于运输、保管和装卸的一种包装作业。它通常是包装的最后一道工序。完成该项作业的设备即为捆扎机械。具体讲，捆扎机械是指使用捆扎带缠绕产品和包装件，然后收紧并将两端通过热效应熔融或使用包扣等材料连接的机器，属于外包装设备。

1. 捆扎机械的分类

按捆扎材料、自动化程度、传动形式、包件性质、接头接合方式和接合位置的不同，捆扎机械有不同的类型。因而，捆扎机械可按不同的方法分类。

按自动化程度分，可分为全自动捆扎机、半自动捆扎机和手提式捆扎机器。

按设备使用的捆扎带材料分，可分为绳捆扎机、钢带捆扎机、塑料带捆扎机等。

按设备使用的传动形式分，可分为机械式捆扎机、液压式捆扎机、气动式捆扎机、穿带式捆扎机、捆结机、压缩打包机等。

按结构形式、特征分，如塑料带自动捆扎机可分为表 9-1 所列类型。图 9-1 为几种典型的捆扎机外形示意图。

表 9-1 塑料带自动捆扎机的种类和用途

类 型	型 号 (JB/T 3090—1999)	主 要 用 途
基本型	KZ	广泛应用于轻工、印刷、发行、邮电、纺织、食品、医药、五金、电器等工业行业进行各类包装物捆扎，特别是瓦楞纸箱、报刊等
全自动型	KZQ	该机在基本型的基础上添加台面输送机械，可实行自动包装线中的无人操作
低台型	KZD	工作台面较低，适用于捆扎大包、重包，如洗衣机、电冰箱、家具、棉纺织品、建材等
侧封式低台型	KZDC	工作台面较低，捆扎接头为侧封式，适用捆扎大包、重包、易漏液或粉尘较多的包装物
防水型	KZS	捆扎接头为侧封，零件采用耐蚀材料、并经防锈处理，适用于捆扎冷冻食品、水产品、腌制食品等，也可供船舶使用
结扣机	JK	主要用于捆绑轻量的物品。需要拆包时，只要拉动扣结的活动端
压力型	KZY	该机在基本型的基础上，加设加压（气压或液压）装置，以对包装物压缩后再捆扎，适用于捆扎皮革、纸制品、针织品、纺织品等软性和有弹性的包装物
小型	KZC	适用于捆扎小型包装物
轨道开合型	KZK	适用于捆扎各种圆筒状或环状包装物

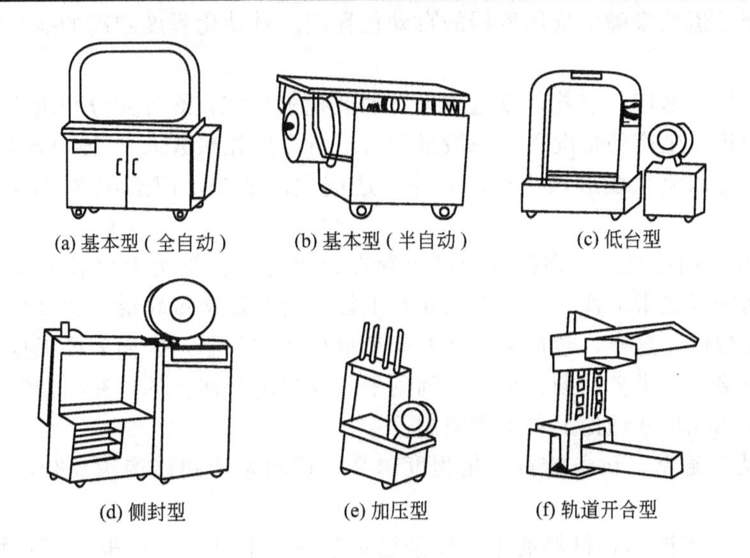
(a) 基本型（全自动） (b) 基本型（半自动） (c) 低台型
(d) 侧封型 (e) 加压型 (f) 轨道开合型

图 9-1 捆扎机外形示意图

2. 捆扎的形式及功能

由于包装物不同，捆扎要求不同，其捆扎的形式也就多种多样。常用的捆扎形式如图 9-2 所示，有单道、双道、交叉、井字等多种形式。

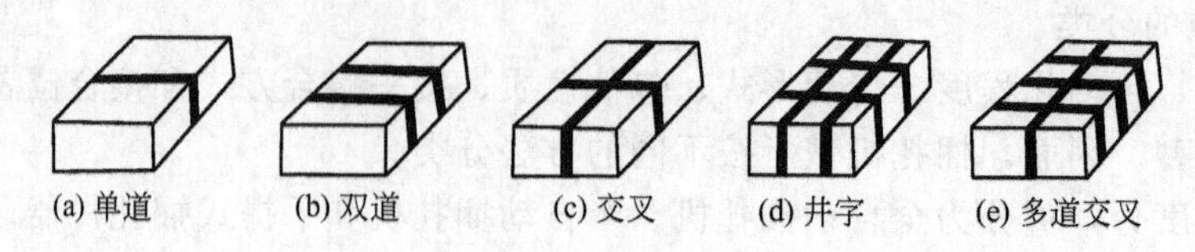

(a) 单道　(b) 双道　(c) 交叉　(d) 井字　(e) 多道交叉

图 9-2　捆扎形式

捆扎主要有以下几种功能。

① 保护功能　它可以将包装物捆紧、扎牢并压缩，增加外包装强度，减少散包所造成的损失。

② 方便　它可提高装卸效率，节省运输时间。

③ 便于销售　例如：将蔬菜捆成一束，便可适合超级市场的销售。

3. 常用捆扎材料

目前，常用的捆扎材料有钢、聚酯（PETP）、聚丙烯（PP）和尼龙（PA）等 4 种。表 9-2 列出了四种常用捆扎材料的特性。

表 9-2　捆扎材料特性比较

捆扎带材料	断裂强度	张力的工作范围	持续张力	伸长回复率	耐热性	耐湿性	处理的难易程度
聚丙烯	中等	最小	中等	高	中等	高	优
聚酯	中等	中等	良好	中	良好	高	优
尼龙	中等	中等	良好	最高	良好	低	优
钢	最高	最大	最高	可略去不计	优秀	高	中等

注：温度 22℃，相对湿度 50%。

4. 捆扎机械的选用

在选用捆扎机械时，主要考虑以下因素。

① 包件批量　为了尽可能提高机器的利用率、降低使用成本，首先应根据包件数量和所需捆扎的包件捆扎道数来确定选用机器的自动化程度。自动化程度越高的捆扎机，其捆扎速度越快。

对于小批量生产的产品捆扎，以选用半自动捆扎机为宜，既可充分利用机器，又可降低使用成本；在大中批量生产的情况下（一般推荐每班所需捆扎次数大于 2000 次），则应选用自动捆扎机；当包件是以流水线形式生产时，为能适应生产节拍，应选用含自动送包的全自动捆扎机。

② 包件尺寸　捆扎机除了在捆扎速度上存在差异外，在结构上也有很大的区别。自动捆扎机由于要自动完成送带动作，因此在工作台上设计有框形送带轨道，包件只有进入送带轨道下部，才能捆扎包件。这样，包件大小就要受轨道尺寸的限制，因而需要根据包件尺寸来确定选用捆扎机的规格。而半自动捆扎机等是利用手工穿带进行捆扎的，在机器结构上不存在送带轨道，因而最大捆扎尺寸理论上可不受限制。

③ 维修能力　通常，设备的自动化程度越高，控制系统和结构越复杂，对维修、保养的要求越高。

④ 捆扎材料　不同捆扎材料的相关性能已在表 9-2 中给出。可根据捆扎物的不同，选用相应的捆扎材料及对应的捆扎设备。

5. 捆扎机的发展

捆扎机械正向全自动化、高级化和多样化方向发展。

① 全自动化 提高单机的自动化程度使包装物从输送辊道送入后，捆扎机能自动定位、自动捆扎、自动转位，以进行十字型、井字型捆扎，采用微机控制，以实现无人操作的自动捆包生产线。

② 高级化 提高捆扎功能及捆扎速度；研制捆扎力可随机调节的捆扎机；提高自动捆扎机的适应性（如带宽、捆包规格、工作台高、捆扎能力等）。

③ 多样化 研制各种用途的捆扎机，如研制代替钢带的重型带、聚酯带。开发不同的捆扎带以适应不同捆扎机的要求并满足不同用户的需要。

二、捆扎机

以常用的塑料带捆扎机为例说明捆扎机的工作原理及特点。

1. 工作原理

图 9-3 为捆扎工艺过程示意图。图 9-3 中，(a) 为送带过程，送带轮 6 逆时针转动，利用轮与捆扎带的摩擦力使捆扎带 2 沿轨道运动，直至带端碰上止带器的微动开关 1（或者用控制送带时间的办法）时送带停止，使捆扎带处于待捆位置。(b) 为拉紧过程，当第一压头 5 压住带的自由端时，送带轮 6 反转，收紧捆扎带，直至捆扎带紧贴在包装箱 7 的表面。(c) 为切烫过程，第二压头 3 上升，压住捆扎带的收紧端，加热板 8 进到捆扎带间对捆扎带进行加热。(d) 为粘接过程，经一定时间加热达到要求时，加热板 8 退出，同时封接压头 4 上升，切断捆扎带并对捆扎带进行加压熔接，冷却后得到牢固的接头，完成捆扎周期动作。

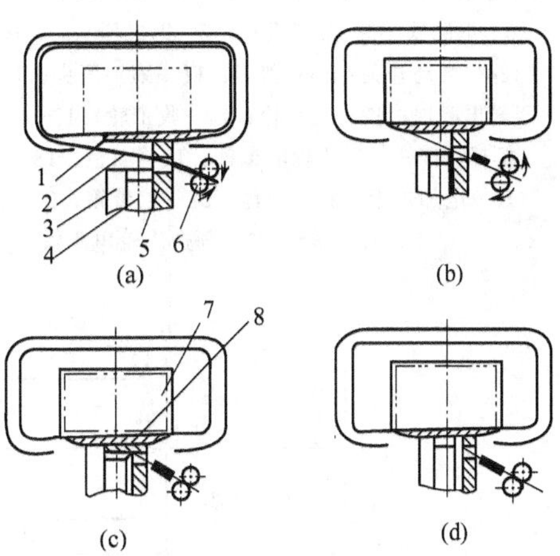

(a) (b) (c) (d)

图 9-3 捆扎工艺过程示意图

1—微动开关；2—捆扎带；3—第二压头；4—封接压头；5—第一压头；6—送带轮；7—包装箱；8—加热板

图 9-4 为塑料带自动捆扎机结构示意图。该机主要由送带、退带、接头连接切断装置、传动系统、轨道机架及控制装置所组成。捆扎机传动示意图如图 9-5 所示。

捆扎机工作原理如下：参见图 9-4，压下启动按钮，电磁铁 5 动作，接通离合器 4，将运动传递给凸轮分配轴箱 2，分配轴上的凸轮按工作循环图的要求控制各工作机构动作。工作时捆扎机的相关动作主要包含第一压头、第二压头、舌板、电加热板、第三压头、二次收紧等机构的动作及相关控制信号的配合，其捆扎机的工作循环见图 9-6。工作中，首先第一压头 11 动作，将塑料带头部压紧（12°，见图 9-6，下同）；接着由凸轮控制一微动开关（图中未表示）发出信号（14°），接通收带压轮电磁铁 16，使压轮把塑料带紧压在持续转动的收带轮 14 上，将导轨 8 内的塑料带拉下，捆到包装件上，再由凸轮推动二次收带摆杆 15 向右摆动，完成最终的捆紧功能。收回的塑料带均退入贮带箱 21 内的上腔中。这时，第二压头 7 动作（70°），压住塑料带的另一端。与此同时，舌板 18 退出（55°～85°），电加热板 19 插入两带之间（87°完成），随后第三压头 6 上升（95°开始），剪刀 10 将塑料带剪断。第三压头 6 继续上升时，两层塑料带被压与电加热板 19 接触，保证接触面能部分熔融。然后第三压头 6 微降（155°～160°），待电加热板 19 退出后，再次上升（180°～195°），把两层已局部熔化的塑料带压紧，使之粘合。

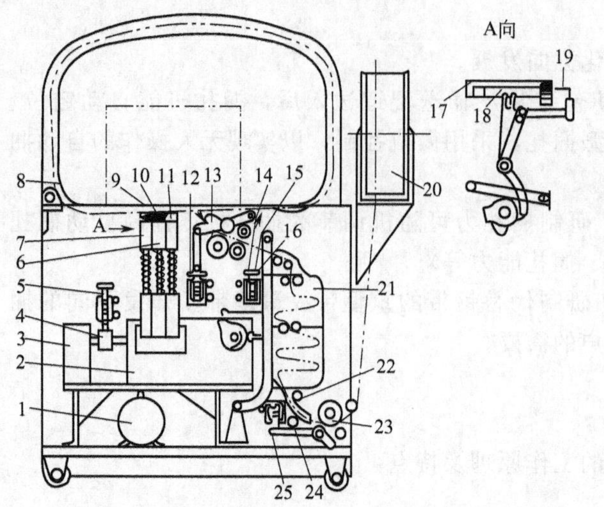

图 9-4　塑料带自动捆扎机结构示意图

1—电动机；2—凸轮分配轴箱；3—减速器；4—离合器；5—电磁铁；6—第三压头；7—第二压头；8—导轨；9,24—微动开关；10—剪刀；11—第一压头；12—送带压轮电磁铁；13—送带轮；14—收带轮；15—二次收带摆杆；16—收带压轮电磁铁；17—面板；18—舌板；19—电加热板；20—带盘；21—贮带箱；22—跑道；23—预送轮；25—预送压轮电磁铁

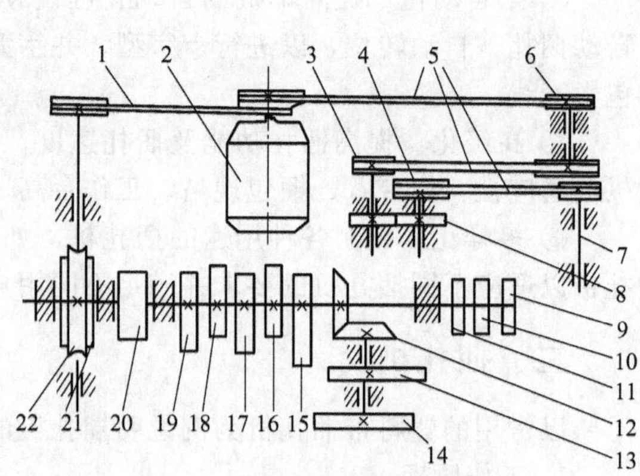

图 9-5　捆扎机传动示意图

1,5—三角带；2—电机；3—送带轮轴；4—一次收紧轮轴；6—过桥轴；7—预送带轮轴；8—齿轮；9,10,11—电器控制凸轮；12—圆锥齿轮；13—二次收紧凸轮；14—手轮；15—舌头面板凸轮；16—压头凸轮；17—三压头凸轮；18—二压头凸轮；19—电热板凸轮；20—离合器；21—蜗杆；22—蜗轮

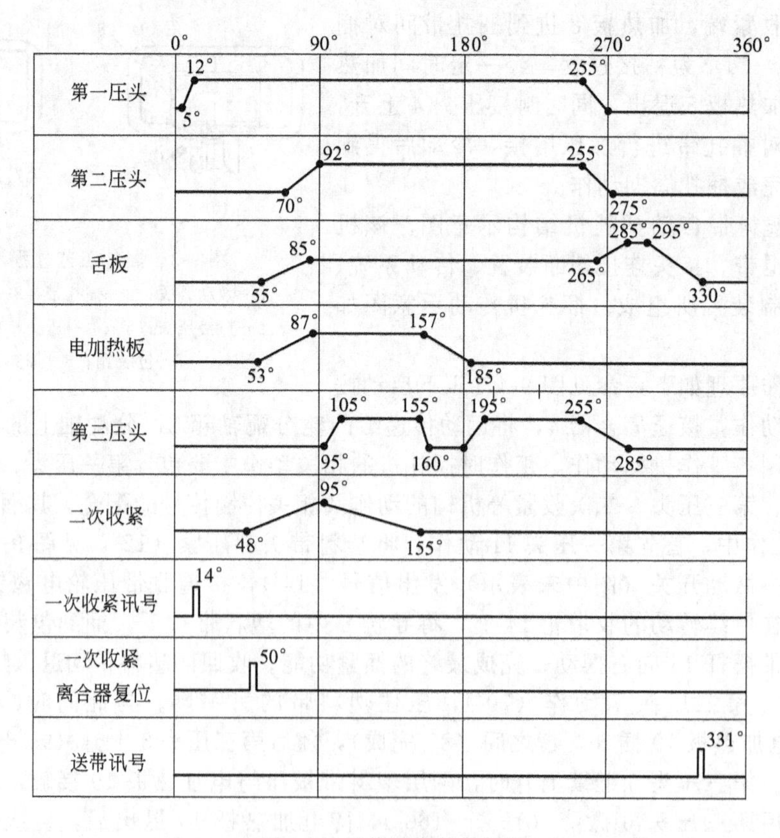

图 9-6　捆扎机工作循环图

经适当冷却后（195°～255°），第三压头6复位（255°～285°），面板17退出（330°完成），处于张紧状态的塑料带紧束在包装件上，完成捆扎动作。此时，凸轮控制微动开关9发出送带信号（331°），送带压轮电磁铁12动作，使压轮把塑料带压在送带轮13上开始送带，当塑料带头部碰到微动开关9时，送带压轮电磁铁12断电，送带结束。当带箱内的塑料带减少，使塑料带处于张紧状态之后，跑道22将摆动，使微动开关24动作，预送压轮电磁铁25使压轮把塑料带压在预送轮23上，带箱内塑料带得以补充。

2. 主要机构

① 送带机构　由图9-4可知，送带压轮电磁铁12通电，将摆杆下拉，压轮将塑料带压紧在送带轮13上。由于送带轮13持续逆时针回转，利用轮与捆扎带之间的摩擦力，使塑料带从贮带箱21中抽出，送入导轨。要保证送带的顺利，通常送带速度大于1.8m/s。当塑料带沿导轨8送进，直到带端触动微动开关9时，送带压轮电磁铁12断电，装有压轮的摆杆在弹簧力的作用下抬起，停止送带。

② 带盘阻尼装置　为防止带盘因惯性使塑料带自行松展，通常带盘上装有阻尼装置，其结构如图9-7所示。塑料带从带盘2上经滚轮5、7进入预送带机构。当需预送带时，塑料带被拉紧，使摆杆6绕摆动轴9顺时针摆动一角度，制动皮带4放松，带盘2可以自由转动。当预送带停止，塑料带因带盘惯性继续松展，摆杆6在自重及拉簧8的共同作用下逆时针摆动，使制动皮带4压紧制动轮3，其摩擦力使带盘2停止转动，从而避免了塑料带的自行松展。

③ 收紧机构　捆扎机一般采用二次收紧。一次收紧主要是快速收带，二次收紧的目的是捆紧。

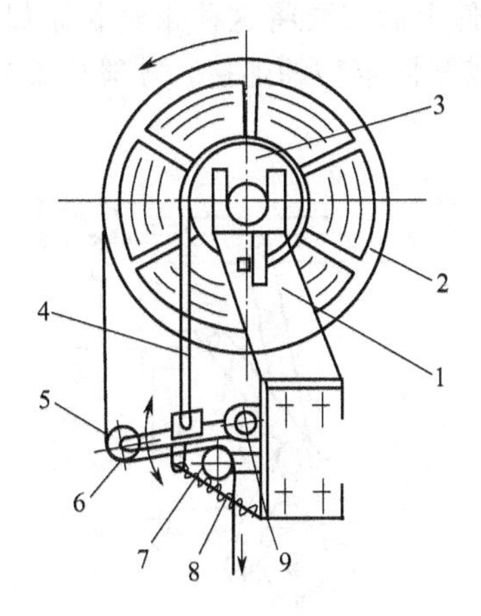

图9-7　带盘阻尼装置结构

1—支承架；2—带盘；3—制动轮；4—制动皮带；
5,7—滚轮；6—摆杆；8—拉簧；9—摆动轴

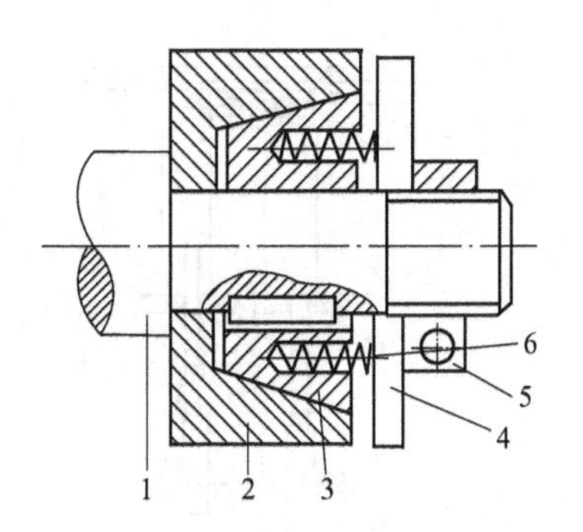

图9-8　收带轮结构示意图

1—轴；2—收带轮；3—锥轮；4—挡圈；
5—螺母；6—弹簧

一次收紧的工作原理如前所述。一次收带结束后，要保持带具有一定的张紧力（通常为49～68N），且收带轮与塑料带不能产生滑动。此时，图9-4中的送带压轮电磁铁12，带动杠杆及其上安装的压轮向下，紧压塑料带于收带轮14之间。其两轮夹紧力所产生的摩擦力应大于收紧力。因为捆扎物体大小不同，收紧时抽回的带子长度就无法一样，用压轮的转数或压紧时间长短无法控制压轮及时脱开。为此，收带轮采用如图9-8所示的结构。锥轮3与轴1采用键连接，连续回转。调节螺母5，可调整锥轮3与收带轮2之间摩擦力的大小。当收紧力达到要求（通常49～68N）时，收带轮与锥轮打滑，收带轮停止转动，收带结束，但塑料带仍保持一定的张紧力。

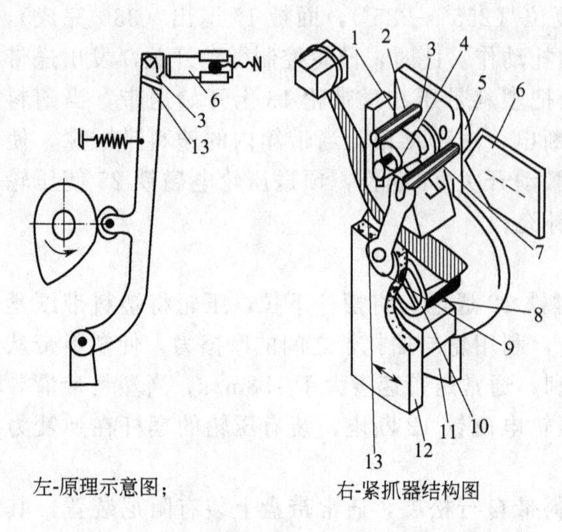

图 9-9　二次收紧机构示意图

1—扭簧；2—肩销；3—紧抓压脚；4—小轴；5—定位板；6—斜面板；7—离合销；8—楔块；9—板簧；10—滑轮；11—后摆杆；12—前摆杆；13—顶块

二次收紧机构如图 9-9 所示。凸轮回转，推动摆杆 11、12 右摆时，离合销 7 被斜面板 6 顶出，使离合销 7 中部的半圆形键从紧抓压脚 3 的凸槽中脱开；同时，带有齿形的紧抓压脚 3 在扭簧 1 的作用下顺时针转动，将塑料带压紧在楔块 8 上随同摆杆一起右摆，完成二次收紧。当带子被张紧到最大程度（即张紧凸轮工作行程终点）时，第二压爪正好上升压住带尾，环绕包装件的带子不会再松开。摆杆左摆复位时，紧抓压脚 3 被顶块 13 撞开，离合销 7 在板簧 9 的压力下，使半圆形键重新压入紧抓压脚 3 上的凹槽内，将紧抓压脚 3 锁住，做下一次循环准备。二次收紧的程度通过斜面板 6 的左右位置调整得以实现。

④ 夹压装置　在进行包装件捆扎时，捆扎带输送至要求位置后，需要夹压装置，以便完成收紧热熔接等作业。图 9-10 所示为常用夹压装置原理图。夹压装置共有三个压头，由安装在同一轴上的三个凸轮分别控制，完成捆扎过程中的动作。

⑤ 捆扎接头连接机械装置　捆扎带收紧捆绕在包装件上后，要将这种张紧状态保持下来，使之在储运中不松散，必须将收紧后的捆扎带两端头构成紧固牢靠的连接，才算完成捆扎的全过程。

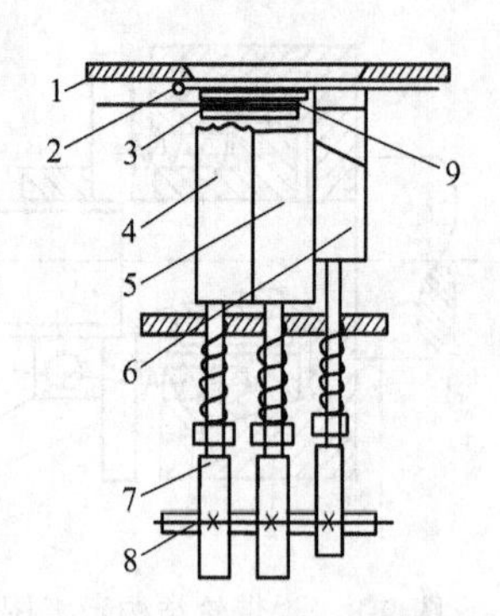

图 9-10　夹压装置原理图

1—捆扎机导轨；2—微动开关；3—活动夹舌；4—第二压头；5—封接压头；6—第一压头；7—凸轮；8—凸轮轴；9—捆扎带

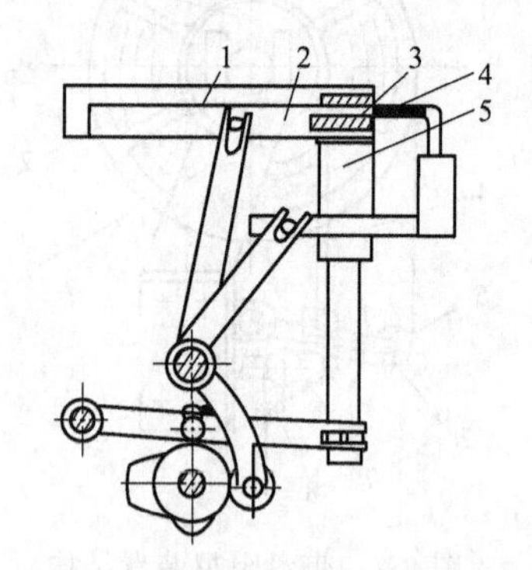

图 9-11　热熔焊接的机械装置

1—衬垫板；2—衬台；3—捆扎带；4—电热板；5—封接压头（第三压头）

捆扎的连接方法有：热熔焊接、胶粘接、卡子机械固接及扎结等。聚丙烯捆扎带若用卡子机械固接，其强度只有母材的 50％；胶黏剂连接也不适用。在热熔连接法中，有电热板连接、摩擦熔接、超声波熔接等，其中热熔连接应用最为广泛。目前，自动捆扎机中主要应用的是板式热熔焊接。主要原因是：热熔焊接具有连接强度高，装置结构简单，操作简便等优点。热熔焊接的机械装置如图 9-11 所示。常用的加热器电加热板，多取脉冲电加热或高频电加热。加热时间与加热温度与捆扎带材料有关，通常多取高温、短时加热方式，加热时间约为 0.2～0.3s。封接压头所加压力在加热阶段要低些，电热板撤出后的封接压力要大些，加压时间宜长些，一般从加热到压封结束需 0.7～0.9s。

⑥ 捆扎机的导轨架　捆扎机导轨架如图9-12所示。导轨架内的导槽是进行捆扎送带时，引导带子自由端进入的。抽拉收紧时，捆扎带又能从导槽中脱出。因此，导槽结构应能保证捆扎带自由端顺利送进，且阻力小；还应保证捆扎带能顺利从导槽脱出，但带子在送进时不能从导槽中脱出。因此，导槽的断面形状可采用图9-12右上或右下图所示的封闭环形。能够实现塑料带自动捆扎的机器还有采用液压系统驱动的多种类型，具体可参见相关资料。

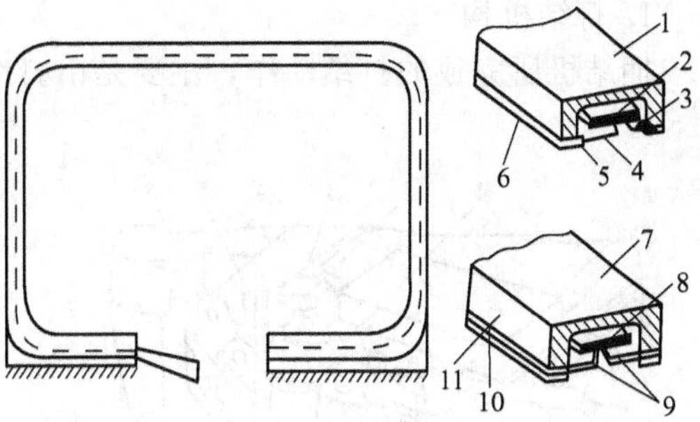

图9-12　捆扎机导轨架

1,7—U形架；2,8—捆扎带；3—固定弹簧片；4—弹性活动片；5—扭簧；6,10—压板；9—软性带；11—导轨架

三、捆结机

捆结机，又称结扎机、结扣机等，是捆扎机的一种。它是使用线、绳等结扎材料，使之在一定张力下缠绕产品或包装件一圈或多圈，并将两端打结连接的机器。绳子常用材料有聚乙烯、聚丙烯、棉、麻四种。聚乙烯应用最广，基本上取代了棉、麻等材料。捆结机一般用于捆绑轻量的物品。这种结扣的方法不同于前述的热熔搭结等方法。当需要拆包时，只要拉动扣结的活动端，就能自行松开。使用十分方便。主要用于印刷、出版、邮电、食品、机电、轻工等行业各类包件的捆扎。并多作为内包装捆扎用，或者作为商业零售货物的捆扎用。图9-13所示为捆结机外形。图9-14所示为结扣外形。

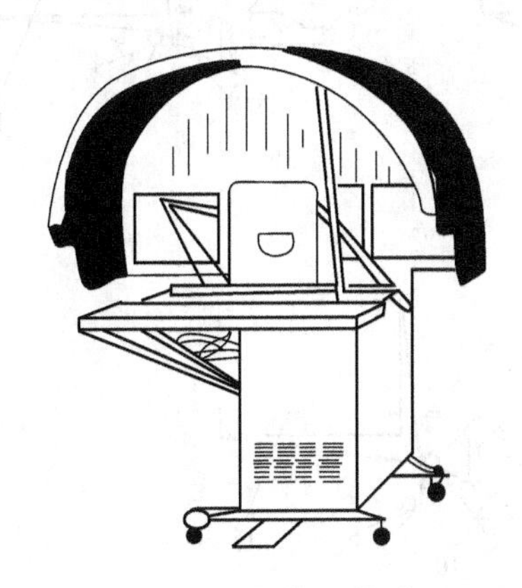

图9-13　捆结机外形

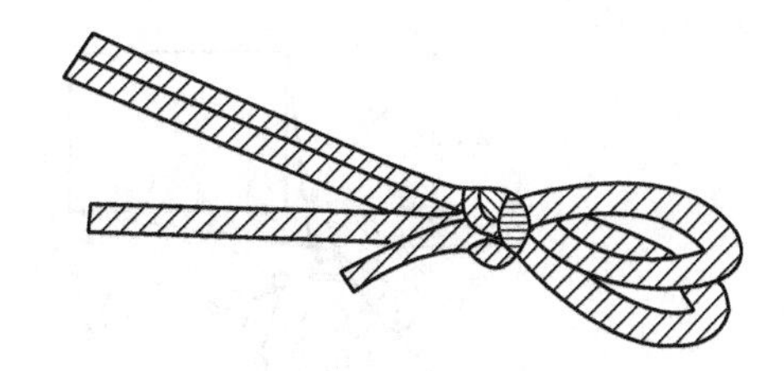

图9-14　结扣外形

常用的两种型号捆结机的主要技术参数见表9-3。在这类机器上，除需要人工送包件外，自动完成绕绳、捆紧、结扣、断绳等系列动作。

表9-3　常用捆结机技术参数

型　号	KJ-25	KJ-50
捆扎最大包装尺寸/mm	250×250×320	500×500×460
捆扎时间/(s/每个包装件)	<1.5	<3
捆扎包装件最大质量/kg	20	20
捆扎材料(宽×厚)/mm	聚乙烯塑料筒绳(20～30)×0.018	聚乙烯塑料筒绳(28～30)×0.018
机器外形尺寸/mm	750×610×1015	860×950×1420
机器功率	250W　220V　单相	250W　220V　单相
机器质量/kg	120	140

1. 打结机构

捆结机所完成的打结动作，主要是由打结机构完成的。图 9-15 为打结机构部件图。

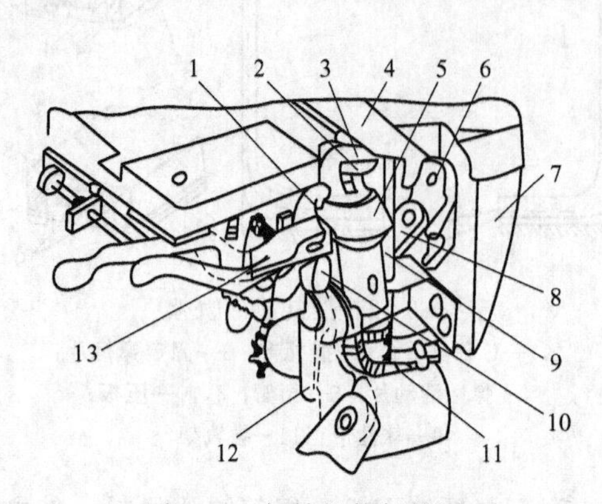

图 9-15 打结机构部件图

1—割刀；2—下绳嘴；3—上绳嘴；4—脱圈器；5—上下嘴闭合凸轮；6—抬绳凸块；7—主体；8—连杆；9—推杆；10—压绳器；11—锥齿轮；12—刀架摆杆；13—插入器

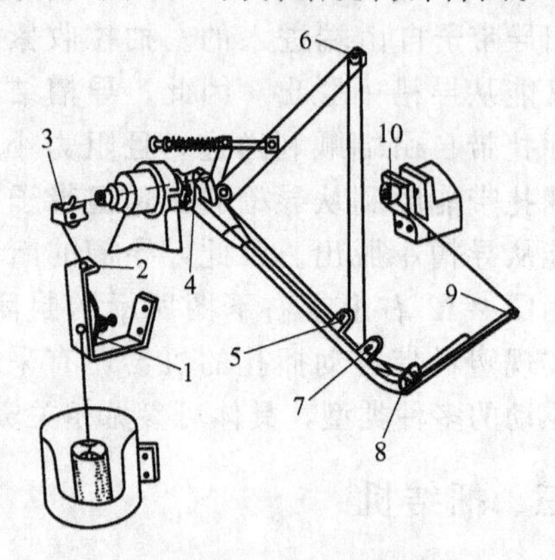

图 9-16 穿绳示意图

1,2—张紧架穿绳孔；3—导向滚；4,5,6,7,8—导绳滚；9—送绳臂；10—压绳器

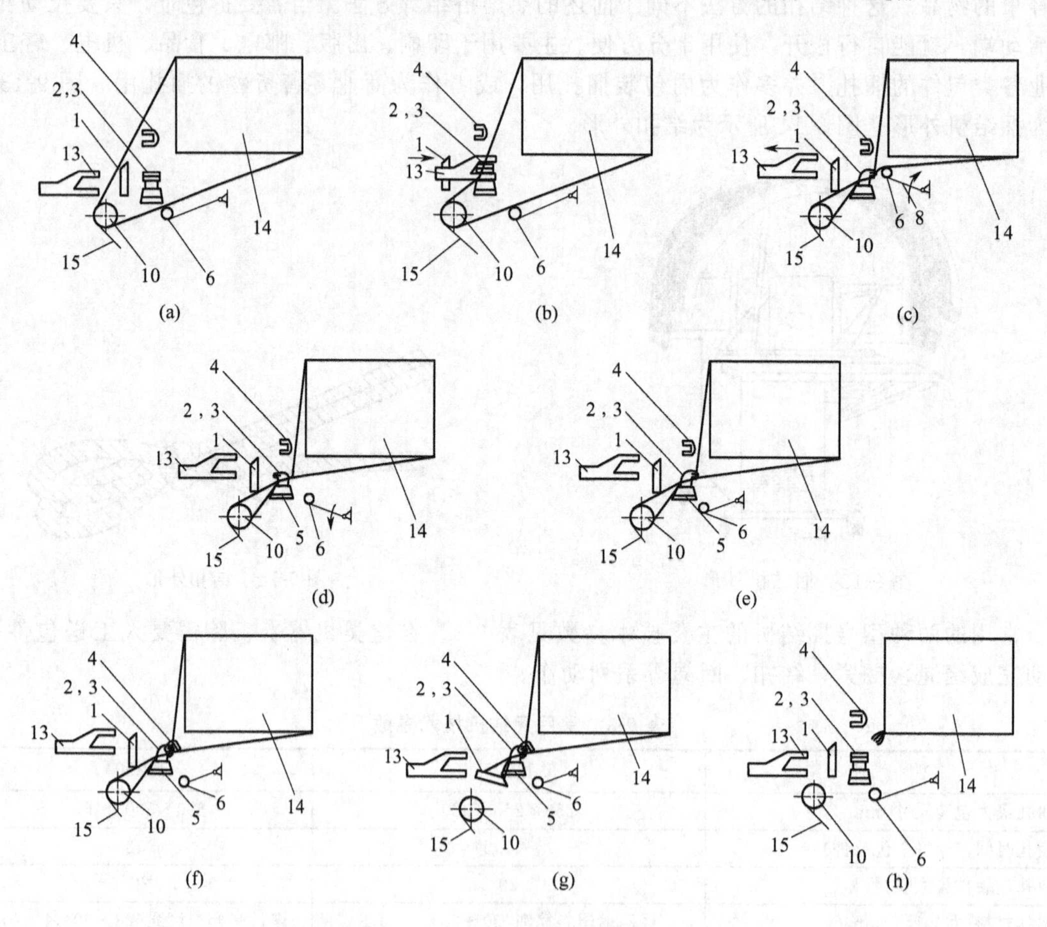

图 9-17 打结工艺过程示意图

1—割刀；2—下绳嘴；3—上绳嘴；4—脱圈器；5—凸轮；6—抬绳凸块；7—主体；8—连杆；9—推杆；10—压绳器；11—锥齿轮；12—刀架摆杆；13—插入器；14—被包装物；15—绳子

注：图注中 7、9、11、12 参照图 9-15，本图无法示出。

2. 打结工艺过程

完成打结动作的主要构件有：压绳器 10 用来压住绳子的始端；插入器 13 用来将绳子送到绳嘴 2、3 附近位置；抬绳凸块 6 用来将压住后的绳子抬到绳嘴打结位置；绳嘴 2、3 相互配合用来完成打结时的主要工艺操作，即将绳子在绳嘴上缠绕成绳圈；脱圈器 4 用来脱下绳圈，使其成结；割刀 1 用来切断打结完成后的绳子。各主要构件间作有节奏的互相配合运动，完成整个打结过程。打结过程如下：

① 绕绳。按图 9-16 所示穿好打结绳，压绳器 10 压住绳头，启动机器后，送绳臂 9（图 9-16 所示）开始转动，将绳缠绕在包件的表面，根据需要可将被包装物 14 缠绕 1～2 圈［图 9-17(a)］；

② 插入器 13 连同绳子 15 一起右移，其时上下绳嘴 2、3 向前进入插入器 13［图 9-17(b)］；

③ 当插入器 13 开始左移(后退）时，其时绳子 15 被上下绳嘴 2、3 钩住，同时抬绳凸块 6 将绳的始端上抬，直至绳子始末靠近，逐渐捆紧包件［图 9-17(c)］；

④ 当绳子始末端靠近时，绳嘴 2、3 垂直回转 180°将绳子绕在上下绳嘴上［图 9-17(d)］；

⑤ 当绳嘴转动时，上下绳嘴在凸轮 5 作用下慢慢张开，转至 360°时，两绳头恰好嵌在绳嘴间［图 9-17(e)］；

⑥ 此时，脱圈器 4 下降至绳嘴 2、3 的后左侧，勒住绳圈［图 9-17(f)］；

⑦ 继而，上下绳嘴 2、3 后退并衔住绳子将绳圈自嘴上勒下，继续后退，结头被拉紧，同时，割刀 1 向下摆动［图 9-17(g)］；

⑧ 最后，割刀 1 将绳切断后复位，完成捆扎打结全过程［图 9-17(h)］；

打结形式如图 9-18 所示。

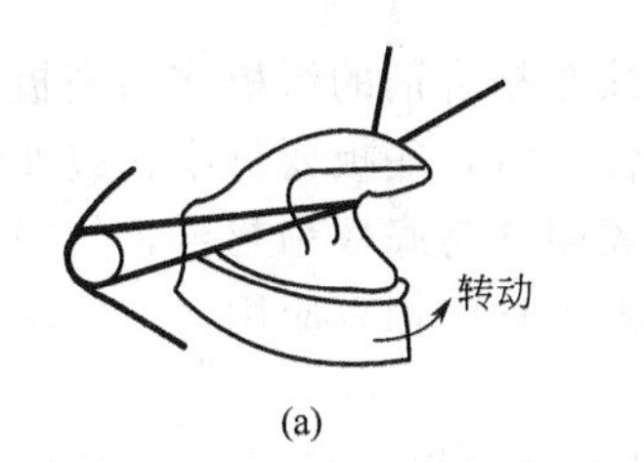

(a)　　(b)

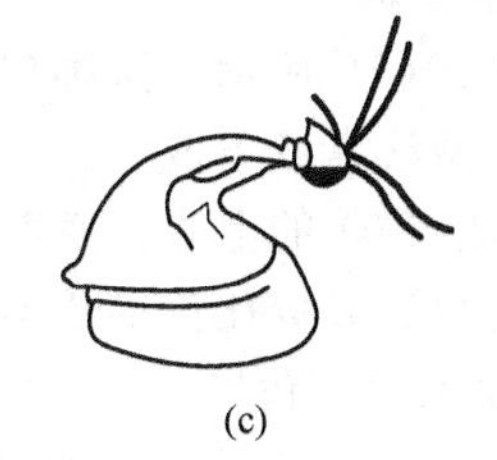

(c)

图 9-18　打结形式

第三节　热成型包装机

一、概述

热成型包装是指利用热塑性塑料片材作为原料来制造容器，在装填物料后再以薄膜或片材密封容器的一种包装形式。

热成型包装首先需要进行塑料片材的热成型。即将一定尺寸的塑料片材夹持在成型模板间，将它加热到热弹性状态，然后利用片材两面的气压差或借助机械压力等方法，迫使片材深拉成型并贴近模具型面，取得与模具型面相仿的形状。成型后的片材经冷却定型并脱离模具，即成为包装物品的装填容器。装填容器一般呈半壳形，即所谓托盘形状，其深浅度按包装物料形态、性质、容量及其包装形式确定。应当注意的是：一定厚度的片材，其拉伸深度是有一定极限的。用于食品包装的托盘，其热成型片材厚度一般在 1mm 以下，在全自动热成型包装机中常采用卷筒薄膜实现连续成型封装，其成型薄膜厚度一般为 0.2～0.4mm。

制作完成热成型容器后，进行装填物料及封合容器，最终完成整个包装。因此，整个热成

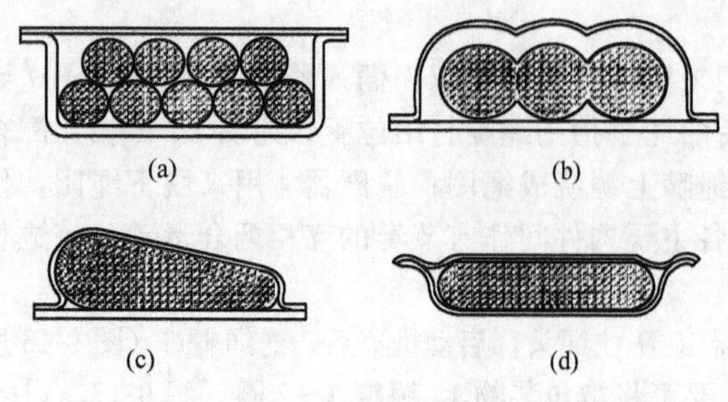

图 9-19　热成型包装形式

型包装应该是由成型容器、装填物料及密封薄膜组成。实际工作时，采用底膜与顶膜共同封装。一般情况下，底膜用于热成型形成半壳状容器，顶膜将半壳状容器封合。

热成型包装的形式有多种多样，图 9-19 所示为几种典型的样式。

1. 托盘包装

如图 9-19(a) 所示，这是一种最常用的方式。其底膜采用硬质膜，上膜采用软质膜，底膜热拉伸成各种各样的托盘，并可保持一定的形状。托盘包装比较适合流体、半流体、软体物料及易碎易损物料，因为它在某种程度上保护包装物不被挤压。常见的布丁、酸奶、果子冻等均采用此包装形式。在包装鲜肉、鱼类时，可充填保护气体以保护其色泽及延长货架期。而当采用 PP 材料做底膜，铝箔复合材料作密封上膜时，包装后可进行高温灭菌处理。

2. 泡罩包装

如图 9-19(b) 所示，这种包装的底膜可使用软质膜或硬质膜，将其拉伸成与包装物外形轮廓相似的泡罩，封合上膜使用有热封性能的纸和复合薄膜。这种包装不抽真空，以透明的仿形泡罩和印刷精美的底板衬托出物品的美观。在包装玩具、日用品、电子元件及某些儿童食品中普遍采用。

3. 贴体包装

如图 9-19(c) 所示，这种包装的底膜使用硬质膜或涂布粘合剂的纸板作为底板，采用硬质膜时可热成型浅盘或不成型。上膜使用较薄的软质膜。包装时，底板要打小孔或冲缝，放置物品后，覆盖经预热的上膜，底部抽真空使上膜紧贴物品表面并与底板粘封合，如同包装物的一层表皮。包装后底板托盘形状不变。这种包装在鲜肉、熏鱼片中均有应用。

4. 软膜预成型包装

如图 9-19(d) 所示，这种包装的底膜与上膜均使用较薄的软质薄膜。包装时，底膜经预成型，以便于装填物料，可进行真空或充气包装。软膜包装比较适合于包装那些能保持一定形状的物体，如香肠、火腿、面包、三文治等食品。其特点是包装材料成本低，包装速度快。当采用耐高温 PA/PE 材料时可作高温灭菌处理。

形成热成型包装的生产线，既可采用多种形式的容器制造的设备、装填设备及封合设备等组合而成，也可采用全自动热成型包装机。在全自动热成型包装机中，主要采用卷筒式热塑膜，由底膜成型，上膜封合。大多数的底膜具备成型及热封的性能，因此以复合材料居多。其包装材料包括软质膜、硬质膜、贴膜复合膜和喷膜复合膜等。

热成型设备已很成熟，品种也较多，包括手动、半自动、全自动机型。热成型工序主要包括有夹持片材、加热、加压抽空、冷却、脱模等。

需注意的是，热成型设备只是制造包装容器，还需要配备装填及封合等设备。因此，很多需要实行热成型包装物料的厂家均配套以上多台设备形成包装流水线，或者只配备装填及封合设备，由专业容器生产厂家提供热成型容器。

全自动热成型包装机集薄膜拉伸成型、装填物料、抽真空、充气、热封、分切等功能于一体，在一台机械设备上具备了一条包装生产线的功能。其机型的性能强、适用性广，包装形式多样，广泛应用于各种食品包装和非食品包装领域。这一类机型在国外以利乐拉伐食品集团 TIROMAT 公司生产的系列机型及日本的大森机械公司等生产的机型为代表，国内同机型还较少。在此介绍一种国内某厂家生产的MRB320全自动热成型包装机。

二、全自动热成型包装机包装工艺流程及特点

如图9-20所示是全自动热成型包装机包装工艺流程示意图。整机采用连续步进的方式，由下卷膜成型，上卷膜作封口。

包装的全过程由机器自动完成，根据需要，装填可采用人工或机械实现。由流程图可见，下卷膜经牵引以定步距步进，经预热区及加热区，由气压、真空或冲模成型，在装填区填充物料后，进入热封区。在热封区中，上卷膜经导辊后覆盖在成型盒上。视包装需要，可进行抽真空或充入保护气体的处理，然后进行热压封合。最后经横切、纵切及切角修边形成包装成品，经裁切后的边料可由吸储桶或卷扬装置收集和清理。

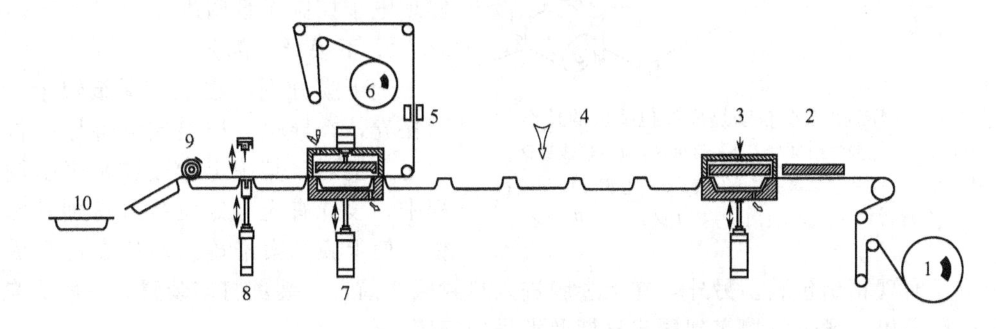

图9-20　全自动热成型包装机包装工艺流程示意图

1—下膜；2—预热区；3—热成型区；4—装填区（配套自动装填机或人工装填）；
5—打印机；6—上膜；7—封合区（抽真空、充气、热封）；
8—横切、冲角；9—纵切；10—成品

采用这种热成型包装工艺具有以下特点。

① 适应性广。可包装固体、液体、易碎品及软硬物料等，可进行托盘包装、泡罩包装、贴体包装及软膜真空、硬膜充气等包装。

② 效率高，人力省，包装综合成本低。整个包装过程除装填区外均由机器自动完成，装填工作可由人工操作或者以装填机完成，一些机型的包装速率可达每分钟12个工作循环以上。

③ 符合卫生要求。当采用机械装填时，在整个包装过程中都不需要人手，由制盒到封装一气呵成，减少过渡性污染。如果采用可耐高温的包装材料，包装后还可进行高温灭菌处理，从而可延长易腐产品的保质期。

三、全自动热成型包装机工作原理

图9-21所示为采用图9-20所示包装工艺流程的MRB 320全自动热成型包装机的外形。主要由以下几部分组成：薄膜输送系统、上下膜导引部分、底膜预热区、热成型区、装填区、热封区、分切区及控制系统等，可另配碎料及边料回收装置。整机采用模块化结构设计，可根据用户需要增减各种装置，从而增减或者改变各种功能。以下为各部分装置的工作原理。

1. 薄膜输送系统

整机采用卷筒薄膜成型包装，因此设计有薄膜牵引输送装置。在工作中，底膜由预热成型至封合分切的全过程中均受到夹持牵引作用，其动力来自沿机器纵向两侧配置的传送链条。链条上每一节距均装配有一个夹子，这些夹子可自动将底膜夹住并由始至终。传送链条以连续步

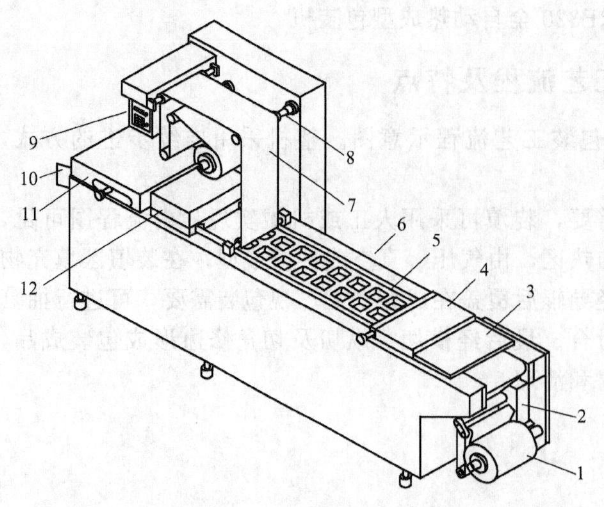

图 9-21　MRB 320 全自动热成型包装机的外形

1—底膜；2—底膜导引装置；3—预热区；4—热成型区；5—输送链夹；6—装填区；7—上膜；8—上膜导引装置；9—控制屏；10—出料槽；11—裁切区；12—热封区

进的方式将底膜从机器始端送到终端。标准机型的链条由一个双速三相电机驱动，进给时采用高速，在每个步进停止前自动切换成低速运行，使其能准确地停止在每个步进的终止位置。这种驱动方式可使链条的运行速度在每个进给的起始阶段均匀加速，而在终止阶段逐步减速。可避免在包装圆形物体或液体时由于链条的快速启动或急速停止而使包装物从托盘中滚出或溅出。作为选择，可采用步进电机驱动，实现电子控制无级调速。

2. 下膜导引部分

上下膜分别装在上下退纸辊上，受牵引松卷，经导辊、摇辊或浮辊导引拉展开并送入机器。其中上卷膜在被牵引输送过程中，设计有光电定位装置识别其印刷光标，使上膜图案准确。定位在每个成型托盘的上方，实现精确包装。另外，在上卷膜进入热封区之前，可装配打印装置，一般为自带动力的墨轮印字机，通过电控实现同步日期及批号的打印。

3. 底膜预热区及热成型区

底膜在成型之前需要加热。为了提高生产率，在热成型区之前设有预热区，使底膜进入热成型区之前已具有一定温度，从而使热成型区的升温时间可缩短。根据薄膜的软硬程度、厚薄和材质的不同，其成型温度也有所不同。同时热成型方式有包括气压成型、真空成型、冲模成型等多种。

4. 装填区

底膜成型后进入装填区，该区可根据包装物料的不同配备相应的装填机，或者采取人工装填。该区的长度可根据需要制造，以便装填操作。

5. 热封区

已经装填物料的托盘底膜进入热封区的同时，在其上方覆盖上膜。热封区内装配有热封模板，由汽缸驱动，热封模板内带电热管，由温控元件控制其加热温度。通过热封模板可将上膜与托盘底膜热压封合。热封温度和热封时间由电控设定，以适应薄膜的不同厚度或不同材质。根据需要，在热封合区可安装真空和充气装置以实现真空或真空充气包装。同样，真空度和充气量可由电控装置控制。

6. 分切区

热封后形成了排列整齐的包装，但这些包装是连在一起的，必须要进入分切区进行横切、纵切等工序，才能获得一个个独立的成品包装。根据薄膜厚薄、软硬、材料和分切形状要求，可配备不同的分切模块。

7. 边料回收装置

分切过程中的边条薄膜由收集器收集。根据薄膜的软硬和分切方法的不同可采用真空吸出、破碎收集或缠线绕卷的方式。

8. 控制系统

由于整机采用模块化组合式结构设计，每一模块为一相对独立的整体。在包装过程中，各模块结构之间的运动关系有着极严格的要求，需要相互精确定位、协调衔接。因此，机器的自动控制非常重要。电控系统可采用可编程控制器（PLC）或微处理器（MC）等。

四、全自动热成型包装机总体结构及设计原理

图 9-22 所示是 MRB 320 全自动热成型包装机结构总图，包装机机体由型钢构成，整机可拆分成三大部分。

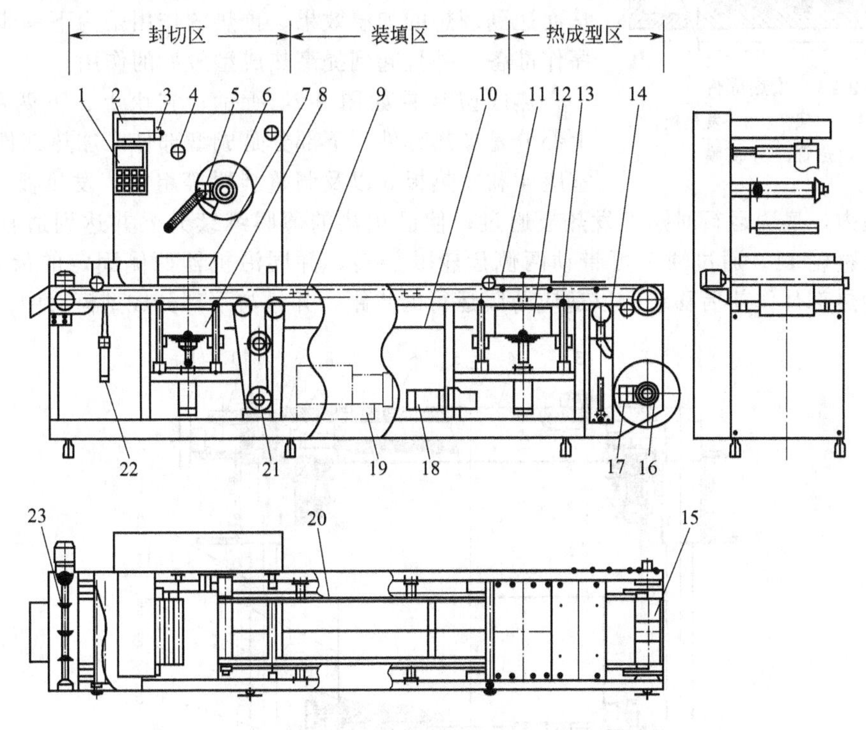

图 9-22 MRB 320 全自动热成型包装机结构总图

1—控制屏；2—制动架；3—上模制动装置；4—导辊；5—摇辊机构；6—上退纸辊；7—封合室座；
8—托模装置；9—输送链；10—托板；11—加热部件；12—成型部件；13—预热部件；
14—浮辊机构；15—底膜导入辊；16—底膜退纸辊；17—底膜制动器；
18—真空泵；19—循环水泵；20—链夹；21—驱动装置；
22—横切机构；23—纵切机构

第一部分为热成型区，是机器的前段，装置有底膜退纸辊 16 及底膜制动器 17、底膜导入辊 15 及一系列导辊机构等，主要部分为热成型系统，由预热部件 13、成型部件 12 及加热部件 11 组成。

第二部分为装填区，是机器的中段，作为前后部分的自由连接段。这一部分的长度可按装填工作量的要求设计，以适应人工装填。作为选择，自动装填机可装置在这一部分，根据不同的物料需配备不同的装填机。

第三部分为封切区，是机器的后段，也是机器的主体段。这一部分装置有封合室座 7、托模装置 8 以及横切机构 22、纵切机构 23、上退纸辊 6 及系列导辊等。同时，全机的电控系统及驱动装置均安装在这一部分。

机器的三部分作为独立的整体设计，相互连接，并且以输送链 9 贯穿全机，由始至终。机器可轻易拆分，以便运输装卸。

以下详述各部分的结构及其设计原理。

1. 热成型系统

包装薄膜在此实现热成型，形成可充填物料的容器，为整个包装提供先决条件。

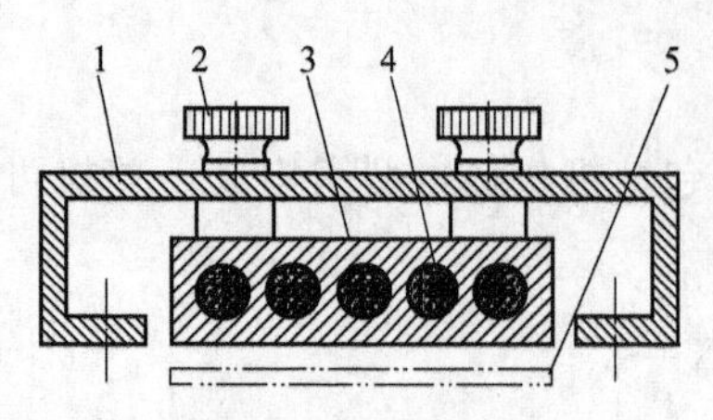

图 9-23　预热部件

1—罩体；2—螺杆；3—发热板；4—电热管；5—底膜

热成型系统包括预热部分及热成型部分。底膜受牵引步进，首先停留在预热区接受加温。预热部件如图 9-23 所示，由罩体和发热板组成，固定安装在机架上。薄膜运行时平贴在其发热面下，通过螺杆可调节发热板与薄膜表面的距离，从而达到理想的加温效果。预热的作用是为下一步热成型工序作准备，并且起到提高热成型效率的作用。

热成型装置如图 9-24 所示，它由上、下两部分组成，上部分是加热部件，下部分是成型部件。加热部件的主体由室座 4 和发热板 5 以及调整装置等组成。发热板 5 由螺柱 6 固定在室座内，底膜运行时贴近发热板通过，使已预热的薄膜继续升温并达到适宜的成型温度。旋转调整轮 11，通过轴 7 可带动两侧齿轮 9 旋转，并同沿机器两侧固定的齿条 8 啮合，带动整个加热部件作前后移动，以适应薄膜运行的步距，并且与下部分成型模对中。

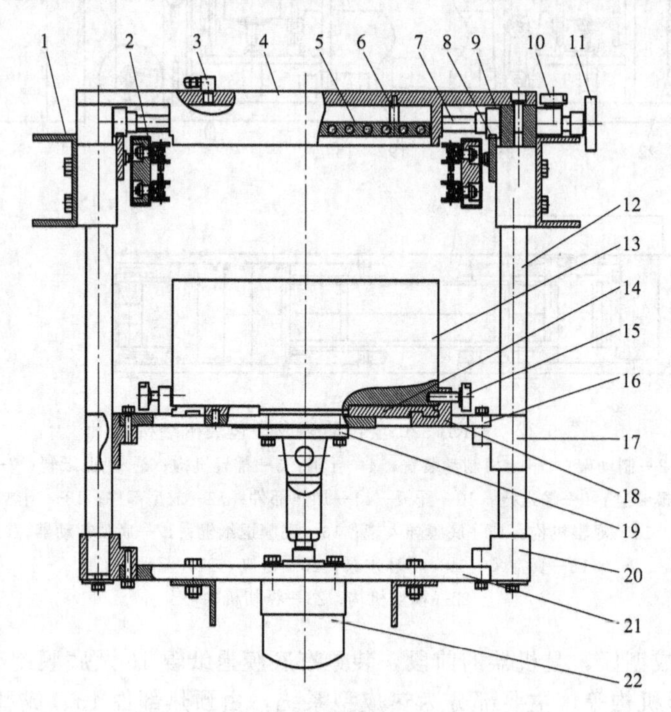

图 9-24　热成型装置

1—机架；2—输送链；3—气嘴；4—室座；5—发热板；6—螺柱；7—轴；8—齿条；9—齿轮；10—锁紧轮；11—调整轮；12—导杆；13—成型模；14—托板Ⅰ；15—紧固螺旋；16—托板Ⅱ；17—滑座；18—紧固卡座；19—连接板；20—柱座；21—安装板；22—汽缸

成型部件的主体为成型模 13，它决定了薄膜成型的形状。成型模 13 安装定位在托板Ⅰ（件 14）上，托板Ⅰ和托板Ⅱ（件 16）紧固连接。成型模可在托板Ⅰ的卡槽中纵向滑动，用来调整成型模在机器上的纵向位置。成型模两侧套装有紧固螺旋 15（两者无螺纹连接关系），当成型模滑动时，通过左右紧固螺旋可带动紧固卡座 18，紧固螺旋 15 与紧固卡座 18 为螺纹连接，紧固卡座 18 与托板Ⅰ的两侧卡槽滑动勾合。当旋紧左右紧固螺旋 15 时，可使左右紧固卡座18向外拉紧，与托板Ⅰ锁定，从而固定成型模。托板Ⅱ的四角固装有滑座17，与四支导杆12滑动配合。在汽缸的作用下顶升托板Ⅱ，带动托板Ⅰ从而使成型模上升直至与上部加热部件的室座压合，模框周边与室座框边贴合，形成一个密封的加热成型室。当薄膜被加热到适宜温度时，由电控操纵气阀通气，使密封室内形成气压差，迫使薄膜成型。

热成型系统设计包括：热成型方法的选择、成型模的设计、加热装置设计等，在此分别介绍。

(1) 热成型方法

热成型的方法有多种多样，形式有很多变化。应用于热成型包装机上的成型方法主要有真空/压缩空气成型法、冲模辅助压差成型法、预拉伸回吸成型法、冲模成型法等。这几种成型方法均可设计成不同的模块，根据成型要求置换。

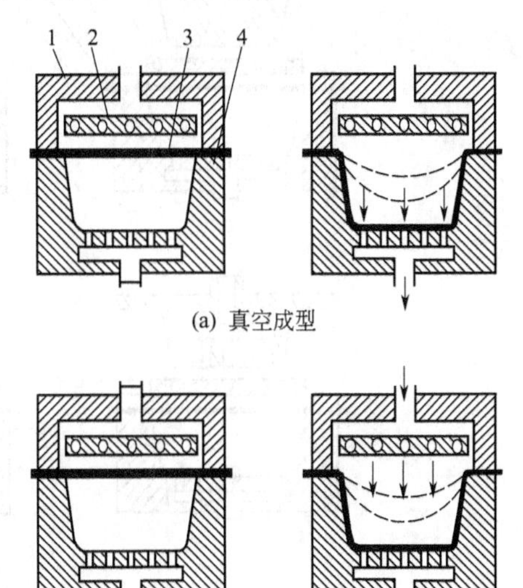

(a) 真空成型

(b) 压缩空气成型

图 9-25 真空/压缩空气成型
1—加热室；2—发热板；3—片材；4—成型模

① 真空/压缩空气成型 采用真空或压缩空气成型的方法其实是一种差压成型方法。也就是使加热片材两面具有不同的气压而获得成型压力。如图9-25所示，首先，片材被夹持在成型模与加热室框上，当片材加热到足够的温度，可使用三种方法使片材两面具有不同的气压：其一是从模具底部抽真空；其二是从加热室顶部通入压缩空气；其三是两者兼用。在压差的作用下，片材向下弯垂，与成型模腔贴合；随后经充分冷却成型。最后用压缩空气从成型模底吹入，令成型片材与模分离。

采用抽真空成型的方法，其最大压差通常为0.07～0.09MPa，这样的压差只适于较薄的片材成型。当这个压差不能满足成型要求时，就应采用压缩空气加压。在热成型包装机中使用的成型压力一般在0.35MPa以下。用于真空或压缩空气成型的模具以采用单个阴模为多。它所制成的成品的主要特点是结构较鲜明亮丽，与模面贴合的一面较精细且光洁度较高。在成型时，凡片材与模面在贴合时间上越后的部位，其厚度越小。图9-26所示是成型片材的厚度分布示意图。

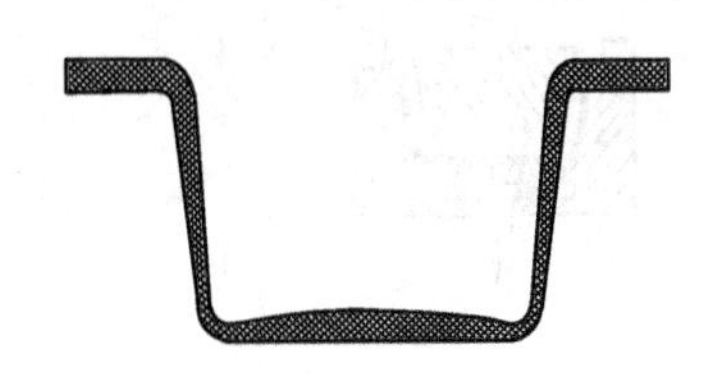
图 9-26 成型片材的厚度分布示意图

② 冲模辅助压差成型 这种成型方法根据压差形式的不同，分为冲模辅助真空成型和冲模辅助气压成型两种。

如图9-27所示，成型时，片材被夹持在成型模上，由加热器将其加热到足够的温度。接着，冲模下降，将片材压入成型模内，由于片材的张力及其下的反压作用，令片材紧包冲模而不与成型模接触。而且，冲模压入的程度以不使片材触及成型模底为宜。在冲模停止下降的同时，相关气阀开启，分两种情况成型：a. 当采用真空成型时，则从成型模底部抽气令片材与成型模面完全贴合；b. 当采用气压成型时，则从冲模上通入压缩空气以使片材与成型模面完全贴合，此时必须令冲模周边与成型模口相扣密封，压缩空气才能起作用。

在片材成型后，冲模提升复位，成型的片材经冷却脱模成为预制品。采用这种方法，制品的质量在很大程度上取决于冲模和片材的温度以及冲模下降的速度。在条件许可的情况下，冲模下降的速度越快，成型质量越好。

为了使制品的厚度更加均匀，可采用一种“气胀”的辅助形式，如图9-28所示。所谓

"气胀"，是指在冲模下降之前，由成型模底通入 0.007～0.02MPa 或更大气压的压缩空气，使加热的片材上凸成泡状物。随后，在控制模腔内气压的情况下将冲模下压，当冲模将受热片材压伸至接近成型模底时，冲模停止下降。与此同时，可采用在成型模底真空阀开启抽气，使片材与模腔面完全贴合，实现成型，如图 9-28(a)，即所谓冲模辅助气胀式真空成型。而将压缩空气由冲模顶部引入，同样可将片材压贴至模面而成型，如图 9-28(b)，即冲模辅助气胀式气压成型。

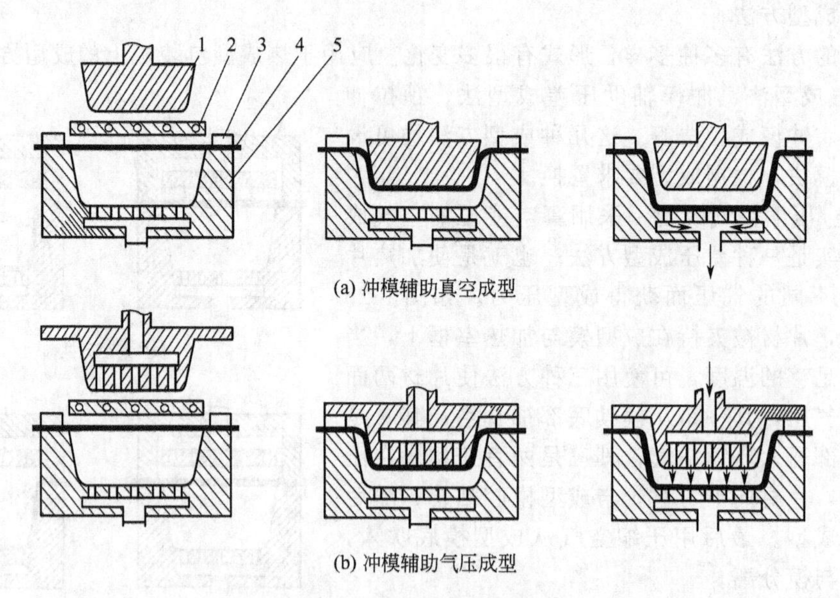

(a) 冲模辅助真空成型

(b) 冲模辅助气压成型

图 9-27　冲模辅助压差成型

1—冲模；2—发热板；3—压框；4—片材；5—成型模

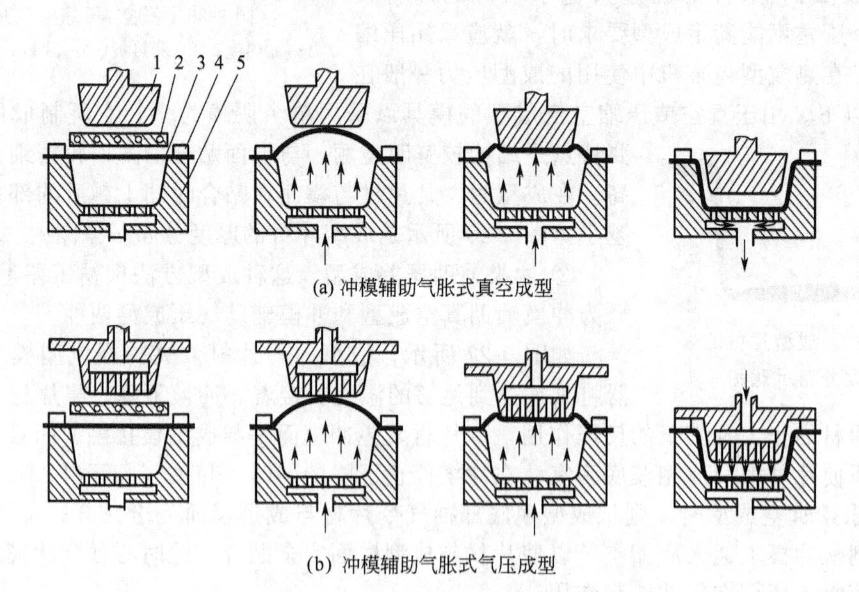

(a) 冲模辅助气胀式真空成型

(b) 冲模辅助气胀式气压成型

图 9-28　冲模辅助气胀式压差成型

1—冲模；2—发热板；3—片材；4—压框；5—成型模

采用气胀式成型方法，制品的厚度明显较均匀。只要调节好片材的受热温度、气胀泡状的高度、冲模温度和运行速度以及压缩空气或真空度的大小，即能精确控制制品厚度的均匀性。

由此法所得成型制品的壁厚可小至原片厚度的25%，而且重复性好，一般不会损伤原片材的物理性能，但应力有单向性，所以成型制品对平行于拉伸方向的破裂较为敏感。

采用冲模辅助成型时，冲模的体积约为成型模腔容积的70%～90%，其表面要求光滑，力求圆弧过渡。冲模辅助式成型较单纯的压差成型可得到厚度更均匀的成型制品。

③ 预拉伸回吸成型　预拉伸回吸成型方法，同样可分为真空回吸成型和气胀式真空回吸成型。图9-29(a) 所示是真空回吸成型。片材被夹持加热到一定的温度，由下模底抽真空，令片材吸入模腔至预定深度；然后上模下降压入下凹的片材内，直至上下模框边相互扣合将片材密封在抽空区内为止。其后，连接上模的阀门打开，由顶部抽真空，将片材回吸使其与上模面贴合成型。最后经冷却脱模，完成整个成型过程。图9-29(b) 所示是气胀式真空回吸成型。片材被夹持加热到一定的温度，当压缩空气由下模腔进入，将使受热的片材上胀成泡状，达到一定高度后，上模下压，将片材反压入下模腔内。在上模下压过程中，下模腔内仍保持适当的气压，使片材始终贴紧上模。当上模下压至适当位置使上下模框相互扣紧密封时，上模顶部抽空阀门开启进行抽气，从而使片材回吸与模面贴合成型。

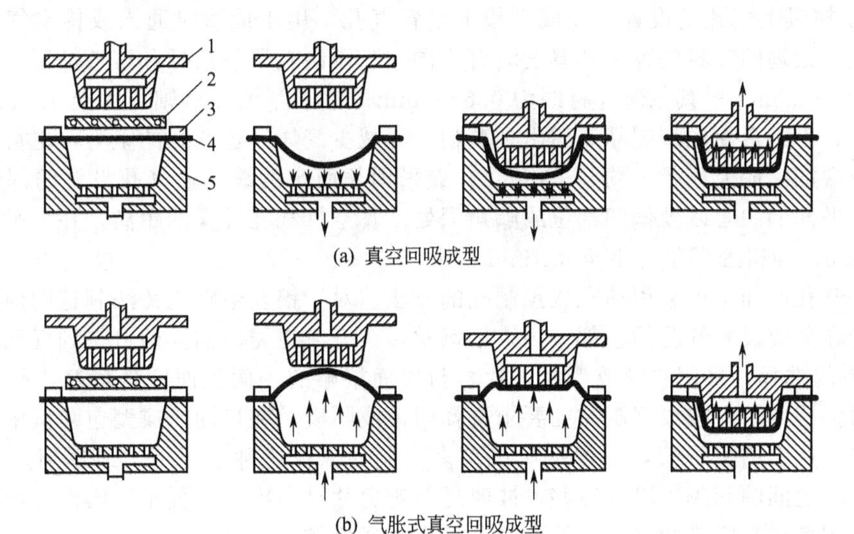

图9-29　预拉伸回吸成型

1—上模；2—发热板；3—压框；4—片材；5—下模

预拉伸回吸成型法所得的制品壁厚较均匀，而且可进行复杂形状的成型。

④ 冲模成型　如图9-30所示，它采用两个彼此扣合的单模，即阳模和阴模成型。当片材被加热到适当温度时，阳模下压拉伸片材直至与阴模扣合，实现成型。成型过程中，模腔内的空气由模上气孔排出。

采用这种方法，模具加工要求较高。为使上下模完全压合，通常其中一个模的模面采用泡沫橡胶等软质材料，这样可使片材成型更理想。由冲模成型的制品复制性和尺寸准确性均较好，可成型复杂的结构。

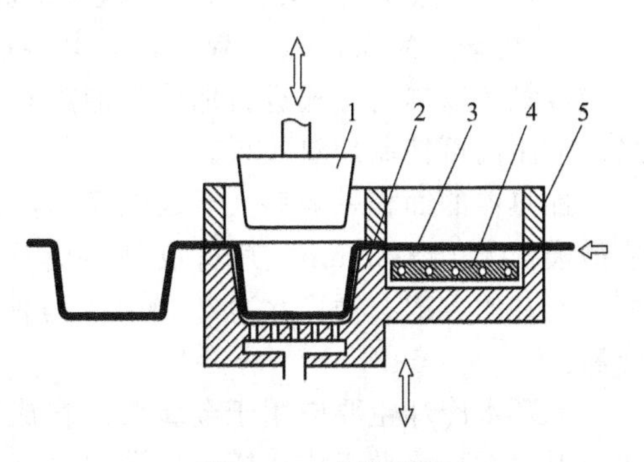

图9-30　冲模成型

1—阳模；2—阴模；3—片材；4—发热板；5—压框

(2) 成型模的设计

在热成型包装机设计时，其成型压力不是很高，成型模的刚度要求较低。制模的材料除了钢材外，较多采用合金铝以及酚醛、聚酯等工程塑料。

设计成型模时，其关键技术如下所述。

① 制品的表面光洁度与模具表面的光洁度的相关关系　一般情况下，高度抛光的模具将制得表面光泽的制品，闷光的模具则制得无光泽的制品。但是，由于各种塑料片材有自己的热强度和抗张强度以及对模面的黏结特性，因此对模具表面的要求也不尽相同。

② 模具成型的拉伸比　成型模深度和宽度的比值通常称为拉伸比，它是区别各种热成型方法优劣的一项指标。一般情况下，使用单个阳模成型时，其拉伸比可以大些，因为可利用阳模对片材进行强制预拉伸，但其拉伸比不能超过1。而用阴模成型时，拉伸比通常不大于0.5。采用冲模助压压差成型的方法，拉伸比可达1以上。通过热成型制成的制品，收缩率约0.002～0.009mm/mm。设计模具时应对收缩率加以考虑，才能制得尺寸精确的制品。

③ 成型模具上角度的设计　成型模上的棱角和隅角不应采用尖角，而应设计为圆角，以避免成型制品形成应力集中，从而提高冲击强度。模内圆角半径最好等于或大于片材厚度，但不小于1.5mm，模壁应设置斜度以便脱模。阳模的斜度一般为2°～7°，而阴模为0.5°～3°。

④ 成型模具上气孔的设置　在成型模上设置气孔，用于成型时通入或排出气体，气孔直径的大小随所处理的片材的种类和厚度略有不同。当压制软聚氯乙烯和聚乙烯薄片时，气孔直径约为0.25～0.6mm；其他薄片材约为0.6～1mm；对于厚硬片材则可大至1.5mm。气孔直径不能过大，否则会使成型制品表面出现赘物。为减少气体通过气孔的阻力，也可将通气孔接近模底的一端加工成大直径（约5～6mm），或采用长而窄的缝。通气孔设置的部位大多数在成型模较大平面的中心以及偏凹部位或隅角深处。真空排气孔设置的距离，在大平面部位可大至25～76mm，而精细部位可小至6.4mm以下。

真空排气孔的加工可采用钻孔或预制孔的方法。对于铝及塑料浇铸法制造的模具，可在浇铸过程中，在需要设置气孔的各部位插入细铜丝，在完成浇铸后抽去即可得到气孔。

⑤ 模具的选择　采用单模成型时，片材与模面接触的一面表面质量最好，而且结构上也较鲜明细致。因此，应按成型制品的要求选择阳模或阴模。在自动热成型包装机中，为提高生产率，较多采用多槽模成型，以便一次成型多个制品。在这种情况下，最理想是采用阴模成型，因为模腔之间的间隔可以紧凑些，同时还可避免片材在模塑过程中与模面接触时起皱的缺点。此外，阴模成型脱模较易，其缺点是制品底部断面较薄。

(3) 加热装置的设计

在热成型系统中，用于加热片材的方法主要有两种：热板紧贴直接加热及红外线辐射加热。在全自动热成型包装机中，前者常用于预热装置；而后者因其热效率较高，常用于热成型装置。

加热器一般采用电热丝发热，电热丝贯穿在石英或瓷套管内。加热器表面温度一般为370～650℃，功率约为3.5～6.5W/cm^2，其温度变化可通过温控表控制。待加热的片材一般不与加热器接触，以辐射方式进行加热。加热器与片材的距离可调，其调节范围可为10～50mm。通过调节距离可控制加热效果。

加热器的面积一般略大于成型模框，以保证片材全面均匀地加热。一般加热器面的边线比成型模框大10～50mm。片材成型后应马上冷却，使其定型。为提高生产率，冷却应越快越好。冷却的方式有循环水冷却和风冷两种。其中循环水冷却是通过模具的冷却面导热使制品降温。

循环水冷却主要应用于金属模。在成型中，模具的温度一般保持在45～75℃，因此，只要使温水循环流动于成型模底预设的通道，即可达到保持模具温度及冷却制品的效果。对于塑料模具，由于传热性较差，只能采用时冷时热的方法保持其温度，即红外线辐射加热结合风扇冷却的方式。在冲模助压成型中，为防止片材因与冲模接触而急剧降温，影响成型，冲模必须保持与片材相同或相近的温度，因此，冲模内部同样要加热。

（4）影响热成型的主要因素

① 加热　片材热成型的首要条件是加热。将片材加热到成型温度所需的时间，一般约为整个成型工作周期的50%～80%。因此，尽量缩短加热时间是提高工作效率的关键。

不同的片材，厚度不一样，其成型温度和加热时间均相异。片材的最佳成型温度有一定的范围。成型温度的下限值是以片材在拉伸最大的区域内不发白或不出现明显的缺陷为度；上限值则是片材不发生降解和不会在夹持框架上出现过分下垂的最高温度。为了提高工作效率，获得最短的成型周期，通常成型温度都偏向下限值。例如，采用ABS片材成型时，其低限成型温度可低至127℃，而高限则达180℃。当采用快速真空成型法浅拉伸制品时，成型温度为140℃左右，深拉伸时为150℃；当成型较为复杂的制品时，则偏高限值为170℃。

② 制品厚度的均匀性　成型时，由于模具各部分的变化，使得片材各部分拉伸情况并不一样，这样易造成制品的厚薄不均。为改善这一情况，可采取两种手段：其一是设计的模具通气孔要合理分布；其二是针对成型时拉伸较为强烈的部分可用适当的花板遮蔽，让其少受热，令该处温度稍低，如此可使成型制品的均匀性稍好些。但这种制品由于内应力的关系，在因次稳定性和机械性方面都有影响。一般的表现是受遮蔽部分的因次稳定性比较小，而且有较高的抗冲强度。提高全面的成型温度能减少制品的内应力和取得较好的因次稳定性。

影响制品厚薄不均的另一个因素是拉伸和拖曳片材的快慢，也就是抽气、气胀的速率，或成型模具、辅助冲模等的移动速度。一般而言，速度应尽可能地快，这对成型本身和缩短成型周期均有利。因此，可将通气孔加工成长而窄的气缝。但是，过大的速率，却会因塑料流动的不足而使制品在偏凹或偏凸的部位呈现厚度过薄的现象。反之，过小的速率又会因片材的先行冷却而出现裂纹。拉伸的速率依赖于片材的温度，因此，薄型片材的拉伸一般都应快于厚型片材，因为较薄的片材在成型时温度下降较快。

另外，为了获得较佳的成型质量，成型模具和辅助冲模应根据不同的塑料片材而采用适当的温度。

③ 脱模　片材热成型之后均紧贴模具，此时将面临一个脱模问题。脱模必须要冷却，按上述冷却方法可采用循环水冷却或风冷。无论采用哪种方法，都必须将成型制品冷却到变形温度以下才能脱模。例如，聚氯乙烯冷却温度为40～50℃，聚甲基丙烯酸甲酯为60～70℃，醋酸纤维素为50～60℃。如果冷却不足，制品脱模后会变形。但过分冷却则在凸模成型的情况下，会由于制品过度收缩而紧包在模具上，致使脱模发生困难。

2. 封合装置

底膜经热成型制盒后，接受充填物料，被牵引进入封合室。在封合室内，成型盒将被覆盖上膜，即密封膜，作封合准备。

整个封合装置主要由上下两部分组成，下面是一个托模部件，上面是一个压封室座，两者组合成一个封合室。

托模部件与热成型装置中的成型部件基本相似（参照图9-24），承托模的内腔与成型盒基本一样，以能合适套入成型盒为宜。承托模安装定位在托板上，承托模可轻易拆卸并更换，以适应不同形状的成型盒。当汽缸动作时，经托板带动，承托模沿导杆上下升降，上升到最高点将与压封室座的室框扣合形成密封室。

压封室座的结构如图9-31所示，其主体是室框10和座板7，均为铝合金铸件，两者以螺钉连接，其间用橡胶垫2密封。在座板上安装有两个汽缸5，这是热封合的驱动装置。室框内装置有一块热封板11，热封板通过连接板3和法兰盘4固定在汽缸活塞轴头下。当汽缸动作时，带动热封板上下运行，完成热封合动作，使上膜与底盒热融压合在一起。

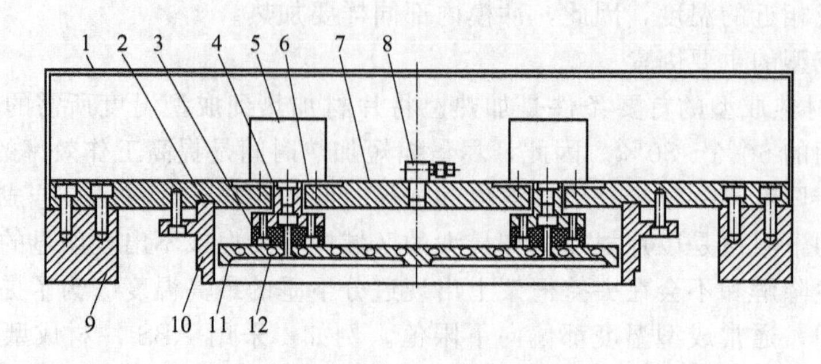

图 9-31　压封室座的结构

1—室罩；2—橡胶垫；3—连接板；4—法兰盘；5—汽缸；6—密封圈；7—座板；
8—气嘴；9—支承座；10—室框；11—热封板；12—电热管

当盛载物料的成型盒步进送到压封室座下的同时，上膜已覆盖其上。此时，承托模被汽缸顶升，套住料盒并将其周边压合在室框下，形成四周密封的封合室。根据工艺要求，可对料盒实行抽真空及充气工序，如图 9-32 所示。抽真空时，开启上下气阀，压封室座与承托模同时抽气，即料盒的上下均需抽气，否则存在压差，影响封合质量。抽气后，可转换气阀，充入保护性气体。由图示可见，上下膜宽度并不一样，上膜比下膜稍窄。承托模与压封室座扣合时只将下膜边缘压合，而上膜两边却留下空隙，这个空隙正是用作盒内排气及充气的通道。一般要求下膜比上膜宽 20mm。当料盒完成真空及充气工序后，上汽缸同时动作，将热封板压下，完成热融封合动作。热封板的温度由测温头测定，并通过温控表控制。完成封合后，承托模下降，封合的料盒进入裁切工序。

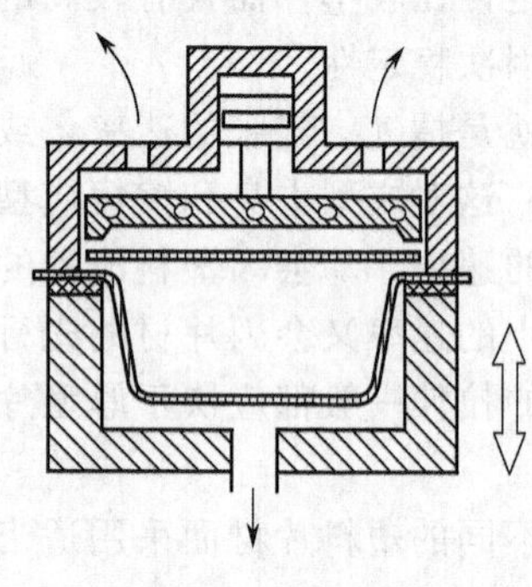

图 9-32　真空充气
封合示意图

3. 分切装置

片材经热成型，装料及封合后，形成了一排排连体的包装，必须经分切整形才能成为单个完美的包装体。分切装置包括有横切机构、切角机构、纵切机构等，每一个机构均可作为独立的整体成为一个模块，按需装配到包装机上。

(1) 横切机构

横切机构的作用是将封合的多排料盒横向切断分离。其结构如图 9-33 所示。整个机构由横梁 3、支承座 4、支承板 1 8 及两支导杆 15 连接成一个刚性的框架。

在支承板 18 中间安装有一个汽缸 19，汽缸活塞轴头连接底刀托座 17，托座中间开槽，装配有底刀 16，由螺钉固定。通过汽缸可带动底刀上升和下降。

左右支承座 4 的凸台装有滑杆 5，作为上刀座 7 的支承和导向。上刀座 7 上安装有切刀 10，通过螺钉由压板 20 紧固。因此，上刀座 7 可带动切刀 10 沿滑杆 5 上下移动。滑杆 5 上套有弹簧 6，作为上刀座复位之用。在上刀座 7 和横梁 3 之间夹持着一个长条形橡胶气囊 9，其两端用螺钉固定在横梁上。

当封合后的料盒进入横切位置并定位后，横切机构开始工作，步骤如下。

a. 汽缸 19 动作，顶升底刀 16，直至接触料盒边缘，停顿。位置由定位块控制。

b. 连接气囊 9 的阀门开启，充入压缩空气，气囊瞬间膨胀，冲击上刀座 7，令其带动切刀 10 迅速向下运行，切断薄膜。

c. 气阀换向，气囊 9 排气，上刀座 7 由两侧弹簧 6 作用复位。

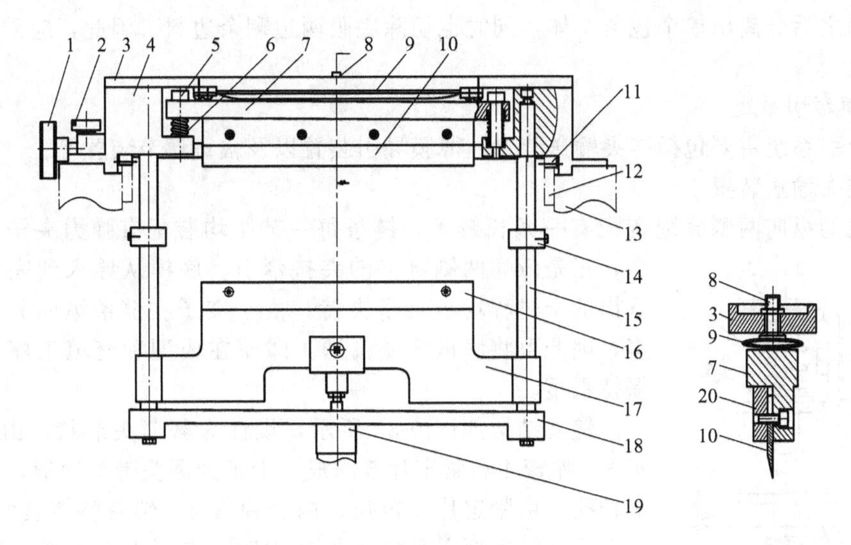

图 9-33 横切机构

1—调整轮；2—锁紧轮；3—横梁；4—支承座；5—滑杆；6—弹簧；7—上刀座；8—气嘴；9—气囊；10—切刀；11—齿轮；12—齿条；13—机架；14—定位块；15—导杆；16—底刀；17—底刀托座；18—支承板；19—汽缸；20—压板

d. 汽缸下降，带动底刀 16 复位。至此，完成一个冲切过程。

横切刀一般比底膜宽度稍短，以不碰到两侧链夹为限。因此，横切后，沿机器纵向每排的料盒并未完全分离，依靠两侧未切断的边缘相连，由链夹牵引带到纵切工位。

旋动调整轮 1，通过横向转轴（图中未示出）可带动两侧齿轮 11 旋转，并通过与固定在机架两侧的齿条 12 啮合，而使整个横切机构沿机器纵向移动，达到调整切断位置的目的。

切角机构的工作原理与横切机构一样，切角机构的作用是冲切圆角及修整盒边缘等。

（2）纵切机构

纵切机构一般作为后道工序，将单个包装体完全分离。经横切后，料盒已形成一排排带横切缝的包装体，只要经纵向切断即可分离。

纵切机构的结构如图 9-34 所示。它由一个微电机驱动。纵切机构装置有若干把圆刀片 11，按每排成型盒数而定，例如一排成型盒数有 3 个，则需要装配 4 把圆刀片。圆刀片由螺钉固定在刀座 12 上，刀座可在长轴 13 上滑动，调整位置后由紧定螺钉固定。长轴 13 的两端与轴头Ⅰ和Ⅱ的凹凸卡位连接，通过弹簧 9 的压力由滑套 8 套合固定。因此，电机可通过联轴器带动轴头Ⅰ驱动长轴 13 旋转。当需要换刀时，将左右滑套向内拨动，压缩弹簧，令滑套脱离轴头Ⅰ、Ⅱ，则可顺利将长轴连同刀座刀片取出。

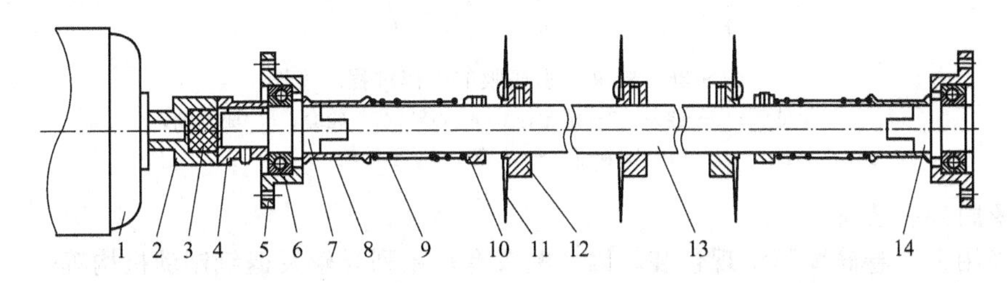

图 9-34 纵切机构

1—微电机；2—半联轴器Ⅰ；3—连接块；4—半联轴器Ⅱ；5—安装座；6—轴承；7—轴头Ⅰ；8—滑套；9—弹簧；10—定套；11—圆刀片；12—刀座；13—长轴；14—轴头Ⅱ

经纵切之后分离出单个包装个体，同时也切除底膜两边剩余边料。因此，应采取措施加以收集。

4. 薄膜牵引系统

薄膜牵引系统主要包括链夹输送装置、薄膜导引装置以及幅宽调节装置等。

(1) 链夹输送装置

包装机的纵向两侧分别装配有一条长链条，链条每一节距均装配有弹力夹子。底模的传送，正是依靠两侧链夹的夹持牵引。底模从导入到完成包装分切输出的全过程均被夹子夹持。由于夹子在链条纵向分布，数量众多，因此可将底模平展输送。即使在成型和充填工序，底模也能保持平整。

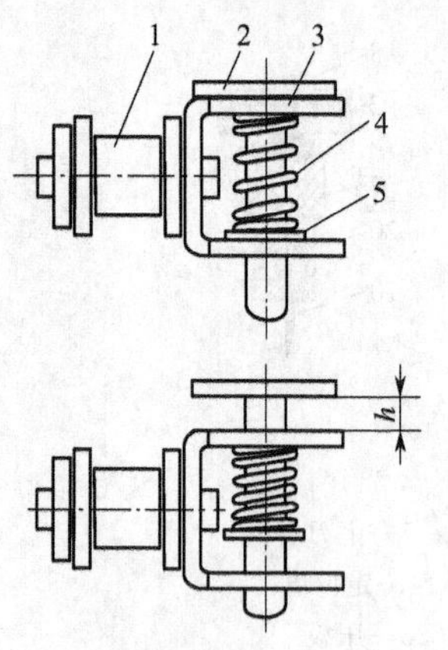

图 9-35 链夹结构
1—链节；2—卡子；3—卡座；4—弹簧；5—紧定片

链夹结构如图 9-35 所示，设计为蘑菇头形状，由卡子 2、卡座 3、弹簧 4 和紧定片 5 组成。卡子为圆头带销轴形，穿入卡座上下轴孔，由紧定片 5 定位，内套弹簧 4，然后整体装配在链节上。当卡子销轴底部受到向上作用力时，卡子上升并通过紧定片压缩弹簧。此时，卡子圆头与卡座顶面间露出间隙 h，足以插入薄膜边缘。当卡子销轴底部作用力取消时，卡子受弹簧力作用复位夹紧薄膜。

链夹牵引底膜的工作过程如图 9-36 所示，图示是底膜导入的初始位置。链条由动力驱动作步进运行，方向如图示。链夹在进入偏心轮套之前及脱离偏心轮套之后，其卡子和卡座均处于夹紧状态。当链夹进入偏心轮套 A 点，其卡子销轴底与偏心轮外圆接触。在环绕偏心轮套运行的半圆中，受偏心轮的作用，卡子顶起使链条夹张开，到 C 点为最高点。底膜由 B 点导入，脱离 C 点后，链夹闭合，将底膜夹紧。工作初时，由人工将底膜导入，当底膜前端被链夹夹持后，即可连续自动输送。

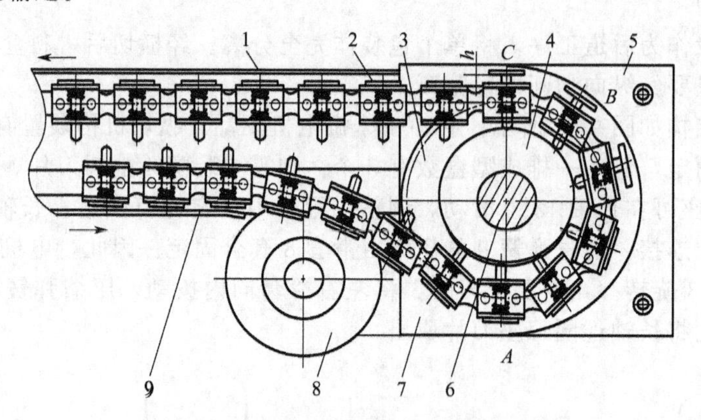

图 9-36 链夹牵引底膜的工作过程示意图
1—上链轨；2—链夹；3—链轮；4—偏心轮；5—轮套；6—驱动轴；7—安装座；8—托轮；9—下链轨

(2) 薄膜导引装置

本机采用上下卷筒薄膜实现包装，因此配置有一系列导辊及退纸制动机构等。

薄膜的退纸辊结构如图 9-37 所示，这是一个带轴向调节的退纸机构。它主要由定轴 8、辊筒 9、挡盘 10、法兰套 12 及调位轮 2 等组成。法兰套 12 由螺栓安装在机体上，定轴 8 由法兰套固定。辊筒 9 的两端装有轴承，可以沿定轴 8 左右滑动。

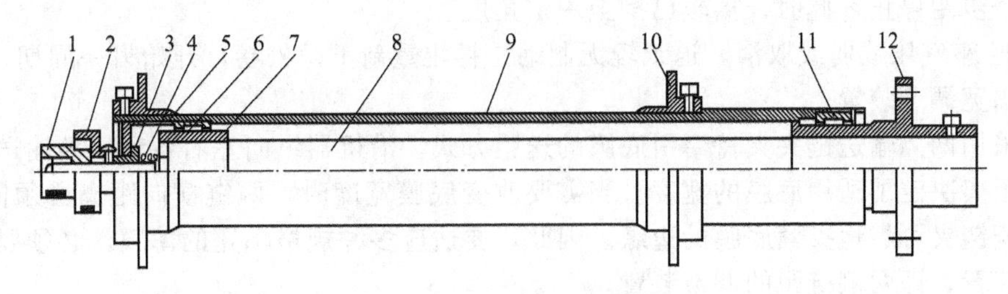

图 9-37　退纸辊结构

1—锁紧套；2—调位轮；3—螺套；4—弹簧；5—定位套；6—轴承；7—内套；
8—定轴；9—辊筒；10—挡盘；11—轴承；12—法兰套

当卷筒薄膜套入后，由挡盘 10 固定在辊筒上。旋转调位轮 2，可令螺套 3 转动，通过定位套 5 推动或拉动辊筒 9 向右或向左移动，从而调整卷筒薄膜的轴向位置，以便于对中输送。

本机退纸辊的制动采用特殊的气膜施压形式，附设在摇辊机构上，如图 9-38 所示。在此，摇辊机构充当容让辊，保证薄膜输送过程中适当的张力。它主要由摇板 2、导辊 3、转轴 14 及其支承座 1 2、气腔座 15、制动套 5、弹簧 6、制动块 7、膜片 9 和压片 10 等组成。气腔座 15 固装在支承座 12 侧面，两者连接处压紧一块橡胶膜片 9。气腔座内滑套套着制动套 5 及压片 10，而制动套内紧套着一个圆柱状橡胶制动块 7。

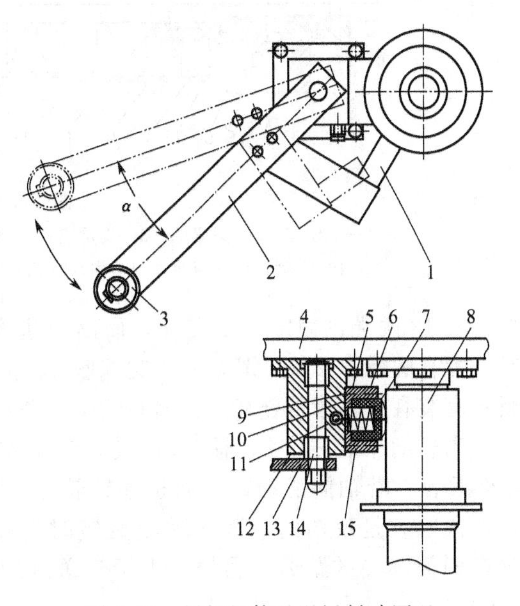

图 9-38　摇辊机构及退纸制动原理

1—缓冲胶；2—摇板；3—导辊；4—机体；5—制动套；6—弹簧；7—制动块；8—退纸辊；9—膜片；10—压片；11—气嘴；12—支承座；13—轴套；14—转轴；15—气腔座

由于膜片与支承座紧贴的一面与通气孔相连，压缩空气可通过气孔输入。当气压加大时，膜片膨胀，推动制动套迫使制动块施压在退纸辊筒壁上，实现制动；取消气压后，制动力减弱。由此可见，调节气压的强弱可改变制动力的大小。这一特点更有利于实施自动化控制。

当薄膜松卷时，气压减弱或取消，退纸辊转动自如，卷筒薄膜可顺利引出。当松卷达到设定长度时，施加气压，使退纸辊因制动力加大而抱紧，纸卷停止引出。这周期性的一张一弛，通过光电装置检测摇辊摇动角度来自动实现。

由于本机是采用连续步进的工作方式，在每一次步进前，要求卷筒薄膜预先松卷引出一段自由长度，以减少牵引阻力。松卷的动力有两种方式，其一是利用摇辊自身的重力；其二是在摇板上附加一个汽缸压力。一般上膜较薄，卷筒直径较小，重量较轻，因此只采用摇辊重力式松卷即可。而下膜由于较厚，直径较大，重量较大，可附设一个汽缸顶压。

松卷退纸的工作过程如下所述。

a. 气腔座气压减弱或取消，退纸辊无制动，摇辊依靠重力或受汽缸顶压向下摇动，从而带动卷筒松卷。

b. 摇辊向下摆动到一定角度，受光电检测的监控，达到预设要求时，气阀接通，气腔座通入气压，给予退纸辊制动力，摇辊停止下摆。被牵引出的薄膜受摇辊重力而张紧。

c. 输送链夹启动，带动薄膜步进，预拉出的薄膜受牵引向前运行，同时将摇辊提升，直至完成一个步距停止。此时，摇辊已摆至一定角度。

d. 气腔座气压减弱或取消，退纸辊无制动。摇辊重新下摆松卷，开始另一周期。

(3) 幅宽调节装置

本机采用两侧输送链夹夹持牵引底膜的送膜方式。沿机器纵向左右各有一条输送链，两条链横向的距离决定了适用底膜的宽度。当需要改变底膜宽度时，两链横向距离必须同时改变，才能使两侧链夹可靠地夹紧底膜的边缘。因此，要适应多种规格幅宽的薄膜，必须要设计一个幅宽调节装置，即两侧链距的调节装置。

图 9-39 所示是导入辊机构。底膜松卷退纸后，经摇辊及系列导辊，然后由此辊导入链夹。导入辊主要由滑动套筒 11、固定套筒 12、轴 1 3 以及固定座 1、圆螺母 2、支承座 3、偏心套 4、链轮 5、偏心轮 7、滑套 9、手轮 15 等组成。

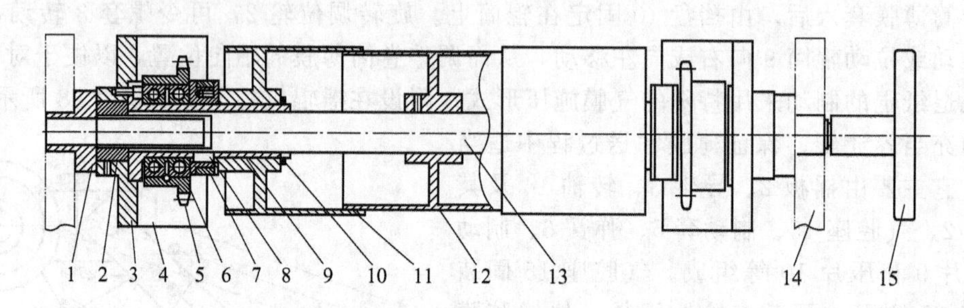

图 9-39 导入辊机构

1—固定座；2—圆螺母；3—支承座；4—偏心套；5—链轮；6—轴承；7—偏心轮；8—键；9—滑套；10—挡圈；11—滑动套筒；12—固定套筒；13—轴；14—机架；15—手轮

轴 13 两端由固定座 1 支承，而固定座安装在机架上。轴 13 左右各有一段螺纹，旋向相反，配合圆螺母 2。圆螺母 2 与支承座 3、偏心套 4 及滑套 9 通过螺钉连接。在滑套 9 上，按顺序套装有带轴承的链轮 5、偏心轮 7 以及滑动套筒 11，其中偏心轮以键定位。

当转动手轮 15 时，轴 13 旋转，带动左右圆螺母 2，使固装在一起的支承座 3、偏心套 4 及滑套 9 沿轴向滑动，从而迫使链轮 5、偏心轮 7 及滑动套筒 11 同时移动。由于轴 13 左右两段螺纹是反向的，因此手轮旋转时，左右两部分构件可同时向内或向外移动，因此可改变两侧链夹的距离。另外，由于输送链的链轨是固装在支承座 3 上的，因而可以随同链轮同时移动。

5. 色标定位

在热成型包装机中，底膜用于成型，一般采用无色标的空白膜，而上膜则采用有色标带图案的印刷薄膜。

在包装过程中，存在两个定位问题，其一是底膜成型的定位，其二是上膜图案的定位。

底膜在热成型区成型，变成一定形状的托盘，由链夹牵引按一定步距步进，进入热封区。对应于热成型区的成型模，在热封区中有一个承托模，当片材由成型模成型后步入热封区，必须要被承托模准确承托，才能顺利完成封合。如果成型盒步进后不能准确定位在承托模上，在封合动作时将会被承托模压坏。

设承托模与成型模间的距离为 L，则有 $L=nt$，其中，t 为输送链运行步距；n 为正整数。

成型模与承托模间距离 L 可通过手动调整准确。而薄膜输送的步距 t 根据选择的驱动方式不同，有多种控制形式，其中以步进电机控制系统可达到最精确灵活的定位。也可采用三相双速电机经减速器配置电磁离合-制动器的控制方式，在驱动输送链条的输出轴装置光栅检测器，由光电传感器检测转位角度，再控制电磁离合-制动器动作，使输送链条按要求运行、停止，实现准确定位。

在底膜成型盒进入热封区后，上膜随即覆盖其上，必须保证每一次上膜图案能准确的定位在盒面正中位置，否则影响包装质量。这主要通过光电检测控制系统来完成。

由于上膜与下膜封合后并不马上切断，而是粘合在一起受链夹牵引前行，因此，本机采用单向补偿的光电检测控制系统定位上膜。为此，机器设置有一个上膜制动装置配合光电定位，如图9-40所示。这一装置也采用气囊制动的方式。上膜从导辊8和制动胶5之间的间隙 k 中穿行，当气阀通入压缩空气后，气囊3膨胀，迫使压力座4推动制动胶5右移，压紧薄膜于导辊上。

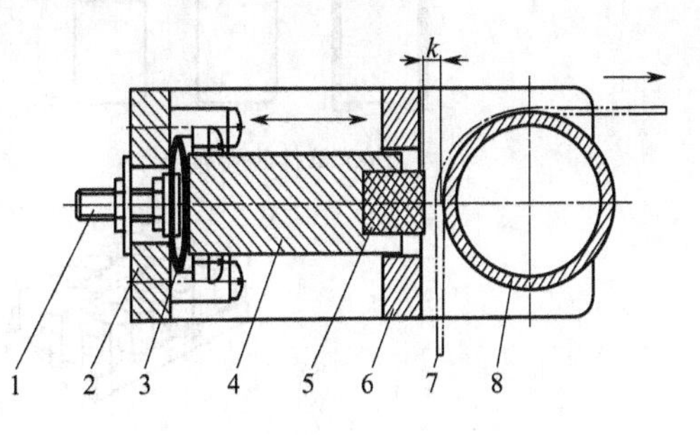

图9-40 上膜制动装置

1—气嘴；2—安装座；3—气囊；4—压力座；5—制动胶；6—导板；7—薄膜；8—导辊

当上膜色标被光电眼检测到位时，通过电控使上膜制动器动作，制动上膜。于是，色标间的容许偏差通过薄膜的轻微伸展而获得补偿，从而保证印刷图案总是处于已完成装填的包装盒的同样位置。上膜的首次导入，必须保证与底膜成型盒准确对位，否则，影响以后的图案定位。

6. 气动及控制系统

由前述可知，在全自动热成型包装机中，控制系统均采用可编程控制器或微机控制，各包装工序可通过编程输入达到协调动作，精确控制。机器各工序的执行机构主要以气动为主，再以少量电动机驱动配合。在整台包装机中，气动机构几乎包含在各个工序之中，形成一个复杂的气动系统，其具体结构在此从略。

第四节 热收缩包装设备

一、概述

热收缩包装，就是利用具有热收缩性能的塑料薄膜对物料进行包裹、热封，然后让包装物品通过一个加热室，使薄膜在一定温度下受热收缩，紧贴物品，形成一个整齐美观的包装品。

热收缩包装方法既可用于内包装，也可用于外包装，其包装种类主要有以下三种。

① 用于物品的单件收缩包装或多件集合包装，如图9-41(a)、(b)所示。单件物品通过热收缩膜的包装可增加其外表光泽和透明度，而多件集合包装可起到一种捆束作用，使包装整齐漂亮。

② 收缩膜配合托盘对物品进行包装，如图9-41(c)、(d)所示。图9-41(c)的包装形式广泛应用于速冻食品的包装上。食品直接盛于托盘内，外面覆盖薄膜，经加热收缩形成一个密封、结实、卫生的包装体。而图9-41(d)是由多件有规则形状的物品，也可以是独立包装的物品整齐排列在托盘上，外套收缩膜，形成一个集合包装体，既美观，且易于装载运输。

③ 物品装入纸箱纸盒后，外套热收缩膜进行收缩包装，如图9-41(e)。可免除纸箱的捆扎或封贴，而且透明美观、防尘防潮。

热收缩包装具有以下几个特点。

① 具有良好的捆束性。只需采用合适的收缩膜，可避免物品在运输中的松包和损坏，而

图 9-41　热收缩包装的类型

且包装和开封比普通捆扎要简易方便。

② 密封性较好。可防尘防水，甚至可以户外堆积存放。

③ 包装的适应性好。即使物品的形状复杂，收缩包装也能紧贴包裹，有效包装。

④ 可用于低温贮藏。广泛使用于新鲜蔬菜、肉类食品的低温保存及多数速冻食品的包装。

⑤ 可提高物品的保存性。包装时薄膜紧贴在内容物上，能排除物品表面的空气。

⑥ 可改善商品外观，增加光泽和透明度，既直观又易于分类。

二、热收缩包装材料的基本性能

热收缩包装的质量取决于包装材料和收缩设备的性能，而包装材料是先决条件。

1. 热收缩薄膜的特性

(1) 热收缩薄膜与普通薄膜的区别

塑料是由链状高分子组成的，把塑料加热熔融挤出，通过压延或吹塑，并拉伸，最后骤冷即制成薄膜。普通薄膜的链状分子在其内部完全是无规则排列的，这类薄膜可称为无拉伸薄膜。

热收缩薄膜，是通过拉伸工序，把上述无规则的链状分子按纵横方向排列而制成的薄膜。经拉伸获得分子取向的薄膜具有非常优异的性能。

热收缩薄膜最突出的特点是收缩复原的现象。即在制造热收缩薄膜时，预先进行加热并向一定的方向拉伸，然后骤冷，使链状分子按拉伸方向排列。当把这种薄膜再加热到拉伸时的温度，链状分子恢复到原来的杂乱无章的状态，而薄膜尺寸也恢复到拉伸前的大小，即产生收缩复原的现象。

(2) 热收缩薄膜的一般性能

热收缩薄膜的主要性能包括热收缩率、收缩温度和热封性能。

① 收缩性能　每一种用于包装的收缩薄膜都具有不同的收缩量和收缩强度，即具有一定的收缩特性。收缩特性是根据加工薄膜所使用的聚合物种类和加工条件不同而相异的。衡量收缩特性主要以收缩率、总收缩率和定向比为指标。

收缩率：指薄膜试样单位原长在一定加热条件下的尺寸收缩量的百分数。

总收缩率：指纵向收缩率和横向收缩率之和。

定向比：指薄膜的纵向定向收缩分布率与横向定向收缩分布率之比。而纵向定向收缩分布率＝纵向收缩率/总收缩率×100%；横向定向收缩分布率＝横向收缩率/总收缩率×100%；定向比＝纵向定向收缩分布率/横向定向收缩分布率。

热收缩膜在纵横两个方向都具有一定的收缩率，而且在用于包装时，要求达到50%左右为佳。当然，根据包装物品的要求，可选用具有纵横方向收缩率或只有单方向收缩率的薄膜，收缩率的大小也应根据物品的包装要求而异。

② 收缩温度和热封性能　大多数的热收缩包装都是先通过热封后再加热收缩的。在收缩时薄膜和封口要受到一定的拉力，因此要求薄膜具有足够的热封强度和抗拉强度。

应控制薄膜的热封温度和收缩温度。薄膜开始收缩的温度至停止收缩的温度为其收缩温度范围。在收缩温度范围内，收缩率将随温度的升高而增加。收缩薄膜在收缩包装时产生的收缩力大小，在某种程度上取决于所采用的收缩温度。如果温度太高，起始的收缩力将很高，但在包装后的贮藏期间其收缩力将下降，导致包装松弛。薄膜的收缩温度与收缩率有一定的关系，图9-42为几种薄膜的收缩温度与收缩率的关系曲线。为了保证包装的保护性能，要求薄膜具有一定的抗冲击强度、耐撕裂强度和适当的防潮、耐油性，对于某些食品类包装还要求薄膜有一定的透气性。

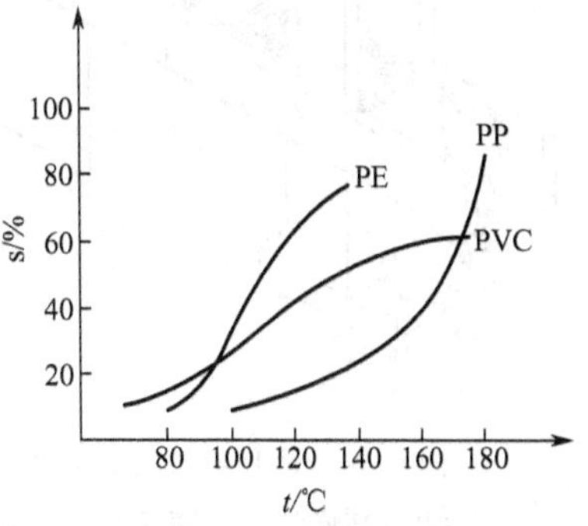

图9-42　收缩温度与收缩率的关系曲线

以上是热收缩薄膜应具备的一般性能，针对不同的物品和包装形式，选用的收缩薄膜的性能应各有侧重。

2. 常用热收缩膜的种类

在生产上应用较多的收缩薄膜有聚氯乙烯（PVC）、聚乙烯（PE）和聚丙烯（PP），其次还有聚酯（PET）、聚苯乙烯（PS）、乙烯-醋酸乙烯共聚物（EVA）等，表9-4列出了常用热收缩薄膜的性能指标。各材料的性能及应用范围可参见相关资料。

表9-4　常用热收缩薄膜的性能指标

薄膜材料	薄膜厚度 δ/mm	收缩压力 p/MPa	收缩温度 t_1/℃	烘道温度 t_2/℃	热封温度 t_3/℃	收缩率 s/%
聚乙烯	0.025～0.051	0.3～6.9	88～149	121～190	121～204	20～70
聚丙烯	0.013～0.038	2.0～4.1	93～177	149～232	177～204	50～80
聚氯乙烯	0.013～0.038	1.0～2.0	66～149	107～154	135～187	30～70
聚酯	0.013～0.017	4.8～10.3	71～121	107～260	98	45～55
聚丁烯	0.013～0.051	0.1～0.4	88～177	121～204	149～204	40～80
离子型树脂	0.025～0.076	0.1～1.7	90.5～135	121～177	121～204	20～40
重荷EVA	0.025～0.25	0.3～0.6	66～121	93～160	93～177	20～70

三、典型的热收缩包装设备

热收缩包装设备主要由两部分组成：即包装封口机及热收缩装置。图9-43是热收缩包装设备的外形图。

包装过程的工作程序为：物品首先在包装封口机上被薄膜裹包封口，形成一个整体包装，然后再通过加热通道使薄膜收缩套紧物品，从而实现收缩包装。对于收缩标签包装，则需要先把筒形薄膜标签套于包装物品，如瓶类的颈或腰部，再经加热通道使标签收缩，套标可由包装机或人工完成。因此，一个收缩包装，需要分两步完成，其一是薄膜裹包封口，其二是加热收缩，缺一不可。并且裹包封口的形式对热收缩包装的最终形态起到决定的作用。

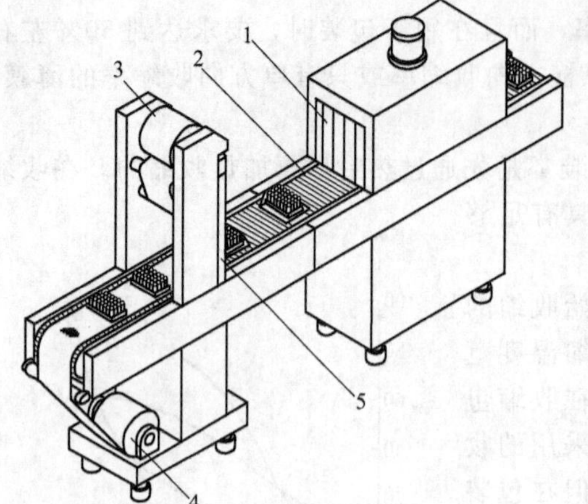

图 9-43　热收缩包装设备外形图

1—热收缩通道；2—输送带；3—上卷膜；4—下卷膜；5—横封机构

1. 配套热收缩包装的裹包封口机的类型

(1) 卧式枕形裹包机

图 9-44 为一种典型的裹包工艺流程。较多用于糖果包装上，它是通过活动折边器与固定折边器结合动作而达到包封的要求。一般情况下，物品先经包装纸裹包，然后按顺序先后折叠各边封合。

配套于热收缩包装时，包装材料改用热收缩薄膜，这是一种高效连续式的裹包形式，可用于小件物料的高速自动包装。与这种包装机近似的机械配置形式有多种多样，根据不同的包装形态可实现对折三面封口和四面封口等形式。

(2) 套筒式裹包机

套筒式裹包是一种不需要完全裹包的收缩包装。图 9-45 所示是其中的一种机型的工艺流程，包装采用上下两卷薄膜同时进行，上下卷膜经横封器封切后粘合成一整幅。物品由输送带送入，顶推着粘合在一起的上下薄膜向前行进，到预定长度时，横封器动作，完成上下膜的封合和切断，这样，物品就被封合后的上下两半薄膜卷包在一起。当其进入加热通道时，薄膜受热收缩，紧贴物品，但包装品的两个侧面会留下两个圆形缺口，这是套筒包装的一大特征。这种包装较多用于纸箱或托盘式的收缩包装，如一些罐装或盒装饮料装箱或装盘后，再外套一层收缩膜包装。

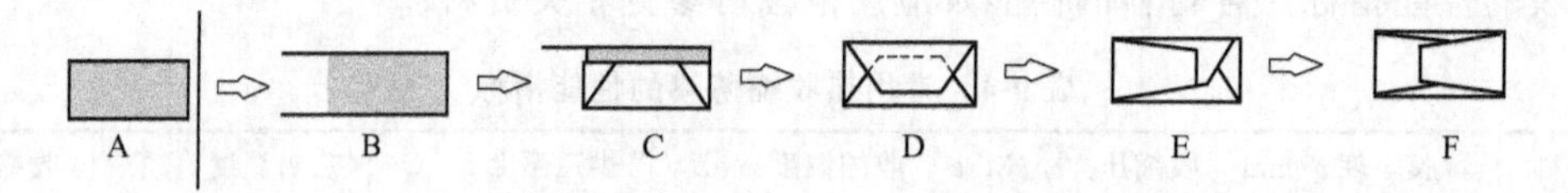

图 9-44　裹包工艺流程

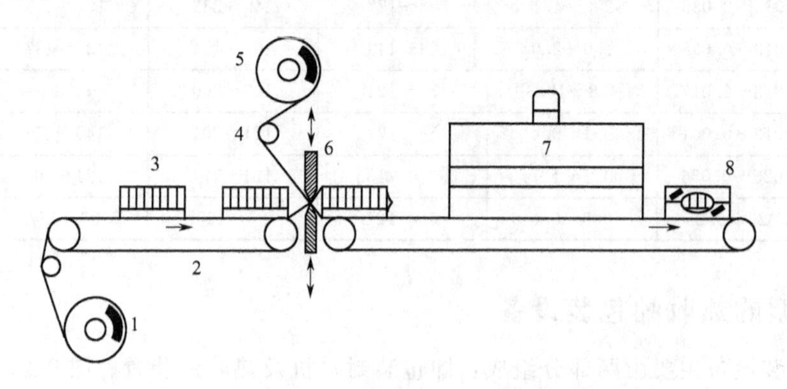

图 9-45　热收缩包装工艺流程示意图

1—下卷膜；2—输送带；3—物品；4—导辊；5—上卷膜；6—横封切断机构；7—热收缩通道；8—包装成品

套筒式裹包的另一种形式是采用管状的收缩膜进行包装，这主要是针对圆柱形或长方形的小件食品包装。用管状薄膜套住被包装物品，在长度方向上两端留有 30～50mm，先将两端加热紧固，再送入加热通道，使包装薄膜整体收缩。

(3) 四面封口式裹包机

四面封口式的收缩裹包，不但起到紧束包装件的作用，还起到密封的作用，应用于纸箱包装时，可弥补纸箱密封性能不好的缺点。其工作原理和套筒式裹包机相似，只是增加了两个纵封器。包装时，同样采用上下两卷薄膜，由横封切断使上下膜粘合成整幅。物品被输送带送入，顶推薄膜前进，整体越过横封器后，被封合切断。套着薄膜的包装件被输送带送入纵封器，使两侧纵向封合，从而形成一个四面封口的包装件。最后进入加热通道收缩。

配套于热收缩设备的包装机，其共同点都是采用收缩膜全部或部分地裹包被包装物件，以适应选定的收缩形态。

2. 包装封合方法的选用

由于各种包装材料的封合性能有差异，在设计和使用包装机时，必须要考虑适用于包装材料的封合方法。以下对几种封合方法加以详述。

(1) 电阻热融封接法

这是最常采用的方法。其装置的主要形式有两种，即压板式电热封接器，及滚轮式电热封接器，发热元件为电阻丝。图 9-46 为压板式电热封接器，电阻丝以发热元件 2 的形式装在热封压板 1 内，通电加热使压板升温，热封动作时，压板在机构作用下压紧层叠薄膜 3 于承托台 5 上，使其热融封合。这种装置广泛应用于间歇式工作的自动包装机中。图 9-47 为滚轮式电热封接器，电阻丝分别装在一对热封滚轮 1 内，通电直接使滚轮发热，滚轮相对回转时，牵引并压合薄膜，使其热融封合。这种装置主要用在连续式自动制袋包装机中实施纵封。

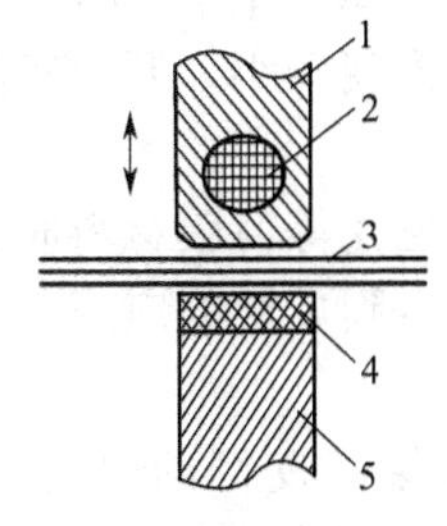

图 9-46　压板式电热封接器

1—热封压板；2—发热元件；3—层叠薄膜；4—耐热胶垫；5—承托台

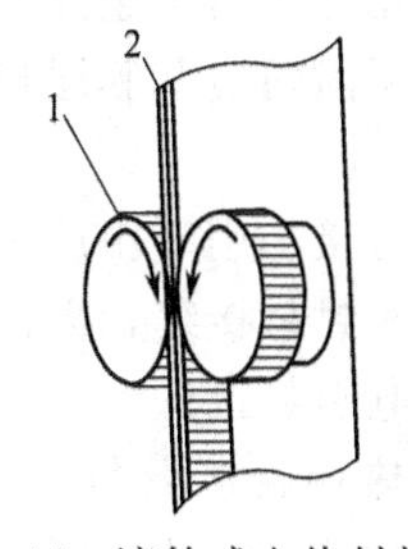

图 9-47　滚轮式电热封接器

1—热封滚轮；2—层叠薄膜

电阻热融封接法主要适用于复合材料的封接，而且那些复合材料以聚乙烯为封合层居多。对单质聚乙烯薄膜易产生过热熔融，即封接部位产生糊化、变薄，从而降低封接质量和结合强度。对于具有热收缩性能的延伸聚丙烯薄膜和尼龙之类材料，会使薄膜产生收缩变形，因此不太适宜采用此种加热封接法。而对于聚氯乙烯薄膜虽然能得到较好的封接质量，但会产生热分解，散发毒性气体。

热熔封接的效果取决于加热温度、压力以及热封时间等参数的选择，这与薄膜的材质和厚度有关。对于材质和厚度相同的薄膜，热封时加热温度较高，则封合时间可缩短。

用电热封接器封合塑料薄膜时，为了避免发热压板与热封薄膜发生粘接，在压板与薄膜间可设置防粘材料作隔离层，使压板与薄膜不直接接触。防粘材料最常采用的是聚四氟乙烯膜片和玻璃布。防粘材料的承受温度应达300～400℃，并且在高温区与封接薄膜和发热压板均不产生粘接。

(2) 脉冲热融封接法

如前所述，采用电阻加热封接法时，对单质聚乙烯薄膜会出现热封接缝上的薄膜层过度薄化，降低封接缝强度的现象；而封接二轴延伸的聚丙烯和尼龙时，会引起热变形，影响封接质量。当采用脉冲热融封接法封接以上材料时则能明显提高封接质量。

脉冲热融封接的装置如图9-48(a)所示，其发热元件3为镍铬合金片，装在封合压板1上。压板动作时，把层叠一起的塑料薄膜压紧在承托台6上的耐热胶垫5表面。此时给镍铬合金片通以瞬时脉冲大电流，可产生高温使塑料薄膜热融封接。同样，在装置中采用防粘材料聚四氟乙烯布作为隔离层，以阻隔发热元件镍铬合金片与塑料薄膜的直接接触。为了避免热封压板产生热聚集影响封口质量，通常在压板内配置水冷或空气散热片等冷却器，使得热封后能迅速冷却接缝，保证封口质量。脉冲式热封装置需要配备脉冲电源，结构上较电阻加热式要复杂，且封接速度受冷却时间影响。

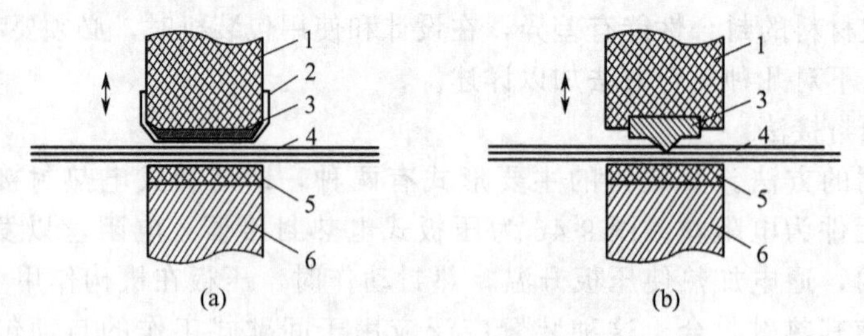

图9-48 脉冲热融封接示意图
1—封合压板；2—防粘层；3—发热元件；4—层叠薄膜；
5—耐热胶垫；6—承托台

当把发热元件镍铬合金片改为带刃口的刀条时，可实现熔断式热封，如图9-48(b)所示。热封切断时，断面两边薄膜层形成线型的熔接封合线，其封接强度较小，开启容易，仅适用于小分量的内包装。

脉冲热融封接法用于单质聚乙烯薄膜、二轴延伸聚丙烯和尼龙等薄膜材料时，可得到坚实稳定的高质量的封口接缝，因此，它在制袋机和自动包装机中得到广泛的应用。

(3) 高频电热封接法

使用电阻热融封接聚氯乙烯等聚合材料薄膜时，虽然可保证良好的热封接缝，但在封合时会从氯乙烯聚合材料中分解出有毒气体。在此情况下，电阻加热法不宜采用。而改用高频电热封接法则非常合适，因为氯乙烯类聚合材料的分子在高频电场作用下具有电诱极性化的性能。

如图9-49所示，高频电热封接装置有一对高频电极，分别安装在压板和承托台上。工作时，薄膜叠层处于电极夹压之间，电极通入高频电源而产生高频电场，使氯乙烯聚合材料层分子受电诱极性化，以与高频电源相同的频率作交变。材料分子在电诱极性化交变排列中，材料内部诱发出热能使层叠薄膜熔接，实现热融封合。

由于高频电热封接是利用聚合材料分子的电诱极性化特性，在高频电场作用下从内部诱发热实现封接，因而可轻易地获得强度高、质量好的封合接缝。

高频电热封接装置需要配备一个高频电源设备，其最常使用的频率为30MHz左右，用于聚氯乙烯薄膜热合的最佳频率范围是20～45MHz。电极的形状可按封口要求设计，并且均需覆上一层聚四氟乙烯膜或玻璃丝布作为防粘材料。

(4) 超声波热融封接法

利用振荡器产生 20kHz 左右的超声波，使一次振动器接受转换成纵振动，依靠一个圆锥形珩磨头传播振动，如图 9-50 所示，待热封的薄膜叠层被超声波通过，受高频机械振动摩擦而发热，瞬间即可熔接。超声波热融封接可用于连续性或间歇性的封接。当用于连续性热融封接时，一般在超声波加热器后再装一对滚压轮对热封缝作滚压，以提高封接质量和速度。

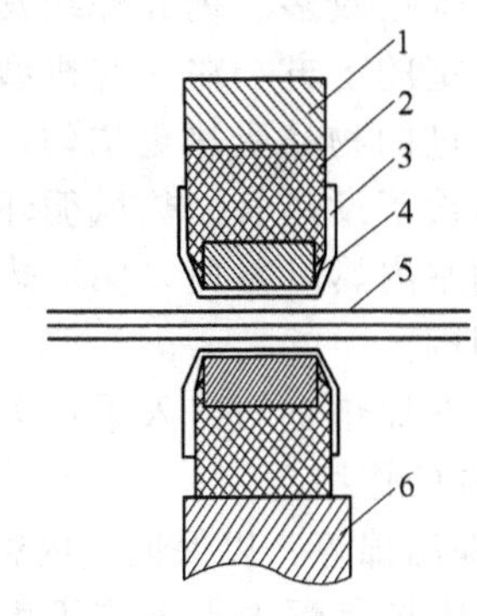

图 9-49　高频电热封接示意图

1—压板；2—绝缘板；3—防粘层；4—高频电极；5—层叠薄膜；6—承托台

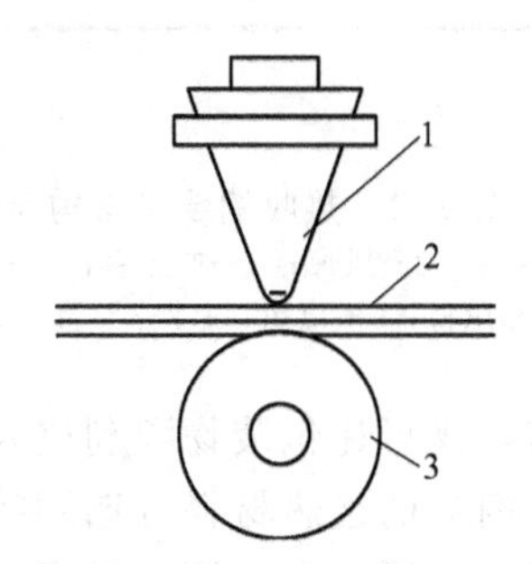

图 9-50　超声波热融封接示意图

1—珩磨头；2—层叠薄膜；3—辊筒

超声波热融封接法适用于多种材料，如聚乙烯、聚丙烯、聚酯、聚氯乙烯、尼龙、聚氨基甲酸酯、铝塑复合材料等。它特别适合于热收缩薄膜自动包装机的连续封口，对易热收缩或易热分解的塑料薄膜都有很高的封接质量，即使薄膜被水、油、糖污染也能良好粘接，尤其适用于对热辐射敏感的食品、药品等的包装。

(5) 电磁感应封接法

电磁感应封接法的原理就是在环形线圈上通过高频电流，使线圈周围产生高频磁场，处在高频磁场的磁性材料由于磁滞损耗而发热。由于塑料薄膜的材料并非磁性材料，因此，要实现电磁感应封接时，可采用两个方法：即在包装材料制造时，预先混入磁性氧化铁粉；及在待热封的薄膜层叠间夹上磁性材料片。采用这种方法，发热元件，即电磁线圈，不需与包装材料直接接触，但待热封的层叠材料必须预先被压紧贴合。

(6) 红外线或激光加热封接法

这种方法是利用高能光束的能量，使待封接的塑料薄膜吸收并发热，瞬间熔融封接。采用红外线或激光，通过光学聚焦设备，聚焦成高功率密度的光束，利用这种高能光束照射热融性材料时，可使材料吸收光能而熔接。这种方法不仅能熔接一般性材料，而且对难以热融封接的聚四氟乙烯材料也能热融封接。同时，深色的材料较透明反光的材料更易吸收光热而实现熔融封接。

热融封接用的激光光源有固体激光器和气体激光器两种。采用宝石固体激光器可使装置结构紧凑；而采用 CO_2 气体激光器时，因为它产生的激光波长对于非金属材料的塑料、纸等具有高的吸热效能，更易实现热融封接。

3. 热收缩装置

热收缩装置主要包括热收缩通道和输送带两大部分。如图 9-51 所示，它由内衬绝热材料的加热室 3、输送带 1 和冷风机 8 等组成。加热室内分布有发热元件 4、循环风机 5 等。

如图 9-51 所示，已包封的物品经输送带由左送入热收缩通道，在加热室内受到热空气的

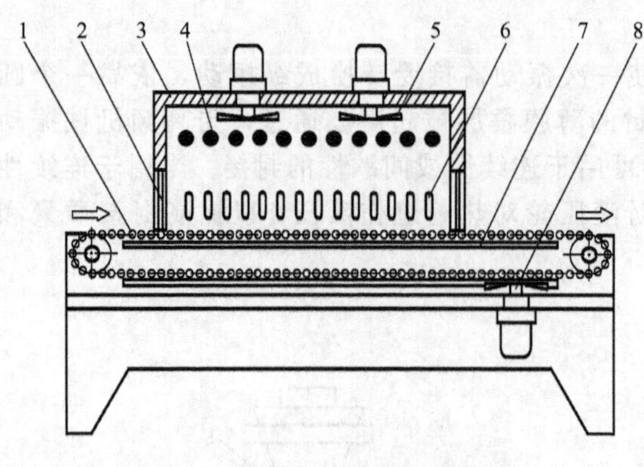

图 9-51 热收缩装置结构简图

1—输送带；2—风帘；3—加热室；4—发热元件；5—循环风机；6—出风口；7—导轨；8—冷风机

加热，包装膜收缩。包装物离开加热室后，随即经冷却风扇风冷降温定型，完成包装。采用散热风扇可消除温度高时收缩薄膜出现的网纹。

热收缩装置中的发热元件普遍采用电阻发热管，或远红外线发热管，而以远红外线发热的方式采用较多。远红外线发热管一般分布在加热室的上方，在一些机型中为了保证在中间通过的物品受热更均匀，因此在输送带下也增设了发热管。热风循环风机的应用，可强制室内热风循环，保证热风均匀吹到包装物周围。

另外，在加热室的出入采用柔软的橡胶片设置风帘，既可让包装物顺利进入或输出，又起到挡风保温的作用。

加热室内衬的绝热材料可选用特制的红外线铝反射板及保温棉等，以保证室内温度恒定以及省电。当然，温度自动调控装置的配备是必不可少的。室内控制恒温温差应不大于±5℃，设计温度调节应在40～300℃可调。

加热温度、时间、热风流速、流量均对材料收缩效果产生影响。由于各种塑料薄膜的特性不同，所以应根据各自的特点选择合适的热收缩工艺条件。表 9-5 中列出了常用的几种热收缩薄膜与加热室温度、加热时间及热风流速的关系。

热收缩装置的输送带类型有多种，其速度一般设计为 0～16m/min 无级调速，高速的可设计为 0～25m/min。输送带的设计中应注意：避免其表面与薄膜发生粘接，而且不阻碍薄膜的收缩，输送过程损失的热量要少。

输送带的形式与输送的包装物品的轻重以及薄膜的种类有关，其适用情况如表 9-6 所示。

表 9-5 热收缩薄膜与加热室温度、加热时间及热风流速的关系

薄膜种类	薄膜厚度/mm	加热室温度/℃	加热时间/s	风速/m/s	备 注
聚氯乙烯	0.02～0.06	140～160	5～10	8～10	温度较低，宜于食品包装
聚乙烯	0.02～0.04	160～200	6～10	15～20	坚固性好，宜于托盘包装
聚丙烯	0.03～0.10	160～200	8～10	6～10	收缩时间长，必要时停止加热，等待收缩
	0.12～0.20	180～200	30～60	12～16	

表 9-6 输送带类型与薄膜、物品的适应情况

输送带形式	使用薄膜	物品重	备 注
耐热皮带	聚乙烯、聚偏二氯乙烯	轻	用聚乙烯时，底部收缩不完全
电动辊筒	聚丙烯、聚偏二氯乙烯	较轻	底部收缩良好
辊筒	聚丙烯、聚偏二氯乙烯	稍重	与封切装置的速差可抵消，底部有毛边痕迹
刮板	聚乙烯、聚偏二氯乙烯	重	底部留有毛边痕迹
板式链带	聚乙烯	重	适用托盘热收缩包装
曲柄推杆	聚乙烯、聚偏二氯乙烯	轻	点接触，底部毛边痕迹可消除

热收缩装置的国内生产厂家较多，如杭州万盛包装设备制造有限公司、广东华达包装机械厂、杭州万里机械设备制造有限公司等。

第五节 真空与充气包装机械

一、概述

1. 真空包装与充气包装

食品真空包装和充气包装都是通过改变被包装食品环境条件而延长食品的保质期。充气包装是在真空包装技术基础上的进一步发展，它们之间既有相同之处，又有应用上的区别。

(1) 真空包装

真空包装是采用给包装容器抽真空，放置食品后密封，以延长保存期的一种包装方法。

实现真空包装可采用加热排气密封及抽气密封两种方法。两者相比，抽气密封能减少内容物受热时间，因而能更好地保存食品的色、香、味，因此得到更普遍的应用。

真空包装食品的真空度通常在600～1333Pa，在这种缺氧状态下，食品中生长的霉菌和需氧细菌难以繁殖，给食品的保存提供了有利条件。真空包装正是针对微生物这种特性而发明并被广泛采用的。

真空包装具有以下特点。

a. 由于包装内气体的排除，因此在需要包装后加热杀菌时，可以加快热量传递、提高效率，并避免袋装食品因气体膨胀而破裂。

b. 由于包装内缺氧，减少或避免了食品中脂肪的氧化，同时抑制某些霉菌和细菌的生长繁殖，延长食品的保质期。

对于某些在真空下会刺破包装袋的带尖角硬刺的食品、在真空下易破碎变形的食品以及容易结块的粉状食品，真空包装是不适宜的。

应注意的是：真空包装的应用范围十分广泛。可应用于食品、药品、中药材、化工原料、金属制品、精密仪器、电子元件、纺织品、医疗用具、文物资料等物品。

(2) 充气包装

充气包装也称为“气体置换包装”，它是采用惰性气体，如氮气、二氧化碳或者它们的混合物，置换包装袋内部的空气后，再密封而实现的。

在生产上进行充气包装的方法有以下两种。

a. 进行抽真空排气，置换惰性气体。即首先把产品充填于包装容器中，再抽真空，然后充气与密封。

b. 快速充氮置换法。主要应用于进行抽真空排气比较困难的食品，如咖啡、茶叶等。

食品充气包装的效果，主要取决于以下三方面：第一，置换气体的彻底程度；第二，不同食品需采用不同的气体组成；第三，包装材料的气密性和密封的适应性。

通过充气包装可以减少或避免食品的氧化变质；抑制微生物的生长繁殖；保存食品的色、香、味和营养成分。

2. 常用真空和充气包装材料

真空包装主要是防止大气中的氧气渗入包装内；而充气包装既要防止包装内的气体外逸，又要防止大气中的氧气渗入。因此它们需要选择气密性良好的包装材料。

传统的真空和充气包装主要采用容器，以各种金属罐为主。金属材料有良好的机械强度、气体阻隔性以及易密封的特点。另外，玻璃瓶配上合适的盖子也能作为真空充气包装的容器。

而目前真空充气包装以塑料和复合薄膜袋居多，它们广泛应用于小食品的包装、速冻及方便食品的包装、腊味制品的包装等。

作为真空和充气包装的塑料薄膜，除了要求材料无毒、符合食品卫生、便于封口、具有一定强度外，还必须具有良好的气密性。考虑到热封合和防潮，一般采用复合材料。

3. 真空与充气包装机械

(1) 定义

真空包装机为将产品装入包装容器后，抽去容器内部的空气，达到真空度，并完成封口工序的机器。

充气包装机为将物品装入包装容器后，用氮、二氧化碳等气体转换容器中的空气，并完成封口工序的机器。

用抽真空的方式置换气体的充气包装机都带有充气功能，故通常把以上机器统称为真空包装机。

一般真空包装机是指使用由塑料及其与纸、铝箔等复合薄膜袋做包装容器的包装机，还可使用单体或复合片材。热成型真空包装机除使用上述复合薄膜外，还可使用单体或复合片材。使用玻璃瓶、金属容器或硬塑料瓶等包装容器的包装机不在真空包装机之列。

实际上，真空包装机有时还具有更多的功能，如制包装容器、提升、称重、充填、贴标、打印、印刷等。这种真空包装机又统称为多功能真空包装机。

(2) 分类

真空包装机的分类方法很多，这里只能作一般介绍。

a. 按包装方法分：有机械挤压式、吸管式、室式等。而按真空室数，室式又有单室、双室和多室之分。单室和双室均有台式和落地式两种形式。双室还有单盖双室和双盖双室的不同。

b. 按包装物品进入腔室的方式分：有单室、双室轮番式、输送带式、旋转真空室式和热成型式等。

c. 按封口方式分：有肠衣顶部结扎式和热封式等。

d. 按运动方式分：有间歇运动式和连续运动式。

e. 按包装物品的种类分：如有用于冻肉、蔬菜、纺织品、腊肠等的真空包装机。这类属于专用真空包装机范围。

充气包装机一般按下面的原则分类。

a. 真空充气型。与真空包装机的分类相同，往往成为某类真空包装的一种机型。

b. 快速充气型。有卧式枕形和立式枕形两种。

c. 开闭式充气型。用反复抽充气的方法提高包装容器内气体的纯度，所以也叫呼吸式。

如前所述，绝大多数真空包装机都带有充气功能，故上述分类并不十分适用于产品的生产和选用。如果按设备的生产和选用来分类的话，则应以包装方式及结构特点为主才更为合理和实用。

按包装及结构分，分为四大类真空包装机。

a. 室内真空包装机。将装有物品的包装袋放入真空室，合盖抽气，达到预定的真空度后，热封装置合拢封口。需要充气时，在封口前先充入保护气体即可。主要有台式真空包装机、单室真空包装机、双室真空包装机。

b. 输送带式真空包装机。将输送带作为包装机的工作台，输送带做步进运动。只要将装有物品的包装袋置于输送带上，便可自动完成输送带步进、抽真空、充气、封口、冷却等工序。

c. 热成型真空包装机。又称连续式真空包装机或深冲真空包装机。它是用片材在模具中热成型的方法，在包装机上自制容器，然后完成充填、加盖、抽真空、充气、横切、纵切等工序。

d. 其他类型。有吸管式真空包装机、真空充氮包装机等。

在本节中将主要介绍室内真空包装机及输送带式真空包装机。

(3) 真空与充气包装机械的主要技术指标

根据国标 GB/T 9177“真空、真空充气包装机的通用技术条件”，真空与充气包装机械的主要技术指标包含以下内容。

a. 真空室的最低绝对压强：在外界标准大气压下，在额定时间（表 9-7 所列的时间）内抽真空至最低时真空室的压强。

b. 真空室压强增量：在外界标准大气压下，真空室的初始压强为 1kPa，经 1min 泄漏，其压强的增加值。要求其压强增量不得大于表 9-8 所列数值。

表 9-7　真空室抽气时间

真空室有效容积 R/m^3	真空室抽气时间/s
$R \leqslant 0.03$	30
$0.03 < R < 0.06$	45
$R \geqslant 0.06$	60

表 9-8　真空室压强增量

真空室有效容积 R/m^3	真空室压强增量/kPa
$R \leqslant 0.03$	0.8
$0.03 < R < 0.06$	1.2
$R \geqslant 0.06$	1.6

c. 包装能力：在外界标准大气压下，真空室的初始压强为 1kPa 时，一个工作循环所需要的时间。

d. 在外界标准大气压下，当真空室的最低绝对压强不大于 1kPa 时，真空室抽气时间不得大于表 9-7 所列的数值。

e. 多工位包装机热封工位的定位精度为±2mm。

f. 包装袋的热封口强度：热封口所能承受的拉力不得小于表 9-9 所列的数值。

表 9-9　包装袋的热封口强度

包装袋类型	热封口强度/N
一般复合袋	30
蒸煮袋	45

g. 真空室抽气至 1kPa 时，包装机箱盖的变形量应不大于箱盖长度的 6‰。

二、操作台式真空充气包装机

1. 基本机型

操作台式真空充气包装机的外形如图 9-52 所示，按真空室数量，主要分为双室机和单室机两种。双室机的两个真空室是轮番工作的。双室型机又分为双盖型［图 9-52(a)］和单盖型［图 9-52(b)、(c)］两种。

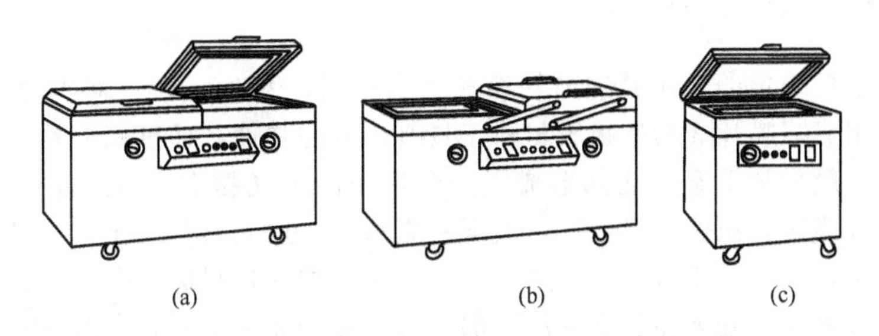

(a)　(b)　(c)

图 9-52　操作台式真空充气包装机外形

由于双室型机可以两室轮换工作，因此工作效率明显比单室机高。且双室型机的制造成本只比单室型机略高一些。因而，双室型机的应用更为普遍。

该类真空充气包装机主要由机身、真空室、室盖起落机构、真空系统和电控设备组成。基本没有多少机械传动机构，主要由电控和气控实现包装动作，因此操作安全方便。

2. 真空包装的工作原理及关键技术

真空包装机的工作程序主要通过气路的转换而实现的。这一系列工序均在室内完成，由时间调控循环，要求迅速协调、灵敏动作，但不需要高精度。

由于包装工序均在真空室内完成，对于一个密闭独立的真空室进行抽真空充气和放气等并不困难，只要把密闭的真空室的气孔接头与相应的系统相连即可实现。但包装件需在抽真空及充气后，在真空室放气前及时地进行热合密封，以保证完成包装后的物品处于密闭的真空或充气环境中。因此，真空包装中的热合密封也是该类包装机的技术关键之一，由于热合密封需要一个压合的进程，所以在真空室内端设计一个专门的装置完成。该装置包括加压装置和热封部件。

(1) 加压装置

应用于真空充气包装机上的加压装置主要有气囊式加压装置与室膜式加压装置两种形式。

如图 9-53 所示是一个典型的气囊式热封加压装置，应用非常广泛。热封部件安装在卡座 3 间，由罩板 1 支承。紧贴罩板底下装有一个长管形密封气囊 2，气囊由软橡胶制造，它只有一个管接头 12 与真空室外气路连通。当进入热封工序时，由于真空室内处于低压状态，此时只要由导气管通入大气，利用其气压差迫使气囊膨胀，就可以产生压力，推动热封部件完成压合动作。

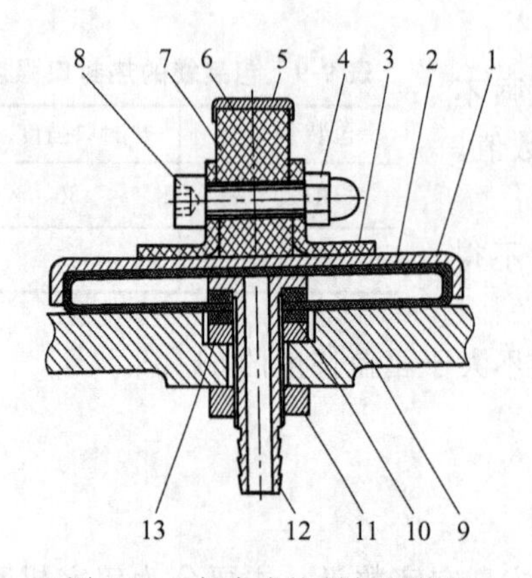

图 9-53　气囊式热封加压装置

1—罩板；2—气囊；3—卡座；4—螺母；5—热封胶布；6—电热带；7—板座；8—螺钉；9—真空室；10—胶垫；11—锁母；12—管接头；13—垫圈

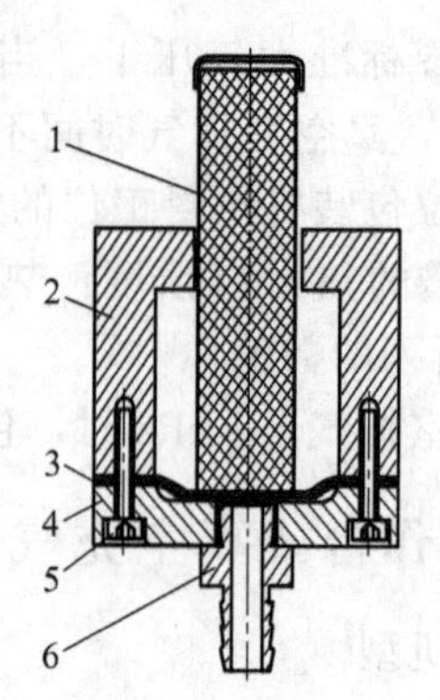

图 9-54　室膜式热封加压装置

1—热封部件；2—上室座；3—膜片；4—下室座；5—螺钉；6—气嘴

室膜式热封加压装置的工作原理与气囊式基本相同，图 9-54 为一种典型结构。此装置主要由膜片与室座组成。膜片 3 为软橡胶材料，具有良好的弹性，通过螺钉紧固夹持在上下室座之间。由图可见，膜片与下室座之间形成了一个密闭的下气囊室。热封部件由气囊室上部嵌入，靠自重或外加弹簧力压住气囊膜片，被下室座承托。进入热封工序时，只要通过气嘴 6 把大气导入下气囊室，利用气压差，使膜片上胀，就可以推动热封部件完成压合动作。

上述的加压装置均可安装在真空室的下部，也可以安装在上部，即真空室盖上。但以安装在下部的应用最广泛。

(2) 热封部件

图 9-55 所示是一种热封部件，它的板座 4 一般由电木材料加工而成。板座上平直的绷紧一条热封带 1，厚度约 0.15～0.25mm，宽度一般为 5～15mm，其中以 5mm 和 10mm 的规格

应用最广泛。热封带的长度视机型而定，有效长度主要有400mm、500mm、800mm、1000mm等，其中以400mm的规格使用最为广泛。热封带的两端以铜螺钉紧固并作为电源输入端。

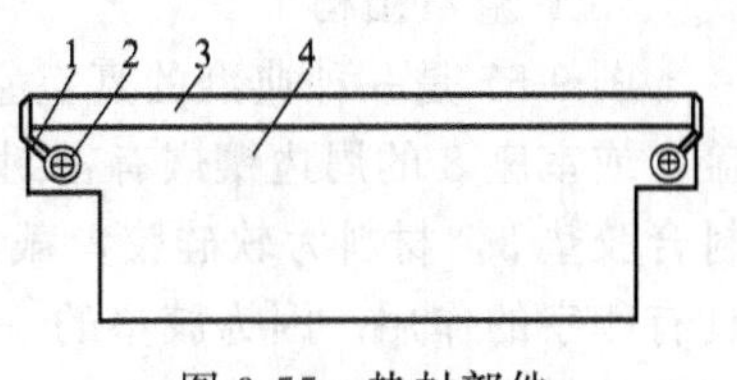

图 9-55 热封部件

1—热封带；2—螺钉；3—热封胶带；4—板座

热封带的材质以镍铬合金为主，要求电阻率大、强度大，并且在高温条件下不易氧化。适合制作电热带的材料有多种，如Cr20Ni80、Cr15Ni60、1Cr13Al4、0Cr13Al6Mo2、0Cr25A15、0Cr27A17Mo2等，各材料的特性参见相关手册。

热封带上覆盖有热封胶布，材质为聚四氟乙烯，其作用是使需要热封的包装袋口受热均匀，封合平滑牢固，而不至于袋口热熔与热封条粘连。

(3) 真空充气封合原理

图9-56为真空充气包装程序的示意。由图可见，气膜室的上部与真空室相通，热封部件2嵌入气膜室内，两侧被气膜室上部槽隙定位，可上下运动。当包装袋装填物料后，被放入真空室内，使其袋口平铺在热封部件2上，加盖后袋口处于热封部件2和封合胶垫1之间。包装工作分以下4个步骤。

① 真空抽气　如图9-56(a) 所示，真空室通过气孔A被抽气，同时下气膜室也通过气孔B被抽气，使得下气膜室和真空室获得气压平衡。经抽气后的真空度应达到相关要求。

② 充气　如图9-56(b) 所示，经过抽真空后，A、B封闭，C气孔接通惰性气体瓶，充入气体。充气压强以3～6kPa为宜，充气量用时间继电器控制。

③ 热封合、冷却　如图9-56(c) 所示，A、C关闭，B打开并接通大气。由于压差作用，使橡胶膜片3胀起，推动热封部件2向上运动，把袋口压紧在封合胶垫1之下。同时，热封条通电发热，对袋口进行压合热封。热封达到一定时间后，热封条断电自然冷却，而袋口继续被压紧，稍冷后形成牢固的封口。

④ 放气　如图9-56(d) 所示，C关闭，A、B同时接通大气，使真空室充空气，与外间获得气压平衡，可以顺利打开室盖并取出包装件，完成真空包装。

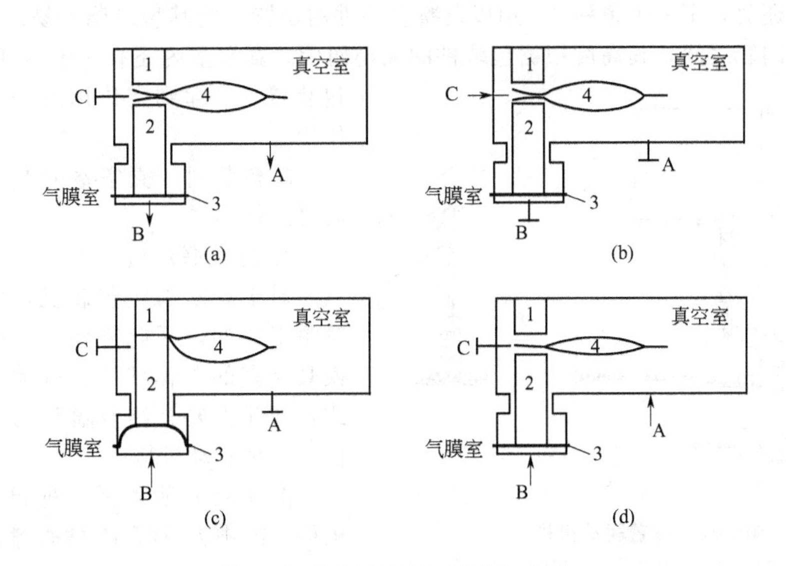

图 9-56 真空充气包装程序示意图

1—封合胶垫；2—热封部件；3—膜片；4—包装袋；A—真空室气孔；B—气膜室气孔；C—充气气孔

3. 真空室结构

图 9-57 是一种典型的真空室的总体结构简图。真空室由室盖 1 和室座 8 盖合而成。在室盖 1 或室座 8 的周边镶嵌有密封条 7，用以密封。室盖两边紧固有夹持槽 2，分别夹持着一条封合胶垫 3，材料为软硅胶，截面形状为方形。封合胶垫既可作为缓冲垫使压合热封紧密，又具有印字的作用。因为胶垫的一面加工有一排若干个圆孔，可以嵌入圆柱形凸版字模胶粒，在压合热封时，能在袋口印下生产日期或保质期等字型。

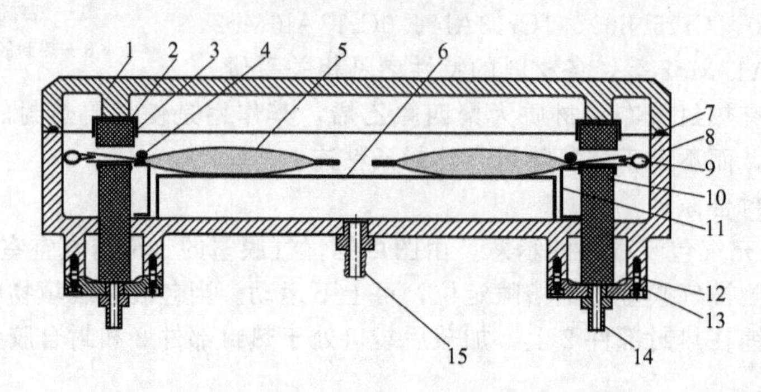

图 9-57 真空室总体结构简图

1—室盖；2—夹持槽；3—封合胶垫；4—压杆；5—包装袋；6—垫板；
7—密封条；8—室座；9—充气管；10—热封部件；11—护板；
12—膜片；13—下室座；14—气膜室气嘴；15—真空室气嘴

室座 8 一般为整体铸件，气膜室的上部与室座连在一起，下室座 13 可用金属板加工，但大多数为塑料模板，因其密封较理想。热封部件 10 靠自重（或外加弹簧力）以及气膜室上部长孔槽定位，装置在真空室内。长孔槽与热封部件的板座间间隙应适宜，应保证热封部件既能灵活的上下运动又不至于向两侧过度偏摆。热封部件 10 和封合胶垫 3，在合盖后两者间的间隙以 5～8mm 为宜。间隙过大则在压合时热封部件向上运动的距离长，容易出现偏差而影响封口质量，间隙太小则安装调整困难。

真空室内还放置了一个垫板 6，用以调整包装件的位置，使其袋口能轻易地放在热封部件和封合胶垫的间隙之间，其高度根据包装件的大小而变。真空室内还有一个压杆 4，用以压平包装袋口，起到定位以及保证封合质量的作用。

在包装时，真空室的左右热封部件是同时工作的。

4. 室盖联动机构

对于双室真空包装机，两个真空室是轮番工作的，因此需要一个联动机构以转换真空室的工作状态。联动机构有多种样式，在此主要介绍双盖型的双室真空包装机的一种联动机构。

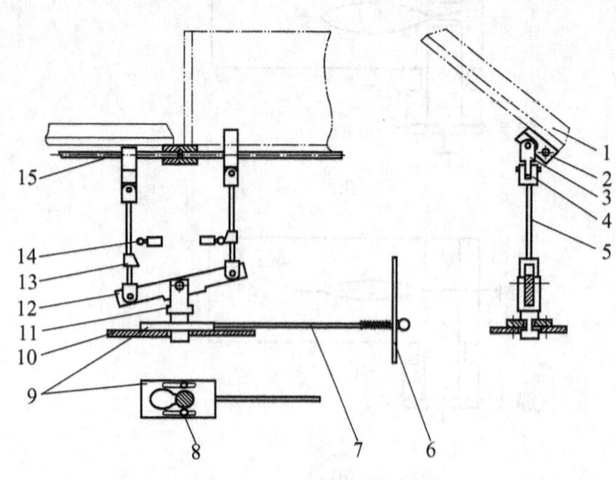

图 9-58 室盖联动机构

1—室盖；2—铰座；3—叉块Ⅰ；4—叉块Ⅱ；5—起落杆；
6—机箱壁；7—拉杆；8—定位销；9—滑座；10—机架；
11—支座；12—摇板；13—动触块；
14—行程开关；15—支承杆

图 9-58 所示的是一种起落架式的联动机构。图中支承杆 15 两端紧定在室座轴孔上，分左右两支。支承杆上套有铰座 2，可在杆上灵活转动。左右室盖分别由螺钉紧固在两个铰座上（图中只示出了靠中间的，

起联动作用的铰座。处于两边的另外两个铰座没有画出）。因此，室盖的揭起（开盖）或压下（合盖）都是通过铰座2以支承杆15为支点转动的。

图示状态：当右边室盖揭起（开盖）时，铰座2随室盖以支承杆15为支点向上转动，同时通过叉块Ⅰ(件3）和Ⅱ(件4）使右边起落杆5向上运动。左右起落杆分别通过叉块连接着摇板12的两端。当右起落杆5向上运动时，带动摇板12绕支座11的支点逆时针转动，从而导致左起落杆向下运动，通过叉块Ⅰ和Ⅱ带动铰座，使得左室盖压下（合盖）。同样，当揭起左室盖时，会引起摇板12顺时针转动，使得右室盖压下。因此，两室盖实现联动。

支座11的下部加工有一个缺口，在工作状态时（图示状态），缺口刚好卡入滑座9的长孔内，起到定位和支承作用。当停止工作，需要把两个盖同时合上时，可以把任一室盖揭起超过开盖状态（一般为45°），使得支座11对滑座9的压力减少，此时向右拉出拉杆7，同时放下室盖，使支座11下部圆柱进入滑座大圆孔，摇板也随之下降并处于平衡状态，两室盖均合上。拉杆7上的弹簧的作用为：在开盖时，推动拉杆使滑座自动复位并卡入支座11的缺口，回复工作状态。

左右起落杆上分别固定有一个动触块13，在上行时可以触动行程开关14，实现两室工作状态转换。

三、输送带式真空充气包装机

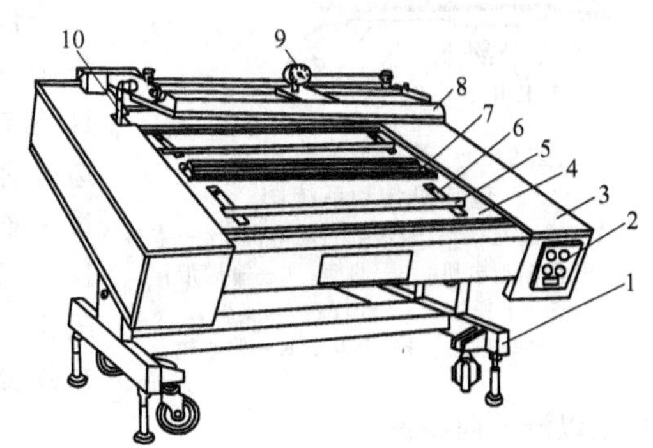

图9-59 输送带式真空充气包装机外形图

1—机座；2—电控屏；3—机体；4—输送带；5—承托板；6—导向条；7—夹袋充气装置；8—室盖；9—真空表；10—拉盖杆

输送带式真空充气包装机采用链带步进送料进入真空室，室盖自动闭合开启。其自动化程度和生产率均大大提高。但它通常需要人工排放包装袋，并合理地将包装袋排列在热封条的有效长度内，以便于顺利实现真空及充气封合。

图9-59所示的是输送带式真空充气包装机的外形图，它主要由输送带、真空室盖、机体、传动系统、真空充气系统、水冷与水洗系统以及电气系统组成。整台机器操作面可按需倾斜布置，以适应黏液、半流体、粉料等物品的包装。整个包装过程除了人工排放包装件外，其余工序均自动进行。机器通过电气控制可循环完成如下工序：输送带步进、真空室盖闭合、抽真空、充气、封合、冷却、取消真空、室盖开启。机器的主要部分如下。

1. 传动系统

图9-60所示的是输送带式真空充气包装机的传动系统图。整机采用两个电机驱动，电机2驱动输送带，电机4驱动室盖开闭。机器的运行包括以下两方面运动。

(1) 输送带步进运动

输送带的运行由电机2驱动。电机2经减速器1输出动力，再通过链传动Z_1、Z_2带动输送带6运行。设计时，选择好链轮的齿数与输送带工位之间的链节数的关系，使得链轮转一圈时，输送带刚好送进二个工位。轴Ⅰ的一端装有凸轮a，轴Ⅰ每转一圈，凸轮a压合行程开关一次，以切断电机的电源，使输送带停止并定位，从而实现输送带的循环步进运动。

(2) 室盖开闭运动

真空室由室盖和承托板构成，如图9-60所示，它们分别可绕各自的铰支转动。电机4经减速器3输出动力，驱动轴Ⅱ旋转，轴Ⅱ上安装有两个偏心轮K。当轴Ⅱ顺时针转动时，轴上曲柄5带动连杆8将室盖10拉下（结构类似于四连杆机构），同时，偏心轮K将承托板7顶起。于是，室盖10与承托板7压合，将输送带6夹持在中间，形成一个密闭的真空室。反之，

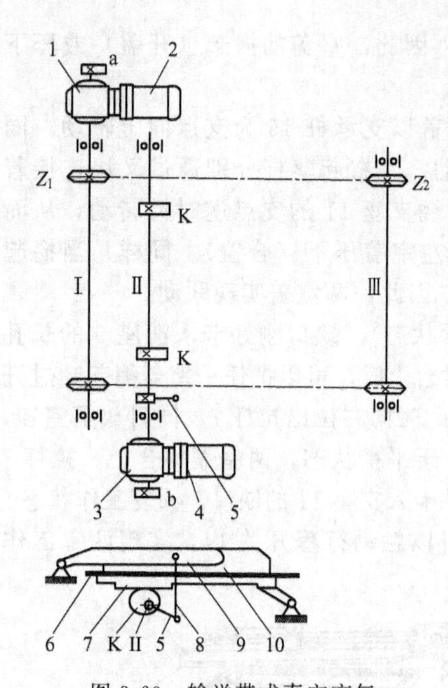

图 9-60 输送带式真空充气包装机传动系统图

1,3—减速器；2—输送带驱动电机；4—室盖开闭驱动电机；5—曲柄；6—输送带；7—承托板；8—连杆；9—支臂；10—室盖；a，b—凸轮；K—偏心轮

当轴Ⅱ逆时针转动时，室盖被连杆顶起，而承托板随偏心轮 K 下降，从而令真空室开启。轴Ⅱ一端装有凸轮 b，正反转时，分别触碰两个行程开关，以切断电机 4 的电源，限制室盖开启和闭合的角度。一般情况下，室盖的开启和闭合都在轴Ⅱ的 1/4 转中完成。

2. 输送系统

输送系统是机器的主体部分，如图 9-61 所示。输送系统主要由输送带构成，输送带一般由耐磨夹布橡胶制造，采用分段装配的形式，相互间以铰链 1 连接。

每一段输送带构成一个包装工位，如图示有 5 段输送带，即有 5 个包装工位供循环使用。每段输送带上装配有相同的构件，分别为包装袋承托调整装置、袋口夹持充气装置等。

包装袋承托调整装置如图 9-61 中Ⅲ所示，直角形托板 16 用在承托包装尾部，根据包装袋的长度可调整托板 16 与封合胶座 8 之间的距离。由图示可见，托板 16 的下边开有长缝形缺口，在长度方向上左右各一条，分别穿过一条塑料导向条 11。当按动压块 12 的上部，压缩弹簧 14，压块将绕销轴 13 顺时针转动，解除对导向条 11 的压合，于是可以顺利前后移动托板。当松开压块 12 时，在弹簧力的作用下，压块将导向条压紧在托板上，使托板难以沿导向条滑动。

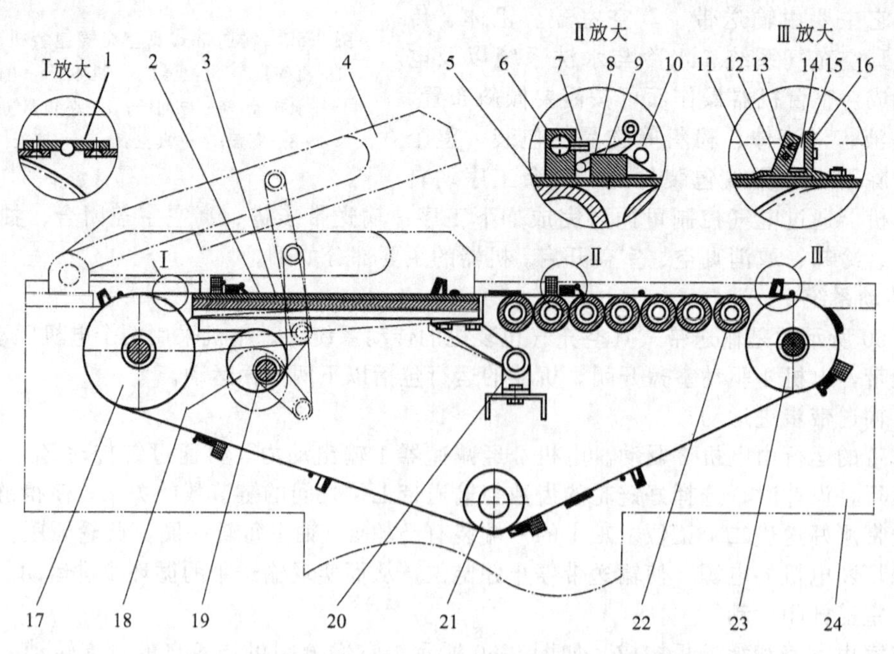

图 9-61 输送带式真空充气包装机输送系统结构图

1—铰链；2—承托板；3—耐磨板；4—室盖；5—输送带；6—充气管座；7—充气管嘴；8—封合胶座；9—封合胶垫；10—压杆；11—导向条；12—压块；13—销轴；14—弹簧；15—角座；16—托板；17—驱动链轮；18—偏心轮；19—轴；20—铰支座；21—张紧轮；22—托轮；23—被动链轮；24—机体

包装袋口由压杆10夹持在封合胶座8上，此机的热封部件装在室盖上，当室盖合上时，热封部件刚好与封合胶座8对应。当需要充气时，可利用充气管座6上的充气管嘴7进行。

操作时令包装袋口对正充气管嘴，保护性气体由室盖引入，如图9-62所示。当室盖10合上时，管接头7刚好压合在充气管座5上，（参见图9-61中Ⅱ放大图）其间由胶垫6封合，形成一条连通管路，从而使室外的保护气体进入充气管3，并分流至各个充气管嘴4，实现充气。

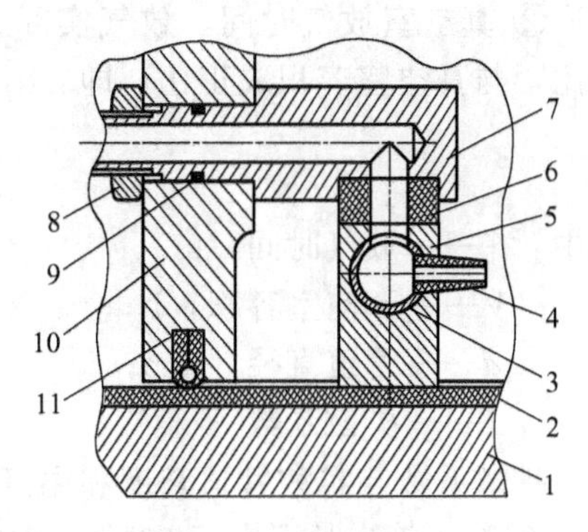

图9-62 充气导入结构

1—承托板；2—输送带；3—充气管；4—充气管嘴；5—充气管座；6—胶垫；7—管接头；8—锁母；9—密封圈；10—室盖；11—密封条

四、主要参数的计算及选择

1. 生产能力的计算

真空充气包装是由一连串工序通过时间调控而实现的，其效率受到各工序的影响，其单位时间工作循环计算公式如下：

$$T=60/(t_1+t_2+t_3+t_4+t_5+t_6) \tag{9-1}$$

式中 T——工作循环，1/min；

t_1——抽真空时间，s；

t_2——充气时间，按需要一般取1～5s；

t_3——热封时间，一般取1～3s；

t_4——冷却时间，空冷可取2～3s，带水冷时间可更短；

t_5——放气时间，s；

t_6——辅助时间，s。

其中，充气时间t_2直接影响充气量及充气压强，t_2增大，则充气量增加，包装充气压强也加大。在满足包装袋充气量的情况下，应使充气压强尽量小，因为充气压强过大将会使真空室内真空度下降，从而使热封压力下降而影响封合质量。

热封时间t_3与包装材料有关，而且应配合不同的热封温度来选择。在真空充气包装机中，是通过改变热封电压来改变热封温度的，因此，应根据不同的包装材料选择不同的热封电压以及热封时间。

冷却时间t_4的选择应结合环境温度，时间过长影响包装效率，过短则影响封口质量 。

辅助时间t_6包括人工排放物料时间及开闭真空室盖时间。对于操作台式包机，开闭真空室盖由人工控制，时间只能估算；而输送带式包装机的真空室盖由电机驱动，可通过传动系统的传动比准确计算。

抽真空时间t_1以及放气时间t_5可按下述计算。

① 抽真空时间

$$t_1=c\frac{V}{u}\ln\left(\frac{101325}{p}\right) \tag{9-2}$$

式中 t_1——抽真空时间，s；

p——抽真空达到的最低压强，Pa；

V——真空室容积，L；

u——真空泵抽气速率，L/s；

c——修正系数，可通过容积法测定，一般设计可取$c=1.4$。

② 真空室放气时间　放气实际上是一种气体扩散现象，放气的时间与扩散管道截面积成反比，与真空室容积成正比，即：

$$t_5=k\frac{V}{d^2} \tag{9-3}$$

式中　t_5——放气时间，s；

V——真空室容积，L；

d——管道直径，mm；

k——扩散系数。

扩散系数与扩散管道长度和温度有关，可通过分子运动论的气态扩散微分方程求得。当温度为 20℃，管道长不大于 200mm 时，$k=4.5$，因此可得：

$$t_5=4.5\frac{V}{d^2} \tag{9-4}$$

2. 热封加压装置面积的计算

由于真空充气包装机的热封加压一般采用气囊或气膜的形式，因此需计算气囊或气膜的作用面积，因为这关系到热封压力。只有适当的作用面积，才能提供理想的热封压力。气囊或气膜的作用面积可通过下式求得：

$$S=\frac{p_r bl\pm G}{p_1-p_2} \tag{9-5}$$

式中　S——气囊或气膜的作用面积，m^2；

p_r——热封压强，热封工艺参数，一般可取 3×10^5 Pa；

b——电热带宽度，m；

l——电热带有效长度，m；

G——加压装置移动部分零件的总重力，N。当重力和加压方向一致时取负值，反之取正值；

p_1——导入加压装置的气体压强，导入大气则为 1×10^5 Pa；

p_2——热封时真空室内压强，Pa。

3. 热封变压器参数的计算

(1) 热封电流

电热带的热封电流可通过直接测试而获得，或通过经验公式计算。当电热带宽度远远大于其厚度时，可由下式计算：

$$I=b\sqrt{\frac{20\delta\omega}{\rho}} \tag{9-6}$$

式中　I——热封时通过电热带的电流，A；

b——电热带宽度，mm；

δ——电热带厚度，mm；

ω——电热带材料的表面负荷，W/mm^2；

ρ——电热带材料在工作温度下的电阻率，$10^{-6}\Omega\cdot m$。

其中，表面负荷值可在 $0.03\sim0.1W/mm^2$ 的范围内选择，对于热封温度高的包装材料选大值，反之取小值。因而，通过表面负荷最大和最小值的计算可求出电流上下限值。

(2) 热封变压器功率

热封变压器功率按下式计算：

$$P=20\omega bl \tag{9-7}$$

式中　P——热封变压器功率，W；

ω——电热带材料的表面负荷，W/mm^2；

b——电热带宽度，mm；

l——电热带长度，mm。

（3）热封电压

变压器输出的热封电压按下式计算：

$$U=\frac{P}{I} \tag{9-8}$$

式中　U——热封电压，V；

P——热封变压器功率，W；

I——热封时通过电热带的电流，A。

真空充气包装机的热封电压一般设置 3 挡，较多的可达 6 挡，较常用的热封电压为 24～36V，最高也不超过 60V。

第六节　贴体包装机

一、概述

贴体包装通过将透明贴体膜加热软化后覆盖在产品上，启用真空吸力将胶膜依产品形状成型，并粘贴于纸板（或气泡布等底板）上，即产品紧紧裹包束紧于贴体膜与纸板之间，用于商业吊卡展示包装或工业防震保护包装。立体感强，可有效防潮、防尘、防震。广泛适用于五金、工量具、玩具、电路板等电子组件、汽机车零件、液压气动组件、装饰品、陶瓷玻璃制品、工艺品、食品等行业。

贴体包装机为将产品置于底板上，使覆盖产品的塑料薄片（膜）在加热和抽真空作用下紧贴产品，并与底板封合的机器。

贴体包装机一般多为手动式，结构简单，价格便宜。贴体包装材料分为面材和衬底，面材常选用聚乙烯薄膜（或薄片）；衬底常用白纸板和涂布的瓦楞纸板。瓦楞纸板具有多孔性，不需穿孔即可使用，而白纸板必须进行微穿孔加工。

贴体包装方式与热成型包装相似。区别在于它不需要热成型模具，包装材料经加热软化后，以包装物品自身为模成型，依靠衬底纸板上的黏结剂与衬底封合，冷却后包装薄膜贴合在被包装物品上。

贴体包装主要优点如下。

1. 包装方式灵活独特且效率高

将产品束紧于胶膜与底板（纸板或气泡）之间，产品不论形状、大小、单一、集体组合皆可一次性密封包装成型，方便、快捷、高效、实惠。

2. 提升产品外观价值

透明胶膜顺应产品形状将其粘于纸板上，立体感强，便于检视分辨和触摸。纸板可做精美印刷以利促销产品。透明亮丽、超凡的外观，将大大提高产品价值感及档次。

3. 实现最佳产品保护

可防震、防摩擦、防碎，不会因搬运、运输而损坏产品，特别适用于易碎或异形产品。

4. 可实现真空密封

可防潮、防氧化、防尘、防散件，可有效保护产品品质，延长产品的寿命。

5. 包装成本低

较之于吸塑包装无需模具制作，降低成本。

6. 节省仓储运输费用

此包装较传统的吸塑罩、保利龙等防震包装，可节省包装体积，降低储运成本。

7. 增强市场竞争优势

此包装方式已成为国际上公认的高档次包装，是产品进入国际市场的一大优势。

二、贴体包装流程

贴体包装流程如图 9-63 所示。

① 将产品和包装底板放入贴体包装机真空室内，贴体膜夹在膜框中受热，如图 9-63(a)。

② 经适当加热软化的贴体膜在膜框下降时覆盖在待包装产品上，如图 9-63(b)。

③ 启动真空吸力将贴体膜紧紧吸附于产品及粘贴于底板上，如图 9-63(c)。

④ 膜框打开，取出包装成品，如图 9-63(d)。

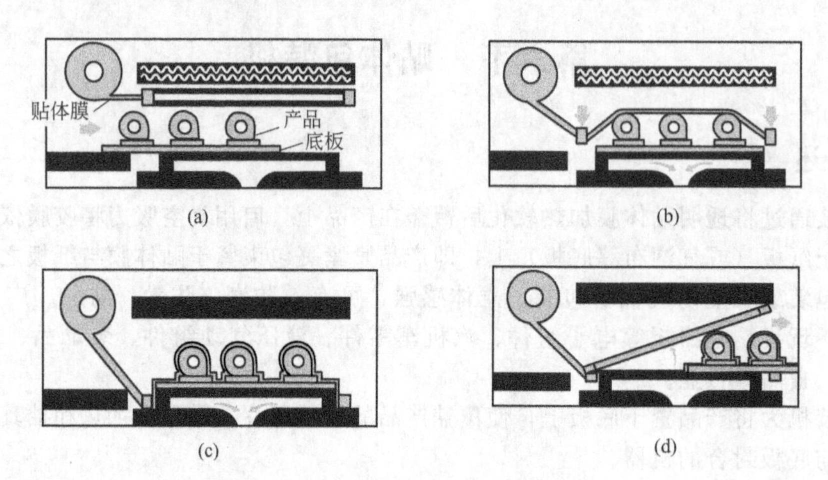

图 9-63　贴体包装流程

图 9-64 所示为贴体包装机工作原理图。衬底纸板 1 或以单张供给，或以卷盘式带状供给。衬底纸板印刷后，一般涂有热熔树脂或黏结剂涂层。被包装物品 2 由手工或自动供给到衬底纸板上所要求的位置。输送机 11 上有孔穴，在输送机载着衬底纸板通过抽真空区段时，对衬底纸板抽取真空，使受热软化了的塑料薄膜贴附在被包装物品上，并与衬底纸板粘合。薄膜 6 经导辊 4 送出后，再由真空带吸着薄膜两侧边送进。加热装置由热风循环电机 8、加热器 7 和热风通道等组成。在热风循环电机 8 驱动下，热风作强制循环，使薄膜受热均匀。最后由切断装置按包装要求裁切，完成包装过程。

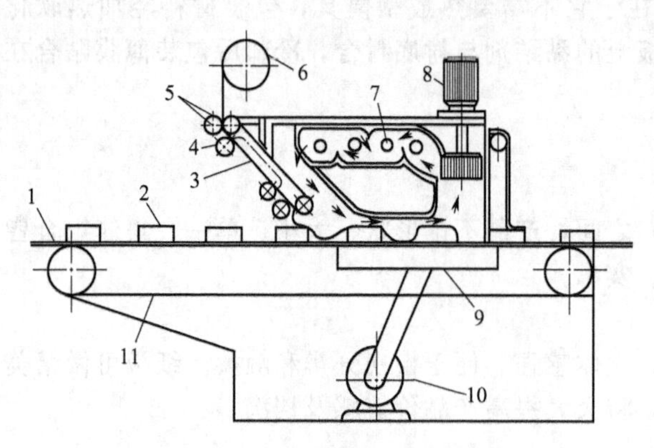

图 9-64　贴体包装机工作原理图

1—衬底纸板；2—被包装物品；3—真空输送带；4—导辊；5—松卷辊；6—薄膜；7—加热器；8—电机；9—真空箱；10—真空泵；11—输送机

图 9-64 所示的贴体包装机是对薄膜进行加热，完成贴体裹包的方法。另外，还有一种流动灌注贴体裹包法，其工作原理如图 9-65 所示。它与图 9-64 所示贴体包装机不

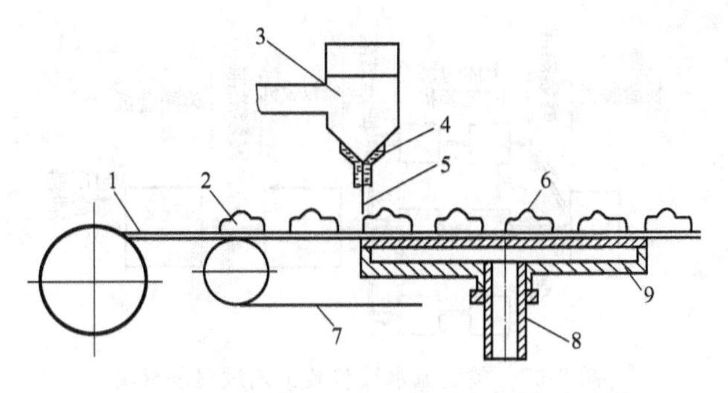

图 9-65 流动灌注真空贴体包装工作原理图

1—衬底纸板；2—被包装物品；3—塑料挤出机头；4—薄膜喷嘴；5—挤出薄膜；6—贴体薄膜；7—输送机；8—真空管；9—真空箱

同之处在于：将粒状树脂塑料经加热熔融后，从挤出机头挤出，通过特殊喷嘴而成融态薄膜，覆盖在被包装物品和衬底板上。

三、典型的贴体包装机结构及技术参数

在此介绍由东莞市佳诚实业有限公司生产的自动型贴体包装机 IDP-5580 的外形及技术参数。

自动型贴体包装机 IDP-5580 的外形如图 9-66。其进出料方式有左进右出式和右进右出式两种；热箱及切刀装有防护罩，可提高安全性；采用热箱自动移动恒温加热方式；采用的远红外线电热管经特殊排列组合，其加热均匀快速，性能稳定可靠 。其包装效率高，包装损耗较小。可配合流水线作业，提高效率。

图 9-66 自动型贴体包装机 IDP-5580 的外形

操作面积：L800mm×W550mm×H180mm；
适用胶膜宽度：409～615mm；
膜框高度：最高 230mm；
电热：11.7kW；
真空泵浦：4HP，Ametek 强力真空泵；
速度：3～4 次/min；
机械尺寸：2250mm×W1530mm×H1640mm

第七节 包装生产线

一、概述

根据产品包装的工艺过程，将各台自动包装机、辅助设备及输送装置按一定的工艺顺序组合，被包装物品由一端输入，包装材料在相应的工位加入，物品按工艺流程顺序经过各工序，完成全部包装过程，产品从末端输出。这种包装设备的组合系统即称为包装流水线。图 9-67 为一种包装流水线包装工艺过程示意图。在包装流水线中，工人参与一些辅助的包装作业，如整理、输送、包装容器供给等。

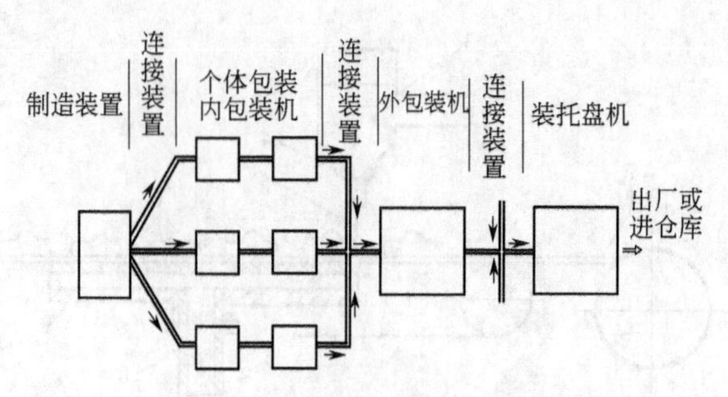

图 9-67 包装流水线包装工艺过程示意图

图 9-68 为方便面包装流水线示意图。该生产线需人工完成供盖、整理装箱及封口等工作。

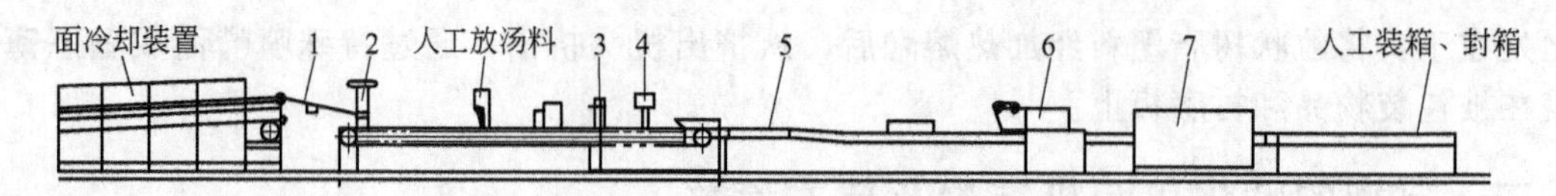

图 9-68 方便面包装流水线示意图

1—面供给装置；2—面装碗装置；3—自动放盖机构；4—加热封口机构；
5—输送装置；6—包装机；7—热收缩包装机

在流水线的基础上，再配以相应的自动控制、自动检测、自动调整、自动供料及输送装置等，使被包装物品在无需人工直接参与操作的情况下自动完成供送、包装的全过程，并取得各机组间的平衡协调，这种工作系统称为自动包装线。简单而言，自动包装线是由数台自动包装机连接成的连续包装系统。在自动包装线上也可以包括不属于包装机械的其他机器或设备。从工艺角度来看，自动包装线除了具有包装流水线的一般特征外，还具有更严格的生产节奏和协调性。整个包装过程人仅需完成开机、出现故障时进行调整检修、控制等。

目前，我国在饮料、酒类、卷烟、牙膏、盒装茶叶、香皂、农药、方便面等生产方面已有了不同规模的包装流水线和自动线。这些包装线在生产中发挥巨大的作用。

1. 包装自动生产线的组成

包装自动生产线主要由自动包装机（基本设备）、输送存贮等辅助装置、自动控制系统三大部分组成，如图 9-69 所示。

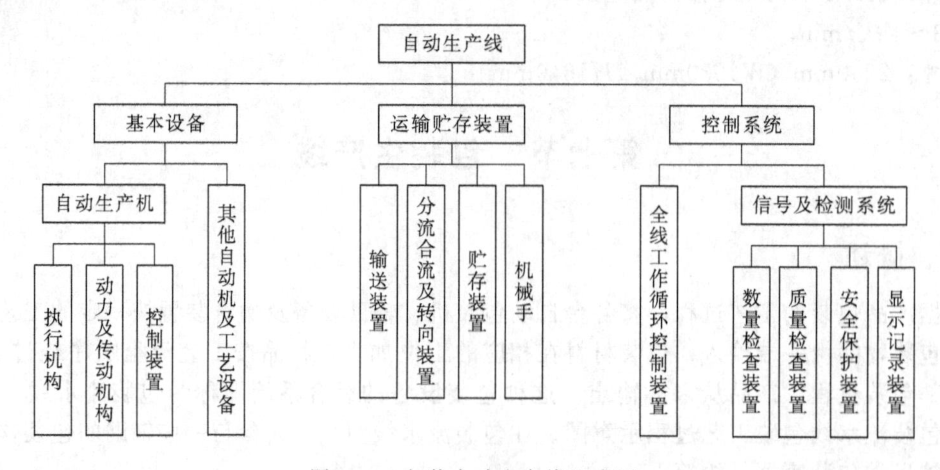

图 9-69 包装自动生产线组成图

① 自动包装机　它是生产线最基本的工艺设备。

② 输送存贮等辅助装置　它是将自动包装机连接成线的必要辅助设备。

③ 自动控制系统　它是控制包装机和辅助装置，使生产线中各台设备工作同步，即包装速度、输送速度等相协调，从而获得最佳的工作状态，达到理想的包装质量和产量要求的系统。

当今出现的自动包装生产线，采用了系统论、信息论、控制论和智能论等现代工程基础科学，应用各种新技术来检测生产质量和控制生产工艺过程的各环节。对包装自动线的发展起到积极的推动作用。如卷烟包装自动线中，当烟缺支无封签时，通过检测装置采集信号，传递给控制系统，便能及时将次品剔除。在包装自动线中，有时通过检测传送带上包装物的状态（滞留量、正常姿态等），从而进行包装机的控制，或者在包装机暂停时对传送带进行控制。成组包装时还需装有数量检测、识别等装置。

2. 包装自动生产线的分类

① 按包装机排列形式不同分为串联、并联和混联三种类型。一般以串联和混联较多。

② 按包装机之间的连接特征分为刚性、挠性、半挠性生产线三种，如图 9-70 所示。

图 9-70(a) 所示为刚性生产线。被包装物品在生产线上完成全部包装工序，均由前一台包装机直接传递给下一台包装机，所有包装机均按同一节拍工作。如果其中一台包装机出现故障，其余各机均应停止。一般可靠性非常高的包装机可采用该连接方式。

图 9-70(b) 所示为挠性生产线。被包装物品在生产线上完成前道包装工序后，经中间贮存装置贮存，根据需要由输送装置送至后工序包装机。即使生产线中某台包装机出现故障，也不会立刻影响其余包装机正常工作。

图 9-70(c) 所示为半挠性生产线。生产线由若干个区段组成，每个区段内的包装机间以刚性连接，各区段间为挠性连接。如灌装生产线，其中灌装机与压盖机常以刚性连接组成机组。

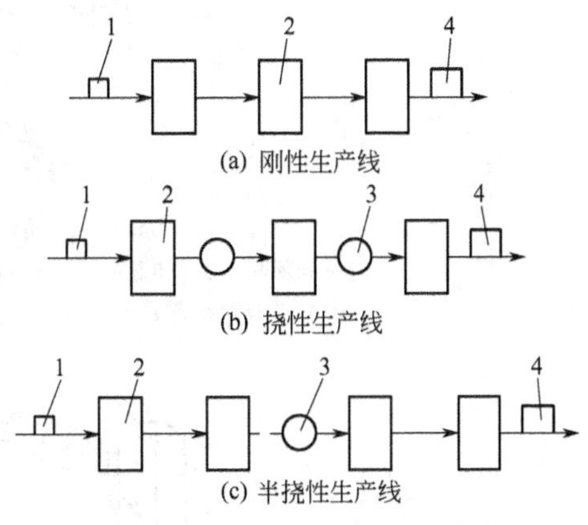

图 9-70　包装机之间的连接特征

1—被包装物品；2—包装机；

3—中间存贮器；4—成品

生产线的发展形成了自动化生产工厂。如图 9-71 所示为酒类灌装自动工厂示意图。成垛的空酒瓶由汽车运到工厂入口，由卸垛机卸下排成单行送到卸瓶机处，由卸瓶机将空瓶吊出放到传送带上，空托盘被输送到堆垛机；空的塑料箱被送至洗箱机，经洗净后再运行到装箱机以装内销酒；如果用的是纸箱，则由制箱机加工好后送到另一台装箱机以装外销酒。空瓶经洗瓶机、排列机、灌装机、封口机、检液机、贴标机等完成清洗、灌装、贴标后，被分送到外销与内销装箱机处装箱。对外销的纸箱还要经过封箱。

产品装箱后，被输送到贮存输送设备，经分类机把不同品种的产品分别贮存在不同的部位。然后，贮存输送设备按同类产品送出到堆垛机。堆积好的托盘经收缩包装机包裹结实后，送入自动仓库存放。汽车在出口处按订货从自动仓库运走产品。

该自动工厂中的所有自动机的供料、操作、同步连锁以及各运输、贮存装置的运行，自动仓库的操纵与管理、记账、开发货单以及其他控制与管理，都由一台小型计算机集中控制。

自动生产线的建立为产品生产过程的连续化、高速化奠定了基础。今后的方向是实现产品生产过程的综合自动化，即向自动化生产车间和自动化生产工厂发展。图 9-72 所示便是一例，它展示了塑料瓶的吹塑成型、印刷、灌装、装箱和堆码的全部生产过程及将生产容器的生产与

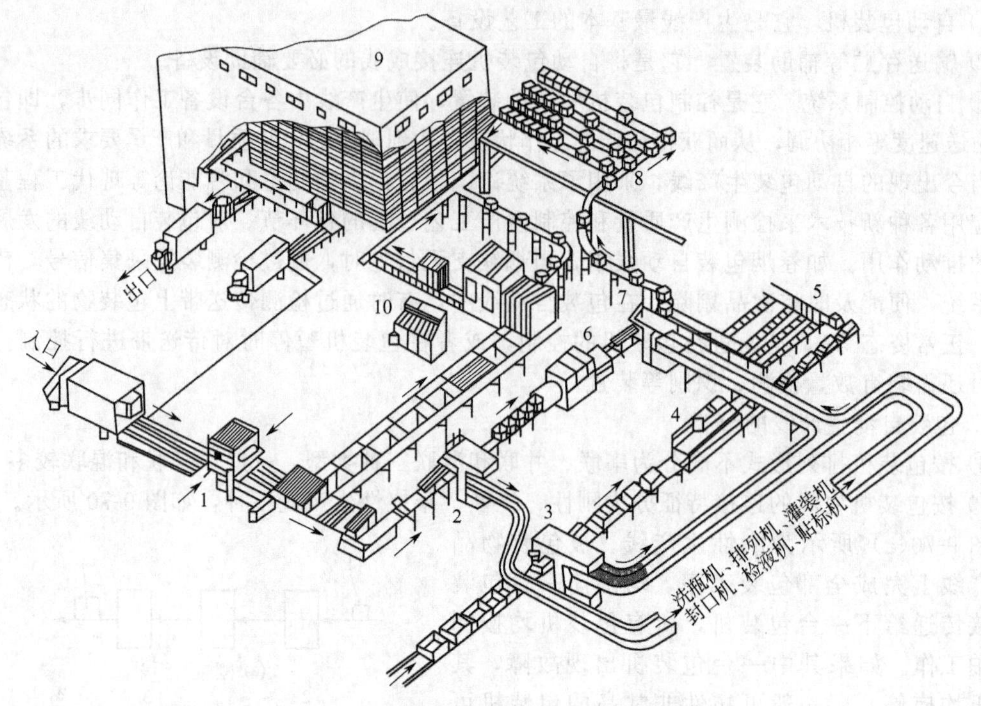

图 9-71　酒类灌装自动工厂示意图

1—卸垛机；2—卸瓶机；3—装箱机；4—封箱机；5—贮存库；6—洗箱机；
7—分类及贮存库；8—自动化仓库；9—电子计算机控制中心；10—操作台

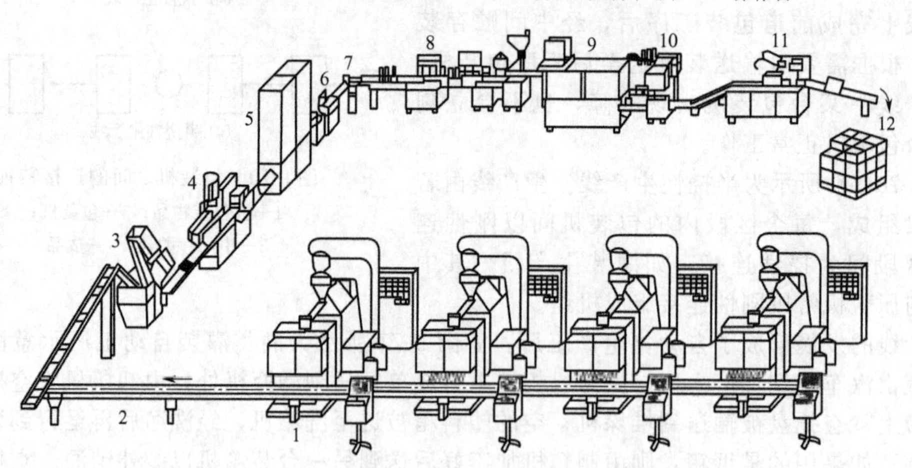

图 9-72　综合自动生产线

1—吹塑成型制瓶机；2—输送带；3—理瓶装置；4—印刷机；5—烘干装置；6—瓶子竖立装置；
7—转向装置；8—灌装封口机；9—制箱机；10—装箱机；11—封箱机；12—托盘堆码机

自动生产线连接成一条线的自动化车间概貌。

通常，在自动生产线的终端，由人驾驶运输工具（如铲车）将生产成品运往仓库或集装箱运输车上，个别的也有设置移动式堆码机来完成最后这一道工序的。

3. 包装机之间实现同步的方法

机械与机械间实现同步的方法有多种，下面介绍两种方法。

① 电同步法　像制袋充填机与装盒机连接的场合，包装材料为软包装材料，内装物为粉、粒等，如果两台机器间有包装物滞留，很容易导致互相重叠乃至损坏，使设备易出现故障，为

此可采用两台包装机直接连接组成刚性生产线。一般采用的办法是两台包装机采用一台电机驱动，但这种方法需对每台包装机进行调整，运行时需要进行离合器操作，并需采用相应的安全装置。另一方法可用电气将两台包装机连接起来，图 9-73 即为一例。

为使各自独立驱动的两台（或多台）机器同步运行，其中一台机器上安装普通电动机，而另一台（或多台）机器上安装电子控制式变速电动机。通过检测同步发讯机与同步收讯机因相互的角度差而产生的输出电压的变化，由控制装置控制变速电动机增速减速，以实现机械的同步运行。

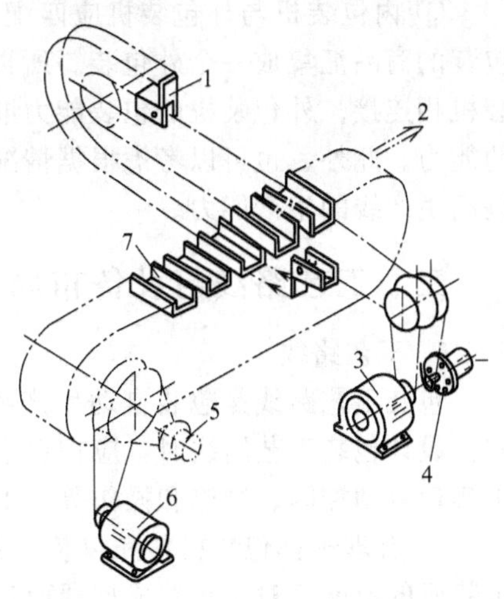

图 9-73 电同步装置原理图

1—推进装置（后工序机）；2—不同步时的旁路；3—变速电动机；4—同步收讯机；5—同步发讯机；6—普通电动机；7—平式传递带（前工序机）

② 速度同步法　将包装机与产品制造装置相连接，或者将包装物从个体包装机送入内包装机时，多使制品滞留在连接传送带上（此时传送带又作为缓冲存贮器使用）。通常将后道工序机器的生产率提高 10%～15%，当传送带上没有包装物时，机器空转，当包装物积压时又开始进行包装。当后道工序机器属于像卧式制袋充填包装机那样设有防止包装材料空送装置的机型，只要对传送带上制品的滞留状况进行检测，就能使该机的包装速度自动进行调整，便可实现生产线的同步、协调。

例如，对于塑料薄膜热封合卧式制袋充填机，即使包装速度有±10%的变动，甚至因薄膜不同而有±20%的变动，也能进行正常包装。如图 9-74 所示，只要包装物积压位置超过最低量传感器所处的位置，包装机即开始工作；积压量超过速度传感器时切换成高速运行；积压量未达到该传感器位置时，则低速运行。此外，未达到最低传感器时包装机停止，超过最高量传感器位置时，或使前道工序停止，或发出向自动线外排出的信号将包装物排出。通常将包装机的速度调整到与前道工序相适应的位置，这样包装物滞留量将保持在速度控制器前后的位置上而自动运行。

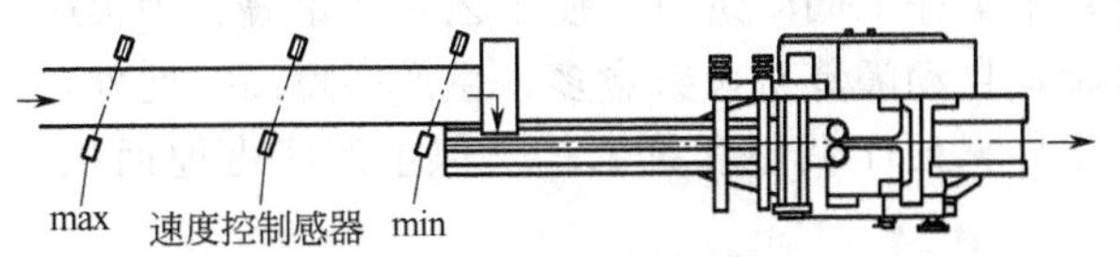

图 9-74 卧式制袋充填机控制速度同步示意图

4. 组成包装自动线时应考虑的问题

① 了解包装物的物理性质　需对包装物的形状、特性、包装材料等进行充分地研究。采用包装机组成自动线时，要考虑包装物品能否以稳定正常的状态进入下道工序。不稳定型形状的包装物容易出现异常传送现象，也易导致故障的产生。与制造工序连成自动线时，有时需考虑包装机发生故障，而制造装置可能无法停止的情况。如食品等的烤制等在通过隧道炉之前是绝对不能停机的。另外，高温的食品如面包、油炸方便面等，必须冷却到常温才能进行包装。因此，自动线应尽可能确保贮存空间。

② 在机器之间设置缓冲区　例如，设包装机单机的运行率为 99%，若两台刚性连接，则理论上运行率为 98.01%；若三台则为 97.03%；连接台数越多，从理论上讲总运行率越低。如果一条包装自动线总运行率太低，组成自动线则失去意义。因此，为了防止运行率降低，在机器之间连接部位设置缓冲单元，即使下道工序的机器短时间内因故障而停机，从前道工序排出的制品则进入缓冲单元贮存起来，等机器正常工作后再顺次进行包装。而当前一道工序的机器出现短时间故障时，缓冲单元贮存的制品仍可供给后一道工序的机器进行正常包装作业。为

了处理缓冲单元积存的制品，可将后道工序机器的生产率设计的比前道工序机器的生产率略高。采取这样的措施，自动线的总运行率与单机的运行率大致相近。

③ 内包装机与外包装机应匹配　作为运输包装的外包装，一般是把数个到数十个经过内包装的商品汇集成一个外包装。所以，内包装-外包装自动线一般由数台内包装机与一台外包装机相连接。外包装机的包装能力取决于内包装机排出的商品合流（集合）后向外包装机供给的能力。此外，也可以考虑根据情况让外包装机的包装能力留有余量，只需增加内包装机便可提高生产线的生产能力。

二、工艺路线与设备布局

1. 工艺路线

包装工艺路线是包装自动生产线总体设计的依据，它是在调查研究和分析的基础上确定的。设计包装工艺路线时，应在保证包装质量的基础上，力求高效率、低成本、简化结构、便于实现自动控制、维修和操作等。根据包装自动生产线的工艺特点，注意以下设计原则。

① 合理选择包装材料和包装容器　例如：糖果包装机中采用卷筒包装材料，有利于提高包装机的速度；对于衣领成型器而言，宜选用强度较高的复合包装材料；制袋—充填—封口机所使用的塑料薄膜应预先印上定位色标，以保证包装件的正确封切位置；自动灌装机中为使灌装机连续稳定运行，瓶口的形状与尺寸应符合精度的要求等。

② 合理确定工序的集中与分散　主要根据哪一种设计更能全面、综合地保证质量、提高生产率和降低成本等。

通过工序集中，可减少中间输送、存贮、转向等环节，使机构得以简化，缩减生产线的占地面积。但是工序过分集中，会对包装工艺增加更多的限制，降低通用性，增加机构的复杂程度，不便于调整。所以，采用集中工序时，应保证调整、维修方便，工作可靠，有一定通用性等。

采用工序分散，可以将包装操作分散在几个工序上同时进行，使工艺时间重叠，为提高生产率，便于平衡工序的生产节拍。例如：回转式自动灌装机头数愈多，生产率愈高。此外，工序分散可减小机构的复杂程度，提高工作可靠性，便于调整和维修等。但生产线占地面积大，过分分散也使得成本增加，不太经济。

③ 注意平衡工序的节拍　工序节拍的平衡是制定包装自动生产线工艺方案的重要问题之一。各台包装机间具有良好的同步性，对于保证包装自动生产线连续协调地生产非常重要。可采取如下措施。

a. 将包装工艺过程细分成简单工序，再按工艺的集中、分散原则和节拍的平衡，组合为一定数量的合理工序。

b. 受条件限制，不能使工序节拍趋于一致时，则尽可能使其成倍数，利用若干台包装机并联达到同步的目的。

c. 采用新技术，改进工艺，从根本上消除影响生产率的工序等薄弱环节。事实证明，新型机械的出现，往往均是采用了新工艺的结果。

总之，工艺方案的选择是一个非常复杂的问题，必须从产品包装质量、生产成本、可靠性、劳动条件和环境保护等诸方面综合考虑。应当指出，选定后的工艺方案并非一成不变，它应随着生产的发展和条件的变化而发生变化。

2. 设备布局

包装工艺路线和设备确定后，本着简单、实用、经济的原则布置设备，力求方案最佳。还应考虑根据厂房的变化，并为以后的技术改造留有余地。设备一般采用平面布置和立面布置两种形式。

(1) 平面布置

平面布置应力求生产线短，布局紧凑，占地面积小，整齐美观以及调整、操作、维修方便等。

图 9-75 为灌装自动生产线平面布置示意图。洗箱机 4 通常按平行于洗瓶机 3 的中心线布置。若洗瓶机生产能力为 12000 瓶/h，则应配备两台生产能力为 6000 瓶/h 的灌装封口机 6 和 9。输送机 8 为输送机 5 的延续。输送机 11 上设有两个输瓶道兼作中间存贮器。

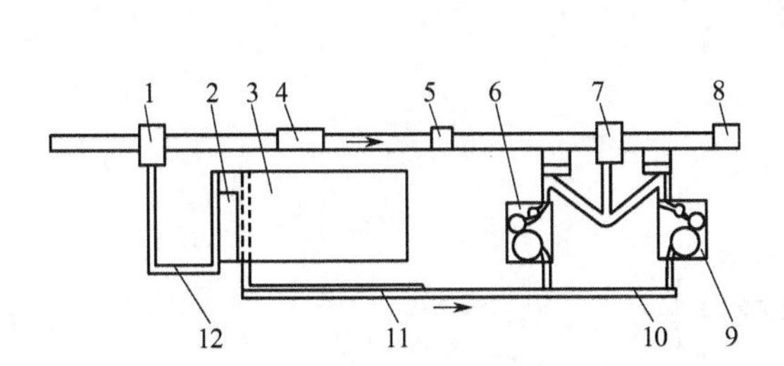

图 9-75 灌装自动生产线平面布置示意图

1—取瓶机；2—集瓶台；3—洗瓶机；4—洗箱机；5,8,10,11,12—输送机；6,9—灌装封口机；7—装箱机

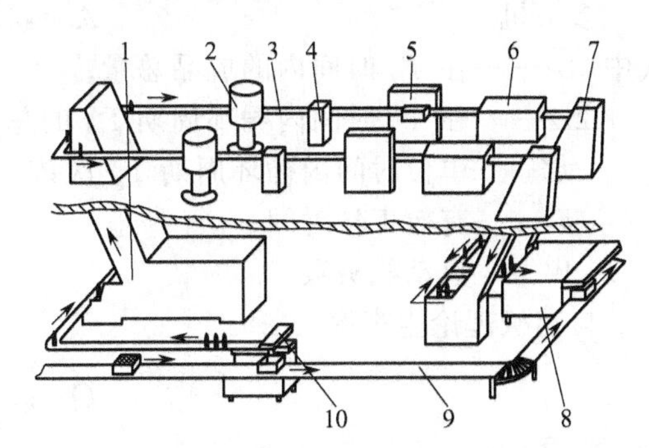

图 9-76 食品灌装和装箱自动生产线布置示意图

1—洗瓶机；2—灌装机；3,9—输送机；4—封口机；5—检验机；6—贴标机；7—升降机；8—装箱机；10—取瓶机

平面布置时需综合考虑车间的平面布置、柱子间距、各台设备的外形尺寸和生产能力、输送机形式等。另外，还要便于操作和实现集中控制等。

为保证安全，在设备布局时，应将各运动部件间、各单机间、机器与墙壁间以及生产线之间根据实际情况，留出适当距离。

(2) 立面布置

图 9-76 所示为食品灌装和装箱自动生产线布置实例。该布置将洗瓶、装箱过程同灌装分开，从而保证灌装生产车间的卫生。

在立面布置中，要注意考虑以下条件：如厂房大小及高度、设备外形尺寸及重量、各工序及包装工艺路线的特点、卫生、安全等。

设备的合理布置是一个综合性问题。应力求降低成本，做到因地制宜，灵活安排。

三、包装生产线的生产能力及缓冲系统设计

1. 流水线中自动包装的生产率

某一被包装物品由开始到完成包装过程所需时间称为包装过程的工艺循环周期 T'_t，包装对象在包装机内停留的时间称为自动机的工艺循环周期 T_t。自动包装机设计时应尽可能使

$$T_t = T'_t \tag{9-9}$$

但通常设计时，往往使自动机具有一定的工艺时间裕量，即

$$T_t = T'_t + \Delta T \tag{9-10}$$

自动机完成单位成品所需时间称为工作循环周期 T_p。由于自动机存在机内输送过程，所以通常情况下

$$T_p > T'_t \tag{9-11}$$

对于所有自动包装机，其工艺循环周期应不小于包装过程工艺循环周期，即

$$T_t \geqslant T'_t \tag{9-12}$$

自动机的生产能力 Q 等于装机容量 E 与自动机工艺循环周期之比：

$$Q=\frac{E}{T_t} \tag{9-13}$$

包装机容量指同时处于自动机内的物品数；生产线的容量是指其净容量，不包括贮存器存贮容量。

包装机的生产能力与包装单位物品所需时间成反比。某段时间内生产总量为：

单头机 $$A=\sum Z=ZT_y \tag{9-14}$$

多头机 $$A=W\sum Z=WZT_y \tag{9-15}$$

式中 A——在 T_y 时间内的成品总量；

$\sum Z$——在 T_y 时间内循环周期 T_p 的总次数；

Z——单位时间内循环周期 T_p 次数；

T_y——有效工作时间；

W——自动机头数。

自动机理论生产率：

$$Q=\frac{A}{T_y}=WZ=\frac{W}{T_p} \tag{9-16}$$

对于非单件连续式生产：

$$Q=\frac{A}{T_y} \tag{9-17}$$

对于自动包装机的工艺循环周期 T_t，可用包装对象的平均速度 v_M 及在机内的行程长度 L 表示：

$$T_t=\frac{L}{v_M} \tag{9-18}$$

自动包装机、生产线的容量也与行程长度 L 成正比：

$$E=QL \tag{9-19}$$

式中 Q——比例系数。

$$Q=\frac{ALv_M}{L}=Av_M \tag{9-20}$$

由式可见，自动机生产线理论生产能力与加工对象输送的平均速度成正比。

提高输送速度的途径有：缩短包装过程的工艺循环时间 T_t'；扩大包装对象的工作行程 L。应当指出，扩大行程本身并不能使生产能力提高，只是在 T_t 不变的情况下，靠延长行程 L，相对加大运行速度。

2. 自动包装线的生产能力及缓冲系统

为使包装生产线正常运行，必须使各台自动机工作同步。即使它们的工作节拍、输送系统及存贮系统的工作容量相互协调适应。

(1) 刚性自动包装线的生产能力

自动包装线的生产过程是按顺序由第一台自动机开始，至最后一台自动机结束，才完成其生产工艺过程。若忽略单机间不协调因素，则可认为刚性自动线的理论生产率取决于最后一台自动机的工作循环周期 T_p 的持续时间，而前面各台自动机的工作循环周期应等于该工作循环周期。如果生产线中某台自动机的工作循环周期比它大 m 倍，(即 mT_p)，则应由 m 台这种自动机并联，平行工作，以保证生产线作业能力的协调同步性。

刚性生产线工作时，其故障停机次数要比单机的次数大得多。因此，刚性自动线的利用系数一般较单机小，实际生产能力与理论生产能力相差较大。单机实际生产能力为

$$P=K_nQ \tag{9-21}$$

式中　Q——理论生产能力，单头机为 $Q=1/T_p$；多头机为 $Q=W/T_p$；

K_n——自动包装机利用系数。

而

$$K_n=\frac{T_W}{T_W+\sum T_n} \tag{9-22}$$

式中　T_W——自动机工作时间；

$\sum T_n$——总停机时间。

$$\sum T_n=T_1+T_2+T_3+T_4 \tag{9-23}$$

式中　T_1——自动机保养时间损失；

T_2——计划管理时间损失；

T_3——故障停机时间损失；

T_4——废品时间损失。

设 $\sum E$ 为工作时间内的工作循环总数，T_p 为工作循环周期，则：

$$K_n=\frac{\sum Z\cdot T_p}{\sum Z\cdot T_p+\sum T_n}=\frac{1}{1+\frac{t_n}{T_p}}=\frac{1}{1+k_n} \tag{9-24}$$

式中　t_n——由于技术、管理原因造成的单位循环外的时间损失，$t_n=\frac{\sum T_n}{\sum Z}$；

k_n——损失系数，$k_n=\frac{\sum T_n}{T_W}=\frac{t_n}{T_p}$。

(2) 柔性自动包装线的生产能力及缓冲存贮器的设置

当包装生产线中各单机的生产节拍出现不平衡，或遇故障短暂停机时，为保证整个生产线的正常运行，必须在自动机间设置相应的中间贮存装置，用以平衡生产线的运行。这样，生产线的总损失系数变得小于生产线中各单机的局部损失系数总和，从而提高包装生产线的实际生产能力。

柔性包装生产线的生产能力与缓冲存贮器的容量有关。而存贮器的容量又往往取决于生产线中各环节的可靠性。

生产线中各单机或区段如要完全独立，则必须使中间缓冲存贮器的容量无限大（即 $E\to\infty$）才能实现。此时，生产线的总损失系数等于最后一台自动机的损失系数。并且生产线的实际生产能力就等于最后一台自动机的生产能力。但这种方法料仓容积过大，成本增高，难以补偿由于生产不均匀造成的损失。

两台自动机之间设置缓冲系统，其最大存贮容量通常为

$$E_{max}=2tQ \tag{9-25}$$

式中　t——计算时间。

设置新生产线时，一般可根据相似包装线的运行情况，初步设定计算时间 t。通常可设

$$t=T_n \tag{9-26}$$

式中，T_n 为自动机停车持续时间，其影响因素较多，可根据同类机型使用情况，并考虑重叠因素适当加以选取。

以上计算公式是在简化的前提下得出的，实际上各方面的影响因素要复杂得多。通常，在

设置新包装生产线时，多采用简单的类比估算法及参考同类线的运行数据。

例如：某灌装生产线中洗瓶机的理论生产能力为 $Q=20000$ 瓶/h，洗瓶机每班预定生产时间 $T_j=8\text{h}=480\text{min}$，每班由于故障停机情况如下：

每次停机 5min，计 1 次，合计 5min；

每次停机 2min，计 5 次，合计 10min；

每次停机 1.5min，计 6 次，合计 9min；

每次停机 1min，计 9 次，合计 9min；

每次停机 0.5min，计 24 次，合计 12min。

这样，总停机次数：$N=1+5+6+9+24=45$ 次；

总损失时间：$\sum T_n=5+10+9+9+12=45$ (min)；

平均加权停机时间：$t_m=\frac{1}{N}\sum T_n=1(\text{min})=60\text{s}$。

灌装线每班理论生产能力：$A=QT_j=8\times20000=160000$ (瓶)。

因停机总损失产量：$A_n=Q\sum T_n=\frac{45}{60}\times20000=15000$ (瓶)。

实际生产率：$Q=\frac{A-A_n}{T_j}=18125$ (瓶/h)。

设置类似新灌装线时，可利用有关数据。

平均停机时间 1min 损失数量：$Q_n=\frac{Q}{60}=333$ (瓶)。

要使灌装机不致停机（或使灌装机不空运行），必须在灌装线上设置容量 $E=333$ 瓶的存贮器才能弥补洗瓶机停机的影响。在灌装生产线上这种缓冲存贮器是由足够容量的输送机来充当的。

上述方法只是提供一个基本依据。实际上，还应考虑生产线设置和运行过程中其他因素的影响（如操作要求、布局要求、生产能力协调及经济性等），适当加以调整，才能合理确定存贮器的缓冲容量。

通常在设置自动包装线时，都是以生产线中的中心自动机（如灌装线上的灌装机）的生产能力为基准，其他自动机的生产能力都是在此基准上加以适当调整确定的。各台单机之间的生产能力存在着一定差异，存贮器的容量应随着单机的生产能力加以适当调整。

实际上，自动包装生产线的各台单机及输送系统都是按照一定的速度比例运行的。其调节主要由传动系统和自动控制系统来实现的。

包装生产线中各台单机工作可靠性越高，所需要存贮容量就越小，机器间采用刚性联系的理由也就越充分。

刚性联系，虽然本质上有严重缺点（一机停机，全线停机），但它没有柔性生产线的以下缺点：柔性系统由于采用缓冲存贮器，使包装生产线结构复杂化，生产线成本增加，运行费用和占地面积增大。再者，生产线停机时，存贮器内仍有许多半成品存在，使制品增多。并且存贮器本身也是故障发生源。

但是，在对包装生产线各环节顺利生产运行没有足够把握的情况下，工序间的缓冲贮备还是十分必要的。

(3) 贮存装置的连接方式

存贮器可做成中间料仓，也可使输送带稍长，具有输送和存贮的双重功能。

图 9-77 所示为缓冲存贮器在生产线中的连接方式，其中，图(a) 为通过式缓冲存贮器，

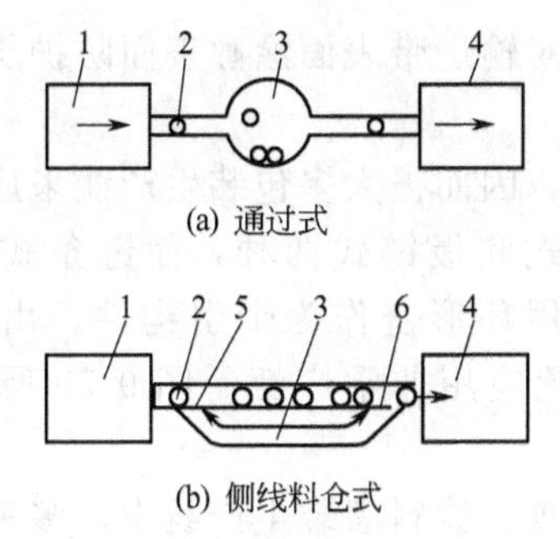

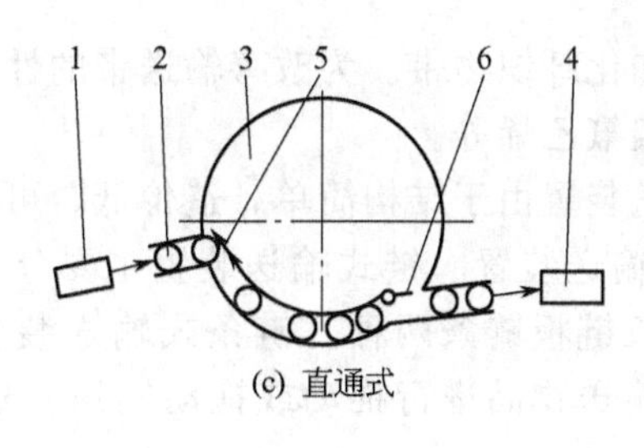

图 9-77 缓冲存贮器的连接方式

1,4—包装机；2—被包装物品；3—缓冲存贮器；5,6—闸板

图(b) 为侧线料仓式缓冲存贮器（并联），图(c) 为直通式缓冲存贮器（并联）。在图(b)、图(c) 所示两种方式中，当包装机 4 因故停机，则闸板 5 打开，包装半成品进入缓冲存贮器 3 内。当包装机 1 因故停机，则闸板 6 打开，包装半成品则从缓冲存贮器输出，并进入包装机 4 完成包装。

目前，很多液体灌装机生产线均采用链板输送机兼作缓冲存贮器。若灌装机因故停机时，洗瓶机、输送机仍继续提供合格的瓶子。当输送机充满后，控制系统（如传感器）发出信号，洗瓶机停止工作。当瓶子少到一定程度，控制系统再次使洗瓶机工作。

缓冲存贮器的结构形式很多，在设计应用时应本着简单、可靠的原则进行。

四、包装自动线部分辅助装置的结构

输送存贮等辅助装置是生产线的重要组成部分，它包括输送装置，分流、合流与转向装置，中间存贮装置，堆码与卸码装置。在此对包装线中的部分辅助装置作一些简要介绍。

1. 输送装置

输送装置负责包装材料、包装物品的输送，包装工序间的传递，包装成品的输出等。在包装工序间传递包装物的过程中，还可完成包装物的转向、集合、检测等工作。采用何种输送方法和输送装置，都必须满足包装工艺过程、包装物和包装材料特性的要求。

输送装置可分为靠重力沿滑道输送、带式输送、链式输送、辊式输送等类型。以下为简单的几种。

① 带式输送装置 带式输送装置可分串联、并联、水平或倾斜安装等多种形式。图 9-78 所示即为串联带式输送装置。

下部采用托板支承的一般用于轻载、短距离输送的场合，否则，可将托板换成托辊式支承。当 $v_1 < v_2$ 时可实现密集集合供料。反之，当 $v_1 > v_2$ 时，可实现间歇供料。输送带一般多

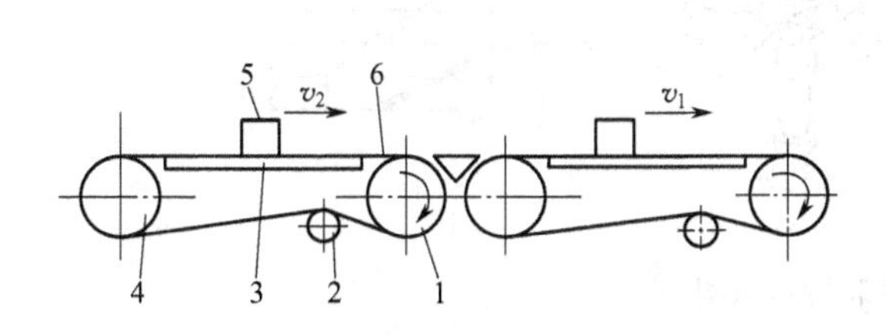

图 9-78 串联带式输送装置示意图

1—主动轮；2—张紧轮；3—托板；4—从动轮；5—输入物品；6—输送带

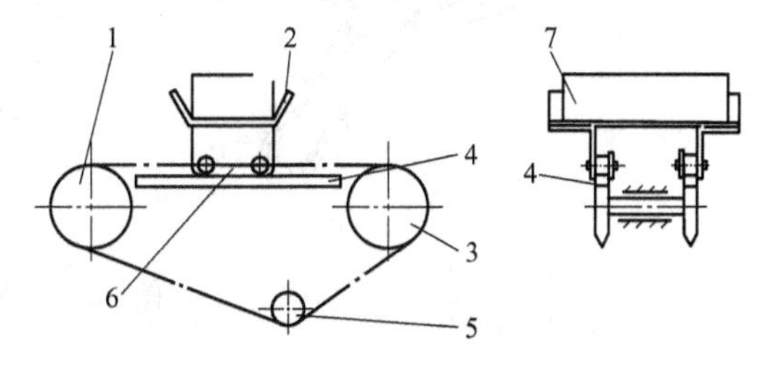

图 9-79 链式输送装置示意图

1—从动链轮；2—附件；3—主动链轮；4—支承导轨；5—张紧轮；6—输送链；7—输送物品

采用棉织带和化纤织物带。为改善输送带的性能，可对输送带表面涂敷表面防护层，如涂敷氯丁橡胶、聚四氟乙烯等。

带式输送装置由于结构简单，造价低，可靠性高，因而被大多包装生产线采用。

② 链式输送装置　链式输送装置主要分为链条式和板链式两种，而链条式又可分为普通滚子链和长链板链条两种。链条式输送装置多利用环形链作为牵引构件，由装在牵引链上的附件对输送物品进行推动或拖动输送。这种装置应用非常广泛。图 9-79 所示即为链式输送装置。

板链式输送装置主要用于输送瓶、罐等物品。酒类、饮料灌装生产线中，多采用板链式输送装置。图 9-80 为板链结构示意图，链板多用不锈钢制造。

③ 辊式输送装置　图 9-81 为辊式输送装置示意图。

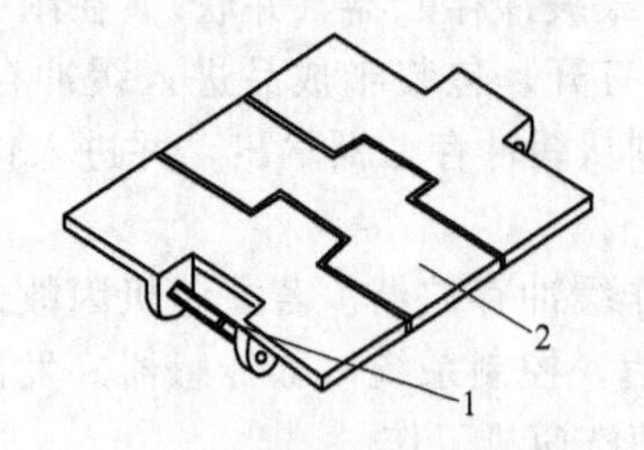

图 9-80　板链结构示意图

1—销轴；2—链板

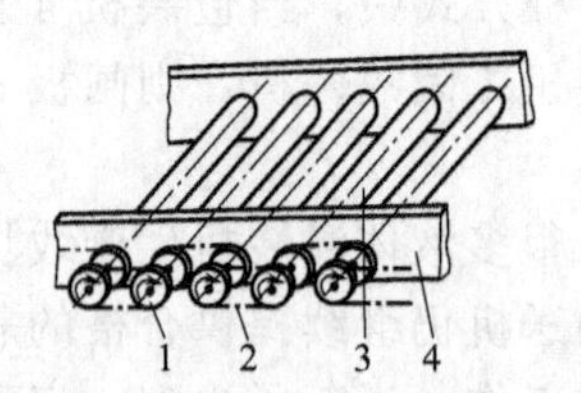

图 9-81　辊式输送装置示意图

1—链轮；2—传动链；3—辊；4—支承板

辊式输送多用于体积较大且较重物品的输送，如瓦楞纸箱、啤酒箱等。

2. 分流、合流装置

在混联包装自动线中，通过配备适当的分流或合流装置可确保后续工序的完成和自动线各设备的协调工作。后序包装机为并联，则配备分流装置。前序包装机并联，后序包装机为串联，则后序之前应配备合流装置。分流或合流装置因包装物以及包装方法的不同而种类繁多。图 9-82 和图 9-83 所示为几种分流或合流装置。

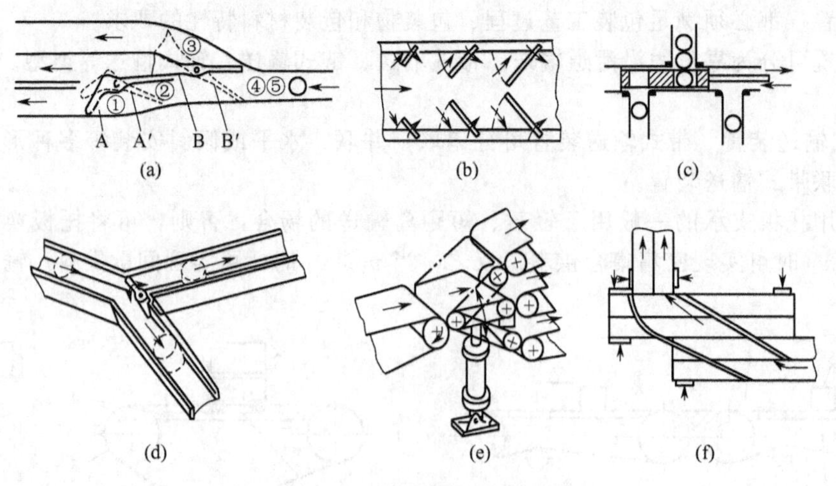

图 9-82　分流装置示意图

因包装工艺、设备布局等要求，包装物品在输送过程中需改变其运动方向或输送状态。为满足这种要求，还需要采用各种转弯、转向、翻身等装置。另外，为了满足以运输包装为对象的集合包装还需采用堆码装置对内包装成品进行堆码等。具体可参考相关资料。

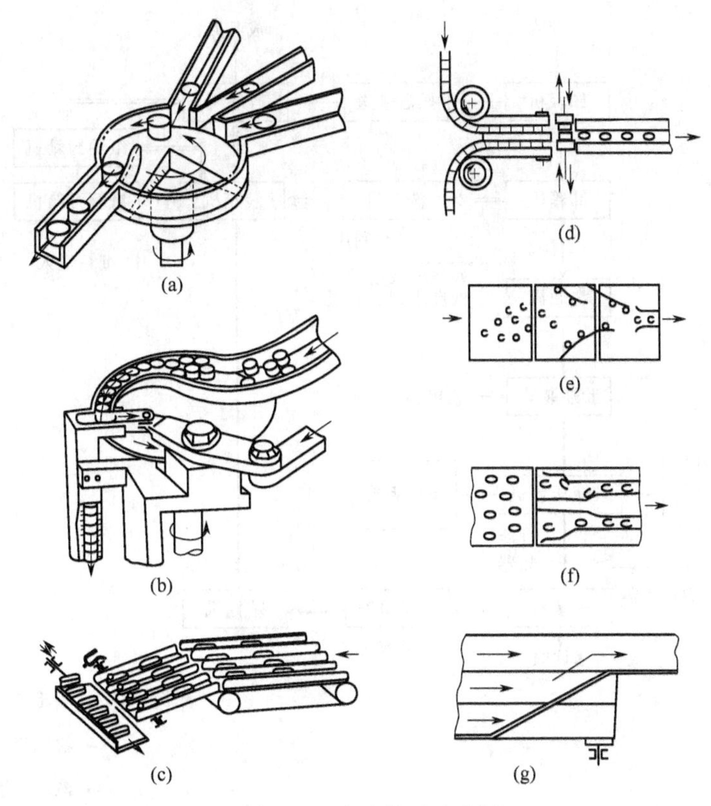

图 9-83　合流装置示意图

五、典型包装自动生产线

包装自动生产线的种类繁多，下面介绍几种包装自动线。

1. 啤酒灌装自动生产线

在此，介绍一条我国自行设计且用国产机配置的 20000 瓶/h 的啤酒灌装自动生产线。

(1) 啤酒灌装自动生产线的工艺流程、布局及区域划分

该条灌装线是由广州轻机厂配制的，从进箱、卸箱、洗瓶、灌装、杀菌、贴标、装箱、输送等全部实现了机械化。其工艺流程如图 9-84 所示。

① 灌装生产线的组成　本条灌装生产线由卸垛机、卸箱机、洗箱机、洗瓶机、灌装压盖机、杀菌机、贴标机、装箱机、验瓶装置、托盘输送器、码垛机及与之配套的辅助装置，如贮液罐、过冷却器、上盖装置等构成。

② 灌装生产线的布局　该灌装线采用单层平面串联布置，作业区呈四方形。整条灌装线布局紧凑，疏密有序，运行流畅，占地面积小。各机组间操作运动空间分布合理，工作通道宽敞、流畅，便于运行，其中主通道宽 6m，沿侧墙通道宽 3m，机组设备间最小距离均大于 2m，间距满足人机系统要求。作业区宽敞、舒适、视野开阔。可使操作人员在有效视觉范围内较好地观察灌装机生产线的运行情况。

另外，在各机组设备周围均留有足够的拆装维修空间，为设备的维修保养提供了方便的场所。

全线以平面布局为主，尽量减少交叉运行造成的干扰。

③ 灌装生产线的区域划分　该自动灌装线布局中，按操作工艺过程要求将整个作业区分成若干区域。

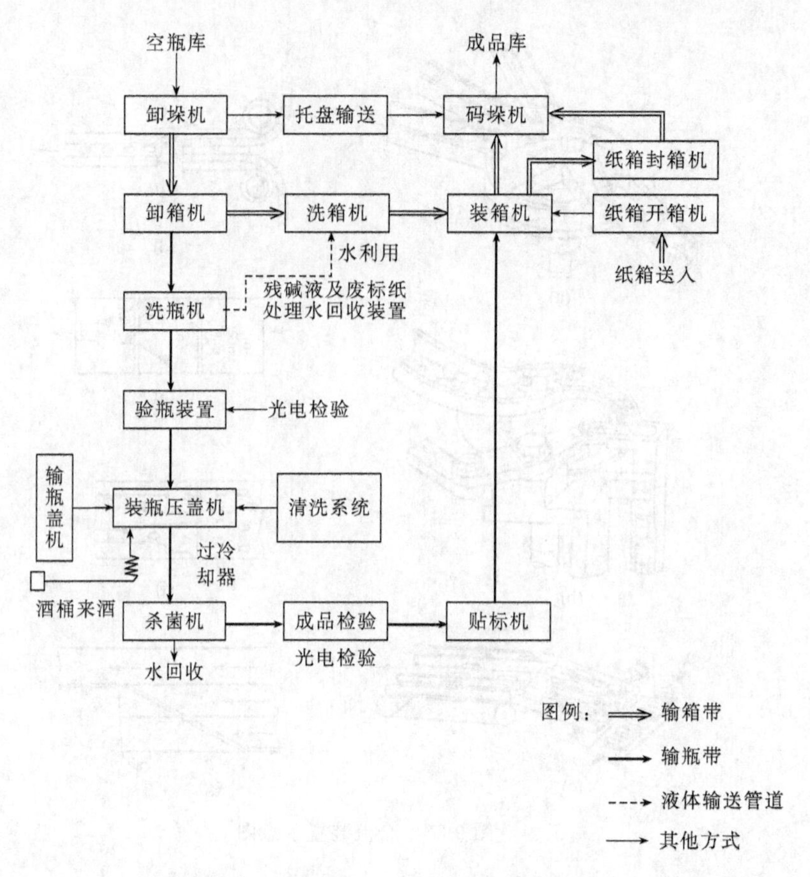

图 9-84　啤酒灌装自动生产线工艺流程图

将空瓶及回收脏瓶堆放区单独设置，在灌装车间隔壁设置空瓶库。在灌装车间的另一侧隔壁设置成品库。这样，空瓶库、灌装区、成品库相互隔离又顺序联系，三者互不干扰。在灌装区内，按设备的功能、作业对象及操作要求，将托盘作业区、输箱作业区及输瓶作业区分开；并将洗涤区（洗瓶、洗箱）邻近集中设置。整个作业区以装瓶机为中心，将前处理部分（卸垛、卸箱、洗瓶等）与后处理部分（杀菌、贴标、装箱、码垛等）划分成两个区域。这样划分有效地避免了各作业区的相互干扰和交叉运行，便于操作观察和作业管理，同时也大大减少了作业污染的可能性，使整个灌装线布局更为合理完善。

另外，在灌装线周围的侧墙通道旁设置备件区，用于贮备急用零备件和常用易损件及维修工具，以备一旦设备出现问题和发生故障，可及时修理、更换零件排除故障，以保证灌装线的正常运行。

(2) 啤酒灌装自动生产线的主要设备及性能

本条自动灌装线的生产能力以装瓶压盖机的生产能力为基准，其他各台设备的能力逐级上升，呈 V 字形配比。

装瓶压盖机采用广州轻机厂生产的 VVF60-12 型机，装瓶采用 60 头短管等压灌装，设计能力为 20000 瓶/h，与之配套的瓶盖输送机贮盖能力为 10 万个/h，输盖能力为 5 万个/h。卸箱机的型号为 VAM2001/441，生产能力为 1000 箱/h。

洗瓶机的型号为 RMZ-B30/356 型，生产能力为 20000 瓶/h。

洗箱机的型号为 BX-10，生产能力为 1000 只/h，主要洗涤外形尺寸为 530mm×350mm×325mm 的塑料箱。

杀菌机的型号为PⅡ5/25-150，生产能力为20000瓶/h，瓶子在机内的加工时间为42.6min，要求瓶子高度≤300mm。

贴标机的型号为B·24-8-4，生产能力为3000～15000瓶/h，调速范围1150～115r/min。

装箱机的型号为VEM2001/441，生产能力为1000箱/h。

瓶垛采用电动辊式输送机和托盘输送机输送。输箱线采用板链输送机、带式输送机和辊式输送机相结合的方式。输瓶采用板式输送机，多列板链并列组成的宽链道，可有效降低瓶子的运动速度，减缓瓶子间的相互冲击、碰撞，减少瓶损。

各台设备间的输送机能力设计除满足灌装线所要求的输送能力之外，尚须满足一定的缓冲贮存量。为保证生产能力的协调，各机组间均采用输送机兼作缓冲贮存，其缓冲贮存量确定为1.5～3min之间。由于各机组间设备功能作用不同。重要程度亦不一样。所以，其缓冲时间亦不完全相同。该灌装线中的贮瓶能力顺序为：卸垛机（100s）→卸箱机（120s）→洗瓶机（180s）→装瓶压盖机（150s）→杀菌机（150s）→贴标机（120s）→装箱机（100s）→码垛机。

输箱线的缓冲能力设计为：卸垛机（100s）→拆箱机（100s）→洗箱机（100s）→装箱机（100s）→码垛机。

托盘输送过程的缓冲是采用托盘库实现的，托盘拆垛后的空盘输入托盘贮存库，另一边将空盘送入码垛机码垛。另外，各输送线上均在一定位置设置光电监测控制器或磁性控制开关，通过对输送线的运动状态监视，自动调节控制自动机的工作速度和开停。如输送线上物品过少，则下道工序自动机自动停机；过多则上道工序自动机自动停机，以保证灌装线的运行协调。

（3）啤酒灌装自动生产线的工作过程

该啤酒灌装自动线的整个工作过程全部实现了机械化。

空瓶垛由叉车从空瓶库送上输垛机，进入卸垛机卸垛，并将空托盘送至托盘贮存库。瓶箱卸垛后沿输箱机进入卸箱机，卸箱机每动作一次卸5箱（12瓶/箱），将空瓶送入输瓶链道。空箱则由输箱链道送入洗箱机进行喷淋刷洗，之后存贮待用。

空瓶沿输瓶链道输至洗瓶机，由导瓶机构将空瓶导入洗瓶机进行洗净。瓶子洗净后由链道输至验瓶台装置。通过光电验瓶机将不合要求的瓶子自动检出。合格瓶子排成单列，间隔导入装瓶压盖机进行灌装及压盖封装。封装完毕后，通过验瓶装置检验，将不合格者排出，合格者则沿链道进入杀菌机进行巴氏杀菌。杀菌后酒瓶沿链道送入贴标机贴标，之后再送入装箱机。如是装纸箱，则先由开盒机将纸箱打开，并将隔板插入，再送入装箱机将瓶装入，由封箱机封口，或直接由箍包机封装。装箱之后，瓶箱由输箱线送至码垛机，由链板的交叉构成垂直转向，将瓶箱排成垛层，并由抓钩架式码垛机将瓶箱层（3×4箱）抓堆成垛（5层）。之后再由叉车送入成品库，即完成全部包装过程。

（4）人机系统要求及安全卫生考虑

① 人机系统要求　该条啤酒灌装线全部采用自动测控系统控制，大大减轻了操作人员的劳动强度，操作主要为观察灌装过程中各系统的运行，并通过各种显示系统监视各设备内部主要部位及工艺系统的运行状态。

各台设备的运行状态均由显示盘显示。显示盘的板面上除了有各控制按钮和工艺显示器外，还采用工艺、运行平面图，在图中相应位置设置发光显示。一旦设备中某部位发生故障或工艺参数变化，显示盘上则自动在相应部位显示出来。

另外各台设备的工艺运行参数均采用设定自动控制。本机具有自行调节功能，可对波动变化的运行、工艺参数自动测控，并通过状态显示器直观显示。

整条灌装线的照明，采用自然采光与人工照明相结合的采光方式，以一般照明为主，辅以局部照明，布光均匀，照度适宜。

在机械运转及瓶子输送过程中，由于瓶子间的相互撞击摩擦、机器的振动等，都会产生较大的噪声。为此，该灌装线中的许多部位及接触撞击造成噪声的零部件（如集瓶器、隔盘、洗瓶机瓶套等）采用了工程塑料、橡胶等非金属材料。另外，在输瓶过程中，采用多链并行宽道输瓶，在保证输瓶能力的前提下，既能协调缓冲生产能力，又能有效降低瓶子的运行速度，避免输瓶过程中瓶子的高速撞击，既能减少破瓶，又能有效降低噪声。该灌装线的噪声约为80～85dB。

在灌装线布局上亦充分考虑人机工程要求。对于通道、干道及设备周围的维修空间都留有足够的余地。并且设备的布置亦有利开阔观察视野，便于流动观察。

② 灌装线的安全卫生考虑　出于啤酒生产的卫生要求考虑，该灌装线的设备均采用防腐材料制造，常湿部位用不锈钢及工程塑料、橡胶等材料制造。输酒管道内表面光滑、洁净，管道尽量采用直线布置，减少转折，降低阻力。阀件多采用蝶阀，阻力小，死角少，可防止细菌在死角的繁殖。装瓶系统采用双清洗系统，可有效保障装瓶系统的清洁卫生要求。链道上的润滑液亦可起到对板链的润滑清洗作用。灌装线布局划分为垛、箱、瓶三个作业区。且清洗区、前处理区和后处理区都划分开，可有效地保障整个灌装作业的清洁卫生要求。并且灌装线采用每班清洗制，及时对设备及易污染区进行冲洗，以保障车间的清洁卫生。

为保障操作安全起见，对卸垛机、码垛机、卸箱机、装箱机等设备进行安全防护，在机器周围设置防护网，以防止操作过程中可能产生的不安全因素。在装瓶机上亦设置防护罩，并在罩门上设置磁性开关，防护门未装上时不能开机，在运行过程中如拆下防护门则自动停机。

另外，各台设备上均设有主机保护和过载保护装置，通过各光电监测点对运行过程实行保护控制，既能对设备实行过载保护，又能有效防止操作过程中人身事故的发生。

2. 片剂、胶囊、丸剂瓶包装联动线

本联动线主要用于片剂、软、硬胶囊、丸剂等药物的塑瓶包装，同样适用于包装类似的固体颗粒。其操作简单、调整维护方便，能满足生产需要，广泛用于制药、食品、化工等行业。其结构如图9-85，由上海恒谊生产。

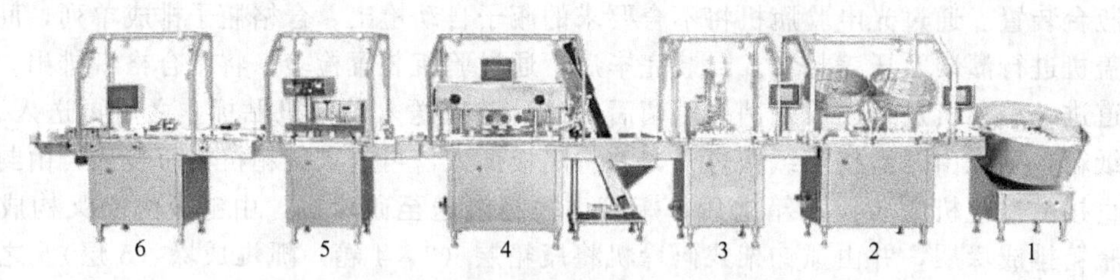

图9-85　片剂、胶囊、丸剂瓶包装联动线结构

1—PL2000Ⅲ自动理瓶机；2—PA2000Ⅰ变频式偏心筛动数片机；3—PB2000Ⅱ变频式高速塞纸机；4—PC2000Ⅲ变频式高速自动旋盖机；5—PD2000Ⅱ晶体管铝箔封口机；6—PF2000Ⅰ不干胶自动贴标机

本线具有自动理瓶、计量灌装、塞纸（可选配塞干燥剂或药棉）、旋盖、铝箔封口、贴标、打码等功能，并具有先进的检测功能，能自动检测倒瓶、缺药（选装）、旋盖不紧、无铝箔、漏贴标、漏打码等瑕疵并能自动报警及剔废。设备采用不锈钢制造，清洗容易，符合“GMP”的要求。

该联动线主要包含PL2000Ⅲ自动理瓶机、PA2000Ⅰ变频式偏心筛动数片机、PB2000Ⅱ变频式高速塞纸机、PC2000Ⅲ变频式高速自动旋盖机、PD2000Ⅱ晶体管铝箔封口机、PF2000Ⅰ不干胶自动贴标机等。其适用瓶子的规格为15～150mL，其包装速度为：片剂、丸剂，

ϕ5～15mm，40～70 瓶/min；胶囊 0～4 号，30～50 瓶/min。

（1）PL2000Ⅲ自动理瓶机

将杂乱的塑料瓶，自动排列成瓶口一致向上，并送入下一工序，主机电子调速，无冲击倒瓶现象，具备光电控制装置。

（2）PA2000Ⅰ变频式偏心筛动数片机

采用设计独特的数片板，不仅能对片剂和丸剂进行自动记数灌装，而且还对异型片剂和胶囊自动记数和瓶装。

（3）PB2000Ⅱ变频式高速塞纸机

采用高精度电子定位系统，柔性启动，定位可靠。应用电子脉冲设定纸长度，自动剪断，倒塞进瓶。其倒塞纸能防止纸边角露出瓶外，影响下道工序旋盖和封口。

（4）PC2000Ⅲ变频式高速自动旋盖机

采用摩擦式旋盖形式，旋盖速度可根据用户产量任意调节，比爪式旋盖机的工作效率成倍提高。旋盖效率高，瓶盖不拉毛。

（5）PD2000Ⅱ晶体管铝箔封口机

使用复合材料电磁感应封口技术，采用中频电源，其有效输出功率大，输出电流可调并会自动随负载的变化而变化，无瓶时自动待机。当瓶口粘有各种液体时也能可靠封口。

（6）PF2000Ⅰ不干胶自动贴标机

不干胶自动贴标机的结构及工作原理已在第七章中详细介绍。

本线采用变频调整，能自动平衡保护，遇缺瓶或堵瓶能自动停止工作，问题排除后能自动恢复运转，性能稳定、可靠、工作效率较高。各单机都有其特有的功能和各自独立的驱动控制系统，可根据实际需要，既可联动生产、也可单机使用。

3. 无菌包装米饭工业化生产线

SHINWA 的盒装无菌米饭生产线，迎合了现代社会高效率、快节奏的需要，其产品不仅可在常温下保存半年以上，而且松软可口，完美保持米饭的原来风味。另外，它还采用了超热处理（UHT）的灭菌方式，真正实现了产品的完全无菌化。可以说，这条生产线的推出，引发了一场米饭市场的革命。

盒装无菌米饭生产线的工艺流程如图 9-86。其设备的布置如图 9-87。

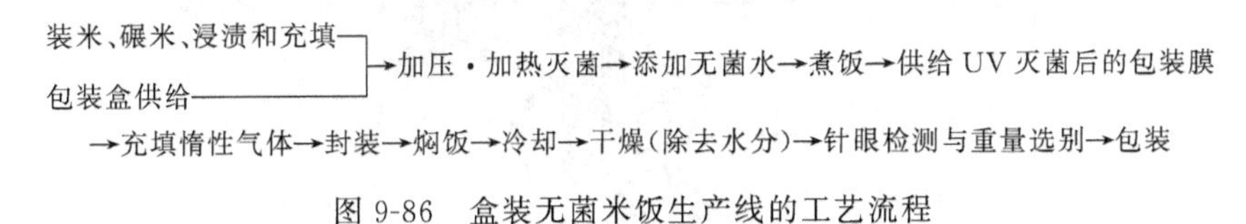

图 9-86 盒装无菌米饭生产线的工艺流程

4. 粉料包装自动线

图 9-88 为 600g～1kg 粉料纸袋包装自动线示意图。纸袋的口径相同，以高度不同改变其容量，因而相应的包装自动线容易做到尺寸品种的变换。工作时，在方底袋自动包装机 7 中，装填内装物的纸袋被排放到产品送出传送带 8 上，经重量检测仪、金属探测仪被引入连接传送带 11。通常，靠 90°转弯传送装置 12 推上输入传送带 14，靠排列推进器 15 以每次 5 袋的规律推进 3 次，将纸袋送至瓦楞纸箱坯板上，由裹包式装箱机完成装箱作业。装箱机即使短时间停止，输入传送带 14 上将有物品积存，当积存物达到在该传递带端部附近设置的光电传感器的位置时，90°转弯传送装置 12 将停止动作，缓冲门 21 打开，物品被推入缓冲传送带 13。当装箱机重新开始运行时，如果积存物品在光电传感器所处位置以内，缓冲门 21 关闭，90°转弯传送装置 12 动作恢复正常。如果纸袋的稳定性不太好，在缓冲传送带 13 上的物品则需靠人力搬

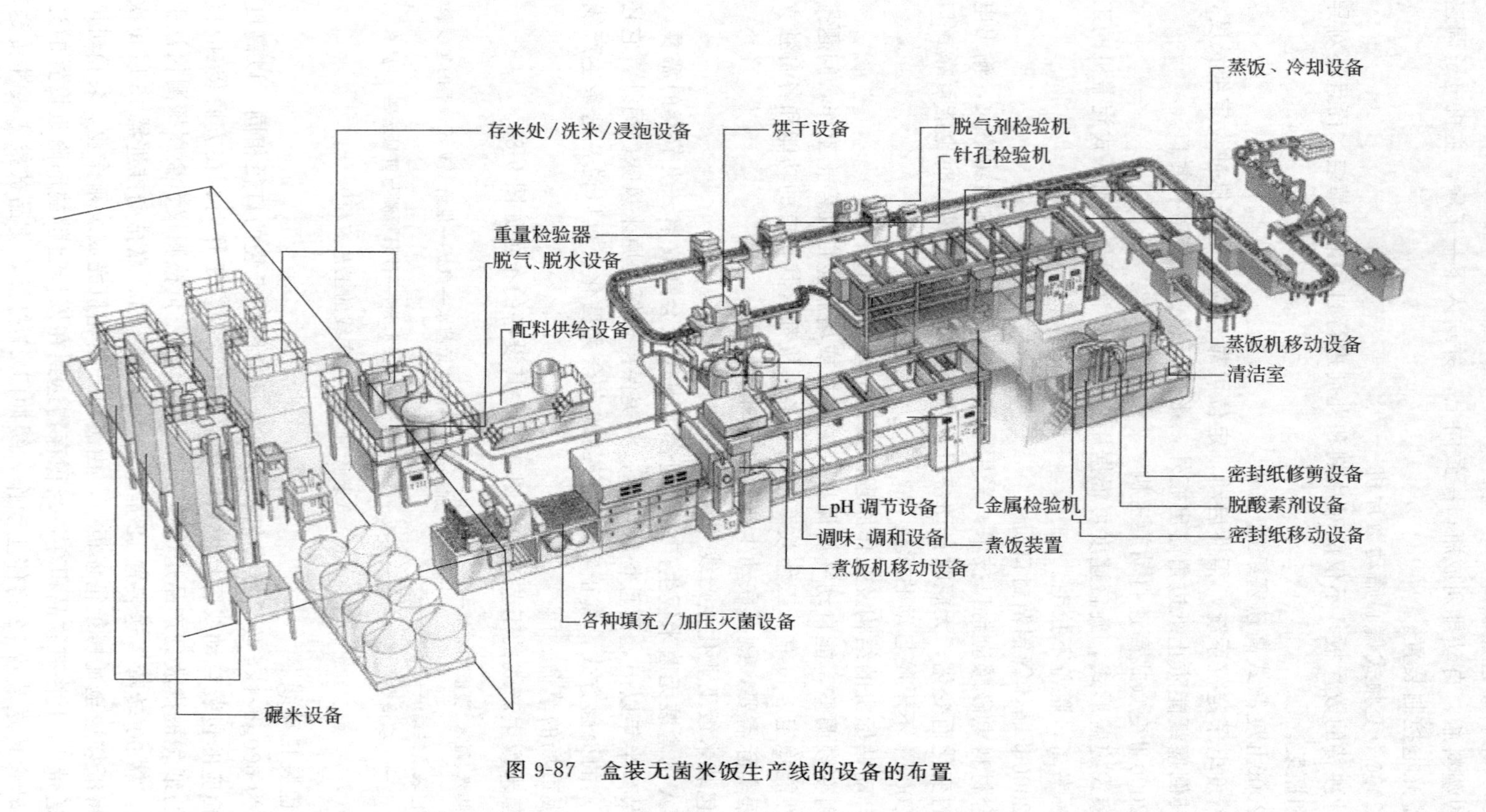

图 9-87 盒装无菌米饭生产线的设备的布置

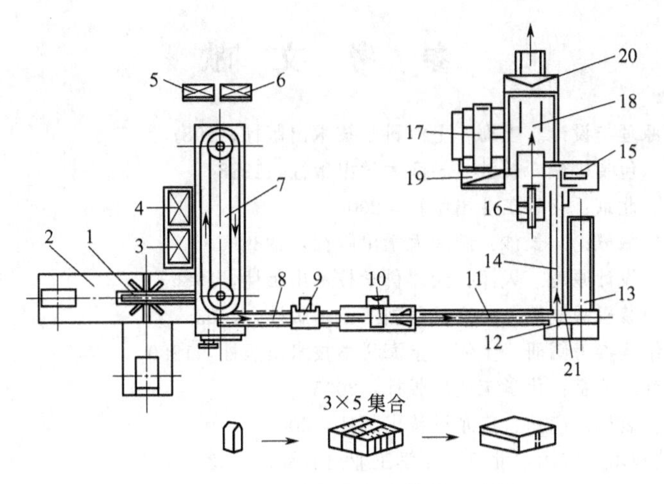

图 9-88 粉料纸袋包装自动线示意图

1—自动制袋供给装置；2—袋插入装置；3—第 1 计量填充装置；4—第 2 计量填充装置；5—计量机操纵台；6—装填机操纵台；7—方底袋自动包装机；8—产品送出传送带；9—自动检测；10—金属探测排除机；11—连接传送带；12—90°转弯传送装置；13—缓冲传送带；14—输入传送带；15—排列推进器；16—装箱推进器；17—瓦楞纸箱坯板供给装置；18—瓦楞纸箱；19—装箱机操纵台；20—热熔胶封箱机；21—缓冲门

到输入传送带 14 上以进行处理。若稳定性好，需要时则可采用适当装置使缓冲区内的物品自动进入到输入传送带 14 上。

思 考 题

1. 简述塑料带自动捆扎机的种类，可能的结构特点及主要用途。
2. 捆扎机选用时，应该考虑哪些因素？
3. 简述塑料带自动捆扎机带盘阻尼装置的工作原理，并设计一种可实现相同功能的机械装置。
4. 简述热成型包装的常用形式及其相关特点。
5. 简述全自动热成型包装机各部分装置的结构特点及工作原理。
6. 简述热成型方法有几种？其各自的原理是什么？
7. 图 9-38 所示机构的退纸制作工作原理是什么？请设计一种可实现相同工作的其他机构。
8. 用于热收缩包装的材料有哪些基本性能？
9. 热收缩包装中所用的包装封合方法有几种？各有什么特点及其适用的范围是什么？
10. 热收缩装置设计中，应注意哪些关键技术？
11. 什么是真空包装与充气包装，各有什么特点？
12. 对于真空、真空充气包装机，国家标准规定了哪些技术指标？
13. 真空包装的关键技术有哪些？如何在结构设计中进行实现？
14. 真空充气包装的生产率受哪些因素影响，并简述其相互关系。
15. 贴体包装与热成型包装有什么异同点？
16. 影响刚性顺序组合包装生产线、挠性包装自动生产线、半挠性生产线生产率的因素有哪些？如何提高生产线的生产率？

参 考 文 献

1 许林成．包装机械原理与设计．上海：上海科学技术出版社，1987
2 许林成，彭国勋等．包装机械．长沙：湖南大学出版社，1988
3 尹章伟．包装机械．北京：化学工业出版社，2006
4 雷伏元．包装工程机械概论．长沙：湖南大学出版社，1989
5 雷伏元．自动包装及设计原理．天津：天津科学技术出版社，1986
6 孙凤兰，马喜川．包装机械概论．北京：印刷工业出版社，2003
7 楼任东．包装机械结构参考图册．上海：上海科学技术出版社，1980
8 高德．包装机械设计．北京：化学工业出版社，2005
9 张聪．自动化食品包装机．广州：广东科技出版社，2003
10 陈黎敏．食品包装技术及应用．北京：化学工业出版社，2002
11 詹启贤．自动机械设计．北京：轻工业出版社，1987
12 戚长政．自动机与生产线．北京：科学出版社，2004
13 尚久浩．自动机械设计．北京：轻工业出版社，2003
14 食品与包装机械教研室．食品包装机械设计．哈尔滨：黑龙江商学院，1985
15 肖仲湘．高速四标贴标机的设计．包装与食品机械，1999，(6)：21
16 章建浩．食品包装大全．北京：中国轻工业出版社，2000
17 关振球．轻工业包装机与生产线．北京：中国轻工业出版社，1991
18 呼英俊等．小型异形瓶不干胶自动贴标机研究．包装与食品机械，2002，(1)：4
19 中华人民共和国国家标准．真空、真空充气包装机的通用技术条件．GB/T9177—2004．北京：中国国家标准化管理委员会，2004
20 中华人民共和国轻工行业标准．贴标机．QB/T2570—2002．北京：中华人民共和国国家经济贸易委员会，2002
21 [日] 日本包装技术协会编．包装技术手册．蔡少龄等译．北京：机械工业出版社，1994
22 [美] M．贝克主编．包装技术大全．孙蓉芳等译．北京：科学出版社，1992
23 中华人民共和国国家标准．GB/T7311—2003．包装机械型号编制方法
24 中华人民共和国国家标准．GB/T19357—2003．包装机械分类
25 中华人民共和国国家标准．GB/T4122.2—1996．包装机械术语
26 肖仲湘．贴标机凸轮齿轮组合机构的研究．轻工机械，2000，(1)：21
27 宋尔涛，杨仲林主编．包装自动控制原理及过程自动化．北京：印刷工业出版社，1999
28 赵淮．包装机械选用手册．上册．北京：化学工业出版社，2001
29 章建浩．食品包装学．北京：中国农业出版社，2002
30 高德．实用食品包装技术．北京：化学工业出版社，2004
31 冯江，王彤．拨盖机构的设计计算．农机化研究，2001，5 (2)：76
32 高军，吕金丽．装盒机构的设计．机械传动，2002，(3)：71
33 苗国军，陈军，田昕学．装盒机说明书抓取装置的运动学分析．包装与食品机械，2004，(4)：10
34 何志坚．进口曲柄四杆机构型装箱机抖动问题的改进．包装与食品机械，2005，(5)：40
35 曾向华，迟宗波．啤酒瓶装线中装卸箱机新型抓瓶头的研制．包装与食品机械，1999，(1)：1
36 何伟宏．瓶装啤酒在装箱过程中酒标破损现象及其解决方法．包装与食品机械，1999，(4)：33